坂田アキラの
数Ⅲの微分積分
が面白いほどわかる本

坂田 アキラ
Akira Sakata

※ この本は，小社より2008年に刊行された『パワーUP版 坂田アキラの 数Ⅲの微分積分［極限・微分編］が面白いほどわかる本』と『パワーUP版 坂田アキラの 数Ⅲの微分積分［積分編］が面白いほどわかる本』の改訂版であり，新学習指導要領に準じて加筆・修正し，1冊にまとめました。

史上最強の参考書 降臨

大げさだなぁ…(笑)

なぜ最強なのか…？？　ご覧いただけばおわかりのとおり…

理由その1

　1問やれば10問分，いや20問分の**良問がぎっしり**!!
みなさんが修得しやすいように問題の配列，登場する数値もしっかり吟味してあります。

それはスゴイ!!

理由その2

　前代未聞!!　他に類を見ない**ダイナミック**かつ**詳しすぎる解説**!!　途中計算もまったく省かれていないので，数学が苦手なアナタもスイスイ進めますよ。

スイスイ進める…

　つまり，実力＆テクニック＆スピードがどんどん身についていく仕掛けになっています。

素晴らしい!!

理由その3

　かゆーーいところに手が届く**導入**と**補足説明**が満載です。つまり，**なるほどの連続**を体験できます。そして感動の嵐!!

とゆーわけで…

すべてにわたって最強の参考書です!!
そこで!!　本書を有効に活用するためにひと言!!

　本書自体，史上最強であるため，よほど下手な使い方をしない限り**絶大な効果**を諸君にもたらすことは言うまでもない!!

　しかし!!　最高の効果を心地よく得るためには，本書の特長を把握していただきたい。

特長その1

　本書の解説は，**大きい文字だけを拾い読み**すれば大たいの流れがわかるようになっています。ですから，この拾い読み

だけで理解できた問題に関しては，いちいち周囲に細かい文字で書いてある補足や解説を見る必要はありません。
　しかし，**大きな文字で書いてある解説だけで理解不能となった場合は，周囲の細かい文字の解説を読んでみてください。きっとアナタを救ってくれます!!**

見る必要ない…??

細かい文字の解説部分には，**途中計算，使用した公式，もとになる基本事項**など，他の参考書では省略されている解説がしっかり載っています。

　問題のレベルが 基礎の基礎　基礎　標準　ちょいムズ　モロ難 の5段階に分かれています。

そこで!!　進め方ですが…

　まず，比較的キソ的なものから固めていってください。つまり， 基礎の基礎 と 基礎 レベルをスラスラできるようになるまで，くり返しくり返し**実際に手を動かして**演習してください。

　キソが固まってきたら，ちょっとレベルを上げて 標準 レベルをやってみましょう。このレベルは，特に**重要なテクニック**が散りばめられているので，必修です。これもまた，くり返しくり返し同じ問題でいいから，スラスラできるようになるまで，**実際に手を動かして**演習してください。これで**センターレベル**まではOKです。

　さてさて，ハイレベルを目指すアナタは， ちょいムズ　モロ難 レベルから逃れることはできませんよ!!　しかし，安心してください。詳しすぎる解説がアナタをバックアップします。このレベルまでマスターすれば，アナタはもう完璧です。

　いろいろ言いたいことを言わせてもらいましたが，本書を活用する諸君の **幸運** を願わないわけにはいきません。

坂田アキラより 愛 をこめて…

も・く・じ

はじめに …………………………………………………… 2

第1章 極限編

Theme 1	無限数列の極限値 …………………………………… 8
Theme 2	収束するとは限らない！ …………………………… 17
Theme 3	極限に関するよくありがちな問題 ………………… 32
Theme 4	r^n の収束＆発散！ ………………………………… 43
Theme 5	無限数列の和 ………………………………………… 53
Theme 6	無限等比級数 ………………………………………… 71
Theme 7	関数の極限 …………………………………………… 79
Theme 8	変な記号… …………………………………………… 92
Theme 9	$\lim_{x \to 0} \frac{\sin x}{x} = 1$ のお話 …………………………… 105
Theme 10	$\lim_{x \to \pm\infty} \left(1 + \frac{1}{x}\right)^x = e$ とその仲間たち ……… 119
Theme 11	はさみうちの原理 …………………………………… 126

第2章 微分編

Theme 12	微分係数 $f'(a)$ の定義 ……………………………… 136
Theme 13	導関数の定義 ………………………………………… 143
Theme 14	微分法の基本公式とその活用法 …………………… 154
Theme 15	合成関数の微分法 …………………………………… 158
Theme 16	主役になれない名脇役たち… ……………………… 168
Theme 17	接線の方程式 ………………………………………… 177

Theme 18	グラフをかこう！　誕生編	188
Theme 19	グラフをかこう!!　激闘編	207
Theme 20	極大値と極小値の共演	219
Theme 21	方程式＆不等式への応用！	227
Theme 22	最大値と最小値の物語	240
Theme 23	y'' の意味するものは…？	249
Theme 24	x と y が影武者に操られる！	262
Theme 25	目の上のタンコブ!!　平均値の定理	270
Theme 26	逆関数とは，何ぞや！？	283
Theme 27	逆関数の微分法	289
Theme 28	意外に単純な…中間値の定理	291

ナイスなおまけ　294

第3章　積分編

Theme 29	数学Ⅱの復習！　不定積分編	296
Theme 30	数学Ⅱの復習！　定積分編	301
Theme 31	$\int x^\alpha dx$ のお話!!	305
Theme 32	公式オンパレード♥	314
Theme 33	ここからが本番!!　1次関数ハマリ型	323
Theme 34	基本操作 part Ⅰ　分数式をいじれ!!	338
Theme 35	基本操作 part Ⅱ　三角関数にまつわるよくありがちな変形	352
Theme 36	ついに登場！　部分積分!!	368

Theme 37	涙…涙の部分積分劇場 ······················· 384
Theme 38	置換積分法って何？ ························ 396
Theme 39	置換積分大活躍！ ·························· 412
Theme 40	豪快にまるごと置換！ ······················ 438
Theme 41	$x = a\sin\theta$ と置いたり，$x = a\tan\theta$ と置いたり ····· 445
Theme 42	見参‼ $\int \frac{g'(x)}{g(x)} dx = \log\|g(x)\| + C$ のタイプ ······· 464
Theme 43	面積を求めてしまえ‼ ······················ 470
Theme 44	接線が絡む面積のお話 ······················ 480
Theme 45	dx でいくべきか？ dy でいくべきか？ ········· 487
Theme 46	絶対値を攻略せよ‼ ························ 493
Theme 47	媒介変数に振り回されるな‼ ················ 501
Theme 48	体積も求めてしまえ‼ ······················ 511
Theme 49	曲線の長さって求められんの？ ·············· 528
Theme 50	よくありがちな計算問題 ···················· 534
Theme 51	超嫌われ者"区分求積法"の攻略‼ ············ 541
Theme 52	ライバルに差をつける㊙特選テクニック集 ······ 555
Theme 53	偶関数と奇関数の定積分 ···················· 570

付録

ナイスフォローその1	等差数列を思い出せ‼ ······················ 576
ナイスフォローその2	等比数列を思い出せ‼ ······················ 578
ナイスフォローその3	部分分数に分ける！ ························ 580
ナイスフォローその4	三角関数の公式たち 加法定理とその仲間たち編 ··· 581
ナイスフォローその5	三角関数の公式たち 和⇄積の公式の完全攻略！ ··· 584
ナイスフォローその6	対数の定義と公式たち ······················ 588
ナイスフォローその7	$y = a^x$ のグラフと $y = \log_a x$ のグラフ ········ 590

第1章

極限編

なせばなる
なさねばならぬ
なにごとも…

Theme 1 無限数列の極限値

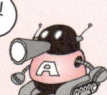

もしも，数列が
無限に続いたら…
エライことになるぞ～!!

ボキャブラ CHECK！

$n \to \infty$ と表すヨ♥

無限に続く数列，つまり無限数列 $\{a_n\}$ において，n が限りなく大きくなるとき，a_n が一定の値 α に限りなく近づくならば，

無限数列 $\{a_n\}$ は，α に **収束する!!** と申しま──す。

このとき，この α を無限数列 $\{a_n\}$ の **極限値** といいまっせ!!

と，ゆーワケで…

$$\lim_{n \to \infty} a_n = \alpha$$

ババーン!!

n が無限大「∞」
に近づくという意味！

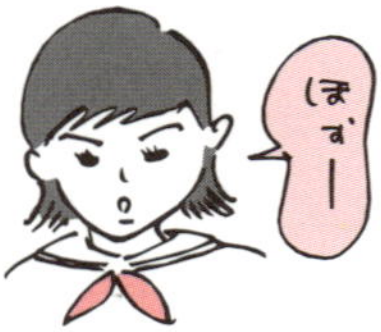

といった感じで表現致します♥

このあたりでちょっくら感覚に慣れてもらいます！

イメージコーナー

つまりは，$n \to \infty$ ってこった！

次のような一般項で表される数列で n がず──っと大きく大きくなったとしたら，数列 $\{a_n\}$ は，どんな値に近づくと思いますか？

(1) $a_n = \dfrac{1}{n}$

$a_1, a_2, a_3, a_4, a_5, a_6, \cdots\cdots$
$\dfrac{1}{1}, \dfrac{1}{2}, \dfrac{1}{3}, \dfrac{1}{4}, \dfrac{1}{5}, \dfrac{1}{6}, \cdots\cdots$ って感じ

(2) $a_n = \dfrac{(-1)^n}{n^2}$

$a_1, a_2, a_3, a_4, a_5, a_6, \cdots\cdots$
$\dfrac{-1}{1}, \dfrac{1}{4}, \dfrac{-1}{9}, \dfrac{1}{16}, \dfrac{-1}{25}, \dfrac{1}{36}, \cdots\cdots$ って感じ

(3) $a_n = \dfrac{n}{n^3+1}$

$a_1, a_2, a_3, a_4, a_5, a_6, \cdots\cdots$
$\dfrac{1}{2}, \dfrac{2}{9}, \dfrac{3}{28}, \dfrac{4}{65}, \dfrac{5}{126}, \dfrac{6}{217}, \cdots\cdots$ って感じ

Theme 1 　無限数列の極限値

では，考えてみましょう♥　｛まだここではイメージ優先！ 肩の力を抜いとくれ！｝

(1) $a_n = \dfrac{1}{n}$ ですから

☞ $n = 1, \ 2, \ 3, \ \cdots\cdots, \ 100, \ \cdots\cdots, \ 1000, \ \cdots\cdots, \ 10000, \ \cdots\cdots$

ってな具合に n を増やしていくと…

☞ $\overset{a_1}{\dfrac{1}{1}}, \ \overset{a_2}{\dfrac{1}{2}}, \ \overset{a_3}{\dfrac{1}{3}}, \ \cdots\cdots \ \overset{a_{100}}{\dfrac{1}{100}}, \ \cdots\cdots \ \overset{a_{1000}}{\dfrac{1}{1000}}, \ \cdots\cdots \ \overset{a_{10000}}{\dfrac{1}{10000}}, \cdots$

って感じになりますよねぇ！?

で，$n \to \infty$ にすると…

｛こっ！これは…｝

$\cdots \overset{a_{10000000}}{\dfrac{1}{10000000}}, \ \cdots\cdots \ \overset{a_{1000000000}}{\dfrac{1}{1000000000}}, \ \cdots\cdots \ \overset{a_{\infty}}{\dfrac{1}{100\cdots 0\cdots\cdots 00}}$

そうです！ 分母ばっかりドデカくなった報いをうけて数列 $\{a_n\}$ は

$\underset{\text{ゼロ!!}}{0}$ に近づいていってしまいますネ！

と，ゆーわけで…　｛これが無限数列 $\{a_n\}$ の極限値ってやつです！｝

$$\lim_{n \to \infty} a_n = \lim_{n \to \infty} \dfrac{1}{n} = \boxed{0}$$

(2) $a_n = \dfrac{(-1)^n}{n^2}$ となってますねぇ．そこで…

☞ $n = 1, \ 2, \ 3, \ 4, \ 5, \ 6, \ \cdots\cdots, \ 1000, \ \cdots\cdots, \ 10000, \ \cdots\cdots$

｛分子は，1 と −1 のくり返しだぇ♥｝　ってな具合に n を増やしていくと…

☞ $\overset{a_1}{\dfrac{-1}{1}}, \ \overset{a_2}{\dfrac{1}{4}}, \ \overset{a_3}{\dfrac{-1}{9}}, \ \overset{a_4}{\dfrac{1}{16}}, \ \overset{a_5}{\dfrac{-1}{25}}, \ \overset{a_6}{\dfrac{1}{36}}, \cdots \ \overset{a_{1000}}{\dfrac{1}{1000000}}, \ \overset{a_{10000}}{\dfrac{1}{100000000}}$

$(-1)^{1000} = 1$ 　 $(-1)^{10000} = 1$

｛分母ばっかりデカくなっていく…｝　｛分母だけが大暴走してまーす！｝　って感じになりますよねぇ！?

で，$n \to \infty$ にすると…　｛ホエ〜!!｝

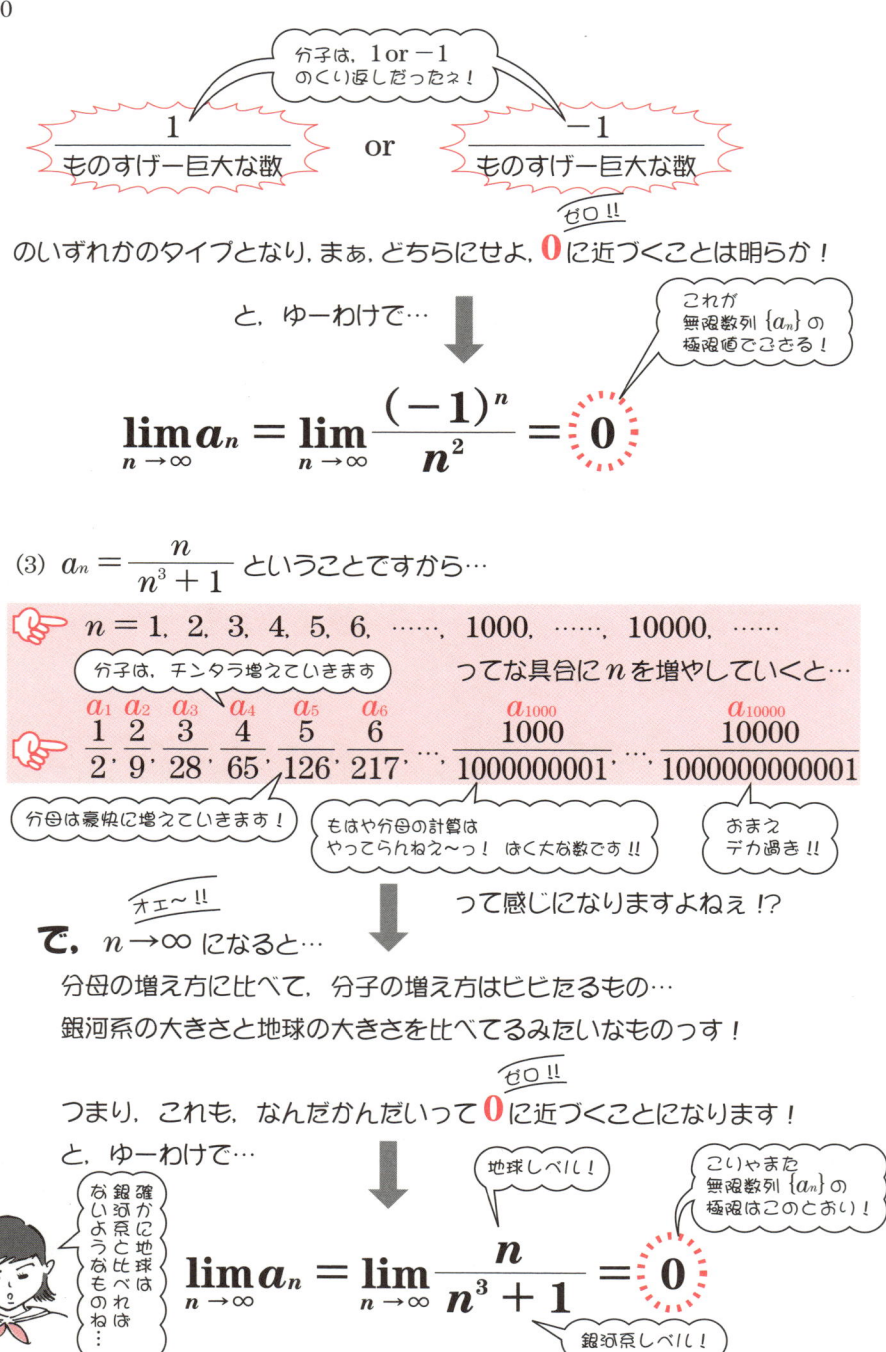

Theme 1 無限数列の極限値　11

以上は，分子に比べて，分母の増え方がドハデな場合だったもので，秒殺で，**0 に収束**と判断できました！　しかし，次のような場合は，どう致しましょうかぁ？　ここからが本番っす！

問題 1-1　　　　　　　　　　　　　　　　　　基礎の基礎

次のような一般項で表される数列の極限値を求めよ。

(1) $a_n = \dfrac{7n-3}{5n+4}$

(2) $a_n = \dfrac{5n^2+2n-8}{2n^2-6n+3}$

(3) $a_n = \dfrac{3n+9}{n^2-8n+5}$

ナイスな導入!!

(1) 分子 vs. 分母の対決ですが…

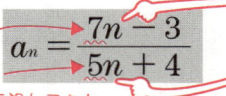

この分子＆分母における最高次の文字に注目してください！

文字でないところ　つまり，原数は，無視してネ！

分子＆分母ともに n の1次式

とゆーことで，分子 vs. 分母は， 対決！　引き分け !!

いい勝負しとるなぁ…

このような場合は，分子＆分母の最高次の n で分子と分母を割ってしまってくださいませ！

つまーり!!

$$a_n = \dfrac{\dfrac{7n}{n} - \dfrac{3}{n}}{\dfrac{5n}{n} + \dfrac{4}{n}}$$

分子＆分母を n で割ったョ！

$$\therefore \; a_n = \dfrac{7 - \dfrac{3}{n}}{5 + \dfrac{4}{n}}$$

このとき!!

$n \to \infty$ とすると, $\dfrac{3}{n} \to 0$, $\dfrac{4}{n} \to 0$ となるよねぇ! (p.8の イメージコーナー 参照)

つまーり!!

$$\lim_{n \to \infty} a_n = \lim_{n \to \infty} \dfrac{7 - \dfrac{3}{n}}{5 + \dfrac{4}{n}} = \dfrac{7 - 0}{5 + 0} = \dfrac{7}{5}$$

0に近づく!! 0に近づく!! 答でーす!!

(2)も同様!!

$$a_n = \dfrac{5n^2 + 2n - 8}{2n^2 - 6n + 3}$$

この分子&分母における最高次の文字に注目!!

係数は、とりあえず無視！
あくまでも、文字の次数で勝負!!

分子&分母ともに nの2次式 とゆーことで分子 vs. 分母は 対決! 引き分け!!

おおっ!!

よって、分子&分母を最高次の n^2 で割っちゃってください!

つまーり!!

$$a_n = \dfrac{\dfrac{5n^2}{n^2} + \dfrac{2n}{n^2} - \dfrac{8}{n^2}}{\dfrac{2n^2}{n^2} - \dfrac{6n}{n^2} + \dfrac{3}{n^2}}$$

分子&分母を n^2 で割ったョ!!

$$\therefore a_n = \dfrac{5 + \dfrac{2}{n} - \dfrac{8}{n^2}}{2 - \dfrac{6}{n} + \dfrac{3}{n^2}}$$

p.8の イメージコーナー 参照！
分母はっかり巨大になるもんで0に近づいてしまいます!

このとき!!

$n \to \infty$ とすると $\dfrac{2}{n} \to 0$, $\dfrac{6}{n} \to 0$, $\dfrac{8}{n^2} \to 0$, $\dfrac{3}{n^2} \to 0$

となるっしょ!?

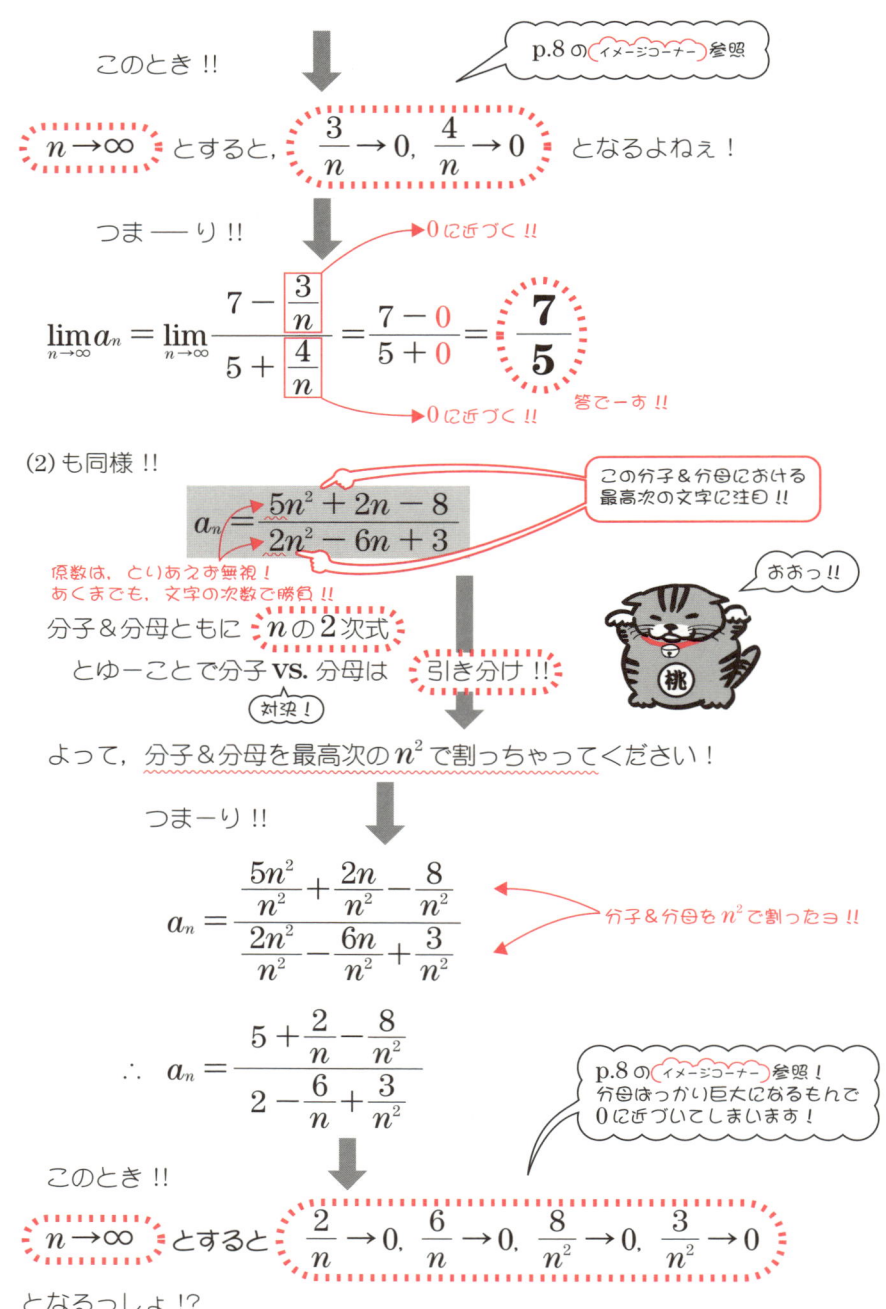

つまーり!!

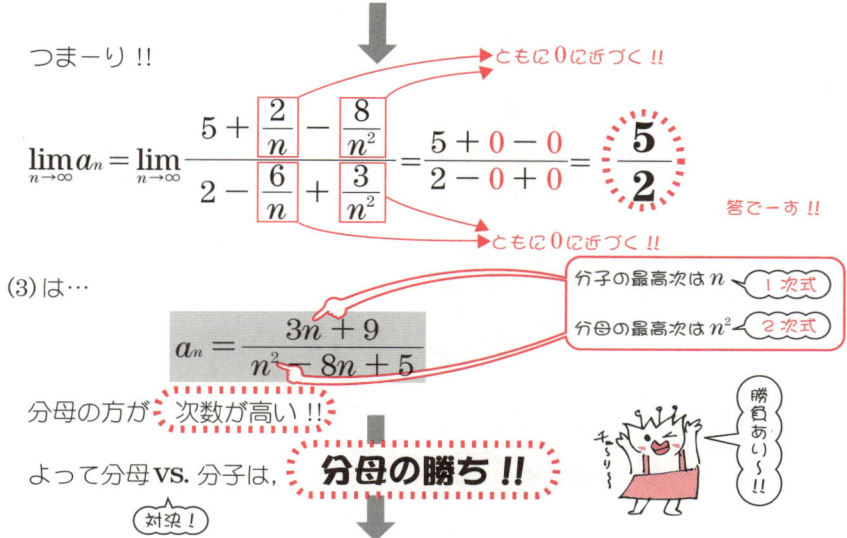

$$\lim_{n \to \infty} a_n = \lim_{n \to \infty} \frac{5 + \frac{2}{n} - \frac{8}{n^2}}{2 - \frac{6}{n} + \frac{3}{n^2}} = \frac{5 + 0 - 0}{2 - 0 + 0} = \frac{5}{2}$$

ともに0に近づく!!
ともに0に近づく!!
答でーす!!

(3)は…

$$a_n = \frac{3n + 9}{n^2 - 8n + 5}$$

分子の最高次は n 1次式
分母の最高次は n^2 2次式

分母の方が 次数が高い!!

よって分母 vs. 分子は、 **分母の勝ち!!**

勝負あり～!!
対決!

このように分子 vs. 分母の対決がひと目で判断できる場合は、(1)や(2)みたいな小細工は、いりません!

つまーり!!

分子よりも分母の方が次数が高い!!
よって分子より分母の増加するパワーの方が強い!!
よってp.8の イメージコーナー と同様の結果となる!

1次式

$$\lim_{n \to \infty} a_n = \lim_{n \to \infty} \frac{3n + 9}{n^2 - 8n + 5} = 0$$

2次式
こいつはげつ!!
分母の主役は
あくまでも最高次の n^2 っす!
答でーす!!

解答でござる

(1) $\displaystyle\lim_{n \to \infty} a_n = \lim_{n \to \infty} \frac{7n - 3}{5n + 4}$

分子&分母ともに1次式!
つまり、分子 vs 分母は引き分け!!

$$= \lim_{n \to \infty} \frac{7 - \frac{3}{n}}{5 + \frac{4}{n}}$$

0に収束!
0に収束!

引き分けのときは、分子&分母を最高次で割るべし!!
つまり、分子&分母を n で割る! p.11参照!

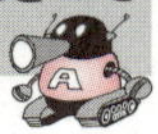

$$= \frac{7}{5} \quad \cdots (答)$$

$\dfrac{7 - 0}{5 + 0}$ より

(2) $\lim_{n\to\infty} a_n = \lim_{n\to\infty} \dfrac{5n^2 + 2n - 8}{2n^2 - 6n + 3}$ ← 分子＆分母ともに2次式！つまり引き分け!!

$= \lim_{n\to\infty} \dfrac{5 + \dfrac{2}{n} - \dfrac{8}{n^2}}{2 - \dfrac{6}{n} + \dfrac{3}{n^2}}$ ← 引き分けのときは分子＆分母を最高次で割るべし！！つまり，分子＆分母を n^2 で割る！ p.12参照！

（0に収束！）

$= \dfrac{\mathbf{5}}{\mathbf{2}}$ …(答) ← $\dfrac{5+0-0}{2-0+0}$ より

(3) $\lim_{n\to\infty} a_n = \lim_{n\to\infty} \dfrac{3n + 9}{n^2 - 8n + 5}$ ← 分子＆分母の対決は，分子…1次式に対して分母…2次式！よって分母の勝ち！

$= \mathbf{0}$ …(答) ← 分母がどんどん巨大になるので0に収束してしまう!!

注！ 例えば(1)で

$n \longrightarrow \infty$ のとき

$7n - 3 \longrightarrow \infty$ かつ $5n + 4 \longrightarrow \infty$ より

$\lim_{n\to\infty} a_n = \lim_{n\to\infty} \dfrac{7n - 3}{5n + 4} = \boxed{\dfrac{\infty}{\infty} = 1}$ （あーあ…）

などとしては ダメ！ ダメ!! ダメ!!!

無限大 『∞』は，単なる記号であって，『2』や『5』などの数値とはまったく異なる性質のものである。よって約分なんてもってのほかであーる!!

このような $\dfrac{\infty}{\infty}$ となるタイプを**不定形**と申します。

こんなタイプに出会ったら式変形だゾ!!

よーし，これまでのお話をチェックしましょう!!

問題 1-2 基礎の基礎

次のような一般項で表される数列の極限値を求めよ。

(1) $a_n = \dfrac{-3n + 6}{2n - 4}$

(2) $a_n = \dfrac{5n^2 - 4n + 2}{10n^2 + 6n - 3}$

(3) $a_n = \dfrac{7n + 6}{n^2 - 2n + 8}$

(4) $a_n = \dfrac{1000n + 30000}{n^3}$

(5) $a_n = \dfrac{6n + 7}{\sqrt{9n^2 + 3n - 5}}$

ナイスな導入!!

すべて，前問 **問題 1-1** と同様です!! では早速！

解答でござる

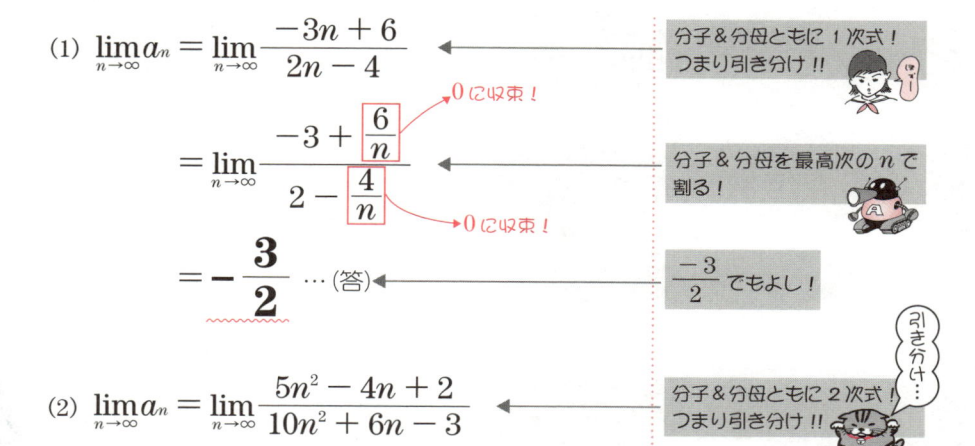

(1) $\displaystyle\lim_{n\to\infty} a_n = \lim_{n\to\infty} \dfrac{-3n + 6}{2n - 4}$ ← 分子&分母ともに1次式！つまり引き分け!!

$= \displaystyle\lim_{n\to\infty} \dfrac{-3 + \boxed{\dfrac{6}{n}}}{2 - \boxed{\dfrac{4}{n}}}$ ← 分子&分母を最高次の n で割る！

（0に収束！）

$= -\dfrac{3}{2}$ …(答) ← $\dfrac{-3}{2}$ でもよし！

（引き分け…）

(2) $\displaystyle\lim_{n\to\infty} a_n = \lim_{n\to\infty} \dfrac{5n^2 - 4n + 2}{10n^2 + 6n - 3}$ ← 分子&分母ともに2次式！つまり引き分け!!

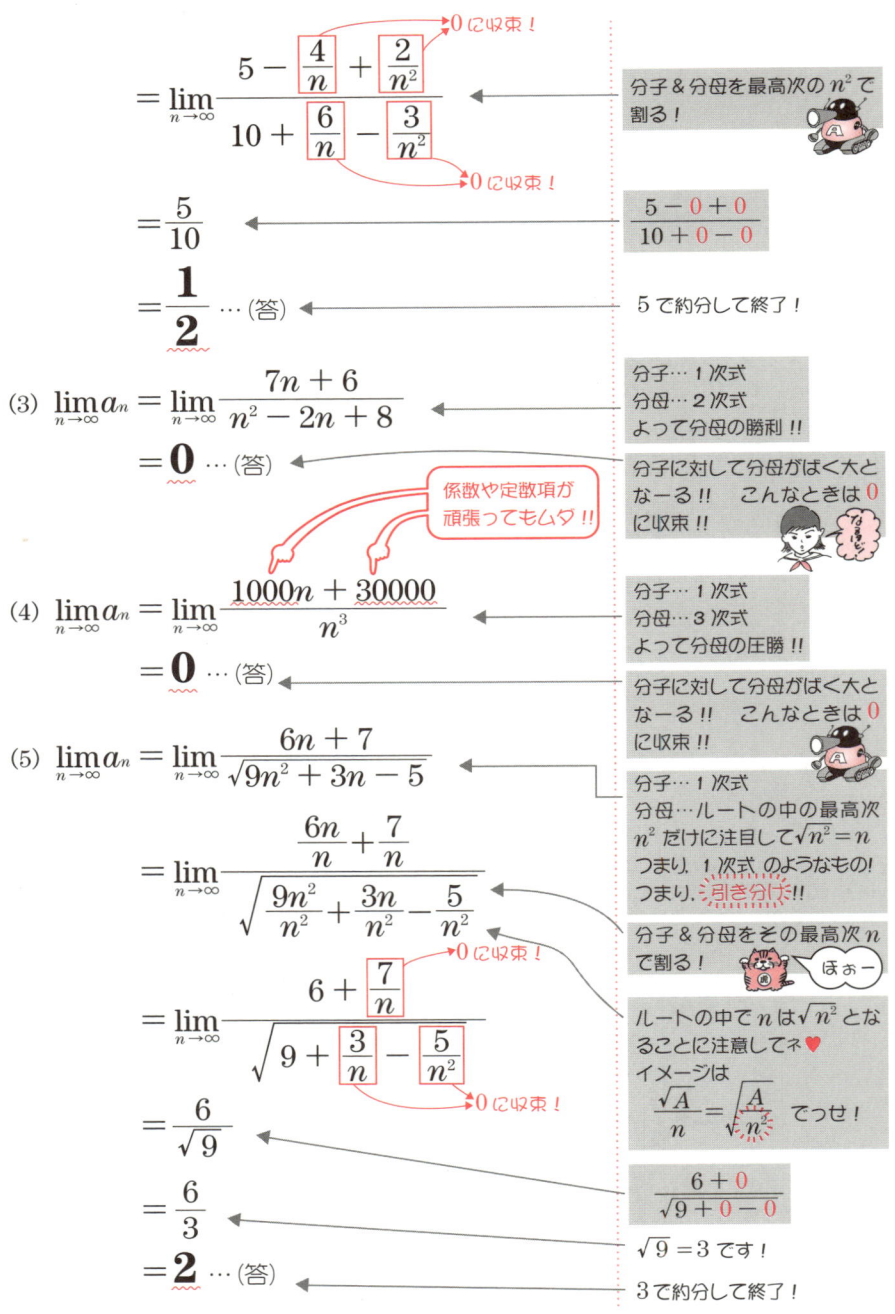

Theme 2 収束するとは限らない！

 収束するとは限らない！

ちゃんと極限値が求まらないタイプ

ジーザス!!

いきなりですが…

イメージコーナー

次のような一般項で表される数列で $n \to \infty$ となったとしたら，数列 $\{a_n\}$ は，どんな調子になりますかねぇ??

(1) $a_n = n^2 + 2$

(2) $a_n = \dfrac{n^3 + 1}{2n}$

(3) $a_n = -2n^3 + 3$

(4) $a_n = (-2)^n$

ファイト!!

(1) $a_n = n^2 + 2$ ですから…

☞ $n = 1, 2, 3, 4, 5, \ldots\ldots\ldots$

ってな具合に n を増やしていくと…

☞ $\underset{=3}{\underset{a_1}{1^2+2}}, \underset{=6}{\underset{a_2}{2^2+2}}, \underset{=11}{\underset{a_3}{3^2+2}}, \underset{=18}{\underset{a_4}{4^2+2}}, \underset{=27}{\underset{a_5}{5^2+2}}, \ldots\ldots$

こりゃ増えつづけるだけだ…

ってな感じで増える一方です!!

と，ゆーことは…

$$\lim_{n \to \infty} a_n = \lim_{n \to \infty}(n^2 + 2) = \infty$$

おーっ!!

このような場合，a_n の極限値が ∞ とはいいません!!
「極限が ∞」ということもありますが，ふつうは…

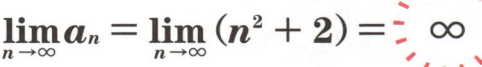 と表現しますョ♥

無限大に発散する！

(2) $a_n = \dfrac{n^3+1}{2n}$ ですから…

☞ $n = 1, 2, 3, 4, 5, \cdots\cdots$

ってな具合に n を増やしていくと…

☞ $\underset{=\;\frac{2}{2}}{\underset{a_1}{\dfrac{1^3+1}{2\times 1}}},\ \underset{=\;\frac{9}{4}}{\underset{a_2}{\dfrac{2^3+1}{2\times 2}}},\ \underset{=\;\frac{28}{6}}{\underset{a_3}{\dfrac{3^3+1}{2\times 3}}},\ \underset{=\;\frac{65}{8}}{\underset{a_4}{\dfrac{4^3+1}{2\times 4}}},\ \underset{=\;\frac{126}{10}}{\underset{a_5}{\dfrac{5^3+1}{2\times 5}}}\ \cdots\cdots$

分子の方が豪快に増えていきます！

と，ゆーわけで…

今回は，分母に対して分子の方がばく大となっていきます！
つまり，分子 vs. 分母の対決は，分子の勝ち!!

つまーーり!!

このような場合は，a_n がどんどん増加の一途をたどるので…

分母が地球レベルなら分子は銀河系レベル!!

$$\lim_{n\to\infty} a_n = \lim_{n\to\infty}\dfrac{n^3+1}{2n} = \infty$$

よってこの場合も

無限大に発散する!!　ってことになります！

(3) $a_n = -2n^3 + 3$ ですから…

☞ $n = 1, 2, 3, 4, 5, \cdots\cdots$

ってな具合に n を増やしていくと…

☞ $\underset{=\;1}{\underset{a_1}{-2\times 1^3+3}},\ \underset{=\;-13}{\underset{a_2}{-2\times 2^3+3}},\ \underset{=\;-51}{\underset{a_3}{-2\times 3^3+3}},\ \underset{=\;-125}{\underset{a_4}{-2\times 4^3+3}},\ \underset{=\;-247}{\underset{a_5}{-2\times 5^3+3}},\ \cdots$

マイナスがどんどん激しくなるぞ!!

と、ゆーわけで…

マイナス方向に無限大になっていくので…

$$\lim_{n\to\infty} a_n = \lim_{n\to\infty}(-2n^3 + 3) = -\infty$$

よってこの場合も『発散』という表現を活用して…

そうきたか…😢

負の無限大に発散する！

といいまっせ！

そこで!! (1)や(2)の場合を **正の無限大に発散する！**

といったりもしますョ♥

(4) $a_n = (-2)^n$ ですから…

☞　$n = 1, 2, 3, 4, 5, \ldots\ldots$

ってな具合にnを増やしていくと…

☞　$\underset{\underset{-2}{\parallel}}{\overset{a_1}{(-2)^1}}, \underset{\underset{4}{\parallel}}{\overset{a_2}{(-2)^2}}, \underset{\underset{-8}{\parallel}}{\overset{a_3}{(-2)^3}}, \underset{\underset{16}{\parallel}}{\overset{a_4}{(-2)^4}}, \underset{\underset{-32}{\parallel}}{\overset{a_5}{(-2)^5}}, \ldots\ldots$

おっと！
プラスとマイナスを
くり返すぞ!!

グラフでイメージ化を！

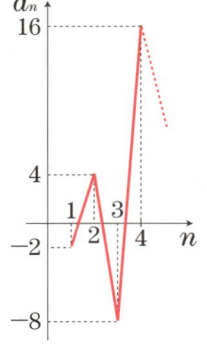

行ったり来たり…
まさに地震が
激しくなっていく
ような感じだ…

以下、ハミ出すのは
省略!!

こんな場合は…

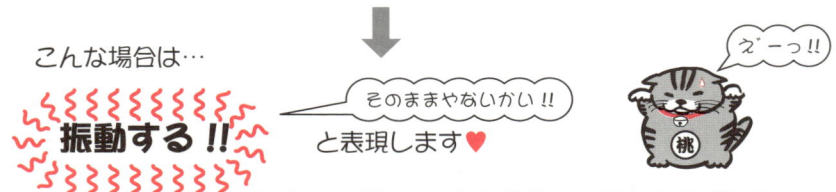

と表現します♥

しかしながら，これも発散の一種なのでご注意を…

では，このあたりでまとめを…

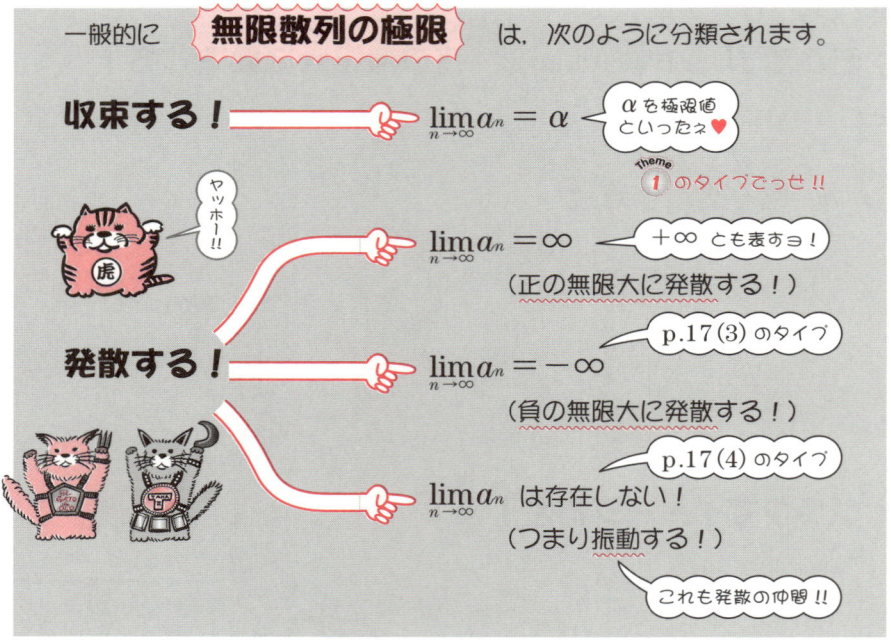

それでは演習してみましょう♥

問題 2-1 基礎

次のような一般項で表される数列の極限を調べ，収束する場合は，その極限値を求めよ。

(1) $a_n = \dfrac{n^3 + 2n + 1}{n^2 + 3n - 2}$

(2) $a_n = \dfrac{-n^2 + 6}{2n + 3}$

(3) $a_n = \dfrac{10n + 20}{n^2 - 7n}$

(4) $a_n = \dfrac{2n^2 + 5}{\sqrt{n^4 - n + 2}}$

(5) $a_n = (-2)^n + 2$

ナイスな導入!!

(1)～(4)は，分子 vs. 分母 の次数対決!!

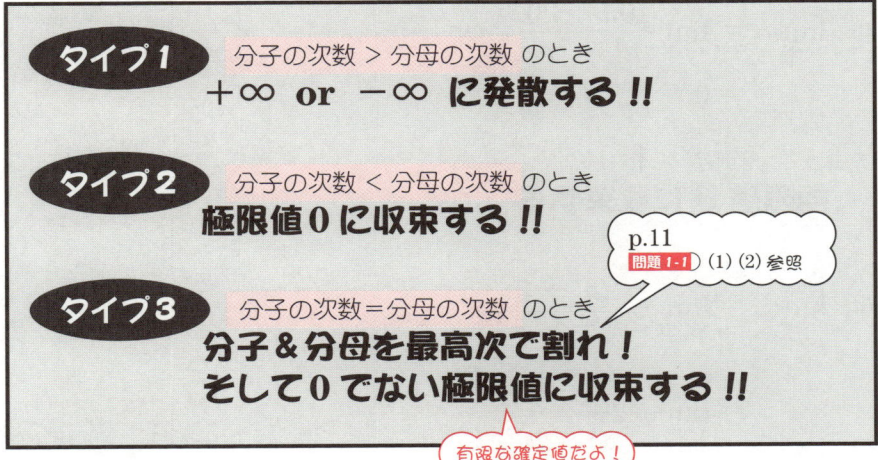

(5)は，$n = 1, 2, 3, \cdots$ と増やしていけば，なんとなくわかりまっせ！

(1) $\displaystyle\lim_{n\to\infty} a_n = \lim_{n\to\infty}\frac{n^3+2n+1}{n^2+3n-2}$

　　　　　$= \infty$

よって，無限数列 $\{a_n\}$ は

無限大に発散する …(答)

(2) $\displaystyle\lim_{n\to\infty} a_n = \lim_{n\to\infty}\frac{-n^2+6}{2n+3}$

　　　　　$= \displaystyle\lim_{n\to\infty}\left\{-\left(\frac{n^2-6}{2n+3}\right)\right\}$

　　　　　$= -\infty$

よって，無限数列 $\{a_n\}$ は

負の無限大に発散する …(答)

(3) $\displaystyle\lim_{n\to\infty} a_n = \lim_{n\to\infty}\frac{10n+20}{n^2-7n}$

　　　　　$= 0$

よって，無限数列 $\{a_n\}$ は

極限値 0 に収束する …(答)

(4) $\displaystyle\lim_{n\to\infty} a_n = \lim_{n\to\infty}\frac{2n^2+5}{\sqrt{n^4-n+2}}$

　　　　　$= \displaystyle\lim_{n\to\infty}\frac{\dfrac{2n^2}{n^2}+\dfrac{5}{n^2}}{\sqrt{\dfrac{n^4}{n^4}-\dfrac{n}{n^4}+\dfrac{2}{n^4}}}$

$$= \lim_{n\to\infty} \frac{2+\boxed{\dfrac{5}{n^2}}}{\sqrt{1-\boxed{\dfrac{1}{n^3}}+\boxed{\dfrac{2}{n^4}}}}$$

　0に収束！
　0に収束！

$$= \frac{2}{\sqrt{1}}$$
$$= 2$$

イメージは…
$\dfrac{\sqrt{A}}{n^2} = \sqrt{\dfrac{A}{n^4}}$　で〜す！

よって，無限数列 $\{a_n\}$ は

極限値 2 に収束する …(答)

(5) $a_n = (-2)^n + 2$

このとき $a_1,\ a_2,\ a_3,\ a_4,\ a_5,\ \cdots$，をグラフに示すと

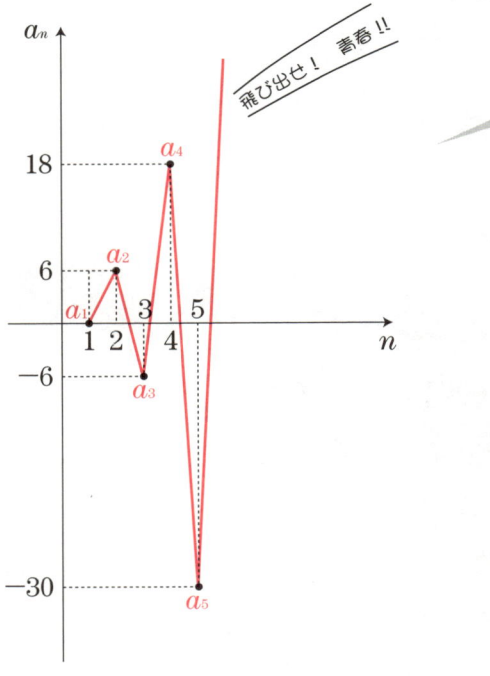

飛び出せ！青春!!

$a_1 = (-2)^1 + 2$
　$= -2 + 2$
　$= 0$

$a_2 = (-2)^2 + 2$
　$= 4 + 2$
　$= 6$

$a_3 = (-2)^3 + 2$
　$= -8 + 2$
　$= -6$

$a_4 = (-2)^4 + 2$
　$= 16 + 2$
　$= 18$

$a_5 = (-2)^5 + 2$
　$= -32 + 2$
　$= -30$

$a_6 = (-2)^6 + 2$
　$= 64 + 2$
　$= 66$
　　$\vdots$

よって，$\displaystyle\lim_{n\to\infty} a_n$ は存在しない，つまり

無限数列 $\{a_n\}$ は

振動する …(答)

振動は発散の一種だから，"発散する"と答えてもOK！

さて，ここからが真の意味での本番でございます！

問題 2-2 　　標準

次の極限を調べよ。

(1) $\displaystyle\lim_{n\to\infty}\left(\sqrt{4n^2+9n+5}+2n\right)$

(2) $\displaystyle\lim_{n\to\infty}\left(\sqrt{4n^2+9n+5}-2n\right)$

ナイスな導入!!

(1) これは，ふつうに考えてみてください！

$n \longrightarrow \infty$ のとき

$\sqrt{4n^2+9n+5} \longrightarrow \infty$ 　（アタリマエ!!）

$2n \longrightarrow \infty$ 　（これもアタリマエ!!）

以上より

$\sqrt{4n^2+9n+5}+2n \longrightarrow \infty$ 　（$\infty+\infty\to\infty$ ってワケだね！）

となりまーす!!

(2) (1)の考え方を(2)で活用したら **ダメ!!**

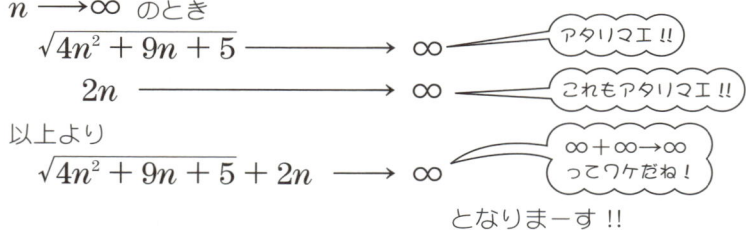

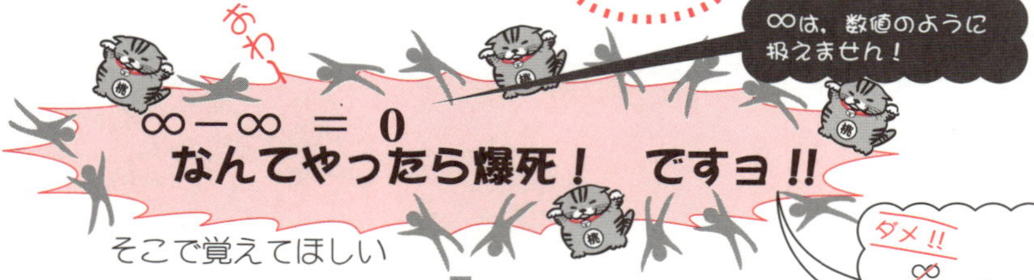

おわっ
∞は，数値のように扱えません！
∞ − ∞ = 0
なんてやったら爆死！ ですョ!!

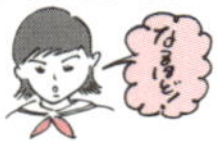

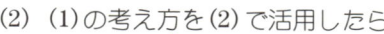

（ダメ!! $\dfrac{\infty}{\infty}=1$ でないのと同様です！）

なるほど

そこで覚えてほしい

テクニックが…

分子の有理化 でございます!!

つまり…

$$\lim_{n\to\infty}\left(\sqrt{4n^2+9n+5}-2n\right)$$

$$=\lim_{n\to\infty}\left(\frac{\sqrt{4n^2+9n+5}-2n}{1}\right)$$

（分母に1を設定する！ $3=\dfrac{3}{1}$ としてもよいのと同様です！）

$$= \lim_{n\to\infty} \frac{(\sqrt{4n^2+9n+5}-2n)(\sqrt{4n^2+9n+5}+2n)}{1\times(\sqrt{4n^2+9n+5}+2n)}$$

分子＆分母に
$\sqrt{4n^2+9n+5}+2n$
をかける！

$$= \lim_{n\to\infty} \frac{4n^2+9n+5-4n^2}{\sqrt{4n^2+9n+5}+2n}$$

公式
$(A+B)(A-B)=A^2-B^2$
でっせ!!
$(\sqrt{4n^2+9n+5})^2-(2n)^2$
$=4n^2+9n+5-4n^2$
です！

$$= \lim_{n\to\infty} \frac{9n+5}{\sqrt{4n^2+9n+5}+2n}$$

ここから先は 解答でござる にて…

ここまでくれば
あとは p.21 の タイプ3
分子の次数＝分母の次数
のタイプですヨ！

解答でござる

(1) $\lim_{n\to\infty}(\sqrt{4n^2+9n+5}+2n)=\infty$

こりゃアタリマエなりぃ！
ナイスな導入!! 参照！

∴ **無限大に発散する** …(答)

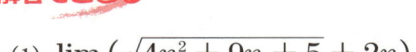

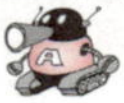

(2) $\lim_{n\to\infty}(\sqrt{4n^2+9n+5}-2n)$

$\infty-\infty=0$ にすんなヨ!!

$$= \lim_{n\to\infty} \frac{(\sqrt{4n^2+9n+5}-2n)(\sqrt{4n^2+9n+5}+2n)}{\sqrt{4n^2+9n+5}+2n}$$

分子の有理化っす！
詳しくは、ナイスな導入!! 参照!!

$$= \lim_{n\to\infty} \frac{4n^2+9n+5-4n^2}{\sqrt{4n^2+9n+5}+2n}$$

分子は $(A+B)(A-B)$
$=A^2-B^2$
の公式になります！

$$= \lim_{n\to\infty} \frac{9n+5}{\sqrt{4n^2+9n+5}+2n}$$

分子… 1 次式
分母…ルートの中の 2 次式
つまり 1 次式！

$$= \lim_{n\to\infty} \frac{9+\frac{5}{n}}{\sqrt{4+\frac{9}{n}+\frac{5}{n^2}}+2}$$

$\frac{5}{n}$ → 0 に収束！
$\frac{9}{n}$, $\frac{5}{n^2}$ → 0 に収束！

分子＆分母ともに 1 次式だから最高次の n で分子＆分母を割る！　すると…

$$\lim_{n\to\infty} \frac{\frac{9n}{n}+\frac{5}{n}}{\sqrt{\frac{4n^2}{n^2}+\frac{9n}{n^2}+\frac{5}{n^2}}+\frac{2n}{n}}$$

$$= \lim_{n\to\infty} \frac{9+\frac{5}{n}}{\sqrt{4+\frac{9}{n}+\frac{5}{n^2}}+2}$$

n はルートの中では
n^2 となります！

$$= \frac{9}{\sqrt{4}+2}$$

$$= \frac{9}{4}$$

∴ $\boldsymbol{\frac{9}{4}}$ **に収束する** …(答)

では，またまた演習でござる！

問題 2-3 　標準

次の極限を求めよ。
(1) $\displaystyle\lim_{n\to\infty}(\sqrt{9n^2+7n+8}-3n)$
(2) $\displaystyle\lim_{n\to\infty}(\sqrt{5n^2-2n+9}-2n)$

ナイスな導入!!

いずれも前問 **問題 2-2** (2)のタイプでーす！
くれぐれも $\infty-\infty=0$ などとしないように!!

解答でござる

(1) $\displaystyle\lim_{n\to\infty}(\sqrt{9n^2+7n+8}-3n)$ ← $\infty-\infty=0$ じゃないぞ!!

$=\displaystyle\lim_{n\to\infty}\dfrac{(\sqrt{9n^2+7n+8}-3n)(\sqrt{9n^2+7n+8}+3n)}{\sqrt{9n^2+7n+8}+3n}$

$\displaystyle\lim_{n\to\infty}\dfrac{\sqrt{9n^2+7n+8}-3n}{1}$
と考え，分子＆分母に
$\sqrt{9n^2+7n+8}+3n$ をかける！

$=\displaystyle\lim_{n\to\infty}\dfrac{9n^2+7n+8-9n^2}{\sqrt{9n^2+7n+8}+3n}$

分子は
$(A+B)(A-B)=A^2-B^2$
の公式となる！

$=\displaystyle\lim_{n\to\infty}\dfrac{7n+8}{\sqrt{9n^2+7n+8}+3n}$

分子…1次式
分母…1次式
引き分け!!

$=\displaystyle\lim_{n\to\infty}\dfrac{7+\boxed{\dfrac{8}{n}}}{\sqrt{9+\boxed{\dfrac{7}{n}}+\boxed{\dfrac{8}{n^2}}}+3}$ 　0に収束！

ルートの中の n^2 は n と同じ価値！

分子＆分母を n で割る！
つまり…

$\displaystyle\lim_{n\to\infty}\dfrac{\dfrac{7n}{n}+\dfrac{8}{n}}{\sqrt{\dfrac{9n^2}{n^2}+\dfrac{7n}{n^2}+\dfrac{8}{n^2}}+\dfrac{3n}{n}}$

$=\dfrac{7}{\sqrt{9}+3}$

$=\dfrac{7}{6}$

$=\displaystyle\lim_{n\to\infty}\dfrac{7+\dfrac{8}{n}}{\sqrt{9+\dfrac{7}{n}+\dfrac{8}{n^2}}+3}$

$$\therefore \underline{\underline{\frac{7}{6} \text{に収束する}}} \quad \cdots \text{(答)}$$

(2) $\lim\limits_{n \to \infty} (\sqrt{5n^2 - 2n + 9} - 2n)$

$= \lim\limits_{n \to \infty} \dfrac{(\sqrt{5n^2 - 2n + 9} - 2n)(\sqrt{5n^2 - 2n + 9} + 2n)}{\sqrt{5n^2 - 2n + 9} + 2n}$

$= \lim\limits_{n \to \infty} \dfrac{5n^2 - 2n + 9 - 4n^2}{\sqrt{5n^2 - 2n + 9} + 2n}$

$= \lim\limits_{n \to \infty} \dfrac{n^2 - 2n + 9}{\sqrt{5n^2 - 2n + 9} + 2n}$

$= \infty$

$\therefore \underline{\underline{\infty \text{に発散する}}} \quad \cdots \text{(答)}$

> ∞ − ∞ となるタイプは要注意だぞ!!
>
> $\lim\limits_{n \to \infty} \dfrac{\sqrt{5n^2 - 2n + 9} - 2n}{1}$
> と考え，分子&分母に $\sqrt{5n^2 - 2n + 9} + 2n$ をかける!
>
> 分子は，
> $(A+B)(A-B) = A^2 - B^2$
> の公式となる!
>
> 分子…2次式
> 分母…1次式
>
> 分子の勝ち!!
>
> ルートの中の n^2 は n と同じ価値!
>
> 分子が分母より圧倒的に巨大になっていくから，∞に発散する!!

で，追加の一品です…

問題 2-4　〔標準〕

次の極限を求めよ。

$\lim\limits_{n \to \infty} \dfrac{n}{\sqrt{n^2 + 1} - n}$

ナイスな導入!!

> ルートの中の n^2 は n と同じ価値!

ザッと見たとき，分子…1次式　分母…1次式

となって，分子 vs. 分母の対決は 引き分け ！
そこで，今までどおり，分子＆分母を最高次の n で割ると…

$$\lim_{n \to \infty} \frac{n}{\sqrt{n^2+1}-n}$$
$$= \lim_{n \to \infty} \frac{1}{\sqrt{1+\frac{1}{n^2}}-1}$$

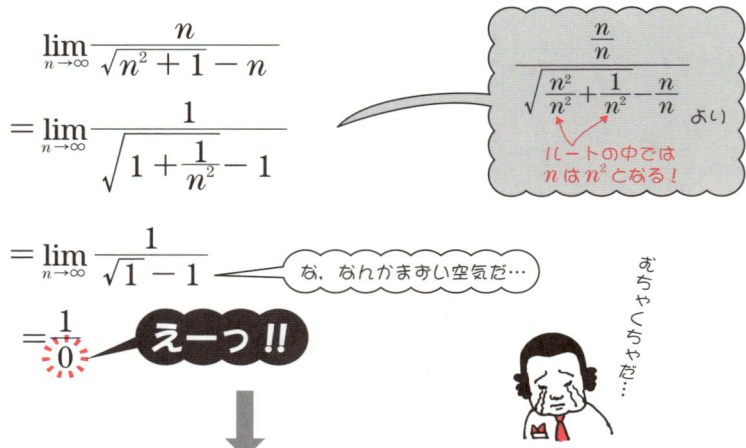

$$= \lim_{n \to \infty} \frac{1}{\sqrt{1}-1}$$

お，なんかまずい空気だ…

$$= \frac{1}{0}$$ えーっ!!

むちゃくちゃだ…

こっ，これはヤバイ!!　分母が 0 になってしもうたぁる

そこで…

ヤバくなったら
とにかく有理化！

今回は… **分母の有理化!!** を致しま―す♥

 解答でござる

$$\lim_{n \to \infty} \frac{n}{\sqrt{n^2+1}-n}$$

分母＆分子に $\sqrt{n^2+1}+n$ をかける

$$= \lim_{n \to \infty} \frac{n(\sqrt{n^2+1}+n)}{(\sqrt{n^2+1}-n)(\sqrt{n^2+1}+n)}$$

$$= \lim_{n \to \infty} \frac{n(\sqrt{n^2+1}+n)}{n^2+1-n^2}$$

分母は $(\sqrt{n^2+1})^2 - n^2$

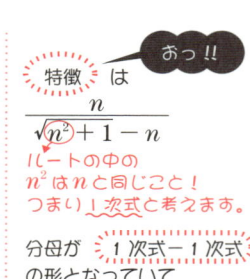

おっ!!

特徴 は

$$\frac{n}{\sqrt{n^2+1}-n}$$

ルートの中の n^2 は n と同じこと！つまり 1 次式と考えます。

分母が 1次式－1次式 の形となっていて $\sqrt{n^2+1}$ も n も似た増え方をしてしまう！　分母がいわゆる ∞－∞ となってしまい困る!!

$$= \lim_{n \to \infty} \frac{n\sqrt{n^2+1}+n^2}{1}$$ ← 分子を展開！

$$= \lim_{n \to \infty} (n\sqrt{n^2+1}+n^2)$$

$$= \infty$$

∴ **∞に発散する** …(答)

↓ こんなときは
分母の有理化!!

―― プロフィール ――
　　みっちゃん(17才)
　究極の癒し系!!　あまり勉強は得意ではないようだが,「やればデキる!!」タイプ♥
　「みっちゃん」と一緒に頑張ろうぜ!!
　ちなみに豚山さんとはクラスメイトです

$n \longrightarrow -\infty$ が登場したらどうします～？　この辺りをツメとこうぜっ！

問題 2-5 　標準

次の極限を求めよ。

(1) $\displaystyle\lim_{n \to -\infty} \frac{n^2 + 3n + 5}{3n^2 - 2n + 7}$

(2) $\displaystyle\lim_{n \to -\infty} \frac{2n^3 + 7n + 9}{-n^3 + 2n^2 - 3}$

ナイスな導入!!

うわぁぁぁぁ… 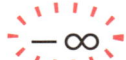 だぁ～～～～っ！

そこで!!　スーパーテクニック見参!!

$n = -t$ とおきかえりゃぁ万事解決です!!

(1)では，$n = -t$ とおくと…　　($t = -n$ より)

　　$n \longrightarrow -\infty$ のとき $t \longrightarrow \infty$ （$+\infty$ と同じ意味！）

と，ゆーわけで…

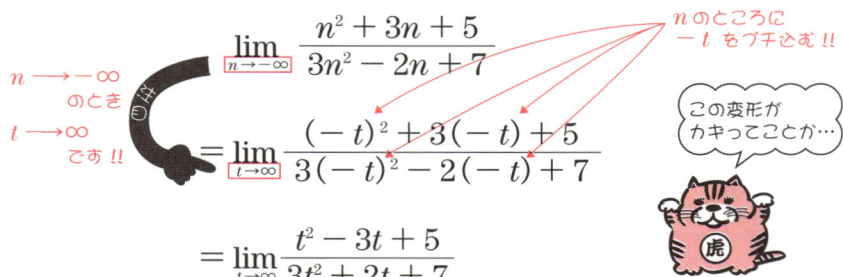

$$= \lim_{t \to \infty} \frac{t^2 - 3t + 5}{3t^2 + 2t + 7}$$

で!!　あとは今までと同じ方針でイケます！

(2)も $n = -t$ とおきかえて　お・し・ま・い♥

解答でござる

(1) $n = -t$ とおく。

$n \longrightarrow -\infty$ のとき $t \longrightarrow \infty$ だから

$$\lim_{n \to -\infty} \frac{n^2 + 3n + 5}{3n^2 - 2n + 7}$$

$$= \lim_{t \to \infty} \frac{(-t)^2 + 3(-t) + 5}{3(-t)^2 - 2(-t) + 7}$$

$$= \lim_{t \to \infty} \frac{t^2 - 3t + 5}{3t^2 + 2t + 7}$$

$$= \lim_{t \to \infty} \frac{1 - \dfrac{3}{t} + \dfrac{5}{t^2}}{3 + \dfrac{2}{t} + \dfrac{7}{t^2}}$$

$$= \underline{\underline{\frac{1}{3}}} \quad \cdots \text{(答)}$$

$n = -t$ より $t = -n$
$n \longrightarrow -\infty$ より
$t = -n \longrightarrow -(-\infty) = \infty$

nのところに$-t$を代入！

もはやおなじみのパターン！

分子＆分母を$\div t^2$
つまり…

$$\lim_{t \to \infty} \frac{\dfrac{t^2}{t^2} - \dfrac{3t}{t^2} + \dfrac{5}{t^2}}{\dfrac{3t^2}{t^2} + \dfrac{2t}{t^2} + \dfrac{7}{t^2}}$$

$$= \lim_{t \to \infty} \frac{1 - \dfrac{3}{t} + \dfrac{5}{t^2}}{3 + \dfrac{2}{t} + \dfrac{7}{t^2}}$$

0に収束！

$$\frac{1 - 0 + 0}{3 + 0 + 0}$$

(2) $n = -t$ とおく。

$n \longrightarrow -\infty$ のとき $t \longrightarrow \infty$ だから

$$\lim_{n \to -\infty} \frac{2n^3 + 7n + 9}{-n^3 + 2n^2 - 3}$$

$$= \lim_{t \to \infty} \frac{2(-t)^3 + 7(-t) + 9}{-(-t)^3 + 2(-t)^2 - 3}$$

$$= \lim_{t \to \infty} \frac{-2t^3 - 7t + 9}{t^3 + 2t^2 - 3}$$

$$= \lim_{t \to \infty} \frac{-2 - \dfrac{7}{t^2} + \dfrac{9}{t^3}}{1 + \dfrac{2}{t} - \dfrac{3}{t^3}}$$

$$= \frac{-2}{1}$$

$$= \underline{\underline{-2}} \quad \cdots \text{(答)}$$

$n = -t$ より $t = -n$
$n \longrightarrow -\infty$ より
$t = -n \longrightarrow -(-\infty) = \infty$

nのところに$-t$を代入！

もはや有名なパターン！

分子＆分母を$\div t^3$
つまり…

$$\lim_{t \to \infty} \frac{-\dfrac{2t^3}{t^3} - \dfrac{7t}{t^3} + \dfrac{9}{t^3}}{\dfrac{t^3}{t^3} + \dfrac{2t^2}{t^3} - \dfrac{3}{t^3}}$$

$$= \lim_{t \to \infty} \frac{-2 - \dfrac{7}{t^2} + \dfrac{9}{t^3}}{1 + \dfrac{2}{t} - \dfrac{3}{t^3}}$$

$$\frac{-2 - 0 + 0}{1 + 0 - 0}$$

Theme 3 極限に関するよくありがちな問題

恐縮ですが…。いきなり問題に入ります…。

問題 3-1 [標準]

次の等式が成り立つように定数 a, b の値を求めよ。

(1) $\displaystyle \lim_{n \to \infty} \frac{an^2 + bn + 2}{3n + 5} = 2$

(2) $\displaystyle \lim_{n \to \infty} \frac{12n^2 - 3n + 5}{an^3 + bn^2 + 7n + 2} = -3$

ナイスな導入!!

タイプ1 分子の次数 > 分母の次数 のとき
$+\infty$ or $-\infty$ に発散する!!

たとえば…

$\displaystyle \lim_{n \to \infty} \frac{n^3 + 5n^2 - 8}{2n^2 + 3n + 4} = \infty$ ← 分子の方が次数が高い！

← 分母の次数< 分子の次数より、この部分が $+\infty$ に発散

$\displaystyle \lim_{n \to \infty} \frac{-n^2 + 6n - 3}{4n + 8} = \lim_{n \to \infty} \left\{ -\left(\frac{n^2 - 6n + 3}{4n + 8} \right) \right\} = -\infty$ だったネ♥

注!! マイナスは、くくり出すべし！
← 分子の方が次数が高い！

タイプ2 分子の次数 < 分母の次数 のとき
極限値 0 に収束する!!

たとえば…

$\displaystyle \lim_{n \to \infty} \frac{4n + 5}{n^2 + 2n + 3} = 0$ だったネ♥ ← 分母の方が次数が高い！

タイプ3 分子の次数 = 分母の次数 のとき
0以外の極限値に収束する!!

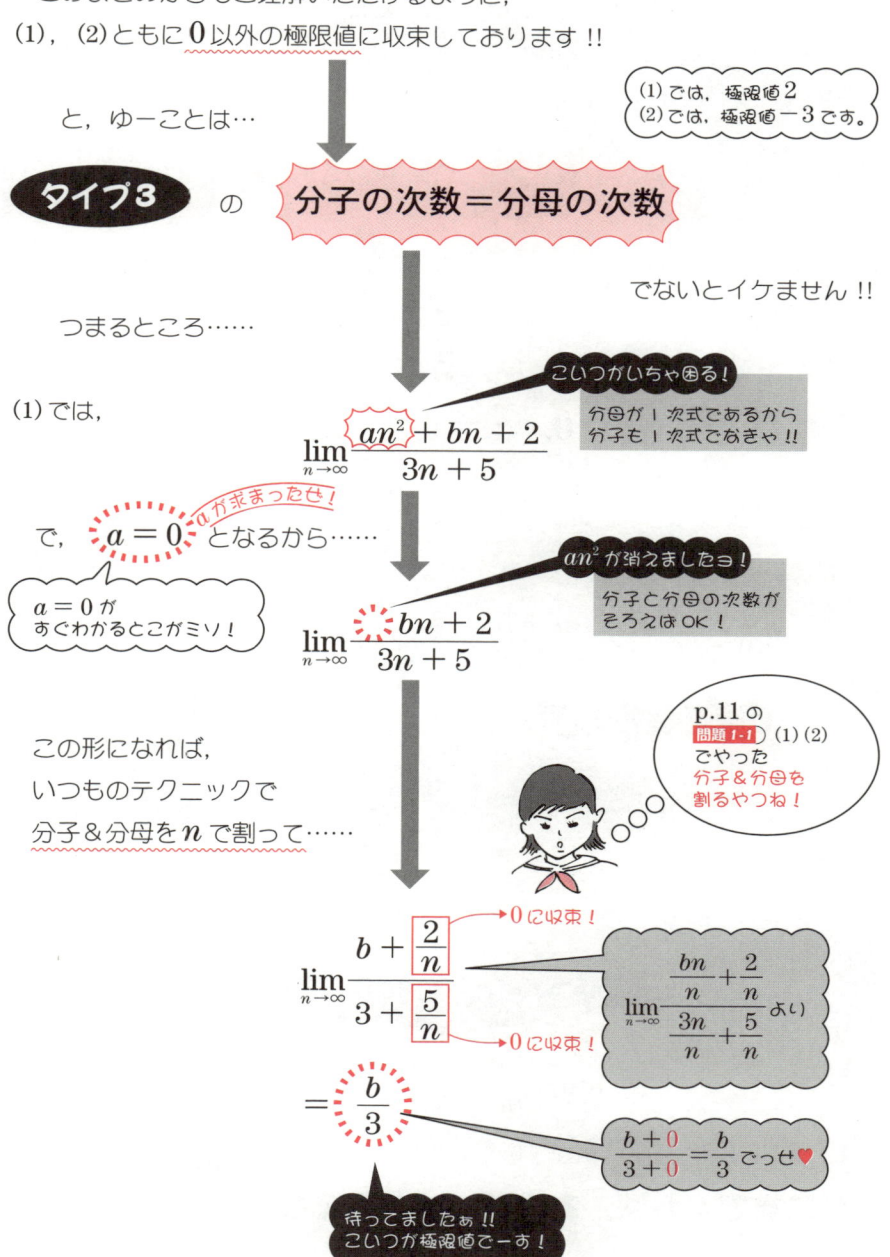

で!! この $\dfrac{b}{3}$ が $\displaystyle\lim_{n\to\infty}\dfrac{an^2+bn+2}{3n+5}=2$ より

2 に一致するから…

$$\dfrac{b}{3}=2$$

$$\therefore\ b=6$$ bも求まったせ!!

以上より…

解答です!!

$$a=0,\ b=6$$ となりまっする!!

真っ先にこれは，求まったネ♥　こっちは，少しばかり計算が必要でした

なるほどねぇ…

(2) もまったく同じです!!

$$\lim_{n\to\infty}\dfrac{12n^2-3n+5}{an^3+bn^2+7n+2}$$

こいつに存在されたら困る

理由は…
分子が2次式であるから分母も2次式でなければなりません。

つまり…

秒殺だぁーっ!!

$$a=0$$

が決定します。

とゆーわけで…

$$\lim_{n\to\infty}\dfrac{12n^2-3n+5}{bn^2+7n+2}$$

これで，分子と分母の次数がそろったってわけかぁ…

an^3 が抹殺されましたよ

ここまでくれば，あとは(1)と同様です!!

続きは解答にて…

Theme 3 極限に関するよくありがちな問題

 解答でござる

(1) $\lim_{n\to\infty} \dfrac{an^2+bn+2}{3n+5} = 2$ ……(∗)

> 0以外の極限値!!
> これは p.21 の タイプ3 です!!

(∗)が成立するためには、

$\boxed{a=0}$ は、明らかである。

> 分子の次数＝分母の次数
> とならないと極限値2に収束することはありえない!!
> 詳しくは ナイスな導入!! 参照!!

このとき、$a=0$ から

左辺 $= \lim_{n\to\infty} \dfrac{bn+2}{3n+5}$

> $a=0$ より
> an^2 は、なくなったヨ!

$= \lim_{n\to\infty} \dfrac{b+\boxed{\dfrac{2}{n}}}{3+\boxed{\dfrac{5}{n}}}$ →0に収束! →0に収束!

> 分子＆分母を n で割りましたヨ!

$= \dfrac{b}{3}$

> これが極限値でっせ♥

この値が(∗)の右辺の2と一致するから

$\dfrac{b}{3} = 2$

> つまるところ(∗)で、左辺＝右辺です!

∴ $b=6$

> b も始末できたぜっ♥

以上まとめて

$(a, b) = \underline{(\mathbf{0},\ \mathbf{6})}$ …(答)

> ハイ、できあがり♥♥

(2) $\displaystyle\lim_{n\to\infty}\frac{12n^2-3n+5}{an^3+bn^2+7n+2}=-3$ ……(∗)

> こりゃまた 0 以外!!
> p.21 の タイプ3 なり!

(∗)が成立するためには，

$\boxed{a=0}$ は明らかである。

> 分子の次数＝分母の次数
> とならないと極限値 −3 に収束することはありえない!!
> 詳しくは ナイスな導入!! 参照!!

このとき，$a=0$ から

左辺 $=\displaystyle\lim_{n\to\infty}\frac{12n^2-3n+5}{bn^2+7n+2}$

> $a=0$ より
> an^3 は，秒殺されました！

$=\displaystyle\lim_{n\to\infty}\frac{12-\boxed{\dfrac{3}{n}}+\boxed{\dfrac{5}{n^2}}}{b+\boxed{\dfrac{7}{n}}+\boxed{\dfrac{2}{n^2}}}$

0 に収束！
0 に収束！

> 分子 & 分母を n^2 で割っちゃったョ♥
> つまり
> $\displaystyle\lim_{n\to\infty}\frac{\dfrac{12n^2}{n^2}-\dfrac{3n}{n^2}+\dfrac{5}{n^2}}{\dfrac{bn^2}{n^2}+\dfrac{7n}{n^2}+\dfrac{2}{n^2}}$
> から…

$=\dfrac{12}{b}$

> これが極限値なり！

この値が(∗)の右辺の −3 と一致するから

$\dfrac{12}{b}=-3$

> つまるところ (∗) で
> 左辺＝右辺ですョ！

$12=-3b$

∴ $b=-4$

> b が求まったぜっ！

以上まとめて，

$(a,\ b)=\underline{(\mathbf{0},\ \mathbf{-4})}$ …(答)

> 一丁あがり♥

このタイプもハズセない!!

問題 3-2　　　　　　　　　　　　　　　　　　　　　標準

次の等式が成り立つように定数 a, b の値を求めよ。
(1) $\lim_{n \to \infty} (\sqrt{an^2 + 4n + 2} - \sqrt{2n^2 + bn + 3}) = 3$
(2) $\lim_{n \to \infty} (\sqrt{4n^2 - 12n + 1} - \sqrt{an^2 + bn + 5}) = -2$

ナイスな導入!!

こっ，これは………p.26の **問題 2-3** のタイプだぁ！

（$\sqrt{\cdots\cdots} - \sqrt{\cdots\cdots}$ の形）

一般的に
$\sqrt{\cdots\cdots} - \sqrt{\cdots\cdots}$ の形とくれば…

→ **分子の有理化!!**

（メジャーなテクニックだぁ～）

でしたネ♥

(1) では…

$$\lim_{n \to \infty} (\sqrt{an^2 + 4n + 2} - \sqrt{2n^2 + bn + 3})$$ ← 左辺です

$$= \lim_{n \to \infty} \frac{\sqrt{an^2 + 4n + 2} - \sqrt{2n^2 + bn + 3}}{1}$$ ← 分母に1を作りました!!

ここで!!　分子と分母に $\sqrt{an^2 + 4n + 2} + \sqrt{2n^2 + bn + 3}$ を
かけて **分子を有理化** します!!
　　　　　　分子からルートを消します!!

$$= \lim_{n \to \infty} \frac{(\sqrt{an^2 + 4n + 2} - \sqrt{2n^2 + bn + 3})(\sqrt{an^2 + 4n + 2} + \sqrt{2n^2 + bn + 3})}{1 \times (\sqrt{an^2 + 4n + 2} + \sqrt{2n^2 + bn + 3})}$$

$$= \lim_{n \to \infty} \frac{an^2 + 4n + 2 - (2n^2 + bn + 3)}{\sqrt{an^2 + 4n + 2} + \sqrt{2n^2 + bn + 3}}$$

$$= \lim_{n \to \infty} \frac{(a-2)n^2 + (4-b)n - 1}{\sqrt{an^2 + 4n + 2} + \sqrt{2n^2 + bn + 3}}$$

分子で
$(A+B)(A-B) = A^2 - B^2$
の公式を活用!!
本問では…
$p = an^2 + 4n + 2$
$q = 2n^2 + bn + 3$
として…
$(\sqrt{p} - \sqrt{q})(\sqrt{p} + \sqrt{q})$
$= (\sqrt{p})^2 - (\sqrt{q})^2$
$= p - q$

ここで !!
分子と分母の次数チェックです !!

分子は… **$a \neq 2$ のとき 2 次式**です。

分母は… **ルートの中の n^2 は n と同じ価値**ですから，

1 次式ということになります。

簡単にいうと，$\sqrt{n^2} = n$ です

こ，こ，これはマズイ !!

$a \neq 2$ だと，分子の方の次数が大きくなってしまうので，

$+\infty$ or $-\infty$ に発散してしまいます

これはいかん…

つまーり !!

$a = 2$ が決定します。

なるほど

$$\lim_{n \to \infty} \frac{(a-2)n^2 + (4-b)n - 1}{\sqrt{an^2 + 4n + 2} + \sqrt{2n^2 + bn + 3}}$$

こいつさえいなくなれば…
分子の次数 = 分母の次数
という可能性が出る!!

よって $a = 2$ であるから… 〔aは解決!!〕

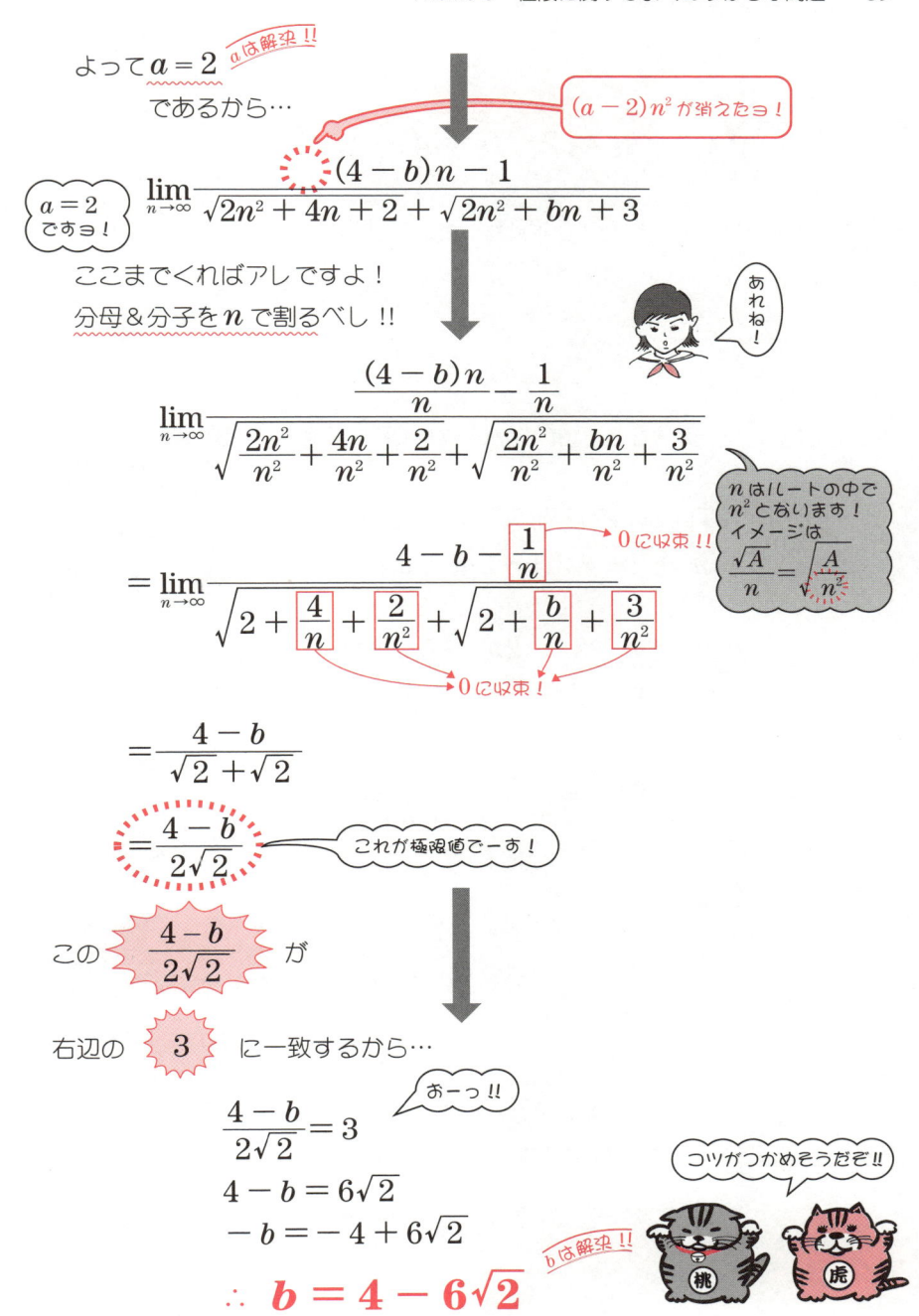

〔$(a-2)n^2$が消えたヨ!〕

〔$a = 2$ですョ!〕 $\displaystyle\lim_{n\to\infty}\frac{(4-b)n - 1}{\sqrt{2n^2 + 4n + 2} + \sqrt{2n^2 + bn + 3}}$

ここまでくればアレですよ!
分母&分子を n で割るべし!!

〔あれね!〕

$$\lim_{n\to\infty}\frac{\dfrac{(4-b)n}{n} - \dfrac{1}{n}}{\sqrt{\dfrac{2n^2}{n^2} + \dfrac{4n}{n^2} + \dfrac{2}{n^2}} + \sqrt{\dfrac{2n^2}{n^2} + \dfrac{bn}{n^2} + \dfrac{3}{n^2}}}$$

$$= \lim_{n\to\infty}\frac{4 - b - \boxed{\dfrac{1}{n}}}{\sqrt{2 + \boxed{\dfrac{4}{n}} + \boxed{\dfrac{2}{n^2}}} + \sqrt{2 + \boxed{\dfrac{b}{n}} + \boxed{\dfrac{3}{n^2}}}}$$

〔0に収束!!〕 〔0に収束!〕

〔nはルートの中で n^2 となります!イメージは $\dfrac{\sqrt{A}}{n} = \sqrt{\dfrac{A}{n^2}}$〕

$$= \frac{4 - b}{\sqrt{2} + \sqrt{2}}$$

$$= \frac{4 - b}{2\sqrt{2}}$$ 〔これが極限値でーす!〕

この $\dfrac{4-b}{2\sqrt{2}}$ が

右辺の 3 に一致するから…

〔おーっ!!〕

$$\frac{4 - b}{2\sqrt{2}} = 3$$

$$4 - b = 6\sqrt{2}$$

$$-b = -4 + 6\sqrt{2}$$

〔bは解決!!〕

$$\therefore\ \boldsymbol{b = 4 - 6\sqrt{2}}$$

〔コツがつかめそうだぞ!!〕

以上まとめて…　　　　↓　　答でーす!!

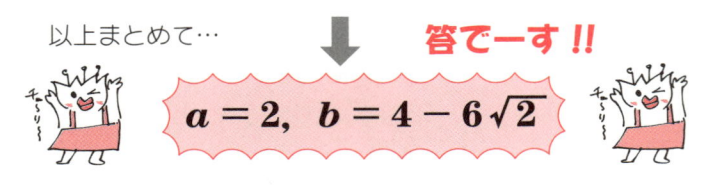

$$a = 2, \quad b = 4 - 6\sqrt{2}$$

(2)も(1)とまったく同様!　TRY してください!!
では, 解答へとまいりまーす!

解答でござる

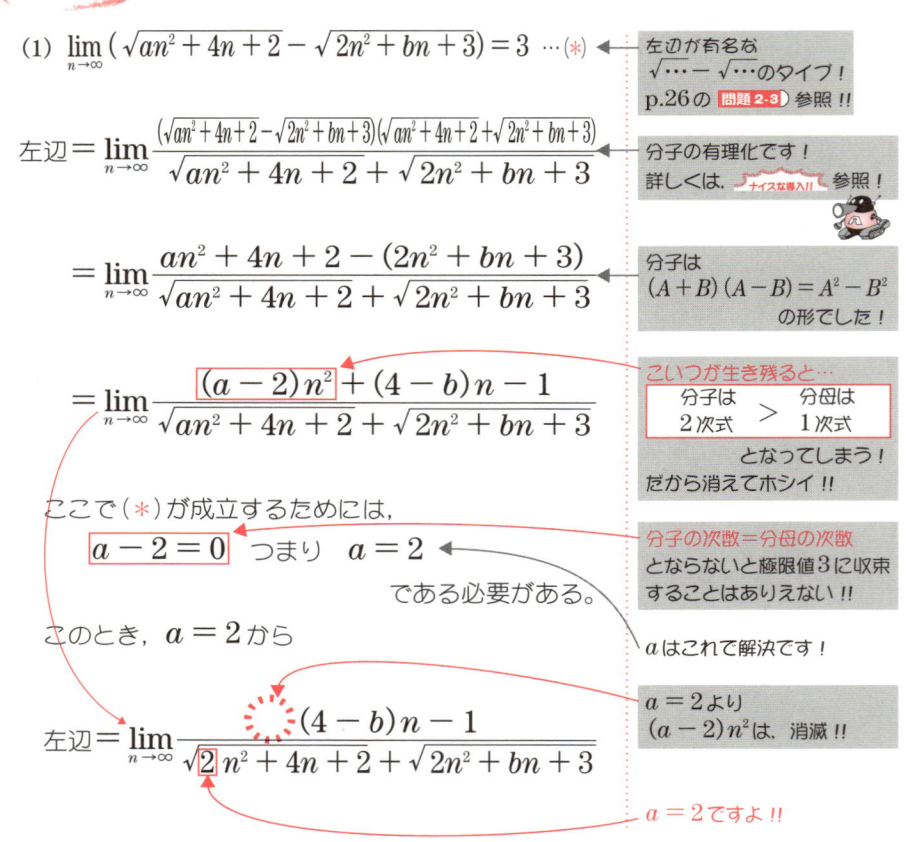

(1) $\displaystyle\lim_{n\to\infty}(\sqrt{an^2+4n+2}-\sqrt{2n^2+bn+3})=3$ …(∗)

> 左辺が有名な
> $\sqrt{\cdots}-\sqrt{\cdots}$ のタイプ!
> p.26の 問題 2-3 参照!!

$$\text{左辺} = \lim_{n\to\infty}\frac{(\sqrt{an^2+4n+2}-\sqrt{2n^2+bn+3})(\sqrt{an^2+4n+2}+\sqrt{2n^2+bn+3})}{\sqrt{an^2+4n+2}+\sqrt{2n^2+bn+3}}$$

> 分子の有理化です!
> 詳しくは, ナイスな導入!! 参照!

$$= \lim_{n\to\infty}\frac{an^2+4n+2-(2n^2+bn+3)}{\sqrt{an^2+4n+2}+\sqrt{2n^2+bn+3}}$$

> 分子は
> $(A+B)(A-B)=A^2-B^2$
> の形でした!

$$= \lim_{n\to\infty}\frac{\boxed{(a-2)n^2}+(4-b)n-1}{\sqrt{an^2+4n+2}+\sqrt{2n^2+bn+3}}$$

> こいつが生き残ると…
> 分子は　　　分母は
> 2次式　＞　1次式
> となってしまう!
> だから消えてホシイ!!

ここで(∗)が成立するためには,

$\boxed{a-2=0}$ つまり $a=2$

である必要がある。

> 分子の次数＝分母の次数
> とならないと極限値3に収束
> することはありえない!!
> a はこれで解決です!

このとき, $a=2$ から

$$\text{左辺} = \lim_{n\to\infty}\frac{(4-b)n-1}{\sqrt{\boxed{2}n^2+4n+2}+\sqrt{2n^2+bn+3}}$$

> $a=2$ より
> $(a-2)n^2$ は, 消滅!!
> $a=2$ ですよ!!

$$= \lim_{n \to \infty} \frac{4 - b - \boxed{\frac{1}{n}}}{\sqrt{2 + \boxed{\frac{4}{n}} + \boxed{\frac{2}{n^2}}} + \sqrt{2 + \boxed{\frac{b}{n}} + \boxed{\frac{3}{n^2}}}}$$

← 分子&分母を n で割ったヨ！
→ 0に収束！
→ 0に収束!!

n はルートの中では n^2 です！
イメージは
$$\frac{\sqrt{A}}{n} = \sqrt{\frac{A}{n^2}} \text{ てっせ♥}$$

$$= \frac{4 - b}{\sqrt{2} + \sqrt{2}}$$

$$= \frac{4 - b}{2\sqrt{2}}$$

この値が(∗)の右辺の3と一致するから ← これが極限値です！

$$\frac{4 - b}{2\sqrt{2}} = 3$$ ← つまるところ(∗)で左辺=右辺です！

$$4 - b = 6\sqrt{2}$$
$$\therefore \ b = 4 - 6\sqrt{2}$$ ← b が求まったヨ♥

以上まとめて，

$$(a, \ b) = \mathbf{(2, \ 4 - 6\sqrt{2})} \ \cdots \text{(答)}$$ ← ハイ．できあがり！

(2) $\displaystyle\lim_{n \to \infty}(\sqrt{4n^2 - 12n + 1} - \sqrt{an^2 + bn + 5}) = -2 \ \cdots (*)$

p.26の 問題2-3 でおなじみの $\sqrt{\cdots} - \sqrt{\cdots}$ のタイプでっせ♥

左辺 $= \displaystyle\lim_{n \to \infty} \frac{(\sqrt{4n^2 - 12n + 1} - \sqrt{an^2 + bn + 5})\boxed{(\sqrt{4n^2 - 12n + 1} + \sqrt{an^2 + bn + 5})}}{\boxed{\sqrt{4n^2 - 12n + 1} + \sqrt{an^2 + bn + 5}}}$

(1)と同様！
分子の有理化でございます♥
分母に1を作って，分子＆分母に
$\sqrt{4n^2 - 12n + 1}$
$+ \sqrt{an^2 + bn + 5}$
をかける！

$$= \lim_{n \to \infty} \frac{4n^2 - 12n + 1 - (an^2 + bn + 5)}{\sqrt{4n^2 - 12n + 1} + \sqrt{an^2 + bn + 5}}$$

分子は，
$(A+B)(A-B) = A^2 - B^2$
の形です！

$$= \lim_{n \to \infty} \frac{\boxed{(4-a)n^2} - (12+b)n - 4}{\sqrt{4n^2 - 12n + 1} + \sqrt{an^2 + bn + 5}}$$

こいつが生き残ると…
分子は 2次式 ＞ 分母は 1次式
となってしまう！

ここで，(∗) が成立するためには，

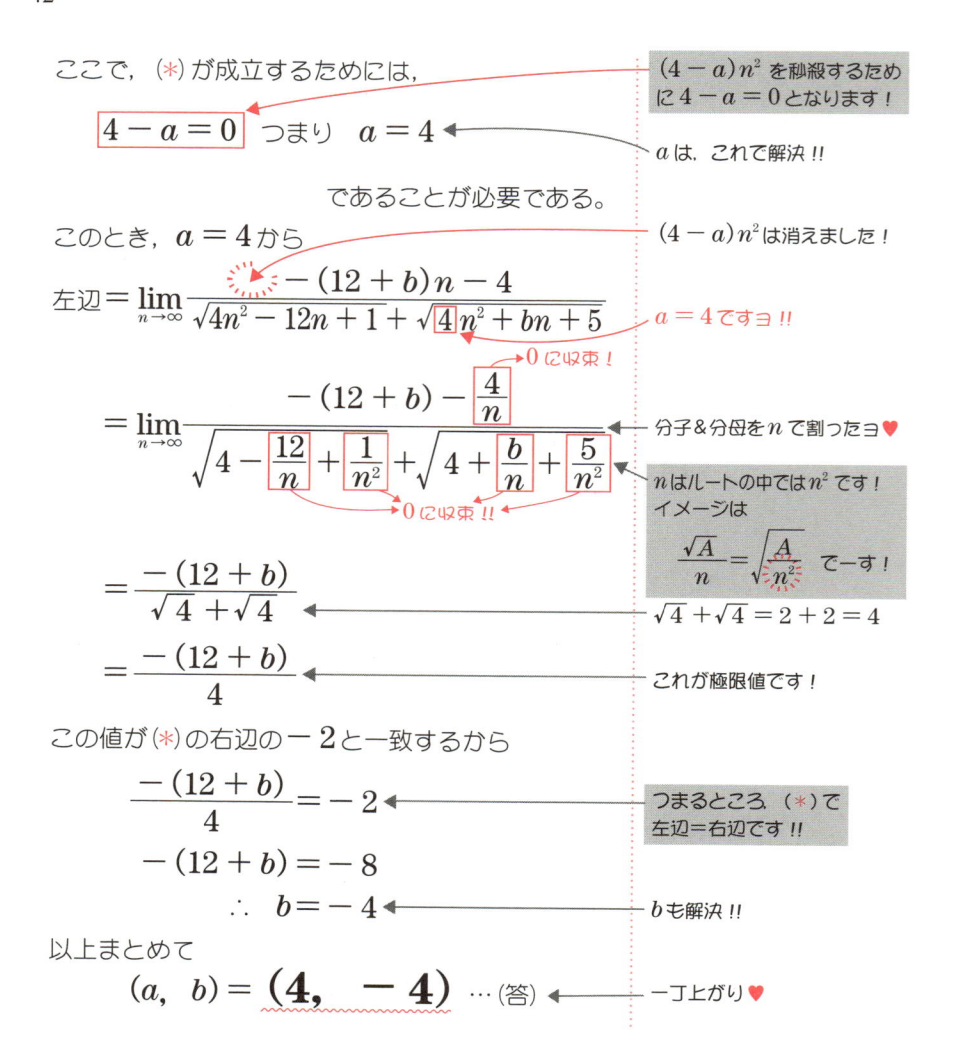

$$\boxed{4-a=0} \quad \text{つまり} \quad a=4$$

（$(4-a)n^2$ を秒殺するために $4-a=0$ となります！）
a は，これで解決!!

であることが必要である。

このとき，$a=4$ から

$$\text{左辺} = \lim_{n \to \infty} \frac{-(12+b)n - 4}{\sqrt{4n^2 - 12n + 1} + \sqrt{4n^2 + bn + 5}}$$

$(4-a)n^2$ は消えました！
$a=4$ ですヨ!!

$$= \lim_{n \to \infty} \frac{-(12+b) - \dfrac{4}{n}}{\sqrt{4 - \dfrac{12}{n} + \dfrac{1}{n^2}} + \sqrt{4 + \dfrac{b}{n} + \dfrac{5}{n^2}}}$$

→ 0 に収束！
分子&分母を n で割ったヨ♥
→ 0 に収束!!

n はルートの中では n^2 です！イメージは $\dfrac{\sqrt{A}}{n} = \sqrt{\dfrac{A}{n^2}}$ でーす！

$$= \frac{-(12+b)}{\sqrt{4} + \sqrt{4}}$$

$\sqrt{4} + \sqrt{4} = 2 + 2 = 4$

$$= \frac{-(12+b)}{4}$$

これが極限値です！

この値が (∗) の右辺の -2 と一致するから

$$\frac{-(12+b)}{4} = -2$$

つまるところ，(∗) で左辺=右辺です!!

$$-(12+b) = -8$$

$$\therefore \quad b = -4$$

b も解決!!

以上まとめて

$$(a, b) = \mathbf{(4, -4)} \quad \cdots \text{(答)}$$

一丁上がり♥

Theme 4 r^n の収束&発散！

（無限等比数列のお話です！）

具体的な問題を通して，いろいろ考えてみましょう！

問題 4-1 〔基礎の基礎〕

次の極限を調べ，収束する場合はその極限値を求めよ．

(1) $\lim_{n \to \infty} 3^n$

(2) $\lim_{n \to \infty} \left(\dfrac{1}{2}\right)^n$

(3) $\lim_{n \to \infty} \left(-\dfrac{1}{3}\right)^n$

(4) $\lim_{n \to \infty} (-1)^n$

(5) $\lim_{n \to \infty} (-2)^n$

(6) $\lim_{n \to \infty} 1^n$

ナイスな導入!!

とにかく，$n = 1, 2, 3, 4, 5, \ldots\ldots$ と実際に当てはめて様子を見ましょう！
(1)では，

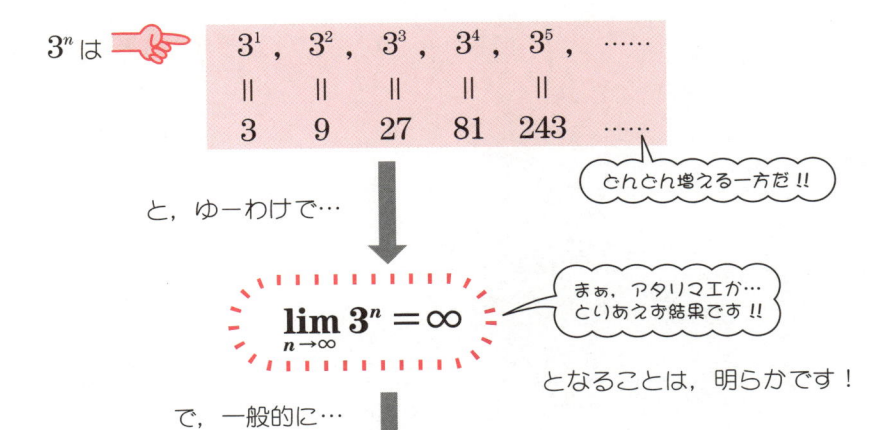

☞ $n = 1, 2, 3, 4, 5, \ldots\ldots$ としていくと…

3^n は ☞

3^1,	3^2,	3^3,	3^4,	3^5,	……
∥	∥	∥	∥	∥	
3	9	27	81	243	……

（どんどん増える一方だ!!）

と，ゆーわけで…

$$\lim_{n \to \infty} 3^n = \infty$$

（まぁ，アタリマエが…とりあえず結果です!!）

となることは，明らかです！

で，一般的に…

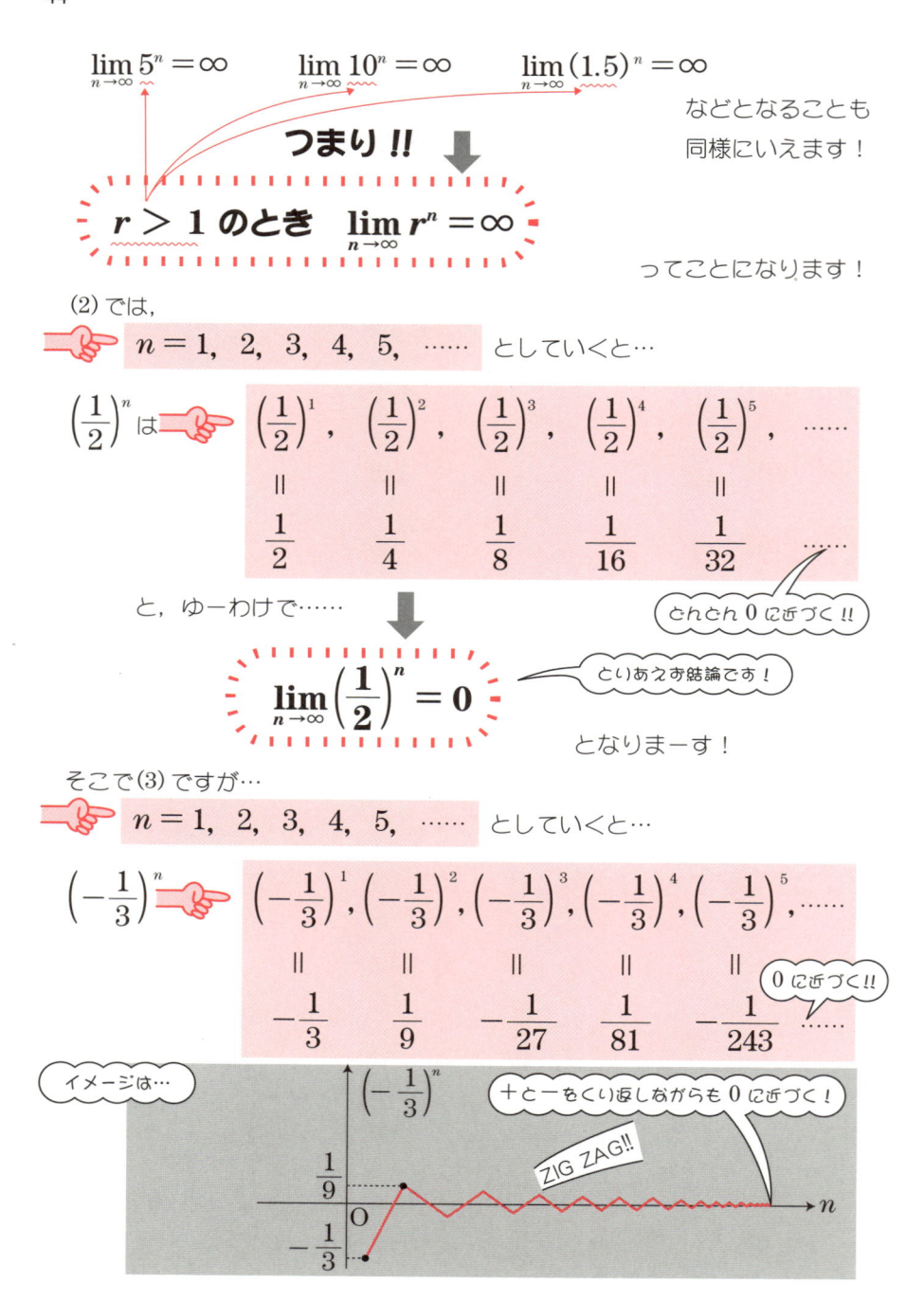

$$\lim_{n \to \infty} 5^n = \infty \qquad \lim_{n \to \infty} 10^n = \infty \qquad \lim_{n \to \infty} (1.5)^n = \infty$$

などとなることも同様にいえます！

つまり!!

$r > 1$ のとき $\lim_{n \to \infty} r^n = \infty$

ってことになります！

(2)では、

👉 $n = 1, 2, 3, 4, 5, \ldots\ldots$ としていくと…

$\left(\dfrac{1}{2}\right)^n$ は 👉

$\left(\dfrac{1}{2}\right)^1$	$\left(\dfrac{1}{2}\right)^2$	$\left(\dfrac{1}{2}\right)^3$	$\left(\dfrac{1}{2}\right)^4$	$\left(\dfrac{1}{2}\right)^5$	……
=	=	=	=	=	
$\dfrac{1}{2}$	$\dfrac{1}{4}$	$\dfrac{1}{8}$	$\dfrac{1}{16}$	$\dfrac{1}{32}$	……

💬 どんどん0に近づく!!

と、ゆーわけで……

$$\lim_{n \to \infty}\left(\dfrac{1}{2}\right)^n = 0$$

💬 とりあえず結論です！

となりまーす！

そこで(3)ですが…

👉 $n = 1, 2, 3, 4, 5, \ldots\ldots$ としていくと…

$\left(-\dfrac{1}{3}\right)^n$ 👉

$\left(-\dfrac{1}{3}\right)^1$	$\left(-\dfrac{1}{3}\right)^2$	$\left(-\dfrac{1}{3}\right)^3$	$\left(-\dfrac{1}{3}\right)^4$	$\left(-\dfrac{1}{3}\right)^5$	……
=	=	=	=	=	
$-\dfrac{1}{3}$	$\dfrac{1}{9}$	$-\dfrac{1}{27}$	$\dfrac{1}{81}$	$-\dfrac{1}{243}$	……

💬 0に近づく!!

イメージは…

＋と－をくり返しながらも0に近づく！

ZIG ZAG!!

と，ゆーわけで…

$$\lim_{n \to \infty} \left(-\frac{1}{3}\right)^n = 0$$

とりあえず結論です！

となりまーす!!

(2)と(3)から一般的に…

$$\lim_{n \to \infty} \left(\frac{1}{10}\right)^n = 0 \quad \lim_{n \to \infty} \left(-\frac{1}{5}\right)^n = 0 \quad \lim_{n \to \infty} \left(-\frac{1}{8}\right)^n = 0$$

などとなることも同様にいえます！

つまーり!!

$-1 < r < 1$ のとき $\lim_{n \to \infty} r^n = 0$

$|r| < 1$ とも書きます!!

ってことになります!!

(4)では，

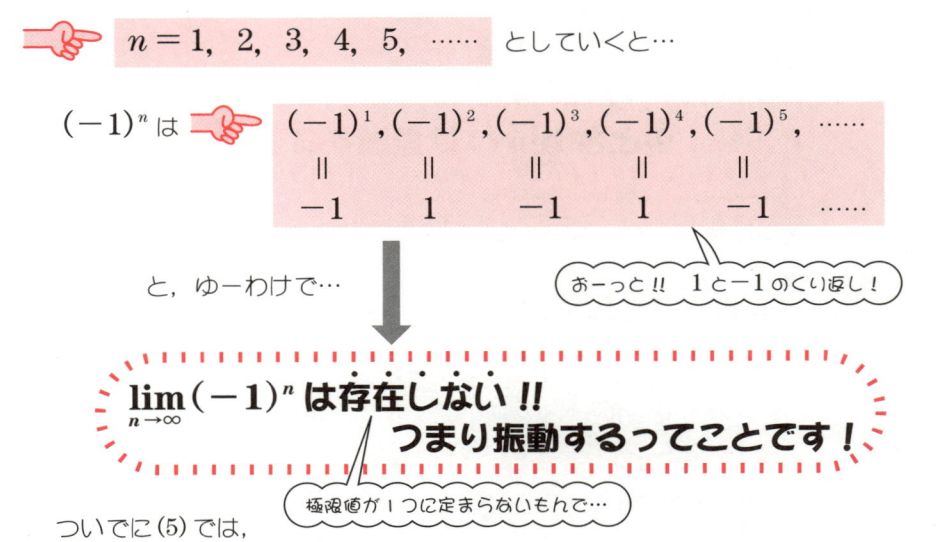

👉 $n = 1, 2, 3, 4, 5, \cdots\cdots$ としていくと…

$(-1)^n$ は 👉

$(-1)^1, (-1)^2, (-1)^3, (-1)^4, (-1)^5, \cdots\cdots$
‖　　‖　　‖　　‖　　‖
$-1 \quad 1 \quad -1 \quad 1 \quad -1 \quad \cdots\cdots$

おーっと!! 1と-1のくり返し！

と，ゆーわけで…

$\lim_{n \to \infty} (-1)^n$ **は存在しない!!**
つまり振動するってことです！

極限値が1つに定まらないもんで…

ついでに(5)では，

👉 $n = 1, 2, 3, 4, 5, \cdots\cdots$ としていくと…

$(-2)^n$ は　　　　$(-2)^1, (-2)^2, (-2)^3, (-2)^4, (-2)^5, \cdots\cdots$
　　　　$\|\|\|\|\|$
　　　　$-24-816-32\cdots\cdots$

イメージは…

＋と－をくり返しながら増進する！

とび出しあきだぁ〜

(4)と(5)から一般的に

$\displaystyle\lim_{n\to\infty}(-3)^n$　$\displaystyle\lim_{n\to\infty}(-5)^n$　$\displaystyle\lim_{n\to\infty}(-10)^n$ は全て振動する!!

つまーり!!

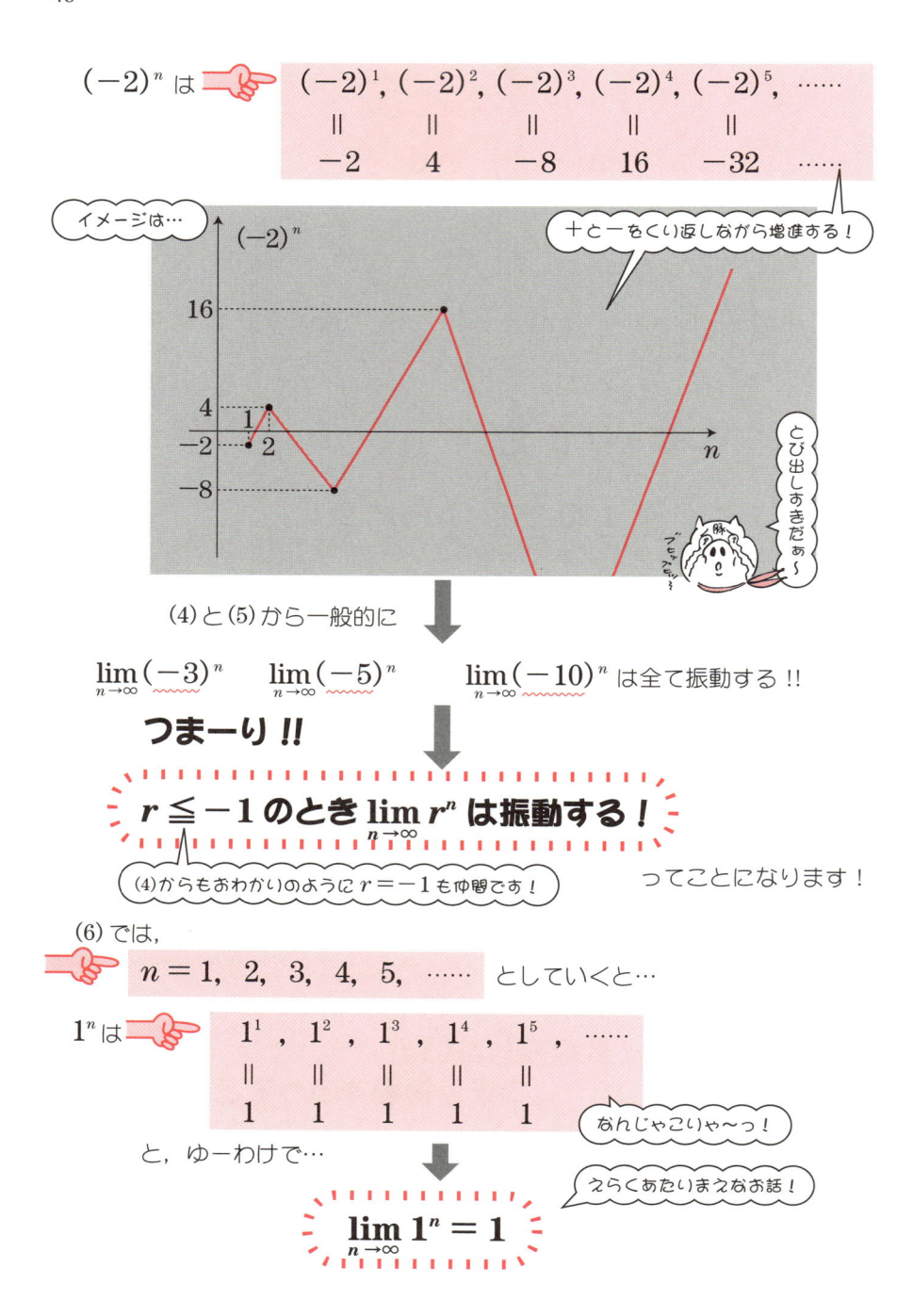

$r \leqq -1$ のとき $\displaystyle\lim_{n\to\infty} r^n$ は振動する！

(4)からもおわかりのように $r=-1$ も仲間です！

ってことになります！

(6)では, $n = 1,\ 2,\ 3,\ 4,\ 5,\ \cdots\cdots$ としていくと…

1^n は　　$1^1,\ 1^2,\ 1^3,\ 1^4,\ 1^5,\ \cdots\cdots$
　　$\|\|\|\|\|$
　　11111

と, ゆーわけで…

なんじゃこりゃ〜っ！

えらくあたりまえなお話！

$$\lim_{n\to\infty} 1^n = 1$$

つまーり!!

→ この場合 1^n ですョ！

$r = 1$ のとき $\lim_{n \to \infty} r^n = 1$

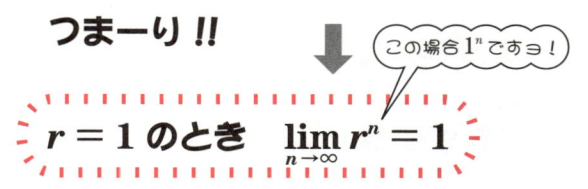

ってことになります！

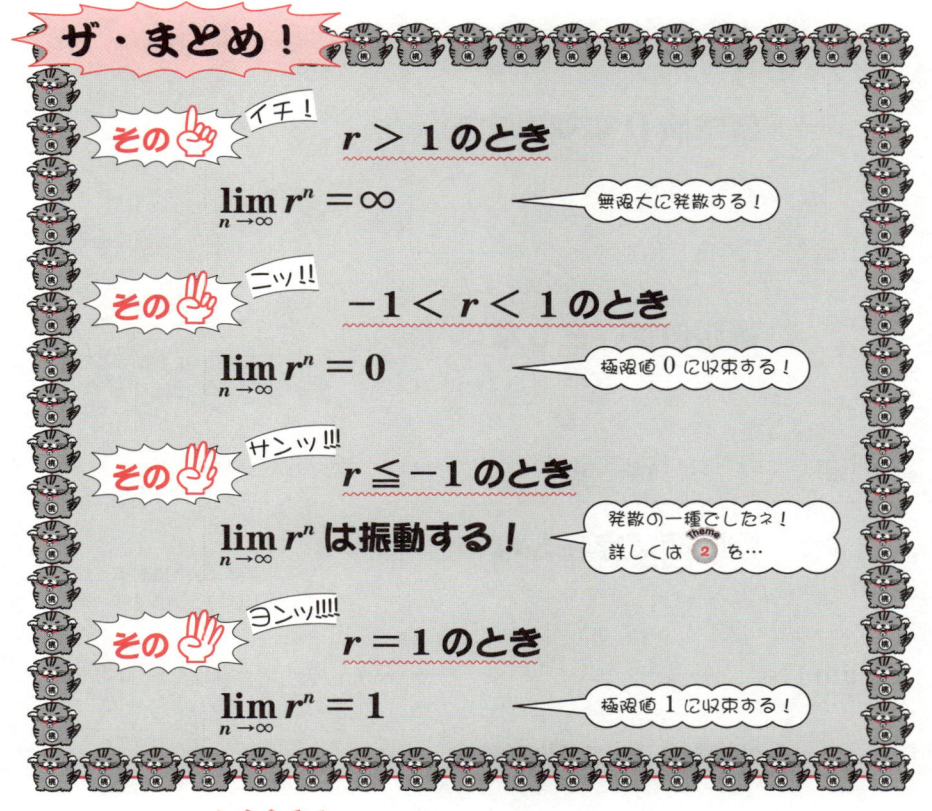

ザ・まとめ！

その① イチ！ $r > 1$ のとき

$$\lim_{n \to \infty} r^n = \infty$$

← 無限大に発散する！

その② ニッ!! $-1 < r < 1$ のとき

$$\lim_{n \to \infty} r^n = 0$$

← 極限値 0 に収束する！

その③ サンッ!!! $r \leqq -1$ のとき

$$\lim_{n \to \infty} r^n \text{ は振動する！}$$

← 発散の一種でしたネ！詳しくは Theme ② を…

その④ ヨンッ!!!! $r = 1$ のとき

$$\lim_{n \to \infty} r^n = 1$$

← 極限値 1 に収束する！

では，この ザ・まとめ！ を前提に解答作りといきましょう！

解答でござる

(1) $\lim_{n \to \infty} 3^n = \infty$ ← ザ・まとめ！ その① イチ！ 参照

∴ **無限大に発散する** …(答)

← $r > 1$ のタイプ！

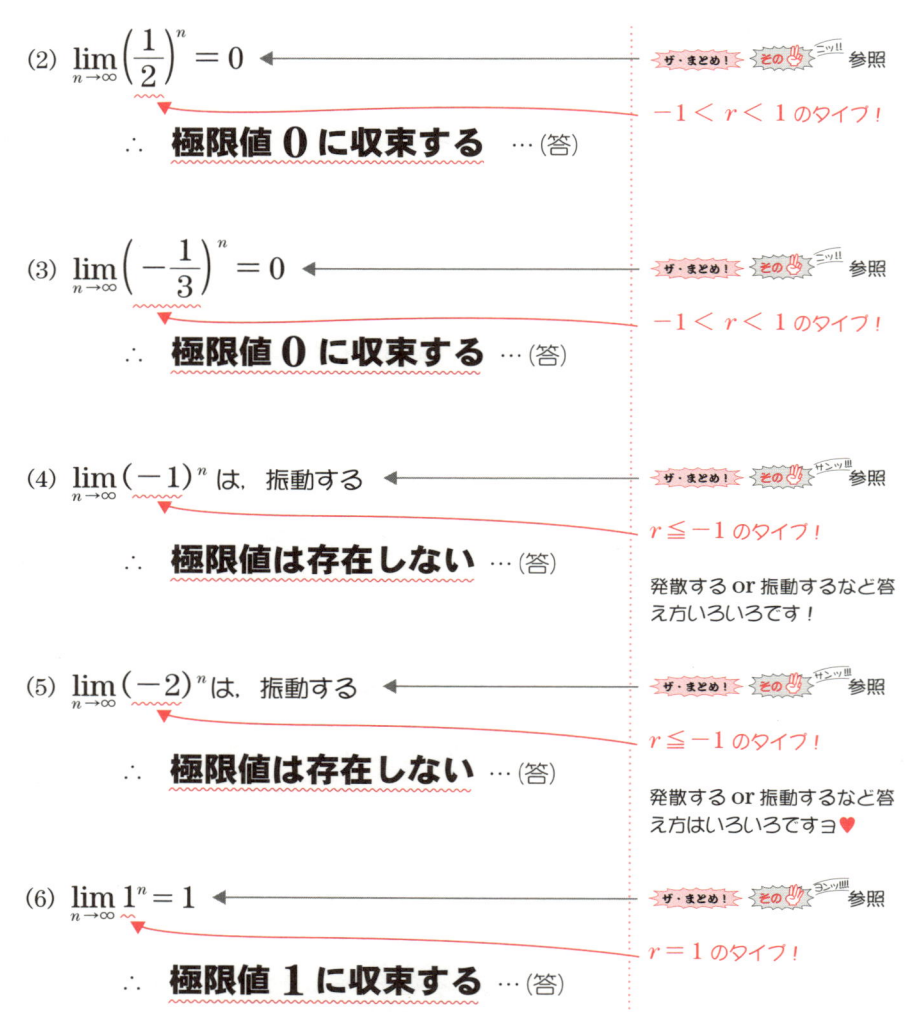

(2) $\displaystyle\lim_{n \to \infty}\left(\frac{1}{2}\right)^n = 0$ ← ザ・まとめ！その③ 参照

　　　$-1 < r < 1$ のタイプ！

　　∴ **極限値 0 に収束する** …(答)

(3) $\displaystyle\lim_{n \to \infty}\left(-\frac{1}{3}\right)^n = 0$ ← ザ・まとめ！その③ 参照

　　　$-1 < r < 1$ のタイプ！

　　∴ **極限値 0 に収束する** …(答)

(4) $\displaystyle\lim_{n \to \infty}(-1)^n$ は，振動する ← ザ・まとめ！その③ 参照

　　　$r \leqq -1$ のタイプ！

　　∴ **極限値は存在しない** …(答)

　　発散する or 振動するなど答え方いろいろです！

(5) $\displaystyle\lim_{n \to \infty}(-2)^n$ は，振動する ← ザ・まとめ！その③ 参照

　　　$r \leqq -1$ のタイプ！

　　∴ **極限値は存在しない** …(答)

　　発散する or 振動するなど答え方はいろいろですョ♥

(6) $\displaystyle\lim_{n \to \infty}1^n = 1$ ← ザ・まとめ！その③ 参照

　　　$r = 1$ のタイプ！

　　∴ **極限値 1 に収束する** …(答)

では，本格的な問題へとまいります♥

問題 4-2　　　　　　　　　　　　　　　　　　　　　　基礎

次の極限を求めよ．

(1) $\displaystyle\lim_{n\to\infty}\frac{3^n+5^n}{7^n+2^n}$

(2) $\displaystyle\lim_{n\to\infty}\frac{3^n-5}{2^{2n}+3}$

(3) $\displaystyle\lim_{n\to\infty}\frac{5^{n+1}+7^{n+1}+9^{n+1}}{5^n+7^n+9^n}$

ナイスな導入!!

とにかく収束しないと話にならない!!
そこで，p.47の ザ・まとめ！
を思い出していただきたい!!

$\displaystyle\lim_{n\to\infty}r^n$ が収束するといえば……

$-1 < r < 1$　　ならば…　$\displaystyle\lim_{n\to\infty}r^n = 0$　　収束する!!

$r = 1$　　ならば…　$\displaystyle\lim_{n\to\infty}r^n = 1$　　収束する!!
　　　　　　　　　　　　　　　　　　　　　　$1^n = 1$です!!

$r > 1$ や $r \leqq -1$ が登場すると発散するので厄介なこととなる！

そこで!!

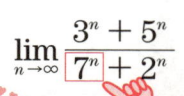

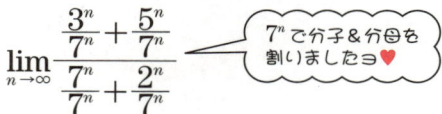

(1) では，$\displaystyle\lim_{n\to\infty}\frac{3^n+5^n}{\boxed{7^n}+2^n}$　　一番デカイのはこいつだ!!

ここで **スーパーテクニック** 見参!!
一番デカイ 7^n で
分子＆分母を割る!!

すると…

$\displaystyle\lim_{n\to\infty}\frac{\dfrac{3^n}{7^n}+\dfrac{5^n}{7^n}}{\dfrac{7^n}{7^n}+\dfrac{2^n}{7^n}}$　　7^nで分子＆分母を割りましたョ♥

$$= \lim_{n \to \infty} \frac{\left(\frac{3}{7}\right)^n + \left(\frac{5}{7}\right)^n}{1 + \left(\frac{2}{7}\right)^n}$$

$\frac{3^n}{7^n} = \left(\frac{3}{7}\right)^n$

$\frac{5^n}{7^n} = \left(\frac{5}{7}\right)^n$

$\frac{2^n}{7^n} = \left(\frac{2}{7}\right)^n$

$\frac{7^n}{7^n} = \left(\frac{7}{7}\right)^n$

そこで!!

$n \to \infty$ のとき $\left(\frac{3}{7}\right)^n \to 0$, $\left(\frac{5}{7}\right)^n \to 0$, $\left(\frac{2}{7}\right)^n \to 0$ だから…

$-1 < r < 1$ のとき $\lim_{n \to \infty} r^n = 0$ です!

つまーり!!

$$\lim_{n \to \infty} \frac{\boxed{\left(\frac{3}{7}\right)^n} + \boxed{\left(\frac{5}{7}\right)^n}}{1 + \boxed{\left(\frac{2}{7}\right)^n}} = \frac{0+0}{1+0} = \frac{0}{1} = 0$$

0 に収束!
0 に収束!!
0 に収束する!!

(2)も同様なんですが，注意してもらいたいことが…

$$\lim_{n \to \infty} \frac{3^n - 5}{2^{2n} + 3}$$

指数をそろえるわけか…

これです!! 登場人物は，すべて△^{n}の形にそろえてください！

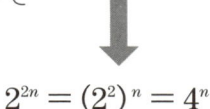

と，ゆーわけで…

$$2^{2n} = (2^2)^n = 4^n$$

となるから…

$$\lim_{n \to \infty} \frac{3^n - 5}{\boxed{2^{2n}} + 3} = \lim_{n \to \infty} \frac{3^n - 5}{\boxed{4^n} + 3}$$

変化しまっせ!!

としてから始めてください！　あとは(1)と同様でーす♥

(3) も，$5^{n+1} = 5 \times 5^n$ などと変形すれば(1)と同じ！

> たとえば，$a^4 = a \times a^3$ や $a^{n+1} = a \times a^n$ と同様！

解答でござる

(1) $\displaystyle\lim_{n \to \infty} \frac{3^n + 5^n}{7^n + 2^n}$

| 登場人物の中で最強なのは，7^n です！つまり，分子＆分母を 7^n で割る!!

$= \displaystyle\lim_{n \to \infty} \frac{\dfrac{3^n}{7^n} + \dfrac{5^n}{7^n}}{\dfrac{7^n}{7^n} + \dfrac{2^n}{7^n}}$ ← 分子＆分母を÷7^n

$= \displaystyle\lim_{n \to \infty} \frac{\left(\dfrac{3}{7}\right)^n + \left(\dfrac{5}{7}\right)^n}{1 + \left(\dfrac{2}{7}\right)^n}$

→ 0 に収束！
→ 0 に収束!!

$\dfrac{3^n}{7^n} = \left(\dfrac{3}{7}\right)^n \quad \dfrac{5^n}{7^n} = \left(\dfrac{5}{7}\right)^n$

$\dfrac{7^n}{7^n} = \left(\dfrac{7}{7}\right)^n \quad \dfrac{2^n}{7^n} = \left(\dfrac{2}{7}\right)^n$

です！

$= 0$ ← $\dfrac{0+0}{1+0} = \dfrac{0}{1} = 0$

$\therefore$ **極限値 0 に収束する** …(答) ← 一丁あがり！

(2) $\displaystyle\lim_{n \to \infty} \frac{3^n - 5}{2^{2n} + 3}$

こいつを直すことから！
$2^{2n} = (2^2)^n = 4^n$
でーす!!

$= \displaystyle\lim_{n \to \infty} \frac{3^n - 5}{4^n + 3}$

登場人物の中で最強なのは 4^n です！よって，分子＆分母を 4^n で割る!!

$= \displaystyle\lim_{n \to \infty} \frac{\dfrac{3^n}{4^n} - \dfrac{5}{4^n}}{\dfrac{4^n}{4^n} + \dfrac{3}{4^n}}$ ← 分子＆分母を÷4^n

$= \displaystyle\lim_{n \to \infty} \frac{\left(\dfrac{3}{4}\right)^n - 5 \cdot \left(\dfrac{1}{4}\right)^n}{1 + 3 \cdot \left(\dfrac{1}{4}\right)^n}$

→ 0 に収束！
→ 0 に収束!!

$\dfrac{3^n}{4^n} = \left(\dfrac{3}{4}\right)^n \quad \dfrac{5}{4^n} = 5 \times \dfrac{1}{4^n} = 5 \cdot \left(\dfrac{1}{4}\right)^n$

$\dfrac{4^n}{4^n} = 1 \quad \dfrac{3}{4^n} = 3 \times \dfrac{1}{4^n} = 3 \cdot \left(\dfrac{1}{4}\right)^n$

です！

$= 0$ ← $\dfrac{0 - 5 \times 0}{1 + 3 \times 0} = \dfrac{0}{1} = 0$

∴ **極限値 0 に収束する** …(答) ← できあがり!!

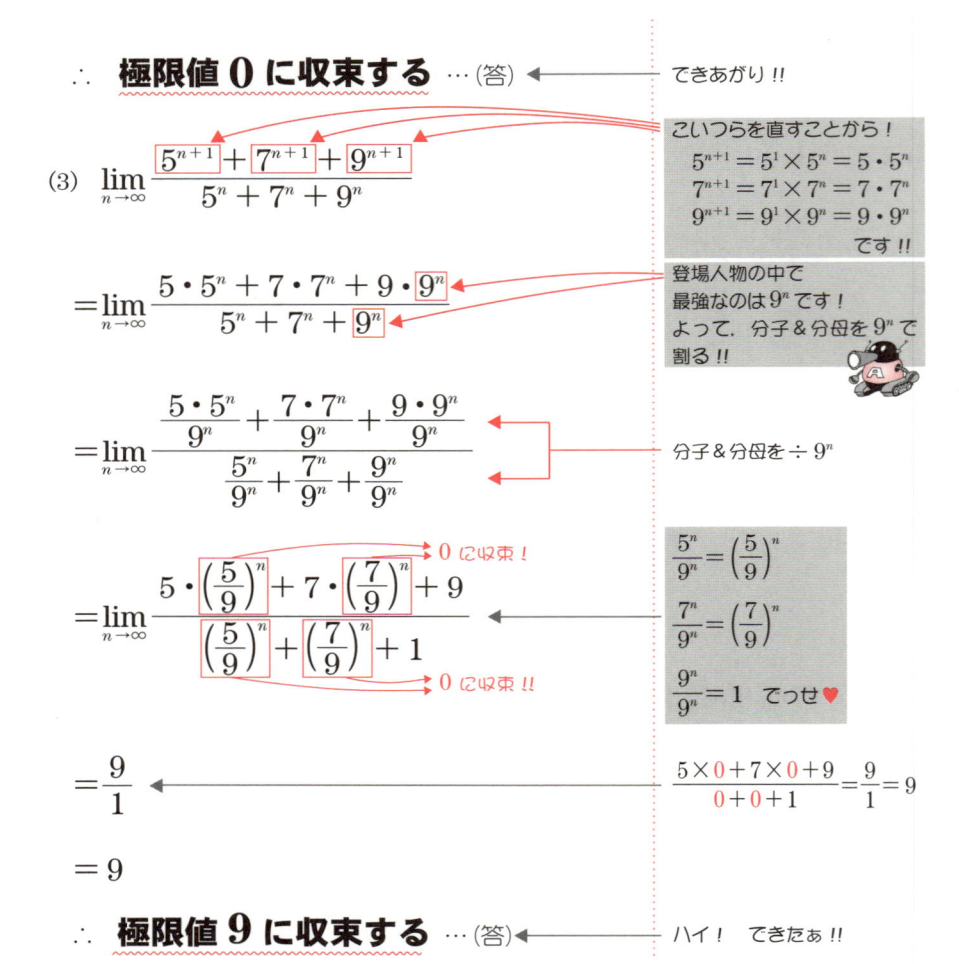

(3) $\displaystyle\lim_{n \to \infty} \frac{5^{n+1} + 7^{n+1} + 9^{n+1}}{5^n + 7^n + 9^n}$

> こいつらを直すことから!
> $5^{n+1} = 5^1 \times 5^n = 5 \cdot 5^n$
> $7^{n+1} = 7^1 \times 7^n = 7 \cdot 7^n$
> $9^{n+1} = 9^1 \times 9^n = 9 \cdot 9^n$
> です!!

$= \displaystyle\lim_{n \to \infty} \frac{5 \cdot 5^n + 7 \cdot 7^n + 9 \cdot 9^n}{5^n + 7^n + 9^n}$

> 登場人物の中で最強なのは 9^n です!
> よって,分子&分母を 9^n で割る!!

$= \displaystyle\lim_{n \to \infty} \frac{\dfrac{5 \cdot 5^n}{9^n} + \dfrac{7 \cdot 7^n}{9^n} + \dfrac{9 \cdot 9^n}{9^n}}{\dfrac{5^n}{9^n} + \dfrac{7^n}{9^n} + \dfrac{9^n}{9^n}}$

分子&分母を ÷ 9^n

$= \displaystyle\lim_{n \to \infty} \frac{5 \cdot \left(\dfrac{5}{9}\right)^n + 7 \cdot \left(\dfrac{7}{9}\right)^n + 9}{\left(\dfrac{5}{9}\right)^n + \left(\dfrac{7}{9}\right)^n + 1}$

0 に収束!
0 に収束!!

> $\dfrac{5^n}{9^n} = \left(\dfrac{5}{9}\right)^n$
> $\dfrac{7^n}{9^n} = \left(\dfrac{7}{9}\right)^n$
> $\dfrac{9^n}{9^n} = 1$ でっせ♥

$= \dfrac{9}{1}$

$\dfrac{5 \times 0 + 7 \times 0 + 9}{0 + 0 + 1} = \dfrac{9}{1} = 9$

$= 9$

∴ **極限値 9 に収束する** …(答) ← ハイ! できたぁ!!

Theme 5 無限数列の和

「無限級数」といいます！

では、代表的な問題から。

問題 5-1 〈標準〉

次の無限数列について、以下の各問いに答えよ。

$$\frac{1}{1\cdot 2},\ \frac{1}{2\cdot 3},\ \frac{1}{3\cdot 4},\ \frac{1}{4\cdot 5},\ \frac{1}{5\cdot 6},\ \cdots\cdots$$

(1) この数列の第 n 項 a_n を求めよ。
(2) 初項から第 n 項までの和 S_n を求めよ。
(3) この無限数列の和（無限級数）S を求めよ。

ナイスな導入!!

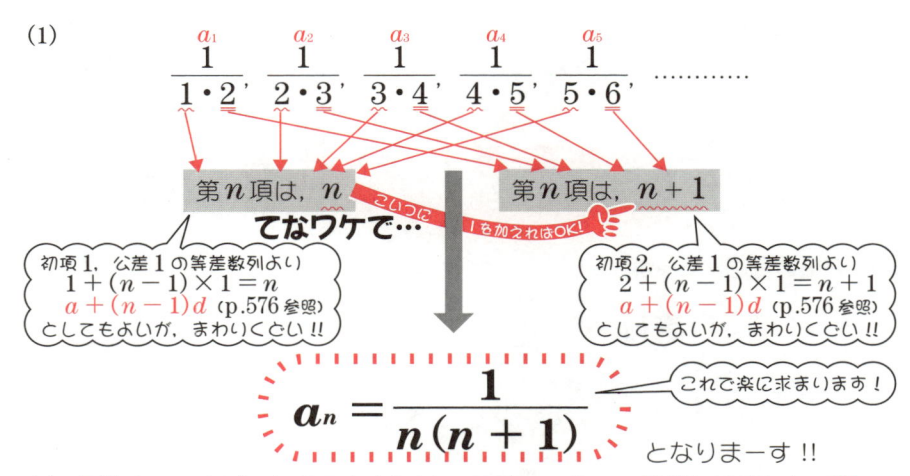

(1)

$$\underset{a_1}{\frac{1}{1\cdot 2}},\ \underset{a_2}{\frac{1}{2\cdot 3}},\ \underset{a_3}{\frac{1}{3\cdot 4}},\ \underset{a_4}{\frac{1}{4\cdot 5}},\ \underset{a_5}{\frac{1}{5\cdot 6}},\ \cdots\cdots$$

第 n 項は、n こいつに1を加えればOK!   第 n 項は、$n+1$

初項1、公差1の等差数列より
$1+(n-1)\times 1 = n$
$a+(n-1)d$ (p.576参照)
としてもよいが、まわりくどい!!

初項2、公差1の等差数列より
$2+(n-1)\times 1 = n+1$
$a+(n-1)d$ (p.576参照)
としてもよいが、まわりくどい!!

$$a_n = \frac{1}{n(n+1)}$$

これで楽に求まります！

となりまーす!!

(2) 分数は、いっぱい加えるときには、有名なテクニックがありましたネ♥

$$a_n = \frac{1}{n(n+1)}$$
$$= \frac{1}{n} - \frac{1}{n+1}$$

と変形できることは大丈夫ですネ!?

これは定番!!
引き算に分けろ！ 作戦!!
一般に…
$$\frac{1}{☺(☺+d)} = \frac{1}{d}\left(\frac{1}{☺} - \frac{1}{☺+d}\right)$$
とないまーす!! (p.580参照)
この場合は ☺ $= n$, $d = 1$ に対応！

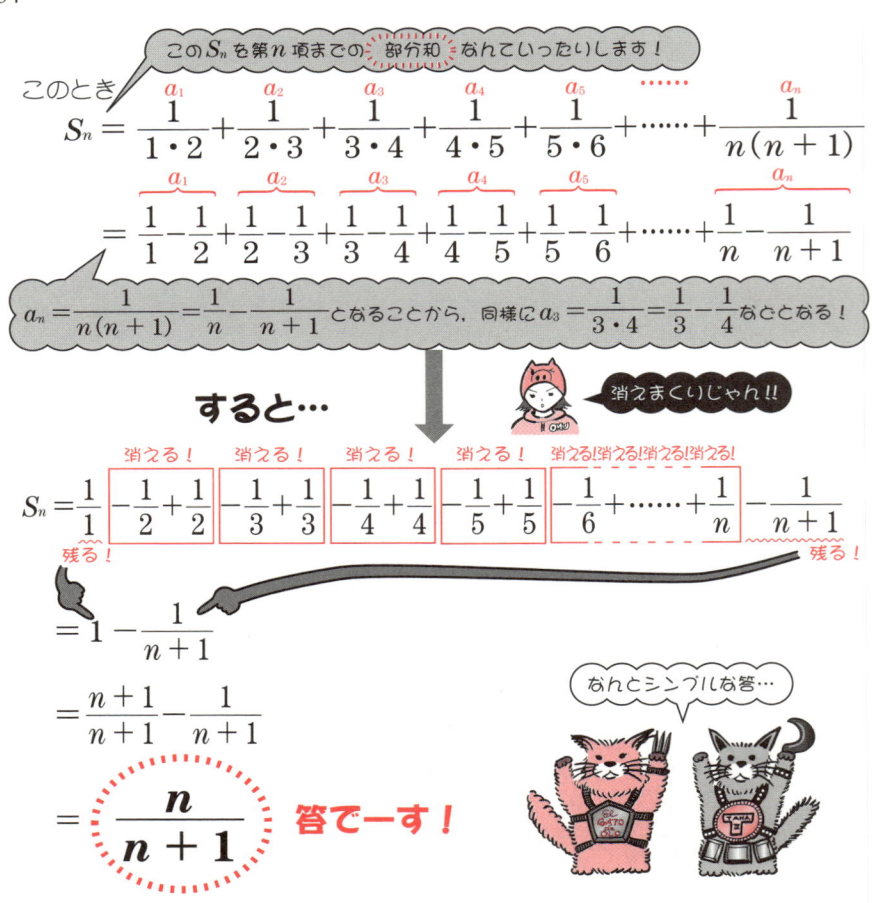

このとき
$$S_n = \frac{1}{1\cdot 2} + \frac{1}{2\cdot 3} + \frac{1}{3\cdot 4} + \frac{1}{4\cdot 5} + \frac{1}{5\cdot 6} + \cdots\cdots + \frac{1}{n(n+1)}$$

$$= \frac{1}{1} - \frac{1}{2} + \frac{1}{2} - \frac{1}{3} + \frac{1}{3} - \frac{1}{4} + \frac{1}{4} - \frac{1}{5} + \frac{1}{5} - \frac{1}{6} + \cdots\cdots + \frac{1}{n} - \frac{1}{n+1}$$

> このS_nを第n項までの 部分和 なんていったりします！

> $a_n = \dfrac{1}{n(n+1)} = \dfrac{1}{n} - \dfrac{1}{n+1}$ となることから，同様に $a_3 = \dfrac{1}{3\cdot 4} = \dfrac{1}{3} - \dfrac{1}{4}$ などとなる！

すると…

> 消えまくりじゃん!!

消える！ 消える！ 消える！ 消える！ 消える！消える！消える！消える！

$$S_n = \frac{1}{1} \boxed{-\frac{1}{2} + \frac{1}{2}} \boxed{-\frac{1}{3} + \frac{1}{3}} \boxed{-\frac{1}{4} + \frac{1}{4}} \boxed{-\frac{1}{5} + \frac{1}{5}} \boxed{-\frac{1}{6} + \cdots\cdots + \frac{1}{n}} - \frac{1}{n+1}$$

残る！　　　　　　　　　　　　　　　　　　　　　　　　　　　残る！

$$= 1 - \frac{1}{n+1}$$

$$= \frac{n+1}{n+1} - \frac{1}{n+1}$$

$$= \boxed{\dfrac{n}{n+1}} \quad \text{答でーす！}$$

> なんとシンプルな答…

(3) 無限数列の和 S を求める！　ってことは…

つまり…

(2)の S_n の n を $n \to \infty$ とすればよい !!

と，ゆーわけで……

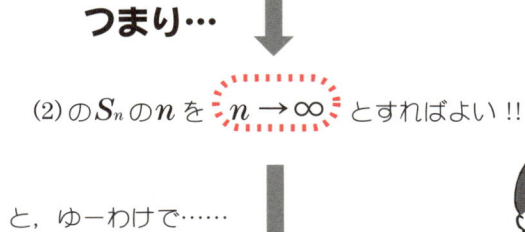

$$S = \lim_{n\to\infty} S_n$$

てことになりまっせ♥

> なるほどじ

Theme 5　無限数列の和

よって…

$$S = \lim_{n \to \infty} S_n$$

$$= \lim_{n \to \infty} \frac{n}{n+1}$$ 　（(2)の答でーす！）

$$= \lim_{n \to \infty} \frac{1}{1 + \boxed{\dfrac{1}{n}}}$$

分子&分母を n で割ったョ！

$$\lim_{n \to \infty} \frac{\dfrac{n}{n}}{\dfrac{n}{n} + \dfrac{1}{n}} = \lim_{n \to \infty} \frac{1}{1 + \dfrac{1}{n}}$$

↘ 0 に収束！

$$= \frac{1}{1 + 0}$$

$$= \frac{1}{1}$$

$$= 1$$　答でーす!!

なるほど

解答でござる

(1) $a_n = \dfrac{1}{n(n+1)}$ …(答)

あまりにも簡単すぎるので答のみを示しました！詳しくは、ナイスな導入!! 参照

(2) $a_n = \dfrac{1}{n(n+1)} = \dfrac{1}{n} - \dfrac{1}{n+1}$ 　より

"秒殺" じゃ有名な変形だよ!!
一般的に　p.580 参照!!

$$\frac{1}{○(○+d)} = \frac{1}{d}\left(\frac{1}{○} - \frac{1}{○+d}\right)$$

$$S_n = \frac{1}{1 \cdot 2} + \frac{1}{2 \cdot 3} + \frac{1}{3 \cdot 4} + \cdots\cdots + \frac{1}{n(n+1)}$$

この場合 ○ = n, $d = 1$ です！

$$= \boxed{\frac{1}{1}} - \cancel{\frac{1}{2}} + \cancel{\frac{1}{2}} - \cancel{\frac{1}{3}} + \cancel{\frac{1}{3}} - \cancel{\frac{1}{4}} + \cdots\cdots + \cancel{\frac{1}{n}} - \boxed{\frac{1}{n+1}}$$

間はどんどん消えて、頭とケツだけが残る！

$$= 1 - \frac{1}{n+1}$$

$$1 - \frac{1}{n+1}$$
$$= \frac{n+1}{n+1} - \frac{1}{n+1}$$
$$= \frac{n}{n+1}$$

$$= \frac{n}{n+1}$$ …(答)

(3) $S = \lim_{n \to \infty} S_n$

$= \lim_{n \to \infty} \dfrac{n}{n+1}$

$= \lim_{n \to \infty} \dfrac{1}{1 + \dfrac{1}{n}}$ ← $\dfrac{1}{n}$ は 0 に収束！

$= 1$ …(答)

> (2)の S_n で $n \to \infty$ とすれば無限に加えた和が出るヨ！
>
> 今までおなじみの形！分子＆分母を n で割ります!!
>
> $\lim_{n \to \infty} \dfrac{\dfrac{n}{n}}{\dfrac{n}{n} + \dfrac{1}{n}}$ ← 分子＆分母 ÷ n
>
> $= \lim_{n \to \infty} \dfrac{1}{1 + \dfrac{1}{n}}$
>
> ハイ！ てきあがり!!

問題 5-2　　　　　　　　　　　　　　　　　　　　　　**標準**

次の無限数列の和（無限級数） S を求めよ。

(1) $\dfrac{1}{1 \cdot 4}, \dfrac{1}{4 \cdot 7}, \dfrac{1}{7 \cdot 10}, \dfrac{1}{10 \cdot 13}, \cdots\cdots$

(2) $\dfrac{1}{2 \cdot 6}, \dfrac{1}{6 \cdot 10}, \dfrac{1}{10 \cdot 14}, \dfrac{1}{14 \cdot 18}, \cdots\cdots$

ナイスな導入!!

前問 **問題 5-1** でもやったとおり，手順はこんな感じです！

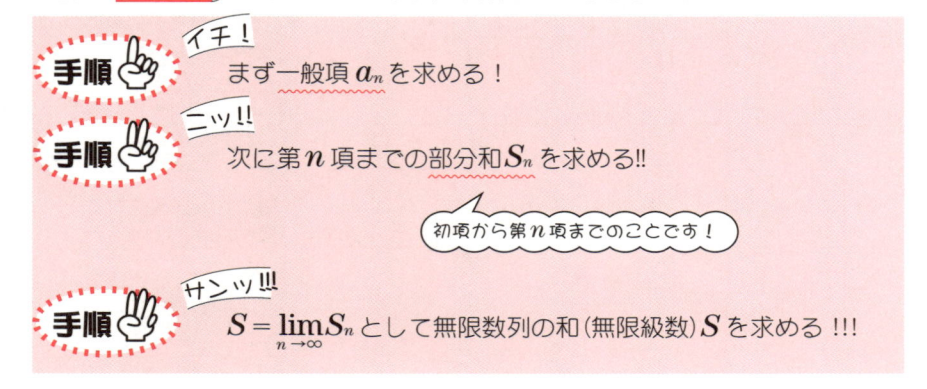

手順① イチ！ まず一般項 a_n を求める！

手順② ニッ!! 次に第 n 項までの部分和 S_n を求める!!
（初項から第 n 項までのことです！）

手順③ サンッ!!! $S = \lim_{n \to \infty} S_n$ として無限数列の和（無限級数） S を求める!!!

Theme 5　無限数列の和

(1)では，$\underset{1\cdot4}{\overset{a_1}{\dfrac{1}{1\cdot4}}}, \underset{4\cdot7}{\overset{a_2}{\dfrac{1}{4\cdot7}}}, \underset{7\cdot10}{\overset{a_3}{\dfrac{1}{7\cdot10}}}, \underset{10\cdot13}{\overset{a_4}{\dfrac{1}{10\cdot13}}}, \ldots\ldots$

初項1, 公差3の等差数列より
第 n 項は… （公式 $a+(n-1)d$ ⇨p.576参照）
$1+(n-1)\times 3$
$=\boxed{3n-2}$

初項4, 公差3の等差数列より
第 n 項は… （公式 $a+(n-1)d$ ⇨p.576参照）
$4+(n-1)\times 3$
$=\boxed{3n+1}$

とゆーわけで… 　手順② 完了!!

$a_n = \dfrac{1}{(3n-2)(3n+1)}$

一般項　で, 例の変形です!!

一般に　p.580 参照
$\dfrac{1}{\bigcirc(\bigcirc+d)} = \dfrac{1}{d}\left(\dfrac{1}{\bigcirc}-\dfrac{1}{\bigcirc+d}\right)$
この場合 $\bigcirc = 3n-2$, $d=3$ です！

$a_n = \dfrac{1}{3}\left(\dfrac{1}{3n-2} - \dfrac{1}{3n+1}\right)$

と変形できる!!

とゆーわけで…

$S_n = \overset{a_1}{\dfrac{1}{1\cdot 4}} + \overset{a_2}{\dfrac{1}{4\cdot 7}} + \overset{a_3}{\dfrac{1}{7\cdot 10}} + \overset{a_4}{\dfrac{1}{10\cdot 13}} + \cdots\cdots + \overset{a_n}{\dfrac{1}{(3n-2)(3n+1)}}$

初項から第 n 項までの和 つまり 部分和！

$\dfrac{1}{3}\left(\dfrac{1}{1}-\dfrac{1}{4}\right)\ \dfrac{1}{3}\left(\dfrac{1}{4}-\dfrac{1}{7}\right)\ \dfrac{1}{3}\left(\dfrac{1}{7}-\dfrac{1}{10}\right)\ \dfrac{1}{3}\left(\dfrac{1}{10}-\dfrac{1}{13}\right)\ \dfrac{1}{3}\left(\dfrac{1}{3n-2}-\dfrac{1}{3n+1}\right)$

消える！消える！消える！消える！………消える！

$= \dfrac{1}{3}\left(\dfrac{1}{1}\boxed{-\dfrac{1}{4}+\dfrac{1}{4}}\boxed{-\dfrac{1}{7}+\dfrac{1}{7}}\boxed{-\dfrac{1}{10}+\dfrac{1}{10}}\boxed{-\dfrac{1}{13}+\cdots\cdots+\dfrac{1}{3n-2}}-\dfrac{1}{3n+1}\right)$

$\dfrac{1}{3}$ でくくりました！　　残る！　　　　　　　　　　　　　　　　残る!!

$= \dfrac{1}{3}\left(1 - \dfrac{1}{3n+1}\right)$
$= \dfrac{1}{3}\left(\dfrac{3n+1}{3n+1} - \dfrac{1}{3n+1}\right)$
$= \dfrac{1}{3} \times \dfrac{3n}{3n+1}$

ほぅー

$$= \dfrac{n}{3n+1}$$

手順③ 完了!!

仕上げでーす!!

$$S = \lim_{n \to \infty} S_n$$

部分和 S_n で $n \longrightarrow \infty$ とすると、無限数列の和 つまり、無限級数が求まる！

無限数列の和 つまり無限級数
$$= \lim_{n \to \infty} \dfrac{n}{3n+1}$$

$$= \lim_{n \to \infty} \dfrac{1}{3 + \boxed{\dfrac{1}{n}}}$$

分子&分母を n で割りました！

$$\lim_{n \to \infty} \dfrac{\dfrac{n}{n}}{\dfrac{3n}{n}+\dfrac{1}{n}} = \lim_{n \to \infty} \dfrac{1}{3+\dfrac{1}{n}}$$

$$= \dfrac{1}{3+0}$$

0に収束！

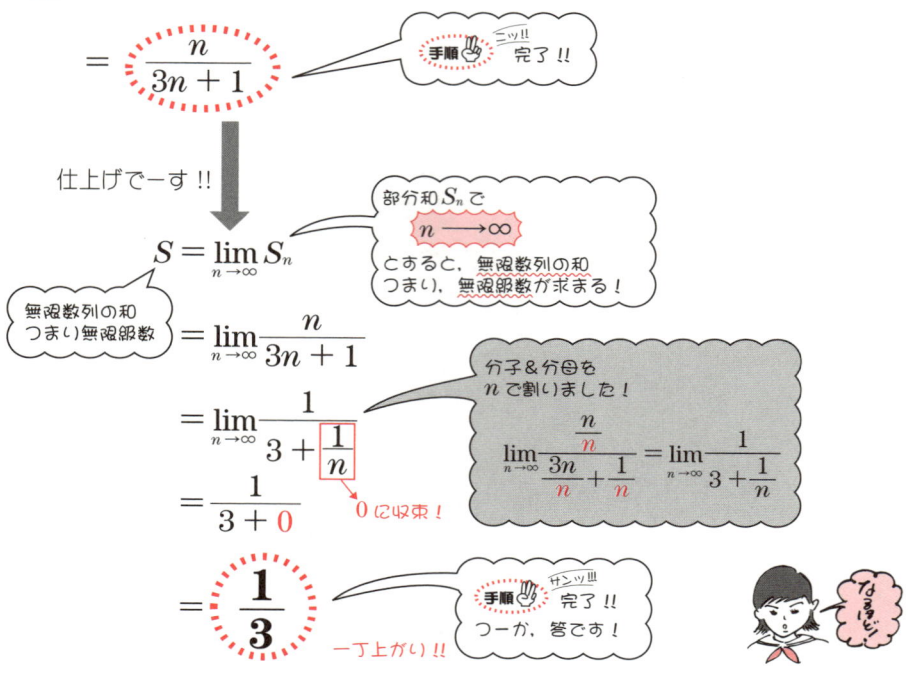

$$= \dfrac{1}{3}$$

手順④ 完了!! つーか、答です！ 一丁上がり!!

(2)は、(1)とまったく同様でござる！ 解答参照!!

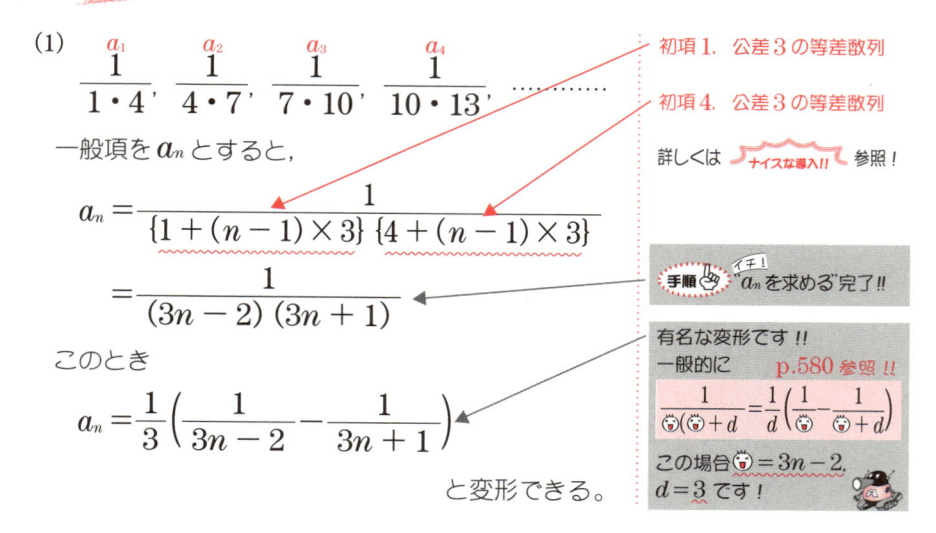

解答でござる

(1)
$$\underset{a_1}{\dfrac{1}{1\cdot 4}},\ \underset{a_2}{\dfrac{1}{4\cdot 7}},\ \underset{a_3}{\dfrac{1}{7\cdot 10}},\ \underset{a_4}{\dfrac{1}{10\cdot 13}},\ \cdots\cdots$$

初項1、公差3の等差数列
初項4、公差3の等差数列

詳しくは ナイスな導入!! 参照！

一般項を a_n とすると、

$$a_n = \dfrac{1}{\{1+(n-1)\times 3\}\{4+(n-1)\times 3\}}$$

$$= \dfrac{1}{(3n-2)(3n+1)}$$

手順① a_n を求める 完了!!

このとき

$$a_n = \dfrac{1}{3}\left(\dfrac{1}{3n-2} - \dfrac{1}{3n+1}\right)$$

と変形できる。

有名な変形です!!
一般的に p.580 参照!!
$$\dfrac{1}{☺(☺+d)} = \dfrac{1}{d}\left(\dfrac{1}{☺} - \dfrac{1}{☺+d}\right)$$
この場合 ☺ $= 3n-2$、$d = 3$ です！

初項から第 n 項までの和を S_n として

S_n を部分和ともいいます！

$$S_n = \frac{1}{1\cdot 4} + \frac{1}{4\cdot 7} + \frac{1}{7\cdot 10} + \cdots + \frac{1}{(3n-2)(3n+1)}$$

$$= \frac{1}{3}\left(\frac{1}{1} - \frac{1}{4} + \frac{1}{4} - \frac{1}{7} + \frac{1}{7} - \frac{1}{10} + \cdots + \frac{1}{3n-2} - \frac{1}{3n+1}\right)$$

間がどんどん消えて頭とケツだけが残る!! 詳しくは，ナイスな導入!! 参照♥

$$= \frac{1}{3}\left(1 - \frac{1}{3n+1}\right)$$

$$= \frac{1}{3}\times \frac{3n}{3n+1}$$

$\dfrac{1}{3}\left(1 - \dfrac{1}{3n+1}\right)$
$= \dfrac{1}{3}\left(\dfrac{3n+1}{3n+1} - \dfrac{1}{3n+1}\right)$
$= \dfrac{1}{3}\times \dfrac{3n}{3n+1}$

$$= \frac{n}{3n+1}$$

手順② "S_n を求める"完了!!

ここで，

$$S = \lim_{n\to\infty} S_n$$

仕上げの手順③ です！ "$S = \lim_{n\to\infty} S_n$" だよ♥

$$= \lim_{n\to\infty} \frac{n}{3n+1}$$

おなじみの形！ 分子＆分母を $\div n$

$$= \lim_{n\to\infty} \frac{1}{3 + \dfrac{1}{n}}$$

$\lim_{n\to\infty} \dfrac{\frac{n}{n}}{\frac{3n}{n}+\frac{1}{n}}$
$= \lim_{n\to\infty} \dfrac{1}{3+\frac{1}{n}}$

0 に収束！

$$= \frac{1}{3} \cdots (答)$$

(2) $\underset{a_1}{\dfrac{1}{2\cdot 6}}, \underset{a_2}{\dfrac{1}{6\cdot 10}}, \underset{a_3}{\dfrac{1}{10\cdot 14}}, \underset{a_4}{\dfrac{1}{14\cdot 18}}, \ldots$

$\quad\quad\quad a \quad\quad d$
初項2，公差4の等差数列

$\quad\quad\quad a \quad\quad d$
初項6，公差4の等差数列

一般項を a_n とすると，

$$a_n = \frac{1}{\{2+(n-1)\times 4\}\{6+(n-1)\times 4\}}$$

等差数列の公式 $a+(n-1)d$ に入れてます!!

$$= \frac{1}{(4n-2)(4n+2)}$$

手順① "a_n を求める！"完了!!

このとき

$$a_n = \frac{1}{4}\left(\frac{1}{4n-2} - \frac{1}{4n+2}\right)$$

と変形できる。

> 一般的に p.580 参照!!
> $\frac{1}{☺(☺+d)} = \frac{1}{d}\left(\frac{1}{☺} - \frac{1}{☺+d}\right)$
> この場合 ☺ = $4n-2$, $d=4$ です!

初項から第 n 項までの和を S_n として

$$S_n = \frac{1}{2\cdot 6} + \frac{1}{6\cdot 10} + \frac{1}{10\cdot 14} + \cdots\cdots + \frac{1}{(4n-2)(4n+2)}$$

$\frac{1}{4}$ でくくったヨ!

$$= \frac{1}{4}\left(\boxed{\frac{1}{2}} - \frac{1}{6} + \frac{1}{6} - \frac{1}{10} + \frac{1}{10} - \frac{1}{14} + \cdots + \frac{1}{4n-2} - \boxed{\frac{1}{4n+2}}\right)$$

> 間がどんどん消えて頭とケツだけが残る!!
> いつものことさ…

$$= \frac{1}{4}\left(\boxed{\frac{1}{2} - \frac{1}{4n+2}}\right)$$

$$= \frac{1}{4} \times \frac{4n+2-2}{2(4n+2)}$$

> 通分しました!
> $\frac{1}{2} - \frac{1}{4n+2} = \frac{1\times(4n+2) - 1\times 2}{2\times(4n+2)}$

$$= \frac{1}{4} \times \frac{4n}{2(4n+2)}$$

> 4 で約分できます!
> $\frac{1}{\cancel{4}} \times \frac{\cancel{4}n}{2(4n+2)}$
> $= \frac{n}{2(4n+2)}$
> $= \frac{n}{8n+4}$

$$= \frac{n}{8n+4}$$

ここで,

> "S_n を求める" 完了!!

$$S = \lim_{n\to\infty} S_n$$

> 仕上げの手順です!
> "$S = \lim_{n\to\infty} S_n$" でーす♥

$$= \lim_{n\to\infty} \frac{n}{8n+4}$$

> おなじみの形
> 分子&分母を ÷n です!

$$= \lim_{n\to\infty} \frac{1}{8 + \boxed{\dfrac{4}{n}}}$$

0 に収束!

> $\lim_{n\to\infty} \dfrac{\frac{n}{n}}{\frac{8n}{n} + \frac{4}{n}}$
> $= \lim_{n\to\infty} \dfrac{1}{8 + \frac{4}{n}}$

$$= \underline{\frac{1}{8}} \quad \cdots \text{(答)}$$

Theme 5 無限数列の和

とりあえずこのタイプも…

問題 5-3 　標準

次の無限数列について，以下の各問いに答えよ。

$$\frac{1}{\sqrt{1}+\sqrt{2}},\ \frac{1}{\sqrt{2}+\sqrt{3}},\ \frac{1}{\sqrt{3}+\sqrt{4}},\ \frac{1}{\sqrt{4}+\sqrt{5}},\ \cdots\cdots$$

(1) この数列の第 n 項 a_n を求めよ。
(2) 初項から第 n 項までの和 S_n を求めよ。
(3) この無限数列の和（無限級数）S の収束・発散を調べ，収束する場合はその和 S を求めよ。

ナイスな導入!!

まず(1)や!!

$$\underset{a_1}{\frac{1}{\sqrt{1}+\sqrt{2}}},\ \underset{a_2}{\frac{1}{\sqrt{2}+\sqrt{3}}},\ \underset{a_3}{\frac{1}{\sqrt{3}+\sqrt{4}}},\ \underset{a_4}{\frac{1}{\sqrt{4}+\sqrt{5}}},\ \cdots\cdots$$

第 n 項は $\sqrt{n}$ 　　こいつは単純なお話

第 n 項は $\sqrt{n+1}$ 　　こいつも簡単にわかる!!

こいつに1を加えればOK!

ルートの中が初項1，公差1の等差数列より
$1+(n-1)\times 1 = n$
$a+(n-1)d$ (p.576 参照) としてもよいが，まわりくどい!!

ルートの中が初項2，公差1の等差数列より
$2+(n-1)\times 1 = n+1$
$a+(n-1)d$ (p.576 参照) としてもよいが，まわりくどい!!

こうなわけで…

なるほど

$$a_n = \frac{1}{\sqrt{n}+\sqrt{n+1}}$$

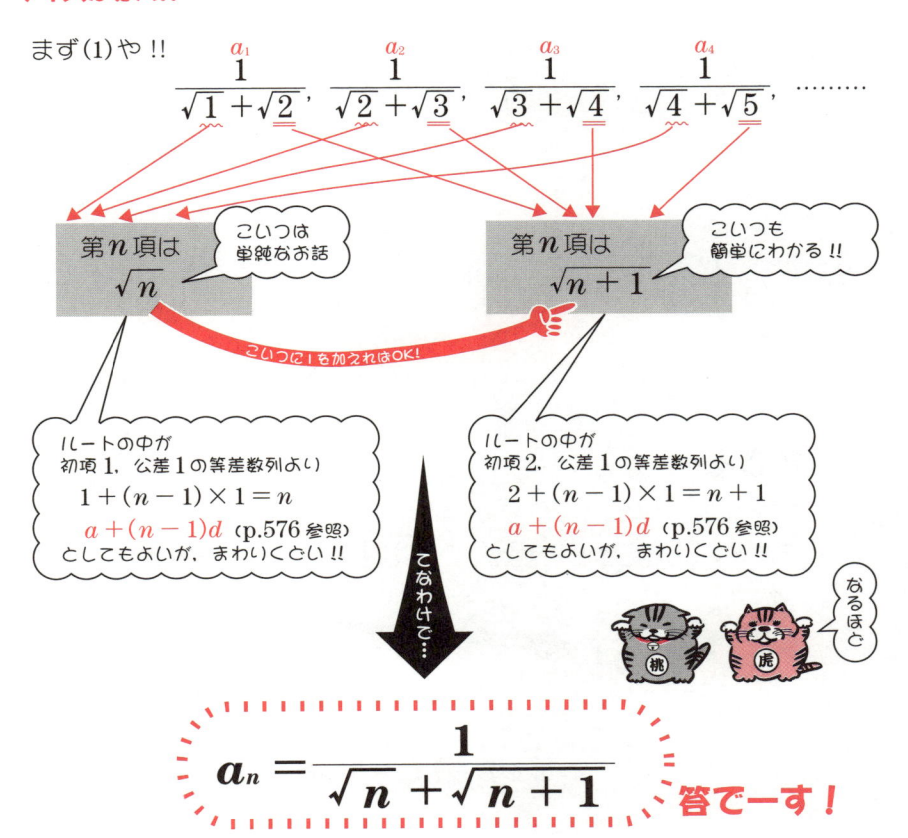

答で一す！

このとき，ちょっくら**テクニック**めいたものがありますョ♥

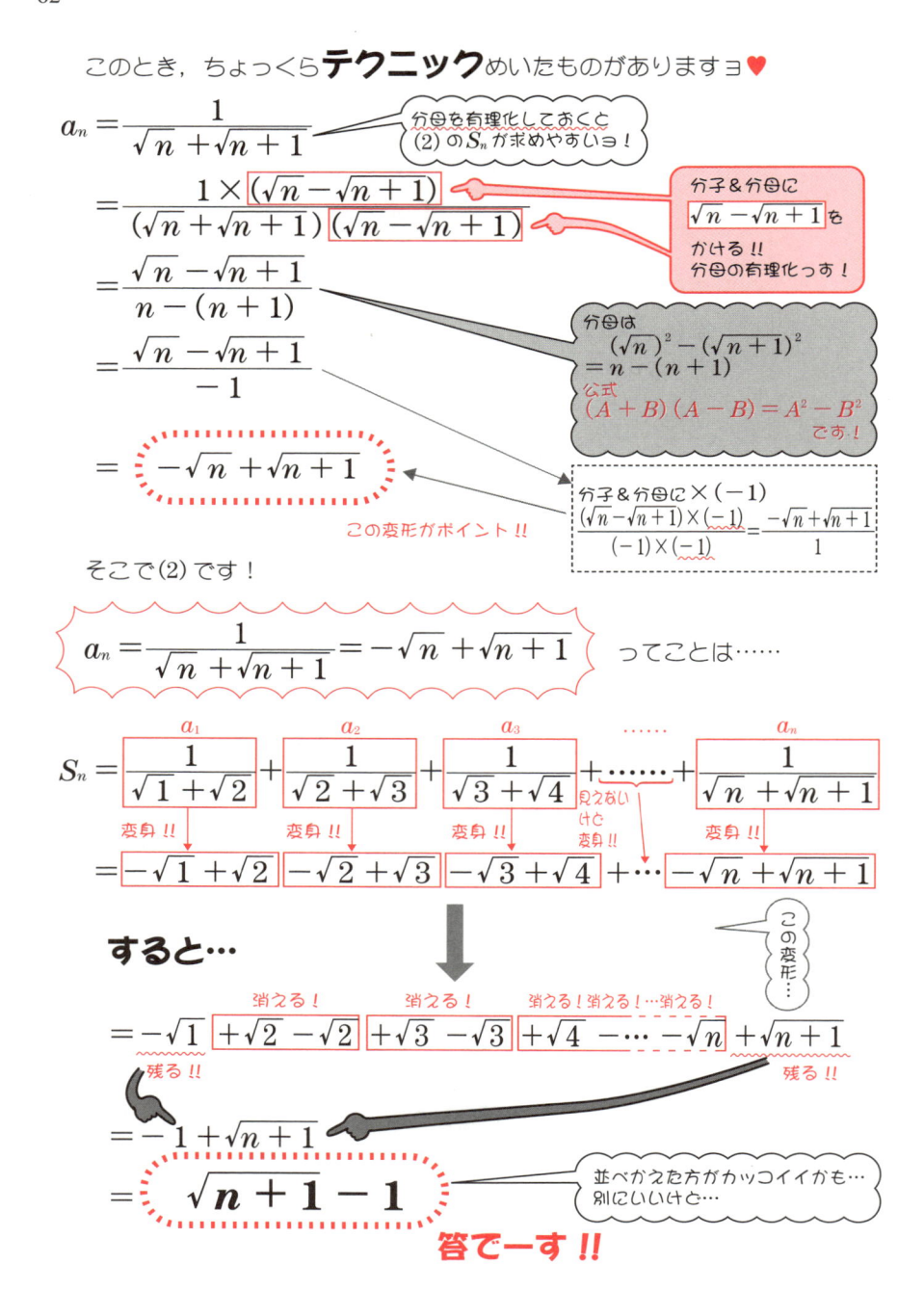

$$a_n = \frac{1}{\sqrt{n}+\sqrt{n+1}}$$

（分母を有理化しておくと(2)の S_n が求めやすいョ！）

$$= \frac{1 \times (\sqrt{n}-\sqrt{n+1})}{(\sqrt{n}+\sqrt{n+1})(\sqrt{n}-\sqrt{n+1})}$$

（分子&分母に $\sqrt{n}-\sqrt{n+1}$ をかける!! 分母の有理化っす！）

$$= \frac{\sqrt{n}-\sqrt{n+1}}{n-(n+1)}$$

$$= \frac{\sqrt{n}-\sqrt{n+1}}{-1}$$

（分母は $(\sqrt{n})^2 - (\sqrt{n+1})^2 = n-(n+1)$
公式 $(A+B)(A-B) = A^2 - B^2$ です．！）

$$= -\sqrt{n} + \sqrt{n+1}$$

この変形がポイント!!

（分子&分母に ×(−1)
$\frac{(\sqrt{n}-\sqrt{n+1}) \times (-1)}{(-1) \times (-1)} = \frac{-\sqrt{n}+\sqrt{n+1}}{1}$）

そこで(2)です！

$$a_n = \frac{1}{\sqrt{n}+\sqrt{n+1}} = -\sqrt{n}+\sqrt{n+1}$$

ってことは……

$$S_n = \underbrace{\frac{1}{\sqrt{1}+\sqrt{2}}}_{a_1} + \underbrace{\frac{1}{\sqrt{2}+\sqrt{3}}}_{a_2} + \underbrace{\frac{1}{\sqrt{3}+\sqrt{4}}}_{a_3} + \cdots\cdots + \underbrace{\frac{1}{\sqrt{n}+\sqrt{n+1}}}_{a_n}$$

変身!!　変身!!　変身!!　見えないけど変身!!　変身!!

$$= -\sqrt{1}+\sqrt{2} \;-\sqrt{2}+\sqrt{3}\; -\sqrt{3}+\sqrt{4} + \cdots -\sqrt{n}+\sqrt{n+1}$$

この変形…

すると…

消える！ 消える！ 消える！消える！…消える！

$$= -\sqrt{1} +\sqrt{2}-\sqrt{2} +\sqrt{3}-\sqrt{3} +\sqrt{4}-\cdots-\sqrt{n}+\sqrt{n+1}$$

残る!!　　残る!!

$$= -1 + \sqrt{n+1}$$

$$= \sqrt{n+1}-1$$

（並べかえた方がカッコイイかも…別にいいけど…）

答でーす!!

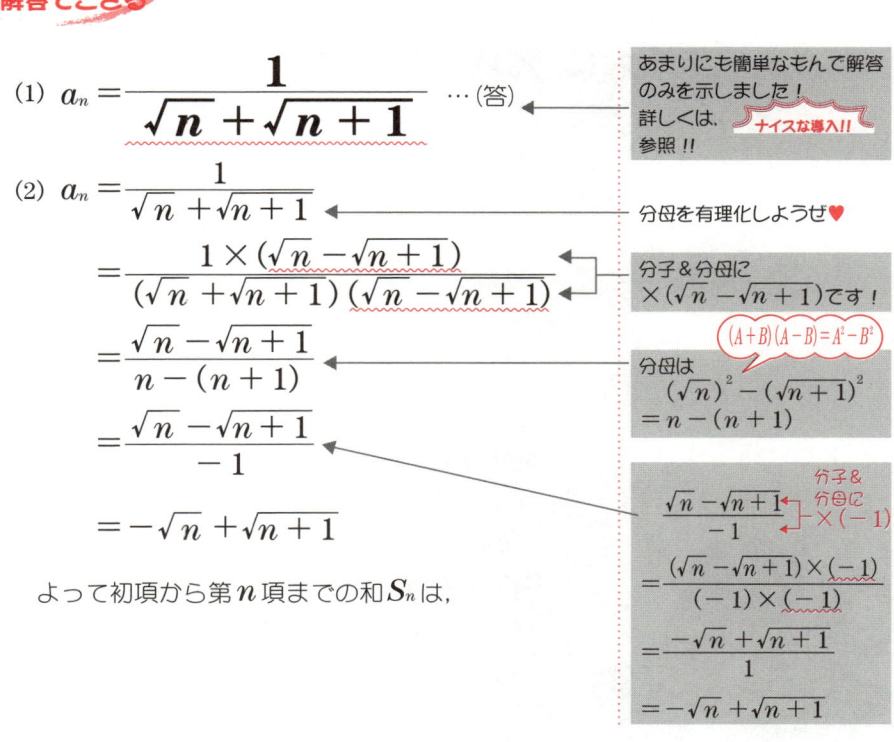

(3)は，(2)で $S_n = \sqrt{n+1} - 1$ より

$$S = \lim_{n \to \infty} S_n$$

> S_n で $n \to \infty$ とすると無限数列の和（無限級数）となーる!!

$$= \lim_{n \to \infty} (\sqrt{n+1} - 1)$$

$$= \infty$$

ここに注目！ とゆーわけで… えーっ!!

> $n = 1, 2, 3, \cdots, 100, \cdots, 1000, \cdots$ と $n \to \infty$ へと増やすと $\sqrt{n+1} \to \infty$ も明らか！ つまり $\sqrt{n+1} - 1 \to \infty$ となーる!!
> この 1 はゴミみたいなもの！

つまり…

収束せずに… **無限大に発散する!!** ってことです!!

解答でござる

(1) $a_n = \dfrac{1}{\sqrt{n} + \sqrt{n+1}}$ …(答)

> あまりにも簡単なもんで解答のみを示しました！詳しくは，ナイスな導入!! 参照!!

(2) $a_n = \dfrac{1}{\sqrt{n} + \sqrt{n+1}}$

分母を有理化しようぜ♥

$$= \dfrac{1 \times (\sqrt{n} - \sqrt{n+1})}{(\sqrt{n} + \sqrt{n+1})(\sqrt{n} - \sqrt{n+1})}$$

分子&分母に $\times (\sqrt{n} - \sqrt{n+1})$ です！

$$= \dfrac{\sqrt{n} - \sqrt{n+1}}{n - (n+1)}$$

$(A+B)(A-B) = A^2 - B^2$

分母は $(\sqrt{n})^2 - (\sqrt{n+1})^2 = n - (n+1)$

$$= \dfrac{\sqrt{n} - \sqrt{n+1}}{-1}$$

$$= -\sqrt{n} + \sqrt{n+1}$$

> 分子&分母に $\times(-1)$
> $\dfrac{\sqrt{n} - \sqrt{n+1}}{-1}$
> $= \dfrac{(\sqrt{n} - \sqrt{n+1}) \times (-1)}{(-1) \times (-1)}$
> $= \dfrac{-\sqrt{n} + \sqrt{n+1}}{1}$
> $= -\sqrt{n} + \sqrt{n+1}$

よって初項から第 n 項までの和 S_n は，

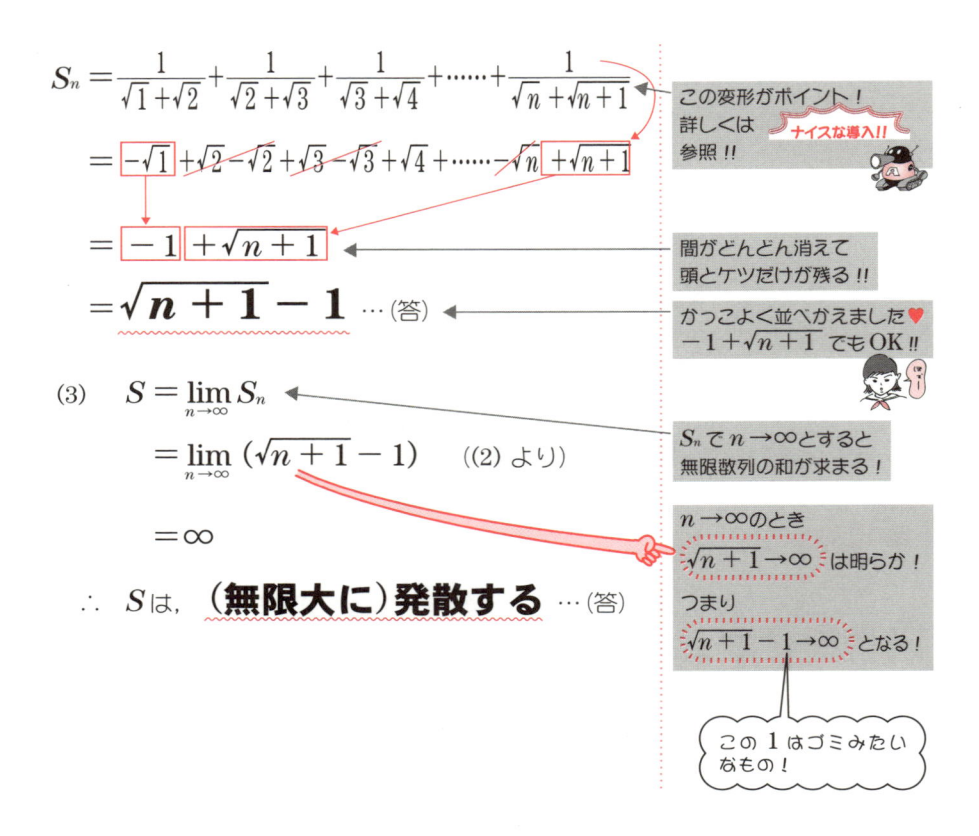

$$S_n = \frac{1}{\sqrt{1}+\sqrt{2}} + \frac{1}{\sqrt{2}+\sqrt{3}} + \frac{1}{\sqrt{3}+\sqrt{4}} + \cdots\cdots + \frac{1}{\sqrt{n}+\sqrt{n+1}}$$

$$= \boxed{-\sqrt{1}} + \cancel{\sqrt{2}} - \cancel{\sqrt{2}} + \cancel{\sqrt{3}} - \cancel{\sqrt{3}} + \cancel{\sqrt{4}} + \cdots\cdots - \cancel{\sqrt{n}} \boxed{+\sqrt{n+1}}$$

$$= \boxed{-1} \boxed{+\sqrt{n+1}}$$

$$= \sqrt{n+1} - 1 \quad \cdots (答)$$

> この変形がポイント！
> 詳しくは
> 参照!!
> **ナイスな導入!!**

> 間がどんどん消えて
> 頭とケツだけが残る!!

> かっこよく並べかえました♥
> $-1+\sqrt{n+1}$ でもOK!!

(3) $\quad S = \lim_{n \to \infty} S_n$

$\quad\quad = \lim_{n \to \infty} (\sqrt{n+1} - 1) \quad ((2)より)$

$\quad\quad = \infty$

∴ S は，**（無限大に）発散する** …(答)

> S_n で $n \to \infty$ とすると
> 無限数列の和が求まる！

> $n \to \infty$ のとき
> $\sqrt{n+1} \to \infty$ は明らか！
> つまり
> $\sqrt{n+1} - 1 \to \infty$ となる！

> この1はゴミみたいなもの！

プロフィール

クリスティーヌ

　おむちゃんを救うべく，遠い未来から現れた教育プランナー。見た感じはロボットのようですが，詳細は不明♥

　虎君はクリスティーヌが大好きのようですが，桃君はクリスティーヌが発言すると，迷惑そうです。

Theme 5 　無限数列の和　65

ここで覚えていただきたいことがあります!!

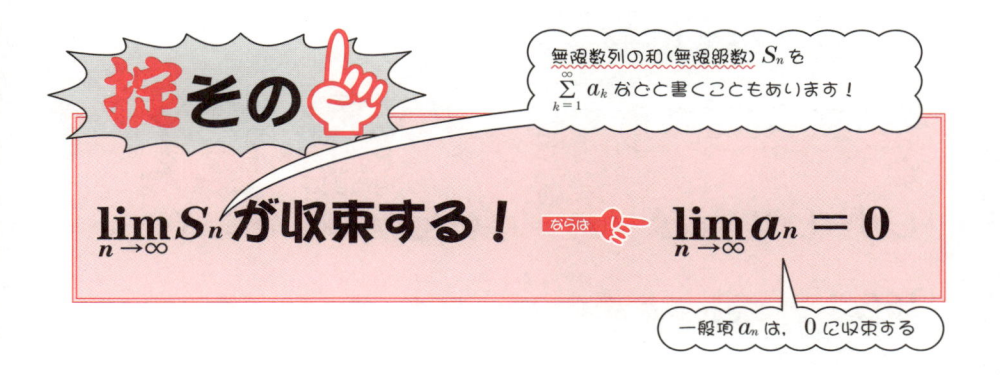

掟その 1 👉

> 無限数列の和（無限級数）S_n を $\sum\limits_{k=1}^{\infty} a_k$ などと書くこともあります！

$$\lim_{n\to\infty} S_n \text{ が収束する！} \quad \text{ならば} \quad \lim_{n\to\infty} a_n = 0$$

> 一般項 a_n は，0 に収束する

注意してホシイことがあります！

掟その 1 の**逆**は，成立するとはかぎりませ〜ん！　つまり…

"$\lim\limits_{n\to\infty} a_n = 0$　ならば　$\lim\limits_{n\to\infty} S_n$ が収束する！"

とはかぎりません!!

このお話は，問題 5-1 ＆ 問題 5-2 ＆ 問題 5-3 からも立証できます！
たとえば 問題 5-1 の場合…

$\lim\limits_{n\to\infty} S_n = 1$　となり，無限数列の和は，ちゃんと収束しました！

さらに!!　$a_n = \dfrac{1}{n(n+1)}$ でしたから, $\lim\limits_{n\to\infty} a_n = 0$ がいえます!!

> $n \to \infty$ とすると分母 $\to \infty$

ほら!　ちゃーんと **掟その 1** を満たしてましたネ♥

問題 5-3 の場合…

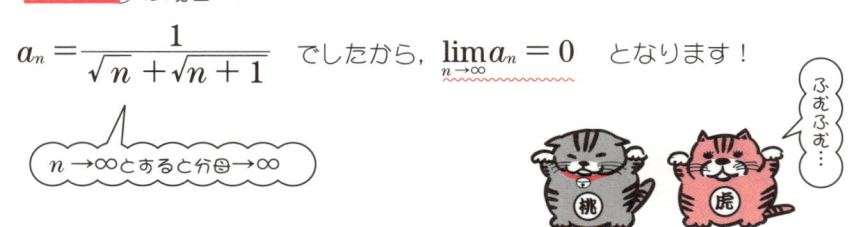

$a_n = \dfrac{1}{\sqrt{n}+\sqrt{n+1}}$ でしたから，$\lim\limits_{n\to\infty} a_n = 0$ となります！

（$n\to\infty$とすると分母$\to\infty$）

ふむふむ…

しかーし!! $\lim\limits_{n\to\infty} S_n = \infty$ となり無限数列の和は発散しちゃいましたョ!!

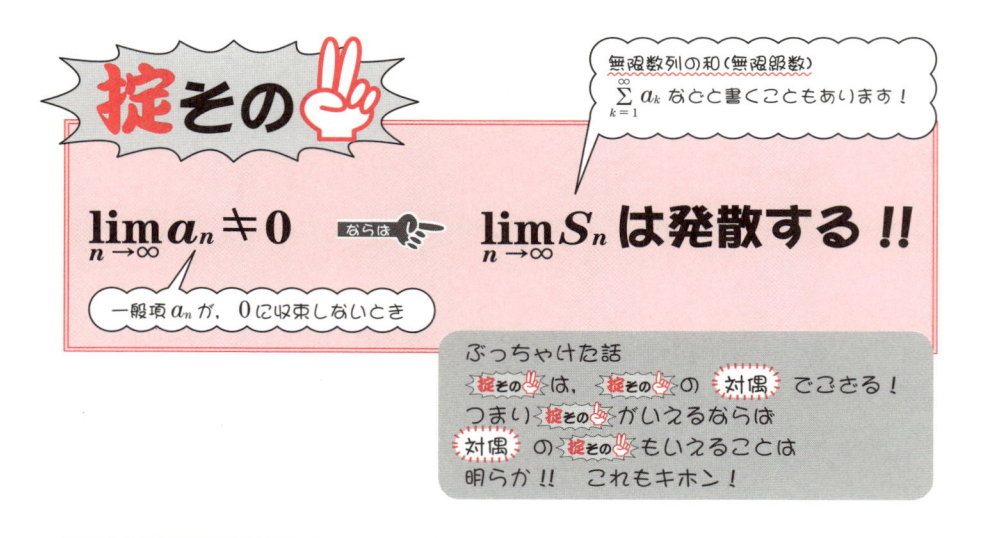

ほら！ 掟その2 の逆は，成立するとはかぎりませんネ♥

掟その3

無限数列の和（無限級数）
$\sum\limits_{k=1}^{\infty} a_k$ などと書くこともあります！

$$\lim_{n\to\infty} a_n \neq 0 \quad \text{ならば} \quad \lim_{n\to\infty} S_n \text{は発散する!!}$$

（一般項 a_n が，0 に収束しないとき）

ぶっちゃけた話
掟その3 は，掟その2 の 対偶 でござる！
つまり 掟その2 がいえるならば
対偶 の 掟その3 もいえることは
明らか!!　これもキホン！

またまた注意してホシイことがあります！
掟その3 の逆は，成立するとはかぎりませ〜ん！　つまり…

"$\lim\limits_{n\to\infty} S_n$ が発散する ならば $\lim\limits_{n\to\infty} a_n \neq 0$"

とはかぎらないです！

このお話は，問題 5-3 からも理解できます！♥

では，この 掟その1 & 掟その2 を活用してみましょう♥

問題 5-4 【標準】

次の無限数列の和（無限級数）の収束・発散を調べ，収束するものは，その和 S を求めよ．
(1) $\sqrt{3}$, $\sqrt{5}$, $\sqrt{7}$, $\sqrt{9}$, $\sqrt{11}$, ……
(2) $\dfrac{1}{2}$, $\dfrac{2}{3}$, $\dfrac{3}{4}$, $\dfrac{4}{5}$, $\dfrac{5}{6}$, ……
(3) $\dfrac{2}{\sqrt{3}+\sqrt{5}}$, $\dfrac{2}{\sqrt{5}+\sqrt{7}}$, $\dfrac{2}{\sqrt{7}+\sqrt{9}}$, $\dfrac{2}{\sqrt{9}+\sqrt{11}}$, ……

ナイスな導入!! （p.65, p.66 参照）

ポイントは，掟その1 & 掟その2 をうまく活用することです!!

手順1 イチ！

一般項 a_n を求める!!

手順2 ニッ!!

$\displaystyle\lim_{n\to\infty} a_n$ を考える！　〈無限数列の和（無限級数）　掟その1 です！〉

- **タイプ1**　$\displaystyle\lim_{n\to\infty} a_n \neq 0$ ならば $\displaystyle\lim_{n\to\infty} S_n$ は発散する!!
- **タイプ2**　$\displaystyle\lim_{n\to\infty} a_n = 0$ ならば $\displaystyle\lim_{n\to\infty} S_n$ が収束する可能性がある！

〈掟その1 の逆は，成立するとはいえない！
だから，「収束する！」とは断言できないのである！〉

手順3 サンッ

手順2 で タイプ2 のとき 〈無限数列の和（無限級数）〉

まず初項から第 n 項までの和 S_n を求めて，$\displaystyle\lim_{n\to\infty} S_n$ を考える！

では，まいりましょう！

解答でござる

(1) $\underset{a_1}{\sqrt{3}}, \underset{a_2}{\sqrt{5}}, \underset{a_3}{\sqrt{7}}, \underset{a_4}{\sqrt{9}}, \underset{a_5}{\sqrt{11}}, \cdots\cdots$

この無限数列の一般項を a_n とすると

$$a_n = \sqrt{3 + (n-1) \times 2}$$
$$= \sqrt{2n+1}$$

> ルートの中は
> 初項 3，公差 2 の等差数列
> 公式 $a + (n-1)d$ (p.576参照!) より

このとき

$$\lim_{n\to\infty} a_n = \lim_{n\to\infty} \sqrt{2n+1}$$

> $n \to \infty$ のとき
> $\sqrt{2n+1} \to \infty$ は明らか!

$$= \infty$$

> $\lim_{n\to\infty} a_n \neq 0$ である!

よって

$\lim_{n\to\infty} a_n \neq 0$ より無限数列の和 S は，

> 無限数列の和
> $\lim_{n\to\infty} S_n$ のことですヨ♥

発散する …(答)

> p.66 の 掟その必 でーす!!
> つまり S_n を求める必要なし!

(2) $\underset{a_1}{\dfrac{1}{2}}, \underset{a_2}{\dfrac{2}{3}}, \underset{a_3}{\dfrac{3}{4}}, \underset{a_4}{\dfrac{4}{5}}, \underset{a_5}{\dfrac{5}{6}}, \cdots\cdots$

この無限数列の一般項を a_n とすると

$$a_n = \frac{n}{n+1}$$

> 分子は
> 初項 1，公差 1 の等差数列として
> $1 + (n-1) \times 1 = n$
> としてもOK!
> しかし，まわりくどい!

このとき

$$\lim_{n\to\infty} a_n = \lim_{n\to\infty} \frac{n}{n+1}$$

$$= \lim_{n\to\infty} \frac{1}{1 + \boxed{\dfrac{1}{n}}}$$

> 分母も同様!
> 初項 2，公差 1 の等差数列として
> $2 + (n-1) \times 1 = n+1$
> としてもOK!
> でも，見りゃすぐわかる
> よねえ…
> 好きにして!

> 0 に収束!

> おなじみ!!
> 分子&分母を $\div n$ です!

$$= 1$$

$\dfrac{1}{1+0} = \dfrac{1}{1} = 1$

よって

$\lim\limits_{n \to \infty} a_n \neq 0$ より無限数列の和 S は，

$\lim\limits_{n \to \infty} a_n = 1 \neq 0$ ですョ ♥

$\lim\limits_{n \to \infty} S_n$ のことです！

発散する …(答)

p.66 の 極その❺ でーす!! またもや S_n いらず！

(3) $\quad \underset{a_1}{\dfrac{2}{\sqrt{3}+\sqrt{5}}}, \ \underset{a_2}{\dfrac{2}{\sqrt{5}+\sqrt{7}}}, \ \underset{a_3}{\dfrac{2}{\sqrt{7}+\sqrt{9}}}, \ \cdots\cdots$

初項 3，公差 2 の等差数列
$\underset{a}{3} + (n-1) \times \underset{d}{2}$

初項 5，公差 2 の等差数列
$\underset{a}{5} + (n-1) \times \underset{d}{2}$

この無限数列の一般項を a_n とすると

$$a_n = \dfrac{2}{\sqrt{3+(n-1)\times 2} + \sqrt{5+(n-1)\times 2}}$$

$$= \dfrac{2}{\sqrt{2n+1} + \sqrt{2n+3}}$$

このとき

$$\lim_{n \to \infty} a_n = \lim_{n \to \infty} \dfrac{2}{\sqrt{2n+1} + \sqrt{2n+3}}$$

$n \to \infty$ のとき
$\sqrt{2n+1} + \sqrt{2n+3} \to \infty$
つまり
$\dfrac{2}{\sqrt{2n+1}+\sqrt{2n+3}} \to 0$

$$= 0$$

おっと!! $\lim\limits_{n \to \infty} a_n = 0$

よって，無限数列の和 S が収束する可能性がある。

p.65 の 極その❺ の逆が成立するとはかぎらない!! あくまでも，無限数列の和が収束するかもしれないというお話です！

ここで，

$$a_n = \dfrac{2}{\sqrt{2n+1} + \sqrt{2n+3}}$$

分母の有理化や！

分子＆分母に $\times (\sqrt{2n+1} - \sqrt{2n+3})$ です！

$$= \dfrac{2(\sqrt{2n+1} - \sqrt{2n+3})}{(\sqrt{2n+1}+\sqrt{2n+3})(\sqrt{2n+1}-\sqrt{2n+3})}$$

$$= \frac{2(\sqrt{2n+1} - \sqrt{2n+3})}{2n+1 - (2n+3)}$$

$$= \frac{2(\sqrt{2n+1} - \sqrt{2n+3})}{-2}$$

$$= -(\sqrt{2n+1} - \sqrt{2n+3})$$

$$= -\sqrt{2n+1} + \sqrt{2n+3}$$

> 分母は
> $(\sqrt{2n+1})^2 - (\sqrt{2n+3})^2$
> $= 2n+1 - (2n+3)$
>
> $(A+B)(A-B) = A^2 - B^2$
>
> -2 で約分したョ♥
>
> この変形がポイント！
> p.61 問題 5-3 と同様です！

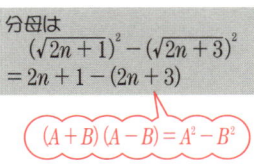

初項から第 n 項までの和を S_n とすると

$$S_n = \frac{2}{\sqrt{3}+\sqrt{5}} + \frac{2}{\sqrt{5}+\sqrt{7}} + \frac{2}{\sqrt{7}+\sqrt{9}} + \cdots + \frac{2}{\sqrt{2n+1}+\sqrt{2n+3}}$$

$$= \boxed{-\sqrt{3}} + \sqrt{5} - \sqrt{5} + \sqrt{7} - \sqrt{7} + \sqrt{9} + \cdots - \sqrt{2n+1} + \boxed{\sqrt{2n+3}}$$

> 各項が大変身!!
> $a_n = \frac{2}{\sqrt{2n+1}+\sqrt{2n+3}}$
> $= -\sqrt{2n+1} + \sqrt{2n+3}$
> より！

$$= -\sqrt{3} + \sqrt{2n+3}$$

> 間がどんどん消えて
> 頭とケツだけが残る！

$$= \sqrt{2n+3} - \sqrt{3}$$

> 順序をかえただけです！

このとき無限数列の和 S は

$$S = \lim_{n \to \infty} S_n$$

> S_n で $n \to \infty$ とすると
> 無限数列の和となります！

$$= \lim_{n \to \infty} (\sqrt{2n+3} - \sqrt{3})$$

$$= \infty$$

> $n \to \infty$ のとき
> $\sqrt{2n+3} \to \infty$ は明らか！
> つまり
> $\sqrt{2n+3} - \sqrt{3} \to \infty$ となる！
>
> この $\sqrt{3}$ はゴミ同然！ 無視!!

よって無限数列の和 S は，**発散する** …(答)

> ホラ!!
> $\lim_{n \to \infty} a_n = 0$ だからといって
> $S = \lim_{n \to \infty} S_n$ が収束するとは
> かぎらない!! つま〜り
>
> p.65の 極とϕ の逆が成立
> するとはかぎらないのであ
> る！

Theme 6 無限等比級数

キホン的な理屈は、Theme 5 と同様です！ しかし、等比数列はおもしろい♥

問題 6-1 【基礎】

次の無限等比級数（無限等比数列の和）の収束・発散を調べ、収束するものは、その和 S を求めよ。

(1) $3, 6, 12, 24, 48, \ldots\ldots$

(2) $10, 5, \dfrac{5}{2}, \dfrac{5}{4}, \dfrac{5}{8}, \ldots\ldots$

(3) $3, -\sqrt{3}, 1, -\dfrac{1}{\sqrt{3}}, \dfrac{1}{3}, \ldots\ldots$

ナイスな導入!!

いきなり **ぶっちゃけトーク** で――す!!

p.579 でもおわかりのように、等比数列の和の公式は…

初項 $a (\neq 0)$、公比 $r (\neq 1)$ として…

$$S_n = \dfrac{a(1-\boxed{r^n})}{1-r}$$

（初項から第 n 項までの和）

でしたよネ♥

$r = 1$ でも $\lim\limits_{n \to \infty} r^n = 1$ と収束するが
$r = 1$ のときは、公式 $S_n = \dfrac{a(1-r^n)}{1-r}$ は使えない！
$r = 1$ のときは $S_n = na$ となり
$\lim\limits_{n \to \infty} S_n = \infty$ （発散！）は明らかである!! (p.579 参照)

このとき、この r^n に注目していただきたい!!

p.47 の **ザ・まとめ！** にもあるように

$\lim\limits_{n \to \infty} r^n$ が収束するためには、**$-1 < r < 1$** でないとダメ！

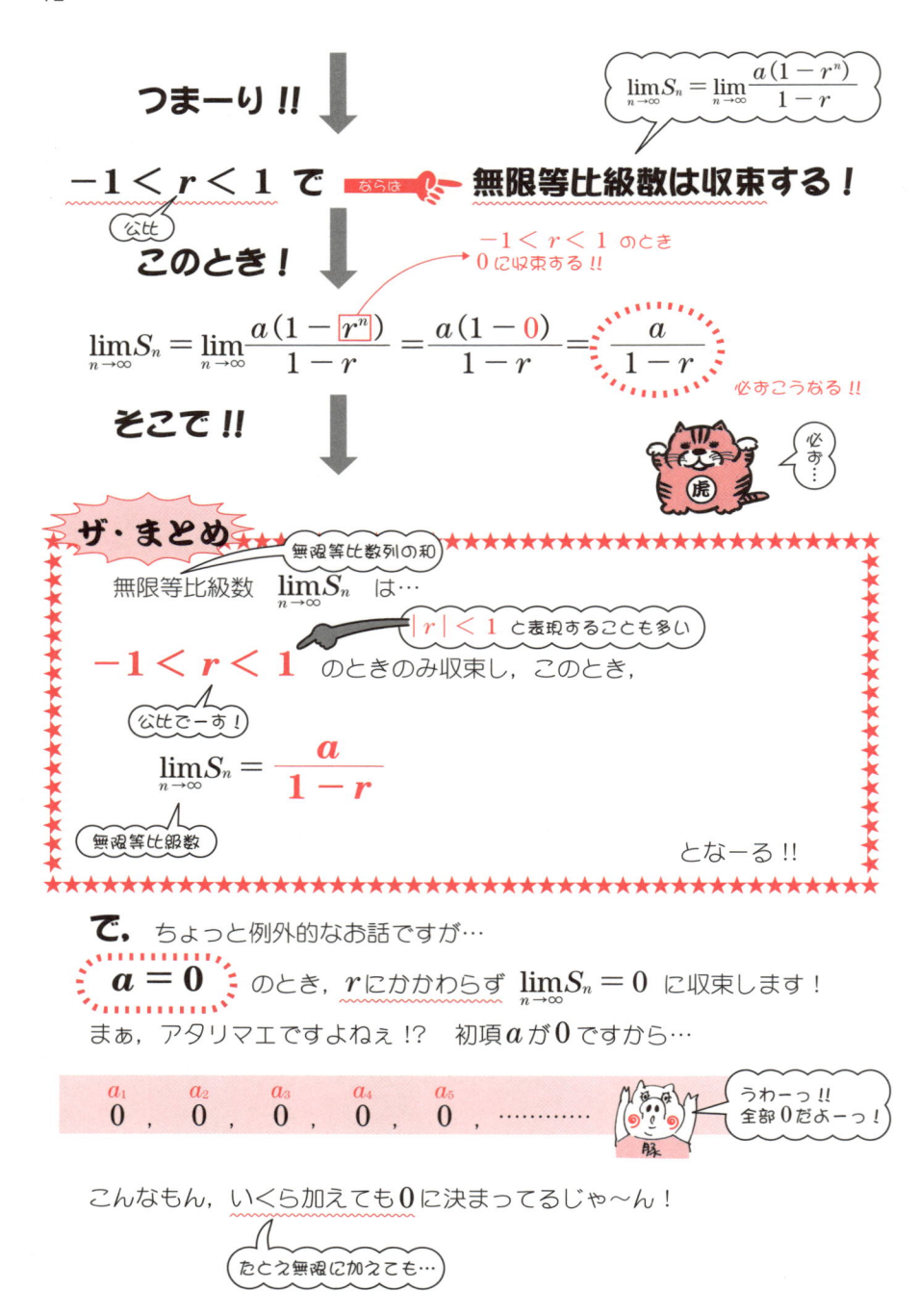

つまーり!! ↓

$\lim_{n\to\infty} S_n = \lim_{n\to\infty} \dfrac{a(1-r^n)}{1-r}$

$-1 < r < 1$ で 　ならば 　**無限等比級数は収束する！**

(公比)

このとき！

$-1 < r < 1$ のとき 0 に収束する!!

$\lim_{n\to\infty} S_n = \lim_{n\to\infty} \dfrac{a(1-\boxed{r^n})}{1-r} = \dfrac{a(1-0)}{1-r} = \dfrac{a}{1-r}$

必ずこうなる!!

必ず…

そこで!! ↓

ザ・まとめ

無限等比数列の和

無限等比級数 $\lim_{n\to\infty} S_n$ は…

$|r| < 1$ と表現することも多い

$-1 < r < 1$ のときのみ収束し，このとき，

(公比でーす！)

$$\lim_{n\to\infty} S_n = \dfrac{a}{1-r}$$

(無限等比級数)

となーる!!

で， ちょっと例外的なお話ですが…

$a = 0$ のとき，r にかかわらず $\lim_{n\to\infty} S_n = 0$ に収束します！

まあ，アタリマエですよねぇ!?　初項 a が 0 ですから…

a_1　a_2　a_3　a_4　a_5
0，0，0，0，0，…………

うわーっ!! 全部0だよーっ！

こんなもん，いくら加えても 0 に決まってるじゃ～ん！

たとえ無限に加えても…

Theme 6 無限等比級数

これらのお話を前提に,解答へとまいりましょう!

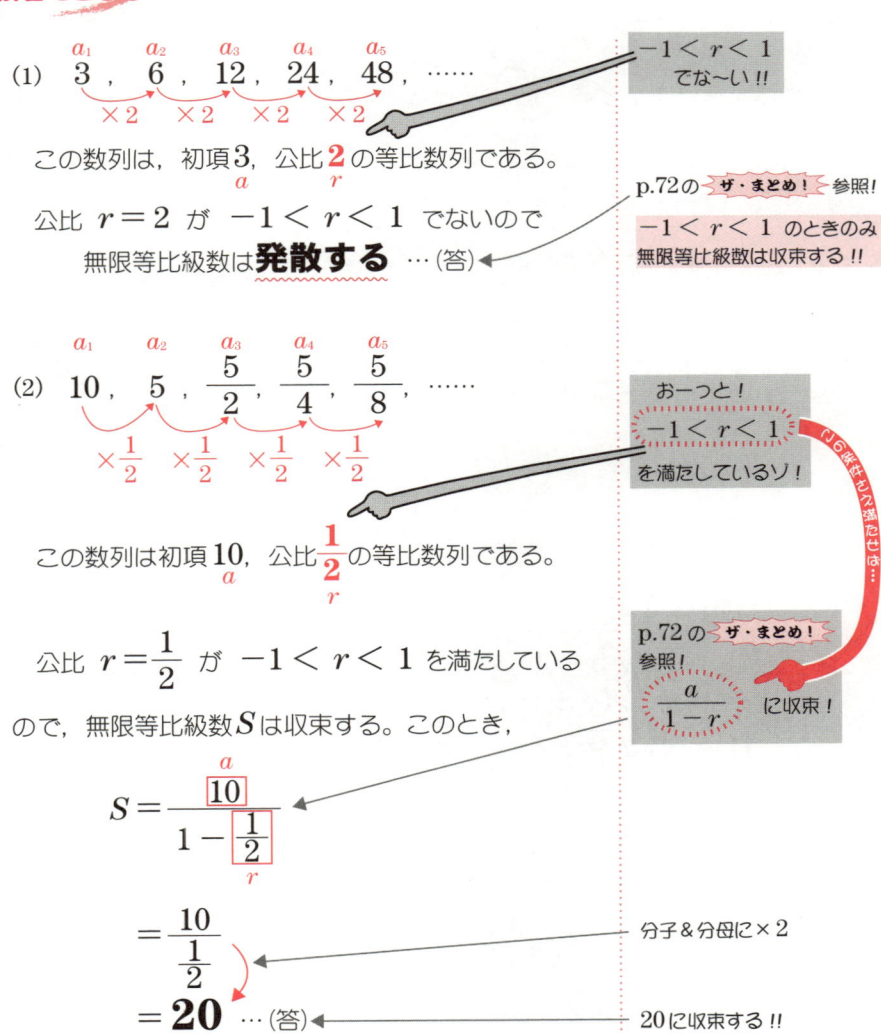

解答でござる

(1) $\underset{a_1}{3}, \underset{a_2}{6}, \underset{a_3}{12}, \underset{a_4}{24}, \underset{a_5}{48}, \cdots\cdots$
   $\times 2 \ \times 2 \ \times 2 \ \times 2$

この数列は,初項 $\underset{a}{3}$,公比 $\underset{r}{2}$ の等比数列である。

公比 $r = 2$ が $-1 < r < 1$ でないので

無限等比級数は **発散する** …(答)

― $-1 < r < 1$ でな〜い!!

p.72 の ザ・まとめ! 参照!
$-1 < r < 1$ のときのみ
無限等比級散は収束する!!

(2) $\underset{a_1}{10}, \underset{a_2}{5}, \underset{a_3}{\dfrac{5}{2}}, \underset{a_4}{\dfrac{5}{4}}, \underset{a_5}{\dfrac{5}{8}}, \cdots\cdots$
   $\times\dfrac{1}{2} \ \times\dfrac{1}{2} \ \times\dfrac{1}{2} \ \times\dfrac{1}{2}$

この数列は初項 $\underset{a}{10}$,公比 $\underset{r}{\dfrac{1}{2}}$ の等比数列である。

おーっと!
$-1 < r < 1$
を満たしているゾ!

公比 $r = \dfrac{1}{2}$ が $-1 < r < 1$ を満たしている

ので,無限等比級数 S は収束する。このとき,

$$S = \frac{\overset{a}{\boxed{10}}}{1 - \underset{r}{\boxed{\dfrac{1}{2}}}}$$

p.72 の ザ・まとめ! 参照!
$\dfrac{a}{1-r}$ に収束!

$$= \frac{10}{\dfrac{1}{2}}$$

分子&分母に ×2

$$= \mathbf{20} \ \cdots(答)$$

20 に収束する!!

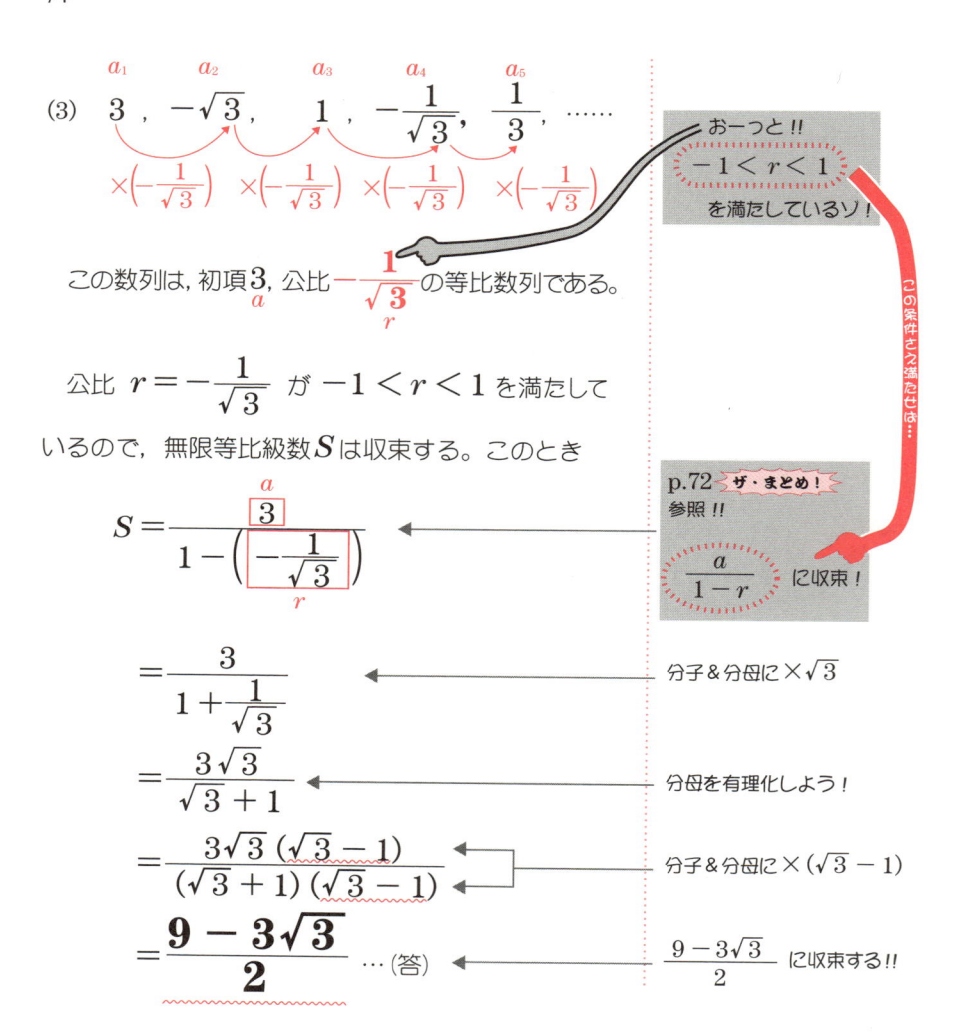

(3) $\underset{a_1}{3}, \underset{a_2}{-\sqrt{3}}, \underset{a_3}{1}, \underset{a_4}{-\dfrac{1}{\sqrt{3}}}, \underset{a_5}{\dfrac{1}{3}}, \ldots\ldots$

各項に $\times\left(-\dfrac{1}{\sqrt{3}}\right)$

この数列は，初項 $\underset{a}{3}$，公比 $\underset{r}{-\dfrac{1}{\sqrt{3}}}$ の等比数列である。

公比 $r = -\dfrac{1}{\sqrt{3}}$ が $-1 < r < 1$ を満たしているので，無限等比級数 S は収束する。このとき

$$S = \dfrac{\boxed{3}^{\,a}}{1-\left(\boxed{-\dfrac{1}{\sqrt{3}}}\right)_{r}}$$

$$= \dfrac{3}{1+\dfrac{1}{\sqrt{3}}}$$ ← 分子&分母に×$\sqrt{3}$

$$= \dfrac{3\sqrt{3}}{\sqrt{3}+1}$$ ← 分母を有理化しよう！

$$= \dfrac{3\sqrt{3}(\sqrt{3}-1)}{(\sqrt{3}+1)(\sqrt{3}-1)}$$ ← 分子&分母に×$(\sqrt{3}-1)$

$$= \dfrac{9-3\sqrt{3}}{2}\ \cdots\text{(答)}$$ ← $\dfrac{9-3\sqrt{3}}{2}$ に収束する!!

おーっと!! $-1 < r < 1$ を満たしているゾ！

この条件さえ満たせば…

p.72 ザ・まとめ！参照!!

$\dfrac{a}{1-r}$ に収束！

Theme 6 無限等比級数

ちょっとばかりレベルを上げてみようぜ♥

問題 6-2　　　　　　　　　　　　　　　　　　　ちょいムズ

次の無限級数（無限数列の和）について、次の各問いに答えよ。
$$(1-x) + (1-x)x(3-4x) + (1-x)x^2(3-4x)^2 + (1-x)x^3(3-4x)^3 + \cdots$$
$$\cdots\cdots\cdots\cdots\cdots\cdots\cdots\cdots\cdots\cdots\cdots\cdots\cdots + (1-x)x^n(3-4x)^n + \cdots$$

(1) この無限級数が収束するとき、x の条件を求めよ。
(2) (1)の条件のとき、この無限級数（無限数列の和）$S(x)$ を求めよ。

ナイスな導入!!

$$\underset{a_1}{(1-x)} + \underset{a_2}{(1-x)x(3-4x)} + \underset{a_3}{(1-x)x^2(3-4x)^2} + \underset{a_4}{(1-x)x^3(3-4x)^3} + \cdots\cdots$$

$\times x(3-4x)$　　$\times x(3-4x)$　　$\times x(3-4x)$

よ──くみればおわかりのとおり…

こいつは、

　　初項 $a =$ ｛$1-x$｝　　　公比 $r =$ ｛$x(3-4x)$｝

の等比数列であ──る!!

そこで(1)でーす。

テーマは、無限等比級数が収束することですから…

p.72の **ザ・まとめ** を思い出せば一発ですョ♥

無限等比級数（無限等比数列の和）が収束するためには…

$$-1 < r < 1$$

（公比）

が条件でしたネ！

と，ゆーわけで
本問では，公比 $r = x(3-4x)$
だったから…

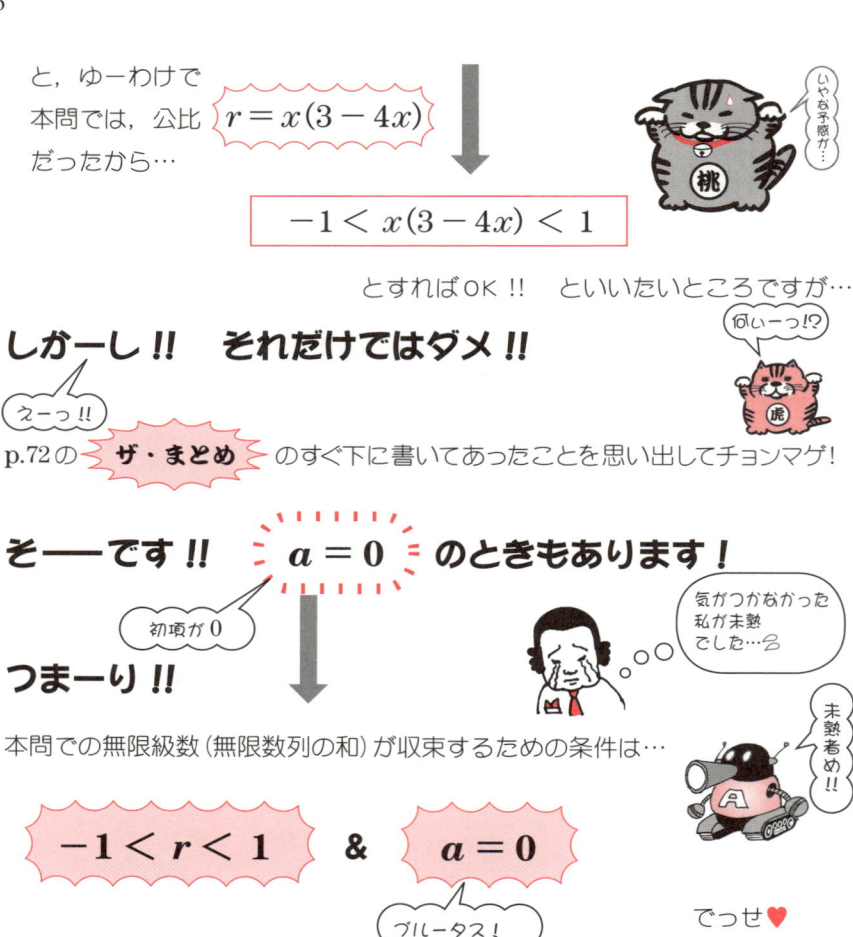

$$-1 < x(3-4x) < 1$$

とすればOK!! といいたいところですが…

しかーし!! それだけではダメ!!

p.72の ザ・まとめ のすぐ下に書いてあったことを思い出してチョンマゲ!

そ——です!! $a = 0$ のときもあります！

（初項が0）

つまーり!!

本問での無限級数（無限数列の和）が収束するための条件は…

$$-1 < r < 1 \quad \& \quad a = 0$$

でっせ♥

(2)については，とくにコメントはありません。
では，早速まいりやしょう！

解答でござる

この無限級数は，初項 $a = 1-x$
公比 $r = x(3-4x)$ の無限等比数列の和である。

> 無限等比数列の和のことを
> 無限等比級数ともいいます。
> 名前がいろいろあるから
> 混乱しないようにネ♥

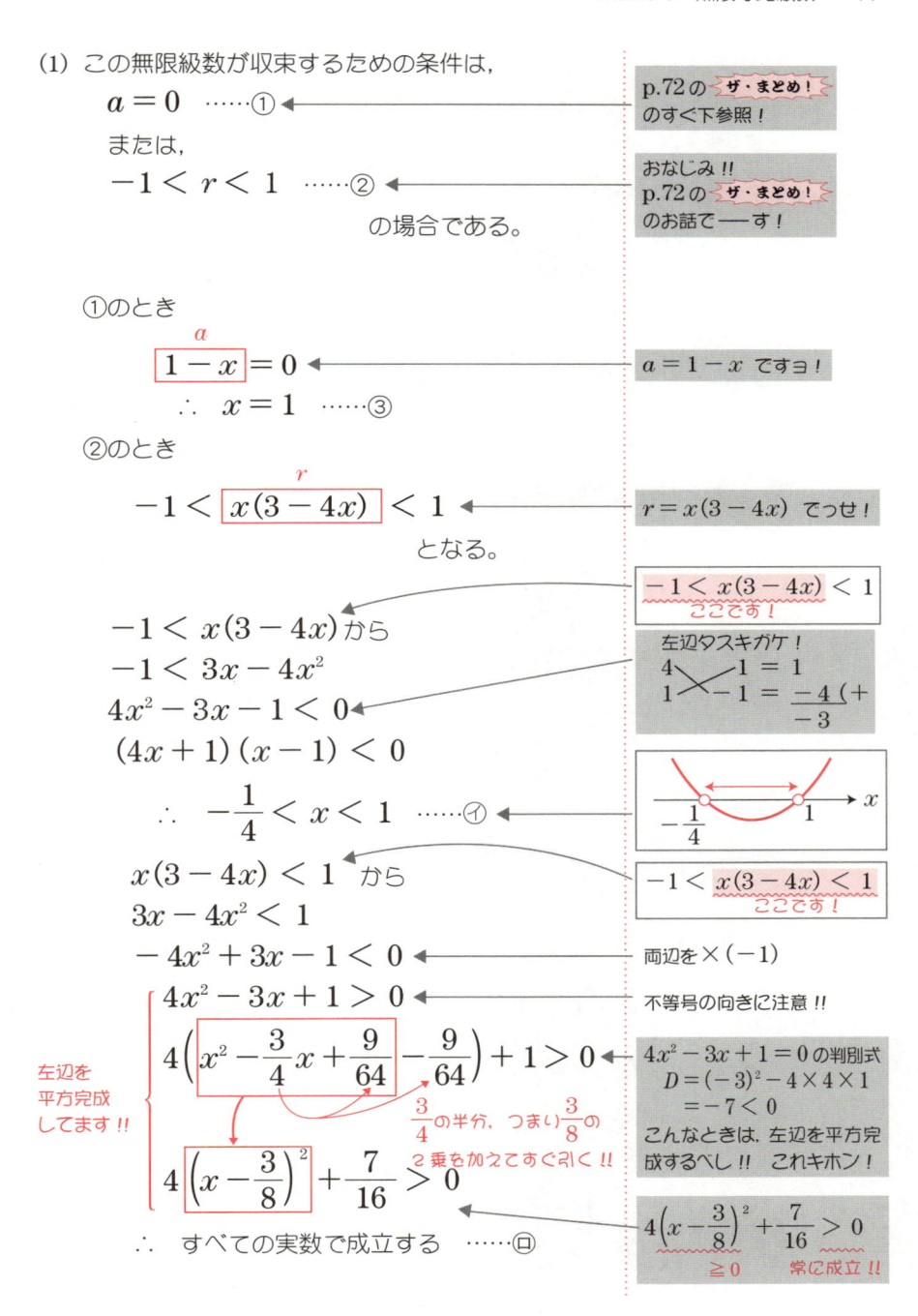

(1) この無限級数が収束するための条件は，
$$a = 0 \quad \cdots\cdots ①$$
または，
$$-1 < r < 1 \quad \cdots\cdots ②$$
の場合である。

> p.72の ザ・まとめ! のすぐ下参照！

> おなじみ!! p.72の ザ・まとめ! のお話で——す！

①のとき
$$\boxed{1-x}^{\,a} = 0$$
$$\therefore \ x = 1 \quad \cdots\cdots ③$$

> $a = 1-x$ ですョ！

②のとき
$$-1 < \boxed{x(3-4x)}^{\,r} < 1$$
となる。

> $r = x(3-4x)$ でっせ！

> $-1 < x(3-4x) < 1$
> ここです！

$-1 < x(3-4x)$ から
$-1 < 3x - 4x^2$
$4x^2 - 3x - 1 < 0$
$(4x+1)(x-1) < 0$
$$\therefore \ -\frac{1}{4} < x < 1 \quad \cdots\cdots ㋑$$

> 左辺タスキガケ！
> $4 \diagdown 1 = 1$
> $1 \diagup -1 = \dfrac{-4}{-3}(+$

$x(3-4x) < 1$ から
$3x - 4x^2 < 1$
$-4x^2 + 3x - 1 < 0$
$\begin{cases} 4x^2 - 3x + 1 > 0 \\ 4\left(x^2 - \dfrac{3}{4}x + \dfrac{9}{64} - \dfrac{9}{64}\right) + 1 > 0 \\ 4\left(x - \dfrac{3}{8}\right)^2 + \dfrac{7}{16} > 0 \end{cases}$

> 左辺を平方完成してます!!

> $-1 < x(3-4x) < 1$
> ここです！

> 両辺を×(−1)

> 不等号の向きに注意!!

> $4x^2 - 3x + 1 = 0$ の判別式
> $D = (-3)^2 - 4 \times 4 \times 1$
> $= -7 < 0$
> こんなときは，左辺を平方完成するべし!! これキホン！

> $\dfrac{3}{4}$ の半分，つまり $\dfrac{3}{8}$ の 2乗を加えてすぐ引く!!

> $4\left(x - \dfrac{3}{8}\right)^2 + \dfrac{7}{16} > 0$
> ≧0 常に成立!!

$\therefore$ すべての実数で成立する $\cdots\cdots ㋺$

㋑㋺より
$$-\frac{1}{4} < x < 1 \quad \cdots\cdots ④$$

㋺は，なんでもOK!!
よって㋑の条件のみが残る！

③④あわせて，
$$\therefore \quad -\frac{1}{4} < x \leqq 1 \quad \cdots (答)$$

③も④も答です！

(2)（ⅰ）$-1 < r < 1$ つまり $-\frac{1}{4} < x < 1$

$|r| < 1$ と表現することもあるョ！

(1)の④です！

のとき

無限級数（無限数列の和）$S(x)$ は，
$$S(x) = \frac{a}{1-r}$$

p.72でおなじみ
ザ・まとめ！参照！

$$= \frac{\boxed{1-x}^{\,a}}{1-\underbrace{\boxed{x(3-4x)}}_{r}}$$

$$= \frac{1-x}{4x^2 - 3x + 1} \quad \cdots\cdots ⑤$$

(1)の③です!!

（ⅱ）$a = 0$ つまり $x = 1$ のとき

$x = 1$ ですから…

$$S(x) = S(1)$$
$$= 0 + 0 + 0 + \cdots + 0 + \cdots$$
$$= 0 \quad \cdots\cdots ⑥$$

この行は，書かなくてもOK！
0は，いくら加えても0です！
p.72 ザ・まとめ！
のすぐ下を参照!!

このとき⑤で $x = 1$ とすると⑥の0が得られる。
よって⑤，⑥まとめて

$$S(x) = \frac{1-x}{4x^2 - 3x + 1} \quad \cdots (答)$$

⑤で $x=1$ としてみる
$$S(1) = \frac{1-1}{4 \times 1^2 - 3 \times 1 + 1}$$
$$= \frac{0}{2}$$
$$= 0 \leftarrow ⑥と一致!!$$
つまり⑤，⑥と分けて答える必要はない!!

Theme 7 関数の極限

ここから、$x \longrightarrow \infty$ 以外に $x \longrightarrow 0$ や $x \longrightarrow -\infty$ なども登場しまーす!!

関数の極限について

ある関数 $f(x)$ において、x が定数 α と異なる値をとりながら、α に限りなく近づくとき、関数 $f(x)$ の値が一定の値 β に限りなく近づくならば……

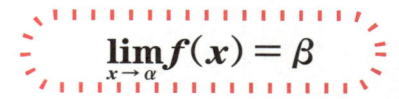

⬇ $f(x)$ は、β に収束する！と……

$$\lim_{x \to \alpha} f(x) = \beta$$

と表します!!

このとき、この β を $x \longrightarrow \alpha$ のときの **極限値** と申します ♥

そこで、例をおひとつ…

$f(x) = \dfrac{x^2 - 9}{x - 3}$ について

$\lim_{x \to 3} f(x)$ を考えてみましょう ♥

大切な話が始まりそうだ…

まず、このグラフをかいてみましょう！

分母 $\neq 0$ より $x - 3 \neq 0$ つまり $x \neq 3$

アタリマエ!!

そーです!! ⬇

この関数では、$x = 3$ は定義されません！

つまーり!! ⬇

定義域は，$x < 3$，$3 < x$ となーる！

> $x \neq 3$ ですから…

このとき，

$$f(x) = \frac{(x+3)(x-3)}{x-3}$$
$$= x+3$$

> 分子を因数分解しました！
> $x^2 - 9 = (x+3)(x-3)$

> $x-3$ で約分しました！

これは，ただの直線ですネ♥ しかし，$x = 3$ のところは抜けるのでご注意を！

よって，グラフは…

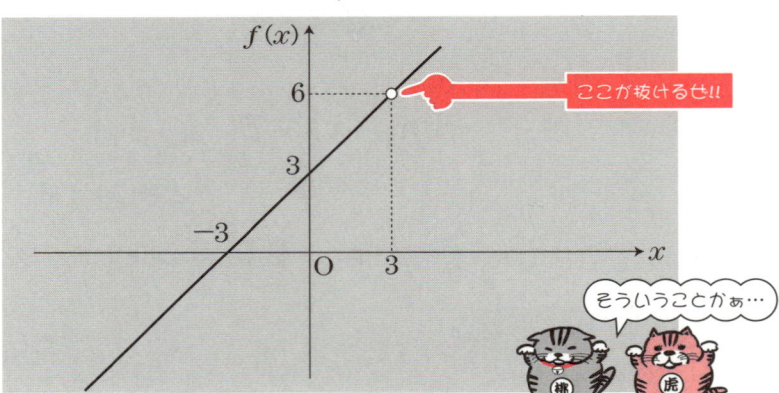

> ここが抜けるぜ!!

> そういうことかぁ…

このグラフを見るかぎり $x = 3$ はありえないんですが $x = 3$ に近づくことならできます!!

$$\lim_{x \to 3} f(x) = 6$$

となることはグラフより明らか!!

> $x \to 3$ に近づける！
> $x \to 3$ に近づける！

つまーり!!

$x \to 3$ のとき，$f(x)$ の極限値は 6 である!!

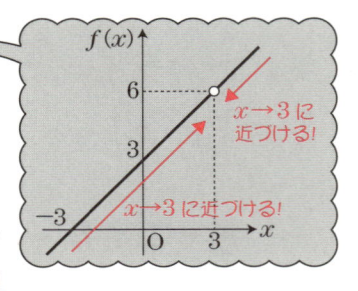

> ぶっちゃけ！

Theme 7 関数の極限

$$\lim_{x \to 3} f(x) = \lim_{x \to 3} \frac{x^2 - 9}{x - 3}$$
$$= \lim_{x \to 3} \frac{(x+3)\cancel{(x-3)}}{\cancel{x-3}}　＜普通に約分！$$
$$= \lim_{x \to 3} (x + 3)　←このxのところにモロに3をブチ込む!!$$
$$= 3 + 3$$
$$= 6 \quad \text{とすればOK！ なお話でした！}$$

では，ちょっくら慣れておきましょう！

問題 7-1　　　　　　　　　　　　　　　　　　　基礎

次の極限値を求めよ．

(1) $\displaystyle\lim_{x \to 1} \frac{x^2 - 3x + 2}{x^2 - 6x + 5}$

(2) $\displaystyle\lim_{x \to -3} \frac{x^3 + 27}{x^2 - 9}$

(3) $\displaystyle\lim_{x \to 2} \frac{x - 2}{x - \sqrt{x + 2}}$

(4) $\displaystyle\lim_{x \to 3} \frac{x - \sqrt{x + 6}}{x - 3}$

ナイスな導入!!　　p.80です!!

(1) & (2) は，さっきのお話と同様です!!　ただし，グラフなんてかいている余裕はありませんョ！　秒殺でいきましょう♥

(1) では，

$$\lim_{x \to 1} \frac{x^2 - 3x + 2}{x^2 - 6x + 5}$$

秒殺!?

$$= \lim_{x \to 1} \frac{(x-1)(x-2)}{(x-1)(x-5)}$$

〔分子＆分母を因数分解！〕

$$= \lim_{x \to 1} \frac{x-2}{x-5}$$

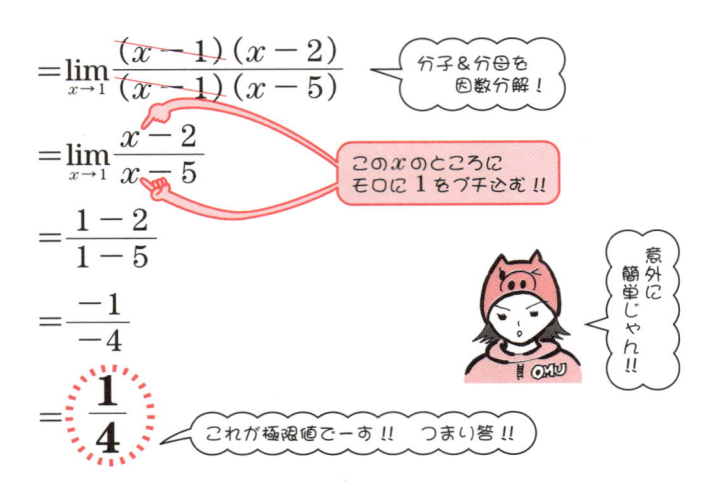

〔このxのところにモロに1をブチ込む!!〕

$$= \frac{1-2}{1-5}$$

$$= \frac{-1}{-4}$$

〔意外に簡単じゃん!!〕

$$= \boxed{\frac{1}{4}}$$

〔これが極限値でーす!! つまり答!!〕

(2)も，(1)と同様でございます♥

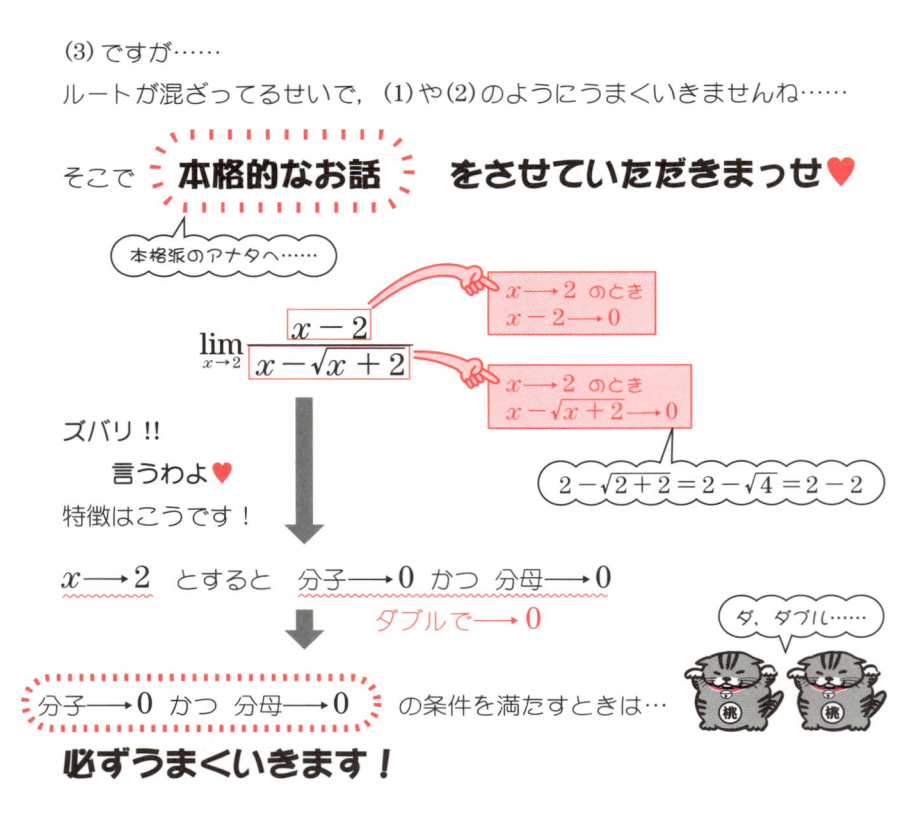

(3)ですが……

ルートが混ざってるせいで，(1)や(2)のようにうまくいきませんね……

そこで **本格的なお話** をさせていただきまっせ♥

〔本格派のアナタへ……〕

$$\lim_{x \to 2} \frac{x-2}{x-\sqrt{x+2}}$$

〔$x \longrightarrow 2$ のとき $x-2 \longrightarrow 0$〕

〔$x \longrightarrow 2$ のとき $x-\sqrt{x+2} \longrightarrow 0$〕

〔$2-\sqrt{2+2} = 2-\sqrt{4} = 2-2$〕

ズバリ!!
言うわよ♥
特徴はこうです！

$x \longrightarrow 2$ とすると　分子 $\longrightarrow 0$ かつ 分母 $\longrightarrow 0$

ダブルで $\longrightarrow 0$

分子 $\longrightarrow 0$ かつ 分母 $\longrightarrow 0$ の条件を満たすときは…

〔ダ，ダブル……〕

必ずうまくいきます！

Theme 7 関数の極限

形こそ違えど(1)も(2)も 分子 $\longrightarrow 0$ かつ 分母 $\longrightarrow 0$ を満たしてました！
たとえば(1)のとき

$$\lim_{x \to 1} \frac{x^2 - 3x + 2}{x^2 - 6x + 5}$$

$x \longrightarrow 1$ のとき $x^2 - 3x + 2 \longrightarrow 0$

$1^2 - 3 \times 1 + 2$

$x \longrightarrow 1$ のとき $x^2 - 6x + 5 \longrightarrow 0$

$1^2 - 6 \times 1 + 5$

ホラ!! 分子 $\longrightarrow 0$ かつ 分母 $\longrightarrow 0$ を満たしているョ♥

(3)の話にもどりますが……

$$\lim_{x \to 2} \frac{x - 2}{x - \sqrt{x + 2}}$$

(1)や(2)のように約分ができなーい！

分母がヘンテコなんだよなぁ……

こんなときは，アレですよ……

p.24の 問題 **問題 2-2** (2)や p.26の 問題 **問題 2-3** でもやりましたョ！

苦しくなったら……
とにかく有理化でござる !!

その手があったかぁ…

とゆーわけで……

分母の有理化でっせ♥
分子＆分母に $x + \sqrt{x+2}$ をかける !!

$$\lim_{x \to 2} \frac{(x-2)(x+\sqrt{x+2})}{(x-\sqrt{x+2})(x+\sqrt{x+2})}$$

$$= \lim_{x \to 2} \frac{(x-2)(x+\sqrt{x+2})}{x^2 - (x+2)}$$

因数分解できるかもしれないので分子は展開しないのがミソ！

分母は
$x^2 - (\sqrt{x+2})^2 = x^2 - (x+2)$
公式 $(A+B)(A-B) = A^2 - B^2$ ですぅ！

$$= \lim_{x \to 2} \frac{(x-2)(x+\sqrt{x+2})}{x^2 - x - 2}$$

$$= \lim_{x \to 2} \frac{(x-2)(x+\sqrt{x+2})}{(x-2)(x+1)}$$

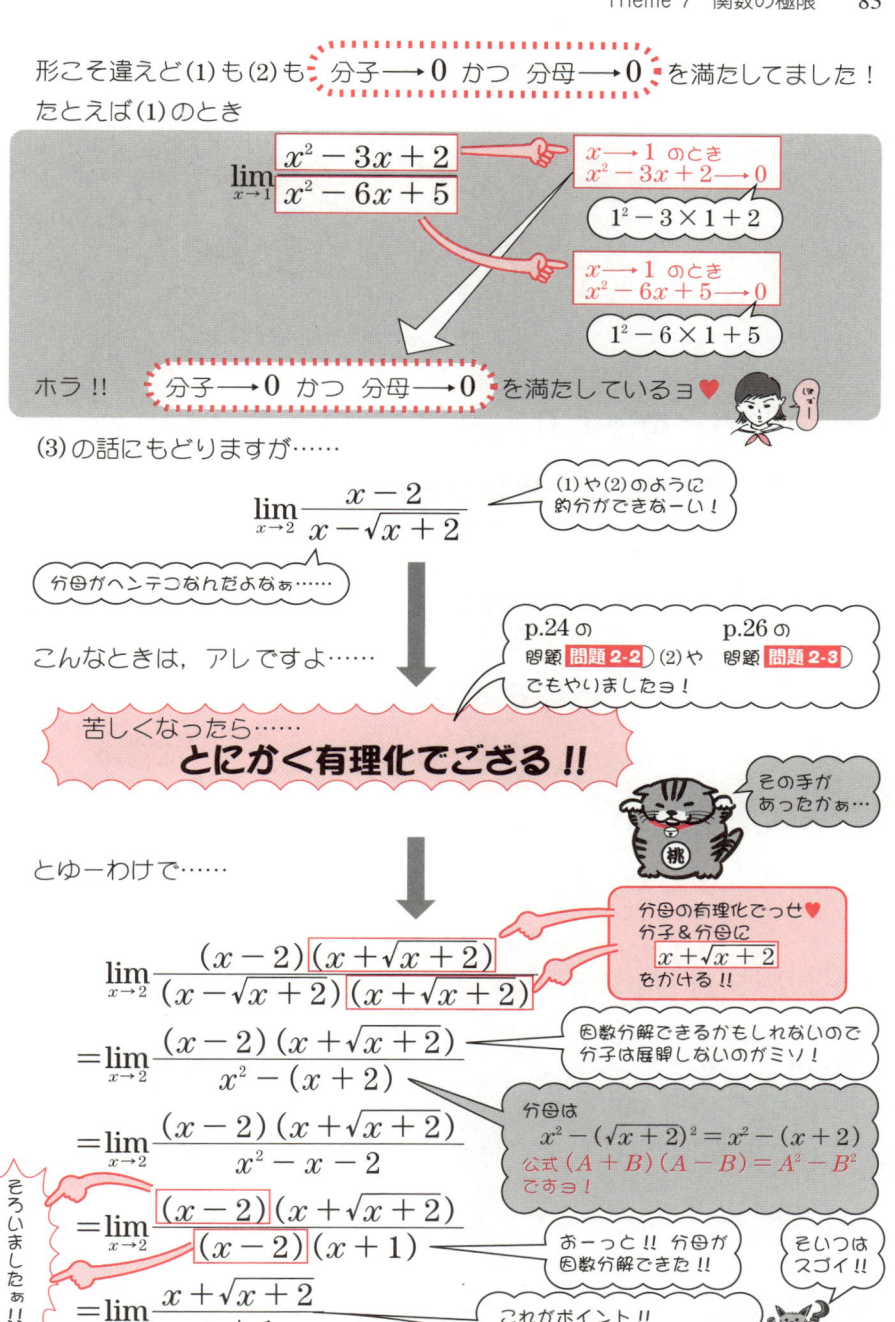

そろいましたぁ!!

おーっと!! 分母が因数分解できた!!

そいつはスゴイ!!

$$= \lim_{x \to 2} \frac{x + \sqrt{x+2}}{x+1}$$

これがポイント!! $x - 2$ で約分ができたョ♥

$$= \frac{2+\sqrt{2+2}}{2+1}$$

仕上げは，いつものお話！
モロに x に 2 をブチ込む!!

$$= \frac{2+2}{3} \quad \sqrt{4}=2$$

有理化して結局約分ってワケが……

$$= \frac{4}{3}$$

これが極限値！
つまり答で一す!!

(4)も同じ!!

(3)では分母の有理化！
それに対し(4)は分子の有理化!!

とにかく有理化!! ですゾ！

だって分子にルートがあるんだもーん！

しかし念を押させていただきます！

(3)と(4)はあくまでも

　　　　　分子 ⟶ 0　かつ　分母 ⟶ 0

を満たしているから
うまくいくんです!! **変形する前に必ずこの確認**をすること!!

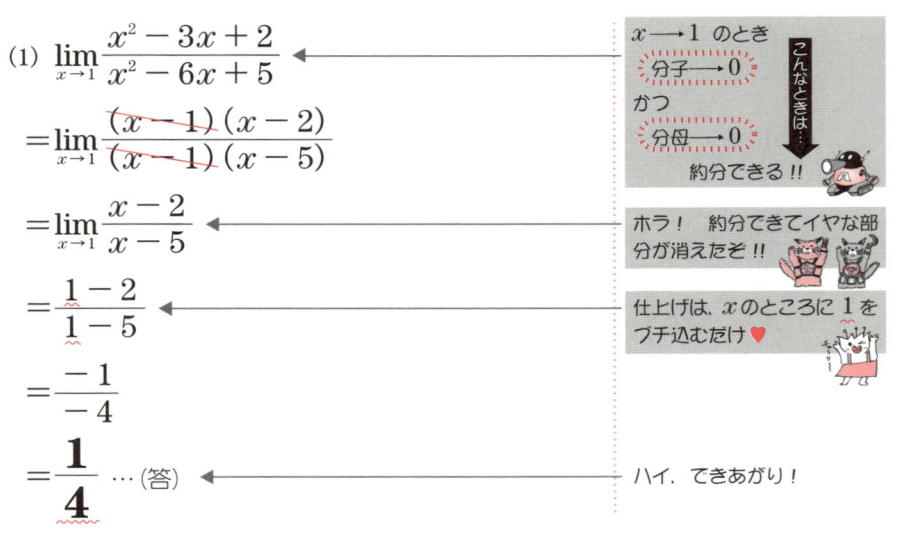

解答でござる

(1) $\displaystyle\lim_{x \to 1} \frac{x^2 - 3x + 2}{x^2 - 6x + 5}$

$x \to 1$ のとき
分子 ⟶ 0
かつ
分母 ⟶ 0
こんなときは…
約分できる!!

$$= \lim_{x \to 1} \frac{(x-1)(x-2)}{(x-1)(x-5)}$$

$$= \lim_{x \to 1} \frac{x-2}{x-5}$$

ホラ！　約分できてイヤな部分が消えたぞ!!

$$= \frac{1-2}{1-5}$$

仕上げは，x のところに 1 をブチ込むだけ♥

$$= \frac{-1}{-4}$$

$$= \frac{1}{4} \quad \cdots \text{(答)}$$

ハイ，てきあがり！

(2) $\lim_{x \to -3} \dfrac{x^3 + 27}{x^2 - 9}$

$= \lim_{x \to -3} \dfrac{(x+3)(x^2 - 3x + 9)}{(x+3)(x-3)}$

$= \lim_{x \to -3} \dfrac{x^2 - 3x + 9}{x - 3}$

$= \dfrac{(-3)^2 - 3 \times (-3) + 9}{-3 - 3}$

$= \dfrac{27}{-6}$

$= -\dfrac{9}{2}$ …(答)

$x \longrightarrow -3$ のとき
分子 $\longrightarrow 0$
$(-3)^3 + 27 = -27 + 27$
かつ
分母 $\longrightarrow 0$
$(-3)^2 - 9 = 9 - 9$
こんなときは…
約分ができますヨ♥

分子は,
公式
$a^3 + b^3 = (a+b)(a^2 - ab + b^2)$
です!
この場合 $a = x$, $b = 3$ に対応!!

約分できて,イヤな部分はオサラバ!

x のところに -3 をブチ込むだけ♥

一丁あがり!!

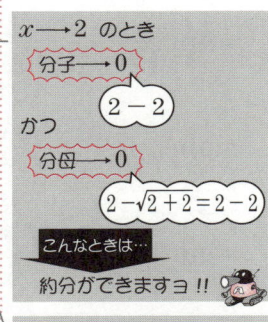

(3) $\lim_{x \to 2} \dfrac{x - 2}{x - \sqrt{x+2}}$

$= \lim_{x \to 2} \dfrac{(x-2)(x + \sqrt{x+2})}{(x - \sqrt{x+2})(x + \sqrt{x+2})}$

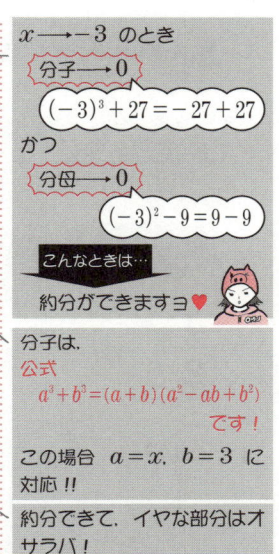

$= \lim_{x \to 2} \dfrac{(x-2)(x + \sqrt{x+2})}{x^2 - (x+2)}$

$= \lim_{x \to 2} \dfrac{(x-2)(x + \sqrt{x+2})}{x^2 - x - 2}$

$= \lim_{x \to 2} \dfrac{(x-2)(x + \sqrt{x+2})}{(x-2)(x+1)}$

$x \longrightarrow 2$ のとき
分子 $\longrightarrow 0$
$2 - 2$
かつ
分母 $\longrightarrow 0$
$2 - \sqrt{2+2} = 2 - 2$
こんなときは…
約分ができますヨ!!

困ったときの 有理化 です!!
分子&分母に $\times (x + \sqrt{x+2})$
分母は
$x^2 - (\sqrt{x+2})^2 = x^2 - (x+2)$
公式 $(A+B)(A-B) = A^2 - B^2$
です!

ホラ!! 約分できてイヤな部分が消えちゃったヨ♥

$$= \lim_{x \to 2} \frac{x + \sqrt{x+2}}{x+1}$$

$$= \frac{2 + \sqrt{2+2}}{2+1}$$ ← xのところに 2 をブチ込む！

$$= \frac{2+2}{3}$$ ← $\sqrt{2+2} = \sqrt{4} = 2$

$$= \frac{4}{3} \cdots \text{(答)}$$ ← できあがり♥

(4) $\displaystyle\lim_{x \to 3} \frac{x - \sqrt{x+6}}{x - 3}$ ← $x \longrightarrow 3$ のとき
分子 $\longrightarrow 0$
$3 - \sqrt{3+6} = 3 - \sqrt{9} = 3 - 3$
かつ
分母 $\longrightarrow 0$
$3 - 3$
こんなときは…
約分できまっせ♥

$$= \lim_{x \to 3} \frac{(x - \sqrt{x+6})(x + \sqrt{x+6})}{(x-3)(x + \sqrt{x+6})}$$

困ったときは 有理化 !!
分子＆分母に ×$(x + \sqrt{x+6})$

$$= \lim_{x \to 3} \frac{x^2 - (x+6)}{(x-3)(x + \sqrt{x+6})}$$

分子は
$x^2 - (\sqrt{x+6})^2 = x^2 - (x+6)$
公式 $(A+B)(A-B) = A^2 - B^2$
です！

$$= \lim_{x \to 3} \frac{x^2 - x - 6}{(x-3)(x + \sqrt{x+6})}$$

$$= \lim_{x \to 3} \frac{\cancel{(x-3)}(x+2)}{\cancel{(x-3)}(x + \sqrt{x+6})}$$

約分できてイヤな部分がサヨナラです!!

$$= \lim_{x \to 3} \frac{x+2}{x + \sqrt{x+6}}$$

$$= \frac{3+2}{3 + \sqrt{3+6}}$$ ← xのところに 3 をブチ込む!!

$$= \frac{5}{3+3}$$ ← $\sqrt{3+6} = \sqrt{9} = 3$

$$= \frac{5}{6} \cdots \text{(答)}$$ ← ハイ！ おしまい!!

では，応用めいたものを……

問題 7-2 　　　　　　　　　　　　　　　　　　　　　[標準]

次の等式が成り立つように定数 a, b の値を定めよ。

(1) $\displaystyle\lim_{x\to 2}\frac{ax^2-3x+b}{x^2-x-2}=\frac{5}{3}$

(2) $\displaystyle\lim_{x\to 3}\frac{a\sqrt{2x+3}-b}{x-3}=1$

ナイスな導入!!

(1)，(2)ともに　　分母 → 0　　となることがポイントです！

とゆーことは…

(1)では，$x \to 2$ のとき
　分母 $= x^2-x-2 \to 0$
(2)では，$x \to 3$ のとき
　分母 $= x-3 \to 0$

このままだと右辺のような極限値をもてません!!

そこで前問 **問題 7-1** を思い出してくださいませ!!

そうです！　　　分子 → 0　　も同時に成立することが条件です！

(1)では，

　　$x \longrightarrow 2$ のとき　分母 → 0　だから

$x^2-x-2 \longrightarrow 2^2-2-2=0$

極限値 $\dfrac{5}{3}$ をもつためには，分子 → 0 でなければならん！

　これがポイント!!

つまーり！

$x \longrightarrow 2$ のとき

分子 $= ax^2-3x+b \longrightarrow a\times 2^2-3\times 2+b = 0$

x に 2 をブチ込んだだけ！

こうなるしかない!!

よって　$4a + b - 6 = 0$

$\therefore\ b = -4a + 6$ ……(☆)

〉こいつは有力な情報だぁーっ!!

この条件(☆)から
bを消去して仕切り直し!!

$x \longrightarrow 2$ のとき
　分子 $\longrightarrow 0$
となる条件から
　$b = -4a + 6$
の条件が生まれ
これを代入してこの分子が
得られました!
つまり、必ず
　分子 $= (x - 2)(\cdots\cdots)$
と因数分解できるはず!

これは…

$x \longrightarrow 2$ のとき
　ちゃんと 分子 $\longrightarrow 0$ となる!

$\displaystyle\lim_{x \to 2} \frac{ax^2 - 3x + b}{x^2 - x - 2}$

$\displaystyle = \lim_{x \to 2} \frac{ax^2 - 3x - 4a + 6}{x^2 - x - 2}$

とりあえず a でくくりました!

$\displaystyle = \lim_{x \to 2} \frac{a(x^2 - 4) - 3x + 6}{x^2 - x - 2}$

$\displaystyle = \lim_{x \to 2} \frac{a(x + 2)(x - 2) - 3(x - 2)}{x^2 - x - 2}$

$\displaystyle = \lim_{x \to 2} \frac{(x - 2)\{a(x + 2) - 3\}}{(x + 1)(x - 2)}$

〉分子を $x - 2$ でくくりました!
〉分母も因数分解

$\displaystyle = \lim_{x \to 2} \frac{a(x + 2) - 3}{x + 1}$

〉当然の結末!! $x - 2$ で約分できたョ ♥

$\displaystyle = \frac{a(2 + 2) - 3}{2 + 1}$

x のところに 2 を代入!!

$\displaystyle = \frac{4a - 3}{3}$

〉こいつが右辺の $\dfrac{5}{3}$ になればOK!

よって　$\dfrac{4a - 3}{3} = \boxed{\dfrac{5}{3}}$

〉$\displaystyle\lim_{x \to 2} \frac{ax^2 - 3x + b}{x^2 - x - 2} = \dfrac{5}{3}$ だったね!

$4a - 3 = 5$

$4a = 8$

$\therefore\ a = 2$ 　一丁あがり!!

で!! $b = -4a + 6$ ……(☆) でしたから……

$$b = -4 \times 2 + 6$$

∴ $b = -2$ ← 二丁あがり!!

以上まとめて, $a = 2, b = -2$ ← 答でーす!!

(2)も本質的に(1)と同様! 詳しくは解答にて……

解答でござる

(1) $\lim_{x \to 2} \dfrac{ax^2 - 3x + b}{x^2 - x - 2} = \dfrac{5}{3}$ ……①

①の左辺で

$x \longrightarrow 2$ とすると 分母$\longrightarrow 0$ となる。

①のように左辺が極限値 $\dfrac{5}{3}$ をもつためには

$x \longrightarrow 2$ のとき 分子$\longrightarrow 0$ でなければならない。

よって

$$a \times 2^2 - 3 \times 2 + b = 0$$
$$4a + b - 6 = 0$$
∴ $b = -4a + 6$ ……②

このとき, ②から

①の左辺 $= \lim_{x \to 2} \dfrac{ax^2 - 3x \overset{b}{\overline{-4a+6}}}{x^2 - x - 2}$

$= \lim_{x \to 2} \dfrac{(x-2)\{a(x+2) - 3\}}{(x+1)(x-2)}$

ここがポイント

詳しくは **ナイスな導入!!** 参照!!

①の左辺の分子
$ax^2 - 3x + b$
のxに2を代入!!

これでbを消去できる!

①の左辺のbに $-4a+6$ を代入!
で, 分子を因数分解
詳しくは **ナイスな導入!!** 参照!!

必ずこうなります!!
分子$=(x-2)(……)$
ならないと
$x \longrightarrow 2$ のとき 分子$\longrightarrow 0$
とならない!!

$$= \lim_{x \to 2} \frac{a(x+2)-3}{x+1}$$

$x-2$ で約分したョ!!
まあ,お約束の展開ですね♥

$$= \frac{a(2+2)-3}{2+1}$$

x のところに 2 をブチ込んだゼ!

$$= \frac{4a-3}{3}$$

これが①の右辺 $\frac{5}{3}$ と一致するから

$$\frac{4a-3}{3} = \frac{5}{3}$$

ここまでくりゃ楽勝!!

$$4a-3 = 5$$
$$\therefore\ a = 2$$

a をGET!

このとき②から

$$b = -4 \times \overset{a}{2} + 6$$

②で $b = -4a+6$ です!!

$$\therefore\ b = -2$$

b もGET!!

以上まとめて

$$(a,\ b) = \boldsymbol{(2,\ -2)} \ \cdots \text{(答)}$$

ハイ! できた!!

(2) $\displaystyle \lim_{x \to 3} \frac{a\sqrt{2x+3}-b}{x-3} = 1 \ \cdots\cdots$ ①

またまた
ここがポイント

①の左辺で

$x \longrightarrow 3$ とすると分母 $\longrightarrow 0$ となる。
①のように左辺が極限値 1 をもつためには
$x \longrightarrow 3$ のとき分子 $\longrightarrow 0$ でなければならない。

よって

$$a\sqrt{2 \times 3+3} - b = 0$$
$$3a - b = 0$$

①の左辺の分子
$a\sqrt{2x+3}-b$
の x に 3 を代入!!
$\sqrt{2 \times 3+3} = \sqrt{9} = 3$

∴ $b = 3a$ ……② ← これで b が消せる！

このとき②から

①の左辺 $= \lim_{x \to 3} \dfrac{a\sqrt{2x+3} - \boxed{3a}}{x-3}$ ← ①の左辺の b に $\boxed{3a}$ を代入！

$= \lim_{x \to 3} \dfrac{a(\sqrt{2x+3} - 3)}{x-3}$ ← a でくくりました！

$= \lim_{x \to 3} \dfrac{a(\sqrt{2x+3} - 3)(\sqrt{2x+3} + 3)}{(x-3)(\sqrt{2x+3} + 3)}$ ← もはやお約束!!
分子の有理化でございます♥
分子&分母に×$(\sqrt{2x+3}+3)$

$= \lim_{x \to 3} \dfrac{a(2x+3-9)}{(x-3)(\sqrt{2x+3}+3)}$ ← $(\sqrt{2x+3})^2 - 3^2 = 2x+3-9$
公式
$(A+B)(A-B) = A^2 - B^2$
てっせ！

$= \lim_{x \to 3} \dfrac{2a(x-3)}{(x-3)(\sqrt{2x+3}+3)}$ ← 分子 $= a(2x+3-9)$
$= a(2x-6)$
$= 2a(x-3)$

$= \lim_{x \to 3} \dfrac{2a}{\sqrt{2x+3}+3}$ ← 予定どおり！
$x-3$ で約分できました！

$= \dfrac{2a}{\sqrt{2 \times 3 + 3} + 3}$ ← x のところに 3 をブチ込む！

$= \dfrac{2a}{6}$ ← $\dfrac{2a}{\sqrt{9}+3} = \dfrac{2a}{3+3} = \dfrac{2a}{6}$

$= \dfrac{a}{3}$ ← 2 で約分

これが①の右辺 1 と一致するから

$\dfrac{a}{3} = 1$

∴ $a = 3$ ← a を GET !

このとき②から

$b = 3 \times \overset{a}{3}$ ← ②で $b = 3a$

∴ $b = 9$ ← b も GET !!

以上まとめて

$(a, b) = \mathbf{(3, 9)}$ …(答) ← ハイ！ おしまい♥

Theme 8 変な記号…

$x \to +0$ や $x \to -0$ や $x \to \alpha+0$ や $x \to \alpha-0$

などなど…

オエ〜ッ!!

まわりくどい説明は抜きにして，いきなり例から入りましょう♥

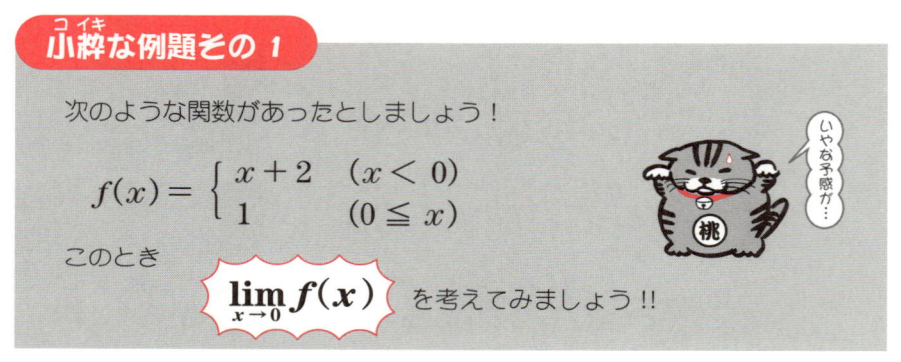

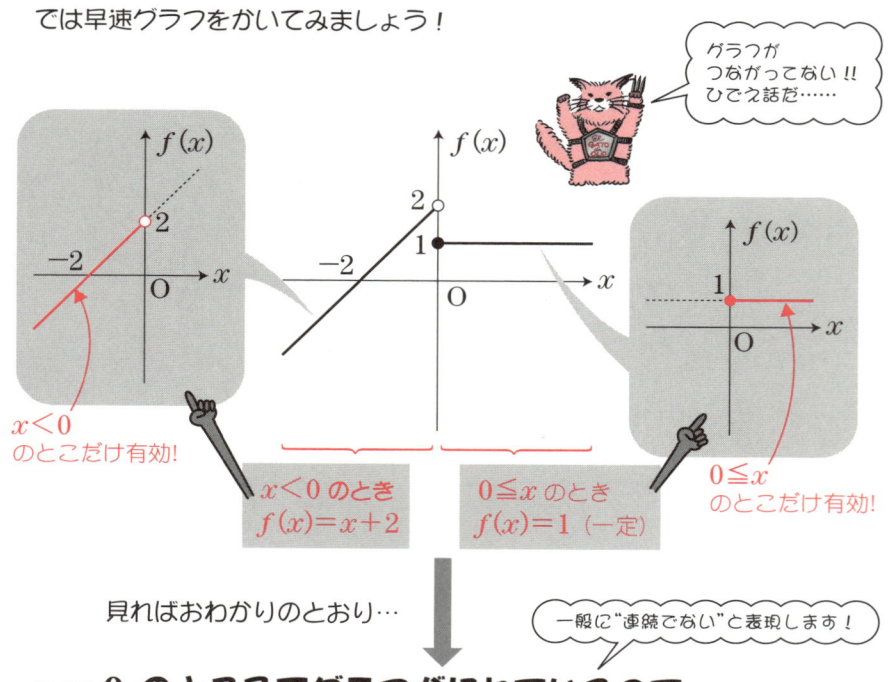

小粋(コイキ)な例題その1

次のような関数があったとしましょう！

$$f(x) = \begin{cases} x+2 & (x<0) \\ 1 & (0 \leq x) \end{cases}$$

このとき $\displaystyle \lim_{x \to 0} f(x)$ を考えてみましょう!!

いやな予感が…

では早速グラフをかいてみましょう！

グラフが つながってない!! ひごえ話だ……

$x<0$ のとこだけ有効!

$x<0$ のとき $f(x)=x+2$

$0 \leq x$ のとき $f(x)=1$ （一定）

$0 \leq x$ のとこだけ有効!

見ればおわかりのとおり…

一般に"連続でない"と表現します！

$x=0$ のところでグラフが切れているので……

Theme 8 変な記号… 93

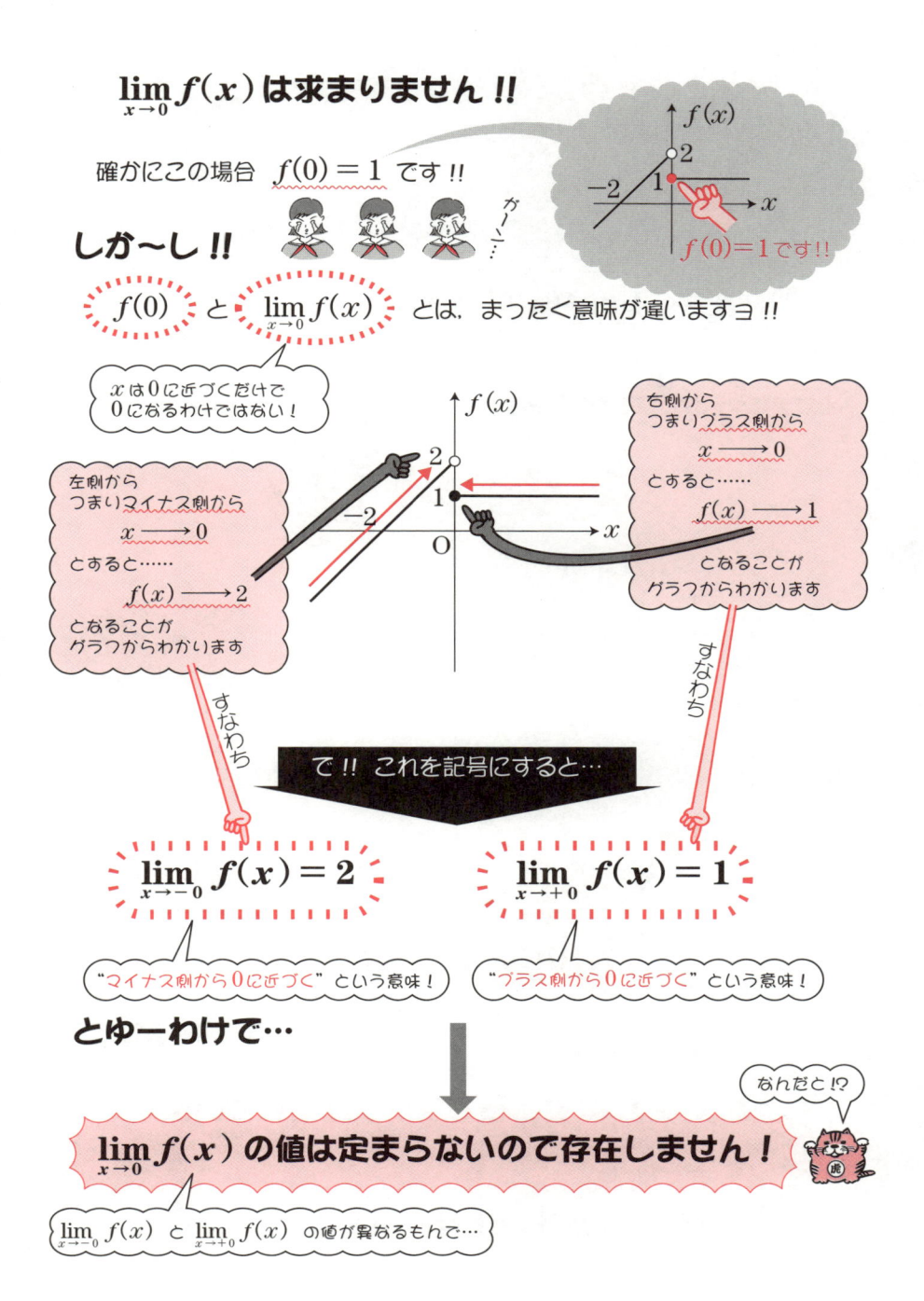

$\lim_{x \to 0} f(x)$ は求まりません!!

確かにこの場合 $f(0) = 1$ です!!

しか～し!!

$f(0)$ と $\lim_{x \to 0} f(x)$ とは，まったく意味が違いますョ!!

$f(0)=1$です!!

x は 0 に近づくだけで 0 になるわけではない！

左側から つまりマイナス側から
$x \longrightarrow 0$
とすると……
$f(x) \longrightarrow 2$
となることが グラフからわかります

右側から つまりプラス側から
$x \longrightarrow 0$
とすると……
$f(x) \longrightarrow 1$
となることが グラフからわかります

すなわち

で!! これを記号にすると…

$\lim_{x \to -0} f(x) = 2$

"マイナス側から0に近づく" という意味！

$\lim_{x \to +0} f(x) = 1$

"プラス側から0に近づく" という意味！

とゆーわけで…

$\lim_{x \to 0} f(x)$ の値は定まらないので存在しません！

なんだと!?

$\lim_{x \to -0} f(x)$ と $\lim_{x \to +0} f(x)$ の値が異なるもので…

小粋な例題その2

次のような関数があったとしましょう！

$$f(x) = \begin{cases} x^2 & (x \leq 1) \\ 5 & (1 < x) \end{cases}$$

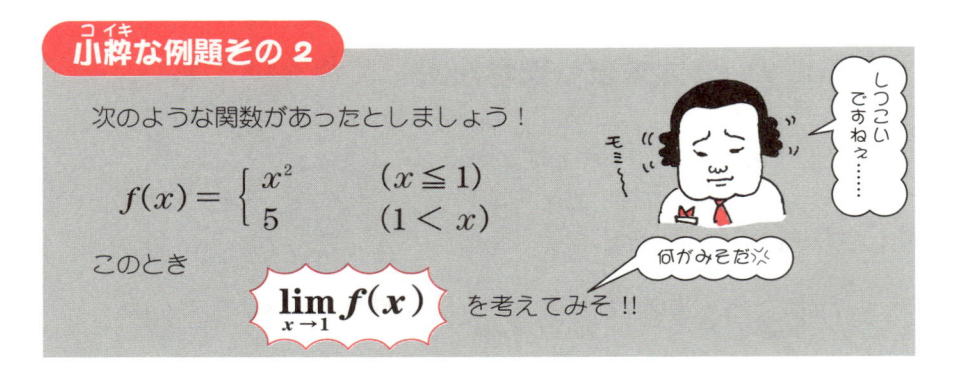

このとき $\lim_{x \to 1} f(x)$ を考えてみそ!!

> しつこいですねぇ……
> 何がみそだ※

またまた早速グラフをかいてみましょう♥

> またグラフが連続じゃないぞ！

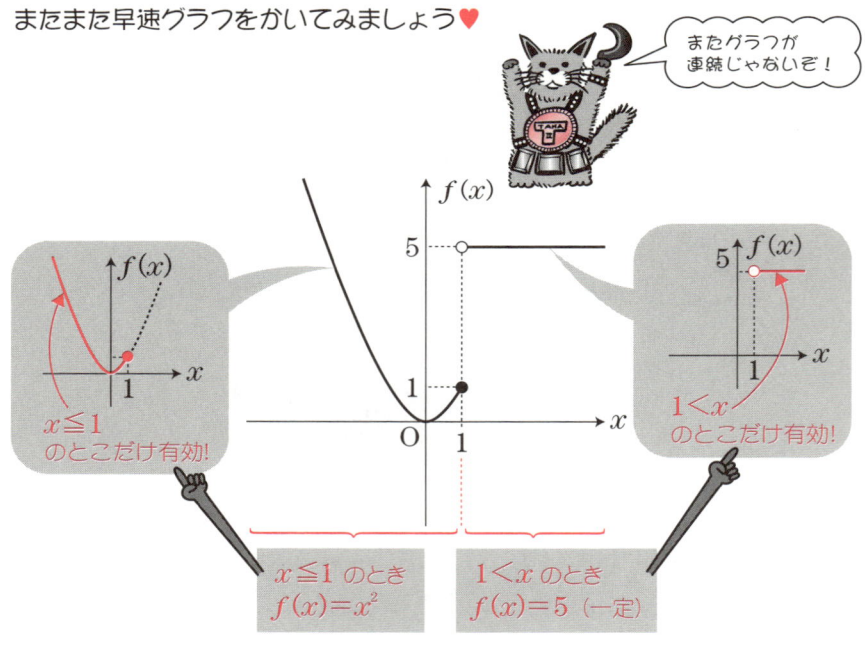

$x \leq 1$ のとこだけ有効!

$1 < x$ のとこだけ有効!

$x \leq 1$ のとき $f(x) = x^2$

$1 < x$ のとき $f(x) = 5$ (一定)

見ればおわかりのとおり…

またまた $x = 1$ のところでグラフが切れています！

> つまるところ "連続でない"

つま——り!!

$\lim_{x \to 1} f(x)$ は求まりませ——ん!!

確かにこの場合 $f(1)=1$ です!!

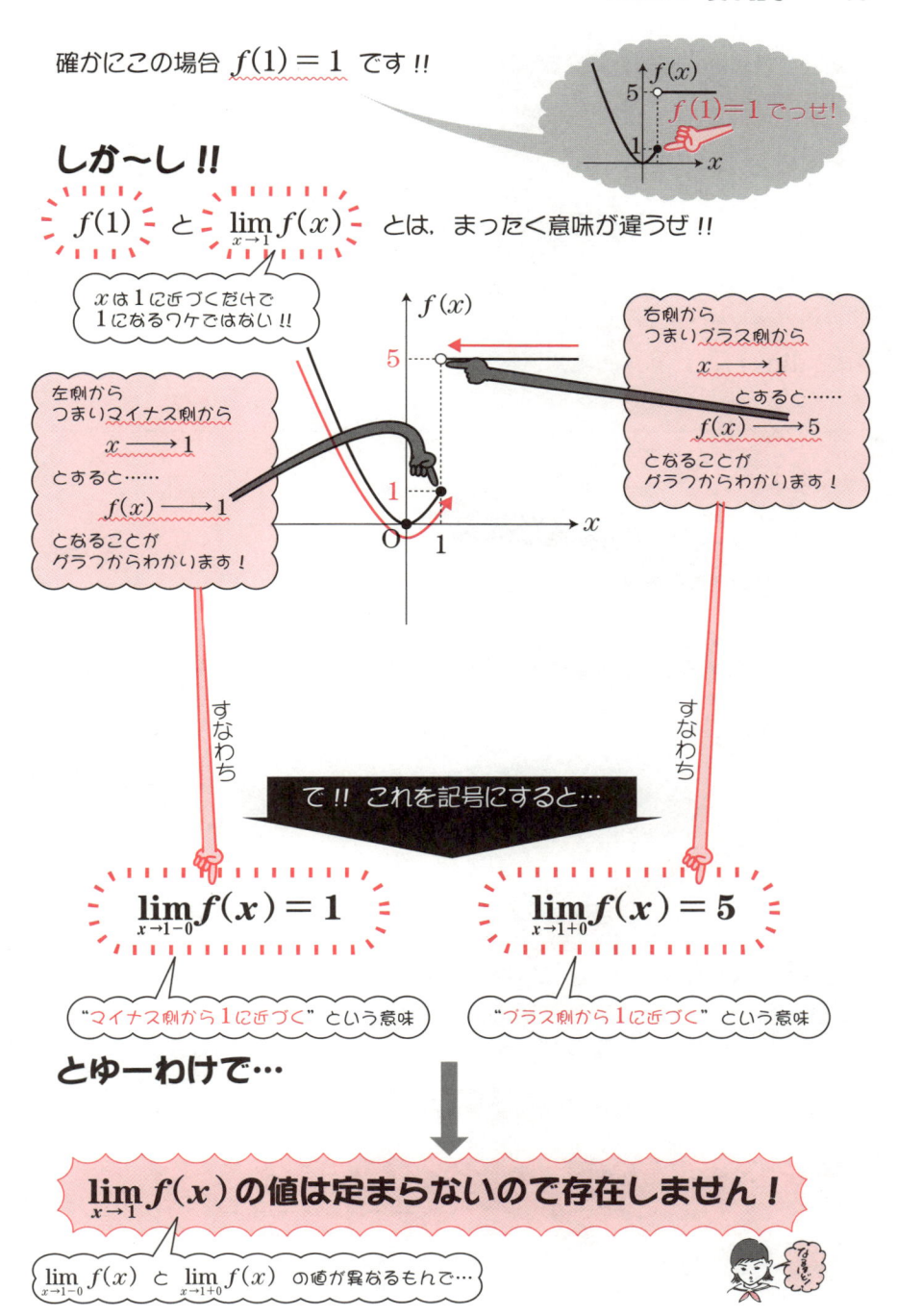

$f(1)=1$ でっせ!

しか〜し!!

$f(1)$ と $\lim_{x \to 1} f(x)$ とは，まったく意味が違うぜ!!

x は1に近づくだけで1になるワケではない!!

左側から つまりマイナス側から
$x \longrightarrow 1$
とすると……
$f(x) \longrightarrow 1$
となることがグラフからわかります！

右側から つまりプラス側から
$x \longrightarrow 1$
とすると……
$f(x) \longrightarrow 5$
となることがグラフからわかります！

すなわち   すなわち

で!! これを記号にすると…

$$\lim_{x \to 1-0} f(x) = 1 \qquad \lim_{x \to 1+0} f(x) = 5$$

"マイナス側から1に近づく"という意味   "プラス側から1に近づく"という意味

とゆーわけで…

$\lim_{x \to 1} f(x)$ の値は定まらないので存在しません！

$\lim_{x \to 1-0} f(x)$ と $\lim_{x \to 1+0} f(x)$ の値が異なるもんで…

ここで代表的な問題を紹介致します ♥

問題 8-1 　　　　　　　　　　　　　　　　　　　　　　ちょいムズ

関数 $f(x)$ を

$$f(x) = \lim_{n \to \infty} \frac{x^n}{x^n + 1}$$

と定義するとき，次の各問いに答えよ。
(1) このグラフをかけ。
(2) $\lim_{x \to 1} f(x)$ を求めよ。

ナイスな導入!!

p.43 の

Theme 4　r^n の収束 & 発散!

を思い出してください!!

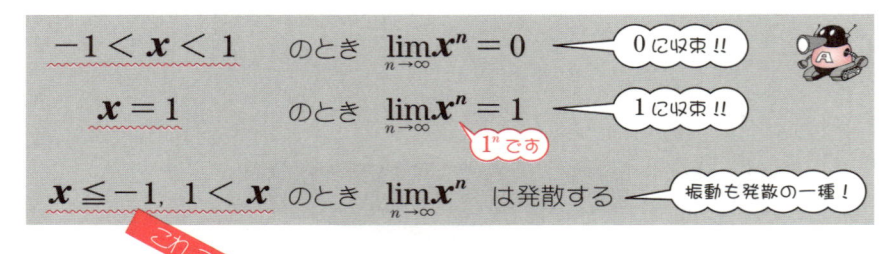

本問では x^n ですョ！
この r を x にかえてください！

$-1 < x < 1$　のとき　$\lim_{n \to \infty} x^n = 0$ 　　0に収束!!

$x = 1$　のとき　$\lim_{n \to \infty} x^n = 1$ 　　1に収束!!
　　　　　　　　　　　　　　　　　　　1^n です

$x \leq -1,\ 1 < x$　のとき　$\lim_{n \to \infty} x^n$ は発散する 　　振動も発散の一種！

これこれこれです！

しかーし!!　今回は，この場合を細分化する必要があります！

実際にいろいろやってみましょう！

$1 < x$ の場合を代表して……

検証1　$x = 3$ のとき

x に 3 をブチ込む！

$$f(3) = \lim_{n \to \infty} \frac{3^n}{3^n + 1}$$
$\ \ \tilde{x}$

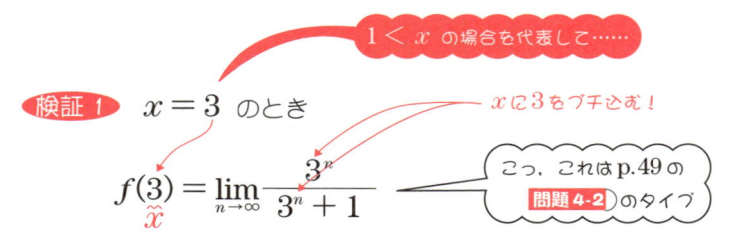

こっ，これは p.49 の
問題 4-2 のタイプ

Theme 8 変な記号… 97

$$= \lim_{n \to \infty} \frac{\dfrac{3^n}{3^n}}{\dfrac{3^n}{3^n} + \dfrac{1}{3^n}}$$

分子&分母を3^nで割る！
p.49 問題 4-2 参照！

$$= \lim_{n \to \infty} \frac{1}{1 + \left(\dfrac{1}{3}\right)^n}$$

→ 0に収束する!!
$-1 < r < 1$ のとき $\lim\limits_{n \to \infty} r^n = 0$
でしたネ♥ p.47参照！

$$= \frac{1}{1 + 0}$$

$$= 1$$

1に収束しまーす!!

検証 2 $x = -5$ のとき

$x < -1$ の場合を代表して……

$$f(\underset{x}{-5}) = \lim_{n \to \infty} \frac{(-5)^n}{(-5)^n + 1}$$

xに-5をブチ込む！

$$= \lim_{n \to \infty} \frac{\dfrac{(-5)^n}{(-5)^n}}{\dfrac{(-5)^n}{(-5)^n} + \dfrac{1}{(-5)^n}}$$

これも先ほどと同様！
分母&分子を
$(-5)^n$で割りました!!

$$= \lim_{n \to \infty} \frac{1}{1 + \left(-\dfrac{1}{5}\right)^n}$$

→ 0に収束する!!
$-1 < r < 1$ のとき $\lim\limits_{n \to \infty} r^n = 0$
でしたネ♥ p.47参照！

$$= \frac{1}{1 + 0}$$

$$= 1$$

1に収束しまーす!!

検証 1 と 検証 2 からもおわかりのように

$x \leqq -1$ & $1 < x$ の2つの場合は1つにまとめて

よさそうです！ ところが……

検証 3 $x = -1$ のとき

$$f(-1) = \lim_{n \to \infty} \frac{(-1)^n}{(-1)^n + 1}$$

xのところに-1をブチ込む！

これは，分母＆分子を $(-1)^n$ で割ってもダメ!!

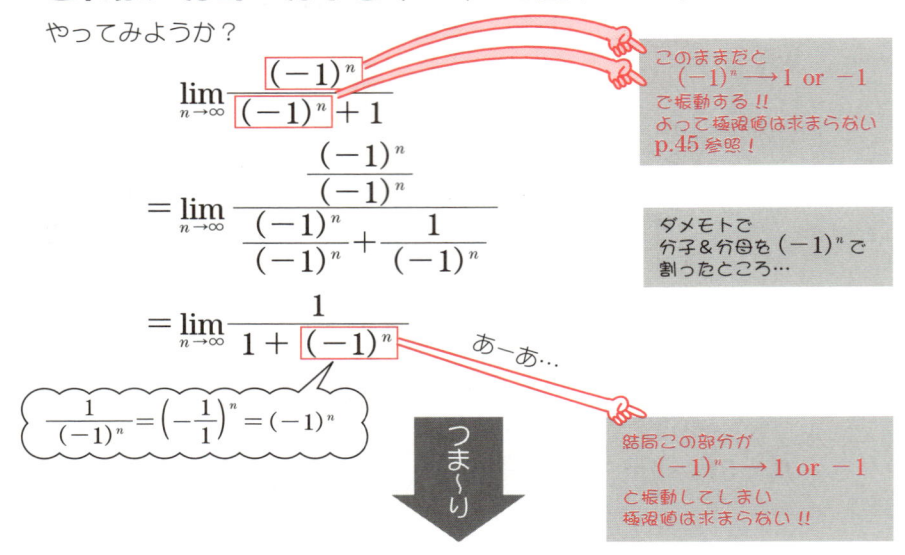

やってみようか？

$$\lim_{n\to\infty} \frac{\boxed{(-1)^n}}{\boxed{(-1)^n}+1}$$

このままだと $(-1)^n \to 1$ or -1 で振動する!! よって極限値は求まらない p.45 参照！

$$= \lim_{n\to\infty} \frac{\dfrac{(-1)^n}{(-1)^n}}{\dfrac{(-1)^n}{(-1)^n}+\dfrac{1}{(-1)^n}}$$

ダメモトで 分子＆分母を $(-1)^n$ で 割ったところ…

$$= \lim_{n\to\infty} \frac{1}{1+\boxed{(-1)^n}}$$

$\dfrac{1}{(-1)^n} = \left(-\dfrac{1}{1}\right)^n = (-1)^n$

あ～あ…

結局この部分が $(-1)^n \to 1$ or -1 と振動してしまい 極限値は求まらない!!

つま～り

$x = -1$ の場合は別にしなきゃダメ!!

結論として，次のように 4つ に場合分けする！

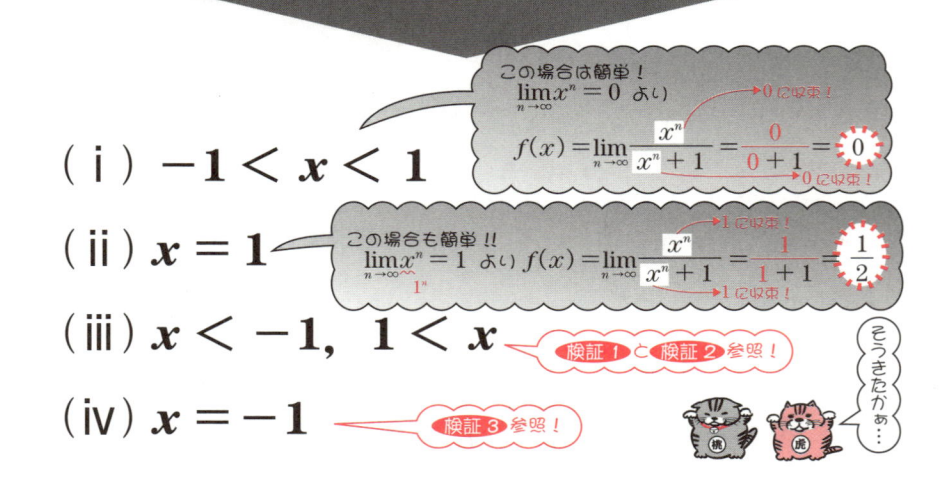

(i) $-1 < x < 1$

この場合は簡単！ $\lim_{n\to\infty} x^n = 0$ より
$f(x) = \lim_{n\to\infty} \dfrac{x^n}{x^n+1} = \dfrac{0}{0+1} = 0$

(ii) $x = 1$

この場合も簡単!! $\lim_{n\to\infty} x^n = 1$ より $f(x) = \lim_{n\to\infty} \dfrac{x^n}{x^n+1} = \dfrac{1}{1+1} = \dfrac{1}{2}$

(iii) $x < -1,\ 1 < x$ 検証1 と 検証2 参照!!

(iv) $x = -1$ 検証3 参照！

そうきたかぁ…

Theme 8 変な記号… 99

そして，$f(x)$ のグラフさえかけば(2)は楽勝です！

解答でござる

$$f(x) = \lim_{n \to \infty} \frac{x^n}{x^n + 1}$$

ナイスな導入!! 参照!!
(ⅰ) $-1 < x < 1$
(ⅱ) $x = 1$
(ⅲ) $x < -1$, $1 < x$
(ⅳ) $x = -1$
の 4つ に場合分け！

(1) (ⅰ) $-1 < x < 1$ のとき

$$f(x) = \lim_{n \to \infty} \frac{\boxed{x^n}}{\boxed{x^n} + 1}$$

0に収束！
0に収束！

$-1 < x < 1$ のとき $\lim_{n \to \infty} x^n = 0$ でーす！

$$= \frac{0}{0 + 1}$$

$$= 0$$

(ⅱ) $x = 1$ のとき

$$f(1) = \lim_{n \to \infty} \frac{\boxed{1^n}}{\boxed{1^n} + 1}$$

1に収束！
1に収束！

$\lim_{n \to \infty} 1^n = 1$ は明らかすぎる！

$$= \frac{1}{1 + 1}$$

$$= \frac{1}{2}$$

(ⅲ) $x < -1$, $1 < x$ のとき

$$f(x) = \lim_{n \to \infty} \frac{x^n}{x^n + 1}$$

p.96 検証1 と，p.97 検証2 参照！

$$= \lim_{n \to \infty} \frac{\dfrac{x^n}{x^n}}{\dfrac{x^n}{x^n} + \dfrac{1}{x^n}}$$

分子&分母を $\div x^n$

$$= \lim_{n \to \infty} \frac{1}{1 + \boxed{\left(\dfrac{1}{x}\right)^n}}$$

0に収束！

例えば
$x = 3$ のとき $n \to \infty$ のとき
$\left(\dfrac{1}{3}\right)^n \longrightarrow 0$

$x = -5$ のとき $n \to \infty$ のとき
$\left(\dfrac{1}{-5}\right)^n = \left(-\dfrac{1}{5}\right)^n \to 0$

など……

$$= \frac{1}{1 + 0}$$

$$= 1$$

(iv) $x=-1$ のとき

$$f(\underbrace{-1}_{x})=\lim_{n\to\infty}\frac{(-1)^n}{(-1)^n+1}$$

となり，$f(-1)$ は存在しない。

1 or -1 で振動する！

1 or -1 で振動する！

$n \longrightarrow \infty$ のとき
$(-1)^n \longrightarrow$ 1 or -1

振動！
つまーり！

$$\frac{(-1)^n}{(-1)^n+1} \to \frac{\pm 1}{\pm 1 + 1}$$

となり極限値が定まらない!!

ダメだこいゃ！

以上まとめて

$$f(x) = \begin{cases} 0 & (-1 < x < 1 \text{ のとき}) \\ \dfrac{1}{2} & (x=1 \text{ のとき}) \\ 1 & (x<-1, 1<x \text{ のとき}) \\ なし & (x=-1 \text{ のとき}) \end{cases}$$

$f(-1)$ は存在しない!!
(iv)の場合でしたネ♥

よってグラフは，

$f(-1)$ がないところがミソ！

$f(1)=\dfrac{1}{2}$ ですョ！

プラス側から $x=1$ に近づける！

マイナス側から $x=1$ に近づける！

(2) (1)のグラフより
$$\lim_{x\to 1+0} f(x) = 1$$
$$\lim_{x\to 1-0} f(x) = 0$$

よって $\lim_{x\to 1+0} f(x) \ne \lim_{x\to 1-0} f(x)$

$\therefore \underline{\lim_{x\to 1} f(x) \text{は，存在しない}}$ …(答)

$\lim_{x\to 1+0} f(x)$ と $\lim_{x\to 1-0} f(x)$
が一致しないからダメ!!

$f(1)$ と勘違いしないように!!
本問で $f(1)=\dfrac{1}{2}$ です！
$f(1)$ と $\lim_{x\to 1} f(x)$ は，まったく違うぜ！

では，レベルを上げてもう一発！

問題 8-2　モロ難

関数 $f(x)$ を

$$f(x) = \lim_{n \to \infty} \frac{x^{2n+1} + 1}{x^{2n} + 1}$$

と定義するとき，次の各問いに答えよ．

(1) このグラフをかけ．
(2) $\lim_{x \to 1} f(x)$ を求めよ．
(3) $\lim_{x \to -1} f(x)$ を求めよ．

ナイスな導入!!

ひとまずやるべきことがありまーす！

$$f(x) = \lim_{n \to \infty} \frac{x^{2n+1} + 1}{x^{2n} + 1}$$

まずこいつらを何とかするしかない!!

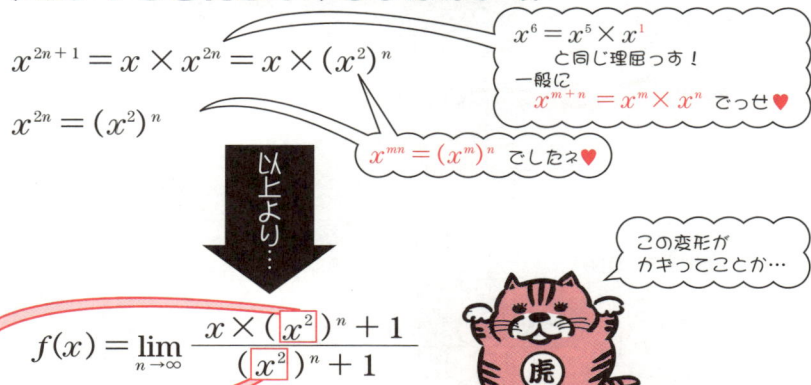

$$x^{2n+1} = x \times x^{2n} = x \times (x^2)^n$$
$$x^{2n} = (x^2)^n$$

> $x^6 = x^5 \times x^1$ と同じ理屈っす！
> 一般に $x^{m+n} = x^m \times x^n$ でっせ♥

> $x^{mn} = (x^m)^n$ でしたネ♥

以上より…

$$f(x) = \lim_{n \to \infty} \frac{x \times \boxed{x^2}^n + 1}{\boxed{x^2}^n + 1}$$

> この変形がカギってことか…

この x^2 をかたまりにして考えりゃあ，前問 **問題 8-1** と同じでーす!!

そこで！　場合分けのお話ですが……

$x^2 \geq 0$ に注意して……　　x^2 がマイナスになることはナイ!!

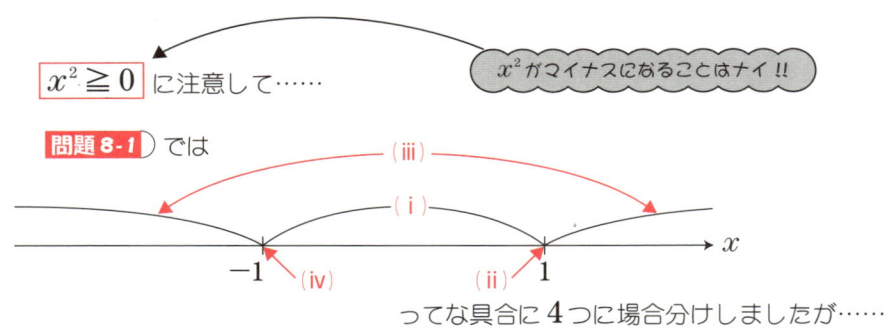

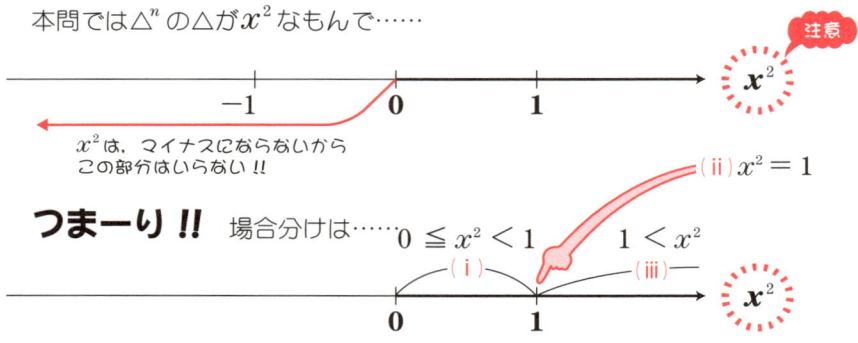

問題8-1 では

(iii)　(i)　(ii)　(iv) −1, 1　x

ってな具合に4つに場合分けしましたが……

本問では $\triangle^n$ の $\triangle$ が x^2 なもんで……

注意　x^2

x^2 は，マイナスにならないから この部分はいらない!!

つまーり!!　場合分けは……　$0 \leq x^2 < 1$　(ii) $x^2 = 1$　$1 < x^2$

(i)　(iii)　x^2

(i) $0 \leq x^2 < 1$　or　(ii) $x^2 = 1$　or　(iii) $1 < x^2$

の **3つ** に場合分けする!!

で，あとは 問題8-1 と似たようなもんです．仕上げは，解答にて……

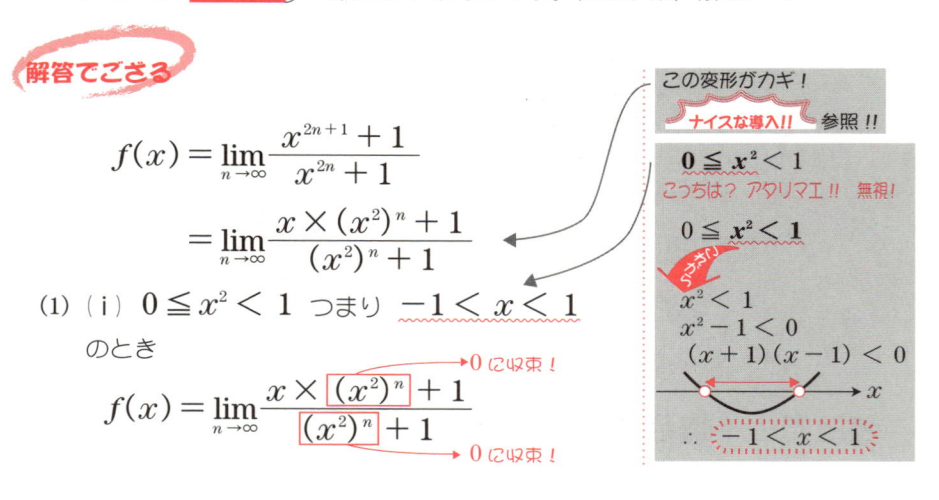

解答でござる

$$f(x) = \lim_{n \to \infty} \frac{x^{2n+1} + 1}{x^{2n} + 1}$$

$$= \lim_{n \to \infty} \frac{x \times (x^2)^n + 1}{(x^2)^n + 1}$$

(1) (i) $0 \leq x^2 < 1$ つまり $-1 < x < 1$ のとき

$$f(x) = \lim_{n \to \infty} \frac{x \times \boxed{(x^2)^n} + 1}{\boxed{(x^2)^n} + 1}$$

→ 0 に収束!

この変形がカギ!
ナイスな導入!! 参照!!

$0 \leq x^2 < 1$
こっちは？アタリマエ!! 無視!

$0 \leq x^2 < 1$

うっすい

$x^2 < 1$
$x^2 - 1 < 0$
$(x+1)(x-1) < 0$

∴ $-1 < x < 1$

Theme 8 変な記号… 103

$$= \frac{x \times 0 + 1}{0 + 1}$$

$$= 1$$

$\lim_{n \to \infty}(x^2)^n = 0$ より

$x^2 = 1$ を解くと $x = \pm 1$

(ⅱ) $x^2 = 1$ つまり $x = \pm 1$ のとき

$x = \pm 1$ で $x^2 = 1$ より

$$\lim_{n \to \infty} \frac{x \times (x^2)^n + 1}{(x^2)^n + 1}$$

$$f(\pm 1) = \lim_{n \to \infty} \frac{\pm 1 \times 1^n + 1}{1^n + 1}$$

→ 1 に収束!
→ 1 に収束!

$$= \frac{\pm 1 + 1}{1 + 1}$$

$$= \frac{\pm 1 + 1}{2} \quad \text{(ただし複号同順)}$$

$f(\pm 1) = \frac{\pm 1 + 1}{2}$

＋のとき＋
－のとき－ に対応!

はじめから
$f(-1)$ と $f(1)$ に
分けて考えてもいい!

つまり

$$f(1) = \frac{1 + 1}{2} = 1$$

$$f(-1) = \frac{-1 + 1}{2} = 0$$

$f(-1)$ と $f(1)$ を
分けて書いておきました♥

(ⅲ) $1 < x^2$ つまり $x < -1, 1 < x$ のとき

$$f(x) = \lim_{n \to \infty} \frac{x \times (x^2)^n + 1}{(x^2)^n + 1}$$

$$= \lim_{n \to \infty} \frac{\dfrac{x \times (x^2)^n}{(x^2)^n} + \dfrac{1}{(x^2)^n}}{\dfrac{(x^2)^n}{(x^2)^n} + \dfrac{1}{(x^2)^n}}$$

分子＆分母を $\div (x^2)^n$

$$= \lim_{n \to \infty} \frac{x + \left(\dfrac{1}{x^2}\right)^n}{1 + \left(\dfrac{1}{x^2}\right)^n}$$

→ 0 に収束!
→ 0 に収束!

$\dfrac{1}{(x^2)^n} = \dfrac{1^n}{(x^2)^n} = \left(\dfrac{1}{x^2}\right)^n$

$$= \frac{x + 0}{1 + 0}$$

$$= \frac{x}{1} = x$$

$\lim_{n \to \infty}\left(\dfrac{1}{x^2}\right)^n = 0$ より
例えば $x = 3$ のとき
$\lim_{n \to \infty}\left(\dfrac{1}{9}\right)^n = 0$
3^2

以上をまとめて

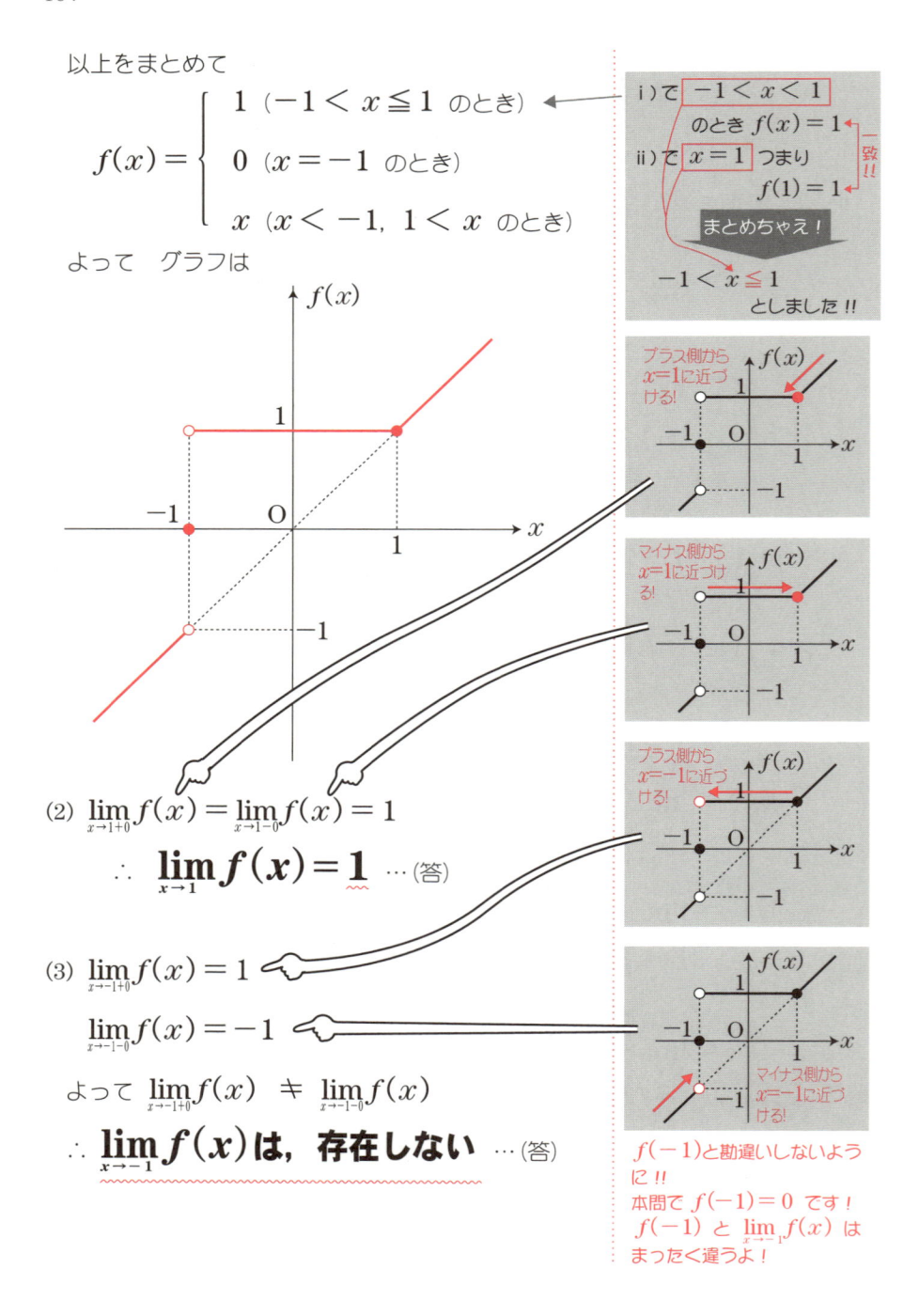

$$f(x) = \begin{cases} 1 & (-1 < x \leq 1 \text{ のとき}) \\ 0 & (x = -1 \text{ のとき}) \\ x & (x < -1, \ 1 < x \text{ のとき}) \end{cases}$$

i)で $-1 < x < 1$ のとき $f(x) = 1$
ii)で $x = 1$ つまり $f(1) = 1$
一致!!

まとめちゃえ！

$-1 < x \leq 1$ としました!!

よって グラフは

(2) $\lim_{x \to 1+0} f(x) = \lim_{x \to 1-0} f(x) = 1$

∴ $\lim_{x \to 1} f(x) = 1$ …(答)

(3) $\lim_{x \to -1+0} f(x) = 1$

$\lim_{x \to -1-0} f(x) = -1$

よって $\lim_{x \to -1+0} f(x) \neq \lim_{x \to -1-0} f(x)$

∴ $\lim_{x \to -1} f(x)$ は，存在しない …(答)

プラス側から $x=1$ に近づける！

マイナス側から $x=1$ に近づける！

プラス側から $x=-1$ に近づける！

マイナス側から $x=-1$ に近づける！

$f(-1)$ と勘違いしないように!!
本問で $f(-1) = 0$ です！
$f(-1)$ と $\lim_{x \to -1} f(x)$ はまったく違うよ！

Theme 9 $\lim_{x \to 0} \dfrac{\sin x}{x} = 1$ のお話

出たぁーっ!! 何だキサマ!!

この話題に入るためには，まず準備が必要でござる!!

弧度法のお話

角の大きさを測る単位として，弧の長さを活用する測り方なんですが，この弧度法をマスターしないと，これから先に進めないんですよ……。では，お話しさせていただきます♥

弧度法とは……

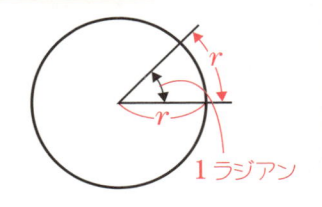

左図のように半径 r の円において，長さが r の弧に対する中心角を **1 ラジアン**（1rad とも書く）と定め，これを基準とした角 x の測り方を**弧度法**と申します。

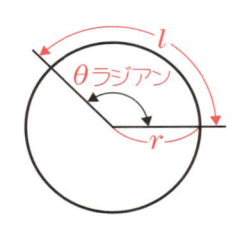

つまーり!!

左図のように長さ l の弧に対する中心角を θ ラジアンとすると

$$\theta = \dfrac{l}{r}$$

$l = r$ のとき $\theta = \dfrac{r}{r} = 1$ ラジアン 左上の図ですョ!

となりまーす!!

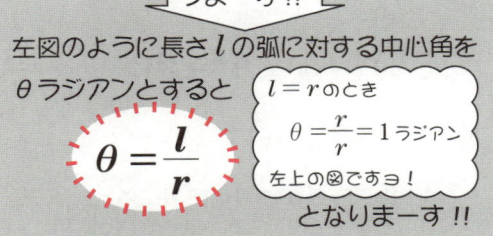

ちょっとむずかしいですか？

では，360° がいったい何ラジアンか？ を考えてみましょう！

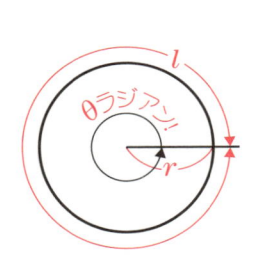

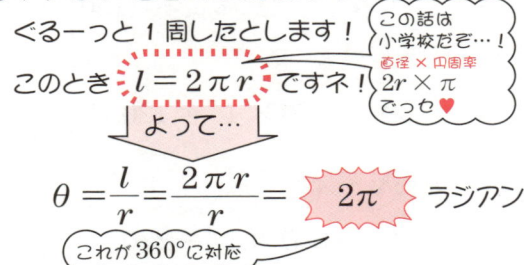

ぐるーっと1周したとします！

このとき $l = 2\pi r$ ですネ！

この話は小学校だぞ…! 直径 × 円周率 $2r \times \pi$ でっせ♥

よって…

$$\theta = \dfrac{l}{r} = \dfrac{2\pi r}{r} = \boxed{2\pi} \text{ ラジアン}$$

これが 360° に対応

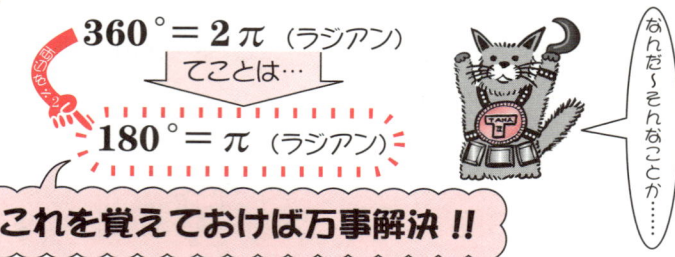

つまーり!!

$360° = 2\pi$ (ラジアン)

てことは…

$180° = \pi$ (ラジアン)

これを覚えておけば万事解決!!

なんだ〜そんなことか……

ちょっくら慣れましょう!

クイズ
次のそれぞれの角は何ラジアンかな??
(1) $1°$　　　(2) $30°$
(3) $45°$　　(4) $90°$
(5) $120°$　　(6) $270°$

こたえ

両辺を ÷180

(1) $180° = \pi$ (ラジアン) より　$1° = \dfrac{\pi}{180}$ (ラジアン)　答でーす!

(2) (1)より $1° = \dfrac{\pi}{180}$ (ラジアン)

$30° = 30 \times 1° = 30 \times \dfrac{\pi}{180} = \dfrac{\pi}{6}$ (ラジアン)　答でーす!

(3) (1)より $1° = \dfrac{\pi}{180}$ (ラジアン)

$45° = 45 \times 1° = 45 \times \dfrac{\pi}{180} = \dfrac{\pi}{4}$ (ラジアン)　答でーす!

(4) (1)より $1° = \dfrac{\pi}{180}$ (ラジアン)

$90° = 90 \times 1° = 90 \times \dfrac{\pi}{180} = \dfrac{\pi}{2}$ (ラジアン)　答でーす!

(5) (1)より $1° = \dfrac{\pi}{180}$ (ラジアン)

$120° = 120 \times 1° = 120 \times \dfrac{\pi}{180} = \dfrac{2}{3}\pi$ (ラジアン)　答でーす!

(6) (1)より $1° = \dfrac{\pi}{180}$ (ラジアン)

$270° = 270 \times 1° = 270 \times \dfrac{\pi}{180} = \dfrac{3}{2}\pi$ (ラジアン)　答でーす!

Theme 9　$\lim_{x \to 0} \dfrac{\sin x}{x} = 1$　のお話　107

ここからが本題です！　とにかくこの公式を覚えてください!!

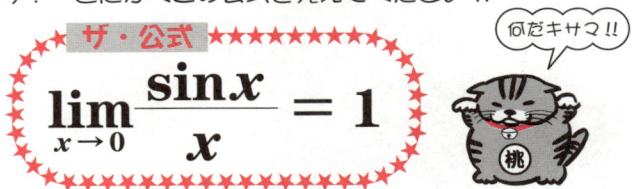

ザ・公式

$$\lim_{x \to 0} \frac{\sin x}{x} = 1$$

何だキサマ!!

☞　この公式の証明は，p.129　問題11-2　で扱いまーす！

注！　このとき角度 x の単位はラジアンでなければなりません!!

とりあえず，この公式に慣れましょうよ ♥

問題 9-1　　基礎

次の極限値を求めよ．

(1) $\displaystyle\lim_{\theta \to 0} \dfrac{\sin 5\theta}{\theta}$

(2) $\displaystyle\lim_{\theta \to 0} \dfrac{\sin 2\theta}{3\theta}$

ナイスな導入!!

公式

$$\lim_{x \to 0} \frac{\sin \boxed{x}}{\boxed{x}} = 1$$

を使用する上で注意すべきことは……

この x のところがちゃんとそろってないとダメです!!

(1) では，$\displaystyle\lim_{\theta \to 0} \dfrac{\sin 5\theta}{\theta}$　　そろってなーい!!

じゃあ，そろえるしかねぇ〜よなぁ……

てなワケで……

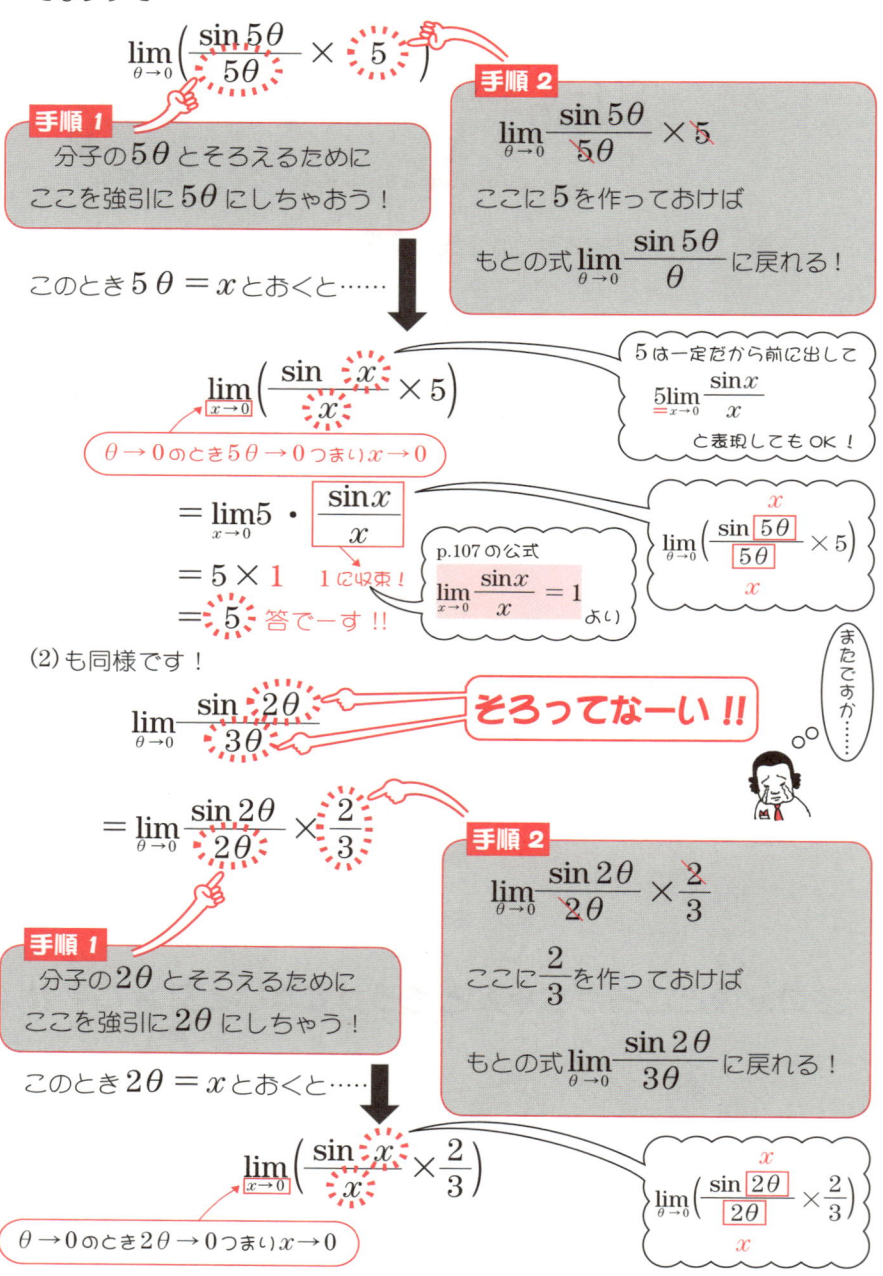

$$\lim_{\theta \to 0}\left(\frac{\sin 5\theta}{5\theta} \times 5\right)$$

手順1
分子の 5θ とそろえるために
ここを強引に 5θ にしちゃおう！

手順2
$$\lim_{\theta \to 0}\frac{\sin 5\theta}{5\theta} \times 5$$
ここに 5 を作っておけば
もとの式 $\lim_{\theta \to 0}\dfrac{\sin 5\theta}{\theta}$ に戻れる！

このとき $5\theta = x$ とおくと……

$$\lim_{x \to 0}\left(\frac{\sin x}{x} \times 5\right)$$

$\theta \to 0$ のとき $5\theta \to 0$ つまり $x \to 0$

5は一定だから前に出して
$$5\lim_{x \to 0}\frac{\sin x}{x}$$
と表現してもOK！

$$= \lim_{x \to 0} 5 \cdot \frac{\sin x}{x}$$
$$= 5 \times 1 \quad \text{1に収束！}$$
$$= 5 \quad \text{答でーす!!}$$

p.107の公式
$$\lim_{x \to 0}\frac{\sin x}{x} = 1$$
より

$$\lim_{\theta \to 0}\left(\frac{\sin \boxed{5\theta}}{\boxed{5\theta}} \times 5\right)$$
（x に置換）

(2)も同様です！

$$\lim_{\theta \to 0}\frac{\sin 2\theta}{3\theta}$$

そろってなーい!!

まだですが……

$$= \lim_{\theta \to 0}\frac{\sin 2\theta}{2\theta} \times \frac{2}{3}$$

手順1
分子の 2θ とそろえるために
ここを強引に 2θ にしちゃう！

手順2
$$\lim_{\theta \to 0}\frac{\sin 2\theta}{2\theta} \times \frac{2}{3}$$
ここに $\dfrac{2}{3}$ を作っておけば
もとの式 $\lim_{\theta \to 0}\dfrac{\sin 2\theta}{3\theta}$ に戻れる！

このとき $2\theta = x$ とおくと……

$$\lim_{x \to 0}\left(\frac{\sin x}{x} \times \frac{2}{3}\right)$$

$\theta \to 0$ のとき $2\theta \to 0$ つまり $x \to 0$

$$\lim_{\theta \to 0}\left(\frac{\sin \boxed{2\theta}}{\boxed{2\theta}} \times \frac{2}{3}\right)$$
（x に置換）

$$= \lim_{x \to 0} \frac{2}{3} \cdot \boxed{\frac{\sin x}{x}}$$

$\boxed{\frac{\sin x}{x}}$ 1に収束！

$\frac{2}{3}$ は一定だから前に出して，
$$\frac{2}{3} \lim_{x \to 0} \frac{\sin x}{x}$$
と表現してもOK！

$$= \frac{2}{3} \times 1$$

$$= \frac{2}{3}$$ 答でーす！

p.107 の公式
$$\lim_{x \to 0} \frac{\sin x}{x} = 1$$ ですョ♥

解答でござる

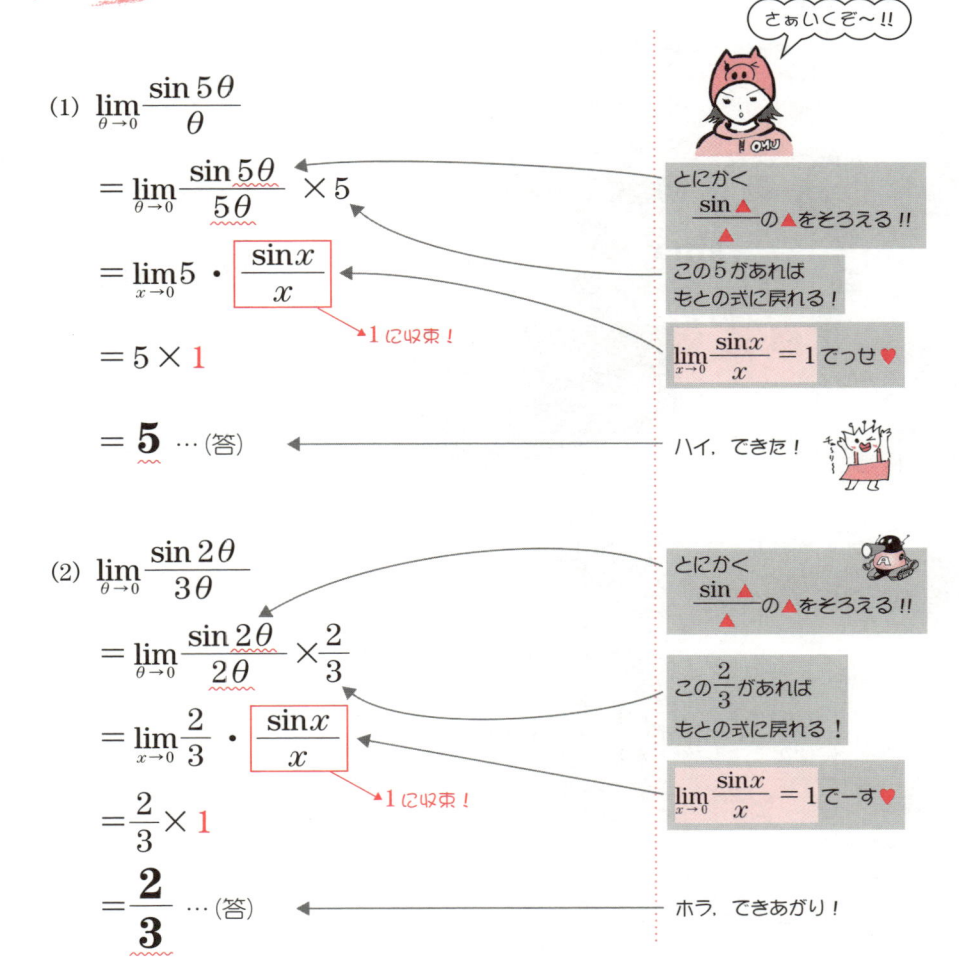

さぁいくぞ～!!

(1) $\lim_{\theta \to 0} \dfrac{\sin 5\theta}{\theta}$

$$= \lim_{\theta \to 0} \frac{\sin 5\theta}{5\theta} \times 5$$

$$= \lim_{x \to 0} 5 \cdot \boxed{\frac{\sin x}{x}}$$

1に収束！

$$= 5 \times 1$$

$$= \mathbf{5} \quad \cdots (答)$$

とにかく $\dfrac{\sin \blacktriangle}{\blacktriangle}$ の▲をそろえる!!

この5があれば もとの式に戻れる！

$\lim_{x \to 0} \dfrac{\sin x}{x} = 1$ てっせ♥

ハイ，できた！

(2) $\lim_{\theta \to 0} \dfrac{\sin 2\theta}{3\theta}$

$$= \lim_{\theta \to 0} \frac{\sin 2\theta}{2\theta} \times \frac{2}{3}$$

$$= \lim_{x \to 0} \frac{2}{3} \cdot \boxed{\frac{\sin x}{x}}$$

1に収束！

$$= \frac{2}{3} \times 1$$

$$= \mathbf{\frac{2}{3}} \quad \cdots (答)$$

とにかく $\dfrac{\sin \blacktriangle}{\blacktriangle}$ の▲をそろえる!!

この $\dfrac{2}{3}$ があれば もとの式に戻れる！

$\lim_{x \to 0} \dfrac{\sin x}{x} = 1$ でーす♥

ホラ，てきあがり！

さらに幅広い活用を…

問題 9-2 　　標準

次の極限値を求めよ。

(1) $\displaystyle\lim_{x \to 0} \frac{x}{\sin x}$

(2) $\displaystyle\lim_{x \to 0} \frac{\tan x}{x}$

(3) $\displaystyle\lim_{x \to \infty} x \sin \frac{1}{x}$

ナイスな導入!!

公式といえば

$$\lim_{x \to 0} \frac{\sin x}{x}$$

ONLY YOU!!

しかないのです！

ひとつの公式を使いまわせ!!

てなワケで……
とにかく，こいつを登場させろ!!
ってことでーす！

(1) では，

$$\lim_{x \to 0} \frac{x}{\sin x} = \lim_{x \to 0} \frac{\frac{x}{x}}{\frac{\sin x}{x}} = \lim_{x \to 0} \frac{1}{\frac{\sin x}{x}}$$

分子&分母をxで割る！

ここに登場!!

(2) では，

$$\lim_{x \to 0} \frac{\tan x}{x} = \lim_{x \to 0} \left(\frac{1}{x} \times \tan x \right) = \lim_{x \to 0} \left(\frac{1}{x} \times \frac{\sin x}{\cos x} \right)$$

分けただけです！　　$\tan x = \dfrac{\sin x}{\cos x}$ ですョ！　　$= \displaystyle\lim_{x \to 0} \left(\dfrac{\sin x}{x} \times \dfrac{1}{\cos x} \right)$

ここに登場!!

(3) では， $x \to \infty$ 　となってるところがチャームポイント♥

Theme 9 $\lim_{x \to 0} \dfrac{\sin x}{x} = 1$ のお話 111

$x \to \infty$ のとき $\dfrac{1}{x} \to 0$ となることはOKっすよね!?

なるほど〜!!

ふーん…

てなワケで $\dfrac{1}{x} = t$ とおきまーす♥

ここがポイント！

すると…

$$\lim_{x \to \infty} x \sin \dfrac{1}{x} = \lim_{t \to 0} \dfrac{1}{t} \sin t = \lim_{t \to 0} \dfrac{\sin t}{t}$$

ここに登場!!

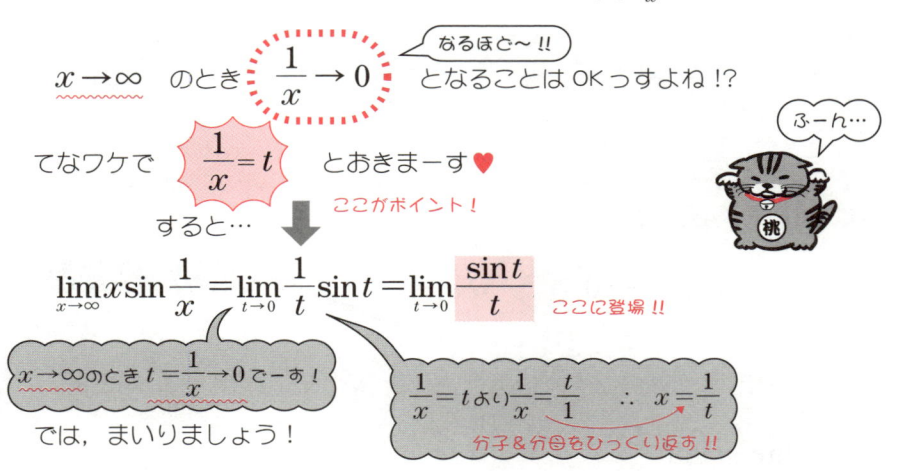

$x \to \infty$ のとき $t = \dfrac{1}{x} \to 0$ でーす！

$\dfrac{1}{x} = t$ より $\dfrac{1}{x} = \dfrac{t}{1}$ ∴ $x = \dfrac{1}{t}$

分子&分母をひっくり返す!!

では，まいりましょう！

解答でござる

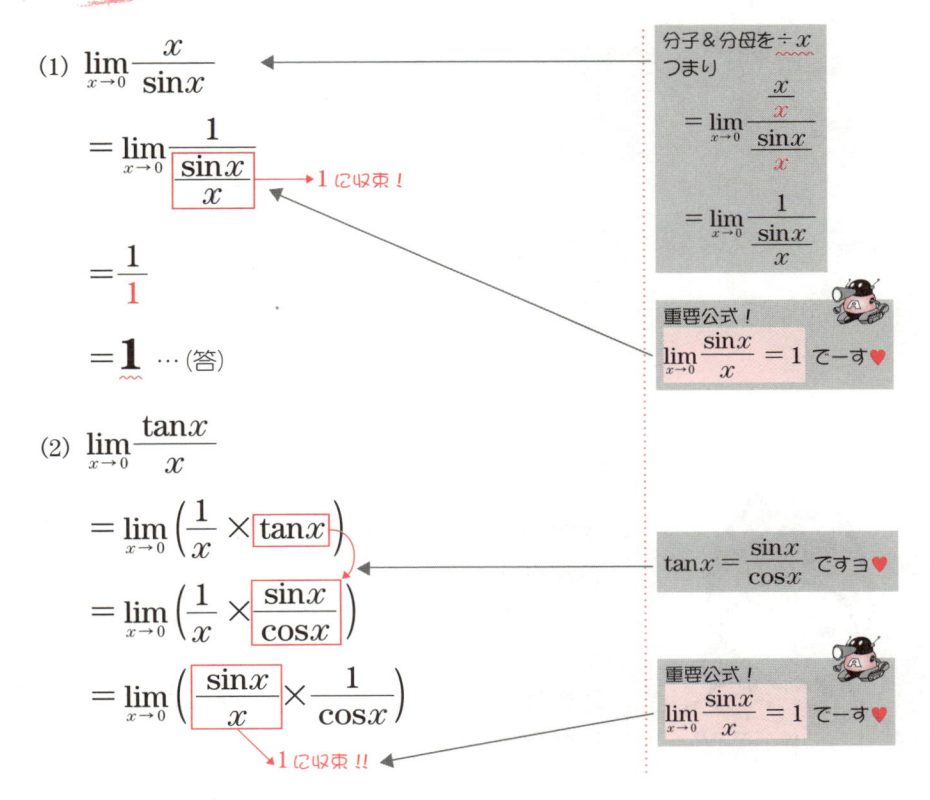

(1) $\lim_{x \to 0} \dfrac{x}{\sin x}$

$= \lim_{x \to 0} \dfrac{1}{\boxed{\dfrac{\sin x}{x}}}$ ← 1に収束！

$= \dfrac{1}{1}$

$= \mathbf{1}$ …(答)

分子&分母を $\div x$ つまり

$= \lim_{x \to 0} \dfrac{\dfrac{x}{x}}{\dfrac{\sin x}{x}}$

$= \lim_{x \to 0} \dfrac{1}{\dfrac{\sin x}{x}}$

重要公式！
$\lim_{x \to 0} \dfrac{\sin x}{x} = 1$ でーす♥

(2) $\lim_{x \to 0} \dfrac{\tan x}{x}$

$= \lim_{x \to 0} \left(\dfrac{1}{x} \times \boxed{\tan x} \right)$

$= \lim_{x \to 0} \left(\dfrac{1}{x} \times \boxed{\dfrac{\sin x}{\cos x}} \right)$

$= \lim_{x \to 0} \left(\boxed{\dfrac{\sin x}{x}} \times \dfrac{1}{\cos x} \right)$

↑1に収束!!

$\tan x = \dfrac{\sin x}{\cos x}$ ですョ♥

重要公式！
$\lim_{x \to 0} \dfrac{\sin x}{x} = 1$ でーす♥

$$= 1 \times \frac{1}{\cos 0}$$

$x \to 0$ のとき
$\cos x \to \cos 0$

$$= 1 \times \frac{1}{1}$$

$\cos 0 = 1$ です!!
基本中のキホンですヨ!!!

$$= \underline{\mathbf{1}} \quad \cdots \text{(答)}$$

ハイ! できあがり♥

(3) $x \to \infty$ のとき $\dfrac{1}{x} \to 0$

これが最大のポイント!

となることに注意して $t = \dfrac{1}{x}$ とおくと

$t = \dfrac{1}{x}$ より

$$\dfrac{t}{1} = \dfrac{1}{x}$$

分母に1を作る!

$$\dfrac{1}{t} = \dfrac{x}{1}$$

分子&分母をひっくり返す!

$$\therefore x = \dfrac{1}{t}$$

$$\lim_{x \to \infty} \boxed{x} \sin \boxed{\dfrac{1}{x}}$$

$$= \lim_{t \to 0} \boxed{\dfrac{1}{t}} \sin \boxed{t}$$

$$= \lim_{t \to 0} \dfrac{\sin t}{t}$$

$$= \underline{\mathbf{1}} \quad \cdots \text{(答)}$$

$x \to \infty$ のとき
$t = \dfrac{1}{x} \to 0$ てっせ!

こっ, これは
重要公式
$$\lim_{x \to 0} \dfrac{\sin x}{x} = 1$$
の x が t に変わってるだけだよ!

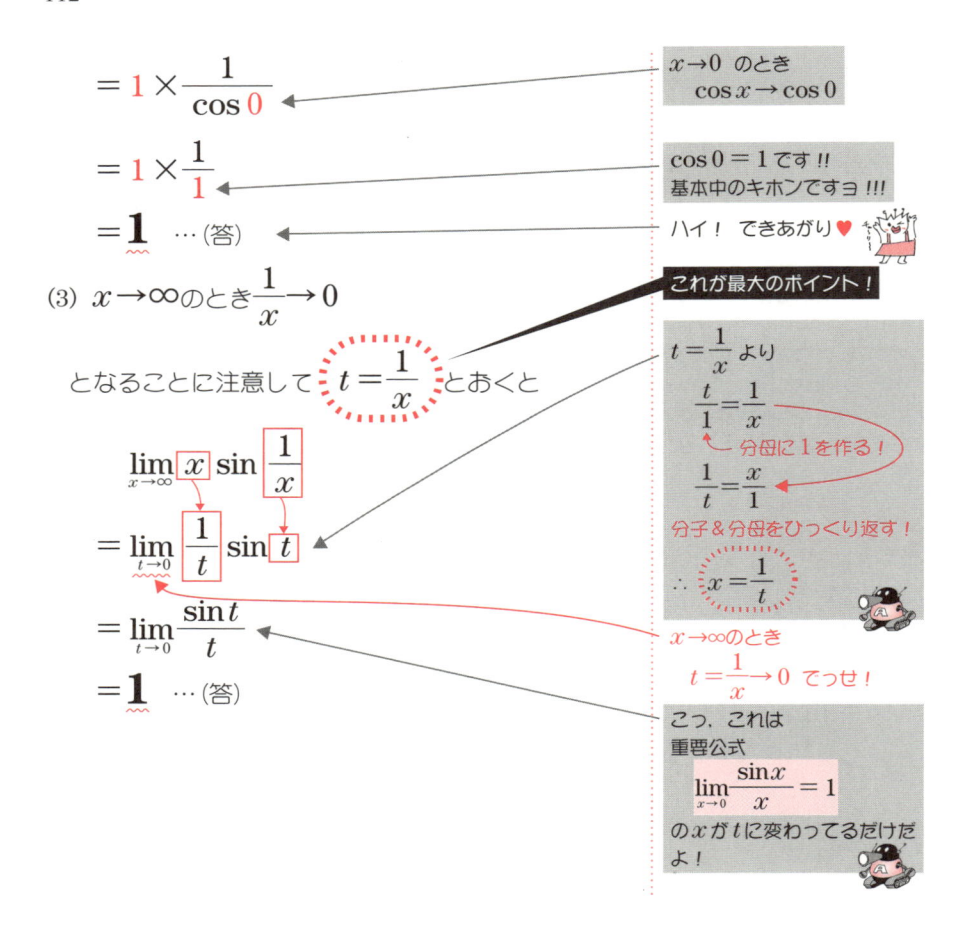

プロフィール

おむちゃん

　二匹の猫を飼う勉強熱心で明るい性格の女の子♥。さて, 肝心な成績は……? まだまだ, 発展途上のご様子……。皆さんも, 天真爛漫なおむちゃんとともに頑張ろう!

Theme 9 $\lim_{x \to 0} \frac{\sin x}{x} = 1$ のお話

さて，快進撃といきましょう♥

問題 9-3 　標準

次の極限値を求めよ。

(1) $\lim_{x \to 0} \dfrac{\sin 3x}{\sin 7x}$

(2) $\lim_{x \to 0} \dfrac{\sin 5x}{\tan 2x}$

(3) $\lim_{x \to 0} \dfrac{1 - \cos x}{x^2}$

(4) $\lim_{x \to \frac{\pi}{2}} \dfrac{\cos x}{\cos 3x}$

(5) $\lim_{x \to 0} \dfrac{\sin(\sqrt{x+1} - 1)}{3x}$

ナイスな導入!!

問題 9-2 では，いろいろ置きかえて解きましたが，いろいろやってると計算がスピーディーにはかどりません！　そこで，次のようなタイプのときは，置きかえずに仕留めちゃってください♥

例1 $\lim_{x \to 0} \dfrac{\sin \boxed{8x}}{\boxed{8x}} = 1$ 　そろってる!!　秒殺!!

例2 $\lim_{x \to 0} \dfrac{\sin(\boxed{-10x})}{\boxed{-10x}} = 1$ 　そろってる!!　秒殺!!

そろってればOK!!

つまり!! $\lim_{x \to 0} \dfrac{\sin ☺}{☺} = 1$

p.107 の超重要公式 $\lim_{x \to 0} \dfrac{\sin x}{x} = 1$ の応用版！

しかーし! 注意　$x \to 0$ のとき ☺ $\to 0$ がいえないとダメヨ!!

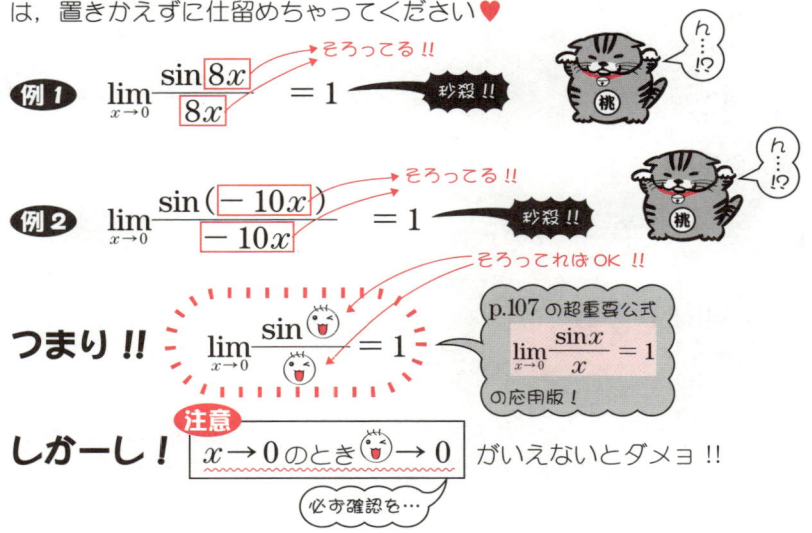

必ず確認を…

では，早速解答でっせ！

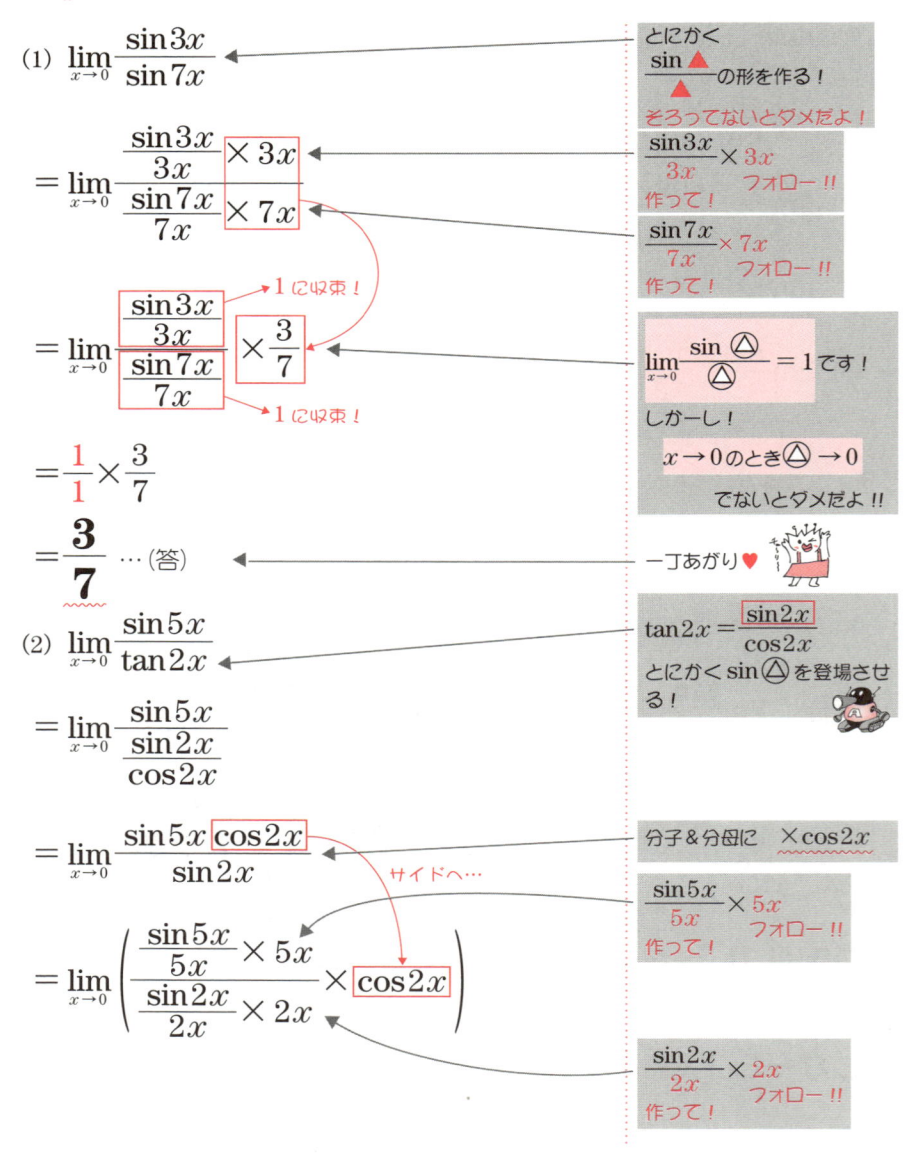

解答でござる

(1) $\displaystyle\lim_{x\to 0}\frac{\sin 3x}{\sin 7x}$

とにかく $\dfrac{\sin \blacktriangle}{\blacktriangle}$ の形を作る！
そろってないとダメだよ！

$= \displaystyle\lim_{x\to 0}\dfrac{\dfrac{\sin 3x}{3x}\boxed{\times 3x}}{\dfrac{\sin 7x}{7x}\boxed{\times 7x}}$

$\dfrac{\sin 3x}{3x} \times 3x$ 作って！ フォロー!!

$\dfrac{\sin 7x}{7x} \times 7x$ 作って！ フォロー!!

$= \displaystyle\lim_{x\to 0}\dfrac{\boxed{\dfrac{\sin 3x}{3x}}}{\boxed{\dfrac{\sin 7x}{7x}}}\times \boxed{\dfrac{3}{7}}$

1に収束！

$\displaystyle\lim_{x\to 0}\dfrac{\sin \triangle}{\triangle}=1$ です！

しかーし！ $x\to 0$ のとき △ $\to 0$ でないとダメだよ!!

$= \dfrac{1}{1}\times \dfrac{3}{7}$

$= \dfrac{\mathbf{3}}{\mathbf{7}}$ …(答)

一丁あがり♥

(2) $\displaystyle\lim_{x\to 0}\dfrac{\sin 5x}{\tan 2x}$

$\tan 2x = \dfrac{\sin 2x}{\cos 2x}$

とにかく $\sin\triangle$ を登場させる！

$= \displaystyle\lim_{x\to 0}\dfrac{\sin 5x}{\dfrac{\sin 2x}{\cos 2x}}$

$= \displaystyle\lim_{x\to 0}\dfrac{\sin 5x \boxed{\cos 2x}}{\sin 2x}$

分子&分母に $\times\cos 2x$

サイドへ…

$= \displaystyle\lim_{x\to 0}\left(\dfrac{\dfrac{\sin 5x}{5x}\times 5x}{\dfrac{\sin 2x}{2x}\times 2x}\times \boxed{\cos 2x}\right)$

$\dfrac{\sin 5x}{5x}\times 5x$ 作って！ フォロー!!

$\dfrac{\sin 2x}{2x}\times 2x$ 作って！ フォロー!!

$$= \lim_{x \to 0} \left(\frac{\frac{\sin 5x}{5x}}{\frac{\sin 2x}{2x}} \times \frac{5}{2} \times \cos 2x \right)$$

→1に収束！
→1に収束！

$\frac{5x}{2x} = \frac{5}{2}$ xで約分！

$$= \frac{1}{1} \times \frac{5}{2} \times 1$$

$\cos(2 \times 0) = \cos 0 = 1$

$$= \frac{5}{2} \cdots (答)$$

ハイ！ できあがり!!

(3) $\displaystyle\lim_{x \to 0} \frac{1 - \cos x}{x^2}$

とにかく $\sin x$ がほしい！

$$= \lim_{x \to 0} \frac{(1 - \cos x)(1 + \cos x)}{x^2 (1 + \cos x)}$$

分子 & 分母に $\times (1 + \cos x)$

$$= \lim_{x \to 0} \frac{1 - \cos^2 x}{x^2 (1 + \cos x)}$$

$(1 + \cos x)(1 - \cos x)$
$= 1^2 - \cos^2 x$

$$= \lim_{x \to 0} \frac{\sin^2 x}{x^2 (1 + \cos x)}$$

$\sin^2 x + \cos^2 x = 1$ より
$1 - \cos^2 x = \sin^2 x$

$$= \lim_{x \to 0} \left\{ \left(\frac{\sin x}{x} \right)^2 \times \frac{1}{1 + \cos x} \right\}$$

$\frac{\sin^2 x}{x^2} = \left(\frac{\sin x}{x} \right)^2$

→1に収束！

$$= 1^2 \times \frac{1}{1 + 1}$$

$\cos 0 = 1$

$$= \frac{1}{2} \cdots (答)$$

ほら！ できた!!

これがポイント!!
公式はひとつしかない！
$\displaystyle\lim_{x \to 0} \frac{\sin x}{x} = 1$
→0でないとダメ!!

(4) $\theta = \dfrac{\pi}{2} - x$ とおくと, $x \to \dfrac{\pi}{2}$ のとき $\theta \to 0$

このとき $x = \dfrac{\pi}{2} - \theta$ から

$$\cos x = \cos\left(\frac{\pi}{2} - \theta\right) = \sin\theta$$

$$\cos 3x = \cos\left(\frac{3}{2}\pi - 3\theta\right) = -\sin 3\theta$$

$$3x = 3\left(\frac{\pi}{2} - \theta\right) = \frac{3}{2}\pi - 3\theta$$

以上より

$$\lim_{x \to \frac{\pi}{2}} \frac{\cos x}{\cos 3x}$$

$$= \lim_{\theta \to 0} \frac{\sin\theta}{-\sin 3\theta}$$

$$= \lim_{\theta \to 0}\left(-\frac{\sin\theta}{\sin 3\theta}\right)$$

$$= \lim_{\theta \to 0}\left(-\frac{\dfrac{\sin\theta}{\theta} \times \theta}{\dfrac{\sin 3\theta}{3\theta} \times 3\theta}\right)$$

$$= \lim_{\theta \to 0}\left(-\frac{\dfrac{\sin\theta}{\theta}}{\dfrac{\sin 3\theta}{3\theta}} \times \frac{1}{3}\right)$$

$$= -\frac{1}{1} \times \frac{1}{3}$$

$$= -\frac{1}{3} \quad \cdots (答)$$

> p.582 参照！
> $\cos\left(\dfrac{\pi}{2} - \theta\right)$
> $= \cos(90° - \theta)$
> $= \sin\theta$

> p.581の 加法定理 参照！
> $\cos\left(\dfrac{3}{2}\pi - 3\theta\right)$
> $= \cos\dfrac{3}{2}\pi \cos 3\theta$
> $+ \sin\dfrac{3}{2}\pi \sin 3\theta$
> $\cos 270° = 0 \quad \sin 270° = -1$
> $= 0 \times \cos 3\theta$
> $+ (-1) \times \sin 3\theta$
> $= -\sin 3\theta$

$\cos x = \sin\theta$
$\cos 3x = -\sin 3\theta$ ですよ!!

— マイナスを前に出しました！

$\dfrac{\sin\theta}{\theta} \times \theta$ 作る！ フォロー!!

$\dfrac{\sin 3\theta}{3\theta} \times 3\theta$ 作る！ フォロー!!

θで約分！ → 1に収束！

$\displaystyle\lim_{x \to 0} \frac{\sin ☺}{☺} = 1$ です！

— ハイ！ できましたョ!!

(5) $\displaystyle\lim_{x \to 0} \frac{\sin(\sqrt{x+1} - 1)}{3x}$

$= \displaystyle\lim_{x \to 0}\left\{\frac{1}{3x} \times \sin(\sqrt{x+1} - 1)\right\}$

$= \displaystyle\lim_{x \to 0}\left\{\frac{1}{3x} \times \frac{\sin(\sqrt{x+1} - 1)}{\sqrt{x+1} - 1} \times (\sqrt{x+1} - 1)\right\}$

$\dfrac{1}{3x}$ を前に出しました！

$\dfrac{\sin(\sqrt{x+1}-1)}{\sqrt{x+1}-1} \times (\sqrt{x+1}-1)$ 作る！ フォロー!!

式がややこしくなっただけで今までと同じでーす♥

Theme 9 $\lim_{x \to 0} \frac{\sin x}{x} = 1$ のお話　117

$$= \lim_{x \to 0} \left\{ \frac{\sqrt{x+1}-1}{3x} \times \frac{\sin(\sqrt{x+1}-1)}{\sqrt{x+1}-1} \right\}$$

$$= \lim_{x \to 0} \left\{ \frac{(\sqrt{x+1}-1)(\sqrt{x+1}+1)}{3x(\sqrt{x+1}+1)} \right.$$
$$\left. \times \frac{\sin(\sqrt{x+1}-1)}{\sqrt{x+1}-1} \right\}$$

$$= \lim_{x \to 0} \left\{ \frac{x}{3x(\sqrt{x+1}+1)} \times \frac{\sin(\sqrt{x+1}-1)}{\sqrt{x+1}-1} \right\}$$

$$= \lim_{x \to 0} \left\{ \frac{1}{3(\sqrt{x+1}+1)} \times \frac{\sin(\sqrt{x+1}-1)}{\sqrt{x+1}-1} \right\}$$

$$= \frac{1}{3(\sqrt{0+1}+1)} \times 1$$

$$= \frac{1}{6} \times 1$$

$$= \frac{1}{6} \quad \cdots \text{(答)}$$

> ここは準備完了!!
> $\frac{\sin ☺}{☺}$ の形です♥
> $x \to 0$ のとき ちゃんと
> $☺ = \sqrt{x+1}-1$
> $\to \sqrt{0+1}-1 = 0$
> となります!!
> このチェックをお忘れなく!!

> これはおなじみ!
> p.81の 問題7-1 (3)(4)の
> お話!
> とにかく「有理化」でしたネ♥

→1に収束!

←── ハイ!　おしまい♥

ちょっと言わせて

じつは，本問すべてに，ある共通の特徴がありました！

全問，極限を求める際にそのまま数値を代入しようとすると，

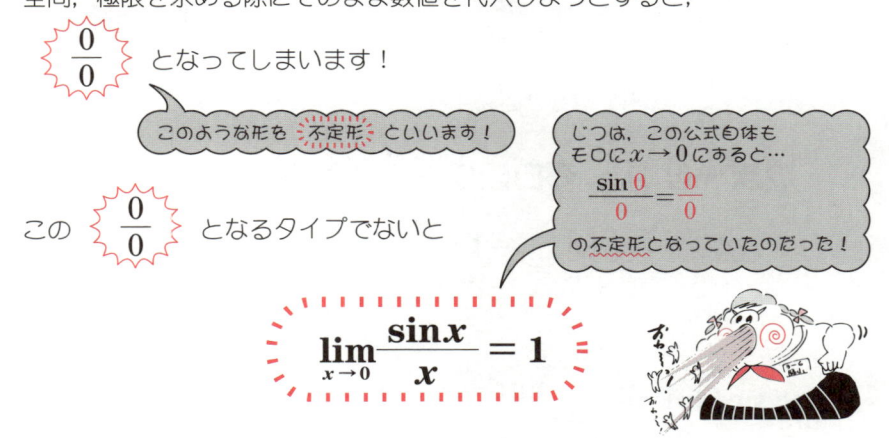

$\frac{0}{0}$ となってしまいます！

> このような形を 不定形 といいます！

> じつは，この公式自体も
> モロに $x \to 0$ にすると…
> $\frac{\sin 0}{0} = \frac{0}{0}$
> の不定形となっていたのだった！

この $\frac{0}{0}$ となるタイプでないと

$$\lim_{x \to 0} \frac{\sin x}{x} = 1$$

を活用することはできません!!

そーです！

(1) では $\lim_{x \to 0} \dfrac{\sin 3x}{\sin 7x}$ ですから……

$\sin(3 \times 0) = \sin 0 = 0$
$\sin(7 \times 0) = \sin 0 = 0$

モロに $x \to 0$ とすると $\dfrac{0}{0}$ で不定形となります！

(4) でも $\lim_{x \to \frac{\pi}{2}} \dfrac{\cos x}{\cos 3x}$ ですから…

$\cos \dfrac{\pi}{2} = 0$ （$\cos 90°$ のことです！）

$\cos\left(3 \times \dfrac{\pi}{2}\right) = \cos \dfrac{3}{2}\pi = 0$ （$\cos 270°$ のことです！）

モロに $x \to \dfrac{\pi}{2}$ とすると $\dfrac{0}{0}$ で不定形となります！

さらに (5) でも

$$\lim_{x \to 0} \dfrac{\sin(\sqrt{x+1}-1)}{3x}$$ ですから…

$\sin(\sqrt{0+1}-1) = \sin 0 = 0$
$3 \times 0 = 0$

モロに $x \to 0$ とすると $\dfrac{0}{0}$ で不定形となります！

(2) と (3) もまったく同様ですョ ♥

そこでまぎらわしい例をあげておきます！

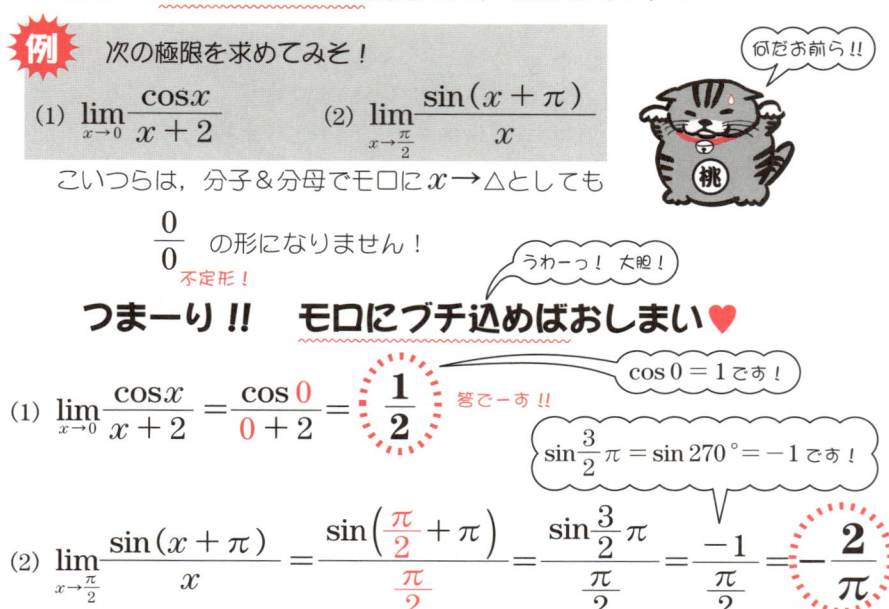

例 次の極限を求めてみそ！

(1) $\lim_{x \to 0} \dfrac{\cos x}{x+2}$ (2) $\lim_{x \to \frac{\pi}{2}} \dfrac{\sin(x+\pi)}{x}$

こいつらは，分子＆分母でモロに $x \to \triangle$ としても $\dfrac{0}{0}$（不定形）の形になりません！

つまーり!! モロにブチ込めばおしまい ♥

（うわーっ！大胆！）

(1) $\lim_{x \to 0} \dfrac{\cos x}{x+2} = \dfrac{\cos 0}{0+2} = \dfrac{1}{2}$ 答でーす!!

（$\cos 0 = 1$ です！）

（$\sin \dfrac{3}{2}\pi = \sin 270° = -1$ です！）

(2) $\lim_{x \to \frac{\pi}{2}} \dfrac{\sin(x+\pi)}{x} = \dfrac{\sin\left(\dfrac{\pi}{2}+\pi\right)}{\dfrac{\pi}{2}} = \dfrac{\sin \dfrac{3}{2}\pi}{\dfrac{\pi}{2}} = \dfrac{-1}{\dfrac{\pi}{2}} = -\dfrac{2}{\pi}$ 答でーす!!

Theme 10 $\lim_{x \to \pm\infty}\left(1+\frac{1}{x}\right)^x = e$ とその仲間たち

eって何だ〜!?

$a_n = \left(1+\frac{1}{n}\right)^n$ として 数列 $\{a_n\}$ を考えます。

このとき，$n \to \infty$ とすると，a_n は，ある一定の値に近づくんですよ。

> なんだお前は？！ e !?

> そこで…

> 大学で本格的にやります!!

n	$\left(1+\frac{1}{n}\right)^n$
1	2
10	2.5937……
100	2.7048……
1000	2.7169……
10000	2.7181……

> nをどんどん増やす

> あるナゾの値に近づく!!

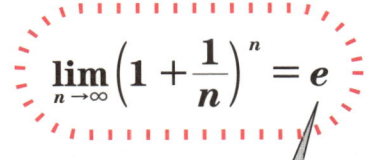

実際に $\lim_{n \to \infty} a_n$ は存在して，その極限値を e で表します！

> 結論は…

$$\lim_{n \to \infty}\left(1+\frac{1}{n}\right)^n = e$$

> この証明は大学でやります！今は覚えるだけにしてください!!

> このとき，$e = 2.718281828459045……$
> これを見ればおわかりのとおり，e は不規則な数が永遠につづきます
> つまり e は無理数でっせ♥

同時に次の式も成り立ちます！

$$\lim_{n \to -\infty}\left(1+\frac{1}{n}\right)^n = e$$

> 上の式と2つセットで覚えちゃってくださいネ♥

そこで，この n を x に変えて…

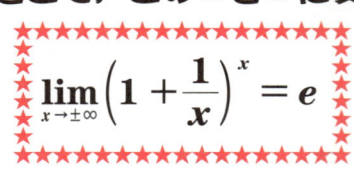

$$\lim_{x \to \pm\infty}\left(1+\frac{1}{x}\right)^x = e$$

とにかく覚える!!

となります!!

では，定番な話題を…

問題 10-1 標準

$\lim_{x \to \pm\infty}\left(1+\dfrac{1}{x}\right)^x = e$ を既知として，次の各等式を証明せよ．

(1) $\lim_{x \to 0}(1+x)^{\frac{1}{x}} = e$

(2) $\lim_{x \to 0}\dfrac{\log_e(1+x)}{x} = 1$

(3) $\lim_{x \to 0}\dfrac{e^x - 1}{x} = 1$

ナイスな導入!!

じつは，こいつらも後々 **重要な公式** として扱っていきます ♥

しかし，人間は忘れっぽい動物です！ もしものときのために導けるようにしておくことが得策!!

では，早速まいります!!

人間は忘れっぽいのか…

解答でござる

$$\lim_{x \to \pm\infty}\left(1+\frac{1}{x}\right)^x = e \quad \cdots\cdots(*)$$

こいつが親です！いっぱい子どもを産み出しますヨ!!

(1) (∗)で $\dfrac{1}{x}=t$ とおくと，

$x \to \pm\infty$ のとき $t \to 0$ である。

よって(∗)から，

$$\lim_{x\to\pm\infty}\left(1+\dfrac{1}{x}\right)^{x}=e$$

∴ $\lim_{t\to 0}(1+t)^{\frac{1}{t}}=e$

$x \to \pm\infty$ のとき $t \to 0$ でしたネ！

つまり $\lim_{x\to 0}(1+x)^{\frac{1}{x}}=e$

（証明おわり）

> $x\to\pm\infty$ のとき，$t=\dfrac{1}{x}\to 0$ です！
>
> (∗)です！
>
> $\dfrac{1}{x}=t$ より
> $\dfrac{1}{x}=\dfrac{t}{1}$ ←分母を1とする！
> ∴ $x=\dfrac{1}{t}$ ←分子と分母をひっくり返したョ！
>
> $\lim_{t\to 0}(1+t)^{\frac{1}{t}}=e$
> t を x に書きかえるだけ！
> $\lim_{x\to 0}(1+x)^{\frac{1}{x}}=e$

(2) $\lim_{x\to 0}\dfrac{\log_{e}(1+x)}{x}$

$=\lim_{x\to 0}\dfrac{1}{x}\log_{e}(1+x)$

$=\lim_{x\to 0}\log_{e}(1+x)^{\frac{1}{x}}$

$\quad$ (1)より

$=\log_{e}e$

$=1$

∴ $\lim_{x\to 0}\dfrac{\log_{e}(1+x)}{x}=1$

（証明おわり）

> $\dfrac{1}{x}$ を前に出しただけ！
>
> 公式 $\log_{a}M^{r}=r\log_{a}M$
> p.588 ナイスフォロー その6 参照！
>
> (1)より
> $\lim_{x\to 0}(1+x)^{\frac{1}{x}}=e$
>
> 公式 $\log_{a}a=1$
> p.588 ナイスフォロー その6 参照！

(3) $e^{x}-1=t$ とおくと

$x \to 0$ のとき $t \to 0$ である。

> $x\to 0$ のとき
> $e^{x}-1\to e^{0}-1=1-1=0$

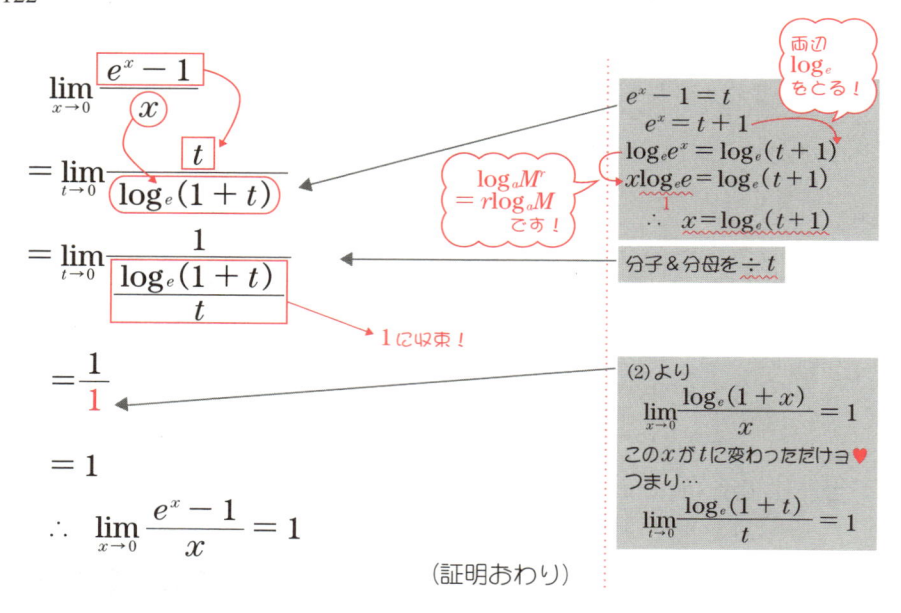

$$\lim_{x \to 0} \frac{\boxed{e^x - 1}}{\boxed{x}}$$

$$= \lim_{t \to 0} \frac{\boxed{t}}{\boxed{\log_e(1+t)}}$$

$$= \lim_{t \to 0} \frac{1}{\dfrac{\log_e(1+t)}{t}}$$

$$= \frac{1}{1}$$

$$= 1$$

$$\therefore \lim_{x \to 0} \frac{e^x - 1}{x} = 1$$

（証明おわり）

両辺 $\log_e$ をとる！

$e^x - 1 = t$
$e^x = t + 1$
$\log_e e^x = \log_e(t+1)$
$x \log_e e = \log_e(t+1)$
$\therefore x = \log_e(t+1)$

$\log_a M^r = r \log_a M$ です！

分子&分母を $\div t$

1に収束！

(2)より
$$\lim_{x \to 0} \frac{\log_e(1+x)}{x} = 1$$
このxがtに変わっただけヨ♥
つまり…
$$\lim_{t \to 0} \frac{\log_e(1+t)}{t} = 1$$

こいつらを公式四天王と名づけよう!!

えーっ!!

その1
$$\lim_{x \to \pm\infty} \left(1 + \frac{1}{x}\right)^x = e$$

BAM!

その2
$$\lim_{x \to 0} (1+x)^{\frac{1}{x}} = e$$

$\log_e \triangle$ 底が e の対数！
を一般に 自然対数 といって、ふつうは底を省略する!!

↓ つまり

その3
$$\lim_{x \to 0} \frac{\log_e(1+x)}{x} = 1$$

$$\lim_{x \to 0} \frac{\log(1+x)}{x} = 1$$
底なし!!
で覚えるのが通常！

その4
$$\lim_{x \to 0} \frac{e^x - 1}{x} = 1$$

Theme 10 $\lim_{x \to \pm\infty}\left(1+\frac{1}{x}\right)^x = e$ とその仲間たち

では，この四天王を活用しまくりましょう！

問題 10-2 　[標準]

次の極限を求めよ。

(1) $\lim_{x \to \infty}\left(1+\dfrac{5}{x}\right)^x$

(2) $\lim_{x \to 0}(1+7x)^{\frac{3}{x}}$

(3) $\lim_{x \to 0}\dfrac{\log(1+3x)}{2x}$ 　（☞ $\lim_{x \to 0}\dfrac{\log_e(1+3x)}{2x}$ のことです！）

(4) $\lim_{x \to 0}\dfrac{e^{10x}-1}{2x}$

ナイスな導入!!

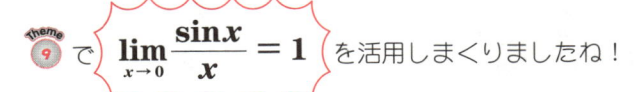

Theme 9 で $\lim_{x \to 0}\dfrac{\sin x}{x}=1$ を活用しまくりましたね！

とにかく，$\dfrac{\sin ☺}{☺}$ の形を作ることがポイントでした！
ここをそろえる!!

で!! 今回も同様です！

p.122の **公式四天王** を活用したければ……

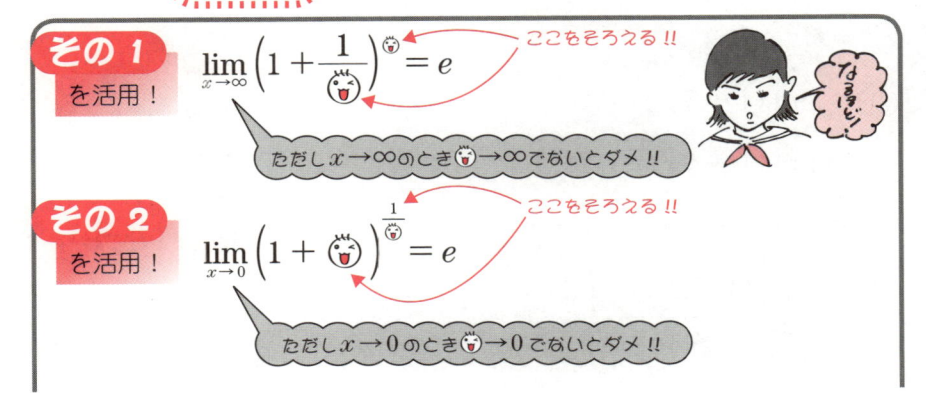

その1 を活用！
$\lim_{x \to \infty}\left(1+\dfrac{1}{☺}\right)^{☺}=e$
ここをそろえる!!
ただし $x \to \infty$ のとき ☺ → ∞ でないとダメ!!

その2 を活用！
$\lim_{x \to 0}\left(1+☺\right)^{\frac{1}{☺}}=e$
ここをそろえる!!
ただし $x \to 0$ のとき ☺ → 0 でないとダメ!!

その3 を活用！

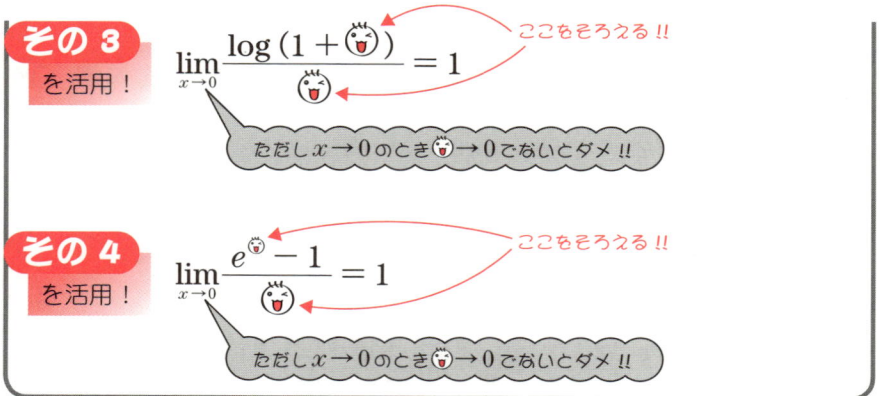

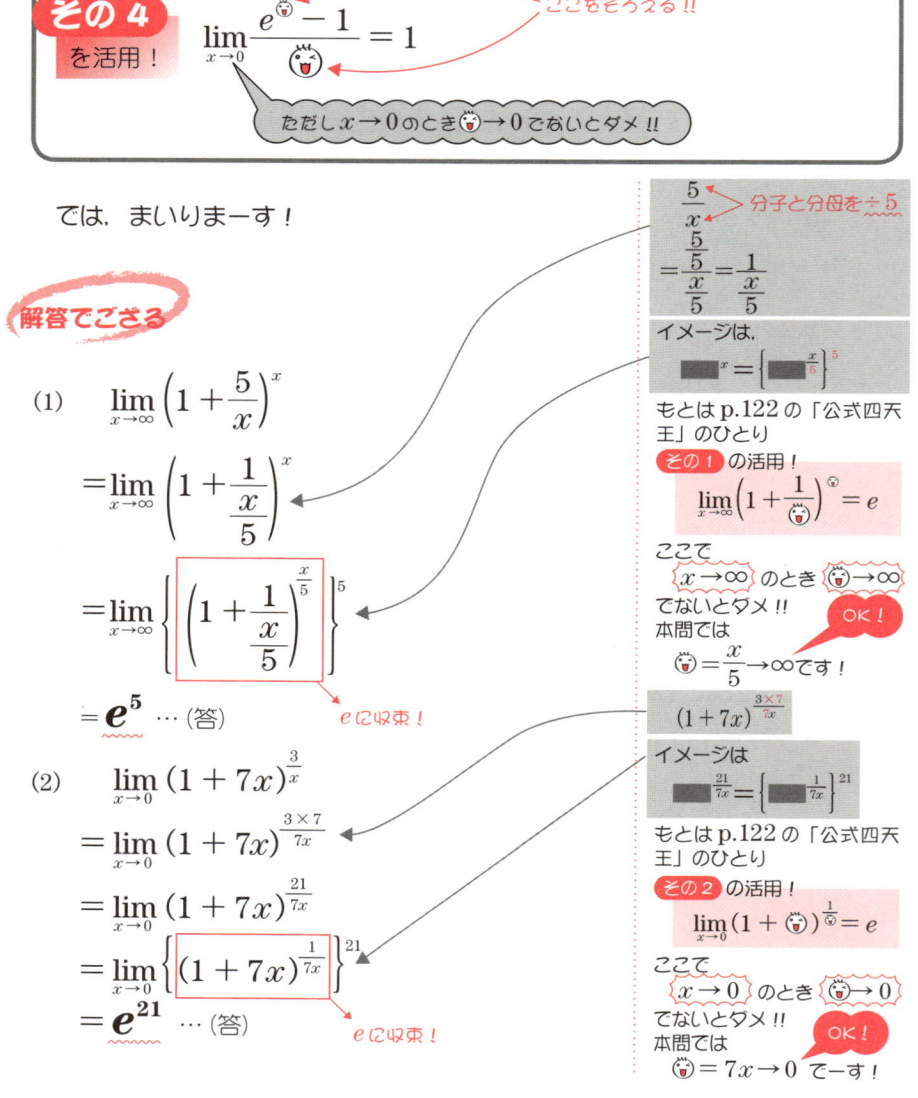

$$\lim_{x \to 0} \frac{\log(1+\text{😊})}{\text{😊}} = 1$$

ここをそろえる！！

ただし $x \to 0$ のとき 😊 $\to 0$ でないとダメ!!

その4 を活用！

$$\lim_{x \to 0} \frac{e^{\text{😊}} - 1}{\text{😊}} = 1$$

ここをそろえる！！

ただし $x \to 0$ のとき 😊 $\to 0$ でないとダメ!!

では，まいりまーす！

解答でござる

(1) $\displaystyle\lim_{x \to \infty} \left(1 + \frac{5}{x}\right)^x$

$= \displaystyle\lim_{x \to \infty} \left(1 + \dfrac{1}{\dfrac{x}{5}}\right)^x$

$= \displaystyle\lim_{x \to \infty} \left\{\left(1 + \dfrac{1}{\dfrac{x}{5}}\right)^{\frac{x}{5}}\right\}^5$ ← e に収束！

$= e^5$ … (答)

(2) $\displaystyle\lim_{x \to 0} (1+7x)^{\frac{3}{x}}$

$= \displaystyle\lim_{x \to 0} (1+7x)^{\frac{3 \times 7}{7x}}$

$= \displaystyle\lim_{x \to 0} (1+7x)^{\frac{21}{7x}}$

$= \displaystyle\lim_{x \to 0} \left\{(1+7x)^{\frac{1}{7x}}\right\}^{21}$ ← e に収束！

$= e^{21}$ … (答)

$\dfrac{5}{x}$ ← 分子と分母を $\div 5$

$= \dfrac{\frac{5}{5}}{\frac{x}{5}} = \dfrac{1}{\frac{x}{5}}$

イメージは，

$\blacksquare^x = \left\{\blacksquare^{\frac{x}{5}}\right\}^5$

もとは p.122 の「公式四天王」のひとり

その1 の活用！

$\displaystyle\lim_{x \to \infty} \left(1 + \dfrac{1}{\text{😊}}\right)^{\text{😊}} = e$

ここで $x \to \infty$ のとき 😊 $\to \infty$ でないとダメ！！
本問では 😊 $= \dfrac{x}{5} \to \infty$ です！ **OK！**

$(1+7x)^{\frac{3 \times 7}{7x}}$

イメージは

$\blacksquare^{\frac{21}{7x}} = \left\{\blacksquare^{\frac{1}{7x}}\right\}^{21}$

もとは p.122 の「公式四天王」のひとり

その2 の活用！

$\displaystyle\lim_{x \to 0} (1 + \text{😊})^{\frac{1}{\text{😊}}} = e$

ここで $x \to 0$ のとき 😊 $\to 0$ でないとダメ！！
本問では 😊 $= 7x \to 0$ でーす！ **OK！**

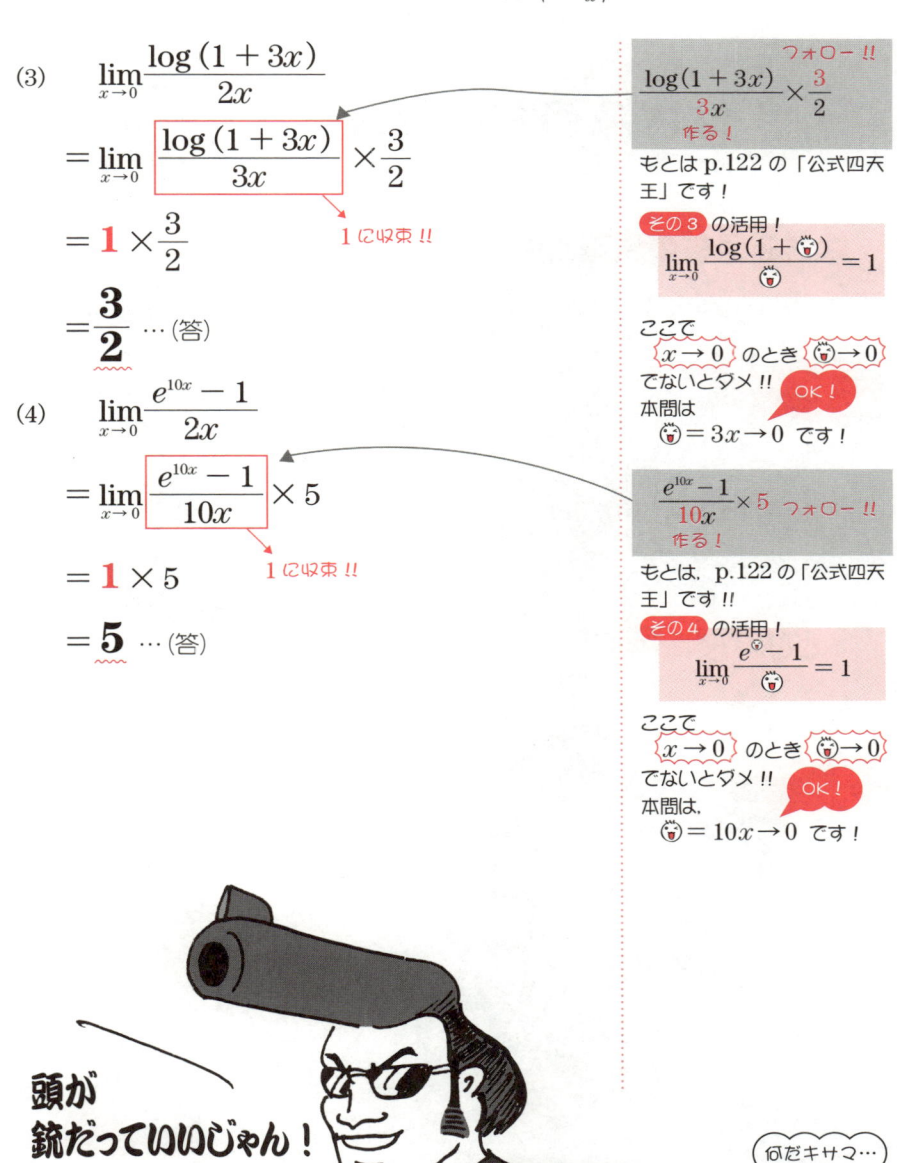

(3) $\displaystyle\lim_{x \to 0} \frac{\log(1+3x)}{2x}$

$= \displaystyle\lim_{x \to 0} \boxed{\frac{\log(1+3x)}{3x}} \times \frac{3}{2}$

$= \underline{1} \times \frac{3}{2}$ 　　1に収束!!

$= \underline{\underline{\frac{3}{2}}}$ …(答)

(4) $\displaystyle\lim_{x \to 0} \frac{e^{10x}-1}{2x}$

$= \displaystyle\lim_{x \to 0} \boxed{\frac{e^{10x}-1}{10x}} \times 5$

$= \underline{1} \times 5$ 　　1に収束!!

$= \underline{\underline{5}}$ …(答)

フォロー!!

$\dfrac{\log(1+3x)}{3x} \times \dfrac{3}{2}$ 作る!

もとは p.122 の「公式四天王」です!

その3 の活用!
$\displaystyle\lim_{x \to 0} \frac{\log(1+☺)}{☺} = 1$

ここで
$x \to 0$ のとき ☺ → 0
でないとダメ!! OK!
本問は
☺ = $3x \to 0$ です!

$\dfrac{e^{10x}-1}{10x} \times 5$ フォロー!!
作る!

もとは,p.122 の「公式四天王」です!!

その4 の活用!
$\displaystyle\lim_{x \to 0} \frac{e^{☺}-1}{☺} = 1$

ここで
$x \to 0$ のとき ☺ → 0
でないとダメ!! OK!
本問は,
☺ = $10x \to 0$ です!

頭が銃だっていいじゃん!

何だキサマ…

Theme 11 はさみうちの原理

「はさむぜ!!」

はさみうちの原理とは…

$x = \alpha$ の近くで

$$f(x) < g(x) < h(x)$$

(もしくは $f(x) \leqq g(x) \leqq h(x)$)

が成り立っていて，かつ

$$\lim_{x \to \alpha} f(x) = \lim_{x \to \alpha} h(x) = \beta$$

がいえるならば

$$\lim_{x \to \alpha} g(x) = \beta$$

となる。

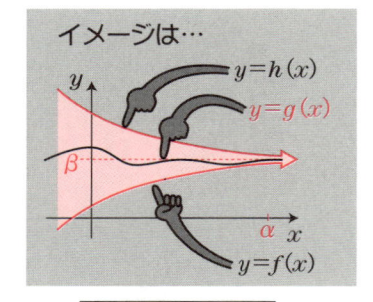

イメージは…

このとき…

$f(x)$ と $h(x)$ にはさまった $g(x)$ は，逃げられない!!

教訓
はさまれたら
逃げられない!!
はさまれたら,
人生おしまい!!

「ざま～みろっ!!」

Theme 11 はさみうちの原理   127

冗談はこのくらいにして，マジ問にいきまっせ♥

問題 11-1 　　　　　　　　　　　　　　　　　　　　　基礎

はさみうちの原理を利用して次の極限値を求めよ。
$$\lim_{x\to\infty}\frac{\cos x}{x}$$

ナイスな導入!!

　"はさみうちの原理を利用せよ"ってなってる！

とりあえず，はさまないと話にならない！
そこで……

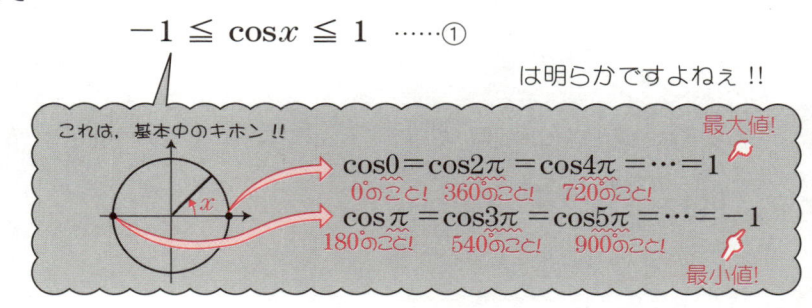

$$-1 \leqq \cos x \leqq 1 \quad \cdots\cdots ①$$

は明らかですよねぇ!!

これは，基本中のキホン!!

$$\cos 0 = \cos 2\pi = \cos 4\pi = \cdots = 1 \quad 最大値!$$
0°のこと！　360°のこと！　720°のこと！

$$\cos \pi = \cos 3\pi = \cos 5\pi = \cdots = -1 \quad 最小値!$$
180°のこと！　540°のこと！　900°のこと！

本問では

$x \longrightarrow \infty$ となっているから $x > 0$ としてよい!!

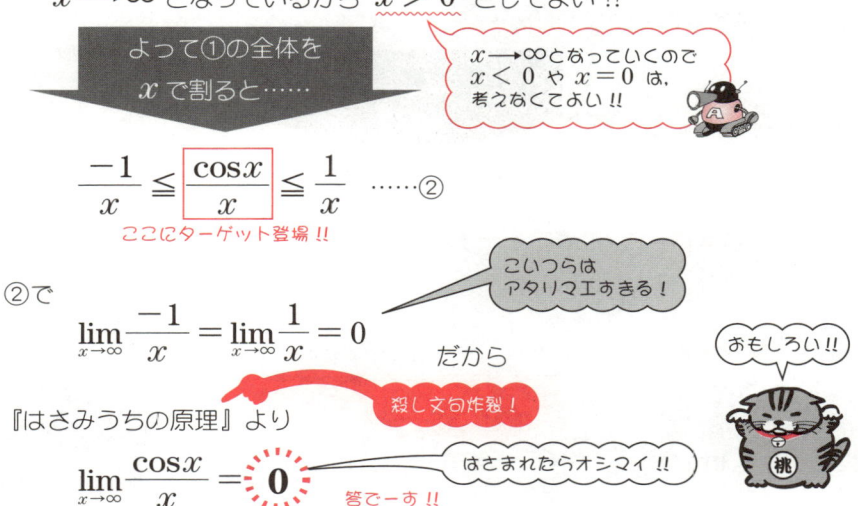

$x \to \infty$ となっていくので $x < 0$ や $x = 0$ は，考えなくてよい!!

よって①の全体を x で割ると……

$$\frac{-1}{x} \leqq \boxed{\frac{\cos x}{x}} \leqq \frac{1}{x} \quad \cdots\cdots ②$$

ここにターゲット登場!!

②で

$$\lim_{x\to\infty}\frac{-1}{x} = \lim_{x\to\infty}\frac{1}{x} = 0$$

こいつらはアタリマエすぎる！

だから

『はさみうちの原理』より

$$\lim_{x\to\infty}\frac{\cos x}{x} = 0$$

殺し文句炸裂！　はさまれたらオシマイ!!

答で〜す!!

おもしろい!!

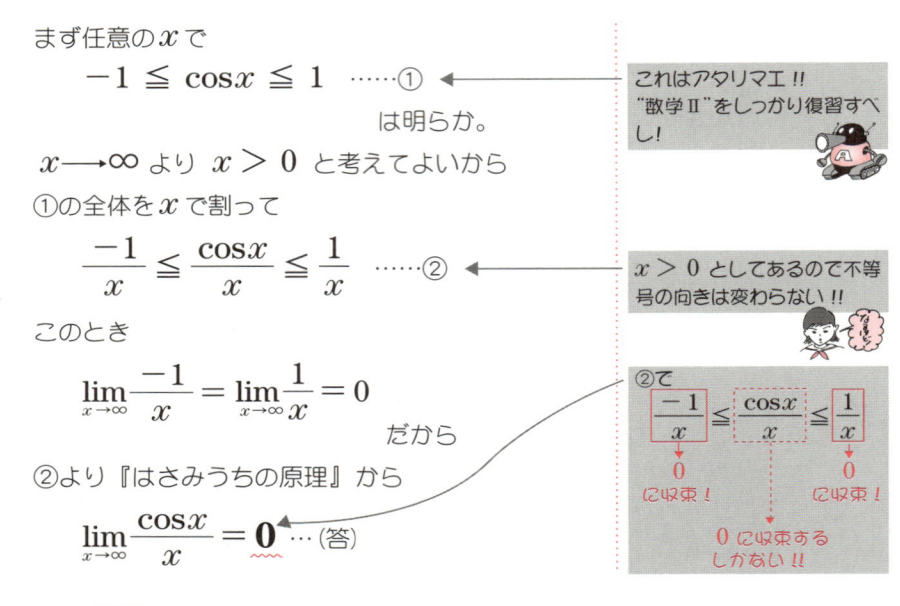

解答でござる

まず任意の x で
$$-1 \leqq \cos x \leqq 1 \quad \cdots\cdots ①$$
は明らか。

$x \longrightarrow \infty$ より $x > 0$ と考えてよいから
①の全体を x で割って
$$\frac{-1}{x} \leqq \frac{\cos x}{x} \leqq \frac{1}{x} \quad \cdots\cdots ②$$

このとき
$$\lim_{x \to \infty} \frac{-1}{x} = \lim_{x \to \infty} \frac{1}{x} = 0$$
だから
②より『はさみうちの原理』から
$$\lim_{x \to \infty} \frac{\cos x}{x} = \mathbf{0} \quad \cdots \text{(答)}$$

> これはアタリマエ!!
> "数学Ⅱ"をしっかり復習すべし!

> $x > 0$ としてあるので不等号の向きは変わらない!!

> ②で
> $\dfrac{-1}{x} \leqq \dfrac{\cos x}{x} \leqq \dfrac{1}{x}$
> 0に収束！　　0に収束！
> 0に収束するしかない!!

ちょっと言わせて

本問では"はさみうちの原理"を利用しろ!!　と命令されていたので，しぶしぶこのように解きましたが……

⬇ ぶっちゃけ!!

$x \longrightarrow \infty$ のとき……

　　分子は 👉 $\cos x \longrightarrow -1 \sim 1$ で振動！

これに対して……

　　分母は 👉 $x \longrightarrow \infty$ 　　うわーっ!!　分母だけ大爆発!!

つまーり!!

$$\lim_{x \to \infty} \frac{\boxed{\cos x}}{\boxed{x}} = 0 \quad \text{は明らかだったんです！}$$

　$\cos x \to -1 \sim 1$ で振動！
　$x \to \infty$ に発散！

> そうだったのかぁ…

Theme 11 はさみうちの原理

いよいよ，真打ち登場です♥

問題 11-2 〔ちょいムズ〕

右図において，$\angle \text{AOB} = x$ とする。
このとき，次の各問いに答えよ。

(1) $0 < x < \dfrac{\pi}{2}$ のとき，

　　$\triangle \text{OAB}$ の面積 S_1
　　扇形 OAB の面積 S_2
　　$\triangle \text{OAC}$ の面積 S_3 を x で表せ。

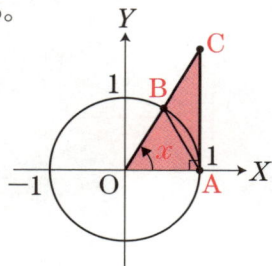

(2) S_1, S_2, S_3 の値を利用して，x, $\sin x$, $\tan x$ の大小を比較せよ。

(3) (2)の結果を利用して

　　$\displaystyle \lim_{x \to +0} \dfrac{\sin x}{x} = 1$ を証明せよ。

(4) $\displaystyle \lim_{x \to -0} \dfrac{\sin x}{x}$ の値を求めよ。

(5) $\displaystyle \lim_{x \to 0} \dfrac{\sin x}{x}$ の値を求めよ。

ナイスな導入!!

面積の公式 by「三角比」
$S_1 = \dfrac{1}{2} \times \text{OA} \times \text{OB} \times \sin \angle \text{AOB}$

(1) $S_1 = \triangle\text{OAB} = \dfrac{1}{2} \times 1 \times 1 \times \sin x = \boxed{\dfrac{1}{2}\sin x}$　答で〜す！

単位はラジアンです♪

$S_2 = \text{扇形OAB} = \pi \times 1^2 \times \dfrac{x}{2\pi} = \boxed{\dfrac{1}{2}x}$　答で〜す！

さらに　$\tan x = \dfrac{\text{AC}}{\text{OA}}$　より

$\text{AC} = \text{OA}\tan x$
　　　$\underset{\text{OA}=1}{=} 1 \times \tan x$
　　　$= \tan x$

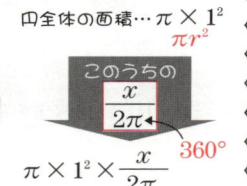

円全体の面積…$\pi \times 1^2$
πr^2

このうちの $\dfrac{x}{2\pi}$

$\pi \times 1^2 \times \dfrac{x}{2\pi}$　360°

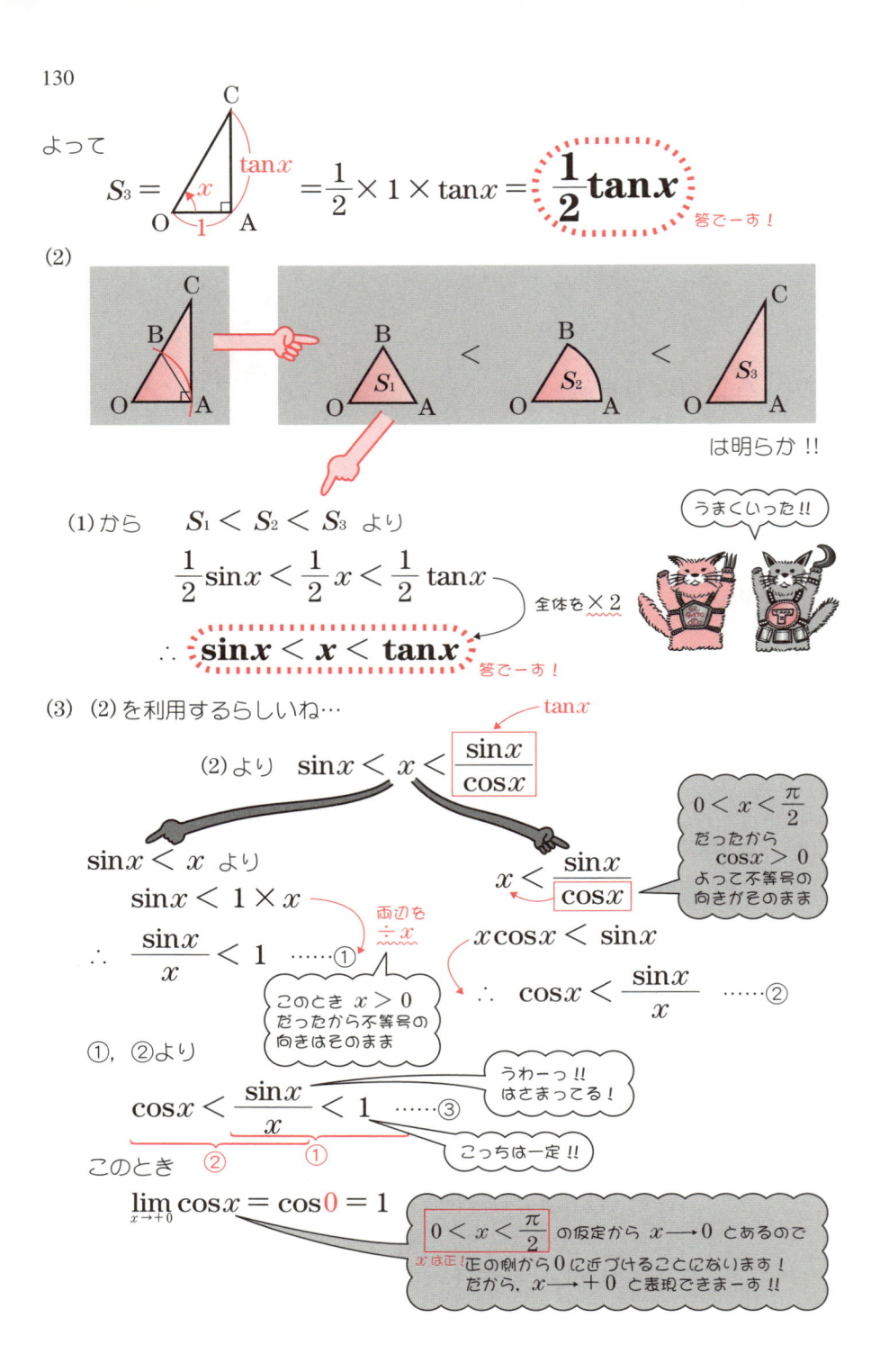

よって
$$S_3 = \triangle = \frac{1}{2} \times 1 \times \tan x = \boxed{\frac{1}{2}\tan x}$$
答でーす！

(2)

$S_1 < S_2 < S_3$ は明らか!!

(1)から $S_1 < S_2 < S_3$ より

$$\frac{1}{2}\sin x < \frac{1}{2}x < \frac{1}{2}\tan x$$

全体を×2

$$\therefore \;\; \sin x < x < \tan x$$
答でーす！

うまくいった!!

(3) (2)を利用するらしいね…

(2)より $\sin x < x < \dfrac{\sin x}{\cos x}$ ← $\tan x$

$0 < x < \dfrac{\pi}{2}$ だったから $\cos x > 0$ よって不等号の向きがそのまま

$\sin x < x$ より
$\sin x < 1 \times x$
$\therefore \;\; \dfrac{\sin x}{x} < 1 \;\;\cdots\cdots ①$

両辺を $\div x$

このとき $x > 0$ だったから不等号の向きはそのまま

$x < \dfrac{\sin x}{\cos x}$

$x\cos x < \sin x$

$\therefore \;\; \cos x < \dfrac{\sin x}{x} \;\;\cdots\cdots ②$

①, ②より

$$\cos x < \frac{\sin x}{x} < 1 \;\;\cdots\cdots ③$$

　　　　② ①

うわーっ!! はさまってる!

こっちは一定!!

このとき

$$\lim_{x \to +0} \cos x = \cos 0 = 1$$

$0 < x < \dfrac{\pi}{2}$ の仮定から $x \longrightarrow 0$ とあるので 正の側から0に近づけることになります！ だから，$x \longrightarrow +0$ と表現できまーす!!

xは正！

よって③から"はさみうちの原理"より

$$\lim_{x \to +0} \frac{\sin x}{x} = 1$$ うまく証明できました！

(4) (3)で $\lim_{x \to +0} \frac{\sin x}{x} = 1$ ……④ が証明されてます！

せっかくだから④をフル活用して

$$\lim_{x \to -0} \frac{\sin x}{x}$$ の値を求めましょう!!

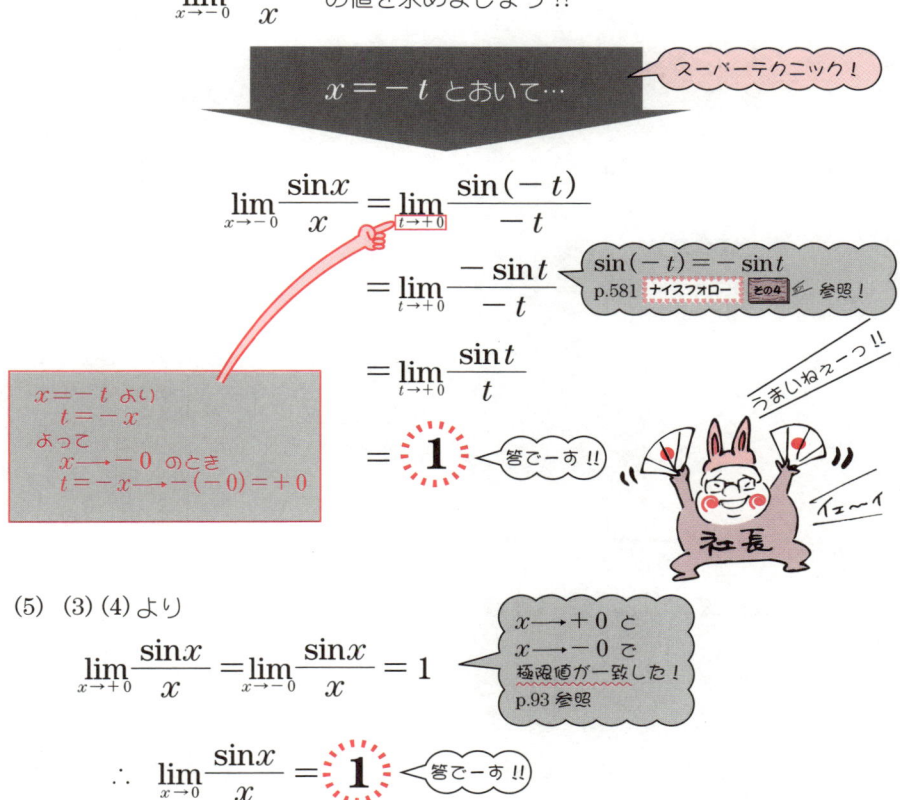

$x = -t$ とおいて… スーパーテクニック！

$$\lim_{x \to -0} \frac{\sin x}{x} = \lim_{t \to +0} \frac{\sin(-t)}{-t}$$
$$= \lim_{t \to +0} \frac{-\sin t}{-t}$$ $\sin(-t) = -\sin t$ p.581 ナイスフォロー その4 参照！
$$= \lim_{t \to +0} \frac{\sin t}{t}$$
$$= 1$$ 答でーす!!

$x = -t$ より
$t = -x$
よって
$x \to -0$ のとき
$t = -x \to -(-0) = +0$

(5) (3) (4) より

$$\lim_{x \to +0} \frac{\sin x}{x} = \lim_{x \to -0} \frac{\sin x}{x} = 1$$

$x \to +0$ と $x \to -0$ で極限値が一致した！ p.93 参照

$$\therefore \lim_{x \to 0} \frac{\sin x}{x} = 1$$ 答でーす!!

では，解答をまとめときやしょう！

解答でござる

(1) $S_1 = \dfrac{1}{2} \times 1 \times 1 \times \sin x$

$= \underline{\dfrac{1}{2}\sin x}$ …(答)

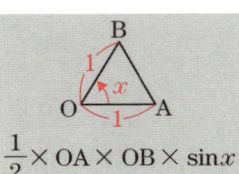

$\dfrac{1}{2} \times \text{OA} \times \text{OB} \times \sin x$

$S_2 = \pi \times 1^2 \times \dfrac{x}{2\pi}$

円の面積

$= \underline{\dfrac{1}{2}x}$ …(答)

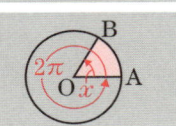

$S_3 = \dfrac{1}{2} \times 1 \times \tan x$

$= \underline{\dfrac{1}{2}\tan x}$ …(答)

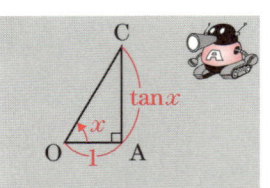

$\tan x = \dfrac{\text{AC}}{\text{OA}}$ より

$\text{AC} = \text{OA} \tan x$
$= 1 \times \tan x$
$= \tan x$　OA = 1

ナイスな導入!! 参照！

(2) (1)で

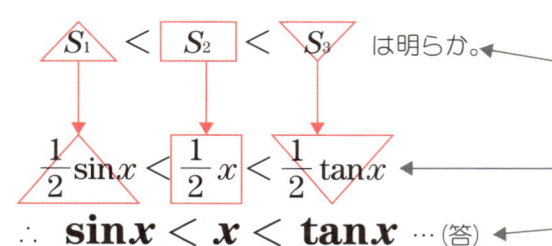

$\boxed{S_1} < \boxed{S_2} < \boxed{S_3}$ は明らか。

$\dfrac{1}{2}\sin x < \dfrac{1}{2}x < \dfrac{1}{2}\tan x$　(1)より

∴ $\underline{\sin x < x < \tan x}$ …(答)　全体を2倍しました！

$\sin x < x < \tan x$　これ！

(3) (2)より

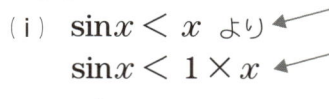

(ⅰ) $\sin x < x$ より　右辺で $x = 1 \times x$ とした

$\sin x < 1 \times x$

∴ $\dfrac{\sin x}{x} < 1$ ……①

両辺を x で割る！
このとき
$0 < x < \dfrac{\pi}{2}$　正
より不等号の向きは変わらない！

(ⅱ) $x < \tan x$ より

$x < \dfrac{\sin x}{\cos x}$

$\sin x < x < \tan x$　これ！

$\tan x = \dfrac{\sin x}{\cos x}$ です！

$$x\cos x < \sin x$$

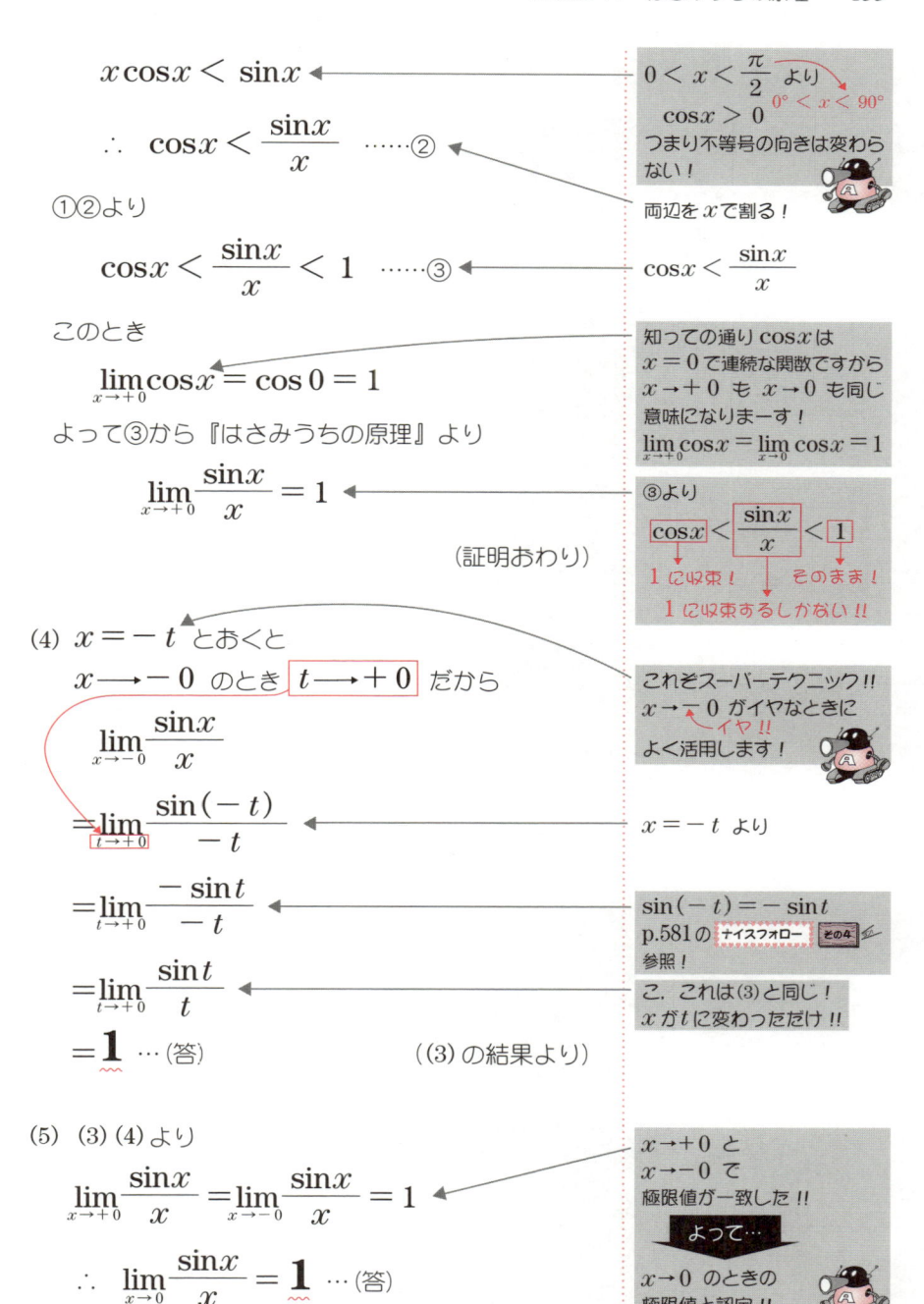

$$\therefore \quad \cos x < \frac{\sin x}{x} \quad \cdots\cdots ②$$

①②より

$$\cos x < \frac{\sin x}{x} < 1 \quad \cdots\cdots ③$$

このとき

$$\lim_{x \to +0} \cos x = \cos 0 = 1$$

よって③から『はさみうちの原理』より

$$\lim_{x \to +0} \frac{\sin x}{x} = 1$$

（証明おわり）

$0 < x < \dfrac{\pi}{2}$ より（$0° < x < 90°$）
$\cos x > 0$
つまり不等号の向きは変わらない！

両辺を x で割る！

$\cos x < \dfrac{\sin x}{x}$

知っての通り $\cos x$ は $x = 0$ で連続な関数ですから $x \to +0$ も $x \to 0$ も同じ意味になりまーす！
$\lim\limits_{x \to +0} \cos x = \lim\limits_{x \to 0} \cos x = 1$

③より
$\boxed{\cos x} < \boxed{\dfrac{\sin x}{x}} < \boxed{1}$
1に収束！　そのまま！
1に収束するしかない!!

(4) $x = -t$ とおくと

$x \longrightarrow -0$ のとき $\boxed{t \longrightarrow +0}$ だから

$$\lim_{x \to -0} \frac{\sin x}{x}$$

$$= \lim_{t \to +0} \frac{\sin(-t)}{-t}$$

$$= \lim_{t \to +0} \frac{-\sin t}{-t}$$

$$= \lim_{t \to +0} \frac{\sin t}{t}$$

$$= \underline{\mathbf{1}} \cdots （答）$$

((3)の結果より)

これぞスーパーテクニック!!
$x \to -0$ がイヤなときによく活用します！

$x = -t$ より

$\sin(-t) = -\sin t$
p.581の ナイスフォロー その4
参照！

こ、これは(3)と同じ！
x が t に変わっただけ!!

(5) (3) (4)より

$$\lim_{x \to +0} \frac{\sin x}{x} = \lim_{x \to -0} \frac{\sin x}{x} = 1$$

$$\therefore \quad \lim_{x \to 0} \frac{\sin x}{x} = \underline{\mathbf{1}} \cdots （答）$$

$x \to +0$ と $x \to -0$ で極限値が一致した!!

よって…

$x \to 0$ のときの極限値と認定!!

第2章

微分編

なせばなる
なさねばならぬ
なにごとも…

Theme 12 微分係数 $f'(a)$ の定義

とうとう微分のお話かぁ…

微分係数の定義式

$f'(a)$ のことです！

左図で直線 AB の傾きは

$$\frac{f(a+h)-f(a)}{(a+h)-a}$$ ← y の増加量 ← x の増加量

$$=\frac{f(a+h)-f(a)}{h}$$

と表される！

そこで…

この h が 0 に近づく

イメージは…

B が A に近づく!!
どんどん B が A に近づく!!
B が A に一致した!!

$h \to 0$　$h \to 0$

この瞬間点 A における接線になった!!

ここで，点 $A(a, f(a))$ における接線の傾きを $f'(a)$ とすると

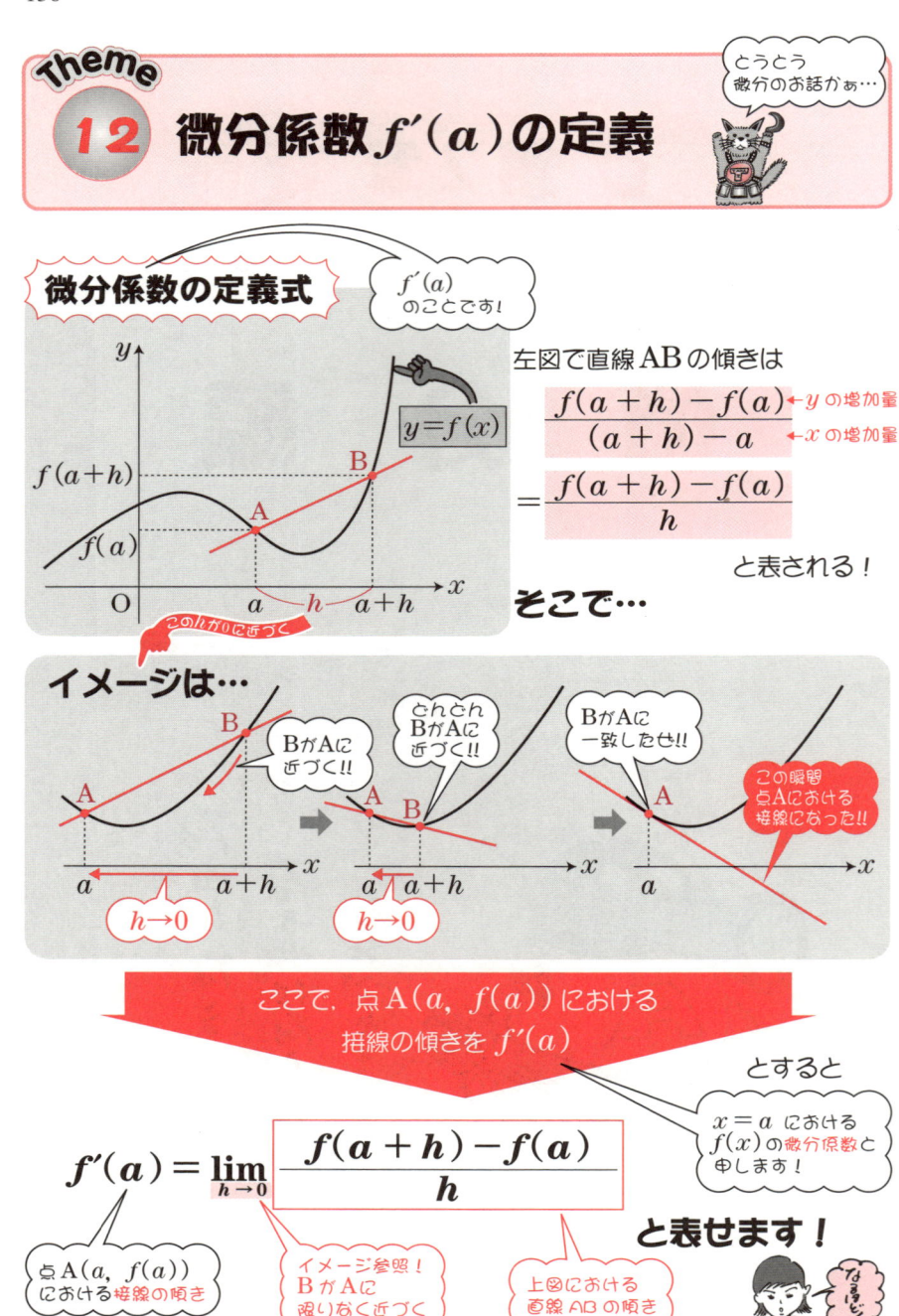

$$f'(a) = \lim_{h \to 0} \frac{f(a+h)-f(a)}{h}$$

$x=a$ における $f(x)$ の微分係数と申します！

と表せます！

点 $A(a, f(a))$ における接線の傾き

イメージ参照！B が A に限りなく近づく

上図における直線 AB の傾き

なるほじ

このとき, この $f'(a)$ を（$x=a$ における接線の傾きのこと）

$x=a$ における $f(x)$ の **微分係数** といいます！

では使い勝手がいいようにまとめておこう！

微分係数 $f'(a)$ の定義式

その1
$$f'(a) = \lim_{h \to 0} \frac{f(a+h) - f(a)}{h}$$

その2
$$f'(a) = \lim_{x \to a} \frac{f(x) - f(a)}{x - a}$$

その1 で $a+h=x$ とおくと……

$h \longrightarrow 0$ のとき $x \longrightarrow a$ とな〜る！

さらに $h = x - a$ であるから…

その1
$$f'(a) = \lim_{h \to 0} \frac{f(a+h) - f(a)}{h}$$
（$a+h=x$）
その2
$$= \lim_{x \to a} \frac{f(x) - f(a)}{x - a}$$
（$h=x-a$）

ということっちゃ！

その1 の活用法いろいろ

ここが同じスピードで0に近づけばよい！つまりそろってればOK！

例1 $\lim_{h \to 0} \dfrac{f(a + \boxed{10h}) - f(a)}{\boxed{10h}} = f'(a)$ がいえます♥

たとえマイナスでもそろってればOK！！

例2 $\lim_{h \to 0} \dfrac{f(a \boxed{-3h}) - f(a)}{\boxed{-3h}} = f'(a)$ がいえます♥

では $f'(a)$ の定義式 その1 を活用しましょう！

問題 12-1　標準

次の極限値を $f'(a)$ を用いて表せ。

(1) $\displaystyle\lim_{h \to 0} \frac{f(a+5h)-f(a)}{3h}$

(2) $\displaystyle\lim_{h \to 0} \frac{f(a+2h)-f(a-7h)}{6h}$

ナイスな導入!!

p.137 の その1 の活用法いろいろ をうまく使いこなしておくれ！

(1) では，$\displaystyle\lim_{h \to 0} \frac{f(a+5h)-f(a)}{3h}$

$= \displaystyle\lim_{h \to 0} \frac{f(a+5h)-f(a)}{5h} \times \boxed{\dfrac{5}{3}}$

この変形がカギってことが…

とにかくここをそろえるべし!!
もとの式に戻れるようにフォロー！

$= f'(a) \times \dfrac{5}{3}$

$\displaystyle\lim_{h \to 0} \frac{f(a+5h)-f(a)}{5h} = f'(a)$ がいえる！

$= \boxed{\dfrac{5}{3}f'(a)}$

答で一す!!

(2) は，もう少し工夫が必要です！

p.137 の $f'(a)$ の定義式 その1 を思い出してみよう！

その1　$f'(a) = \displaystyle\lim_{h \to 0} \frac{f(a+h)-f(a)}{h}$

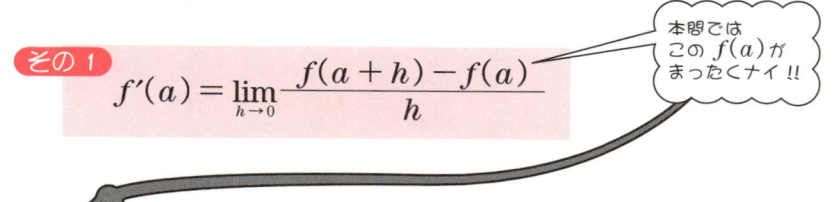

本問ではこの $f(a)$ がまったくナイ!!

よって，多少強引な手を使っても，この $f(a)$ を作る必要がある！

つまーり!!

$$\lim_{h \to 0} \frac{f(a+2h) - f(a-7h)}{6h}$$

ここに $-f(a) + f(a)$ を作る!!

$$= \lim_{h \to 0} \frac{f(a+2h) - f(a) + f(a) - f(a-7h)}{6h}$$

2つに分ける!!

$$= \lim_{h \to 0} \left\{ \frac{f(a+2h) - f(a)}{6h} - \frac{f(a-7h) - f(a)}{6h} \right\}$$

マイナスを出しました!!

おっ!! こ、これは…

(1)のような問題が2つあるだけですョ!!

解答でござる

(1) $\displaystyle\lim_{h \to 0} \frac{f(a+5h) - f(a)}{3h}$

$= \displaystyle\lim_{h \to 0} \boxed{\dfrac{f(a+5h) - f(a)}{5h}} \times \dfrac{5}{3}$

$= f'(a) \times \dfrac{5}{3}$

$= \dfrac{5}{3} f'(a)$ ……(答)

フォロー!!
$\dfrac{f(a+5h) - f(a)}{5h} \times \dfrac{5}{3}$ 作る!!

p.137の その1 の活用法 参照!
$\displaystyle\lim_{h \to 0} \frac{f(a+5h) - f(a)}{5h} = f'(a)$
そろってればOK!!

ハイ! できあがり!!

$f(a)$ がナイ!

(2) $\displaystyle\lim_{h \to 0} \frac{f(a+2h) - f(a-7h)}{6h}$

強引に $f(a)$ を作る!

$= \displaystyle\lim_{h \to 0} \frac{f(a+2h) - f(a) + f(a) - f(a-7h)}{6h}$

2つに分けました!

$= \displaystyle\lim_{h \to 0} \left\{ \frac{f(a+2h) - f(a)}{6h} - \frac{f(a-7h) - f(a)}{6h} \right\}$

$= \displaystyle\lim_{h \to 0} \left\{ \frac{f(a+2h) - f(a)}{2h} \times \frac{2}{6} - \frac{f(a-7h) - f(a)}{-7h} \times \left(\frac{-7}{6}\right) \right\}$

$= \displaystyle\lim_{h \to 0} \left\{ \frac{1}{3} \times \boxed{\dfrac{f(a+2h) - f(a)}{2h}} + \frac{7}{6} \times \boxed{\dfrac{f(a-7h) - f(a)}{-7h}} \right\}$

$= \dfrac{1}{3} \times f'(a) + \dfrac{7}{6} \times f'(a)$

$= \dfrac{3}{2} f'(a)$ ……(答)

フォロー!
$\dfrac{f(a+2h) - f(a)}{2h} \times \dfrac{2}{6}$ 作る!

フォロー!
$\dfrac{f(a-7h) - f(a)}{-7h} \times \left(\dfrac{-7}{6}\right)$ 作る!

$\displaystyle\lim_{h \to 0} \frac{f(a+2h) - f(a)}{2h} = f'(a)$
そろってればOK!!
$\displaystyle\lim_{h \to 0} \frac{f(a-7h) - f(a)}{-7h} = f'(a)$

p.137の その1 の活用法 参照!
$\dfrac{2}{6} \times f'(a) + \dfrac{7}{6} f'(a) = \dfrac{9}{6} f'(a)$

$f'(a)$ に収束!

その2 の活用法 → p.137 $f'(a)$ の定義式 その2

$$f'(a) = \lim_{x \to a} \frac{f(x) - f(a)}{x - a}$$

今度はこっちね！

コツはこれだ!!

$$\lim_{x \to a} \frac{af(x) - xf(a)}{x - a}$$

ここがポイント！ $-af(a) + af(a)(=0)$ を加える！

$$= \lim_{x \to a} \frac{af(x) - af(a) + af(a) - xf(a)}{x - a}$$

2つに分ける!!

$$= \lim_{x \to a} \left\{ \frac{af(x) - af(a)}{x - a} - \frac{xf(a) - af(a)}{x - a} \right\}$$

a でくくる！　　$f(a)$ でくくる！

$$= \lim_{x \to a} \left\{ \frac{a(f(x) - f(a))}{x - a} - \frac{(x - a)f(a)}{(x - a)} \right\}$$

$$= \lim_{x \to a} \left\{ a \times \frac{f(x) - f(a)}{x - a} - f(a) \right\}$$

定義式 その2 ですよ！ → $f'(a)$!!

$$= af'(a) - f(a)$$

こんな感じです!!

問題 12-2 　　　　　　　　　　　　　　　　　　　　　　標準

次の極限値を a, $f(a)$, $f'(a)$ を用いて表せ。

(1) $\displaystyle\lim_{x \to a} \frac{a^2 f(x) - x^2 f(a)}{x - a}$

(2) $\displaystyle\lim_{x \to a} \frac{a^3 f(x) - x^3 f(a)}{x^2 - a^2}$

ナイスな導入!!

ここが a^2 や x^2 になってるところに注意！

(1)では 　$\displaystyle\lim_{x \to a} \frac{a^2 f(x) - a^2 f(a) + a^2 f(a) - x^2 f(a)}{x - a}$

これを作ればOK!!

(2)では $\displaystyle\lim_{x \to a} \frac{a^3 f(x) - x^3 f(a)}{(x+a)(x-a)}$ 〔分母を因数分解！〕

〔これは無用!!〕

$$= \lim_{x \to a} \left\{ \boxed{\frac{a^3 f(x) - x^3 f(a)}{x-a}} \times \frac{1}{x+a} \right\}$$

〔おーっと!! (1)と似た感じ……〕 〔こいつは出した！〕

$$= \lim_{x \to a} \left\{ \frac{a^3 f(x) - a^3 f(a) + a^3 f(a) - x^3 f(a)}{x-a} \times \frac{1}{x+a} \right\}$$

〔必殺作り人参上!!〕 〔えーっ!!〕

ここまでくれば楽勝ムードでっせ ♥

解答でござる

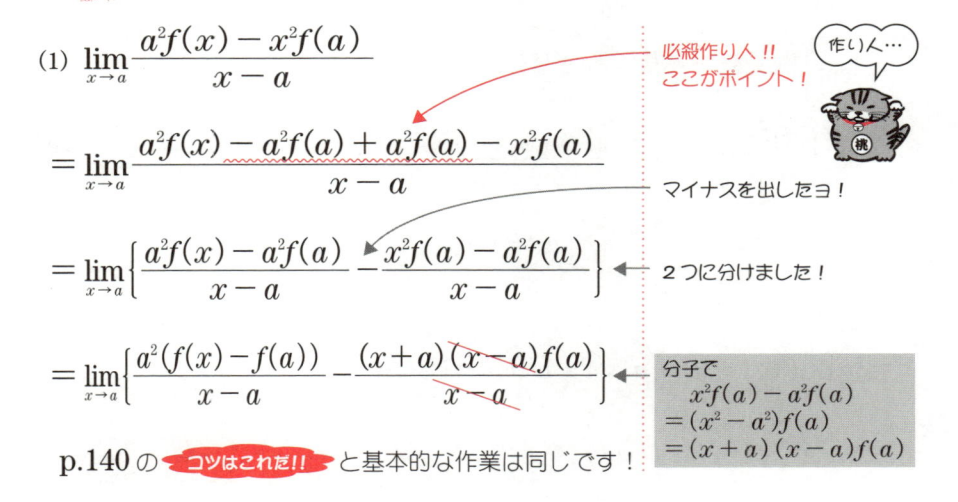

(1) $\displaystyle\lim_{x \to a} \frac{a^2 f(x) - x^2 f(a)}{x-a}$

〔必殺作り人!! ここがポイント！〕 〔作り人…〕

$$= \lim_{x \to a} \frac{a^2 f(x) - a^2 f(a) + a^2 f(a) - x^2 f(a)}{x-a}$$

〔マイナスを出したヨ！〕

$$= \lim_{x \to a} \left\{ \frac{a^2 f(x) - a^2 f(a)}{x-a} - \frac{x^2 f(a) - a^2 f(a)}{x-a} \right\}$$

〔2つに分けました！〕

$$= \lim_{x \to a} \left\{ \frac{a^2 (f(x) - f(a))}{x-a} - \frac{(x+a)(x-a) f(a)}{x-a} \right\}$$

〔分子で
$x^2 f(a) - a^2 f(a)$
$= (x^2 - a^2) f(a)$
$= (x+a)(x-a) f(a)$〕

p.140の 〔コツはこれだ!!〕 と基本的な作業は同じです！

$$= \lim_{x \to a} \left\{ a^2 \times \boxed{\frac{f(x)-f(a)}{x-a}} - (\boxed{x}+a)f(a) \right\}$$

お約束のパターン！

$f'(a)$ に収束！　a に収束！

$$= a^2 \times f'(a) - (a+a)f(a)$$
$$= \boldsymbol{a^2 f'(a) - 2af(a)} \quad \cdots \text{(答)}$$

ハイ！ おしまい！

(2) $\displaystyle\lim_{x \to a} \frac{a^3 f(x) - x^3 f(a)}{x^2 - a^2}$

スタートの形がみんな似てるね！

$$= \lim_{x \to a} \frac{a^3 f(x) - x^3 f(a)}{(x+a)(x-a)}$$

分母を因数分解！

$$= \lim_{x \to a} \left\{ \frac{a^3 f(x) - x^3 f(a)}{x-a} \times \frac{1}{x+a} \right\}$$

いらないものは、はじき出す！

$$= \lim_{x \to a} \left\{ \frac{a^3 f(x) - a^3 f(a) + a^3 f(a) - x^3 f(a)}{x-a} \times \frac{1}{x+a} \right\}$$

必殺作り人！！
これがポイント！

$$= \lim_{x \to a} \left[\left\{ \frac{a^3 f(x) - a^3 f(a)}{x-a} - \frac{x^3 f(a) - a^3 f(a)}{x-a} \right\} \times \frac{1}{x+a} \right]$$

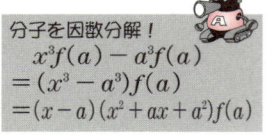

マイナスを出してますョ！
2つに分けました！

$$= \lim_{x \to a} \left[\left\{ \frac{a^3 (f(x) - f(a))}{x-a} - \frac{(x-a)(x^2+ax+a^2) f(a)}{x-a} \right\} \times \frac{1}{x+a} \right]$$

分子を因数分解！
$x^3 f(a) - a^3 f(a)$
$= (x^3 - a^3) f(a)$
$= (x-a)(x^2+ax+a^2) f(a)$

$$= \lim_{x \to a} \left\{ \left(a^3 \times \boxed{\frac{f(x)-f(a)}{x-a}} - (\boxed{x}^2 + a\boxed{x} + a^2) f(a) \right) \times \frac{1}{\boxed{x}+a} \right\}$$

お約束のパターンに……

$f'(a)$ に収束！　a に収束！

$$= \left\{ a^3 \times f'(a) - (a^2 + a \times a + a^2) f(a) \right\} \times \frac{1}{a+a}$$

$$= (a^3 f'(a) - 3a^2 f(a)) \times \frac{1}{2a}$$

$$= \boldsymbol{\frac{1}{2} a^2 f'(a) - \frac{3}{2} a f(a)} \quad \cdots \text{(答)}$$

ハイ！ できた！！

Theme 13 導関数の定義

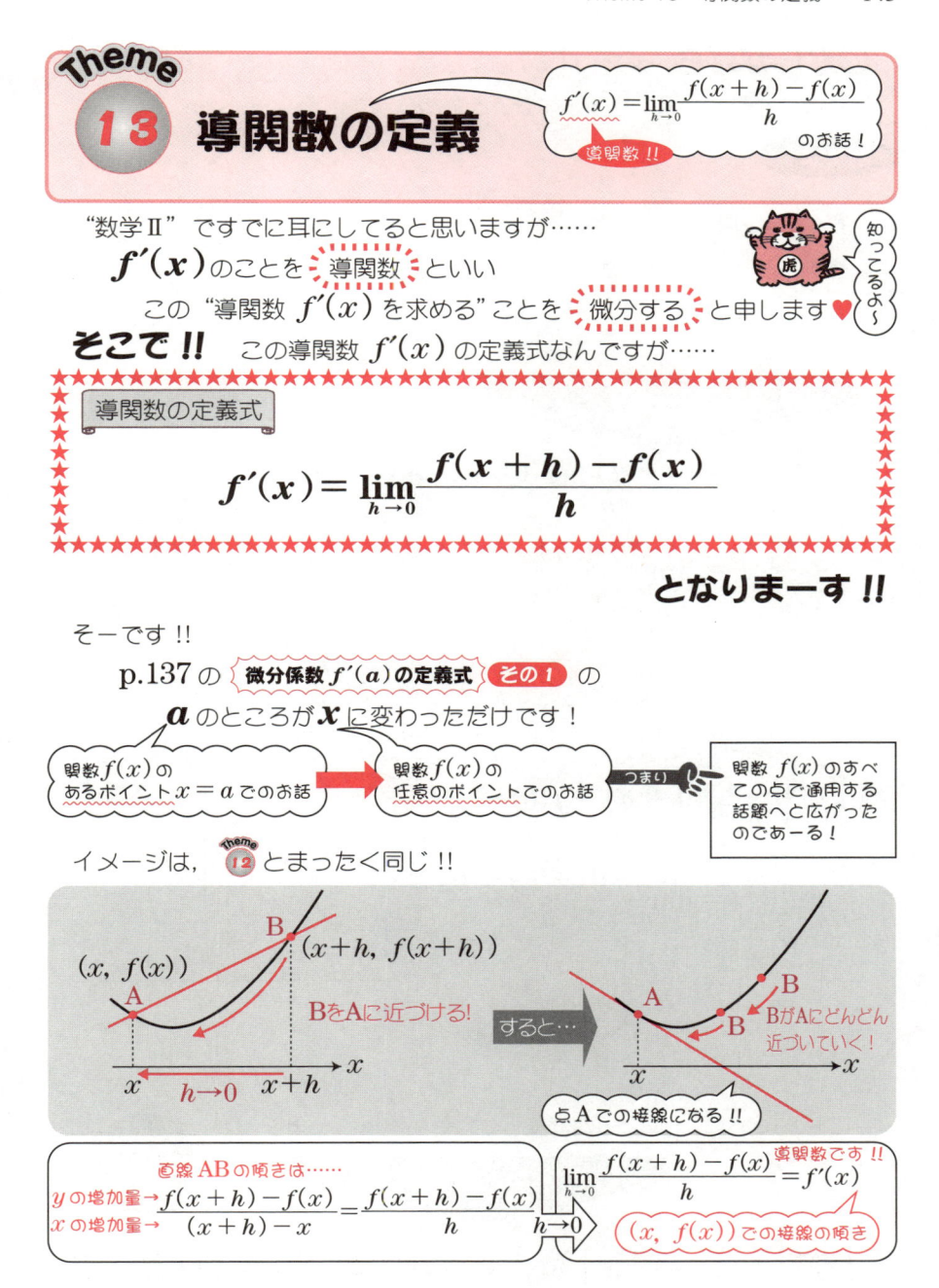

$f'(x) = \lim_{h \to 0} \dfrac{f(x+h) - f(x)}{h}$ のお話！

導関数!!

"数学Ⅱ" ですでに耳にしてると思いますが……

$f'(x)$ のことを :導関数: といい

この "導関数 $f'(x)$ を求める" ことを :微分する: と申します ♥

知ってるよ〜

そこで!! この導関数 $f'(x)$ の定義式なんですが……

> 導関数の定義式
>
> $$f'(x) = \lim_{h \to 0} \dfrac{f(x+h) - f(x)}{h}$$

となりまーす!!

そーです!!
p.137 の 微分係数 $f'(a)$ の定義式 その1 の
a のところが x に変わっただけです！

関数 $f(x)$ の あるポイント $x = a$ でのお話 → 関数 $f(x)$ の 任意のポイントでのお話

つまり → 関数 $f(x)$ のすべこの点で通用する話題へと広がったのであーる！

イメージは，Theme 12 とまったく同じ!!

- $(x, f(x))$ A
- B $(x+h, f(x+h))$
- BをAに近づける！ $h \to 0$ $x+h$

すると…

- BがAにどんどん近づいていく！
- 点Aでの接線になる!!

直線ABの傾きは……

y の増加量 → $\dfrac{f(x+h) - f(x)}{(x+h) - x} = \dfrac{f(x+h) - f(x)}{h}$
x の増加量 →

$h \to 0$

$\lim_{h \to 0} \dfrac{f(x+h) - f(x)}{h} = f'(x)$ 導関数です!!

$(x, f(x))$ での接線の傾き

しかしながら，関数 $f(x)$ によっては，導関数を求められない場所，つまり微分不可能な場所が存在することがあります！

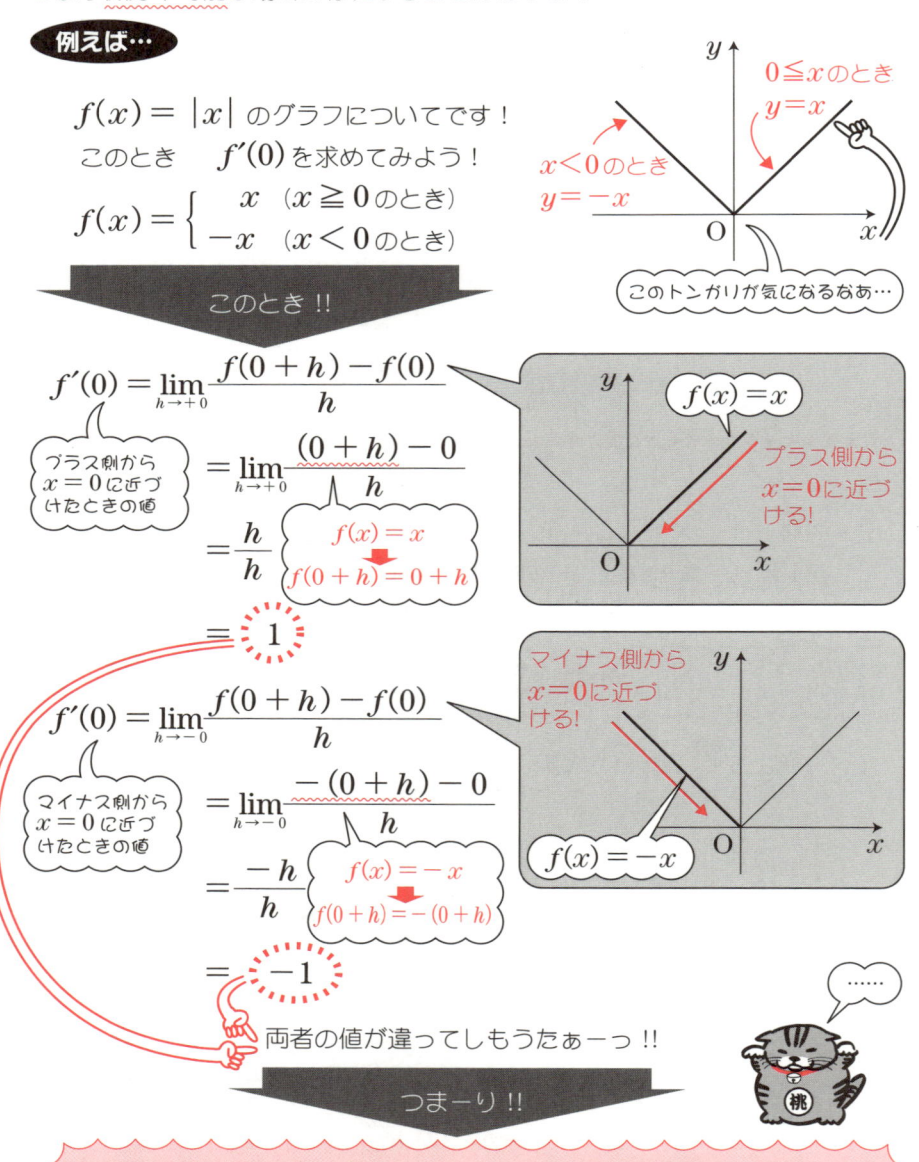

例えば…

$f(x) = |x|$ のグラフについてです！
このとき $f'(0)$ を求めてみよう！

$$f(x) = \begin{cases} x & (x \geq 0 \text{のとき}) \\ -x & (x < 0 \text{のとき}) \end{cases}$$

$0 \leq x$ のとき $y = x$

$x < 0$ のとき $y = -x$

このトンガリが気になるなぁ…

このとき!!

$$f'(0) = \lim_{h \to +0} \frac{f(0+h) - f(0)}{h}$$

プラス側から $x=0$ に近づけたときの値

$$= \lim_{h \to +0} \frac{(0+h) - 0}{h}$$

$$= \frac{h}{h}$$

$f(x) = x$
$f(0+h) = 0 + h$

$f(x) = x$

プラス側から $x=0$ に近づける！

$$= 1$$

$$f'(0) = \lim_{h \to -0} \frac{f(0+h) - f(0)}{h}$$

マイナス側から $x=0$ に近づけたときの値

$$= \lim_{h \to -0} \frac{-(0+h) - 0}{h}$$

$$= \frac{-h}{h}$$

$f(x) = -x$
$f(0+h) = -(0+h)$

マイナス側から $x=0$ に近づける！

$f(x) = -x$

$$= -1$$

両者の値が違ってしもうたぁーっ!!

つまーり!!

関数 $f(x) = |x|$ は，$x = 0$ で微分可能ではない!!

……

Theme 13 導関数の定義

ぶっちゃけた話 〈カタイ話は抜きにして…〉
微分可能でないときはズバリ!!

ケースその☝ イチ!

トンガリ!! トンガリ!! トンガリ!!

上のように，キューピーの頭を思い出させるような，なめらかでない場所では， 微分可能でない ことになる!!

トンガリ!!

ケースその✌ ニッ!!

グラフが近づいているだけでつながってなーい!!

グラフが切れる!!

上のように，グラフが連続でない場所でも，もちろん 微分可能でない ことになーる!!

つまーり!!

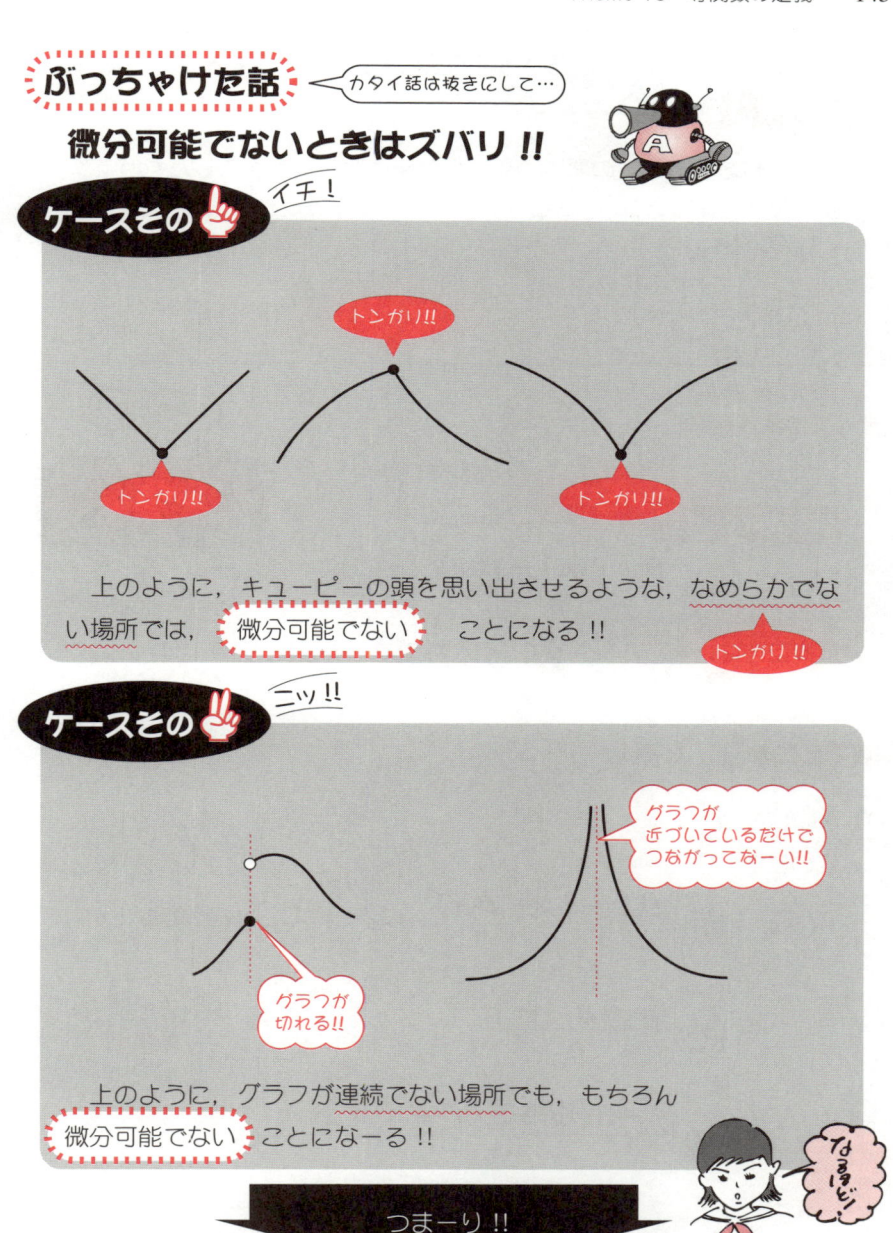

グラフがなめらかで，連続であれば微分可能である!!

では，定義にしたがっていろいろ導関数を求めましょうよ♥

問題 13-1　　　　　　　　　　　　　　　　　　　　　　基礎

定義にしたがって次の関数の導関数を求めよ（＝定義にしたがって次の関数を微分せよ）。
(1) $f(x) = x^3$
(2) $f(x) = \dfrac{1}{x^2}$

ナイスな導入!!

とにかく!!

導関数の定義式
$$f'(x) = \lim_{h \to 0} \frac{f(x+h) - f(x)}{h}$$
を活用すべし!!

計算自体は，さんざんやってることなので，早速まいります！

解答でござる

(1) $f(x) = x^3$
このとき

$$f'(x) = \lim_{h \to 0} \frac{f(x+h) - f(x)}{h}$$ ← 導関数の定義式です！

$$= \lim_{h \to 0} \frac{(x+h)^3 - x^3}{h}$$

$f(x) = x^3$
$f(x+h) = (x+h)^3$

$$= \lim_{h \to 0} \frac{x^3 + 3x^2h + 3xh^2 + h^3 - x^3}{h}$$

$$= \lim_{h \to 0} \frac{3x^2h + 3xh^2 + h^3}{h}$$ ← h で約分できます！

$$= \lim_{h \to 0} (3x^2 + 3xh + h^2)$$

$$= 3x^2 + 3x \times 0 + 0^2$$ ← $h \to 0$ です！

$$= \underline{3x^2} \cdots \text{(答)}$$

ハイ！ てきあがり！！
"数学Ⅱ"でも習得したとおり
$f(x) = x^3$ のとき
$f'(x) = 3x^2$ でしたネ♥
アタリマエの結果でした!!

(2) $f(x) = \dfrac{1}{x^2}$

このとき

$$f'(x) = \lim_{h \to 0} \frac{f(x+h) - f(x)}{h}$$ ← 導関数の定義式です！

$f(x) = \dfrac{1}{x^2}$

$f(x+h) = \dfrac{1}{(x+h)^2}$

$$= \lim_{h \to 0} \frac{\dfrac{1}{(x+h)^2} - \dfrac{1}{x^2}}{h}$$

$$= \lim_{h \to 0} \left[\frac{1}{h} \times \left\{ \frac{1}{(x+h)^2} - \frac{1}{x^2} \right\} \right]$$

イメージは
$\dfrac{\triangle}{h} = \dfrac{1}{h} \times \triangle$
です！

$$= \lim_{h \to 0} \left\{ \frac{1}{h} \times \frac{x^2 - (x+h)^2}{(x+h)^2 x^2} \right\}$$ ← 通分しました！

$$= \lim_{h \to 0} \left\{ \frac{1}{h} \times \frac{-2xh - h^2}{(x+h)^2 x^2} \right\}$$ ← h で約分できます！

$$= \lim_{h \to 0} \frac{-2x - h}{(x+h)^2 x^2}$$

$$= \frac{-2x - 0}{(x+0)^2 x^2}$$ ← $h \to 0$ ですョ！

$$= \frac{-2x}{x^2 \times x^2}$$

$$= \underline{-\frac{2}{x^3}} \cdots \text{(答)}$$ ← 一丁あがり！

さぁ～っ!! いろいろ出てきまっせ～～っ！

「何ぃーっ!!」

問題 13-2 〔基礎〕

定義にしたがって次の関数の導関数を求めよ（＝定義にしたがって次の関数を微分せよ）。
(1) $f(x) = \sin x$
(2) $f(x) = \cos x$

ナイスな導入!!

今回も同様！

導関数の定義式
$$f'(x) = \lim_{h \to 0} \frac{f(x+h) - f(x)}{h}$$

を活用するだけです！

(1)で，$f(x) = \sin x$ より

$$f'(x) = \lim_{h \to 0} \frac{\sin(x+h) - \sin x}{h}$$

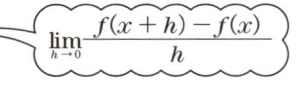

$\left(\lim_{h \to 0} \frac{f(x+h) - f(x)}{h}\right)$

加法定理で展開！ p.581 ナイスフォロー その4 参照

$$= \lim_{h \to 0} \frac{\sin x \cos h + \cos x \sin h - \sin x}{h}$$

2つに分けたヨ！

$$= \lim_{h \to 0} \left\{ \frac{\cos x \sin h}{h} - \frac{\sin x (1 - \cos h)}{h} \right\} \quad \cdots\cdots (*)$$

申しわけない

ところが…何かめんどくさい!! とくにこっち!!

まぁ，やってできないことはありません！ 2つに分けて説明します。

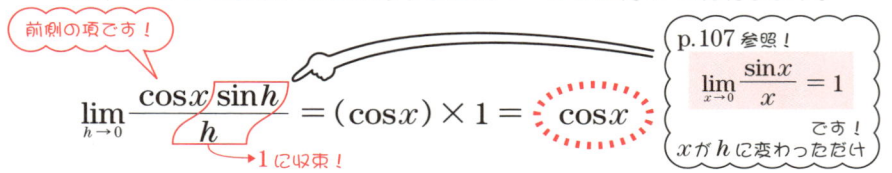

前側の項です！

$$\lim_{h \to 0} \frac{\cos x \sin h}{h} = (\cos x) \times 1 = \boxed{\cos x}$$

→1に収束！

p.107 参照！
$$\lim_{x \to 0} \frac{\sin x}{x} = 1$$
です！
x が h に変わっただけ

$$\lim_{h \to 0} \frac{\sin x (1 - \cos h)}{h}$$

後ろ側の項です！

$$= \lim_{h \to 0} \frac{\sin x (1 - \cos h)(1 + \cos h)}{h(1 + \cos h)}$$

分子&分母に $\times (1 + \cos h)$

$$= \lim_{h \to 0} \frac{\sin x (1 - \cos^2 h)}{h(1 + \cos h)}$$

超有名公式から $\sin^2 h + \cos^2 h = 1$ より $\boxed{\sin^2 h = 1 - \cos^2 h}$ です！

$$= \lim_{h \to 0} \frac{\sin x \sin^2 h}{h(1 + \cos h)}$$

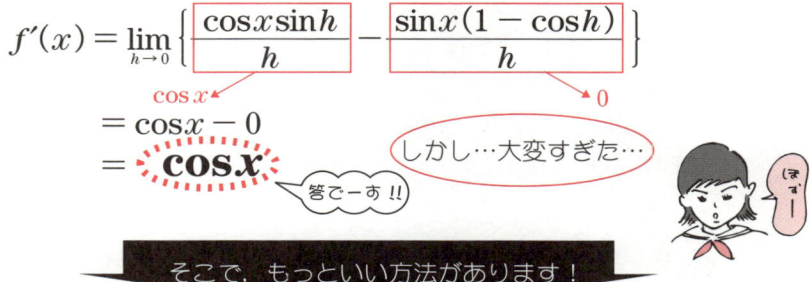

$$= \lim_{h \to 0} \left(\boxed{\frac{\sin h}{h}} \times \frac{\boxed{\sin h} \sin x}{1 + \boxed{\cos h}} \right)$$

→ $\sin 0 = 0$ に収束！
→ 1 に収束！ → $\cos 0 = 1$ に収束！

$\sin^2 h = \sin h \times \sin h$ として分けました！

$$= 1 \times \frac{0 \times \sin x}{1 + 1}$$

p.107 でおなじみ！
$$\lim_{x \to 0} \frac{\sin x}{x} = 1$$
x が h に変わっただけ！

$$= 1 \times 0$$
$$= 0$$

以上より前ページの(∗)で

$$f'(x) = \lim_{h \to 0} \left\{ \boxed{\frac{\cos x \sin h}{h}} - \boxed{\frac{\sin x (1 - \cos h)}{h}} \right\}$$

$\cos x$ 　　　　　　　　　　　0

$$= \cos x - 0$$
$$= \cos x$$

答でーす!!

しかし…大変すぎた…

そこで，もっといい方法があります！

p.584 の ナイスフォロー その5 参照!!

和 ⟷ 積の公式

を活用した解法です!!

(1)は，$f(x) = \sin x$ より

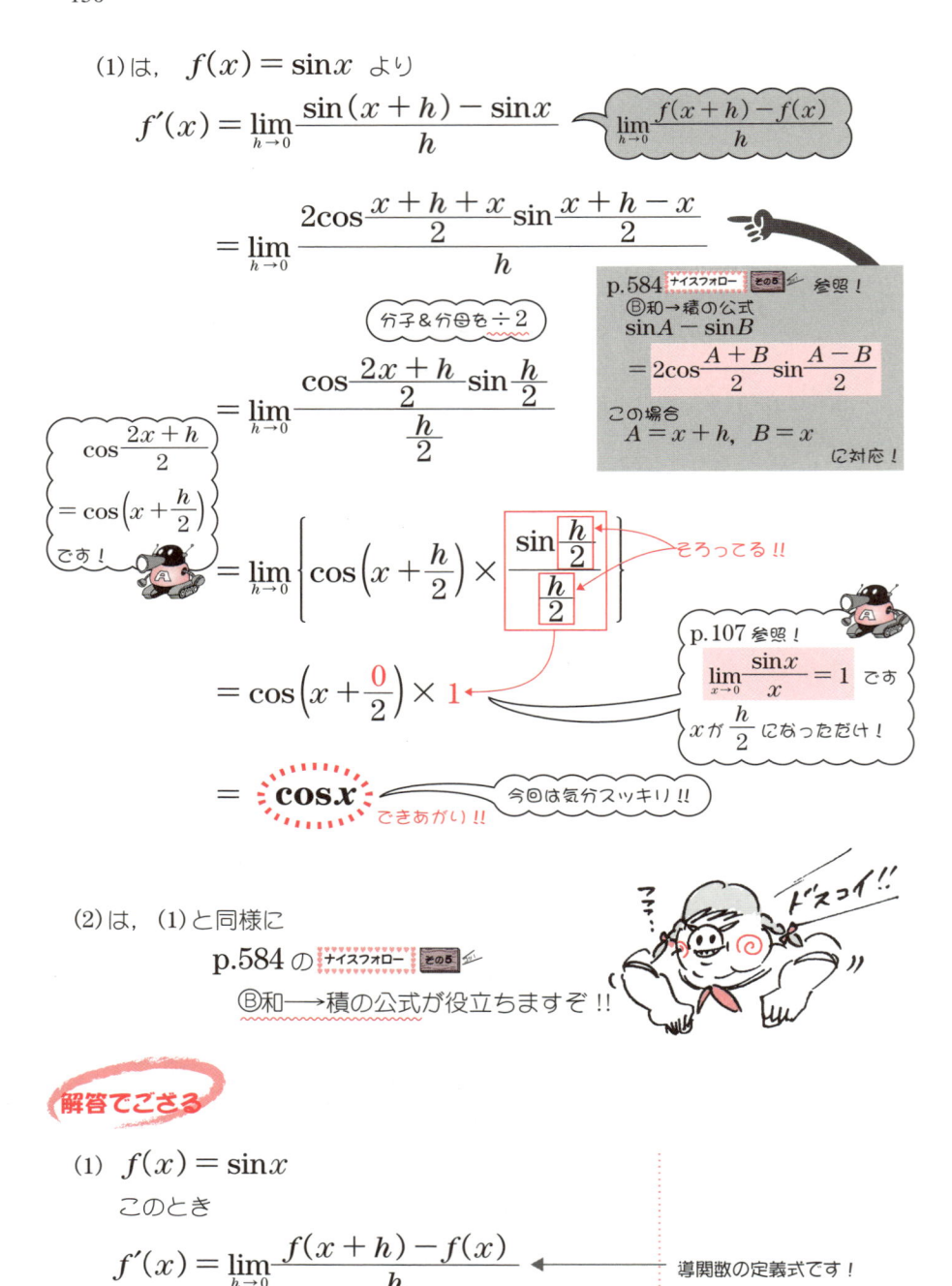

$$f'(x) = \lim_{h \to 0} \frac{\sin(x+h) - \sin x}{h}$$

← $\lim_{h \to 0} \frac{f(x+h) - f(x)}{h}$

$$= \lim_{h \to 0} \frac{2\cos\dfrac{x+h+x}{2}\sin\dfrac{x+h-x}{2}}{h}$$

p.584 ナイスフォロー その5 参照!
⑤和→積の公式
$\sin A - \sin B$
$= 2\cos\dfrac{A+B}{2}\sin\dfrac{A-B}{2}$
この場合
$A = x+h,\ B = x$
に対応!

分子&分母を÷2

$$= \lim_{h \to 0} \frac{\cos\dfrac{2x+h}{2}\sin\dfrac{h}{2}}{\dfrac{h}{2}}$$

$\cos\dfrac{2x+h}{2}$
$= \cos\left(x + \dfrac{h}{2}\right)$
です!

$$= \lim_{h \to 0} \left\{ \cos\left(x + \frac{h}{2}\right) \times \frac{\sin\dfrac{h}{2}}{\dfrac{h}{2}} \right\}$$

そろってる!!

p.107 参照!
$\lim_{x \to 0} \dfrac{\sin x}{x} = 1$ です
x が $\dfrac{h}{2}$ になっただけ!

$$= \cos\left(x + \frac{0}{2}\right) \times 1$$

$$= \cos x$$

できあがり!! 今回は気分スッキリ!!

(2)は，(1)と同様に

p.584 の ナイスフォロー その5
⑥和→積の公式が役立ちますぞ!!

解答でござる

(1) $f(x) = \sin x$

このとき

$$f'(x) = \lim_{h \to 0} \frac{f(x+h) - f(x)}{h}$$

◄ 導関数の定義式です!

$$= \lim_{h \to 0} \frac{\sin(x+h) - \sin x}{h}$$

$$= \lim_{h \to 0} \frac{2\cos\dfrac{2x+h}{2}\sin\dfrac{h}{2}}{h}$$

$$= \lim_{h \to 0} \frac{\cos\dfrac{2x+h}{2}\sin\dfrac{h}{2}}{\dfrac{h}{2}}$$

$$= \lim_{h \to 0} \left[\cos\left(x + \boxed{\dfrac{h}{2}}\right) \times \dfrac{\sin\dfrac{h}{2}}{\dfrac{h}{2}} \right]$$

$$= \underline{\underline{\mathbf{\cos x}}} \quad \cdots \text{(答)}$$

| $f(x) = \sin x$ |
| $f(x+h) = \sin(x+h)$ |

p.584 の ナイスフォロー その5
⑥和 → 積の公式
$\sin A - \sin B$
$= 2\cos\dfrac{A+B}{2}\sin\dfrac{A-B}{2}$

この場合
$A = x+h,\ B = x$
に対応！

分子 & 分母を ÷2

0 に収束！　1 に収束！！

$\cos\left(x + \dfrac{0}{2}\right) \times 1$

(2) $f(x) = \cos x$

　　このとき

$$f'(x) = \lim_{h \to 0} \frac{f(x+h) - f(x)}{h}$$

$$= \lim_{h \to 0} \frac{\cos(x+h) - \cos x}{h}$$

$$= \lim_{h \to 0} \frac{-2\sin\dfrac{2x+h}{2}\sin\dfrac{h}{2}}{h}$$

$$= \lim_{h \to 0} \frac{-\sin\dfrac{2x+h}{2}\sin\dfrac{h}{2}}{\dfrac{h}{2}}$$

$$= \lim_{h \to 0} \left[-\sin\left(x + \boxed{\dfrac{h}{2}}\right) \times \dfrac{\sin\dfrac{h}{2}}{\dfrac{h}{2}} \right]$$

$$= \underline{\underline{\mathbf{-\sin x}}} \quad \cdots \text{(答)}$$

導関数の定義式です！

| $f(x) = \cos x$ |
| $f(x+h) = \cos(x+h)$ |

p.584 の ナイスフォロー その5
⑥和 → 積の公式
$\cos A - \cos B$
$= -2\sin\dfrac{A+B}{2}\sin\dfrac{A-B}{2}$

この場合！
$A = x+h,\ B = x$
に対応！

分子 & 分母を ÷2

0 に収束！　1 に収束！！

$-\sin\left(x \times \dfrac{0}{2}\right) \times 1$

まだまだいくぜっ♥

問題 13-3 　標準

　定義にしたがって次の関数の導関数を求めよ（＝定義にしたがって次の関数を微分せよ）。

(1) $f(x) = \log x$ ← $\log_e x$ のことですョ！

(2) $f(x) = e^x$

底が e のときは自然対数と申しまして，ふつうは底を省略します！

ナイスな導入!!

またまたこれです!!

導関数の定義

$$f'(x) = \lim_{h \to 0} \frac{f(x+h) - f(x)}{h}$$

豚山砲炸裂!!

の活用でーす！

で，話題が $\log x$ や e^x だけに思い出してホシイことが……

そーです！p.122 の **公式四天王** ですョ♥

その1 $\displaystyle\lim_{x \to \pm\infty}\left(1 + \frac{1}{x}\right)^x = e$

その2 $\displaystyle\lim_{x \to 0}(1 + x)^{\frac{1}{x}} = e$

その3 $\displaystyle\lim_{x \to 0}\frac{\log(1+x)}{x} = 1$

その4 $\displaystyle\lim_{x \to 0}\frac{e^x - 1}{x} = 1$

おやおや…久しぶり〜〜っ!!

では，まいりまーす！

解答でござる

(1) $f(x) = \log x$

　このとき

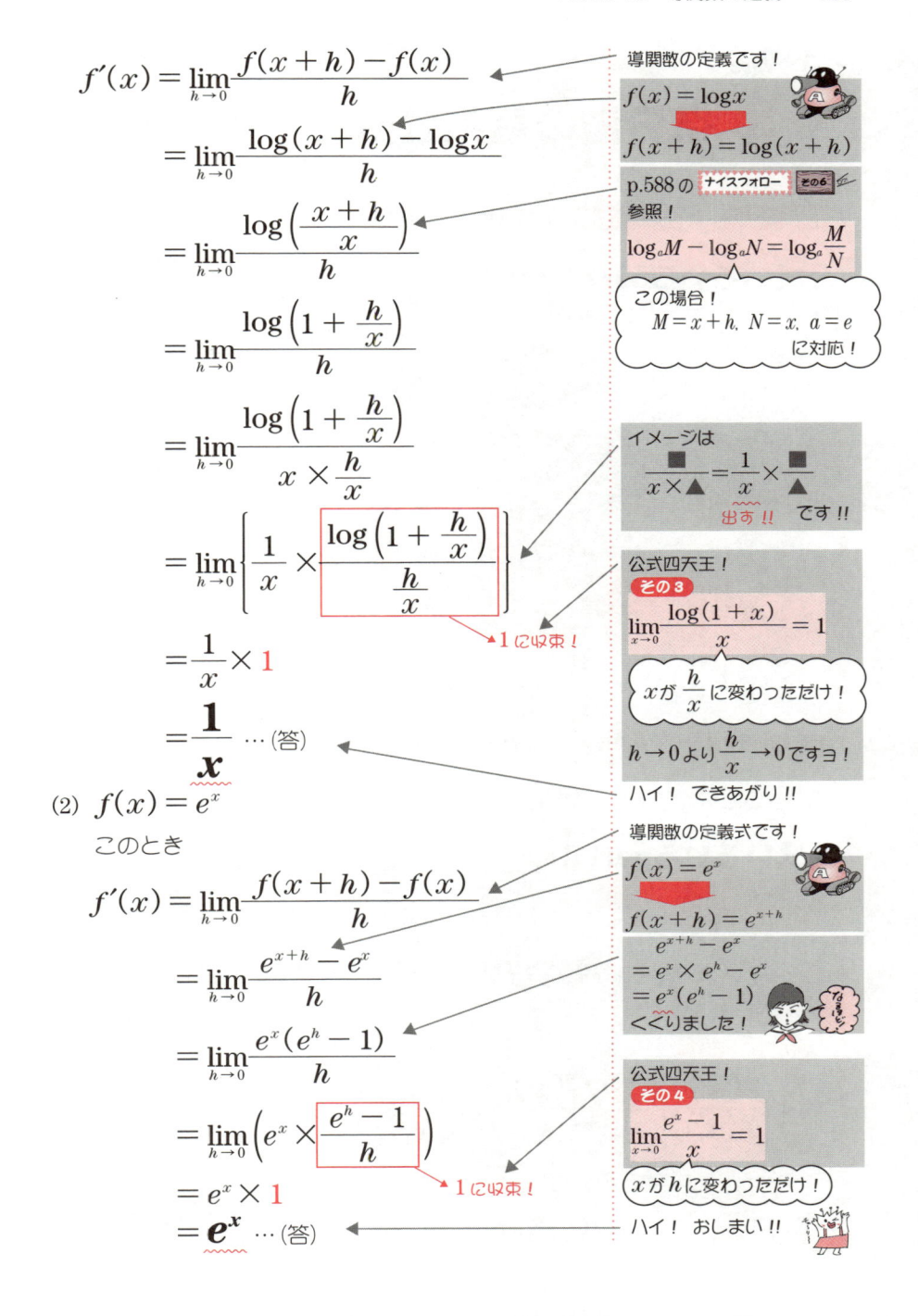

$$f'(x) = \lim_{h \to 0} \frac{f(x+h) - f(x)}{h}$$

$$= \lim_{h \to 0} \frac{\log(x+h) - \log x}{h}$$

$$= \lim_{h \to 0} \frac{\log\left(\dfrac{x+h}{x}\right)}{h}$$

$$= \lim_{h \to 0} \frac{\log\left(1 + \dfrac{h}{x}\right)}{h}$$

$$= \lim_{h \to 0} \frac{\log\left(1 + \dfrac{h}{x}\right)}{x \times \dfrac{h}{x}}$$

$$= \lim_{h \to 0} \left\{ \frac{1}{x} \times \frac{\log\left(1 + \dfrac{h}{x}\right)}{\dfrac{h}{x}} \right\}$$

$$= \frac{1}{x} \times 1$$

$$= \boldsymbol{\frac{1}{x}} \quad \cdots (\text{答})$$

> 導関数の定義です！
> $f(x) = \log x$
> $f(x+h) = \log(x+h)$
>
> p.588 の ナイスフォロー その6 参照！
> $\log_a M - \log_a N = \log_a \dfrac{M}{N}$
>
> この場合！
> $M = x+h, N = x, a = e$ に対応！
>
> イメージは
> $\dfrac{\blacksquare}{x \times \blacktriangle} = \dfrac{1}{x} \times \dfrac{\blacksquare}{\blacktriangle}$ 出す!! です!!
>
> 公式四天王！ その3
> $\lim_{x \to 0} \dfrac{\log(1+x)}{x} = 1$
>
> x が $\dfrac{h}{x}$ に変わっただけ！
>
> $h \to 0$ より $\dfrac{h}{x} \to 0$ ですヨ！
>
> 1 に収束！
>
> ハイ！ できあがり!!

(2) $f(x) = e^x$
このとき

$$f'(x) = \lim_{h \to 0} \frac{f(x+h) - f(x)}{h}$$

$$= \lim_{h \to 0} \frac{e^{x+h} - e^x}{h}$$

$$= \lim_{h \to 0} \frac{e^x(e^h - 1)}{h}$$

$$= \lim_{h \to 0} \left(e^x \times \frac{e^h - 1}{h} \right)$$

$$= e^x \times 1$$

$$= \boldsymbol{e^x} \quad \cdots (\text{答})$$

> 導関数の定義式です！
> $f(x) = e^x$
> $f(x+h) = e^{x+h}$
>
> $e^{x+h} - e^x$
> $= e^x \times e^h - e^x$
> $= e^x(e^h - 1)$
> くくりました！
>
> 公式四天王！ その4
> $\lim_{x \to 0} \dfrac{e^x - 1}{x} = 1$
>
> x が h に変わっただけ！
>
> 1 に収束！
>
> ハイ！ おしまい!!

Theme 14 微分法の基本公式とその活用法

> これは"数学Ⅱ"のころからおなじみの公式でしたヨ！
> しかーし!! α は有理数ならばなんでもOKですヨ♥

問題13-2 & 問題13-3 で証明しましたが，

公式いろいろ part Ⅰ　　いろいろな関数の導関数

$$(x^\alpha)' = \alpha x^{\alpha-1}$$
$$(\sin x)' = \cos x$$
$$(\cos x)' = -\sin x$$
$$(\tan x)' = \frac{1}{\cos^2 x}$$
$$(e^x)' = e^x$$
$$(\log x)' = \frac{1}{x}$$
$$(\log|x|)' = \frac{1}{x}$$ も同時に成立!!

> この証明だけ 問題14-2 にて…

で，さらに覚えてもらいたいことが…

公式いろいろ part Ⅱ　　積の微分法 & 商の微分法

積の微分法
$$\{f(x)g(x)\}' = f'(x)g(x) + f(x)g'(x)$$

商の微分法
$$\left\{\frac{f(x)}{g(x)}\right\}' = \frac{f'(x)g(x) - f(x)g'(x)}{\{g(x)\}^2}$$

注! 証明は p.294　ナイスなおまけ 参照

Theme 14 微分法の基本公式とその活用法

では早速使ってみましょう！

問題 14-1　　　　　　　　　　　　　　　　　　　　基礎の基礎

次の関数を微分せよ（いいかえると… 次の関数の導関数を求めよ）。

(1) $y = x^3 \sin x$

(2) $y = \cos x \log x$

(3) $y = \dfrac{e^x}{\cos x}$

(4) $y = \dfrac{2 - \sin x}{1 + \cos x}$

早速まいりまーす！

解答でござる

(1) $y = x^3 \sin x$

$y' = (x^3)' \sin x + x^3 (\sin x)'$

$ = 3x^2 \sin x + x^3 \cos x$
　　　$\underbrace{}_{(x^3)'=3x^2}$　　$\underbrace{}_{(\sin x)'=\cos x}$

$ = \boldsymbol{x^2(3\sin x + x\cos x)}$　…（答）

> すべてp.154参照!!
> 積の微分法
> $\{f(x)g(x)\}'$
> $= f'(x)g(x) + f(x)g'(x)$
> この場合
> $f(x) = x^3,\ g(x) = \sin x$

> 因数分解するクセがついていた方が今後役に立つぞ!!

(2) $y = \cos x \log x$

$y' = (\cos x)' \log x + \cos x (\log x)'$

$ = -\sin x \log x + (\cos x) \times \dfrac{1}{x}$
　　　$\underbrace{}_{(\cos x)'=-\sin x}$　　　　$\underbrace{\phantom{\dfrac{1}{x}}}_{(\log x)'=\frac{1}{x}}$

$ = \boldsymbol{-\sin x \log x + \dfrac{\cos x}{x}}$　…（答）

> 積の微分法
> $\{f(x)g(x)\}'$
> $= f'(x)g(x) + f(x)g'(x)$
> この場合
> $f(x) = \cos x,\ g(x) = \log x$

> これは因数分解のしようがないのでこのまま放置します！

(3) $y = \dfrac{e^x}{\cos x}$

$y' = \dfrac{(e^x)' \cos x - e^x (\cos x)'}{\cos^2 x}$ ← 商の微分法
$\left\{\dfrac{f(x)}{g(x)}\right\}' = \dfrac{f'(x)g(x) - f(x)g'(x)}{\{g(x)\}^2}$

この場合
$f(x) = e^x,\ g(x) = \cos x$

$(\cos x)' = -\sin x$　　　$(e^x)' = e^x$

$= \dfrac{e^x \cos x - e^x(-\sin x)}{\cos^2 x}$

$= \dfrac{e^x \cos x + e^x \sin x}{\cos^2 x}$

$= \dfrac{e^x(\cos x + \sin x)}{\cos^2 x}$ …(答)

← できる限り因数分解しておくクセをつけておこう！

(4) $y = \dfrac{2 - \sin x}{1 + \cos x}$

商の微分法
$\left\{\dfrac{f(x)}{g(x)}\right\}' = \dfrac{f'(x)g(x) - f(x)g'(x)}{\{g(x)\}^2}$

この場合
$f(x) = 2 - \sin x,\ g(x) = 1 + \cos x$

$y' = \dfrac{(2 - \sin x)'(1 + \cos x) - (2 - \sin x)(1 + \cos x)'}{(1 + \cos x)^2}$

$= \dfrac{-\cos x(1 + \cos x) - (2 - \sin x)(-\sin x)}{(1 + \cos x)^2}$

$(2 - \sin x)' = -\cos x$　消える！　$(\sin x)'$

$(1 + \cos x)' = -\sin x$　消える！　$(\cos x)'$

$= \dfrac{-\cos x - \cos^2 x + 2\sin x - \sin^2 x}{(1 + \cos x)^2}$

超有名公式
$\sin^2 x + \cos^2 x = 1$

$= \dfrac{2\sin x - \cos x - (\boxed{\sin^2 x + \cos^2 x})}{(1 + \cos x)^2}$
　　　　　　　　　　　　↘ 1

$= \dfrac{2\sin x - \cos x - 1}{(1 + \cos x)^2}$ …(答)

← これは，どこもくくれないからこのまま放置！

Theme 14 微分法の基本公式とその活用法   157

で，忘れないうちに…

問題 14-2 　標準

次の公式を証明せよ。
$$(\tan\theta)' = \frac{1}{\cos^2\theta}$$

注！ 定義にしたがって証明することはない。

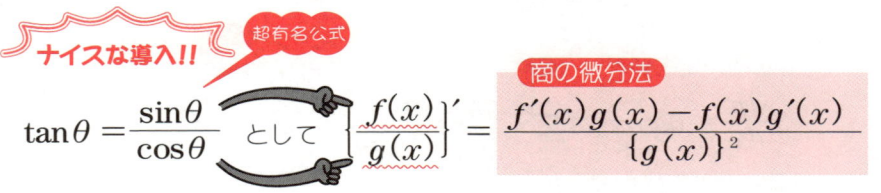

ナイスな導入!!　　**超有名公式**

$\tan\theta = \dfrac{\sin\theta}{\cos\theta}$ として　$\left\{\dfrac{f(x)}{g(x)}\right\}' = \dfrac{f'(x)g(x) - f(x)g'(x)}{\{g(x)\}^2}$ 　**商の微分法**

を活用すればOK！

解答でござる

$$(\tan\theta)' = \left(\frac{\sin\theta}{\cos\theta}\right)'$$

$\tan\theta = \dfrac{\sin\theta}{\cos\theta}$ です！

p.154
商の微分法
$\left\{\dfrac{f(x)}{g(x)}\right\}' = \dfrac{f'(x)g(x) - f(x)g'(x)}{\{g(x)\}^2}$

$$= \frac{(\sin\theta)'\cos\theta - \sin\theta(\cos\theta)'}{\cos^2\theta}$$

$(\sin\theta)' = \cos\theta$

$$= \frac{\cos\theta\cos\theta - \sin\theta(-\sin\theta)}{\cos^2\theta}$$

$(\cos\theta)' = -\sin\theta$

$$= \frac{\cos^2\theta + \sin^2\theta}{\cos^2\theta}$$

超有名公式
$\sin^2\theta + \cos^2\theta = 1$
です！

これ知らないとヤバイぜ！

$$= \frac{\boxed{1}}{\cos^2\theta}$$

（証明おわり）

Theme 15 合成関数の微分法

関数の中に関数が入ってるョ！

もりあがってきたぜ～！

とりあえず，記号を覚えていただきたい！

$$\frac{dy}{dx}$$ → "yをxで微分する" という意味です。

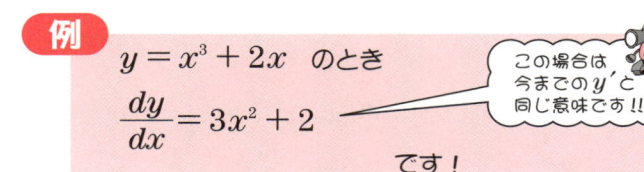

例

$y = x^3 + 2x$ のとき

$\frac{dy}{dx} = 3x^2 + 2$

です！

この場合は今までのy'と同じ意味です!!

で，こいつを中心として多数仲間がいるんですョ！

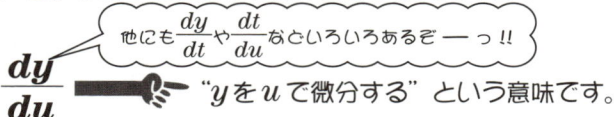

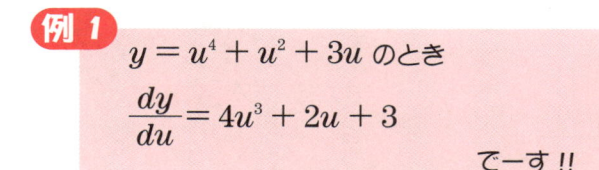

他にも $\frac{dy}{dt}$ や $\frac{dt}{du}$ などいろいろあるぞ～っ!!

$$\frac{dy}{du}$$ → "yをuで微分する" という意味です。

例1

$y = u^4 + u^2 + 3u$ のとき

$\frac{dy}{du} = 4u^3 + 2u + 3$

でーす!!

xの文字がuの文字に変わっただけか…

しかし・・・

例2

$y = u^4 + u^2 + 3u$ のとき

$\frac{dy}{dx} = 0$

えーっ!!

でーす!!

いったい何があったっていうんですか…

そーです!! この場合

$y = u^4 + u^2 + 3u$

uの式であってxの式ではない!!

で!! $\frac{dy}{dx}$ より yをxで微分するわけですから

$\boxed{u^4 + u^2 + 3u}$ は，xにとって3や5などの **定数** と同様となる！

Theme 15 合成関数の微分法

いよいよ本題です!

合成関数の微分法

$y = g(u)$, $u = f(x)$ とする。

$g(u)$ の u のところに $u = f(x)$ が入ってる!

合成関数 $y = g(f(x))$ に対して

何これ……

$$\frac{dy}{dx} = \frac{dy}{du} \cdot \frac{du}{dx} = \frac{dg(u)}{du} \cdot \frac{df(x)}{dx}$$

となる!!

$\frac{dy}{du} \cdot \frac{du}{dx} = \frac{dy}{dx}$ としては**誤り**なんですがいつも偶然うまくいく

一見難しそうですが,例をまず見てくださいませ!!

例

$y = (x^2 + 1)^6$ を x で微分してみましょう!

まぁ,$\frac{dy}{dx}$ を求めりゃいいワケですね…

$y = (x^2 + 1)^6$ は,$y = u^6$ と $u = x^2 + 1$ の合成関数です!
　　　　　　　　　　$g(u)$　　　　$f(x)$

このとき!!

$$\frac{dy}{du} = 6u^5 \quad \text{かつ} \quad \frac{du}{dx} = 2x$$

以上より

$\frac{dy}{dx} = \frac{dy}{du} \cdot \frac{du}{dx}$

こんな表現は本当はいけないんだけどイメージは,
$\frac{dy}{du} \cdot \frac{du}{dx} = \frac{dy}{dx}$
あくまでもイメージですよ!!

$= 6u^5 \times 2x$

$= 6(x^2 + 1)^5 \times 2x$

まぁ y' のことです!

$= \mathbf{12x(x^2 + 1)^5}$　ハイ! できあがり!!

問題 15-1 　基礎

次の関数を微分せよ。
(1) $y = (x^2 + 3x - 5)^{10}$
(2) $y = \sin(2x + 5)$
(3) $y = (\log x)^3$

ナイスな導入!!

(1)は，$y = \boxed{u}^{10}$ と $u = \boxed{x^2 + 3x - 5}$ の合成関数です！

(2)は，$y = \sin \boxed{u}$ と $u = \boxed{2x + 5}$ の合成関数です！

(3)は，$y = \boxed{u}^3$ と $u = \boxed{\log x}$ の合成関数です！

解答でござる

(1) $u = x^2 + 3x - 5$ とおくと $y = u^{10}$ 　　$y = (\boxed{x^2 + 3x - 5})^{10}$　u とおく!!

このとき

$$\frac{du}{dx} = 2x + 3 \qquad \frac{dy}{du} = 10u^9$$

u を x で微分する！
y を u で微分する！

よって

$$y' = \frac{dy}{dx}$$

$$= \frac{dy}{du} \cdot \frac{du}{dx}$$

$u = x^2 + 3x - 5$ です！

$$= 10u^9 \times (2x + 3)$$

$$= 10(x^2 + 3x - 5)^9 \times (2x + 3)$$

$$= \boldsymbol{10(2x + 3)(x^2 + 3x - 5)^9} \cdots \text{(答)}$$

p.159の **合成関数の微分法** 参照！

本当はいけない表現ですが…
イメージは

$$\frac{dy}{du} \cdot \frac{du}{dx} = \frac{dy}{dx}$$

本当はこんな考え方ダメです！
でもいつもうまくいきますヨ♥

Theme 15 合成関数の微分法　161

(2) $u = 2x + 5$ とおくと $y = \sin u$ ← $y = \sin(\boxed{2x+5})$
　　　　　　　　　　　　　　　　　　　u とおく!!
このとき

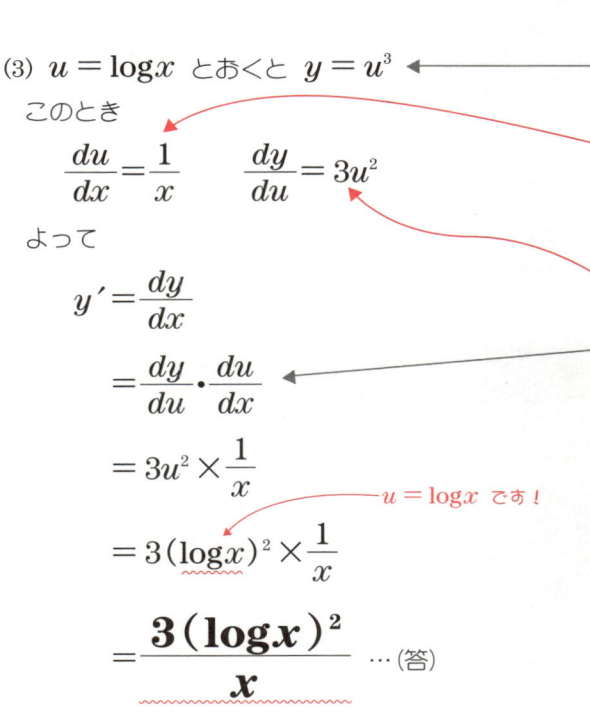

$$\frac{du}{dx} = 2 \qquad \frac{dy}{du} = \cos u$$

u を x で微分する!

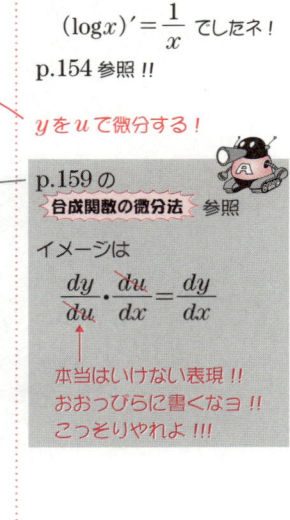

y を u で微分する!
$(\sin u)' = \cos u$
でしたネ!
p.154 参照!!

よって

$$y' = \frac{dy}{dx}$$
$$= \frac{dy}{du} \cdot \frac{du}{dx}$$
$$= \cos u \times 2$$
$$= \mathbf{2\cos(2x+5)} \quad \cdots \text{(答)}$$

$u = 2x + 5$ です!

p.159 の
合成関数の微分法 参照!!
イメージは
$$\frac{dy}{du} \cdot \frac{du}{dx} = \frac{dy}{dx}$$
本当はいけない表現です!!

(3) $u = \log x$ とおくと $y = u^3$ ← $y = (\boxed{\log x})^3$
　　　　　　　　　　　　　　　　　　u とおく!!
このとき

$$\frac{du}{dx} = \frac{1}{x} \qquad \frac{dy}{du} = 3u^2$$

u を x で微分する!
$(\log x)' = \frac{1}{x}$ でしたネ!
p.154 参照!!

y を u で微分する!

よって

$$y' = \frac{dy}{dx}$$
$$= \frac{dy}{du} \cdot \frac{du}{dx}$$
$$= 3u^2 \times \frac{1}{x}$$
$$= 3(\log x)^2 \times \frac{1}{x}$$
$$= \frac{\mathbf{3(\log x)^2}}{\mathbf{x}} \quad \cdots \text{(答)}$$

$u = \log x$ です!

p.159 の
合成関数の微分法 参照
イメージは
$$\frac{dy}{du} \cdot \frac{du}{dx} = \frac{dy}{dx}$$
本当はいけない表現!!
おおっぴらに書くなヨ!!
こっそりやれよ!!!

ぶっちゃけ 速攻法 炸裂!!

今までバカ正直に $\dfrac{dy}{du}$ など $\dfrac{du}{dx}$ などとおいてましたが…

こんな面倒なことはヤメにしましょう!!

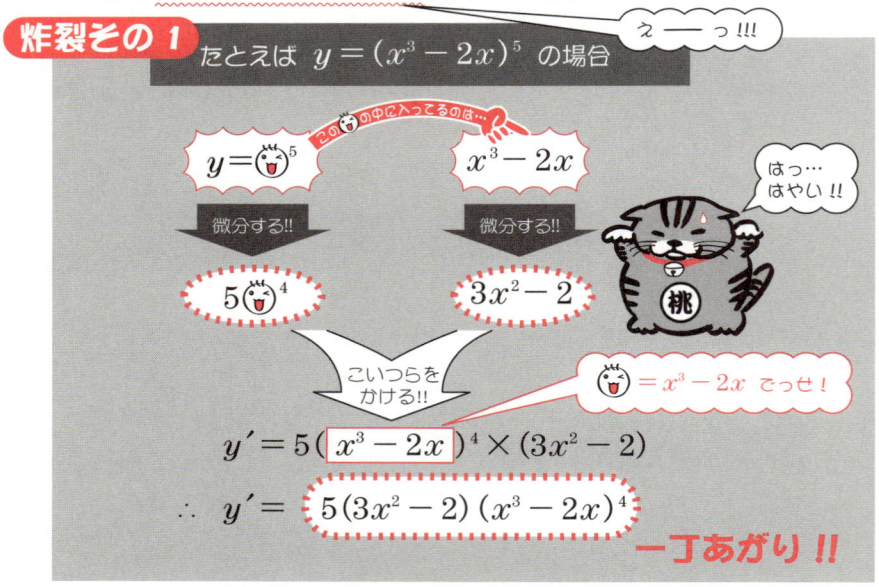

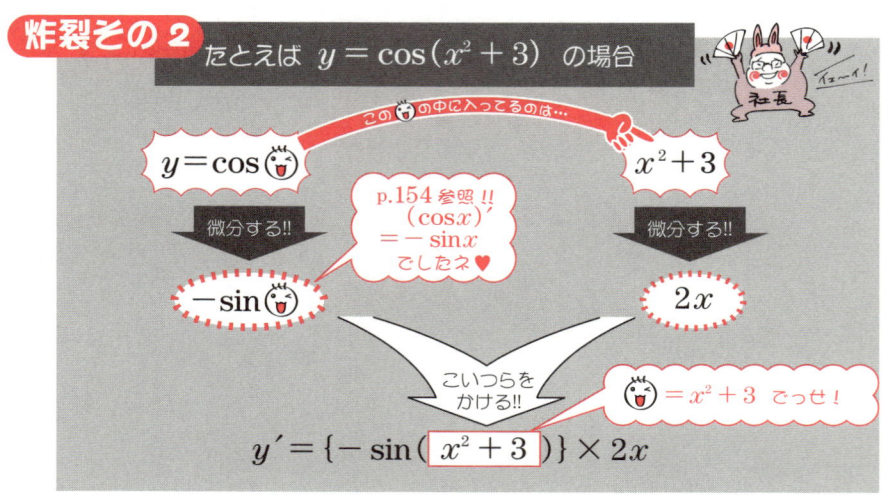

炸裂その1

たとえば $y=(x^3-2x)^5$ の場合

$y = (\bigcirc)^5$　　　　　x^3-2x

微分する!!　　　　　微分する!!

$5(\bigcirc)^4$　　　　　$3x^2-2$

こいつらをかける!!

$\bigcirc = x^3 - 2x$ でっせ！

$y' = 5(\boxed{x^3-2x})^4 \times (3x^2-2)$

$\therefore\ y' = 5(3x^2-2)(x^3-2x)^4$

一丁あがり!!

炸裂その2

たとえば $y = \cos(x^2+3)$ の場合

$y = \cos(\bigcirc)$　　　　　x^2+3

微分する!!

p.154参照!!
$(\cos x)' = -\sin x$
でしたネ♥

微分する!!

$-\sin(\bigcirc)$　　　　　$2x$

こいつらをかける!!

$\bigcirc = x^2+3$ でっせ！

$y' = \{-\sin(\boxed{x^2+3})\} \times 2x$

Theme 15 合成関数の微分法　163

$$\therefore y' = -2x\sin(x^2+3)$$

配列をかえただけ！

ハイ！　できた!!

炸裂その3

たとえば $y = \{\log(2x+3)\}^4$ の場合

三段攻めか……

この○の中に入ってるのは

$y = 😆^4$　　　$\log 🙂$　　　$2x+3$

微分する!!　　微分する!!　　微分する!!

p.154 参照!!
$(\log x)' = \dfrac{1}{x}$
でしたョ♥

$4😆^3$　　　$\dfrac{1}{🙂}$　　　2

こいつらを
かけて…

$😆 = \log(2x+3)$ でっせ！

$🙂 = 2x+3$ でーす!!

$$y' = 4\{\log(2x+3)\}^3 \times \dfrac{1}{2x+3} \times 2$$

$$\therefore y' = \dfrac{8\{\log(2x+3)\}^3}{2x+3}$$

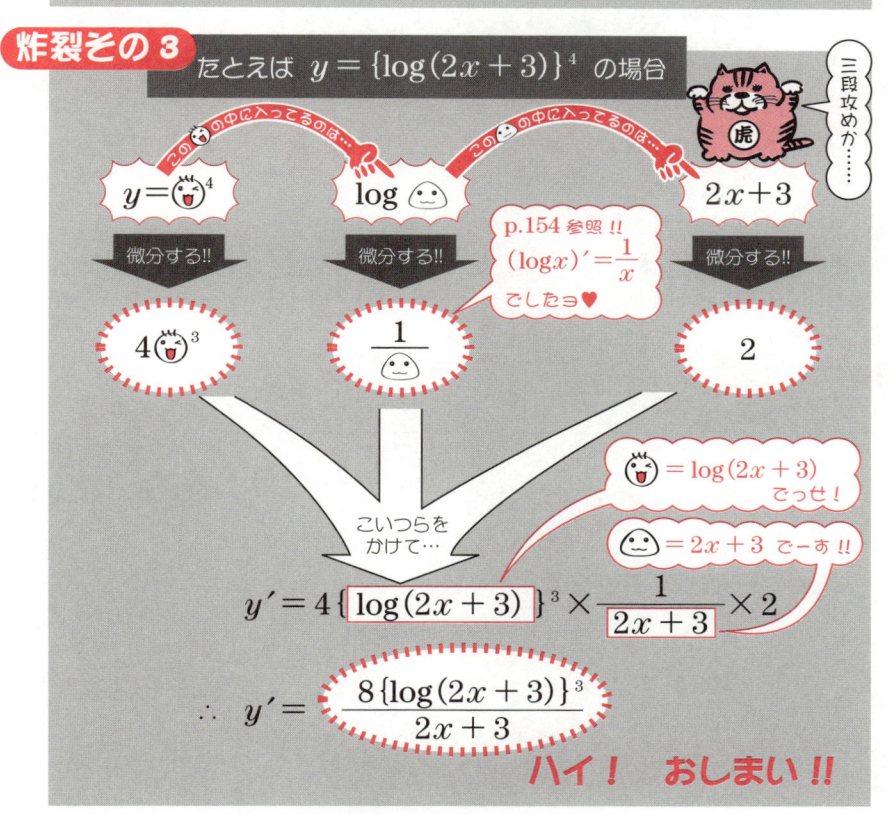

ハイ！　おしまい!!

イメージは，こんな感じっす！

体の中に顔がある!!　　顔の中にハナがある!!

豚

全体の微分！　　顔の微分!!　　ハナの微分!!!

すべて微分してかけあわせる!!

ではでは 速攻法 の練習でございます。

問題 15-2 〔標準〕

次の関数を微分せよ。
(1) $y = e^{\sin x}$
(2) $y = x\log(3x + 1)$
(3) $y = e^x \log \cos x$
(4) $y = \dfrac{\sin(\cos x)}{e^{2x+1}}$
(5) $y = \log \sin(x^2 + 1)$

解答でござる 今までの知識を結集してGO！

(1)　$y = e^{\sin x}$

　　$y' = e^{\sin x} \times \cos x$

　∴　$y' = e^{\sin x} \cos x$　…(答)

(2)　$y = x\log(3x + 1)$

　　$y' = (x)'\log(3x + 1) + x\{\log(3x + 1)\}'$

　　　$= 1 \times \log(3x + 1) + x \times \dfrac{1}{3x + 1} \times 3$

　∴　$y' = \log(3x + 1) + \dfrac{3x}{3x + 1}$　…(答)

　　$\left(= \dfrac{(3x + 1)\log(3x + 1) + 3x}{3x + 1} \right)$

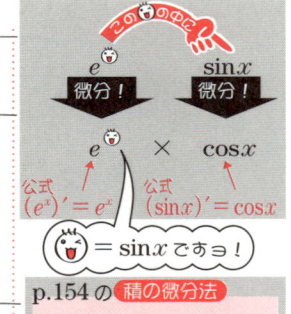

Theme 15 合成関数の微分法

(3) $y = e^x \log\cos x$

$$y' = (e^x)' \log\cos x + e^x (\log\cos x)'$$

$$= e^x \log\cos x + e^x \times \frac{1}{\cos x} \times (-\sin x)$$

$$= e^x \log\cos x - e^x \cdot \frac{\sin x}{\cos x}$$

$$= e^x \log\cos x - e^x \tan x$$

$$\therefore\ y' = e^x(\log\cos x - \tan x) \quad \cdots (答)$$

p.154 の **積の微分法**
$\{f(x)g(x)\}' = f'(x)g(x) + f(x)g'(x)$
この場合
$f(x) = e^x,\ g(x) = \log\cos x$

公式 $(\log x)' = \frac{1}{x}$

超有名公式
$\tan x = \dfrac{\sin x}{\cos x}$ でーす！

e^x でくくりました！

(4) $y = \dfrac{\sin(\cos x)}{e^{2x+1}}$

$$y' = \frac{\{\sin(\cos x)\}' e^{2x+1} - \sin(\cos x) \{e^{2x+1}\}'}{(e^{2x+1})^2}$$

e^{2x+1} ご約分！

$$= \frac{\cos(\cos x)(-\sin x)(e^{2x+1}) - \sin(\cos x)(e^{2x+1}) \cdot 2}{(e^{2x+1})^2}$$

$$\therefore\ y' = \frac{-\sin x \cos(\cos x) - 2\sin(\cos x)}{e^{2x+1}} \quad \cdots (答)$$

p.154 の **商の微分法**
$\left\{\dfrac{f(x)}{g(x)}\right\}' = \dfrac{f'(x)g(x) - f(x)g'(x)}{\{g(x)\}^2}$
この場合
$f(x) = \sin(\cos x),\ g(x) = e^{2x+1}$

公式 $(e^x)' = e^x$

公式 $(\sin x)' = \cos x$　公式 $(\cos x)' = -\sin x$

(5) $y = \log\sin(x^2 + 1)$

$$y' = \frac{1}{\sin(x^2+1)} \times \{\cos(x^2+1)\} \times 2x$$

$$= 2x \cdot \frac{\cos(x^2+1)}{\sin(x^2+1)}$$

公式 $(\log x)' = \dfrac{1}{x}$　公式 $(\sin x)' = \cos x$

$$\therefore\ y' = \frac{2x}{\tan(x^2+1)} \quad \cdots (答)$$

$\tan\theta = \dfrac{\sin\theta}{\cos\theta}$ より
$\dfrac{1}{\tan\theta} = \dfrac{\cos\theta}{\sin\theta}$
分子と分母をひっくり返す！

補足事項

あんまり大切そうもないなぁ…

知らないと困るかもしれないので，補足しておきまーす♥

合成関数の表記方法について!!

関数 $y = g(f(x))$ を f と g の合成関数といい，

$$y = (g \circ f)(x)$$

と表します。

えーっ!!

伝えたかったことは，これだけです

ザ・まとめ

$$y = g(f(x))$$
$$\downarrow \quad \downarrow$$
$$y = (g \circ f)(x)$$

g と f の順序が変わらないところがポイントだよ!!

ちょっと慣れておきましょうか？

問題 15-3　　　　　　　　　　　　基礎の基礎

次の各問いに答えよ。

(1) $f(x) = x^2 + x$, $g(x) = 3x + 2$ とするとき，合成関数 $(g \circ f)(x)$ と $(f \circ g)(x)$ を求めよ。

(2) $f(x) = \dfrac{3x}{x+2}$, $g(x) = \dfrac{2}{x}$ とするとき，合成関数 $(g \circ f)(x)$ と $(f \circ g)(x)$ を求めよ。

解答でござる

(1) $(g \circ f)(x) = g(f(x))$
$= 3(x^2 + x) + 2$
$= \mathbf{3x^2 + 3x + 2}$ …(答)

$g(x) = 3x + 2$ の x のところに $f(x) = x^2 + x$ を代入!!

$(f \circ g)(x) = f(g(x))$
$= (3x + 2)^2 + (3x + 2)$
$= \mathbf{9x^2 + 15x + 6}$ …(答)

$f(x) = x^2 + x$ の x のところに $g(x) = 3x + 2$ を代入!!

(2) $(g \circ f)(x) = g(f(x))$
$= \dfrac{2}{\dfrac{3x}{x+2}}$

$g(x) = \dfrac{2}{x}$ の x のところに $f(x) = \dfrac{3x}{x+2}$ を代入!!

分子&分母に $x + 2$ をかける!!

$= \dfrac{2(x+2)}{3x}$
$= \dfrac{\mathbf{2x + 4}}{\mathbf{3x}}$ …(答)

$(f \circ g)(x) = f(g(x))$
$= \dfrac{3 \times \dfrac{2}{x}}{\dfrac{2}{x} + 2}$

$f(x) = \dfrac{3x}{x+2}$ の x のところに $g(x) = \dfrac{2}{x}$ を代入!!

分子&分母に x をかける!!

2で約分します。

$= \dfrac{6}{2 + 2x}$
$= \dfrac{\mathbf{3}}{\mathbf{x + 1}}$ …(答)

Theme 16 主役になれない名脇役たち…

名脇役その1

対数微分法

（注）公式を証明するときに少し活用するくらいかな… まぁ、とりあえず…

$f(x) > 0$ のとき，$y = f(x)$ の両辺の対数をとり微分する方法を対数微分法と申します！ （log △）

とにかく例を出して説明しまっせ♥

例 $y = x^x \ (x > 0)$ を微分せよ！

x は，関数であって定数ではないので
$(x^x)' = x \cdot x^{x-1}$
なんてしたら **アウト！**
$(x^3)' = 3x^2$ とはワケが違うぜっ!!

今までの常識が通用しなさそうなんで…

対数微分法を一発活用しましょうかぁ！

$y = x^x$

両辺自然対数をとると （$\log_e △$ のことです！）

$\log y = \log x^x$ （自然対数 $\log_e △$ の e は通常省略する！）

$\log y = x \log x$

p.588 ナイスフォロー その6 参照！ $\log_a M^r = r \log_a M$ です!!

両辺を x で微分すると！

ここがポイント！

$\boxed{\dfrac{1}{y} \times y'} = (x)' \log x + x(\log x)'$

$\log y$ を x で微分する！つまり…p.163参照！

$\log \to y$ 微分！ 微分！
$\dfrac{1}{□} \times y'$ □ $= y$ です！

$\dfrac{y'}{y} = 1 \times \log x + x \times \dfrac{1}{x}$

$\dfrac{y'}{y} = \log x + 1$

両辺を $\times y$

$\therefore \ y' = (\log x + 1)y$

右辺は p.154 積の微分法
$\{f(x)g(x)\}' = f'(x)g(x) + f(x)g'(x)$
この場合 $f(x) = x, g(x) = \log x$

このとき $y = x^x$ だったもんで…

すなわち $y' = (\log x + 1)x^x$ 一丁あがり！

まぁ，結論から申しますと…

$$y = (x\text{の式})^{x\text{の式}} \quad \text{とか} \quad y = \frac{(x\text{の式})^p (x\text{の式})^q}{(x\text{の式})^r}$$

えーっ!! 指数まで x の式!!　　　　　うわーっ!! 指数だらけ!!

みたいに，**指数でお困り**になったら……

対数微分法　見参!! とお考えくださいませ♥

なるほど

では，手ごろなものをいくつかやってみましょう！

問題 16-1 　　　　　　　　　　　　　　　　　　　[標準]

対数微分法によって次の関数を微分せよ。
(1) $y = x^{\sin x} \quad (x > 0)$
(2) $y = (\log x)^x \quad (x > 1)$ ← $x > 1$ でないと $\log x > 0$ とならないもんで…
(3) $y = \dfrac{(x+3)^3 (x-1)^2}{\sqrt{x+1}}$

ナイスな導入!!

対数微分法の手順をおさらいしまーす！

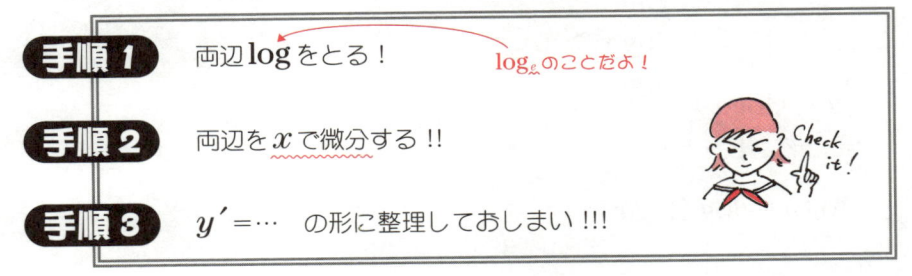

手順1 両辺 log をとる！　　$\log_e$ のことだよ！

手順2 両辺を x で微分する!!　　　　Check it!

手順3 $y' = \cdots$ の形に整理しておしまい!!!

ではまいりまーす!!

解答でござる

(1) $y = x^{\sin x}$

両辺自然対数をとると

$$\log y = \log x^{\sin x}$$

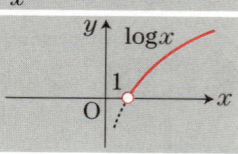

$$\log y = \sin x \log x$$

両辺を x で微分すると

$$\frac{1}{y} \times y' = (\sin x)' \log x + \sin x (\log x)'$$

$$\frac{y'}{y} = \cos x \log x + (\sin x) \times \frac{1}{x}$$

$$y' = \left(\cos x \log x + \frac{\sin x}{x}\right) y$$

$$\therefore \ y' = \left(\cos x \log x + \frac{\sin x}{x}\right) x^{\sin x} \quad \cdots \text{(答)}$$

$$\left(= \frac{(x \cos x \log x + \sin x) x^{\sin x}}{x}\right.$$
$$\left. = (x \cos x \log x + \sin x) x^{\sin x - 1}\right)$$

(2) $x > 1$ より $\log x > 0$ である。

$$y = (\log x)^x$$

両辺自然対数をとると

$$\log y = \log (\log x)^x$$

$$\log y = x \log (\log x)$$

両辺を x で微分すると

Theme 16 主役になれない名脇役たち… 171

$$\frac{1}{y} \times y' = (x)' \log(\log x) + x\{\log(\log x)\}'$$

(1)と同様！

$$\frac{y'}{y} = 1 \times \log(\log x) + x \times \frac{1}{\log x} \times \frac{1}{x}$$

$$\frac{y'}{y} = \log(\log x) + \frac{1}{\log x}$$

$$y' = \left\{\log(\log x) + \frac{1}{\log x}\right\} y$$

$$\therefore \ y' = \left\{\log(\log x) + \frac{1}{\log x}\right\} (\log x)^x \quad \cdots (\text{答})$$

p.154の 積の微分法
この場合
$f(x) = x$, $g(x) = \log(\log x)$

この■の中に
log□   log$x$
微分！   微分！
$\frac{1}{□}$ $\frac{1}{x}$

□ = log$x$ です！

両辺を $\times y$

$y = (\log x)^x$ です！

答え方いろいろ！

$$\left(\begin{array}{l}= \dfrac{\{\log x \log(\log x) + 1\}(\log x)^x}{\log x} \\ = \{\log x \log(\log x) + 1\}(\log x)^{x-1}\end{array}\right.$$

通分するもよし！

$\dfrac{a^m}{a^n} = a^{m-n}$ と同じ理屈で
$\dfrac{(\log x)^x}{(\log x)^1} = (\log x)^{x-1}$ です！

(3) $y = \dfrac{(x+3)^3(x-1)^2}{\sqrt{x+1}}$

両辺自然対数をとると

$$\log y = \log \frac{(x+3)^3(x-1)^2}{(x+1)^{\frac{1}{2}}}$$

$\sqrt{x+1} = (x+1)^{\frac{1}{2}}$ です！

一般に

$\sqrt[m]{a^n} = a^{\frac{n}{m}}$

この場合，イメージは…
$\sqrt{A} = \sqrt[2]{A^1} = A^{\frac{1}{2}}$

$$\log y = \log(x+3)^3(x-1)^2 - \log(x+1)^{\frac{1}{2}}$$

$\log_a \dfrac{M}{N} = \log_a M - \log_a N$

$$\log y = \log(x+3)^3 + \log(x-1)^2 - \log(x+1)^{\frac{1}{2}}$$

$\log_a MN = \log_a M + \log_a N$

$$\log y = 3\log(x+3) + 2\log(x-1) - \frac{1}{2}\log(x+1)$$

$\log_a M^r = r\log_a M$

両辺を x で微分すると

$$\frac{1}{y} \times y' = 3 \times \frac{1}{x+3} + 2 \times \frac{1}{x-1} - \frac{1}{2} \times \frac{1}{x+1}$$

$$\frac{y'}{y} = \frac{3}{x+3} + \frac{2}{x-1} - \frac{1}{2(x+1)}$$

$$\frac{y'}{y} = \frac{3 \times 2(x-1)(x+1) + 2 \times 2(x+3)(x+1) - (x+3)(x-1)}{2(x+3)(x-1)(x+1)}$$

$$\frac{y'}{y} = \frac{9x^2 + 14x + 9}{2(x+3)(x-1)(x+1)}$$

$$y' = \frac{9x^2 + 14x + 9}{2(x+3)(x-1)(x+1)} y$$

$$y' = \frac{9x^2 + 14x + 9}{2(x+3)(x-1)(x+1)} \times \frac{(x+3)^3(x-1)^2}{\sqrt{x+1}}$$

$$y' = \frac{(9x^2 + 14x + 9)(x+3)^2(x-1)}{2(x+1)\sqrt{x+1}} \quad \cdots \text{(答)}$$

$$\left(= \frac{(9x^2 + 14x + 9)(x+3)^2(x-1)}{2\sqrt{(x+1)^3}} \right)$$

$(\log \boxed{y})'$
全体を微分！ 中を微分！
$= \frac{1}{y} \times y'$

$\{\log (\boxed{x+3})\}'$
全体を微分！ 中を微分！
$= \frac{1}{x+3} \times 1$
$= \frac{1}{x+3}$ $(x+3)'$
他も同様!!

通分しました！
分子を展開！
両辺を $\times y$

$y = \frac{(x+3)^3(x-1)^2}{\sqrt{x+1}}$ です！

$\frac{(x+3)^3}{x+3} = (x+3)^2$

$\frac{(x-1)^2}{x-1} = x-1$ です！

$(x+1)\sqrt{x+1} = \sqrt{(x+1)^3}$
としても OK!!
$2\sqrt{2} = \sqrt{2^3}$ と同じ理屈!!

🌼 プロフィール

チューリーちゃん（6才）

妖精学校「花組」の福を招く少女妖精。

「虫組」ティンカーベルとは大の仲良し!! 妖精界に年齢は関係ないようだ…

Theme 16 主役になれない名脇役たち… 173

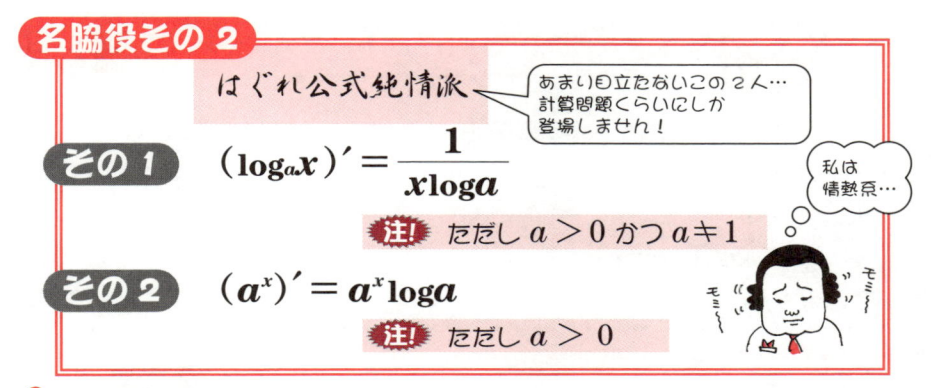

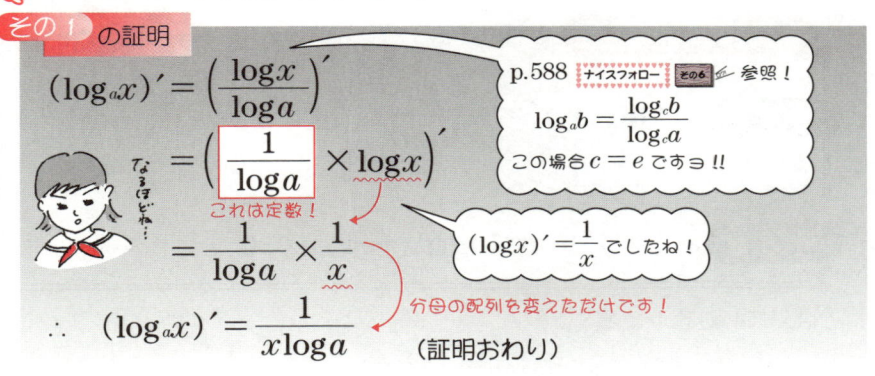

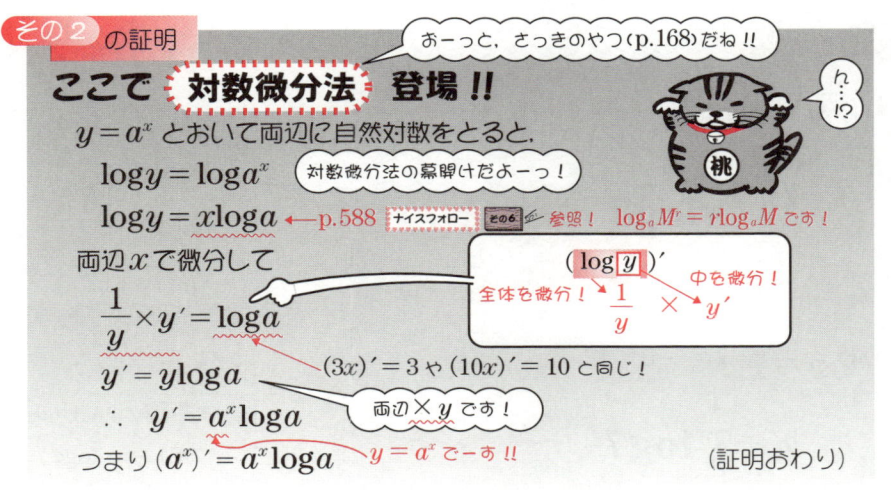

名脇役その 2

はぐれ公式純情派

あまり目立たないこの2人…
計算問題くらいにしか
登場しません！

その1 $(\log_a x)' = \dfrac{1}{x \log a}$

注! ただし $a > 0$ かつ $a \neq 1$

その2 $(a^x)' = a^x \log a$

注! ただし $a > 0$

私は情熱系…

☞ e でなく a なのがポイントでーす!!

その1 の証明

$(\log_a x)' = \left(\dfrac{\log x}{\log a}\right)'$

$= \left(\boxed{\dfrac{1}{\log a}} \times \log x\right)'$ これは定数！

$= \dfrac{1}{\log a} \times \dfrac{1}{x}$

$\therefore (\log_a x)' = \dfrac{1}{x \log a}$

p.588 ナイスフォロー その6 参照！

$\log_a b = \dfrac{\log_c b}{\log_c a}$

この場合 $c = e$ ですヨ!!

$(\log x)' = \dfrac{1}{x}$ でしたね！

分母の配列を変えただけです！

（証明おわり）

その2 の証明

おーっと，さっきのやつ(p.168)だね!!

ここで 対数微分法 登場!!

$y = a^x$ とおいて両辺に自然対数をとると，

$\log y = \log a^x$ ← 対数微分法の幕開けだよーっ！

$\log y = x \log a$ ← p.588 ナイスフォロー その6 参照！ $\log_a M^r = r \log_a M$ です！

両辺 x で微分して

$\dfrac{1}{y} \times y' = \log a$

$(\log \boxed{y})'$ 全体を微分！ $\dfrac{1}{y}$ × y' 中を微分！

$y' = y \log a$ ← $(3x)' = 3$ や $(10x)' = 10$ と同じ！

$\therefore y' = a^x \log a$ ← 両辺 $\times y$ です！

つまり $(a^x)' = a^x \log a$ $y = a^x$ でーす!!

（証明おわり）

はぐれ公式たちとも仲良くしてあげましょうよ ♥

問題 16-2　基礎

次の関数を微分せよ（いいかえると… 次の関数の導関数を求めよ）。

(1) $y = \log_3 x$
(2) $y = 7^x$
(3) $y = \log_2(\cos^2 x)$
(4) $y = 5^{\sin x}$

ナイスな導入!!

はぐれ公式純情派 を活用するっきゃないぜっ!!

その1　$(\log_a x)' = \dfrac{1}{x \log a}$ （ただし $a > 0$ かつ $a \neq 1$）

その2　$(a^x)' = a^x \log a$ （ただし $a > 0$）

では，まいりまっせ！

解答でござる

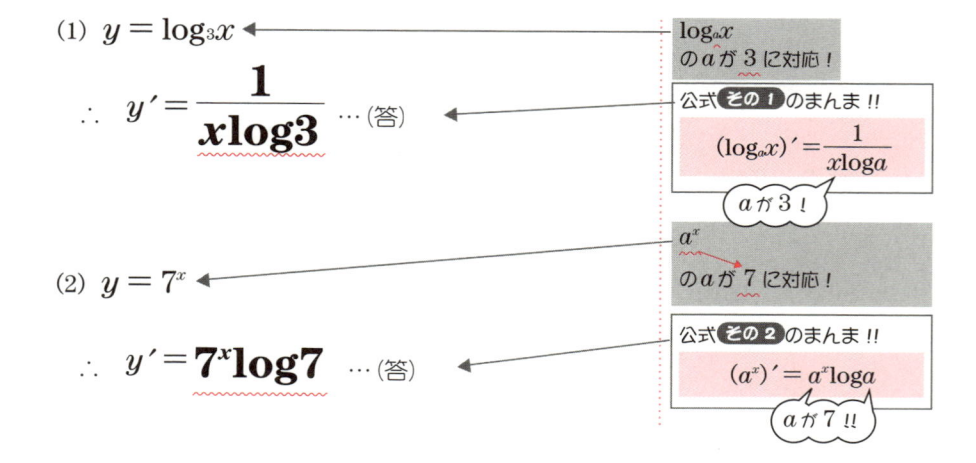

(1) $y = \log_3 x$

∴ $y' = \dfrac{1}{x \log 3}$ …(答)

$\log_a x$ の a が 3 に対応！

公式 **その1** のまんま!!
$(\log_a x)' = \dfrac{1}{x \log a}$
a が 3！

(2) $y = 7^x$

∴ $y' = 7^x \log 7$ …(答)

a^x の a が 7 に対応！

公式 **その2** のまんま!!
$(a^x)' = a^x \log a$
a が 7！！

(3) $y = \log_2(\cos^2 x)$

$y = 2\log_2 \cos x$

$y' = 2 \times \dfrac{1}{\cos x \log 2} \times (-\sin x)$

$ = \dfrac{-2\,\sin x}{\cos x\,\log 2}$ ←── $\tan x$

$ = \dfrac{-2\tan x}{\log 2}$ …(答)

(4) $y = 5^{\sin x}$

$y' = (5^{\sin x} \log 5) \times \cos x$

$ = 5^{\sin x} \cos x\, \log 5$ …(答)

右側メモ:

出せるときは出しとこう!!
p.588 ナイスフォロー その6 参照

$\log_a M^r = r\log_a M$

$(\log_2 \cos x)'$ では…

この□の中を

$\log_2 \boxed{}$ $\boxed{\cos x}$
微分! 微分!

$\dfrac{1}{\boxed{}\log 2} \times (-\sin x)$

$\boxed{} = \cos x$ です!

はぐれ公式純情派 その1
$(\log_a x)' = \dfrac{1}{x\log a}$

$\tan x = \dfrac{\sin x}{\cos x}$ ですヨ!

$(5^{\sin x})'$ では…

この□の中を

$5^{\boxed{}}$ $\boxed{\sin x}$
微分! 微分!

$5^{\boxed{}} \log 5 \times \cos x$

はぐれ公式純情派 その2
$(a^x)' = a^x \log a$

本問では,$a=5$ です!

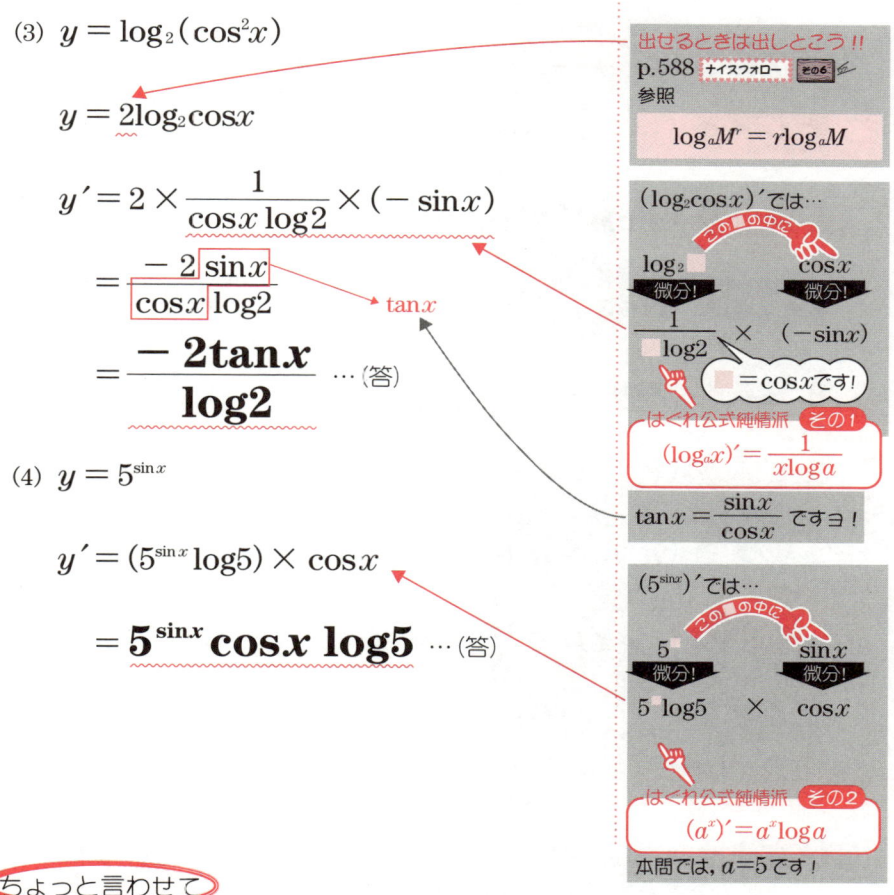

◯ちょっと言わせて

表現についてなんですが…

$\log 5 \cos x$ とすると…

$\underline{\log 5 \times \cos x}$ なのか $\underline{\log(5\cos x)}$ なのか一見まぎらわしい!
　バラバラ!　　　　　　　　$\cos x$ が中に入ってる!!

$\cos x \log 5$ とすると…

なぜか $\cos x \times \log 5$ と考えるのがふつう…

よって,$\log \triangle$ より,三角関数($\sin \triangle$ や $\cos \triangle$ など)を前にもってくるのがふつうです!

公式ナビ

このあたりでまとめておこう!!

その1 $(x^\alpha)' = \alpha x^{\alpha-1}$ ← このとき α は有理数

その2 $(\sin x)' = \cos x$

その3 $(\cos x)' = -\sin x$

その4 $(\tan x)' = \dfrac{1}{\cos^2 x}$

三角関数の微分法

その5 $(e^x)' = e^x$ ← こんな楽な公式ってある??

その6 $(a^x)' = a^x \log a$

その7 $(\log x)' = \dfrac{1}{x}$ ← $(\log|x|)' = \dfrac{1}{x}$ も成立

その8 $(\log_a x)' = \dfrac{1}{x \log a}$ ← $(\log_a |x|)' = \dfrac{1}{x \log a}$ も成立

使い方ナビ

通常関数の中に別の関数が入っているのがふつう！このあたりの微分も，簡単な例でおさらい!!（これから頻出なもんで…）

例1
$$(\sin 3x)' = (\cos 3x) \times 3 = 3\cos 3x$$
$(\sin \triangle)' = \cos \triangle$　中の $3x$ を微分！ $(3x)' = 3$

例2
$$(e^{\cos x})' = e^{\cos x} \times (-\sin x)$$
$(e^\triangle)' = e^\triangle$　中の $\cos x$ を微分！ $(\cos x)' = -\sin x$

コツは "全体を微分 × 中味の微分" です!!

（詳しくは，theme 15「合成関数の微分法」参照）

コツさえつかめば…

Theme 17 接線の方程式

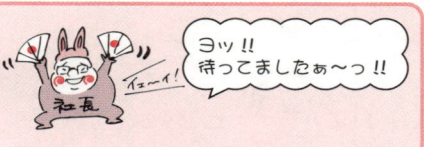

"接線のお話"は，"数学Ⅱ"とあらすじはまったく同じです．ただ，"数学Ⅲ"では，$\sin x$ から $\cos x$ から $\log x$ やら e^x などが暴れまくります！

では，いきなり問題へ入りまっせ♥

問題 17-1　　　　　　　　　　　　　　　　　　　　　　　　　　　　　　基礎

次の関数のグラフで（　）内に示す点における接線の方程式を求めよ．

(1) $y = \dfrac{e^x}{x}$ 　　　　　　　$(x = 2)$

(2) $y = \sin 2x$ 　　　　　　$\left(x = \dfrac{\pi}{8}\right)$

(3) $y = \log(x^2 + 1)$ 　　$(x = \sqrt{e-1})$

ナイスな導入!!

　　　　　　　　　　　　$x = a$ における微分係数

一般に，$x = a$ における接線の傾きが $f'(a)$ で表されることは p.136 Theme 12「微分係数 $f'(a)$ の定義」の冒頭でこっぴどく解説してありますね！

そこで!!

関数 $y = f(x)$ 上の点 $(a, f(a))$ での **接線の方程式** は点 $(a, f(a))$ を通る傾き $f'(a)$ の直線の方程式であるから…

$$y - f(a) = f'(a)(x - a)$$

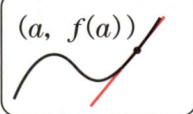

傾きは，$f'(a)$　　　と表せまっせ♥

例えば…
点 $(2, 3)$ を通り傾き 5 の直線は
$y - 3 = 5(x - 2)$ でしたネ！

解答でござる

(1) $f(x) = \dfrac{e^x}{x}$ とおく。

$$f'(x) = \dfrac{(e^x)' \times x - e^x \times (x)'}{x^2}$$

$$= \dfrac{e^x \times x - e^x \times 1}{x^2}$$

$$= \dfrac{(x-1)e^x}{x^2}$$

> p.154 商の微分法
> $\left[\dfrac{f(x)}{g(x)}\right]' = \dfrac{f'(x)g(x) - f(x)g'(x)}{\{g(x)\}^2}$
>
> この場合
> $f(x) = e^x,\ g(x) = x$

$(e^x)' = e^x$
$(x)' = 1$

e^x でくくりました！

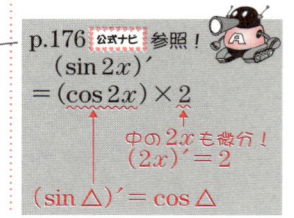

よって，

$$f'(2) = \dfrac{(2-1)e^2}{2^2} = \dfrac{e^2}{4}$$

$x = 2$ での接線の傾き

さらに

$$f(2) = \dfrac{e^2}{2}$$

接点の y 座標

以上より，$x = 2$ における接線の方程式は

接点は $(2,\ f(2))$

$$y - f(2) = f'(2)(x - 2)$$

$y - f(a) = f'(a)(x - a)$ です!!

つまり

$$y - \dfrac{e^2}{2} = \dfrac{e^2}{4}(x - 2)$$

$f'(2) = \dfrac{e^2}{4}$

$f(2) = \dfrac{e^2}{2}$

$$\therefore\ y = \dfrac{e^2}{4}x \quad \cdots \text{(答)}$$

$y - \dfrac{e^2}{2} = \dfrac{e^2}{4}x - \dfrac{e^2}{2}$
$\therefore\ y = \dfrac{e^2}{4}x$

(2) $f(x) = \sin 2x$ とおく。

$$f'(x) = (\cos 2x) \times 2$$

$$= 2\cos 2x$$

p.176 公式ナビ 参照！
$(\sin 2x)'$
$= (\cos 2x) \times 2$

中の $2x$ も微分！
$(2x)' = 2$
$(\sin \triangle)' = \cos \triangle$

Theme 17 接線の方程式 179

よって

$$f'\left(\frac{\pi}{8}\right) = 2\cos\left(2 \times \frac{\pi}{8}\right)$$

$$= 2\cos\frac{\pi}{4}$$

$$= 2 \times \frac{1}{\sqrt{2}}$$

$$= \sqrt{2}$$

← $f'(x) = 2\cos 2x$

基本は，$\pi = 180°$ です！
$\frac{\pi}{4} = 45°$

$2 \times \frac{1}{\sqrt{2}} = 2 \times \frac{\sqrt{2}}{2} = \sqrt{2}$

$x = \frac{\pi}{8}$ での接線の傾き

さらに

$$f\left(\frac{\pi}{8}\right) = \sin\left(2 \times \frac{\pi}{8}\right)$$

$$= \sin\frac{\pi}{4}$$

$$= \frac{1}{\sqrt{2}}$$

$$= \frac{\sqrt{2}}{2}$$

← $f(x) = \sin 2x$

$\frac{\pi}{4} = 45°$ です！

接点の y 座標

接点は $\left(\frac{\pi}{8},\ f\left(\frac{\pi}{8}\right)\right)$

以上より，$x = \frac{\pi}{8}$ における接線の方程式は

$$y - f\left(\frac{\pi}{8}\right) = f'\left(\frac{\pi}{8}\right)\left(x - \frac{\pi}{8}\right)$$

$y - f(a) = f'(a)(x - a)$
です!!

$f'\left(\frac{\pi}{8}\right) = \sqrt{2}$

$f\left(\frac{\pi}{8}\right) = \frac{\sqrt{2}}{2}$

つまり

$$y - \frac{\sqrt{2}}{2} = \sqrt{2}\left(x - \frac{\pi}{8}\right)$$

$$y = \sqrt{2}\,x - \frac{\sqrt{2}\,\pi}{8} + \frac{\sqrt{2}}{2}$$

$$\therefore\ \underline{\underline{y = \sqrt{2}\,x + \frac{(4-\pi)\sqrt{2}}{8}}} \quad \cdots\text{(答)}$$

$-\frac{\sqrt{2}\,\pi}{8} + \frac{\sqrt{2}}{2}$

$= \frac{-\sqrt{2}\,\pi + 4\sqrt{2}}{8}$

$= \frac{(4-\pi)\sqrt{2}}{8}$

(3) $f(x) = \log(x^2 + 1)$ とおく。

$$f'(x) = \frac{1}{x^2 + 1} \times 2x$$

$$= \frac{2x}{x^2 + 1}$$

p.176 公式ナビ 参照！
$\{\log(x^2+1)\}'$
$= \dfrac{1}{x^2+1} \times 2x$

中の x^2+1 を微分！
$(x^2+1)' = 2x$

$(\log \triangle)' = \dfrac{1}{\triangle}$

よって

$$f'(\sqrt{e-1}) = \frac{2\sqrt{e-1}}{(\sqrt{e-1})^2+1}$$

← $f'(x) = \frac{2x}{x^2+1}$

$$= \frac{2\sqrt{e-1}}{e-1+1}$$

$$= \frac{2\sqrt{e-1}}{e}$$

← $x=\sqrt{e-1}$ での接線の傾き

さらに

$$f(\sqrt{e-1}) = \log\{(\sqrt{e-1})^2+1\}$$

← $f(x) = \log(x^2+1)$

$$= \log(e-1+1)$$

$$= \log e$$

← $\log e = \log_e e = 1$

$$= 1$$

← 接点の y 座標

以上より $x=\sqrt{e-1}$ における接線の方程式は，

$$y - f(\sqrt{e-1}) = f'(\sqrt{e-1})(x - \sqrt{e-1})$$

← $y - f(a) = f'(a)(x-a)$ です!!

つまり

$$y - 1 = \frac{2\sqrt{e-1}}{e}(x - \sqrt{e-1})$$

$f'(\sqrt{e-1}) = \frac{2\sqrt{e-1}}{e}$
$f(\sqrt{e-1}) = 1$

$$y = \frac{2\sqrt{e-1}}{e}x - \frac{2(e-1)}{e} + 1$$

$-\frac{2(e-1)}{e}+1$
$= \frac{-2e+2+e}{e}$
$= \frac{2-e}{e}$

$$\therefore \; y = \frac{2\sqrt{e-1}}{e}x + \frac{2-e}{e} \quad \cdots \text{(答)}$$

$$\left(y = \frac{2\sqrt{e-1}}{e}x + \frac{2}{e} - 1\right)$$

← うしろをバラしてもキレイかも…
まぁ，ご自由に♥

Theme 17 接線の方程式

問題 17-1 との違いはわかりますか？

問題 17-2 標準

次の直線の方程式を求めよ。

(1) 原点 $(0, 0)$ から $y = \dfrac{\log x}{x}$ に引いた接線

(2) 点 $\left(\dfrac{1}{2}, 1\right)$ から $y = \dfrac{2x}{x+1}$ に引いた接線

ナイスな導入!!

問題 17-1 では，接点が最初から提示されるのに対して，本問では，接点に関する情報がまったくありませ──ん!!

つまーり！

接点の x 座標を $x = t$ とおくことから **START**!!
イメージと手順は，次のとおり！

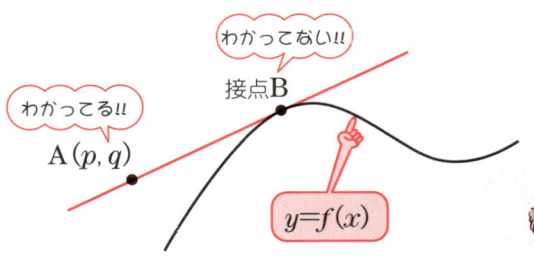

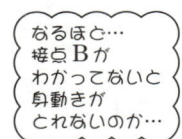

わかってる!!　　　わかってない!!
A(p, q)　　　　接点B
$y = f(x)$

なるほど…
接点Bが
わかってないと
身動きが
とれないのか…

手順 イチ！ 接点の x 座標を t とおく!!
接点Bを $(t, f(t))$ として，接線の方程式を t のみで表す！
$$y - f(t) = f'(t)(x - t) \quad \cdots\cdots (\ast)$$

手順 ニッ!!
$(\ast)$ が A(p, q) を通ることから，$(\ast)$ に $(\overset{x}{p}, \overset{y}{q})$ を代入することにより t を求める!!

手順 サンッ!!!
手順 ニッ!! で t が求まれば，$(\ast)$ より接線の方程式が求まる！

では，やってみましょう！

解答でござる

(1) $f(x) = \dfrac{\log x}{x}$ とおく。

$$f'(x) = \dfrac{(\log x)' \times x - (\log x) \times (x)'}{x^2}$$

$$= \dfrac{\dfrac{1}{x} \times x - (\log x) \times 1}{x^2}$$

$$= \dfrac{1 - \log x}{x^2}$$

> p.154 **商の微分法** 参照！
> $\left\{\dfrac{f(x)}{g(x)}\right\}' = \dfrac{f'(x)g(x) - f(x)g'(x)}{\{g(x)\}^2}$

> $(\log x)' = \dfrac{1}{x}$
> $(x)' = 1$

このとき，接点の x 座標を $x = t$ とすると接線の方程式は

$$y - f(t) = f'(t)(x - t)$$

$$y - \dfrac{\log t}{t} = \dfrac{1 - \log t}{t^2}(x - t)$$

∴ $y = \dfrac{1 - \log t}{t^2} x + \dfrac{2\log t - 1}{t}$ ……(∗)

> つまり
> $f(x) = \dfrac{\log x}{x}$ 上の点
> $\left(t, \dfrac{\log t}{t}\right)$ での
> 接線の方程式を考える。

> $f(t) = \dfrac{\log t}{t}$
> $f'(t) = \dfrac{1 - \log t}{t^2}$

> $\dfrac{1 - \log t}{t^2} \times (-t) + \dfrac{\log t}{t}$
> $= \dfrac{-1 + \log t}{t} + \dfrac{\log t}{t}$
> $= \dfrac{2\log t - 1}{t}$

(∗)が原点 $(0, 0)$ を通るから

$$\underset{y}{0} = \dfrac{1 - \log t}{t^2} \times \underset{x}{0} + \dfrac{2\log t - 1}{t}$$

$$\dfrac{2\log t - 1}{t} = 0$$

$$2\log t - 1 = 0$$

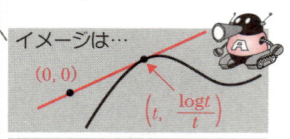

$$\log t = \dfrac{1}{2}$$

> イメージは…
> $(0, 0)$
> $\left(t, \dfrac{\log t}{t}\right)$

> $(0, 0)$ を通るから，(∗)に $x = 0$，$y = 0$ を代入！

Theme 17 接線の方程式 183

$$\therefore\ t=e^{\frac{1}{2}}=\sqrt{e}$$

このとき(∗)は，

$$y=\frac{1-\log\sqrt{e}}{(\sqrt{e})^2}x+\frac{2\log\sqrt{e}-1}{\sqrt{e}}$$

$$y=\frac{1-\frac{1}{2}}{e}x$$

$$\therefore\ y=\frac{1}{2e}x\ \cdots\text{(答)}$$

> $\log_e t=\frac{1}{2}$ より
> $t=e^{\frac{1}{2}}=\sqrt{e}$
> 一般に
> $$\sqrt[m]{a^n}=a^{\frac{n}{m}}$$
> この場合
> $e^{\frac{1}{2}}=\sqrt[2]{e^1}=\sqrt{e}$

> (∗)の t のところに $t=\sqrt{e}$ を代入！
> $\log\sqrt{e}=\log e^{\frac{1}{2}}$
> $=\frac{1}{2}\log e=\frac{1}{2}\times 1=\frac{1}{2}$

> 計算してみればわかることだが，(∗) は $(0,\ 0)$ を通るわけなんで，当然 y 切片は 0 です！
> $\dfrac{2\log\sqrt{e}-1}{\sqrt{e}}$
> $=\dfrac{2\times\frac{1}{2}-1}{\sqrt{e}}=\dfrac{0}{\sqrt{e}}=0$

(2) $f(x)=\dfrac{2x}{x+1}$ とおく。

$$f'(x)=\frac{(2x)'\times(x+1)-2x\times(x+1)'}{(x+1)^2}$$

$$=\frac{2\times(x+1)-2x\times 1}{(x+1)^2}$$

$$=\frac{2}{(x+1)^2}$$

> p.154 商の微分法 参照！
> $$\left\{\frac{f(x)}{g(x)}\right\}'=\frac{f'(x)g(x)-f(x)g'(x)}{\{g(x)\}^2}$$
> $(2x)'=2$
> $(x+1)'=1$

このとき，接点の x 座標を $x=t$ とすると接線の方程式は，

$$y-f(t)=f'(t)(x-t)$$

$$y-\frac{2t}{t+1}=\frac{2}{(t+1)^2}(x-t)$$

$$y=\frac{2}{(t+1)^2}x+\frac{2t^2}{(t+1)^2}\ \cdots\cdots(\ast)$$

> つまり
> $f(x)=\dfrac{2x}{x+1}$ 上の点
> $\left(t,\ \dfrac{2t}{t+1}\right)$ での
> 接線の方程式を考える。
> $f(t)=\dfrac{2t}{t+1}$
> $f'(t)=\dfrac{2}{(t+1)^2}$

> $\dfrac{2}{(t+1)^2}\times(-t)+\dfrac{2t}{t+1}$
> $=\dfrac{-2t+2t(t+1)}{(t+1)^2}$
> $=\dfrac{2t^2}{(t+1)^2}$

(∗) が点 $\left(\dfrac{1}{2},\ 1\right)$ を通るから

$$\underset{\underset{y}{\sim}}{1} = \frac{2}{(t+1)^2} \times \underset{\underset{x}{\sim}}{\frac{1}{2}} + \frac{2t^2}{(t+1)^2}$$

$$(t+1)^2 = 1 + 2t^2$$

$$t^2 - 2t = 0$$

$$t(t-2) = 0$$

$$\therefore \quad t = 0, \ 2$$

$\left(\dfrac{1}{2},\ 1\right)$ を通るから

(*)に $x = \dfrac{1}{2}$, $y = 1$ を代入！

両辺に $\times (t+1)^2$

t でくくる！

t が2つ求まったということは，接線が2本存在するってことです!!

よって (*) より

$t = 0$ のとき

$$y = \frac{2}{(0+1)^2} x + \frac{2 \times 0^2}{(0+1)^2}$$

(*)の t のところに $t = 0$ を代入！

$$\therefore \quad y = 2x$$

接線1号誕生！

$t = 2$ のとき

$$y = \frac{2}{(2+1)^2} x + \frac{2 \times 2^2}{(2+1)^2}$$

(*)の t のところに $t = 2$ を代入！

$$\therefore \quad y = \frac{2}{9} x + \frac{8}{9}$$

接線2号誕生！

以上まとめて，求める直線は

$$\begin{cases} y = 2x \\ y = \dfrac{2}{9} x + \dfrac{8}{9} \end{cases} \cdots \text{(答)}$$

ハイ！　できあがり!!

Theme 17 接線の方程式

（ついでに）

法線の方程式 のお話でございます♥

法線とは，関数を $y=f(x)$ とすると…

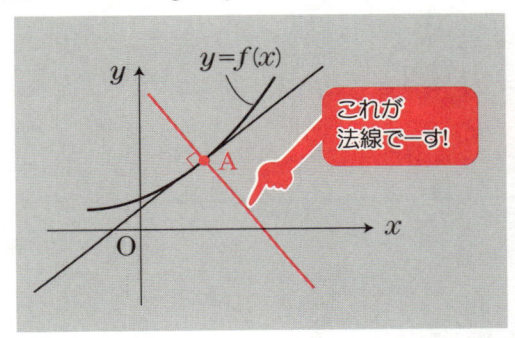

接点Aを $(t,\ f(t))$ としたとき，Aを通ってAにおける接線と垂直な直線を点Aにおける 法線 と申します！

まとめておくと…
関数 $y=f(x)$ のグラフ上の点 $(t,\ f(t))$ における接線の方程式は…

$$y-f(t)=f'(t)(x-t)$$

で‼ 関数 $y=f(x)$ のグラフ上の点 $(t,\ f(t))$ における法線の方程式は…

$$y-f(t)=-\frac{1}{f'(t)}(x-t)$$

もちろん‼ $f'(t) \neq 0$ でっせ！

――― 法線の傾きが $-\dfrac{1}{f'(t)}$ となる理由 ―――

接線と法線はお互いに垂直‼
直線の垂直条件といえば 👉 傾き×傾き＝－1

この場合も両者の傾きをかけると…

$$f'(t) \times \left(-\frac{1}{f'(t)}\right) = -1$$

数Ⅱでやるぞ‼
おっ‼ うまくいったぜ‼

だから，法線の方程式の傾きは $-\dfrac{1}{f'(t)}$ となーる!!

では，練習です!

問題 17-3 基礎

次の直線の方程式を求めよ。
(1) $y = \log x$ 上の $x = e$ に対応する点における法線
(2) $y = \sin x$ 上の $x = \dfrac{\pi}{3}$ に対応する点における法線

ナイスな導入!!

p.185 参照!!

$$y - f(t) = -\dfrac{1}{f'(t)}(x - t)$$

を活用するだけ!!

ポイントは，接線の傾き 👉 $f'(t)$ ← 積が -1
　　　　　法線の傾き 👉 $-\dfrac{1}{f'(t)}$ 　直線の垂直条件!

解答でござる

(1) $f(x) = \log x$ とおく。

$f'(x) = \dfrac{1}{x}$ ← $(\log x)' = \dfrac{1}{x}$

$x = e$ における法線の方程式は

$y - f(e) = -\dfrac{1}{f'(e)}(x - e)$ ← $y - f(t) = -\dfrac{1}{f'(t)}(x - t)$ この場合 $t = e$ です!

$y - \log e = -\dfrac{1}{\frac{1}{e}}(x - e)$ ← $f'(x) = \dfrac{1}{x}$ より

$f'(e) = \dfrac{1}{e}$

Theme 17　接線の方程式

$$y - 1 = -e(x - e)$$

$$\therefore\ \boldsymbol{y = -ex + e^2 + 1} \quad \cdots (答)$$

$\log e = 1$

$-\dfrac{1}{\dfrac{1}{e}}$ ◀ 分子&分母に×e

$= -\dfrac{e}{1}$
$= -e$

(2)　$f(x) = \sin x$　とおく。

　　$f'(x) = \cos x$

$(\sin x)' = \cos x$

$x = \dfrac{\pi}{3}$ における法線の方程式は

$$y - f\left(\dfrac{\pi}{3}\right) = -\dfrac{1}{f'\left(\dfrac{\pi}{3}\right)}\left(x - \dfrac{\pi}{3}\right)$$

$y - f(t) = -\dfrac{1}{f'(t)}(x - t)$

この場合 $t = \dfrac{\pi}{3}$ です！

$$y - \sin\dfrac{\pi}{3} = -\dfrac{1}{\cos\dfrac{\pi}{3}}\left(x - \dfrac{\pi}{3}\right)$$

$f'(x) = \cos x$ より
$f'\left(\dfrac{\pi}{3}\right) = \cos\dfrac{\pi}{3}$

$$y - \dfrac{\sqrt{3}}{2} = -\dfrac{1}{\dfrac{1}{2}}\left(x - \dfrac{\pi}{3}\right)$$

$\sin\dfrac{\pi}{3} = \dfrac{\sqrt{3}}{2}$ （60°）

$\cos\dfrac{\pi}{3} = \dfrac{1}{2}$ （60°）

$$y - \dfrac{\sqrt{3}}{2} = -2\left(x - \dfrac{\pi}{3}\right)$$

$-\dfrac{1}{\dfrac{1}{2}}$ ◀ 分子&分母に×2

$= -\dfrac{2}{1}$
$= -2$

$$y = -2x + \dfrac{2\pi}{3} + \dfrac{\sqrt{3}}{2}$$

これを答にしてもOK！

$$\therefore\ \boldsymbol{y = -2x + \dfrac{4\pi + 3\sqrt{3}}{6}} \quad \cdots (答)$$

y 切片を通分して
まとめました！

Theme 18 グラフをかこう！ 誕生編

とりあえず "数学Ⅱ" の復習から！

問題 18-1 　　　　　　　　　　　　　　　　　基礎の基礎

関数 $f(x) = 2x^3 - 3x^2 - 12x + 5$ について，次の各問いに答えよ。

(1) 極値を求めよ。
(2) グラフをかけ。

ナイスな導入!!

これは，まったくもって "数学Ⅱ" の範囲です！
増減表のかき方から復習しましょう♥
ポイントは…

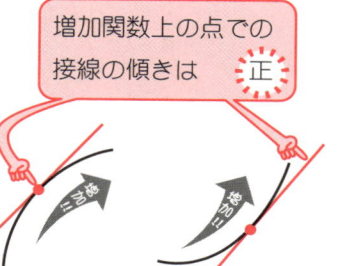

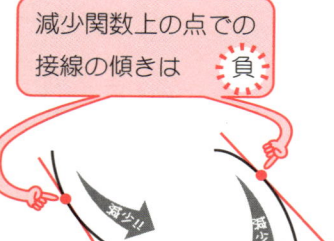

増加関数上の点での接線の傾きは　**正**

減少関数上の点での接線の傾きは　**負**

で，さらに以下のような点で接線の傾きは 0 !!

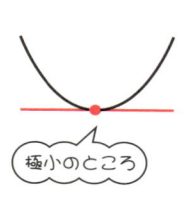

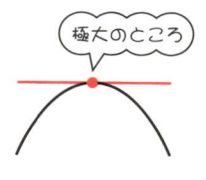

極小のところ

極大のところ

極大でも極小でもなくてもありえる！

解答でござる

(1) $f(x) = 2x^3 - 3x^2 - 12x + 5$

$f'(x) = 6x^2 - 6x - 12$

$\qquad = 6(x^2 - x - 2)$

$\qquad = 6(x+1)(x-2)$

> このxに数値を代入すると、その場所での接線の傾きが求まる！

> $x = -1, 2$ で $f'(x) = 0$ となる!!

増減表をかくと

x	$\cdots$	-1	$\cdots$	2	$\cdots$
$f'(x)$	$+$	0	$-$	0	$+$
$f(x)$	↗	極大	↘	極小	↗

> $f'(x) = 6(x+1)(x-2)$ より
> 例えば
> $f'(-2)$
> $= 6(-2+1)(-2-2) > 0$

> 例えば
> $f'(0)$
> $= 6(0+1)(0-2) < 0$

> 例えば
> $f'(3)$
> $= 6(3+1)(3-2) > 0$

> **ぶっちゃけ**
> $f'(x) = 6(x+1)(x-2)$
> のグラフは…

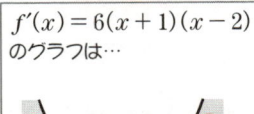

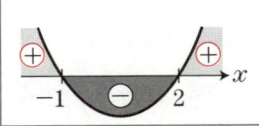

このとき

$f(-1) = 2(-1)^3 - 3(-1)^2 - 12(-1) + 5$

$\qquad = \underline{12}$

$f(2) = 2 \times 2^3 - 3 \times 2^2 - 12 \times 2 + 5$

$\qquad = \underline{-15}$

以上より

$x = -1$ のとき **極大値 12**
$x = 2$ のとき **極小値 -15** ｝(答)

> "極値を求めよ！"
> といわれたらこう答える!!

(2) (1)の増減表よりグラフをかくと

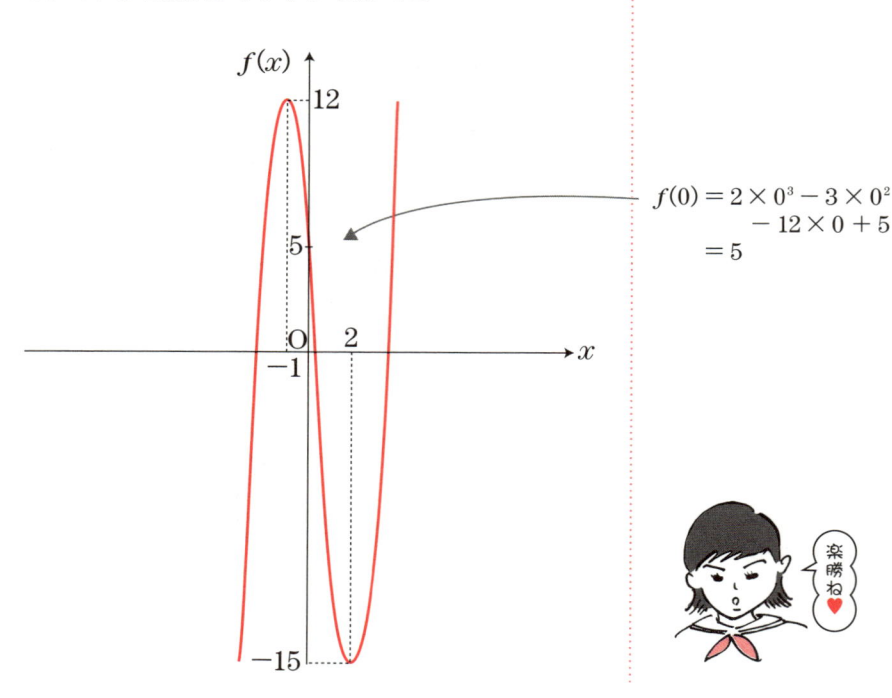

$f(0) = 2 \times 0^3 - 3 \times 0^2 - 12 \times 0 + 5 = 5$

ここからが本番で―す！

問題 18-2　標準

関数 $f(x) = \dfrac{x^2 + x + 1}{x^2 - x + 1}$ について，次の各問いに答えよ。

(1) $\lim\limits_{x \to +\infty} f(x)$ の値を求めよ。

(2) $\lim\limits_{x \to -\infty} f(x)$ の値を求めよ。

(3) 増減を調べてグラフをかけ。

Theme 18　グラフをかこう！　誕生編

ナイスな導入!!

例えば，次のような増減表が得られたとき…

x	$\cdots$	α	$\cdots$	β	$\cdots$
$f'(x)$	＋	0	－	0	＋
$f(x)$	↗	極大	↘	極小	↗

この情報からかくべきグラフは…

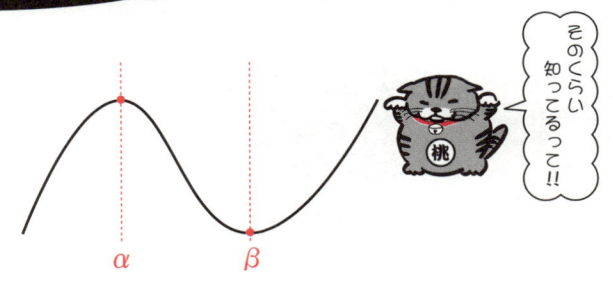

数学Ⅱのころは…　○○〈あのころはよかった…〉

〈そのくらい知ってるって!!〉

しかーし!!　数学Ⅲでは…　**いろいろなタイプがあるぞーっ!!**

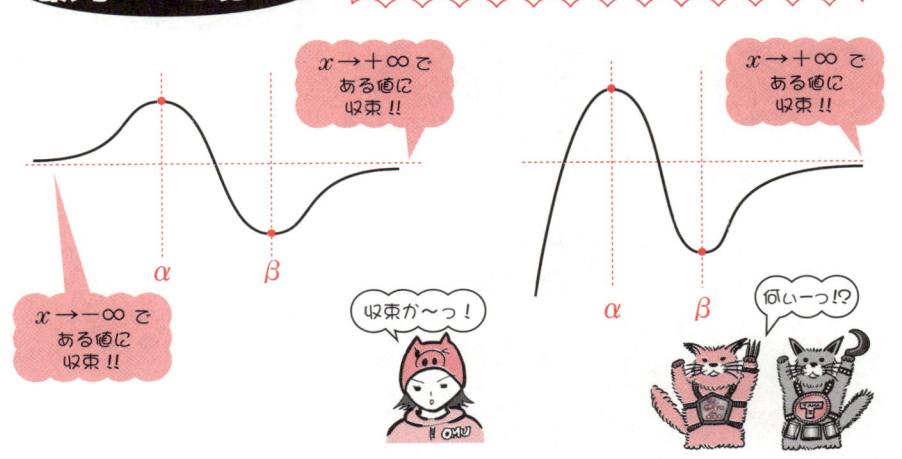

〈$x \to +\infty$ である値に収束!!〉

〈$x \to -\infty$ である値に収束!!〉

〈収束か〜っ！〉

〈$x \to +\infty$ である値に収束!!〉

〈何ぃーっ!?〉

だから，これからは，

$x \to +\infty$ ＆ $x \to -\infty$ を調べる必要がありまっせ♥

解答でござる

$$f(x) = \frac{x^2 + x + 1}{x^2 - x + 1}$$

分母 $= x^2 - x + 1$
$= \left(x - \frac{1}{2}\right)^2 + \frac{3}{4} > 0$
よって，分母 $= 0$ となる心配はない !!

(1) $\lim\limits_{x \to +\infty} f(x)$

$= \lim\limits_{x \to +\infty} \dfrac{x^2 + x + 1}{x^2 - x + 1}$

$= \lim\limits_{x \to +\infty} \dfrac{1 + \boxed{\dfrac{1}{x}} + \boxed{\dfrac{1}{x^2}}}{1 - \boxed{\dfrac{1}{x}} + \boxed{\dfrac{1}{x^2}}}$ ← 0 に収束！

$= \dfrac{1}{1}$

$= \mathbf{1}$ …(答)

分子＆分母を $\div x^2$
今となっては，懐かしいお話…

$\lim\limits_{x \to +\infty} \dfrac{\dfrac{x^2}{x^2} + \dfrac{x}{x^2} + \dfrac{1}{x^2}}{\dfrac{x^2}{x^2} - \dfrac{x}{x^2} + \dfrac{1}{x^2}}$

$= \lim\limits_{x \to +\infty} \dfrac{1 + \dfrac{1}{x} + \dfrac{1}{x^2}}{1 - \dfrac{1}{x} + \dfrac{1}{x^2}}$

$\dfrac{1 + 0 + 0}{1 - 0 + 0}$

(2) $x = -t$ とおくと
$x \to -\infty$ のとき $t \to +\infty$

$\lim\limits_{x \to -\infty} f(x)$

$= \lim\limits_{x \to -\infty} \dfrac{x^2 + x + 1}{x^2 - x + 1}$

$= \lim\limits_{t \to +\infty} \dfrac{(-t)^2 + (-t) + 1}{(-t)^2 - (-t) + 1}$

$= \lim\limits_{t \to +\infty} \dfrac{t^2 - t + 1}{t^2 + t + 1}$

久々のスーパーテクニック!!
p.30 問題 2-5 参照!

$x = -t$ を代入!!

$x \to -\infty$ のとき
$t \to +\infty$ です！

Theme 18 グラフをかこう！ 誕生編 193

$$= \lim_{t \to +\infty} \frac{1 - \boxed{\dfrac{1}{t}} + \boxed{\dfrac{1}{t^2}}}{1 + \boxed{\dfrac{1}{t}} + \boxed{\dfrac{1}{t^2}}}$$

0に収束！
0に収束！

$$= \frac{1}{1}$$

$$= \underline{1} \quad \cdots \text{(答)}$$

分子&分母を $\div t^2$

$$\lim_{t \to +\infty} \frac{\dfrac{t^2}{t^2} - \dfrac{t}{t^2} + \dfrac{1}{t^2}}{\dfrac{t^2}{t^2} + \dfrac{t}{t^2} + \dfrac{1}{t^2}}$$

$$= \lim_{t \to +\infty} \frac{1 - \dfrac{1}{t} + \dfrac{1}{t^2}}{1 + \dfrac{1}{t} + \dfrac{1}{t^2}}$$

$$\frac{1 - 0 + 0}{1 + 0 + 0}$$

(3) $f'(x) = \dfrac{(x^2+x+1)'(x^2-x+1) - (x^2+x+1)(x^2-x+1)'}{(x^2-x+1)^2}$

$(x^2+x+1)' = 2x+1$

$$= \frac{(2x+1)(x^2-x+1) - (x^2+x+1)(2x-1)}{(x^2-x+1)^2}$$

$(x^2-x+1)' = 2x-1$

$$= \frac{-2x^2 + 2}{(x^2-x+1)^2}$$

分子を展開して整理!!

$$= \frac{-2(x^2-1)}{(x^2-x+1)^2}$$

$$= \frac{-2(x+1)(x-1)}{(x^2-x+1)^2}$$

$f'(x) = \dfrac{-2(x+1)(x-1)}{(x^2-x+1)^2}$

$(x^2-x+1)^2 > 0$ は決定！

よって $-2(x+1)(x-1)$ の部分のみの符号を考えればOK！

$y = -2(x+1)(x-1)$ のグラフは…

増減表をかくと

x	$\cdots$	-1	$\cdots$	1	$\cdots$
$f'(x)$	$-$	0	$+$	0	$-$
$f(x)$	↘	極小	↗	極大	↘

このとき，

$$f(-1) = \frac{(-1)^2 + (-1) + 1}{(-1)^2 - (-1) + 1}$$

← $f(x) = \frac{x^2 + x + 1}{x^2 - x + 1}$ に $x = -1$ を代入！

$$= \frac{1}{3}$$

$$f(1) = \frac{1^2 + 1 + 1}{1^2 - 1 + 1}$$

← $f(x) = \frac{x^2 + x + 1}{x^2 - x + 1}$ に $x = 1$ を代入！

$$= 3$$

さらに(1)より $\lim_{x \to +\infty} f(x) = 1$ ← (1) 参照！

(2)より $\lim_{x \to -\infty} f(x) = 1$ ← (2) 参照！！

以上より，グラフをかくと

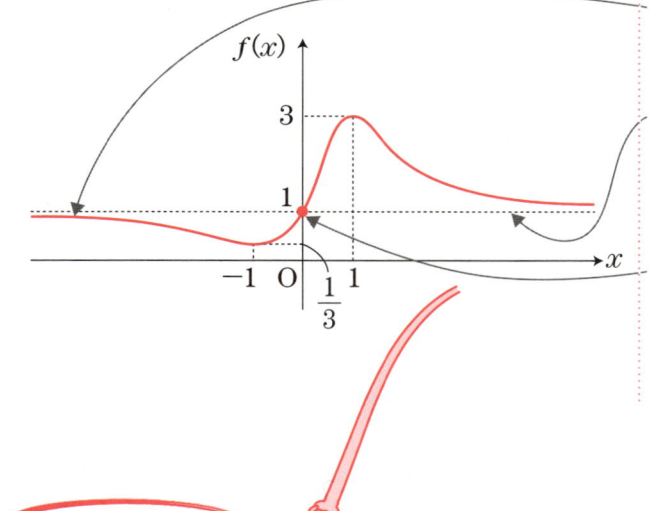

(2)より
$\lim_{x \to -\infty} f(x) = 1$

(1)より
$\lim_{x \to +\infty} f(x) = 1$

$f(0) = \frac{0^2 + 0 + 1}{0^2 - 0 + 1}$
$= \frac{1}{1}$
$= 1$

ちょっと言わせて

このグラフは $x \to \pm\infty$ で $f(x) = 1$ に収束する!!

この直線 $y = 1$ を**漸近線(ぜんきんせん)**といいます！

漸近線…

Theme 18 グラフをかこう！誕生編

バンバンいきましょう!!

問題 18-3 　　　　　　　　　　　　　　　　　　　　　　　**標準**

次のグラフの概形をかけ。

(1) $f(x) = \dfrac{2x}{x^2+4}$

(2) $f(x) = x^2 e^x$

(3) $f(x) = \dfrac{\log x}{x}$

ナイスな導入!!

前問 **問題 18-2** 同様！

$x \to +\infty$ や $x \to -\infty$ も考えるべし !!

そこで，確認しておきたいことがあります！

ハートフルな補足

次の極限を求めてみましょう！

(1) $\displaystyle\lim_{x \to \infty} \dfrac{x^2}{e^x}$　　(2) $\displaystyle\lim_{x \to \infty} \dfrac{\log x}{x}$　　(3) $\displaystyle\lim_{x \to +0} \dfrac{\log x}{x}$

ここで関数の増加するスピードについて覚えてもらいます ♥

(1) では，

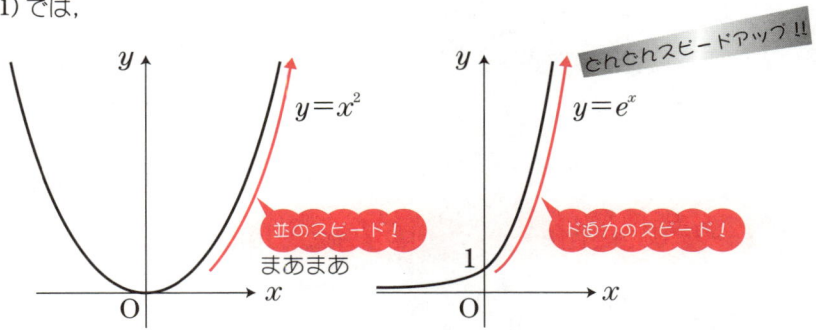

$y = x^2$　並のスピード！　まあまあ

$y = e^x$　ドモ力のスピード！　どんどんスピードアップ!!

(このグラフは p.590 ナイスフォロー その7 参照！)

よって!! e^x の方が x^2 より速く∞へと爆走するから…

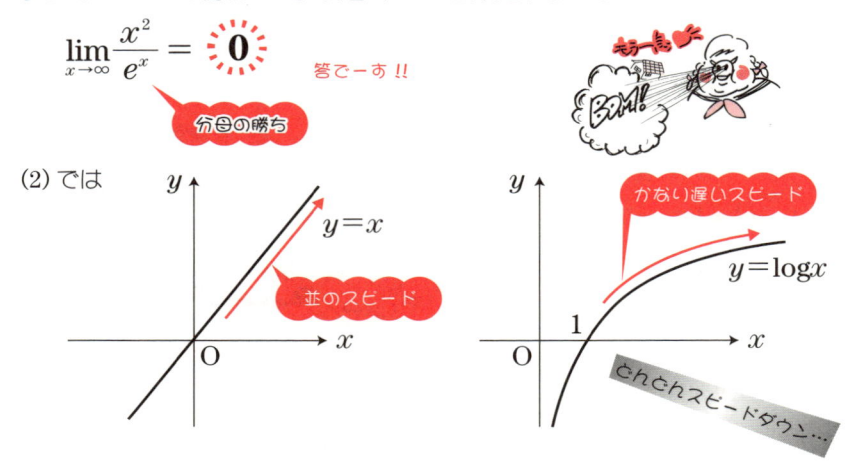

$$\lim_{x \to \infty} \frac{x^2}{e^x} = 0$$

（分母の勝ち） 答でーす!!

(2) では

並のスピード $y=x$

かなり遅いスピード $y=\log x$

だんだんスピードダウン…

（このグラフはp.591 ナイスフォロー その7 参照!）

よって!! x の方が $\log x$ より速く∞へと突っ走るから…

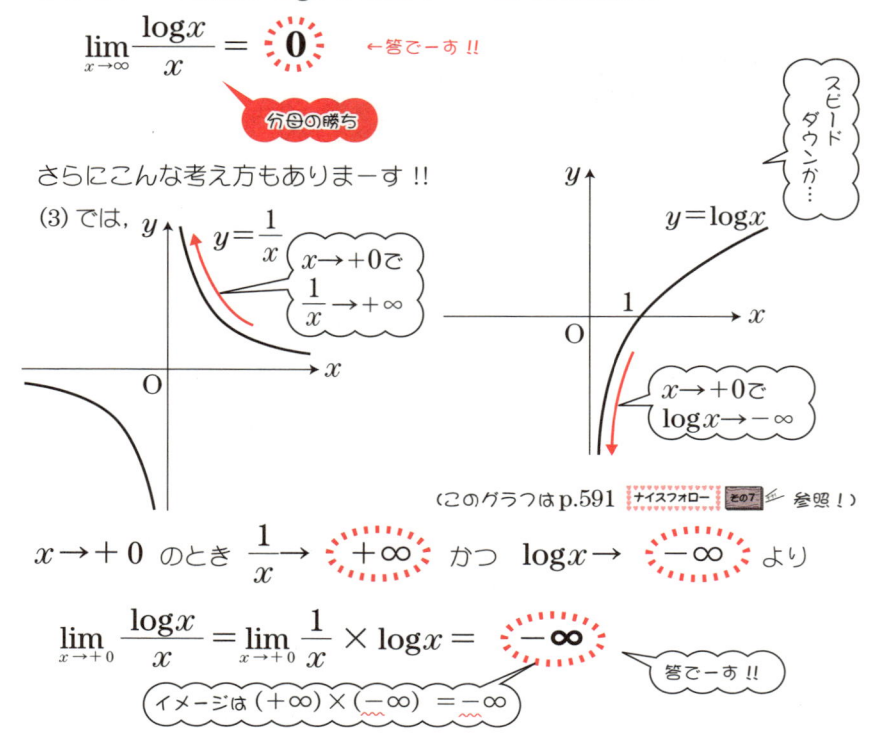

$$\lim_{x \to \infty} \frac{\log x}{x} = 0$$

←答でーす!!

（分母の勝ち）

さらにこんな考え方もありまーす!!

(3) では, $y = \frac{1}{x}$

$x \to +0$ で $\frac{1}{x} \to +\infty$

$y = \log x$

スピードダウンが…

$x \to +0$ で $\log x \to -\infty$

（このグラフはp.591 ナイスフォロー その7 参照!）

$x \to +0$ のとき $\frac{1}{x} \to +\infty$ かつ $\log x \to -\infty$ より

$$\lim_{x \to +0} \frac{\log x}{x} = \lim_{x \to +0} \frac{1}{x} \times \log x = -\infty$$

イメージは $(+\infty) \times (-\infty) = -\infty$ 答でーす!!

Theme 18　グラフをかこう！誕生編

では，解答作りといきましょうぜぃ！

解答でござる

(1) $f(x) = \dfrac{2x}{x^2+4}$ ← $x^2+4 > 0$ より 分母は0となる心配なし！

$f'(x) = \dfrac{(2x)' \times (x^2+4) - 2x \times (x^2+4)'}{(x^2+4)^2}$ ← **商の微分法**
$\left[\dfrac{f(x)}{g(x)}\right]' = \dfrac{f'(x)g(x) - f(x)g'(x)}{\{g(x)\}^2}$
この場合
$f(x) = 2x,\ g(x) = x^2+4$

$= \dfrac{2 \times (x^2+4) - 2x \times 2x}{(x^2+4)^2}$

$(2x)' = 2$
$(x^2+4)' = 2x$

$= \dfrac{-2x^2 + 8}{(x^2+4)^2}$

$= \dfrac{-2(x+2)(x-2)}{(x^2+4)^2}$ ← 分子を因数分解！
$-2x^2 + 8$
$= -2(x^2-4)$
$= -2(x+2)(x-2)$

増減表をかくと

x	$\cdots$	-2	$\cdots$	2	$\cdots$
$f'(x)$	$-$	0	$+$	0	$-$
$f(x)$	↘	極小	↗	極大	↘

$f'(x) = \dfrac{-2(x+2)(x-2)}{(x^2+4)^2}$

$(x^2+4)^2 > 0$ は決定！

よって $-2(x+2)(x-2)$
の符号のみ考えればOK !!

$y = -2(x+2)(x-2)$
のグラフは…

このとき

$f(-2) = \dfrac{2 \times (-2)}{(-2)^2 + 4}$

$= -\dfrac{1}{2}$

$f(2) = \dfrac{2 \times 2}{2^2 + 4}$

$= \dfrac{1}{2}$

符号が対応するよ！

さらに

$$\lim_{x \to \infty} f(x) = \lim_{x \to \infty} \frac{2x}{x^2+4} = 0$$

$$\lim_{x \to -\infty} f(x) = \lim_{x \to -\infty} \frac{2x}{x^2+4} = 0$$

ともに
分子の次数 < 分母の次数
分子に比べて分母の方が速いスピードで∞となっていくから
こんなときは0に収束！

以上より，グラフをかくと

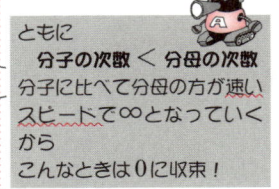

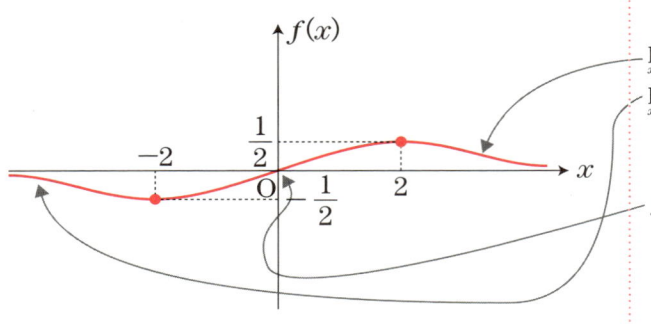

$\lim_{x \to +\infty} f(x) = 0$ より
$\lim_{x \to -\infty} f(x) = 0$ より

$f(0) = \dfrac{2 \times 0}{0^2 + 4} = 0$

(2) $f(x) = x^2 e^x$

$$f'(x) = (x^2)' \times e^x + x^2 \times (e^x)'$$
$$= 2x \times e^x + x^2 \times e^x$$
$$= (x^2 + 2x)e^x$$
$$= x(x+2)e^x$$

積の微分法
$\{f(x)g(x)\}'$
$= f'(x)g(x) + f(x)g'(x)$
この場合
　$f(x) = x^2,\ g(x) = e^x$

$(x^2)' = 2x$
$(e^x)' = e^x$
e^x でくくりました！

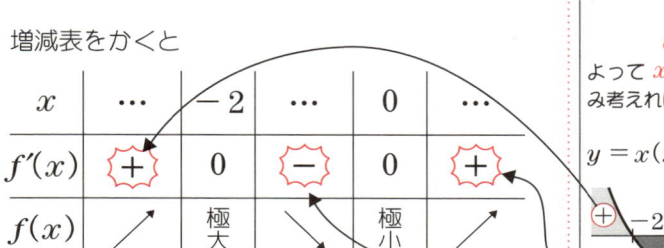

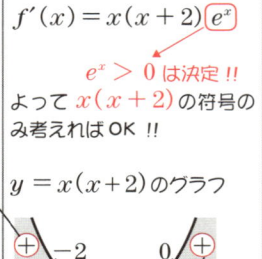

$f'(x) = x(x+2)\boxed{e^x}$
$e^x > 0$ は決定!!
よって $x(x+2)$ の符号のみ考えればOK!!

$y = x(x+2)$ のグラフ

増減表をかくと

x	$\cdots$	-2	$\cdots$	0	$\cdots$
$f'(x)$	$+$	0	$-$	0	$+$
$f(x)$	↗	極大	↘	極小	↗

このとき
$$f(-2) = (-2)^2 \times e^{-2}$$
$$= 4 \times \frac{1}{e^2}$$
$$= \frac{4}{e^2}$$

$e^{-2} = \dfrac{1}{e^2}$

$$f(0) = 0^2 \times e^0$$
$$= 0$$

$0^2 \times 1 = 0$

さらに
$$\lim_{x \to +\infty} f(x) = \lim_{x \to +\infty} x^2 e^x$$
$$= \infty$$

$x \to +\infty$ のとき
$x^2 \to +\infty$
$e^x \to +\infty$
よって…
$x^2 e^x \to$
$(+\infty) \times (+\infty) = +\infty$

$x = -t$ とおくと
$x \to -\infty$ のとき $t \to +\infty$
$$\lim_{x \to -\infty} f(x) = \lim_{x \to -\infty} x^2 e^x$$
$$= \lim_{t \to +\infty} (-t)^2 e^{-t}$$
$$= \lim_{t \to +\infty} \frac{t^2}{e^t}$$
$$= 0$$

$e^{-t} = \dfrac{1}{e^t}$ です！

p.195 ハートフルな補足 (1) 参照！

$\lim\limits_{x \to +\infty} f(x) = \infty$
（ふつうに増加！）

$\lim\limits_{x \to -\infty} f(x) = 0$ より

以上より，グラフをかくと

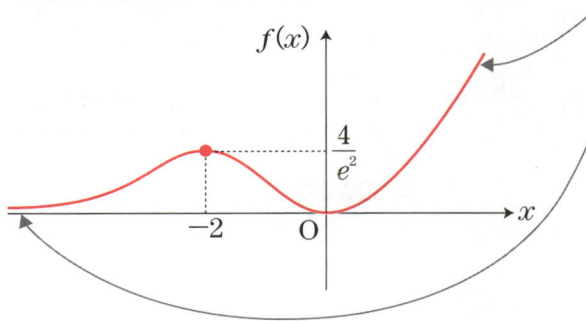

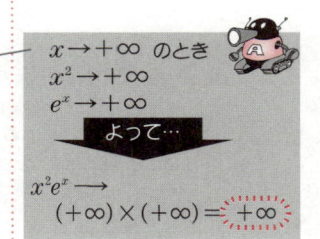

(3) $f(x) = \dfrac{\log x}{x}$

真数条件より $x > 0$

一般に
$\log_a \triangle$ のとき $\triangle > 0$
真数です！

$f'(x) = \dfrac{(\log x)' \times x - (\log x) \times (x)'}{x^2}$

商の微分法
$\left\{\dfrac{f(x)}{g(x)}\right\}' = \dfrac{f'(x)g(x) - f(x)g'(x)}{\{g(x)\}^2}$

$= \dfrac{\dfrac{1}{x} \times x - (\log x) \times 1}{x^2}$

$(\log x)' = \dfrac{1}{x}$

$(x)' = 1$

$= \dfrac{1 - \log x}{x^2}$

$= -\dfrac{\log x - 1}{x^2}$

$f'(x) = -\dfrac{\log x - 1}{x^2}$

前のマイナスに注意しながら、ここの $\log x - 1$ の符号のみを考えればOK!!

$x > 0$ で増減表をかくと

x	0	$\cdots$	e	$\cdots$
$f'(x)$		+	0	−
$f(x)$		↗	極大	↘

$f'(x) = 0$ つまり、
$\log x - 1 = 0$ より
$\log x = 1$
∴ $x = e$

このとき

$f(e) = \dfrac{\log e}{e} = \dfrac{1}{e}$

$0 < x < e$ のとき
$\log x < 1 (= \log e)$
∴ $\log x - 1 < 0$
前のマイナスに注意して
$f'(x) > 0$ となる!!

さらに

$\displaystyle\lim_{x \to +\infty} f(x) = \lim_{x \to +\infty} \dfrac{\log x}{x} = 0$

$\displaystyle\lim_{x \to +0} f(x) = \lim_{x \to +0} \dfrac{\log x}{x} = -\infty$

$e < x$ のとき
$\log x > 1 (= \log e)$
∴ $\log x - 1 > 0$
前のマイナスに注意して
$f'(x) < 0$ となる!!

p.195
ハートフルな補足
(2)(3)参照!!

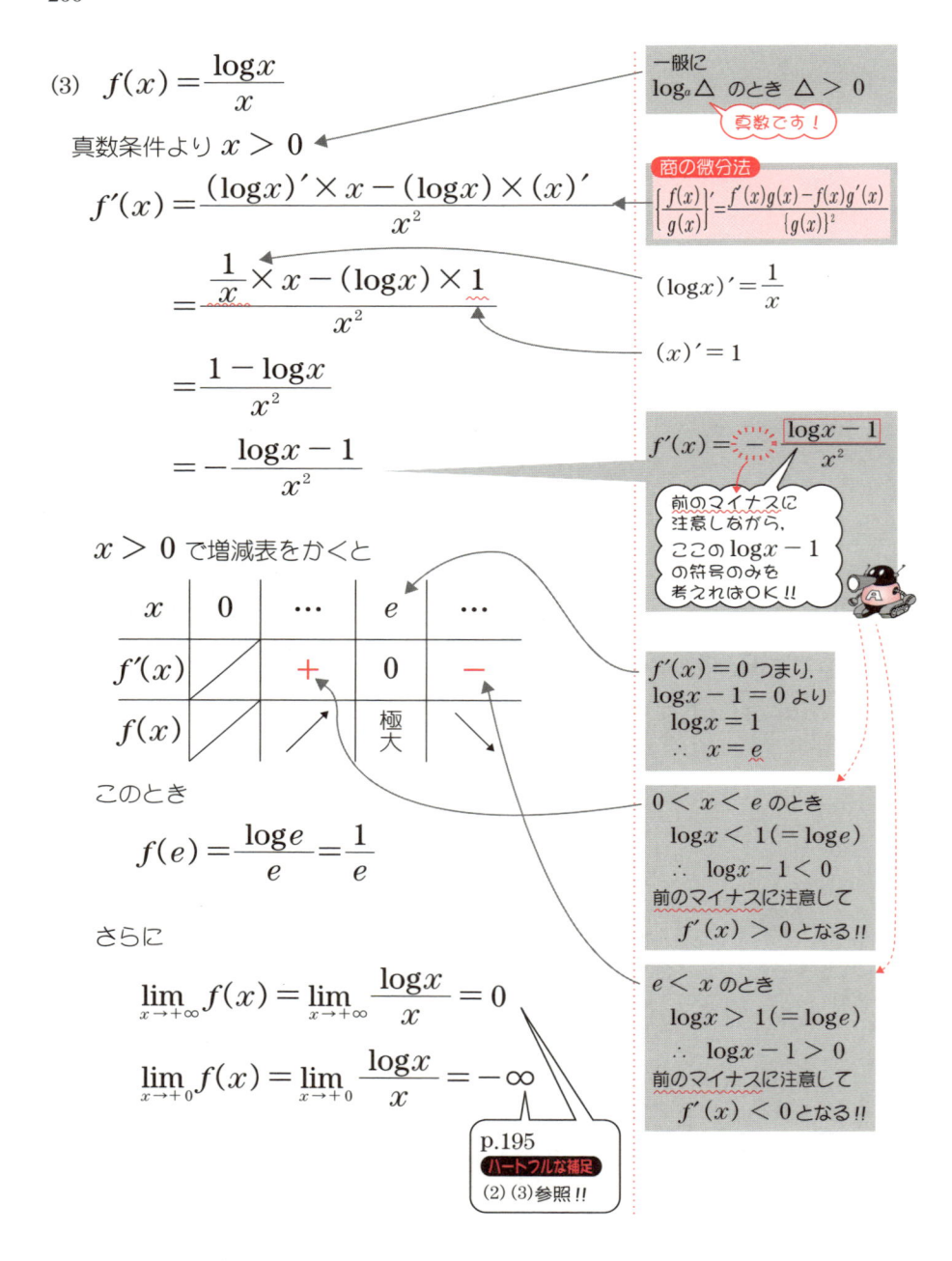

以上より，グラフをかくと

$\lim_{x \to +\infty} f(x) = 0$ より

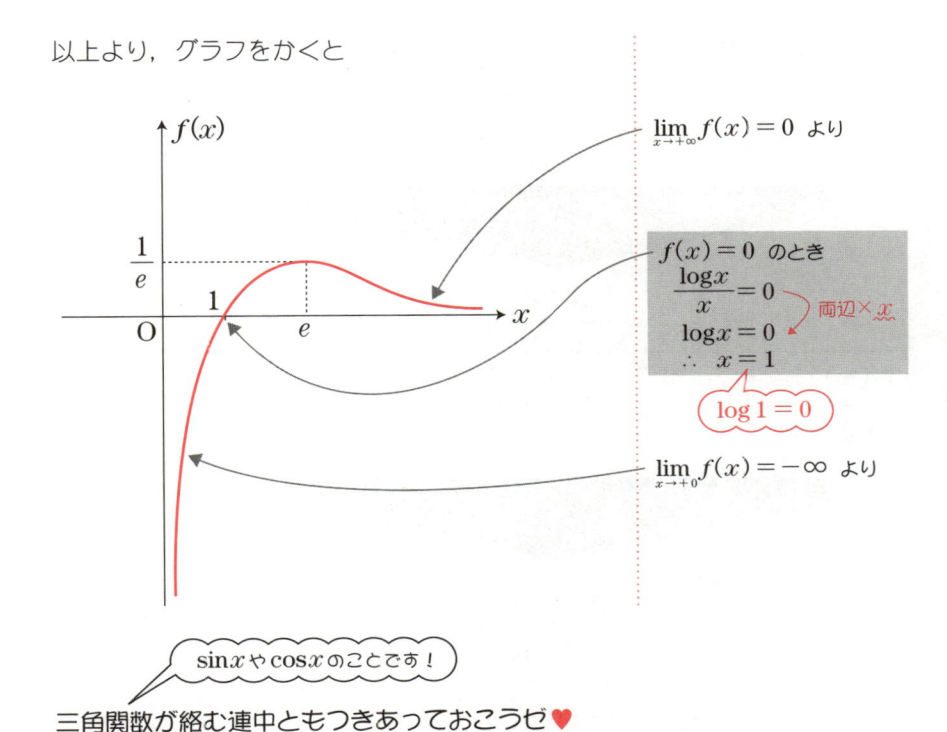

$f(x) = 0$ のとき
$\dfrac{\log x}{x} = 0$
$\log x = 0$
$\therefore\ x = 1$

両辺×x

$\log 1 = 0$

$\lim_{x \to +0} f(x) = -\infty$ より

（$\sin x$ や $\cos x$ のことです！）

三角関数が絡む連中ともつきあっておこうぜ♥

問題 18-4 【標準】

次のグラフの概形をかけ．ただし定義域を $0 \leqq x \leqq 2\pi$ とする．

(1) $f(x) = x\sin x + \cos x$

(2) $f(x) = (1 + \cos x)\sin x$

ナイスな導入!!

基本的には，今までと変わりません！　ただ，$\sin x$ か $\cos x$ が混ざると増減表をかく際，＋や－の判断が少しばかり決定しにくくなるんですよ…。
例えば(2)のお話なんですが…

$f'(x) = (\cos x + 1)(2\cos x - 1)$ となります．

解説参照!!

ちょっとややこしいので作業を分けます

$f'(x) = 0$ のとき

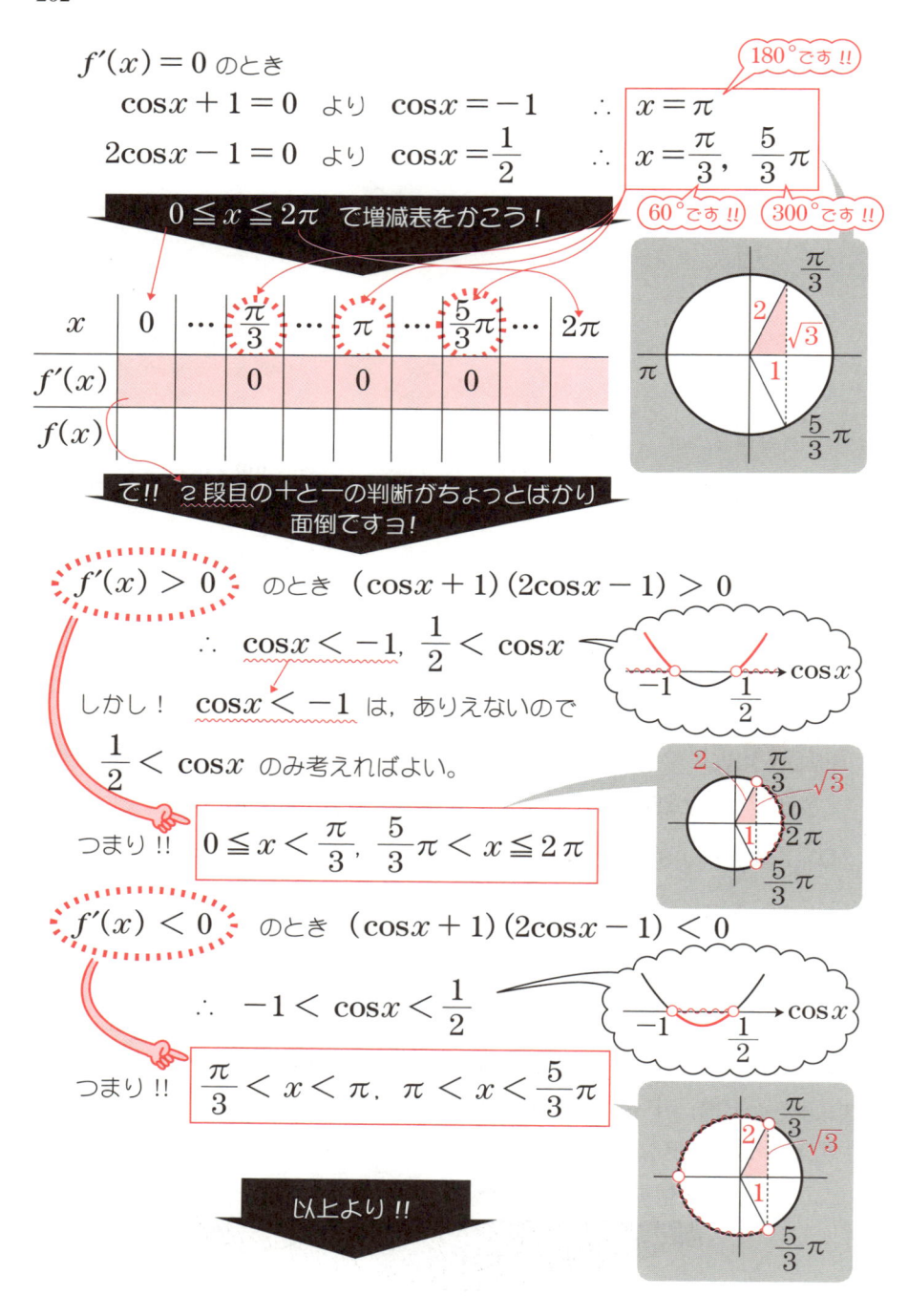

$\cos x + 1 = 0$ より $\cos x = -1$ ∴ $x = \pi$ (180°です!!)

$2\cos x - 1 = 0$ より $\cos x = \dfrac{1}{2}$ ∴ $x = \dfrac{\pi}{3}, \dfrac{5}{3}\pi$ (60°です!!) (300°です!!)

$0 \leqq x \leqq 2\pi$ で増減表をかこう！

x	0	...	$\dfrac{\pi}{3}$	...	π	...	$\dfrac{5}{3}\pi$	...	2π
$f'(x)$			0		0		0		
$f(x)$									

で!! 2段目の＋と－の判断がちょっとばかり面倒ですヨ!

$f'(x) > 0$ のとき $(\cos x + 1)(2\cos x - 1) > 0$

∴ $\cos x < -1, \dfrac{1}{2} < \cos x$

しかし！ $\cos x < -1$ は，ありえないので

$\dfrac{1}{2} < \cos x$ のみ考えればよい。

つまり!! $\boxed{0 \leqq x < \dfrac{\pi}{3}, \dfrac{5}{3}\pi < x \leqq 2\pi}$

$f'(x) < 0$ のとき $(\cos x + 1)(2\cos x - 1) < 0$

∴ $-1 < \cos x < \dfrac{1}{2}$

つまり!! $\boxed{\dfrac{\pi}{3} < x < \pi, \pi < x < \dfrac{5}{3}\pi}$

以上より!!

Theme 18 グラフをかこう！誕生編

x	0	$\cdots$	$\dfrac{\pi}{3}$	$\cdots$	π	$\cdots$	$\dfrac{5}{3}\pi$	$\cdots$	2π
$f'(x)$	$+$	$+$	0	$-$	0	$-$	0	$+$	$+$
$f(x)$									

$0 \leqq x < \dfrac{\pi}{3}$ では $f'(x) > 0$

$\dfrac{\pi}{3} < x < \pi$ では $f'(x) < 0$

$\pi < x < \dfrac{5}{3}\pi$ では $f'(x) < 0$

$\dfrac{5}{3}\pi < x \leqq 2\pi$ では $f'(x) > 0$

続きは、解答にて!!

解答でござる

積の微分法
$\{f(x)g(x)\}' = f'(x)g(x) + f(x)g'(x)$
この場合
$f(x) = x,\ g(x) = \sin x$

(1) $f(x) = x\sin x + \cos x$
$f'(x) = (x)'\sin x + x(\sin x)' - \sin x$
$= 1 \times \sin x + x \times \cos x - \sin x$
$= \sin x + x\cos x - \sin x$
$= x\cos x$

$(\sin x)' = \cos x$
$(x)' = 1$

$f'(x) = x\cos x = 0$ のとき
$0 \leqq x \leqq 2\pi$ より
$x = 0,\ \dfrac{\pi}{2},\ \dfrac{3}{2}\pi$

$x = 0$ より $\cos x = 0$ より

$0 \leqq x \leqq 2\pi$ で増減表をかくと

x	0	$\cdots$	$\dfrac{\pi}{2}$	$\cdots$	$\dfrac{3}{2}\pi$	$\cdots$	2π
$f'(x)$	0	$+$	0	$-$	0	$+$	$+$
$f(x)$	1	↗	$\dfrac{\pi}{2}$	↘	$-\dfrac{3}{2}\pi$	↗	1

$f'(x) = x\cos x$
$0 \leqq x \leqq 2\pi$ より
$x < 0$ とならない！
よって $f'(x) > 0$ のとき
$x \neq 0$ かつ $\cos x > 0$

$x = 0$ のとき $f'(x) = 0$ となる！

$\cos x > 0$ より
$0 \leqq x < \dfrac{\pi}{2},\ \dfrac{3}{2}\pi < x \leqq 2\pi$

ところが $x \neq 0$ から
$0 < x < \dfrac{\pi}{2},\ \dfrac{3}{2}\pi < x \leqq 2\pi$

$f'(x) < 0$ のとき
$\cos x < 0$ より
$\dfrac{\pi}{2} < x < \dfrac{3}{2}\pi$

$x \geqq 0$ は決定してるから $\cos x < 0$ のみ考えればよい！

詳しくは ナイスな導入!! を見よ！

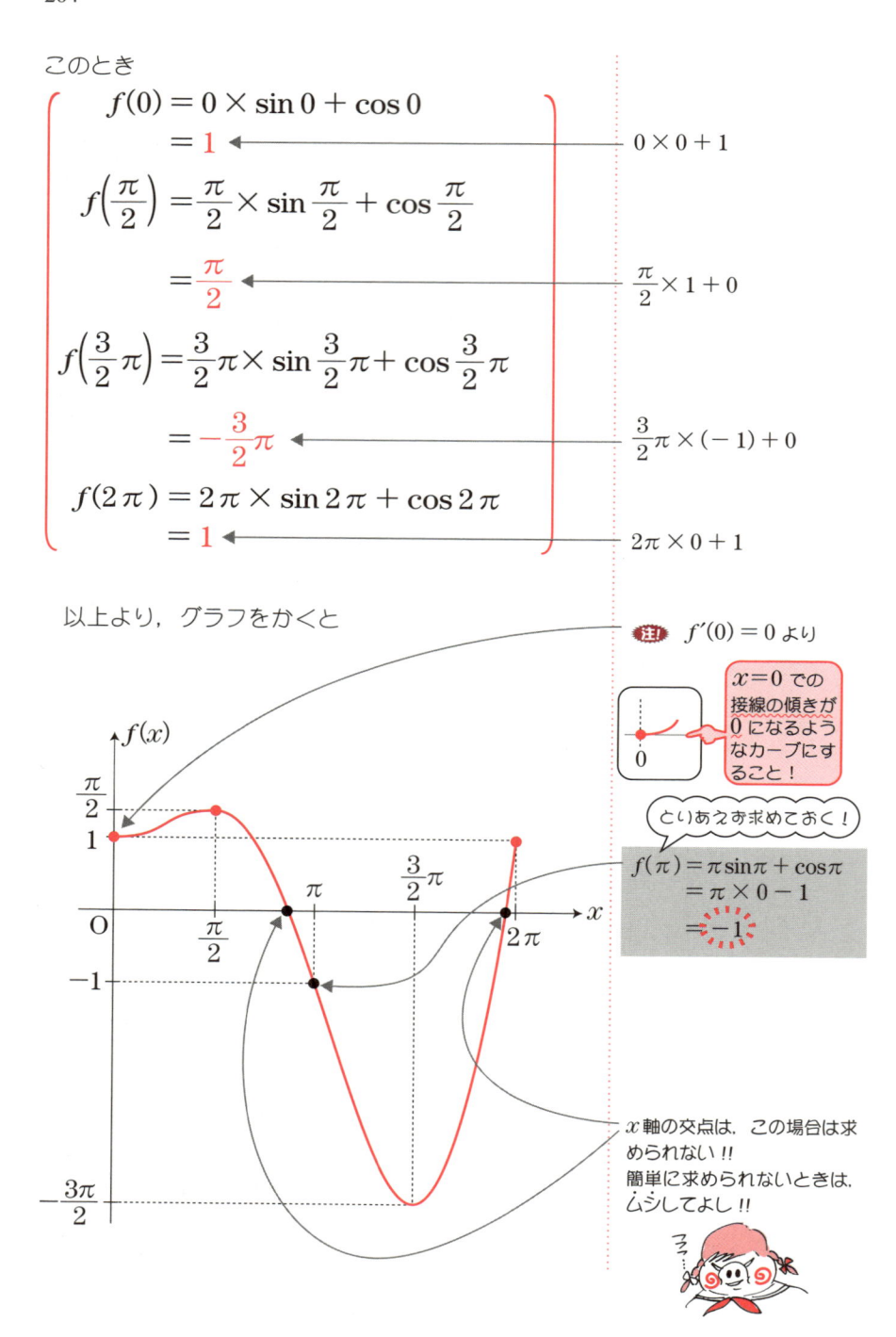

このとき

$$f(0) = 0 \times \sin 0 + \cos 0$$
$$= 1 \quad \longleftarrow \quad 0 \times 0 + 1$$

$$f\left(\frac{\pi}{2}\right) = \frac{\pi}{2} \times \sin \frac{\pi}{2} + \cos \frac{\pi}{2}$$
$$= \frac{\pi}{2} \quad \longleftarrow \quad \frac{\pi}{2} \times 1 + 0$$

$$f\left(\frac{3}{2}\pi\right) = \frac{3}{2}\pi \times \sin \frac{3}{2}\pi + \cos \frac{3}{2}\pi$$
$$= -\frac{3}{2}\pi \quad \longleftarrow \quad \frac{3}{2}\pi \times (-1) + 0$$

$$f(2\pi) = 2\pi \times \sin 2\pi + \cos 2\pi$$
$$= 1 \quad \longleftarrow \quad 2\pi \times 0 + 1$$

以上より，グラフをかくと

注! $f'(0) = 0$ より

$x=0$ での接線の傾きが 0 になるようなカーブにすること！

とりあえず求めておく！

$f(\pi) = \pi \sin \pi + \cos \pi$
$= \pi \times 0 - 1$
$= -1$

x 軸の交点は，この場合は求められない!!
簡単に求められないときは，ムシしてよし!!

(2) $f(x) = (1+\cos x)\sin x$
$f'(x) = (1+\cos x)'\sin x + (1+\cos x)(\sin x)'$
$= (-\sin x) \times \sin x + (1+\cos x) \times \cos x$
$= -\sin^2 x + \cos x + \cos^2 x$
$= -(1-\cos^2 x) + \cos x + \cos^2 x$
$= 2\cos^2 x + \cos x - 1$
$= (\cos x + 1)(2\cos x - 1)$

$0 \leqq x \leqq 2\pi$ で増減表をかくと

x	0	$\cdots$	$\dfrac{\pi}{3}$	$\cdots$	π	$\cdots$	$\dfrac{5}{3}\pi$	$\cdots$	2π
$f'(x)$	$+$	$+$	0	$-$	0	$-$	0	$+$	$+$
$f(x)$	0	↗	$\dfrac{3\sqrt{3}}{4}$	↘	0	↘	$-\dfrac{3\sqrt{3}}{4}$	↗	0

積の微分法
$\{f(x)g(x)\}' = f'(x)g(x) + f(x)g'(x)$
この場合
$f(x) = 1+\cos x$
$g(x) = \sin x$

$(1+\cos x)' = -\sin x$
$(\sin x)' = \cos x$

因数分解しました！

$f'(x) = (\cos x + 1)(2\cos x - 1) = 0$
のとき、$0 \leqq x \leqq 2\pi$ より
$x = \dfrac{\pi}{3},\ \pi,\ \dfrac{5}{3}\pi$

$2\cos x - 1 = 0$ より
$\cos x = \dfrac{1}{2}$ から！

$\cos x + 1 = 0$ より
$\cos x = -1$ から！

$f'(x)$ の符号については
ナイスな導入!! 参照!!

このとき

$\left\{\begin{array}{l}
f(0) = (1+\cos 0) \times \sin 0 \\
\quad = 0 \\
f\left(\dfrac{\pi}{3}\right) = \left(1+\cos\dfrac{\pi}{3}\right) \times \sin\dfrac{\pi}{3} \\
\quad = \dfrac{3\sqrt{3}}{4} \\
f(\pi) = (1+\cos\pi) \times \sin\pi \\
\quad = 0 \\
f\left(\dfrac{5}{3}\pi\right) = \left(1+\cos\dfrac{5}{3}\pi\right) \times \sin\dfrac{5}{3}\pi \\
\quad = -\dfrac{3\sqrt{3}}{4} \\
f(2\pi) = (1+\cos 2\pi) \times \sin 2\pi \\
\quad = 0
\end{array}\right.$

$(1+1) \times 0$

$\left(1+\dfrac{1}{2}\right) \times \dfrac{\sqrt{3}}{2}$

$(1-1) \times 0$

$\left(1+\dfrac{1}{2}\right) \times \left(-\dfrac{\sqrt{3}}{2}\right)$

$(1+1) \times 0$

以上より，グラフをかくと

注! $f'(\pi)=0$ より

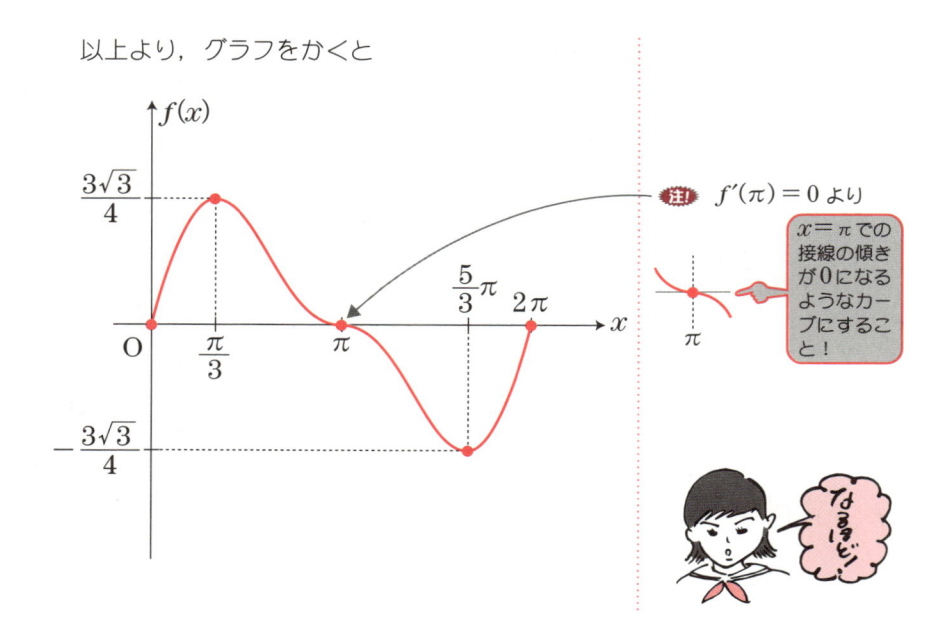

$x=\pi$ での接線の傾きが0になるようなカーブにすること！

プロフィール

浜畑直次郎（43才）
ハマハタナオジロウ

　生真面目なサラリーマン。郊外の庭付きマイホームから長距離出勤の毎日。並外れたモミアゲのボリュームから，人呼んで『モミー』。
　見るからに運が悪そうな奴。

Theme 19 グラフをかこう!! 激闘編

ご挨拶がわりに例題めいた品を!

問題 19-1 ちょいムズ

関数 $f(x) = \dfrac{3}{x(x-2)}$ について,次の各問いに答えよ。

(1) $\lim\limits_{x \to +0} f(x)$ を求めよ。

(2) $\lim\limits_{x \to -0} f(x)$ を求めよ。

(3) $\lim\limits_{x \to 2+0} f(x)$ を求めよ。

(4) $\lim\limits_{x \to 2-0} f(x)$ を求めよ。

(5) グラフの概形をかけ。

(6) 漸近線をすべて答えよ。

ナイスな導入!!

分母 = 0 となるときの x に注意するべし!!

この場合…

分母 = $x(x-2) = 0$ ∴ $x = 0, 2$ 　要注意人物たち

そこで,(1)～(4)の準備問題があるわけですが…
さて,どんなドラマが待っているのでしょうか!?

(1)～(4) で

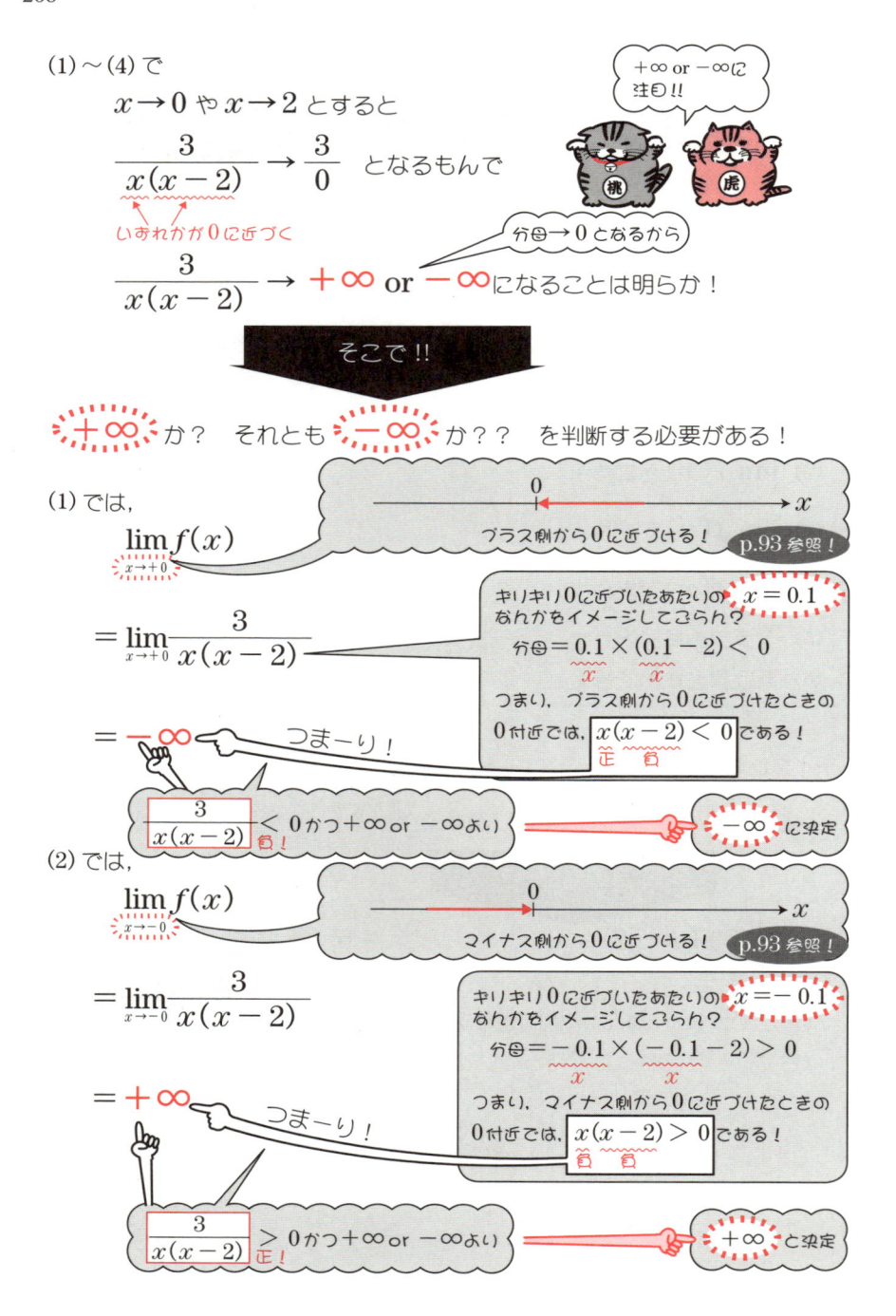

$x \to 0$ や $x \to 2$ とすると

$\dfrac{3}{x(x-2)} \to \dfrac{3}{0}$ となるもんで

いずれかが0に近づく

分母→0となるから

+∞ or -∞に注目!!

$\dfrac{3}{x(x-2)} \to +\infty \text{ or } -\infty$ になることは明らか！

そこで!!

+∞ か？ それとも **-∞** か？？ を判断する必要がある！

(1) では，

$\displaystyle\lim_{x \to +0} f(x)$

プラス側から0に近づける！ p.93 参照！

$= \displaystyle\lim_{x \to +0} \dfrac{3}{x(x-2)}$

キリキリ0に近づいたあたりのなんかをイメージしてごらん？ $x = 0.1$

分母 $= 0.1 \times (0.1 - 2) < 0$

つまり，プラス側から0に近づけたときの0付近では，$x(x-2) < 0$ である！

$= -\infty$ つまーり！

$\dfrac{3}{x(x-2)} < 0$ かつ +∞ or -∞ より **-∞** に決定

(2) では，

$\displaystyle\lim_{x \to -0} f(x)$

マイナス側から0に近づける！ p.93 参照！

$= \displaystyle\lim_{x \to -0} \dfrac{3}{x(x-2)}$

キリキリ0に近づいたあたりのなんかをイメージしてごらん？ $x = -0.1$

分母 $= -0.1 \times (-0.1 - 2) > 0$

つまり，マイナス側から0に近づけたときの0付近では，$x(x-2) > 0$ である！

$= +\infty$ つまーり！

$\dfrac{3}{x(x-2)} > 0$ かつ +∞ or -∞ より **+∞** と決定

(3) では

$$\lim_{x \to 2+0} f(x)$$

プラス側から2に近づける！ p.95 参照！

$$= \lim_{x \to 2+0} \frac{3}{x(x-2)}$$

キリキリ2に近づいたあたりのなんかをイメージしてみぃ？ $x = 2.1$

分母 $= \underbrace{2.1}_{x} \times \underbrace{(2.1-2)}_{x} > 0$

つまり，プラス側から2に近づくときの2付近では，$\underbrace{x}_{正}\underbrace{(x-2)}_{正} > 0$ である！

$= +\infty$

つまーり!!

$\boxed{\dfrac{3}{\underbrace{x(x-2)}_{正!}}} > 0$ かつ $+\infty$ or $-\infty$ より

$+\infty$ に決定！

(4) では，

$$\lim_{x \to 2-0} f(x)$$

マイナス側から2に近づける！ p.95 参照！

$$= \lim_{x \to 2-0} \frac{3}{x(x-2)}$$

キリキリ2に近づいたあたりのなんかをイメージしてみそ！ $x = 1.9$

分母 $= \underbrace{1.9}_{x} \times \underbrace{(1.9-2)}_{x} < 0$

つまり，マイナス側から2に近づくときの2付近では，$\underbrace{x}_{正}\underbrace{(x-2)}_{負} < 0$ である！

$= -\infty$

つまーり!!

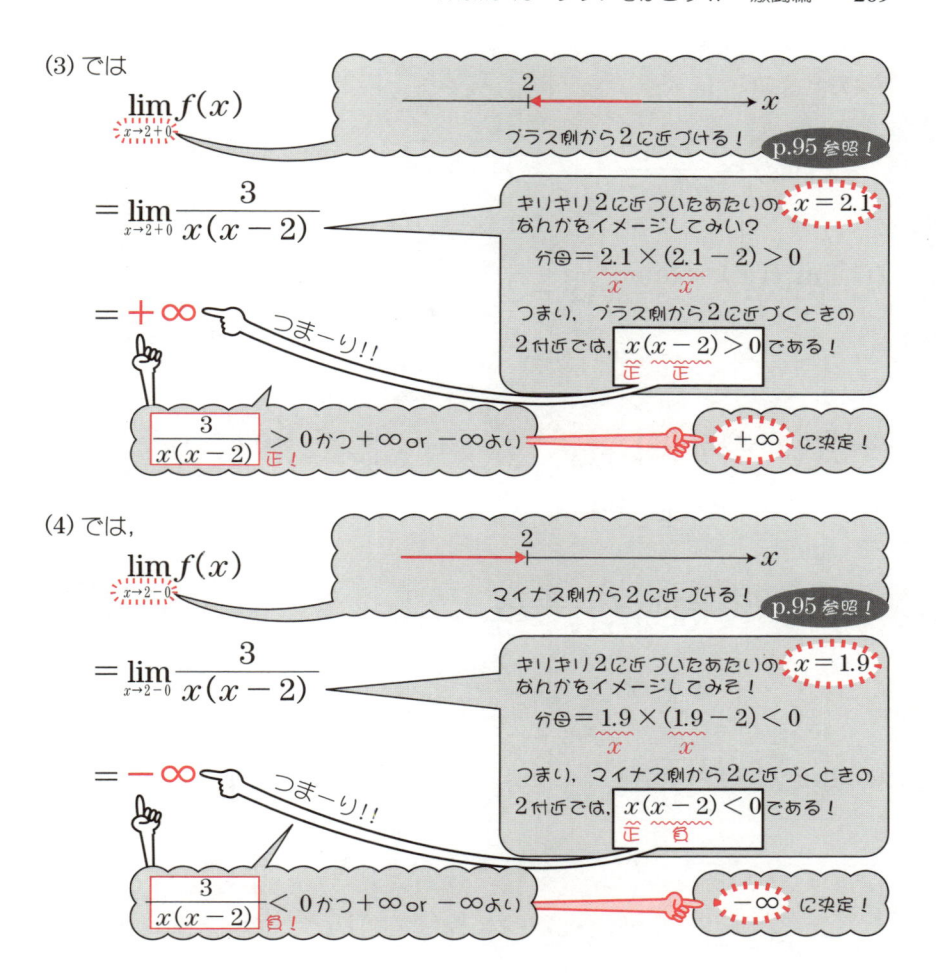

$\boxed{\dfrac{3}{\underbrace{x(x-2)}_{負!}}} < 0$ かつ $+\infty$ or $-\infty$ より

$-\infty$ に決定！

(5)は，解答参照！

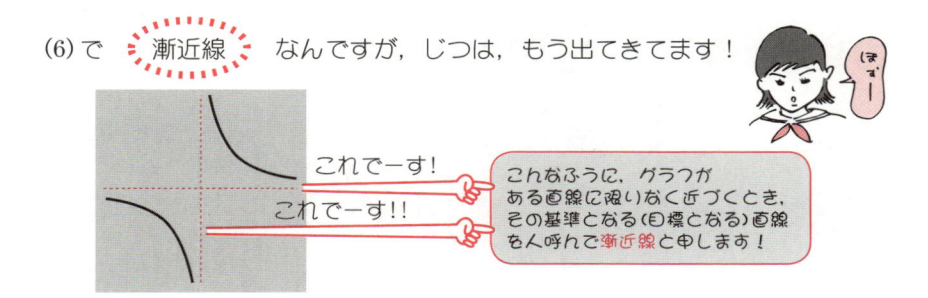

(6)で 漸近線 なんですが，じつは，もう出てきてます！

これでーす！

これでーす!!

こんなふうに，グラフがある直線に限りなく近づくとき，その基準となる（目標となる）直線を人呼んで漸近線と申します！

解答でござる

$$f(x) = \dfrac{3}{x(x-2)}$$

分母＝0とするxは
$x = 0, \ 2$
必ず漸近線になります!!

(1) $\displaystyle\lim_{x \to +0} f(x) = \lim_{x \to +0} \dfrac{3}{x(x-2)}$

$\qquad\qquad = -\infty \ \cdots$ (答)

ナイスな導入!! 参照！
$x = 0.1$ あたりをイメージせよ！
$\dfrac{3}{x(x-2)} < 0$
正　負

(2) $\displaystyle\lim_{x \to -0} f(x) = \lim_{x \to -0} \dfrac{3}{x(x-2)}$

$\qquad\qquad = +\infty \ \cdots$ (答)

ナイスな導入!! 参照！
$x = -0.1$ あたりをイメージせよ！
$\dfrac{3}{x(x-2)} > 0$
負　負

(3) $\displaystyle\lim_{x \to 2+0} f(x) = \lim_{x \to 2+0} \dfrac{3}{x(x-2)}$

$\qquad\qquad = +\infty \ \cdots$ (答)

ナイスな導入!! 参照！
$x = 2.1$ あたりをイメージせよ！
$\dfrac{3}{x(x-2)} > 0$
正　正

(4) $\displaystyle\lim_{x \to 2-0} f(x) = \lim_{x \to 2-0} \dfrac{3}{x(x-2)}$

$\qquad\qquad = -\infty \ \cdots$ (答)

ナイスな導入!! 参照！
$x = 1.9$ あたりをイメージせよ！
$\dfrac{3}{x(x-2)} < 0$
正　負

(5) $f'(x) = \dfrac{(3)' \times x(x-2) - 3 \times \{x(x-2)\}'}{\{x(x-2)\}^2}$

$\qquad = \dfrac{0 \times x(x-2) - 3 \times (2x-2)}{x^2(x-2)^2}$

$\qquad = \dfrac{-6(x-1)}{x^2(x-2)^2}$

商の微分法

$\left\{\dfrac{f(x)}{g(x)}\right\}' = \dfrac{f'(x)g(x) - f(x)g'(x)}{\{g(x)\}^2}$

この場合 $f(x) = 3$, $g(x) = x(x-2)$

$(3)' = 0$
定数！

$\{x(x-2)\}'$
$= (x^2 - 2x)' = 2x - 2$

$\dfrac{-3(2x-2)}{x^2(x-2)^2}$

$= \dfrac{-6(x-1)}{x^2(x-2)^2}$

増減表をかくと,

Theme 19 グラフをかこう!! 激闘編 211

分母 ≠ 0 より x ≠ 0, 2

x	$\cdots$	0	$\cdots$	1	$\cdots$	2	$\cdots$
$f'(x)$	+		+	0	−		−
$f(x)$	↗		↗	極大	↘		↘

$x ≠ 0, 2$ のとき
$$f'(x) = \frac{-6(x-1)}{x^2(x-2)^2}$$
必ず正!
$-6(x-1)$ の部分のみの符号を考えればOK!!

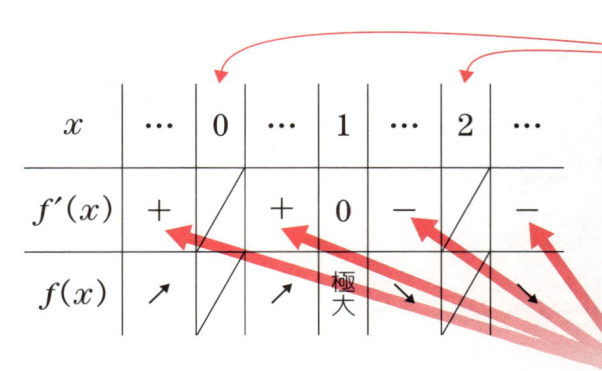

つまーり!
$x < 1$ のとき $f'(x) > 0$
$x > 1$ のとき $f'(x) < 0$

このとき
$$f(1) = \frac{3}{1 \times (1-2)} = \frac{3}{-1} = -3$$

さらに
$$\lim_{x \to \pm\infty} f(x) = \lim_{x \to \pm\infty} \frac{3}{x(x-2)} = 0$$

$x \to \pm\infty$ のとき
分母 $\to \infty$ より
$\lim_{x \to \pm\infty} f(x) = 0$ は明らか!

以上より,グラフをかくと

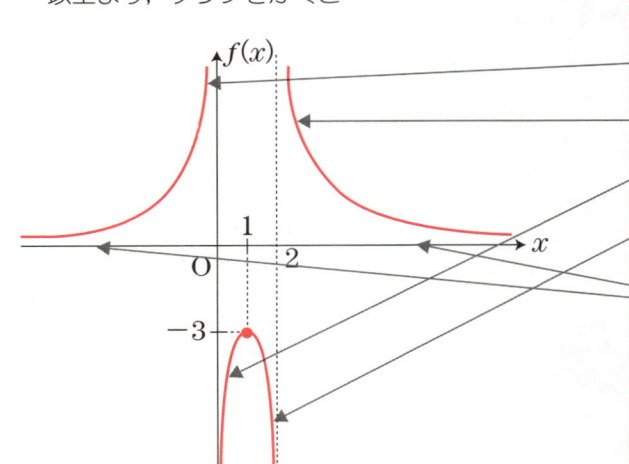

(2)より $\lim_{x \to -0} f(x) = +\infty$
(3)より $\lim_{x \to 2+0} f(x) = +\infty$
(1)より $\lim_{x \to +0} f(x) = -\infty$
(4)より $\lim_{x \to 2-0} f(x) = -\infty$
$\lim_{x \to \pm\infty} f(x) = 0$

(6) (5)のグラフより,漸近線は,
$$\begin{cases} x = 0 \\ x = 2 \\ y = 0 \end{cases} \cdots (答)$$

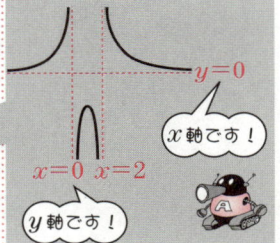

$y = 0$ x軸です!
$x = 0$ $x = 2$
y軸です!

斜めの漸近線もあるんだよ ♥

問題 19-2 　　　　　　　　　　　　　　　　　　ちょいムズ

関数 $y = \dfrac{x^2 - 2x + 2}{x - 1}$ について各問いに答えよ。

(1) 漸近線をすべて求めよ。
(2) グラフの概形をかけ。

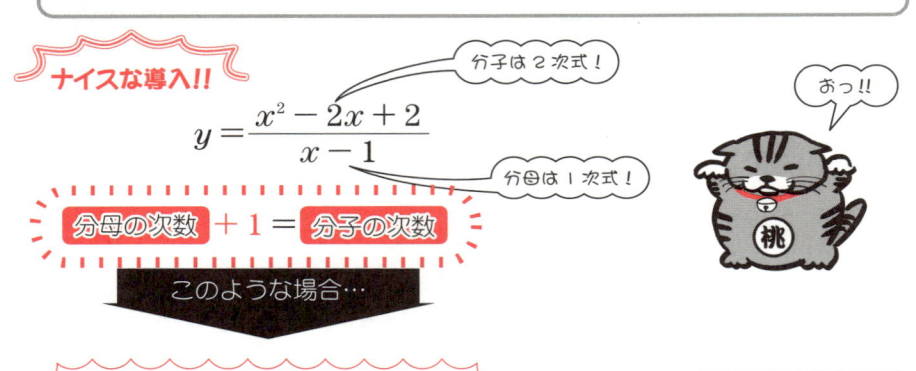

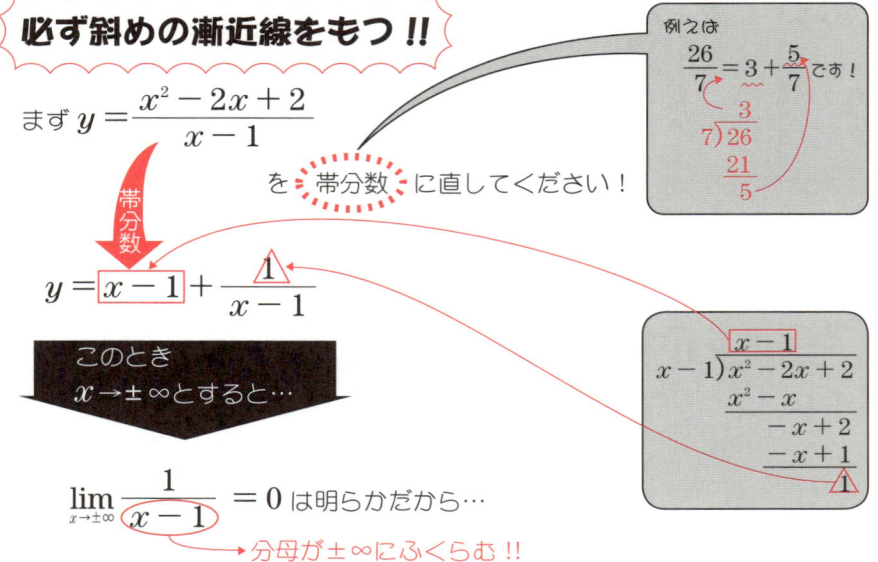

ナイスな導入!!

$$y = \dfrac{x^2 - 2x + 2}{x - 1}$$

分子は2次式！
分母は1次式！

おっ!!

分母の次数 $+1=$ 分子の次数

このような場合…

必ず斜めの漸近線をもつ!!

まず $y = \dfrac{x^2 - 2x + 2}{x - 1}$ を　帯分数　に直してください！

例えば
$$\dfrac{26}{7} = 3 + \dfrac{5}{7} \text{ です！}$$

$$\begin{array}{r} 3 \\ 7 \overline{)26} \\ \underline{21} \\ 5 \end{array}$$

帯分数

$$y = \boxed{x - 1} + \dfrac{\triangle\, 1}{x - 1}$$

$$\begin{array}{r} x - 1 \\ x-1 \overline{)x^2 - 2x + 2} \\ \underline{x^2 - x} \\ -x + 2 \\ \underline{-x + 1} \\ \triangle\, 1 \end{array}$$

このとき $x \to \pm\infty$ とすると…

$\displaystyle\lim_{x \to \pm\infty} \dfrac{1}{\underline{x - 1}} = 0$ は明らかだから…

→ 分母が $\pm\infty$ にふくらむ!!

$$y = x - 1 + \boxed{\dfrac{1}{x-1}}$$ すると… $y = \underline{x - 1}$

$\dfrac{1}{x-1}$ → 0に近づく

$x-1$ → 残る!!

ん…!?

つまーり!!

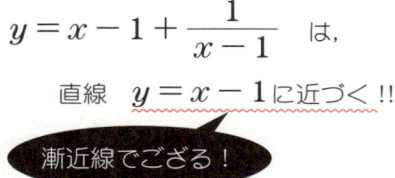

$y = x - 1 + \dfrac{1}{x-1}$ は,

直線 $y = x - 1$ に近づく!!

漸近線でござる！

あとは，前問 問題 19-1 と同じでーす!! では早速！

解答でござる

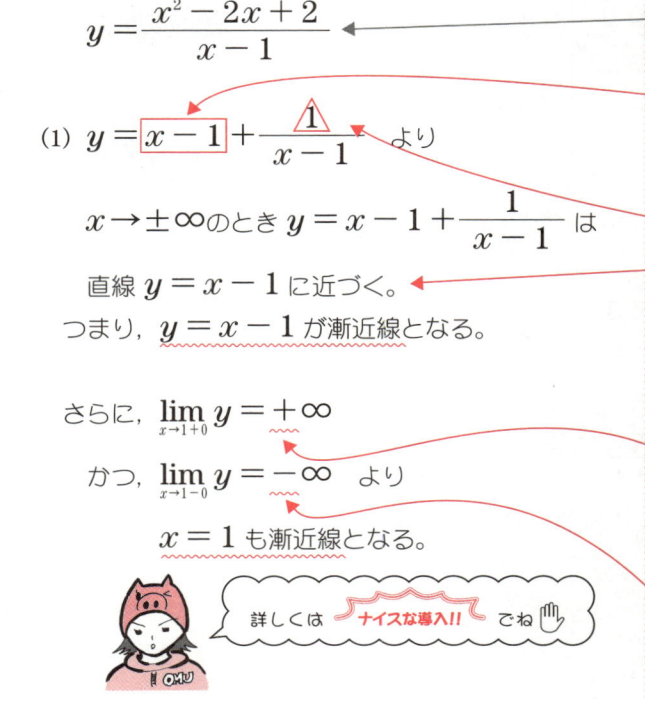

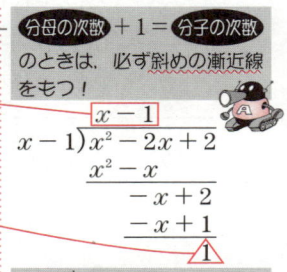

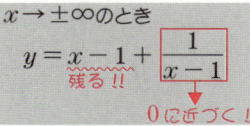

$$y = \dfrac{x^2 - 2x + 2}{x - 1}$$

分母の次数 + 1 = 分子の次数 のときは，必ず斜めの漸近線をもつ！

$$\begin{array}{r} x - 1 \\ x-1 \overline{\smash{\big)}\, x^2 - 2x + 2} \\ \underline{x^2 - x} \\ -x + 2 \\ \underline{-x + 1} \\ 1 \end{array}$$

(1) $y = \boxed{x - 1} + \dfrac{\boxed{1}}{x - 1}$ より

$x \to \pm\infty$ のとき $y = x - 1 + \dfrac{1}{x-1}$ は

直線 $y = x - 1$ に近づく。

つまり，$y = x - 1$ が漸近線となる。

$x \to \pm\infty$ のとき
$y = x - 1 + \dfrac{1}{x-1}$
残る!! → 0に近づく！

さらに，$\displaystyle\lim_{x \to 1+0} y = +\infty$

かつ，$\displaystyle\lim_{x \to 1-0} y = -\infty$ より

$x = 1$ も漸近線となる。

$x \to 1$ とすると 分母→0 より
$y \to +\infty$ or $y \to -\infty$ は明らか！
$x = 1.1$ あたりをイメージせよ！
$x \to 1+0$ のとき 分子は必ず正！
$$y = \dfrac{(x-1)^2 + 1}{x - 1} > 0$$
正!!

$x = 0.9$ あたりをイメージせよ！
$x \to 1-0$ のとき 分子は必ず正！
$$y = \dfrac{(x-1)^2 + 1}{x - 1} < 0$$
負!!

詳しくは ナイスな導入!! でね

以上より，求めるべき漸近線は

$$\begin{cases} y = x - 1 \\ x = 1 \end{cases}$$ …(答)

(2) $y' = \dfrac{(x^2-2x+2)' \times (x-1) - (x^2-2x+2) \times (x-1)'}{(x-1)^2}$ ← 商の微分法

$$\left\{\dfrac{f(x)}{g(x)}\right\}' = \dfrac{f'(x)g(x) - f(x)g'(x)}{\{g(x)\}^2}$$

$= \dfrac{(2x-2)(x-1) - (x^2-2x+2) \times 1}{(x-1)^2}$

$(x^2 - 2x + 2)' = 2x - 2$
$(x - 1)' = 1$

$= \dfrac{x^2 - 2x}{(x-1)^2}$

$= \dfrac{x(x-2)}{(x-1)^2}$

$x \ne 1$ のとき
$y' = \dfrac{x(x-2)}{(x-1)^2}$
分母は必ず正 !!

$x(x-2)$ の部分のみの符号を考えれば OK !!

つまーり!!

$y = x(x-2)$ のグラフは…

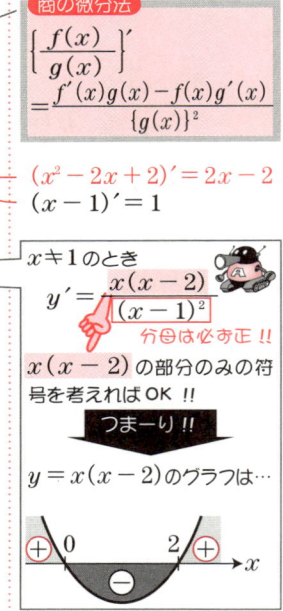

増減表をかくと

x	…	0	…	1	…	2	…
y'	+	0	−		−	0	+
y	↗	極大	↘		↘	極小	↗

ここで

$x = 0$ のとき
$y = \dfrac{0^2 - 2 \times 0 + 2}{0 - 1} = \dfrac{2}{-1} = -2$

$x = 2$ のとき
$y = \dfrac{2^2 - 2 \times 2 + 2}{2 - 1} = \dfrac{2}{1} = 2$

$y = \dfrac{x^2 - 2x + 2}{x - 1}$ ですヨ!

(1)で求めた漸近線にも注意してグラフをかくと

Theme 19 グラフをかこう!! 激闘編

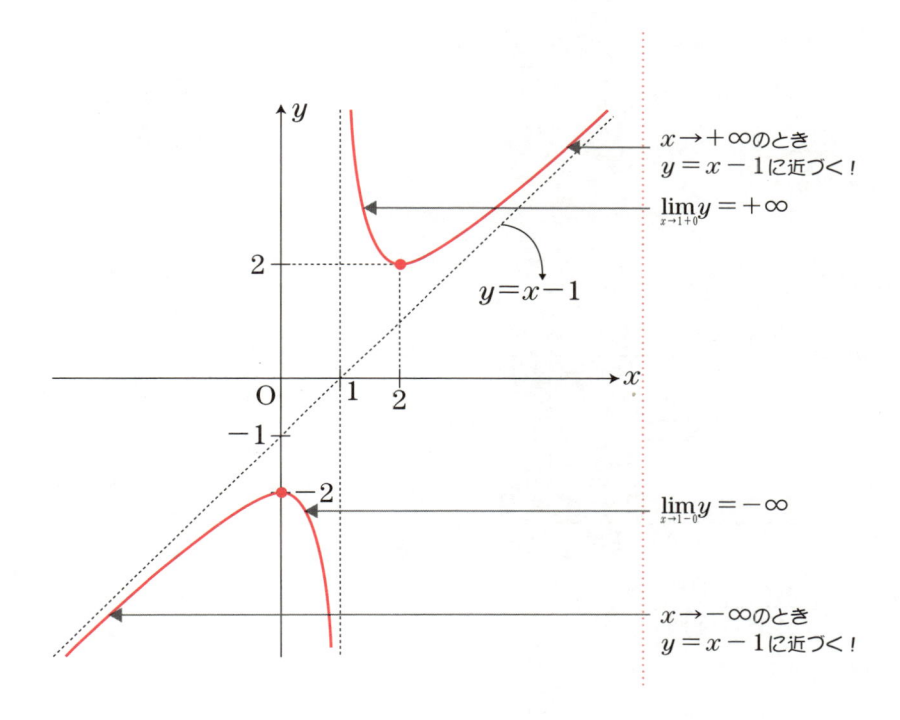

図中注釈:
- $x \to +\infty$ のとき $y = x - 1$ に近づく！
- $\lim_{x \to 1+0} y = +\infty$
- $y = x - 1$
- $\lim_{x \to 1-0} y = -\infty$
- $x \to -\infty$ のとき $y = x - 1$ に近づく！

さて，バンバン練習しまくりましょう！

問題 19-3 （ちょいムズ）

次のグラフの概形をかけ。

(1) $y = \dfrac{e^x}{(x-1)^2}$

(2) $y = \dfrac{x^3 + 4}{x^2}$

ナイスな導入!!

分母の次数 $+1=$ **分子の次数**

ならば，斜めの漸近線をもつ!!

(2)では，このタイプに属するので斜めの漸近線が出る!!
では，まいりましょう♥

解答でござる

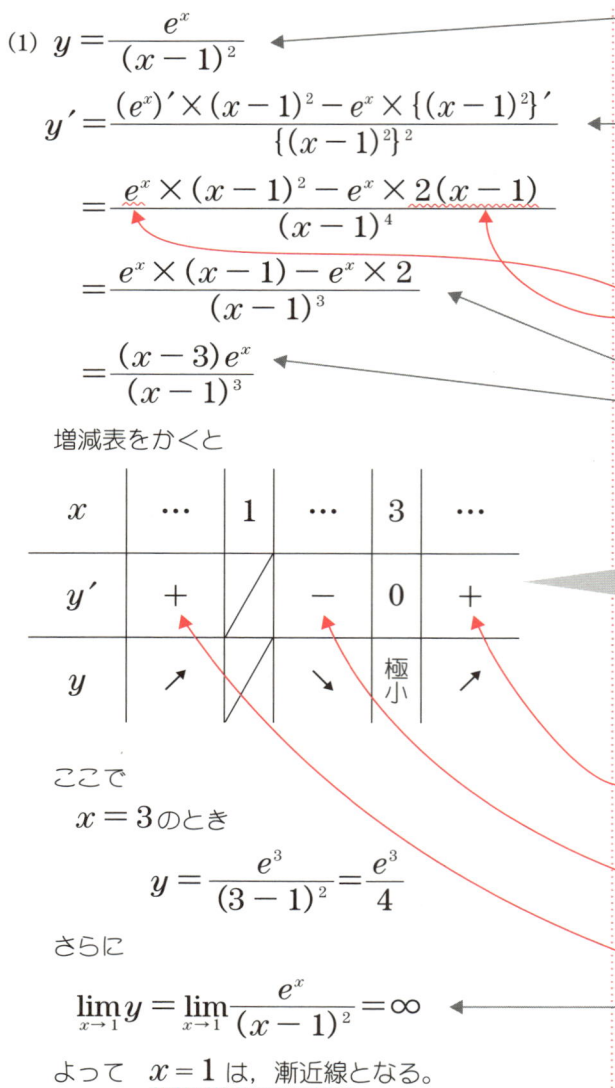

(1) $y = \dfrac{e^x}{(x-1)^2}$ ← 分母＝0 つまり $x=1$ は必ず漸近線！

商の微分法
$\left\{\dfrac{f(x)}{g(x)}\right\}' = \dfrac{f'(x)g(x) - f(x)g'(x)}{\{g(x)\}^2}$

この場合 $f(x) = e^x$, $g(x) = (x-1)^2$

$y' = \dfrac{(e^x)' \times (x-1)^2 - e^x \times \{(x-1)^2\}'}{\{(x-1)^2\}^2}$

$= \dfrac{e^x \times (x-1)^2 - e^x \times 2(x-1)}{(x-1)^4}$

$(e^x)' = e^x$
$\{(x-1)^2\}' = 2(x-1)$

$= \dfrac{e^x \times (x-1) - e^x \times 2}{(x-1)^3}$

$x-1$ で約分！

$= \dfrac{(x-3)e^x}{(x-1)^3}$

分子を e^x でくくる！

増減表をかくと

x	$\cdots$	1	$\cdots$	3	$\cdots$
y'	+	/	−	0	+
y	↗	/	↘	極小	↗

分母 ≠ 0 より $x \neq 1$
$y' = \dfrac{(x-3)\boxed{e^x}}{(x-1)^3}$

$e^x > 0$ に決定！

よって…

$\dfrac{x-3}{(x-1)^{\text{③}}}$ の符号のみ考えればOK！

$(x-1)^2$ ならば必ず正といえるが，$(x-1)^3$ のときはそうはいかないぞ!!

$3 < x$ のとき $\dfrac{\overset{\text{正}}{(x-3)}}{\underset{\text{正}}{(x-1)^3}} > 0$

$1 < x < 3$ のとき $\dfrac{\overset{\text{負}}{(x-3)}}{\underset{\text{正}}{(x-1)^3}} < 0$

$x < 1$ のとき $\dfrac{\overset{\text{負}}{(x-3)}}{\underset{\text{負}}{(x-1)^3}} > 0$

ここで
$x = 3$ のとき

$y = \dfrac{e^3}{(3-1)^2} = \dfrac{e^3}{4}$

さらに

$\displaystyle\lim_{x \to 1} y = \lim_{x \to 1} \dfrac{e^x}{(x-1)^2} = \infty$

$x \to 1+0$ & $x \to 1-0$ ともに
$\dfrac{\overset{\text{正}}{e^x}}{\underset{\text{正}}{(x-1)^2}} > 0$ より $y \to +\infty$

よって $x = 1$ は，漸近線となる。

$$\lim_{x \to -\infty} y = \lim_{x \to -\infty} \frac{e^x}{(x-1)^2} = 0$$

よって $y = 0$（x軸）は，漸近線となる。

$$\left(\lim_{x \to +\infty} y = \lim_{x \to +\infty} \frac{e^x}{(x-1)^2} = \infty \right)$$

以上より，グラフをかくと

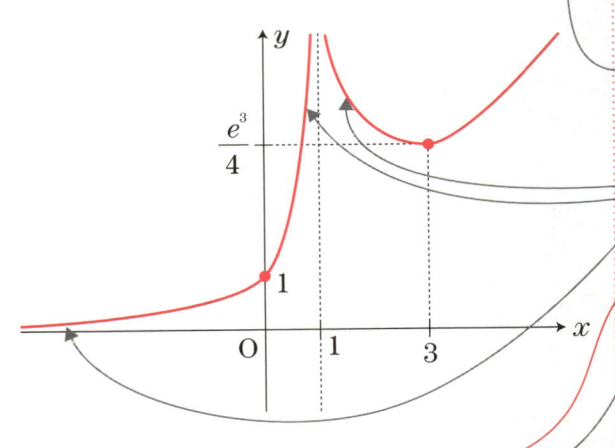

> $x \to -\infty$ のとき
> $$\frac{e^x}{(x-1)^2} \to \frac{e^{-\infty}}{(-\infty-1)^2}$$
> $$= \frac{1}{(\infty+1)^2} \times \frac{1}{e^\infty}$$
> $$= \frac{1}{\infty} \times \frac{1}{\infty}$$
> $$= \frac{1}{\infty}$$
> $$= 0 \qquad e^{-\infty} = \frac{1}{e^\infty}$$
> $$\frac{1}{\{-(\infty+1)\}^2}$$
> などとコッソリ計算用紙にやればすぐ決着がつく！

これから漸近線などの情報は入らないので書かなくてもよろしい！

$\lim_{x \to 1} y = \infty$

$\lim_{x \to -\infty} y = 0$

分母の次数 $+1 =$ 分子の次数 より斜めの漸近線が登場するョ！

分母 $= 0$ つまり $x = 0$ は必ず漸近線となる！

(2) $y = \dfrac{x^3 + 4}{x^2}$

$$y' = \frac{(x^3+4)' \times x^2 - (x^3+4) \times (x^2)'}{(x^2)^2}$$

商の微分法
$$\left[\frac{f(x)}{g(x)}\right]' = \frac{f'(x)g(x) - f(x)g'(x)}{\{g(x)\}^2}$$
この場合 $f(x) = x^3 + 4$
$g(x) = x^2$

$$= \frac{3x^2 \times x^2 - (x^3+4) \times 2x}{x^4}$$

$(x^3+4)' = 3x^2$
$(x^2)' = 2x$

$$= \frac{3x^3 - (x^3+4) \times 2}{x^3}$$

$$= \frac{x^3 - 8}{x^3}$$

$x^3 - 8$
$= x^3 - 2^3$
$= (x-2)(x^2+2x+2^2)$
$= (x-2)(x^2+2x+4)$
重要公式の…
$a^3 - b^3$
$= (a-b)(a^2+ab+b^2)$
ですョ！

$$= \frac{(x-2)(x^2+2x+4)}{x^3}$$

増減表をかくと

x	$\cdots$	0	$\cdots$	2	$\cdots$
y'	$+$	/	$-$	0	$+$
y	↗	/	↘	極小	↗

ここで，$x=2$ のとき
$$y=\frac{2^3+4}{2^2}=\frac{12}{4}=3$$

一方，
$$y=x+\frac{4}{x^2} \text{ と変形できるから}$$

$x \to \pm\infty$ のとき $y=x+\dfrac{4}{x^2}$ は，

直線 $y=x$ に近づく。
つまり $y=x$ は，漸近線となる。
さらに
$$\lim_{x \to 0} y = \lim_{x \to 0} \frac{x^3+4}{x^2} = \infty$$

よって　$x=0$ も漸近線となる。
以上より，グラフをかくと

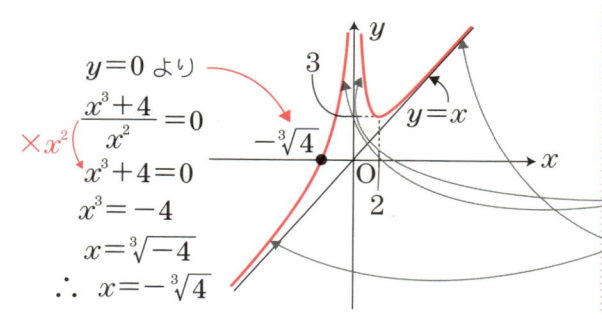

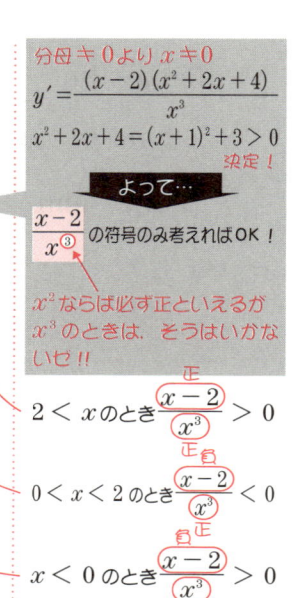

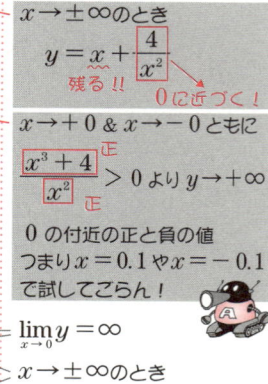

$y=0$ より
$$\frac{x^3+4}{x^2}=0$$
$\times x^2$
$$x^3+4=0$$
$$x^3=-4$$
$$x=\sqrt[3]{-4}$$
$\therefore x=-\sqrt[3]{4}$

分母 ≠ 0 より $x \neq 0$
$$y'=\frac{(x-2)(x^2+2x+4)}{x^3}$$
$x^2+2x+4=(x+1)^2+3>0$　決定！

よって…

$\boxed{\dfrac{x-2}{x^3}}$ の符号のみ考えればOK！

x^2 ならば必ず正といえるが x^3 のときは，そうはいかないゼ!!

$2<x$ のとき $\dfrac{(x-2)^{正}}{x^{3\,正}}>0$

$0<x<2$ のとき $\dfrac{(x-2)^{負}}{x^{3\,正}}<0$

$x<0$ のとき $\dfrac{(x-2)^{負}}{x^{3\,負}}>0$

$$\begin{array}{r}x \\ x^2\overline{)x^3+4} \\ \underline{x^3} \\ 4\end{array}$$ より

$$y=\frac{x^3+4}{x^2}=\boxed{x}+\boxed{\dfrac{4}{x^2}}$$

$x \to \pm\infty$ のとき
$$y=\underline{x}+\boxed{\dfrac{4}{x^2}}$$
残る!!　　0に近づく!

$x \to +0$ & $x \to -0$ ともに
$\dfrac{x^3+4\,^{正}}{x^{2\,正}}>0$ より $y \to +\infty$

0 の付近の正と負の値
つまり $x=0.1$ や $x=-0.1$ で試してごらん！

$\lim_{x \to 0} y = \infty$

$x \to \pm\infty$ のとき $y=x$ に近づく！

Theme 20 極大値と極小値の共演

共演…!?

一発目にふさわしい作品を用意致します♥

問題 20-1　　　　　　　　　　　　　　　　　　　　　　　　　標準

関数 $f(x) = \dfrac{x^2 - ax + a}{x - a}$ が $x = 6$ で極小値をもつとき，定数 a の値を求めよ。

ナイスな導入!!

$x = 6$ で極小値をもつ条件とは…

ズバリ!!

条件その1　$f'(6) = 0$ となーる！　　傾き0

条件その2　$x = 6$ の前後で $f'(x)$ の符号が－から＋に変わる!!

x	$\cdots$	6	$\cdots$
$f'(x)$	$-$	0	$+$
$f(x)$	↘	極小	↗

では，Let's Try !!

解答でござる

$f(x) = \dfrac{x^2 - ax + a}{x - a}$

分母＝0のとき　つまり $x = a$ では漸近線となる！

商の微分法
$$\left\{\dfrac{f(x)}{g(x)}\right\}' = \dfrac{f'(x)g(x) - f(x)g'(x)}{\{g(x)\}^2}$$

$f'(x) = \dfrac{(x^2 - ax + a)'(x - a) - (x^2 - ax + a)(x - a)'}{(x - a)^2}$

この場合 $f(x) = x^2 - ax + a$
$g(x) = x - a$

$$= \frac{(2x-a)(x-a)-(x^2-ax+a)\times 1}{(x-a)^2}$$

$$= \frac{x^2-2ax+a^2-a}{(x-a)^2} \quad \cdots\cdots (*)$$

$x=6$ で極小値をとることから
$f'(6)=0$ となることが必要である。

よって，$(*)$ で，
$f'(6)=0$

$\iff 6^2-2a\times 6+a^2-a=0$

$\iff a^2-13a+36=0$
$(a-4)(a-9)=0$
$\therefore a=4, 9$

(i) $a=4$ のとき $(*)$ は，
$$f'(x)=\frac{x^2-8x+12}{(x-4)^2}$$
$$=\frac{(x-2)(x-6)}{(x-4)^2}$$

増減表をかくと

x	$\cdots$	2	$\cdots$	4	$\cdots$	6	$\cdots$
$f'(x)$	+	0	−	/	−	0	+
$f(x)$	↗	極大	↘	/	↘	極小	↗

確かに $x=6$ で極小となる。
よって，$a=4$ は，条件を満たす。
OK!!

極小 $x=6$ 傾き0

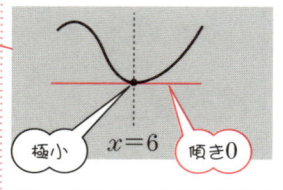

$f'(x)=\boxed{\dfrac{x^2-2ax+a^2-a}{(x-a)^2}} \cdots(*)$

$x=6$ のとき，この分子が 0 になればよい!!

まだ答えとは限らないぞ!!
あくまでも予選を通過しただけです！
$x=6$ で極小となるかは調べてみないとわからないヨ！

$(*)$で $a=4$ としました！

$x=4$ は，漸近線だから増減表から抜けます！

$f'(x)=\dfrac{(x-2)(x-6)}{(x-4)^2}$
$x\neq 4$ のとき $(x-4)^2>0$ より 決定!!
$(x-2)(x-6)$ の符号のみ考えれば OK!!
$y=(x-2)(x-6)$ のグラフは…

⊕ 2 ⊖ 6 ⊕ x

Theme 20 極大値と極小値の共演

(ii) $a=9$ のとき (*) は,

$$f'(x) = \frac{x^2 - 18x + 72}{(x-9)^2}$$

$$= \frac{(x-6)(x-12)}{(x-9)^2}$$

← (*) で $a=9$ としました!

← $x=9$ は,漸近線だから増減表から抜けます!

増減表をかくと

x	$\cdots$	6	$\cdots$	9	$\cdots$	12	$\cdots$
$f'(x)$	+	0	−	/	−	0	+
$f(x)$	↗	極大	↘	/	↘	極小	↗

$x=6$ では,極大となってしまい極小とならないので,$a=9$ は不適である。
　　　　　　　　ダメ!!

$f'(x) = \dfrac{(x-6)(x-12)}{(x-9)^2}$
$x \neq 9$ のとき $(x-9)^2 > 0$ より　　決定!!
→ $(x-6)(x-12)$ の符号のみ考えればOK!!

$y=(x-6)(x-12)$ のグラフは…

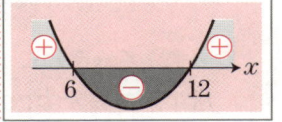

以上 (i), (ii) より,
求める定数 a の値は $\underline{\boldsymbol{a=4}}$ …(答)

← ハイ,できあがり♥

プロフィール

桃太郎

食べる事が大好きなグルメ猫。基本的に勉強は嫌いなようで,サボリの常習犯♥
　垂れた耳がチャームポイントのやさしい猫で,おむちゃんの飼い猫の一匹です♥

レベルアップしまっせ♥

問題 20-2　ちょいムズ

$a > 0$ のとき, $f(x) = x + a\cos x$ について次の各問いに答えよ。
(1) $0 < x < \pi$ の範囲に極値をもつ条件を求めよ。
(2) 極小値が -2 のとき極大値を求めよ。

ナイスな導入!!

(1) $f(x)$ が極値をもつ条件とは…

条件その1　$f'(x) = 0$ が実数解をもつ！

条件その2　この実数解の前後で $f'(x)$ の符号が変わる!!

では考えてみましょう！

$f(x) = x + a\cos x$ より
$f'(x) = 1 + a \times (-\sin x)$
$= 1 - a\sin x$
$= a\left(\dfrac{1}{a} - \sin x\right)$

（増減表で確認を…）
$(\cos x)' = -\sin x$
$a > 0$ より $a \neq 0$ なんで a でムリヤリくくりました！

$\boxed{a > 0}$ より $\dfrac{1}{a} - \sin x$ の符号のみ考えればOK！

つま〜り!!　$\dfrac{1}{a}$ vs. $\sin x$ で決まる!!

（対決!!）

そこで！ $\dfrac{1}{a}$ vs. $\sin x$ を $y = \dfrac{1}{a}$ と $y = \sin x$ の**グラフ**で考えてみましょう！

Theme 20 極大値と極小値の共演 223

とりあえず $0 < x < \pi$ で $f'(x) = 0$ が実数解をもたないといけないので，$y = \dfrac{1}{a}$ と $y = \sin x$ は，共有点をもつ必要がある！

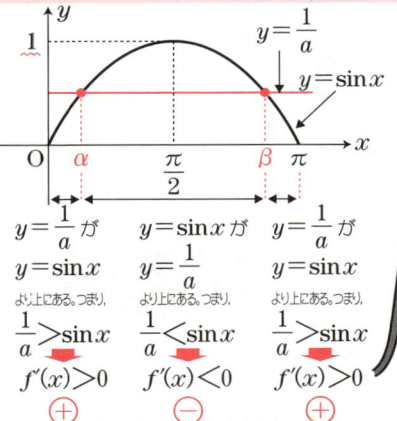

ここで，以下の 2 つのタイプに分けて検討してみよう！

タイプ1 $y = \dfrac{1}{a}$ と $y = \sin x$ が $0 < x < \pi$ で異なる 2 点で交わるとき

$y = \dfrac{1}{a}$ と $y = \sin x$ の交点の x 座標を α と β とする！（ただし $\alpha < \beta$ と決めます）

このとき，$0 < x < \pi$ での増減表は…

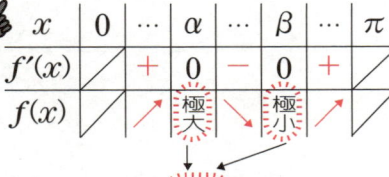

x	0	$\cdots$	α	$\cdots$	β	$\cdots$	π
$f'(x)$		$+$	0	$-$	0	$+$	
$f(x)$		$\nearrow$	極大	$\searrow$	極小	$\nearrow$	

うまい具合に 極値 をもちます！！

$y = \dfrac{1}{a}$ が $y = \sin x$ より上にある。つまり，$\dfrac{1}{a} > \sin x$ → $f'(x) > 0$ ⊕

$y = \sin x$ が $\dfrac{1}{a}$ より上にある。つまり，$\dfrac{1}{a} < \sin x$ → $f'(x) < 0$ ⊖

$y = \dfrac{1}{a}$ が $y = \sin x$ より上にある。つまり，$\dfrac{1}{a} > \sin x$ → $f'(x) > 0$ ⊕

この場合は，うまく極値をもつ！！

$$0 < \dfrac{1}{a} < 1$$

$y = \dfrac{1}{a}$ と $y = \sin x$ が $0 < x < \pi$ で異なる 2 点で交わればよい！

あとは，これを解くだけです！！

タイプ2 $y = \dfrac{1}{a}$ と $y = \sin x$ が $0 < x < \pi$ で 1 点で接するとき

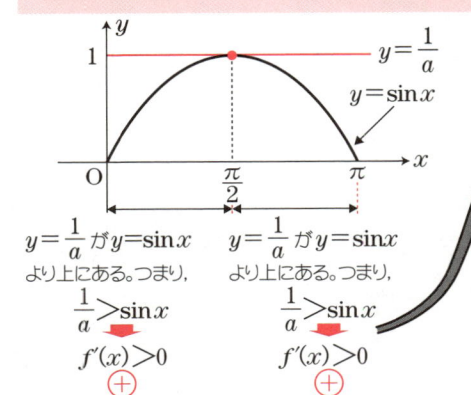

$y = \dfrac{1}{a}$ と $y = \sin x$ の共有点は $x = \dfrac{\pi}{2}$ のみである。このとき，$f'\left(\dfrac{\pi}{2}\right) = 0$ となる！

$0 < x < \pi$ での増減表は…

x	0	$\cdots$	$\dfrac{\pi}{2}$	$\cdots$	π
$f'(x)$		$+$	0	$+$	
$f(x)$		$\nearrow$		$\nearrow$	

$y = \dfrac{1}{a}$ が $y = \sin x$ より上にある。つまり，$\dfrac{1}{a} > \sin x$ → $f'(x) > 0$ ⊕

$y = \dfrac{1}{a}$ が $y = \sin x$ より上にある。つまり，$\dfrac{1}{a} > \sin x$ → $f'(x) > 0$ ⊕

極値ではなーい！！

よって，この場合はボツ！

> これを解くのは解答にて…

以上より，極値をもつ条件は，$0 < \dfrac{1}{a} < 1$ です！

(2)では，次の性質を確認する必要があります。

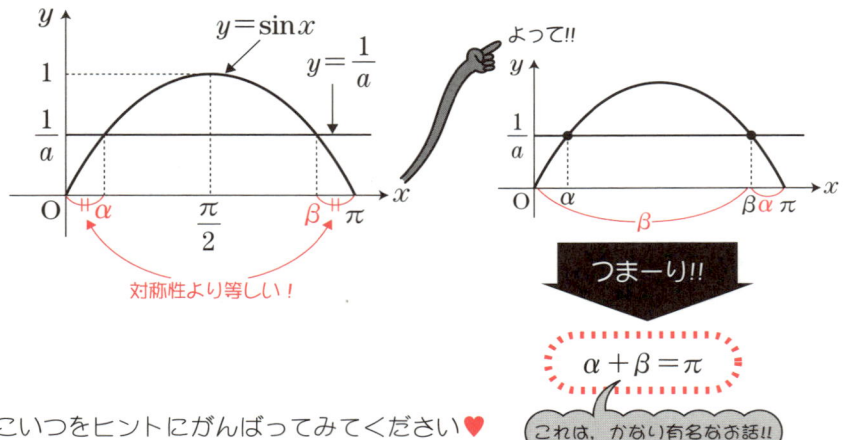

よって!!

対称性より等しい！

つまーり!!

$\alpha + \beta = \pi$

これは，かなり有名なお話!!

こいつをヒントにがんばってみてください♥

解答でござる

(1) $f(x) = x + a\cos x$ ……①
$a > 0$ ……②
$0 < x < \pi$ ……③

とりあえず条件を並べました！

①より
$f'(x) = 1 - a\sin x$
$ = a\left(\dfrac{1}{a} - \sin x\right)$ ……④

(②より，$a \neq 0$)

$(\cos x)' = -\sin x$

$1 + a \times (-\sin x)$

符号を調べやすくするために a でくくりました！

$f'(x) = 0$ より
$a\left(\dfrac{1}{a} - \sin x\right) = 0$
$a \neq 0$ より
$\sin x = \dfrac{1}{a}$
となる x が $0 < x < \pi$ の範囲に存在すればよい！

このとき，③の範囲に①が極値をもつことから，$f'(x) = 0$ を満たす x が③の範囲に存在することが必要である。

つまり, $\begin{cases} y = \dfrac{1}{a} & \cdots\cdots ⑤ \\ y = \sin x & \cdots\cdots ⑥ \end{cases}$

が共有点をもてばよい。

⑤と⑥の共有点の x 座標が $f'(x) = 0$ のときの x である！

(i) ⑤と⑥が $0 < x < \pi$ に異なる 2 つの共有点をもつとき

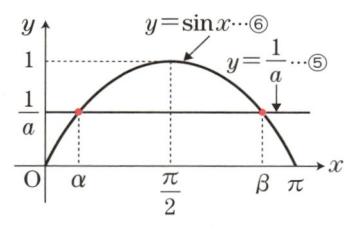

この 2 つの共有点の x 座標を α, β とする（ただし, $\alpha < \beta$ とする）。

⑤と⑥の上下関係で $f'(x)$ の符号が決定！

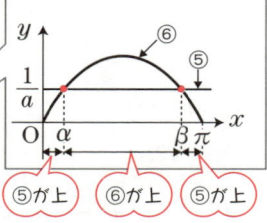

⑤が上　⑥が上　⑤が上

$0 < x < \pi$ で増減表をかくと

x	0	$\cdots$	α	$\cdots$	β	$\cdots$	π
$f'(x)$		$+$	0	$-$	0	$+$	
$f(x)$		↗	極大	↘	極小	↗	

α, β の前後でちゃんと符号が変わってるョ！

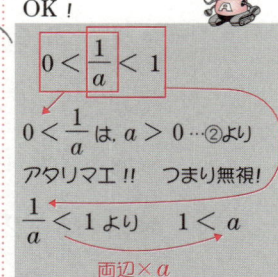

このとき，確かに極値をもつ。よって条件は,

$$0 < \dfrac{1}{a} < 1$$

$\therefore \ 1 < a$

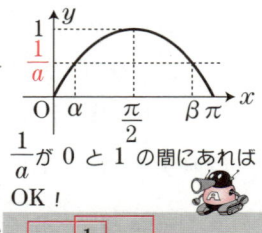

$\dfrac{1}{a}$ が 0 と 1 の間にあれば OK！

(ii) ⑤と⑥が $0 < x < \pi$ に 1 つのみの共有点をもつとき

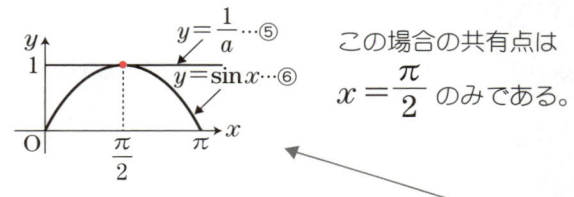

この場合の共有点は $x = \dfrac{\pi}{2}$ のみである。

$0 < \dfrac{1}{a} < 1$

$0 < \dfrac{1}{a}$ は, $a > 0 \cdots ②$ よりアタリマエ!! つまり無視！

$\dfrac{1}{a} < 1$ より　$1 < a$

両辺 $\times a$
②より $a > 0$ だから, 不等式の向きは変わらない！

つねに⑤が⑥以上！

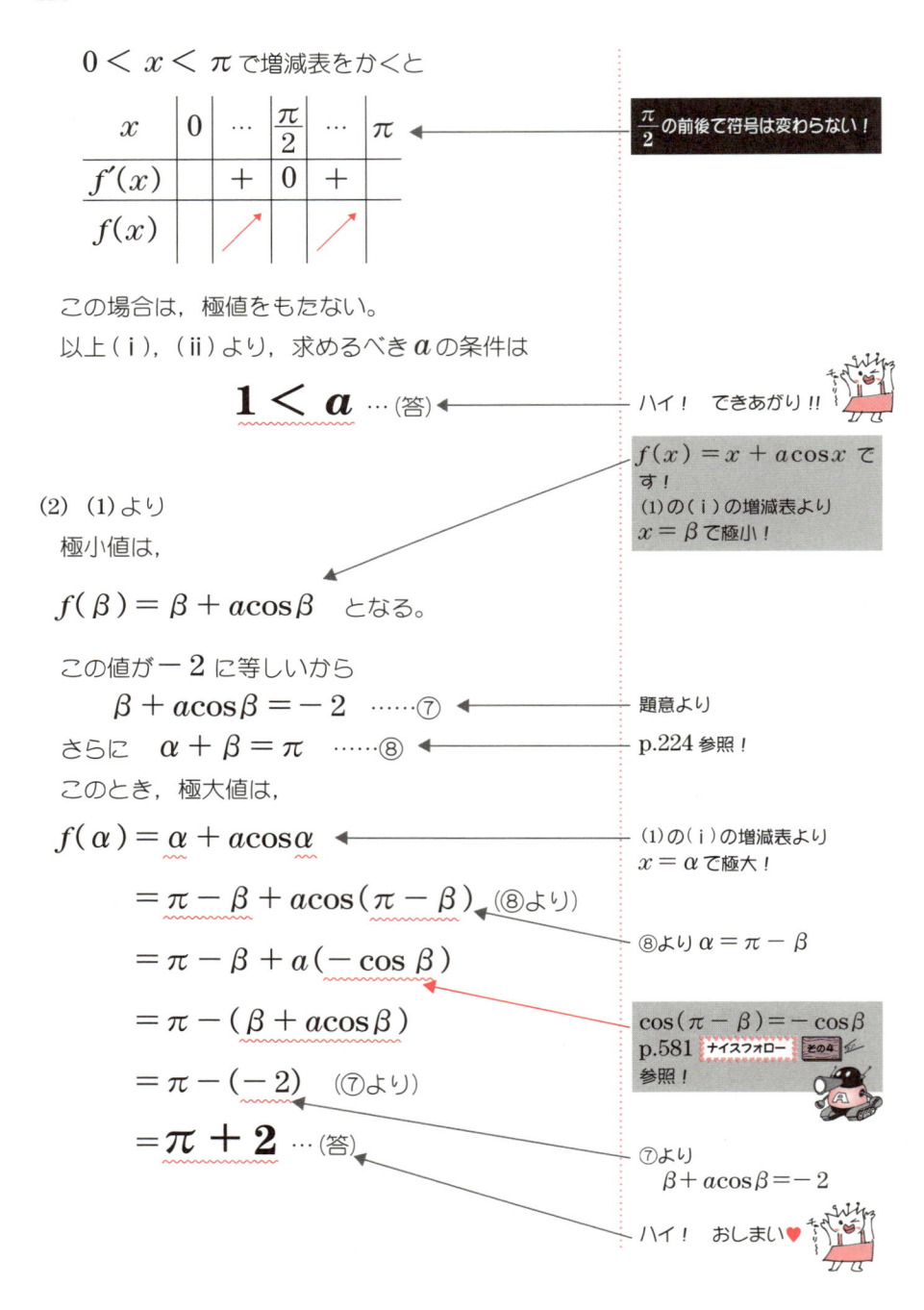

$0 < x < \pi$ で増減表をかくと

x	0	$\cdots$	$\dfrac{\pi}{2}$	$\cdots$	π
$f'(x)$		$+$	0	$+$	
$f(x)$		↗		↗	

→ $\dfrac{\pi}{2}$ の前後で符号は変わらない!

この場合は，極値をもたない。
以上(i)，(ii)より，求めるべき a の条件は

$$1 < a \quad \cdots (答)$$

→ ハイ! できあがり!!

(2) (1)より
極小値は，

$$f(\beta) = \beta + a\cos\beta \quad となる。$$

← $f(x) = x + a\cos x$ です!
(1)の(i)の増減表より $x = \beta$ で極小!

この値が -2 に等しいから

$$\beta + a\cos\beta = -2 \quad \cdots ⑦$$

← 題意より

さらに $\alpha + \beta = \pi \quad \cdots ⑧$

← p.224 参照!

このとき，極大値は，

$$f(\alpha) = \alpha + a\cos\alpha$$

← (1)の(i)の増減表より $x = \alpha$ で極大!

$$= \pi - \beta + a\cos(\pi - \beta) \quad (⑧より)$$

← ⑧より $\alpha = \pi - \beta$

$$= \pi - \beta + a(-\cos\beta)$$

$$= \pi - (\beta + a\cos\beta)$$

← $\cos(\pi - \beta) = -\cos\beta$
p.581 ナイスフォロー その4 参照!

$$= \pi - (-2) \quad (⑦より)$$

$$= \pi + 2 \quad \cdots (答)$$

← ⑦より $\beta + a\cos\beta = -2$

→ ハイ! おしまい♥

Theme 21 方程式＆不等式への応用！

こいつは，定番！

いきなり問題からで申し訳ない♂

問題 21-1　　　　　　　　　　　　　　　　　　　　ちょいムズ

方程式 $\cos x = x$ の解を α とするとき，この α について，$\dfrac{1}{\sqrt{2}} < \alpha < \dfrac{\pi}{4}$ が成り立つことを証明せよ。

ナイスな導入!!

$\cos x = x$　同じです!!　$\cos x - x = 0$

そこで!!

$f(x) = \cos x - x$ とおいて，グラフをイメージして…

x 軸との交点が解となるからこんな具合になることを示せばよい!!

では，やってみましょう！

解答でござる

$f(x) = \cos x - x$ とおくと

$f'(x) = -\sin x - 1$

このとき，$f'(x) \leqq 0$ は明らか。

すなわち "$f(x)$ は，減少関数" ……①

さらに，$f\left(\dfrac{\pi}{4}\right) = \cos\dfrac{\pi}{4} - \dfrac{\pi}{4}$

$= \dfrac{1}{\sqrt{2}} - \dfrac{\pi}{4}$

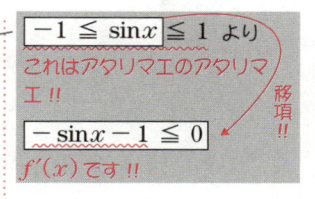

$-1 \leqq \sin x \leqq 1$ より

これはアタリマエのアタリマエ!!

移項!!

$-\sin x - 1 \leqq 0$

$f'(x)$ です!!

$f'(x) \leqq 0$ より
$f(x)$ は，減りっぱなし!!

$$= \frac{2\sqrt{2}-\pi}{4} < 0 \quad \cdots\cdots ②$$

$$f\left(\frac{1}{\sqrt{2}}\right) = \cos\frac{1}{\sqrt{2}} - \frac{1}{\sqrt{2}} \quad \cdots\cdots ①$$

ここで，$\cos x$ は，$0 < x < \frac{\pi}{2}$ で減少関数

さらに，②より $\frac{\pi}{4} > \frac{1}{\sqrt{2}}$ となるから

$$\cos\frac{\pi}{4} < \cos\frac{1}{\sqrt{2}}$$

$$\therefore \quad \frac{1}{\sqrt{2}} < \cos\frac{1}{\sqrt{2}}$$

つまり $\cos\frac{1}{\sqrt{2}} - \frac{1}{\sqrt{2}} > 0 \quad \cdots\cdots \square$

①$\square$より $f\left(\frac{1}{\sqrt{2}}\right) > 0 \quad \cdots\cdots ③$

①②③かつ "$f(x)$ は連続関数" より

$f(x) = 0$ は，$\frac{1}{\sqrt{2}} < x < \frac{\pi}{4}$ にただ 1 つの

解をもつ．題意より，この解が α であるから

$$\therefore \quad \frac{1}{\sqrt{2}} < \alpha < \frac{\pi}{4} \quad \text{(証明おわり)}$$

$\pi \fallingdotseq 3.14$
$2\sqrt{2} \fallingdotseq 2 \times 1.41 = 2.82$
よって，$2\sqrt{2} - \pi < 0$

$\frac{1}{\sqrt{2}}$ といえば

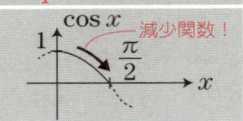

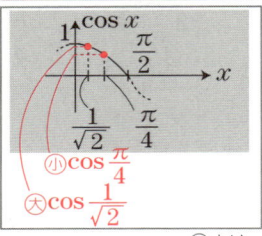

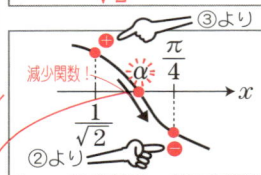

$\cos\frac{\pi}{4}$ が思い浮かぶ！

減少関数！

小 $\cos\frac{\pi}{4}$
大 $\cos\frac{1}{\sqrt{2}}$

③より
減少関数！
②より

$\tan x$ や分母に x がある関数が登場しないかぎり，滅多に不連続にはなりません！万一グラフが不連続ならばこのとき!!

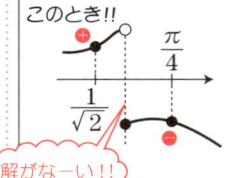

解がなーい!!

みたいになっちゃうかもしれません！しかし，本問では連続関数なもんで，この心配なし!!

Theme 21 方程式＆不等式への応用！

このあたりで，代表的なモノを…

問題 21-2 　　　　　　　　　　　　　　　　　　　ちょいムズ

次の方程式の異なる実数解の個数を調べよ。
(1) $ke^x - x + 2 = 0$　　(2) $x^3 - kx^2 - x + 1 = 0$

ナイスな導入!!

思い出そう！

$\begin{cases} y = x^2 + 2x & \cdots\cdots ① \\ y = 3 & \cdots\cdots ② \end{cases}$ とするとき，①と②の共有点の個数を求めよ。

どうしたっけ!?　そうです！　①と②から…

$x^2 + 2x = 3$ 　　〈yを消去！〉
$x^2 + 2x - 3 = 0$ 　……(*)
$(x+3)(x-1) = 0$
∴ $x = -3, 1$ 　　〈２つの解!!〉

(*)が異なる２つの実数解をもつので，①と②の共有点の個数は **2個!!**

つまり!!　①と②の共有点の個数＝(*)の異なる実数解の個数

そこで，次のようなテクニックがあります！

本問では，方程式の左辺でkがドサクサに紛れ込んでます！

こんなときは…

いろいろkで場合分けするのもツラいんで…

〈kだけ仲間はずれにする！〉

手順その1　とにかく $k = f(x)$ の形にする！

手順その2　$\begin{cases} y = f(x) & \cdots\cdots ① \\ y = k & \cdots\cdots ② \end{cases}$ として，

①②の共有点のお話にすりかえる!!

そーです！　①と②の交点の個数と，もとの式の異なる実数解の個数は等しいのです！　これで，勝負だぁ――っ!!

解答でござる

(1) $ke^x - x + 2 = 0$ ……(*)

(*)より
$$ke^x = x - 2$$
$$k = \frac{x-2}{e^x}$$

> $k = \cdots\cdots$ の形にせよ！
> すなわち k について解けばよい。

> $e^x > 0$ は，決定事項より $e^x = 0$ となる心配なし！

このとき
$$\begin{cases} y = \dfrac{x-2}{e^x} & \cdots\cdots ① \\ y = k & \cdots\cdots ② \end{cases}$$

とおく。

> ①と②の共有点の個数のお話にすりかえた！

①で，
$$y' = \frac{(x-2)' \times e^x - (x-2) \times (e^x)'}{(e^x)^2}$$
$$= \frac{1 \times e^x - (x-2) \times e^x}{(e^x)^2}$$
$$= \frac{-(x-3)}{e^x}$$

> **商の微分法**
> $\left[\dfrac{f(x)}{g(x)}\right]' = \dfrac{f'(x)g(x) - f(x)g'(x)}{\{g(x)\}^2}$
> この場合
> $f(x) = x-2, \ g(x) = e^x$
> $(x-2)' = 1$
> $(e^x)' = e^x$

> 分子＆分母を e^x で約分した。

増減表をかくと

x	……	3	……
y'	$+$	0	$-$
y	↗	極大	↘

> $y' = \dfrac{-(x-3)}{e^x}$ で，$e^x > 0$ は明らかなので，$-(x-3)$ の符号のみ考えればOK!!

このとき①で，$x = 3$ のとき
$$y = \frac{3-2}{e^3} = \frac{1}{e^3}$$

> 極大値です！

さらに
$$\lim_{x \to \infty} \frac{x-2}{e^x} = 0$$

> $x \to \infty$ のとき
> $x - 2$ よりも e^x が高速で ∞ となる!!

$$\left(\lim_{x \to -\infty} \frac{x-2}{e^x} = -\infty \right)$$

> 別に漸近線の話題にならないので答案に書かなくてもOKです！

> ザッと考えて
> $x \longrightarrow -\infty$ のとき
> $\dfrac{-\infty - 2}{e^{-\infty}}$
> $= (-\infty - 2) \times e^{\infty}$
> $= -\infty \times \infty$
> $= -\infty$

> $\dfrac{1}{e^{-\infty}} = e^{\infty}$

> この2はムシ！

以上より①のグラフをかくと

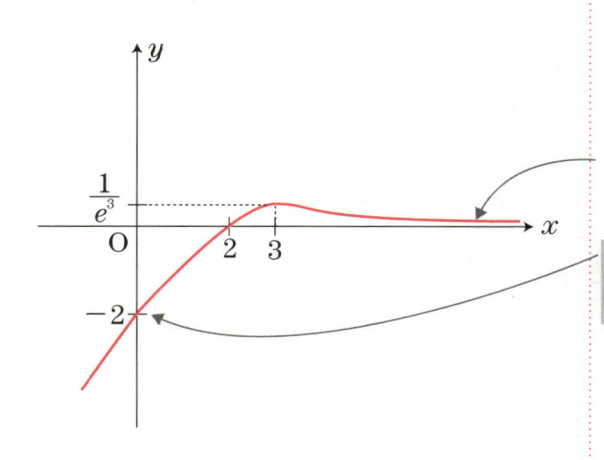

$\displaystyle\lim_{x \to \infty}\frac{x-2}{e^x}=0$ より

$x=0$ のとき
$y=\dfrac{0-2}{e^0}=\dfrac{-2}{1}=-2$

(*)の異なる実数解の個数は，①と②の共有点の個数に等しいから，グラフより(*)の異なる実数解の個数は，

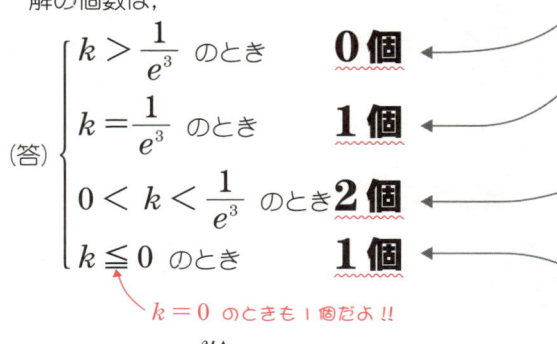

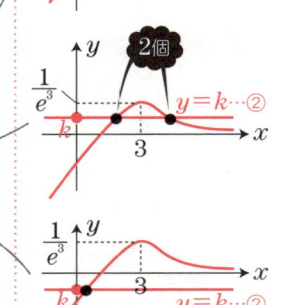

(答) $\begin{cases} k>\dfrac{1}{e^3} \text{ のとき} & \textbf{0 個} \\ k=\dfrac{1}{e^3} \text{ のとき} & \textbf{1 個} \\ 0<k<\dfrac{1}{e^3} \text{ のとき} & \textbf{2 個} \\ k\leqq 0 \text{ のとき} & \textbf{1 個} \end{cases}$

$k=0$ のときも 1 個だよ!!

1個

$y=k \cdots$②

(2) $x^3-kx^2-x+1=0$ ……(*)

(*)で $x=0$ とすると，
$1=0$ となり不適である。

$k=\dfrac{x^3-x+1}{x^2}$ となるので
分母$=x^2=0$ つまり $x=0$ となると，非常に困る!! そこで，調べてみよう!!
(*)で $x=0$ とすると
$0^3-k\times 0^2-0+1=0$
∴ $1=0$
これはおかしい!!

よって $x \neq 0$ として考えてよい。
$(*)$ より
$$x^3 - x + 1 = kx^2$$
$$\therefore \quad k = \frac{x^3 - x + 1}{x^2}$$

このとき
$$\begin{cases} y = \dfrac{x^3 - x + 1}{x^2} & \cdots\cdots ① \\ y = k & \cdots\cdots ② \end{cases}$$
とおく。

①で,
$$y' = \frac{(x^3 - x + 1)' \times x^2 - (x^3 - x + 1) \times (x^2)'}{(x^2)^2}$$
$$= \frac{(3x^2 - 1) \times x^2 - (x^3 - x + 1) \times 2x}{x^4}$$
$$= \frac{x^3 + x - 2}{x^3}$$
$$= \frac{(x - 1)(x^2 + x + 2)}{x^3}$$

増減表をかくと

x	$\cdots\cdots$	0	$\cdots\cdots$	1	$\cdots\cdots$
y'	$+$	/	$-$	0	$+$
y	↗	/	↘	極小	↗

このとき①で, $x = 1$ のとき
$$y = \frac{1^3 - 1 + 1}{1^2} = 1$$

さらに
$$\lim_{x \to 0} \frac{x^3 - x + 1}{x^2} = \infty$$
$$\left(\lim_{x \to \infty} \frac{x^3 - x + 1}{x^2} = \infty \right.$$
$$\left. \lim_{x \to -\infty} \frac{x^3 - x + 1}{x^2} = -\infty \right.$$

$k = \cdots$ の形へ!!

$x \neq 0$ より分母$=0$となる心配なし!

①と②の共有点の個数のお話にすりかえる!!

商の微分法
$$\left\{ \frac{f(x)}{g(x)} \right\}' = \frac{f'(x)g(x) - f(x)g'(x)}{\{g(x)\}^2}$$

$x = 1$ のとき分子$=0$となる 見つける!! ので, 分子$= (x-1)(\cdots\cdots)$ となるはず!!

$$\begin{array}{r} x^2 + x + 2 \\ x-1 \overline{\smash{\big)}\, x^3 + x - 2} \\ \underline{x^3 - x^2 } \\ x^2 + x \\ \underline{x^2 - x } \\ 2x - 2 \\ \underline{2x - 2} \\ 0 \end{array}$$

$y' = \dfrac{(x-1)(x^2+x+2)}{x^3}$ で
$x^2 + x + 2$
$= \left(x + \dfrac{1}{2}\right)^2 + \dfrac{7}{4} > 0$ より

$\dfrac{x-1}{x^3}$ の符号のみ考える。

極小値です!

$x = 0$ のとき $\dfrac{1}{0}$ ←分母$=0$
となるから $+\infty$ or $-\infty$ であることは確かである!
$x = 0$ 付近の値 $x = 0.1$ や -0.1 を代入すればおわり。
$x = 0$ 付近では
$\dfrac{x^3 - x + 1}{x^2} > 0$ となる。

つまーり!
$x \to +0$ のときも
$x \to -0$ のときも
$\dfrac{x^3 - x + 1}{x^2} \to \infty$

以上より①のグラフをかくと

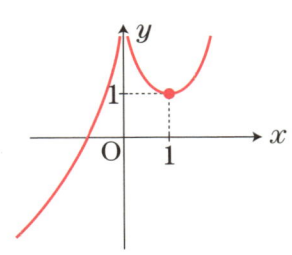

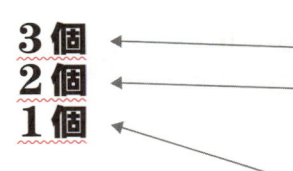

ザッと考えて
$x \longrightarrow -\infty$ のとき
分子 $\longrightarrow (-\infty)^3 - (-\infty) + 1$
　　　　　　一番強い!!
　　　$= -\infty$
分母 $\longrightarrow (-\infty)^2 = +\infty$
分子の次数の方が高いから，分母が $+\infty$ となるよりも高速に $-\infty$ となる！

つまーり！

$x \longrightarrow -\infty$ のとき
$\dfrac{x^3 - x + 1}{x^2} \longrightarrow -\infty$
となーる!!

(*)の異なる実数解の個数は①と②の共有点の個数に等しいから，グラフより(*)の異なる実数解の個数は，

(答) $\begin{cases} k > 1 \text{ のとき} & \textbf{3個} \\ k = 1 \text{ のとき} & \textbf{2個} \\ k < 1 \text{ のとき} & \textbf{1個} \end{cases}$

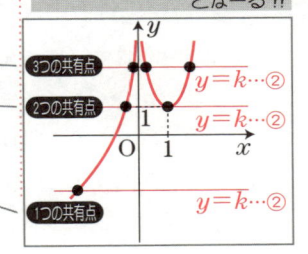

3つの共有点　　　$y = k \cdots ②$
2つの共有点　　　$y = k \cdots ②$
1つの共有点　　　$y = k \cdots ②$

お次は，こんな感じでーす♥

問題 21-3　　　　　　　　　　　　　　　　標準

次の不等式を証明せよ。
(1) $x > 0$ のとき，$x > \sin x$
(2) $x > 0$ のとき，$x \log x \geq x - 1$
(3) $0 \leq x \leq \dfrac{\pi}{2}$ のとき，$\sin x \geq \dfrac{2}{\pi} x$

ナイスな導入!!

これがポイント！
$p(x) > q(x)$ を証明する！　同じ意味!!　$p(x) - q(x) > 0$ を証明する！

つまーり!!

"数学Ⅲ" ともなれば，登場する関数たちも複雑なので，グラフ（もしくは増減表）で処理するのが得策。　もはや，かけないグラフはほとんどなーい！

(1)では，$x > \sin x \iff x - \sin x > 0$

よって，$f(x) = x - \sin x$ とおいて，グラフをイメージ！

(2)，(3)もまったく同様ですヨ♥

解答でござる

(1) $f(x) = x - \sin x$ とおく。

$f'(x) = 1 - \cos x$

このとき，$f'(x) \geqq 0$ は，明らかである。

つまり "$f(x)$は，増加関数" ……①

さらに $f(0) = 0 - \sin 0 = 0$ ……②

よって，$x > 0$ のとき，①，②から

$$f(x) > f(0)$$

∴ $f(x) > 0$ ②より

すなわち

"$x > 0$ のとき，$x > \sin x$" であることは，証明された。

ぶっちゃけトーク

$\begin{cases} y = \sin x \quad \cdots\cdots ① \\ y = x \quad \cdots\cdots ② \end{cases}$

①と②の位置関係を考えよう！

①で，$y' = \cos x$

よって $x = 0$ における①の接線の傾きは

$\cos 0 = 1$

つまり，①上の原点 $(0, 0)$ における接線は，

$y = x$ つまり，②に一致!!

▼ と，ゆーことは…

①と②の位置関係は右図のようになる！　図を見りゃおわかりのとおり，$x > 0$ で②は必ず①の上にある!!

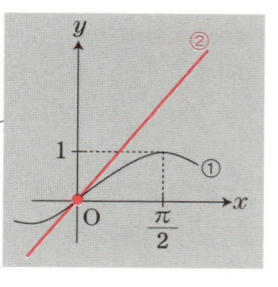

$x > \sin x$ を示す! $\iff$
$x - \sin x > 0$ を示す!
$f(x) = x - \sin x$ とおく!!

$-1 \leqq \boxed{\cos x \leqq 1}$ より

これは，アタリマエのアタリマエ

移項して
$0 \leqq 1 - \cos x$
となる!

$f'(x) = \boxed{1 - \cos x} \geqq 0$

$f(x)$は増加関数だから…

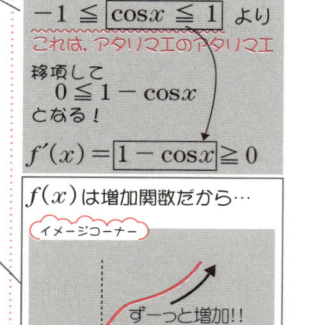

イメージコーナー

ずーっと増加!!

$f(x)$

$x > 0$ のとき
$f(x)$は，$f(0)$より
必ず大きくなーる!!

$f(x) = x - \sin x > 0$
より
$x > \sin x$

Theme 21 方程式＆不等式への応用！ 235

つまーり!!

$x > 0$ のとき $x > \sin x$ は明らかだ!!

(2) $f(x) = x\log x - x + 1$ とおく。

$f'(x) = (x)' \times \log x + x \times (\log x)' - 1$

$= 1 \times \log x + x \times \dfrac{1}{x} - 1$

$= \log x$

$x > 0$ で増減表をかくと

x	0	……	1	……
$f'(x)$		−	0	+
$f(x)$		↘	極小	↗

このとき，$f(1) = 1 \times \log 1 - 1 + 1$

$= 0$ ……①

よって，$x > 0$ のとき，増減表から

$f(x) \geqq f(1)$

∴ $f(x) \geqq 0$ ①から

すなわち

"$x > 0$ のとき，$x\log x \geqq x - 1$"

であることは証明された。

$x\log x \geqq x - 1$ を示す！
$\iff x\log x - x + 1 \geqq 0$
を示す！
$f(x) = x\log x - x + 1$
とおく！

$(x)' = 1$
$(\log x)' = \dfrac{1}{x}$

$f'(x) = \log x = 0$
のとき $x = 1$ ← $\log 1 = 0$

p.590 ナイスフォロー その7
参照!!

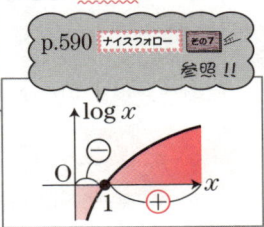

$\log 1 = 0$

増減表より
最小値は，$f(1)$

$f(x) = x\log x - x + 1 \geqq 0$
より $x\log x \geqq x - 1$

(3) $f(x) = \sin x - \dfrac{2}{\pi}x$ とおく。

$f'(x) = \cos x - \dfrac{2}{\pi}$

$0 \leqq x \leqq \dfrac{\pi}{2}$ から $f'(x) = 0$ となる x は，

1つのみ存在する。これを，$x = \alpha$ とおき

$0 \leqq x \leqq \dfrac{\pi}{2}$ で増減表をかくと

x	0	……	α	……	$\dfrac{\pi}{2}$
$f'(x)$		+	0	−	
$f(x)$		↗	極大	↘	

$f'(x) = \cos x - \dfrac{2}{\pi} = 0$
∴ $\cos x = \dfrac{2}{\pi}$

$\cos x > \dfrac{2}{\pi}$ つまり $\cos x - \dfrac{2}{\pi} > 0$

$\cos x < \dfrac{2}{\pi}$ つまり $\cos x - \dfrac{2}{\pi} < 0$

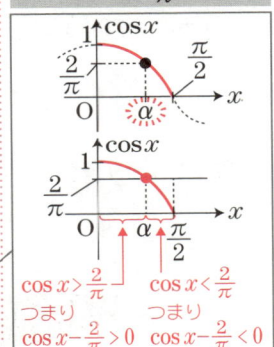

このとき $f(0) = \sin 0 - \dfrac{2}{\pi} \times 0 = 0$ ……①

$f\left(\dfrac{\pi}{2}\right) = \sin\dfrac{\pi}{2} - \dfrac{2}{\pi} \times \dfrac{\pi}{2} = 0$ ……②　$\sin\dfrac{\pi}{2} = 1$

よって $0 \leqq x \leqq \dfrac{\pi}{2}$ のとき増減表から

$f(x) \geqq f(0) = f\left(\dfrac{\pi}{2}\right)$ ← $f(0)$ と $f\left(\dfrac{\pi}{2}\right)$ が同じで最小値!!

∴ $f(x) \geqq 0$ ①, ②から　（①, ②より）

すなわち

$f(x) = \sin x - \dfrac{2}{\pi}x \geqq 0$ より $\sin x \geqq \dfrac{2}{\pi}x$

"$0 \leqq x \leqq \dfrac{\pi}{2}$ のとき $\sin x \geqq \dfrac{2}{\pi}x$"

であることは，証明された。

ちょっとばかりレベルを上げまっせ♥

問題 21-4　　　　　　　　　　　　　　　　ちょいムズ

次の不等式を証明せよ。

(1) $x > 0$ のとき　$e^x > 1 + x + \dfrac{x^2}{2}$

(2) $x \geqq 0$ のとき　$\sin x \geqq x - \dfrac{x^3}{6}$

ナイスな導入!!

前問の 問題21-3 と同じ感じですね！

(1) では，$\boxed{f(x) = e^x - \dfrac{x^2}{2} - x - 1}$ とおけば，何とかなりそうです！

そこで !! $f'(x) = e^x - x - 1$

あれ〜っ !! $f'(x) = 0$ としても
解をいくつもつか判断しにくいし，
増減表もかきにくいの〜ら

$e^x > 1 + x + \dfrac{x^2}{2}$ を証明する
⇕
$e^x - \left(1 + x + \dfrac{x^2}{2}\right) > 0$ つまり
$e^x - \dfrac{x^2}{2} - x - 1 > 0$ を証明する

こんなときは…

$f''(x)$を考えてみよう!!

で!! $f''(x) = e^x - 1$ おーっ!! これならイケそうだ!

このとき, $x > 0$ で $e^x > 1$ より

$x > 0$ で, $f''(x) = e^x - 1 > 0$ となる。

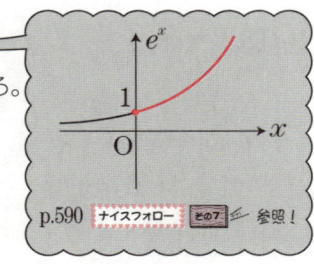

p.590 ナイスフォロー その7 参照!

つまーーり!!

$x > 0$ で, $f'(x)$は増加関数となる!

$f'(x) > 0$ のとき $f(x)$ は, 増加関数!
同様に!!
$f''(x) > 0$ のとき $f'(x)$ は, 増加関数!

と, ゆーことは……

$x > 0$ より $f'(x) > f'(0)$

つまり $f'(x) > 0$

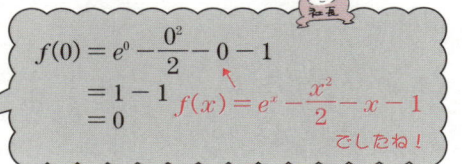

$f'(0) = e^0 - 0 - 1$ ← $f'(x) = e^x - x - 1$ でした!
$= 1 - 1$
$= 0$

すなわち〜〜〜っ!!

$x > 0$ で, $f(x)$は増加関数となーる!! ○○○ またもや…

と, ゆーことは……

$x > 0$ より, $f(x) > f(0)$

$f(0) = e^0 - \dfrac{0^2}{2} - 0 - 1$
$= 1 - 1$
$= 0$
$f(x) = e^x - \dfrac{x^2}{2} - x - 1$ でしたね!

つまーり!! **$f(x) > 0$**

とゆーわけで!!

$x > 0$ のとき $e^x > 1 + x + \dfrac{x^2}{2}$ は, 証明されたってことです!

$f(x) > 0$ より $e^x - \dfrac{x^2}{2} - x - 1 > 0$ つまり $e^x > 1 + x + \dfrac{x^2}{2}$

(2)は，(1)より少し手こずるかもしれませんが，基本的なことは，同じでっせ♥　では，解答作りにまいりましょう！

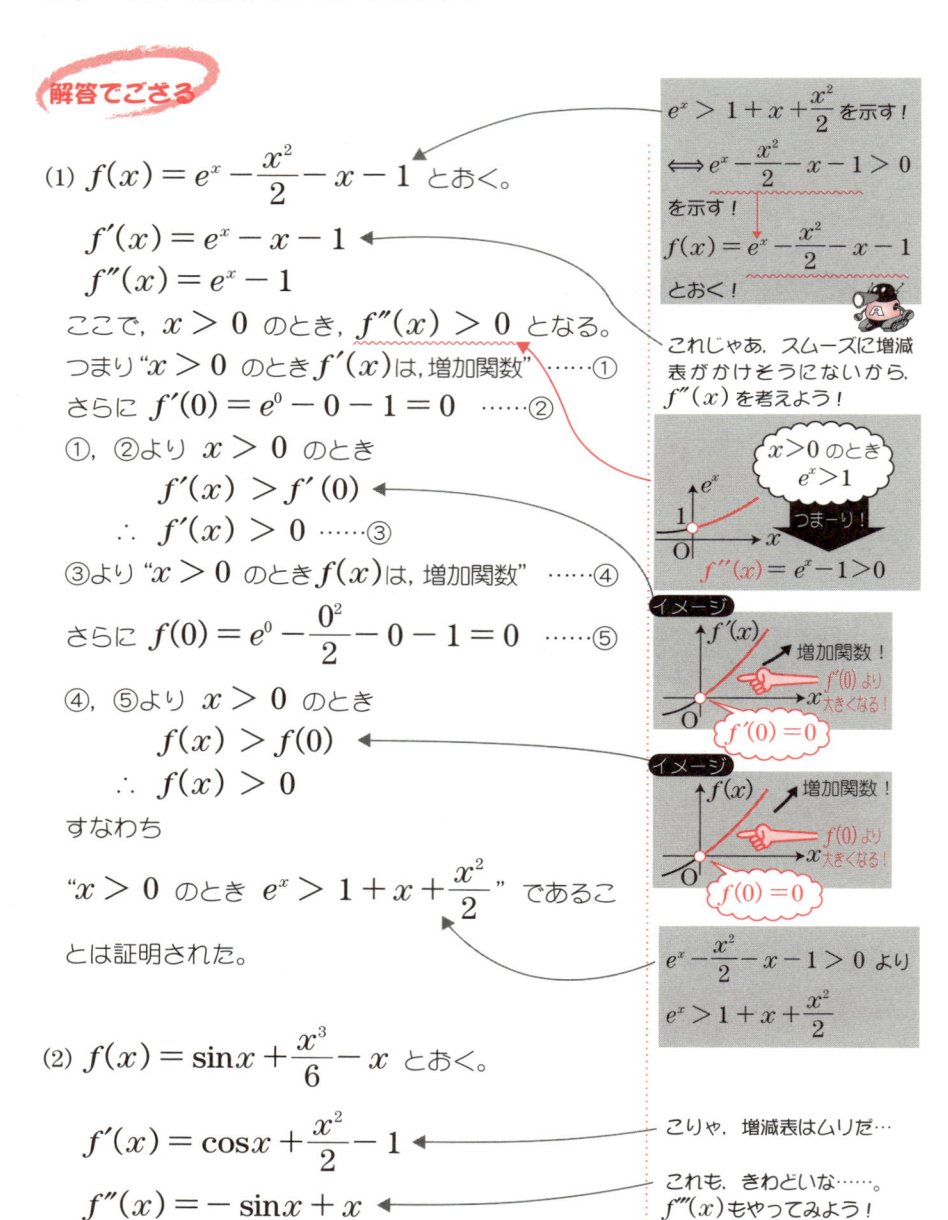

解答でござる

(1) $f(x) = e^x - \dfrac{x^2}{2} - x - 1$ とおく。

$f'(x) = e^x - x - 1$
$f''(x) = e^x - 1$

ここで，$x > 0$ のとき，$f''(x) > 0$ となる。
つまり"$x > 0$ のとき $f'(x)$ は，増加関数" ……①
さらに $f'(0) = e^0 - 0 - 1 = 0$　……②
①，②より $x > 0$ のとき
$\qquad f'(x) > f'(0)$
$\qquad \therefore\ f'(x) > 0$　……③
③より "$x > 0$ のとき $f(x)$ は，増加関数" ……④
さらに $f(0) = e^0 - \dfrac{0^2}{2} - 0 - 1 = 0$　……⑤
④，⑤より $x > 0$ のとき
$\qquad f(x) > f(0)$
$\qquad \therefore\ f(x) > 0$
すなわち
"$x > 0$ のとき $e^x > 1 + x + \dfrac{x^2}{2}$" であることは証明された。

$e^x > 1 + x + \dfrac{x^2}{2}$ を示す！
$\Longleftrightarrow e^x - \dfrac{x^2}{2} - x - 1 > 0$
を示す！
$f(x) = e^x - \dfrac{x^2}{2} - x - 1$
とおく！

これじゃあ，スムーズに増減表がかけそうにないから，$f''(x)$ を考えよう！

$x > 0$ のとき $e^x > 1$
つまーり！
$f''(x) = e^x - 1 > 0$

イメージ
増加関数！
$f'(0)$ より大きくなる！
$f'(0) = 0$

イメージ
増加関数！
$f(0)$ より大きくなる！
$f(0) = 0$

$e^x - \dfrac{x^2}{2} - x - 1 > 0$ より
$e^x > 1 + x + \dfrac{x^2}{2}$

(2) $f(x) = \sin x + \dfrac{x^3}{6} - x$ とおく。

$f'(x) = \cos x + \dfrac{x^2}{2} - 1$
$f''(x) = -\sin x + x$

こりゃ，増減表はムリだ…

これも，きわどいな……。$f'''(x)$ もやってみよう！

$f'''(x) = -\cos x + 1$

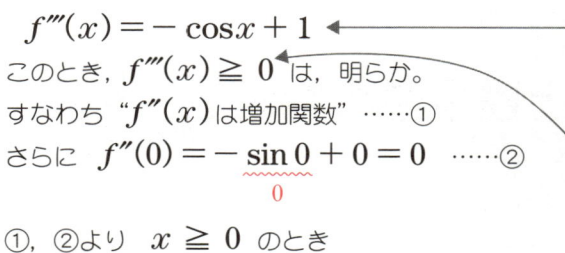

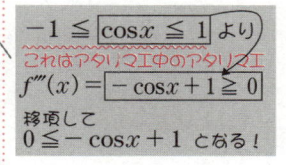

このとき，$f'''(x) \geq 0$ は，明らかに。

すなわち "$f''(x)$ は増加関数" ……①

さらに $f''(0) = -\underset{0}{\underline{\sin 0}} + 0 = 0$ ……②

①，②より $x \geq 0$ のとき

$$f''(x) \geq f''(0)$$

∴ $f''(x) \geq 0$ ……③

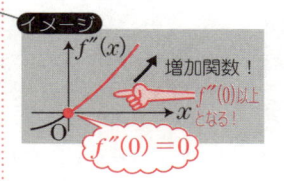

③より "$x \geq 0$ のとき $f'(x)$ は，増加関数" ……④

さらに $f'(0) = \underset{1}{\underline{\cos 0}} + \dfrac{0^2}{2} - 1 = 0$ ……⑤

④，⑤より $x \geq 0$ のとき

$$f'(x) \geq f'(0)$$

∴ $f'(x) \geq 0$ …⑥

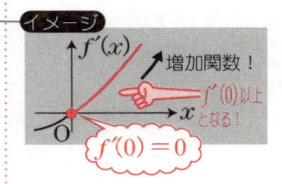

⑥より "$x \geq 0$ のとき $f(x)$ は増加関数" ……⑦

さらに $f(0) = \underset{0}{\underline{\sin 0}} + \dfrac{0^3}{6} - 0 = 0$ …⑧

⑦，⑧より $x \geq 0$ のとき

$$f(x) \geq f(0)$$

∴ $f(x) \geq 0$

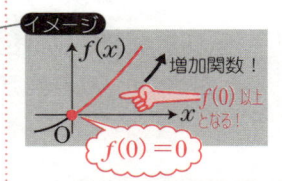

すなわち

"$x \geq 0$ のとき $\sin x \geq x - \dfrac{x^3}{6}$" であることは証明された。

こいつは，シンプル！イケそうだぜ♥

$-1 \leq \boxed{\cos x} \leq 1$ より

これはアタリマエ中のアタリマエ

$f'''(x) = \boxed{-\cos x + 1 \geq 0}$

移項して

$0 \leq -\cos x + 1$ となる！

イメージ

増加関数！

$f''(0)$ 以上となる！

$f''(0) = 0$

イメージ

増加関数！

$f'(0)$ 以上となる！

$f'(0) = 0$

イメージ

増加関数！

$f(0)$ 以上となる！

$f(0) = 0$

$\sin x + \dfrac{x^3}{6} - x \geq 0$ より

$\sin x \geq x - \dfrac{x^3}{6}$

なるほど！

Theme 22 最大値と最小値の物語

これは必出だ!!

とりあえず問題でも…

問題 22-1 　基礎

次の関数について，（　）内に示された区間での最大値と最小値を求めよ。

(1) $f(x) = \dfrac{x^2}{e^x}$ 　$(0 \leqq x \leqq 4)$

(2) $f(x) = 4\cos x + 4x\sin x - x^2$ 　$(0 \leqq x \leqq \pi)$

ナイスな導入!!

問われているのは，最大値と最小値です！

と，ゆーことは…

ちゃんとしたグラフをかく必要はなーい!!
そーです！　増減表だけで処理するべし！

増減表で解決かぁ…

解答でござる

(1) $f(x) = \dfrac{x^2}{e^x}$

$f'(x) = \dfrac{(x^2)' \times e^x - (x^2) \times (e^x)'}{(e^x)^2}$

$= \dfrac{2x \times e^x - x^2 \times e^x}{(e^x)^2}$

$= \dfrac{-x^2 + 2x}{e^x}$

商の微分法

$\left\{\dfrac{f(x)}{g(x)}\right\}' = \dfrac{f'(x)g(x) - f(x)g'(x)}{\{g(x)\}^2}$

この場合 $f(x) = x^2$
　　　　 $g(x) = e^x$

e^x で約分！

$$= \frac{-x(x-2)}{e^x}$$

$0 \leqq x \leqq 4$ の範囲で増減表をかくと

x	0	$\cdots$	2	$\cdots$	4
$f'(x)$	0	+	0	−	−
$f(x)$		↗	極大	↘	

> $f'(x) = \boxed{\dfrac{-x(x-2)}{e^x}}$
> $e^x > 0$ より
> $-x(x-2)$ の符号で決まる！

このとき

$$f(0) = \frac{0^2}{e^0} = 0$$

$$f(2) = \frac{2^2}{e^2} = \frac{4}{e^2}$$

$$f(4) = \frac{4^2}{e^4} = \frac{16}{e^4}$$

> $f(x) = \dfrac{x^2}{e^x}$ です！
> 最大値となる！
> $\dfrac{16}{e^4} > 0$ つまり
> $f(4) > f(0)$ より
> $f(0)$ が最小値！！

以上より

$x = 2$ のとき **最大値** $\dfrac{4}{e^2}$ …(答)

$x = 0$ のとき **最小値** 0 …(答)

(2) $f(x) = 4\cos x + 4x\sin x - x^2$

$f'(x) = 4(-\sin x) + 4\{(x)'\sin x + x(\sin x)'\} - 2x$

$\qquad = -4\sin x + 4(1 \times \sin x + x \times \cos x) - 2x$

$\qquad = 4x\cos x - 2x$

$\qquad = 4x\left(\cos x - \dfrac{1}{2}\right)$

> **積の微分法**
> $\{f(x)g(x)\}' = f'(x)g(x) + f(x)g'(x)$
> この場合 $f(x) = x$
> $g(x) = \sin x$

> $4x$ でくくりました！

$0 \leqq x \leqq \pi$ の範囲で増減表をかくと

x	0	$\cdots$	$\dfrac{\pi}{3}$	$\cdots$	π
$f'(x)$	0	$+$	0	$-$	$-$
$f(x)$		↗	極大	↘	

このとき，

$$f(0) = 4\cos 0 + 4 \times 0 \times \sin 0 - 0^2$$
（下線部：1）
$$= 4$$

$$f\left(\dfrac{\pi}{3}\right) = 4\cos\dfrac{\pi}{3} + 4 \times \dfrac{\pi}{3} \times \sin\dfrac{\pi}{3} - \left(\dfrac{\pi}{3}\right)^2$$
（下線部：$\dfrac{1}{2}$, $\dfrac{\sqrt{3}}{2}$）

$$= 2 + \dfrac{2\sqrt{3}}{3}\pi - \dfrac{\pi^2}{9}$$

$$f(\pi) = 4\cos\pi + 4 \times \pi \times \sin\pi - \pi^2$$
（下線部：-1, 0）

$$= -4 - \pi^2$$

以上より，

$x = \dfrac{\pi}{3}$ のとき

最大値 $2 + \dfrac{2\sqrt{3}}{3}\pi - \dfrac{\pi^2}{9}$ …(答)

$x = \pi$ のとき

最小値 $-4 - \pi^2$ …(答)

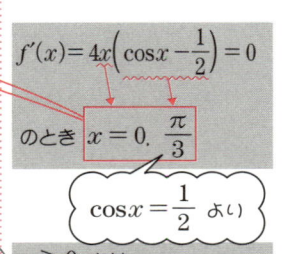

$f'(x) = 4x\left(\cos x - \dfrac{1}{2}\right) = 0$

のとき $x = 0, \dfrac{\pi}{3}$

$\cos x = \dfrac{1}{2}$ より

$x \geq 0$ より
$\cos x - \dfrac{1}{2}$ のみの符号を調べればよい！

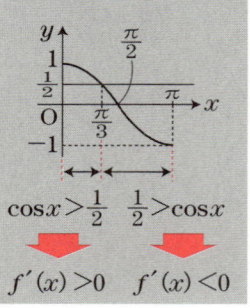

$\cos x > \dfrac{1}{2}$ のとき $f'(x) > 0$
$\dfrac{1}{2} > \cos x$ のとき $f'(x) < 0$

最大値となる！

$4 > -4 - \pi^2$ つまり
$f(0) > f(\pi)$ より
$f(\pi)$ が最小値!!

通分して
$\dfrac{18 + 6\sqrt{3}\pi - \pi^2}{9}$
として答えても，これもまたよし!!

レベルを上げまっせ♥

問題 22-2 〔モロ難〕

$f(x) = \dfrac{3x}{x^2+2}$ とする。

(1) この関数のグラフをかけ。
(2) $a \leqq x \leqq a+1$ における $f(x)$ の最小値 $m(a)$ を求めよ。

ナイスな導入!!

(1)は，解答参照！
(2)が問題です！　グラフは以下のようになります！

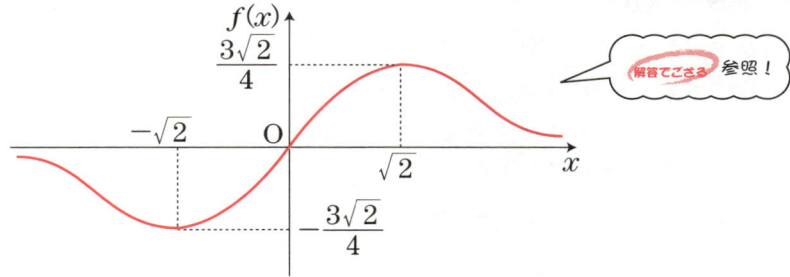

〔解答でござる 参照！〕

$a \leqq x \leqq a+1$ の範囲での最小値を求めるわけですから，以下のような4つの場合分けが必要です！

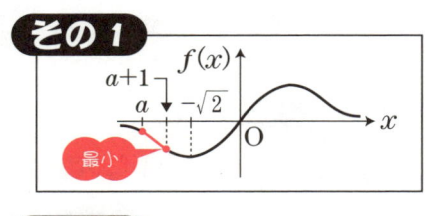

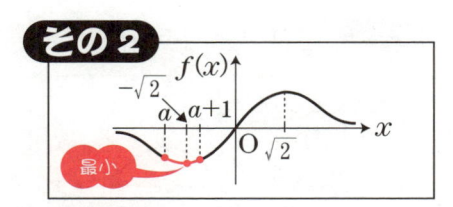

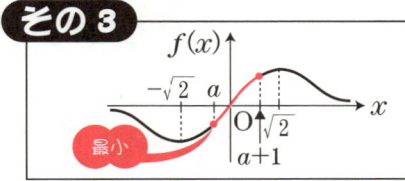

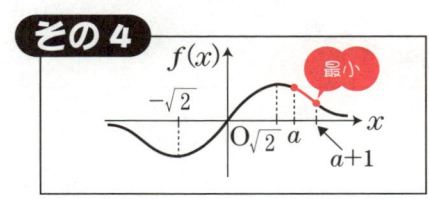

その1　**その2**　**その3**　**その4**

ここで問題が!! その3 と その4 の狭間で

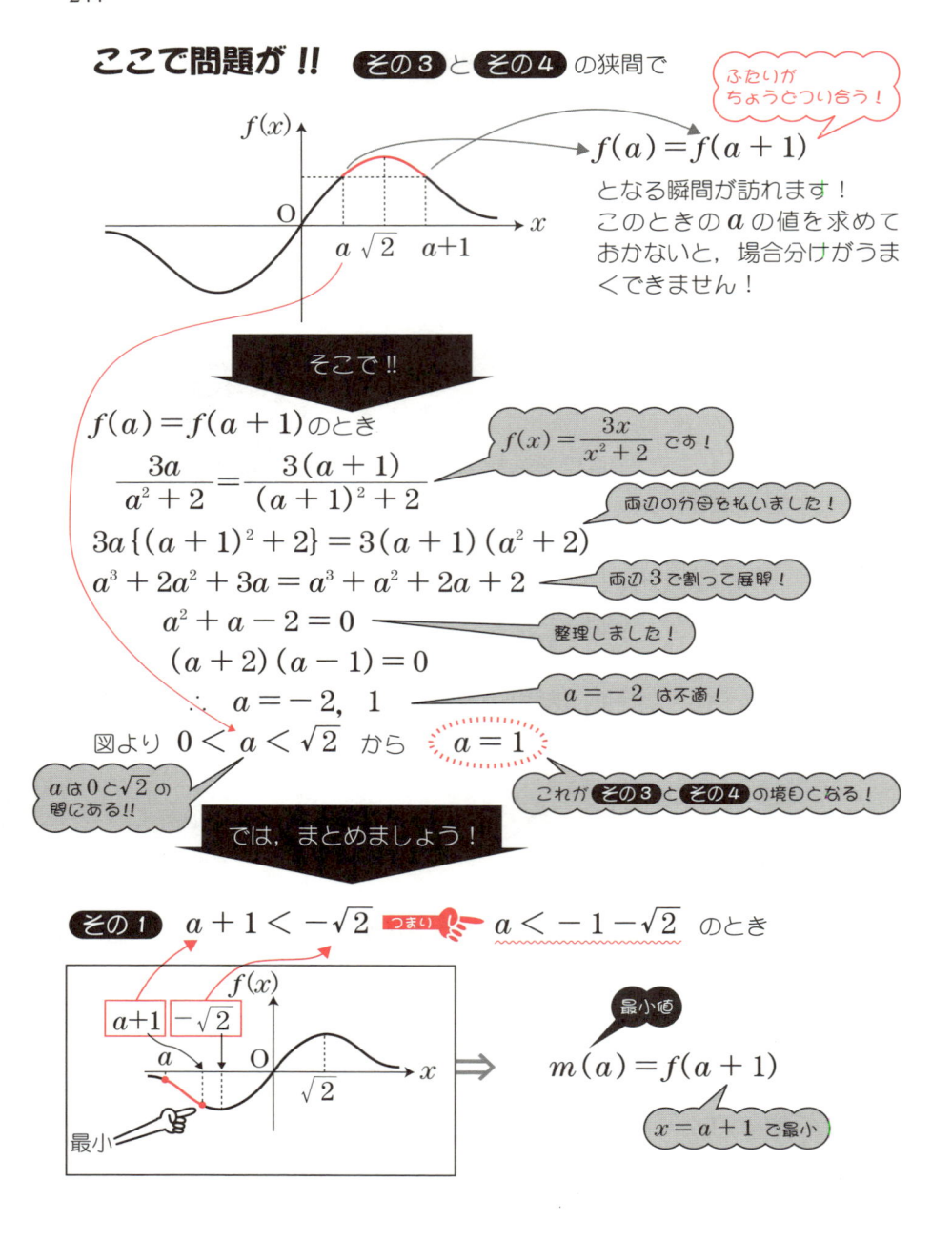

$f(a) = f(a+1)$

ふたりが ちょうど釣り合う！

となる瞬間が訪れます！ このときの a の値を求めて おかないと，場合分けがうま くできません！

そこで!!

$f(a) = f(a+1)$ のとき

$$\frac{3a}{a^2+2} = \frac{3(a+1)}{(a+1)^2+2}$$

$f(x) = \dfrac{3x}{x^2+2}$ です！

両辺の分母を払いました！

$3a\{(a+1)^2+2\} = 3(a+1)(a^2+2)$

$a^3 + 2a^2 + 3a = a^3 + a^2 + 2a + 2$

両辺3で割って展開！

$a^2 + a - 2 = 0$

$(a+2)(a-1) = 0$

整理しました！

∴ $a = -2, 1$

$a = -2$ は不適！

図より $0 < a < \sqrt{2}$ から $a = 1$

a は 0 と $\sqrt{2}$ の間にある!!

これが その3 と その4 の境目となる！

では，まとめましょう！

その1 $a+1 < -\sqrt{2}$ つまり $a < -1-\sqrt{2}$ のとき

最小値

$m(a) = f(a+1)$

$x = a+1$ で最小

最小

Theme 22 最大値と最小値の物語　245

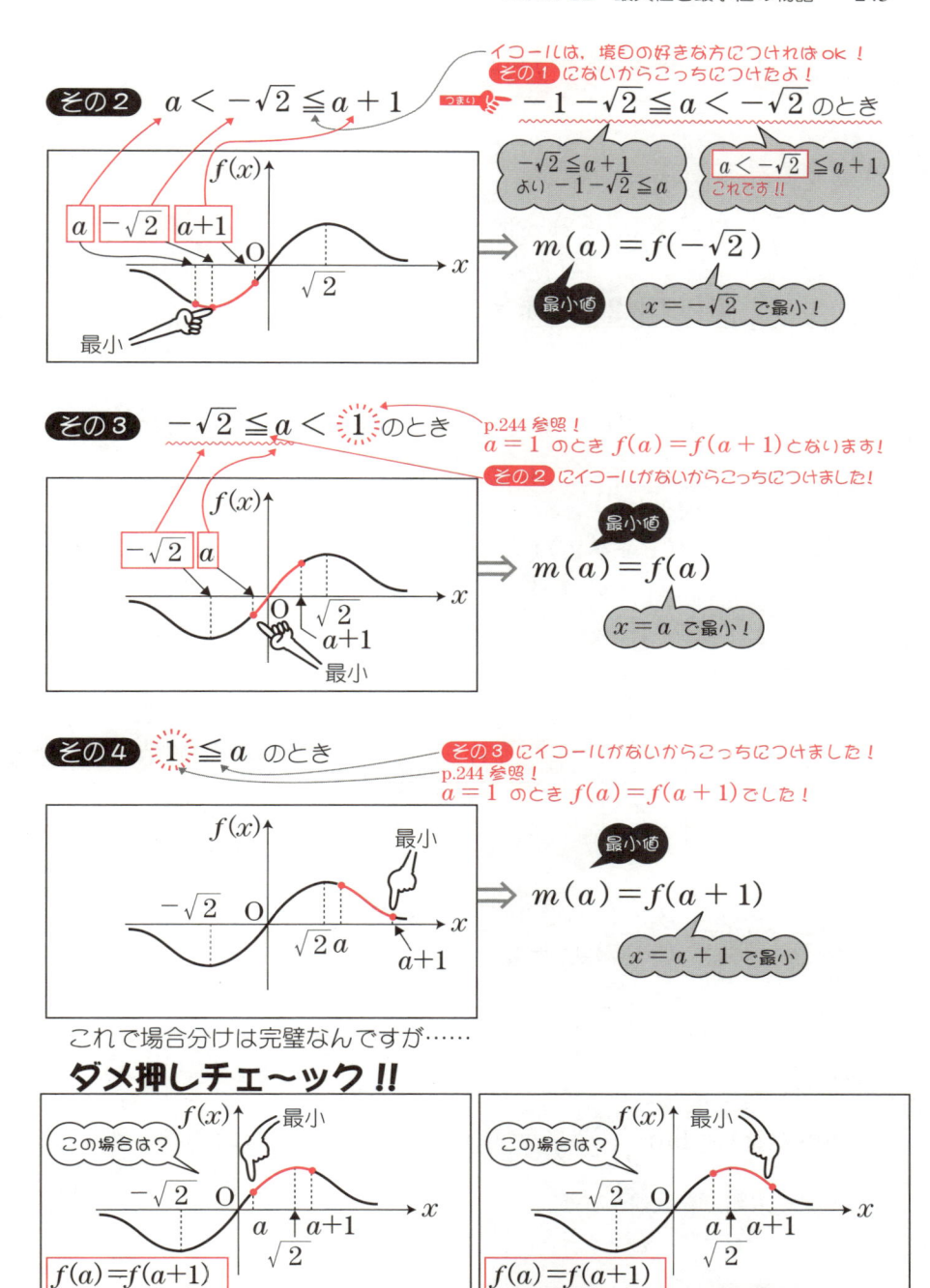

その2 $a < -\sqrt{2} \leqq a+1$ ⇒ つまり $-1-\sqrt{2} \leqq a < -\sqrt{2}$ のとき

イコールは，境目の好きな方につければOK！
その1 にないからこっちにつけたよ！

$-\sqrt{2} \leqq a+1$ より $-1-\sqrt{2} \leqq a$

$a < -\sqrt{2} \leqq a+1$ これです!!

⇒ $m(a) = f(-\sqrt{2})$

最小値　$x = -\sqrt{2}$ で最小！

その3 $-\sqrt{2} \leqq a < 1$ のとき

p.244参照！
$a=1$ のとき $f(a)=f(a+1)$ となります！
その2 にイコールがないからこっちにつけました！

⇒ $m(a) = f(a)$

最小値　$x = a$ で最小！

その4 $1 \leqq a$ のとき

その3 にイコールがないからこっちにつけました！
p.244参照！
$a=1$ のとき $f(a)=f(a+1)$ でした！

⇒ $m(a) = f(a+1)$

最小値　$x = a+1$ で最小

これで場合分けは完璧なんですが……

ダメ押しチェ〜ック!!

この場合は？　最小
$f(a)=f(a+1)$ となる手前　つまり $a<1$ より
⇒ この場合は **その3** に属する!!

この場合は？　最小
$f(a)=f(a+1)$ となったあと　つまり $1<a$ より
⇒ この場合は **その4** に属する!!

解答でござる

(1) $f(x) = \dfrac{3x}{x^2+2}$ ← 分母 $= x^2+2 \neq 0$ より，ちょっと安心 ♥

$f'(x) = \dfrac{(3x)' \times (x^2+2) - 3x \times (x^2+2)'}{(x^2+2)^2}$

商の微分法
$$\left\{\dfrac{f(x)}{g(x)}\right\}' = \dfrac{f'(x)g(x) - f(x)g'(x)}{\{g(x)\}^2}$$

この場合 $f(x) = 3x$, $g(x) = x^2+2$

$= \dfrac{3(x^2+2) - 3x \times 2x}{(x^2+2)^2}$

$= \dfrac{-3x^2+6}{(x^2+2)^2}$

← 分子を -3 でくくる！

$= \dfrac{-3(x^2-2)}{(x^2+2)^2}$

$x^2 - 2 = x^2 - (\sqrt{2})^2 = (x+\sqrt{2})(x-\sqrt{2})$

$= \dfrac{-3(x+\sqrt{2})(x-\sqrt{2})}{(x^2+2)^2}$

増減表をかくと

x	$\cdots$	$-\sqrt{2}$	$\cdots$	$\sqrt{2}$	$\cdots$
$f'(x)$	$-$	0	$+$	0	$-$
$f(x)$	↘	極小	↗	極大	↘

$f'(x) = \dfrac{-3(x+\sqrt{2})(x-\sqrt{2})}{(x^2+2)^2}$

$(x^2+2)^2 > 0$ より $-3(x+\sqrt{2})(x-\sqrt{2})$ のみの符号を考えればよい！

このとき

$f(-\sqrt{2}) = \dfrac{3 \times (-\sqrt{2})}{(-\sqrt{2})^2 + 2} = -\dfrac{3\sqrt{2}}{4}$ ← 極小値です！

$f(\sqrt{2}) = \dfrac{3 \times \sqrt{2}}{(\sqrt{2})^2 + 2} = \dfrac{3\sqrt{2}}{4}$ ← 極大値です！

さらに

$\displaystyle\lim_{x \to \pm\infty} f(x) = \lim_{x \to \pm\infty} \dfrac{3x}{x^2+2} = 0$

← 分母の方が次数が高い！よって $x \to \pm\infty$ のとき $f(x) \to 0$

よって，x 軸が漸近線となる。

以上より，グラフをかくと

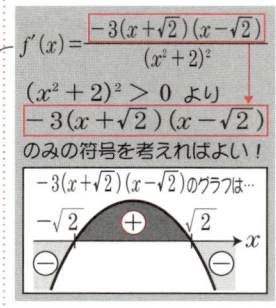

Theme 22 最大値と最小値の物語

$\lim_{x \to \pm\infty} f(x) = 0$ です！

$f(0) = \dfrac{3 \times 0}{0^2 + 2} = 0$

よって原点を通る!!

(2) $f(a) = f(a+1)$ のとき

p.244 参照！
これを計算しておけば
場合分けがスムーズ!!

$$\dfrac{3a}{a^2 + 2} = \dfrac{3(a+1)}{(a+1)^2 + 2}$$

$$3a \times \{(a+1)^2 + 2\} = 3(a+1) \times (a^2 + 2)$$

分母を払いました！

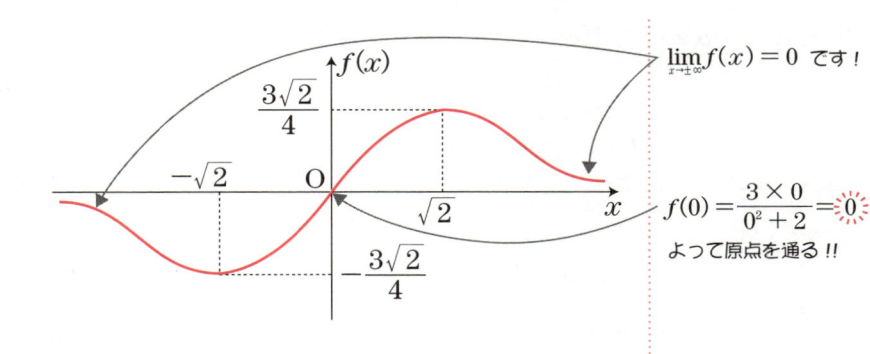

$$a^2 + a - 2 = 0$$

整理しました！

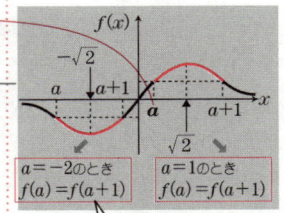

$$(a+2)(a-1) = 0$$

$$\therefore a = -2, \ 1$$

このとき
$0 < a < \sqrt{2}$ とすると、$a = 1$

これが大事!!

$a = -2$ のとき
$f(a) = f(a+1)$

$a = 1$ のとき
$f(a) = f(a+1)$

こっちは、場合分けに無関係！
最大値を求めるときには、
こっちが関係するヨ！

(i) $a + 1 < -\sqrt{2}$ つまり $a < -1 - \sqrt{2}$ のとき

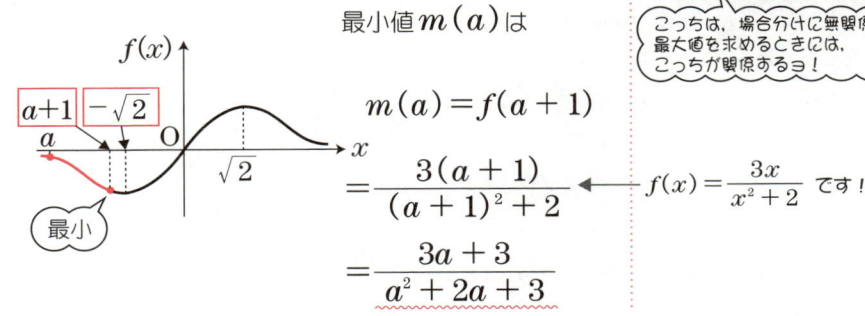

最小値 $m(a)$ は

$$m(a) = f(a+1)$$

$$= \dfrac{3(a+1)}{(a+1)^2 + 2}$$

$f(x) = \dfrac{3x}{x^2 + 2}$ です！

$$= \dfrac{3a + 3}{a^2 + 2a + 3}$$

最小

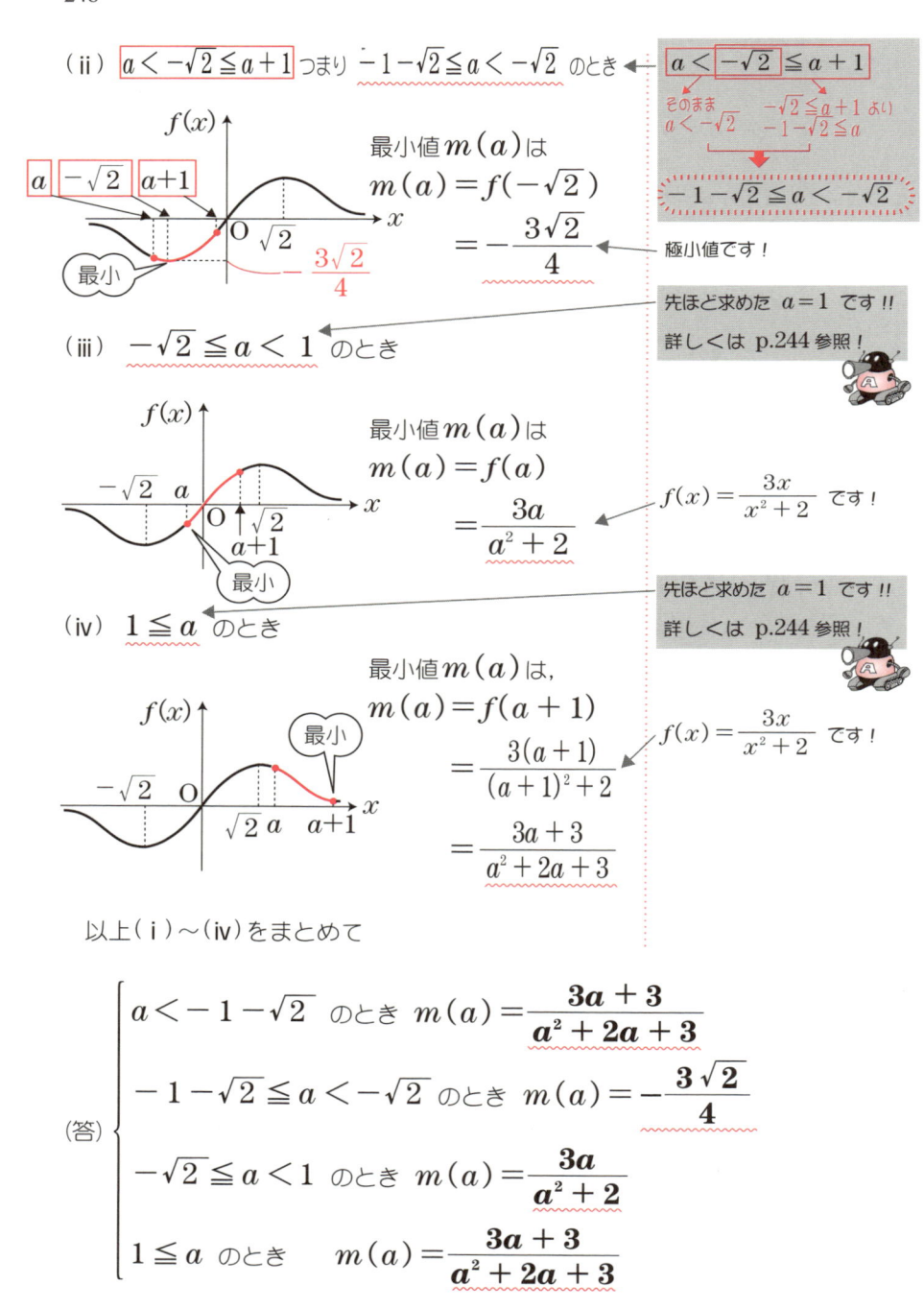

(ii) $\boxed{a < -\sqrt{2} \leqq a+1}$ つまり $\underline{-1-\sqrt{2} \leqq a < -\sqrt{2}}$ のとき

$\boxed{a < \boxed{-\sqrt{2}} \leqq a+1}$
そのまま $a < -\sqrt{2}$
$-\sqrt{2} \leqq a+1$ より $-1-\sqrt{2} \leqq a$
⇒ $-1-\sqrt{2} \leqq a < -\sqrt{2}$

最小値 $m(a)$ は
$m(a) = f(-\sqrt{2})$
$= -\dfrac{3\sqrt{2}}{4}$ ← 極小値です！

(iii) $\underline{-\sqrt{2} \leqq a < 1}$ のとき

最小値 $m(a)$ は
$m(a) = f(a)$
$= \dfrac{3a}{a^2+2}$ ← $f(x) = \dfrac{3x}{x^2+2}$ です！

先ほど求めた $a=1$ です!!
詳しくは p.244 参照！

(iv) $\underline{1 \leqq a}$ のとき

最小値 $m(a)$ は,
$m(a) = f(a+1)$
$= \dfrac{3(a+1)}{(a+1)^2+2}$
$= \dfrac{3a+3}{a^2+2a+3}$ ← $f(x) = \dfrac{3x}{x^2+2}$ です！

以上 (i)〜(iv) をまとめて

(答) $\begin{cases} a < -1-\sqrt{2} \text{ のとき } m(a) = \dfrac{3a+3}{a^2+2a+3} \\ -1-\sqrt{2} \leqq a < -\sqrt{2} \text{ のとき } m(a) = -\dfrac{3\sqrt{2}}{4} \\ -\sqrt{2} \leqq a < 1 \text{ のとき } m(a) = \dfrac{3a}{a^2+2} \\ 1 \leqq a \text{ のとき } m(a) = \dfrac{3a+3}{a^2+2a+3} \end{cases}$

Theme 23 y''の意味するものは…？

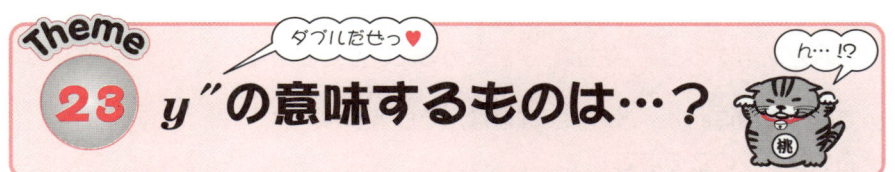

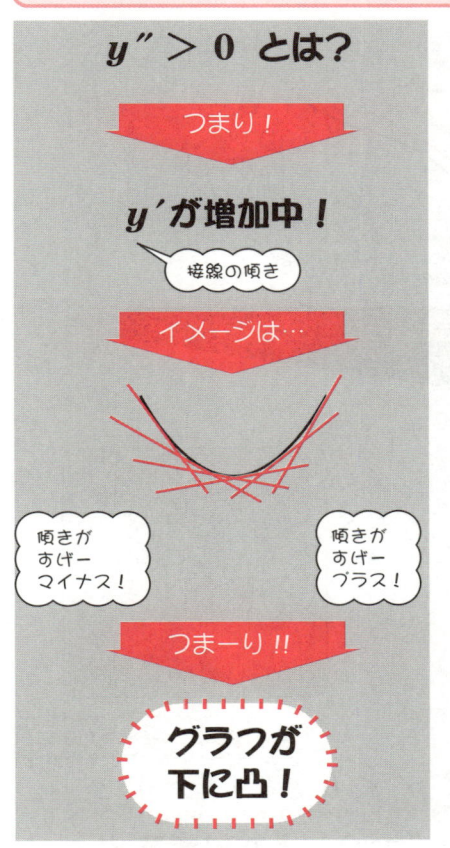

ダブルだせっ♥　ん…!?

$y'' > 0$ とは？

⬇ つまり！

y' が増加中！ （接線の傾き）

⬇ イメージは…

傾きが すげーマイナス！ ／ 傾きが すげープラス！

⬇ つまーり!!

グラフが下に凸！

$y'' < 0$ とは？

⬇ つまり！

y' が減少中！ （接線の傾き）

⬇ イメージは…

傾きが すげープラス！ ／ 傾きが すげーマイナス！

⬇ つまーり!!

グラフが上に凸！

ザ・まとめ

$y'' > 0$　といえば…　下に凸

$y'' < 0$　といえば…　上に凸

これを活用すると 変曲点 を求めることができます。

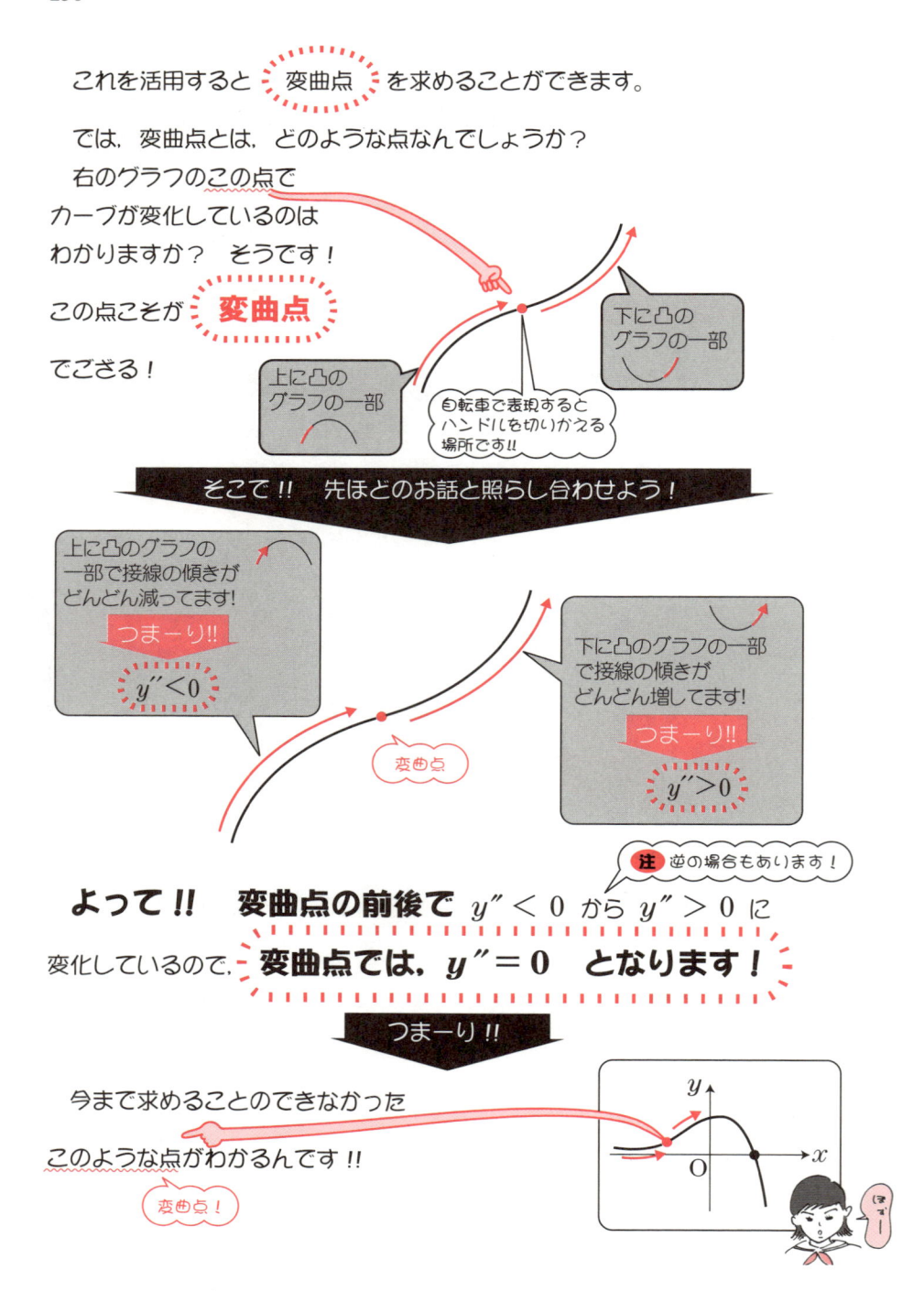

では，変曲点とは，どのような点なんでしょうか？

右のグラフのこの点でカーブが変化しているのはわかりますか？　そうです！

この点こそが **変曲点** でござる！

下に凸のグラフの一部

上に凸のグラフの一部

自転車で表現するとハンドルを切りかえる場所です!!

そこで!!　先ほどのお話と照らし合わせよう！

上に凸のグラフの一部で接線の傾きがどんどん減ってます！

つまーり!!

$y'' < 0$

変曲点

下に凸のグラフの一部で接線の傾きがどんどん増してます！

つまーり!!

$y'' > 0$

注 逆の場合もあります！

よって!!　変曲点の前後で $y'' < 0$ から $y'' > 0$ に変化しているので，変曲点では，$y'' = 0$ となります！

つまーり!!

今まで求めることのできなかったこのような点がわかるんです!!

変曲点！

では，例題チックなものをおひとつ…

問題 23-1 　標準

関数 $f(x) = \dfrac{6x}{x^2+1}$ について，次の各問いに答えよ。

(1) この曲線の凹凸を調べて，グラフの概形をかけ。
(2) 変曲点を求めよ。

ナイスな導入!!

(1) 一見，今までと変わらないように思われますが…
じつは…，この1行の中に殺し文句が……。

（凹凸…!?）

つまーり!!

"**凹凸を調べて!**" です！

これをいわれた日にゃ～ぁ $f''(x)$ も考えないといけません！

他にも，"**変曲点を調べて!**" なんて言いまわしもあります。つまり，本問では，より正確なグラフが求められています！　簡単にまとめておきます！

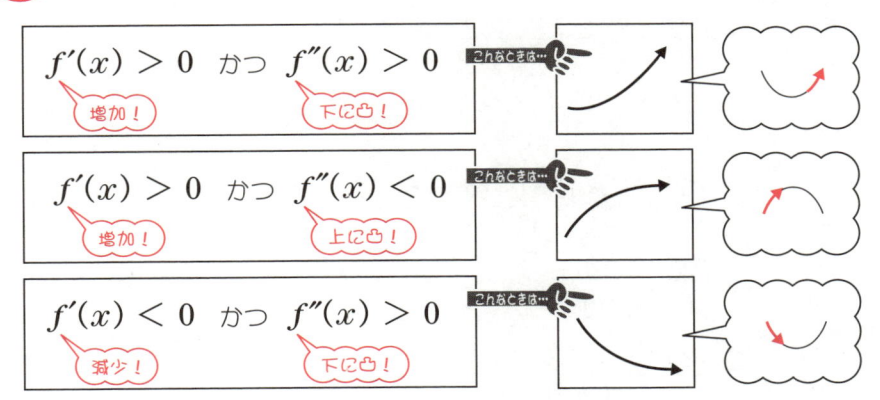

注

$f'(x) > 0$ かつ $f''(x) > 0$ 　こんなときは…
（増加!）　　　　（下に凸!）

$f'(x) > 0$ かつ $f''(x) < 0$ 　こんなときは…
（増加!）　　　　（上に凸!）

$f'(x) < 0$ かつ $f''(x) > 0$ 　こんなときは…
（減少!）　　　　（下に凸!）

$f'(x) < 0$ かつ $f''(x) < 0$

減少！　　　上に凸！

こんなときは…

ただし，今までどおり"グラフの概形をかけ"のように，上記の2つのフレーズがまったく含まれていないときに $f''(x)$ まで考える必要はありません!!

(2) $y'' = 0$ となる点を求めればよい！ ← p.250 参照！

解答でござる

(1) $f(x) = \dfrac{6x}{x^2+1}$ ← 分母 $= x^2+1 \neq 0$ よりちょっと安心 ♥

商の微分法
$\left\{\dfrac{f(x)}{g(x)}\right\}' = \dfrac{f'(x)g(x) - f(x)g'(x)}{\{g(x)\}^2}$

この場合
$f(x) = 6x,\ g(x) = x^2+1$

$f'(x) = \dfrac{(6x)' \times (x^2+1) - 6x \times (x^2+1)'}{(x^2+1)^2}$

$= \dfrac{6(x^2+1) - 6x \times 2x}{(x^2+1)^2}$

$= \dfrac{-6x^2 + 6}{(x^2+1)^2}$

$= \dfrac{-6(x+1)(x-1)}{(x^2+1)^2}$

商の微分法
$\left\{\dfrac{f(x)}{g(x)}\right\}' = \dfrac{f'(x)g(x) - f(x)g'(x)}{\{g(x)\}^2}$

$f''(x) = \dfrac{(-6x^2+6)' \times (x^2+1)^2 - (-6x^2+6) \times \{(x^2+1)^2\}'}{\{(x^2+1)^2\}^2}$

この場合
$f(x) = -6x^2+6$
$g(x) = (x^2+1)^2$
$\{(x^2+1)^2\}'$
$= 2(x^2+1) \times 2x$
全体を微分！　中を微分！

$= \dfrac{-12x(x^2+1)^2 - (-6x^2+6) \times 2(x^2+1) \times 2x}{(x^2+1)^4}$

$= \dfrac{-12x(x^2+1) - (-6x^2+6) \times 2 \times 2x}{(x^2+1)^3}$ ← x^2+1 で約分しました！

$= \dfrac{12x^3 - 36x}{(x^2+1)^3}$

$= \dfrac{12x(x+\sqrt{3})(x-\sqrt{3})}{(x^2+1)^3}$ ← 分子を因数分解！

Theme 23　y''の意味するものは…？

以上より

x	$\cdots$	$-\sqrt{3}$	$\cdots$	-1	$\cdots$	0	$\cdots$	1	$\cdots$	$\sqrt{3}$	$\cdots$
$f'(x)$	$-$	$-$	$-$	0	$+$	$+$	$+$	0	$-$	$-$	$-$
$f''(x)$	$-$	0	$+$	$+$	$+$	0	$-$	$-$	$-$	0	$+$
$f(x)$	↘	変曲点	↗	極小	↗	変曲点	↗	極大	↘	変曲点	↘

$f'(x) = \dfrac{-6(x+1)(x-1)}{(x^2+1)^2}$

$(x^2+1)^2 > 0$ より
$-6(x+1)(x-1)$ の符号のみ考えればOK！

$y = -6(x+1)(x-1)$のグラフは…

$f''(x) = \dfrac{12x(x+\sqrt{3})(x-\sqrt{3})}{(x^2+1)^3}$

$(x^2+1)^3 > 0$ より
$12x(x+\sqrt{3})(x-\sqrt{3})$
の符号のみ考えればOK！

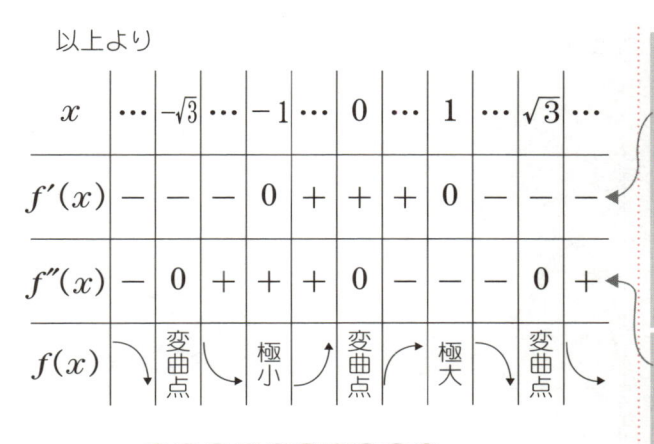

$y = 12x(x+\sqrt{3})(x-\sqrt{3})$のグラフは…

↘ or ↗ or ↘ or ↗ については、
ナイスな導入!! p.251 参照！

一般に
$y = a(x-\alpha)(x-\beta)(x-\gamma)$
$(\alpha < \beta < \gamma$ とする！$)$の
グラフは、

$a > 0$ のとき

$a < 0$ のとき

このとき

$f(-\sqrt{3}) = \dfrac{6 \times (-\sqrt{3})}{(-\sqrt{3})^2 + 1} = \dfrac{-6\sqrt{3}}{4} = -\dfrac{3\sqrt{3}}{2}$

$f(-1) = \dfrac{6 \times (-1)}{(-1)^2 + 1} = \dfrac{-6}{2} = -3$

$f(0) = \dfrac{6 \times 0}{0^2 + 1} = 0$

$f(1) = \dfrac{6 \times 1}{1^2 + 1} = \dfrac{6}{2} = 3$

$f(\sqrt{3}) = \dfrac{6 \times \sqrt{3}}{(\sqrt{3})^2 + 1} = \dfrac{6\sqrt{3}}{4} = \dfrac{3\sqrt{3}}{2}$

さらに

$\displaystyle\lim_{x \to \pm\infty} \dfrac{6x}{x^2+1} = 0$

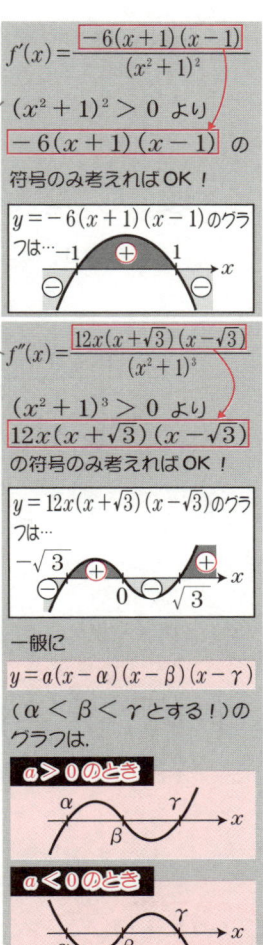

分母の方が分子より次数が高い！よって
$x \longrightarrow \pm\infty$ のとき
$f(x) \longrightarrow 0$ となる！

よって，x軸が漸近線となる。
以上からグラフをかくと，

（グラフ：$f(x)$，y軸上に3, $\dfrac{3\sqrt{3}}{2}$、x軸上に$-\sqrt{3}$, -1, 1, $\sqrt{3}$，$-\dfrac{3\sqrt{3}}{2}$, -3）

$\displaystyle\lim_{x\to\pm\infty}f(x)=0$ です！

(2) (1)のグラフより変曲点は

$$\left(-\sqrt{3},\ -\dfrac{3\sqrt{3}}{2}\right),\ (0,\ 0),\ \left(\sqrt{3},\ \dfrac{3\sqrt{3}}{2}\right)$$

…(答)

$f''(x)=0$ となるところです！

ちょっと言わせて

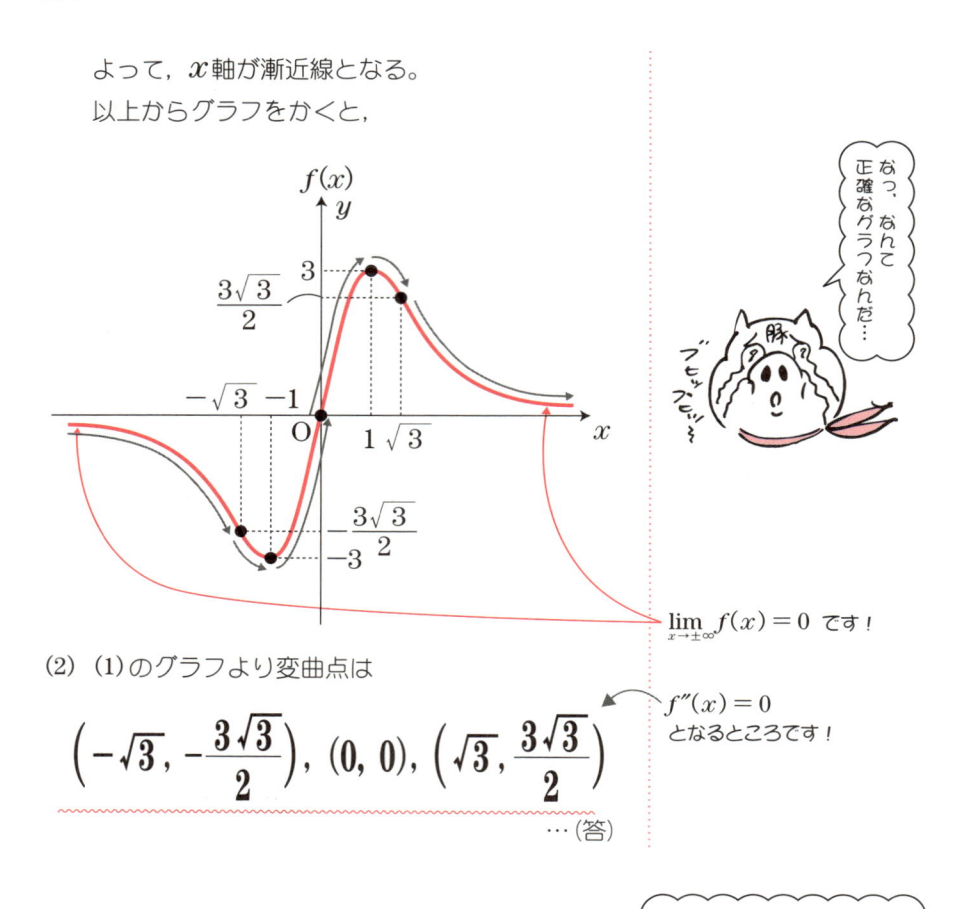

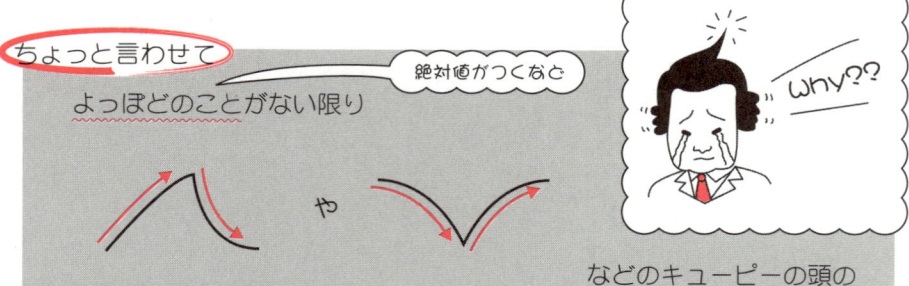

よっぽどのことがない限り　　絶対値がつくなど

（カーブの図）　や　（V字カーブの図）

などのキューピーの頭のようなカーブは，登場しません！　ですから，こんな事態が起こったら即，見直しですぞ!!

why??

では，もう少しガンバリましょう！

問題 23-2 〔ちょいムズ〕

次の曲線の凹凸を調べて，グラフの概形をかけ。
(1) $f(x) = e^{-x^2}$
(2) $f(x) = \dfrac{x}{\log x}$

ナイスな導入!!

殺し文句 "凹凸を調べて！" があるから，$f''(x)$ もやらねばならん！　仕方ないね♥

解答でござる

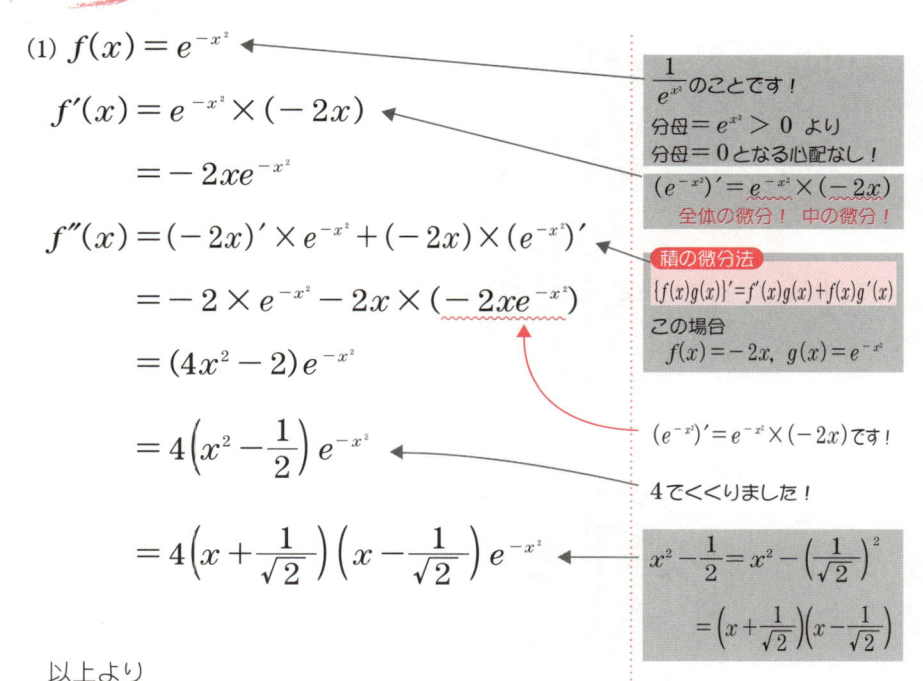

(1) $f(x) = e^{-x^2}$

$f'(x) = e^{-x^2} \times (-2x)$

$\qquad = -2xe^{-x^2}$

$f''(x) = (-2x)' \times e^{-x^2} + (-2x) \times (e^{-x^2})'$

$\qquad = -2 \times e^{-x^2} - 2x \times (-2xe^{-x^2})$

$\qquad = (4x^2 - 2)e^{-x^2}$

$\qquad = 4\left(x^2 - \dfrac{1}{2}\right)e^{-x^2}$

$\qquad = 4\left(x + \dfrac{1}{\sqrt{2}}\right)\left(x - \dfrac{1}{\sqrt{2}}\right)e^{-x^2}$

$\dfrac{1}{e^{x^2}}$ のことです！
分母 $= e^{x^2} > 0$ より
分母 $= 0$ となる心配なし！
$(e^{-x^2})' = e^{-x^2} \times (-2x)$
全体の微分！　中の微分！

積の微分法
$\{f(x)g(x)\}' = f'(x)g(x) + f(x)g'(x)$
この場合
$f(x) = -2x,\ g(x) = e^{-x^2}$

$(e^{-x^2})' = e^{-x^2} \times (-2x)$ です！

4でくくりました！

$x^2 - \dfrac{1}{2} = x^2 - \left(\dfrac{1}{\sqrt{2}}\right)^2$
$\qquad = \left(x + \dfrac{1}{\sqrt{2}}\right)\left(x - \dfrac{1}{\sqrt{2}}\right)$

以上より

x	...	$-\dfrac{1}{\sqrt{2}}$	...	0	...	$\dfrac{1}{\sqrt{2}}$	...
$f'(x)$	+	+	+	0	−	−	−
$f''(x)$	+	0	−	−	−	0	+
$f(x)$	↗	変曲点	↗	極大	↘	変曲点	↘

$f'(x) = \boxed{-2x}\, e^{-x^2}$

$e^{-x^2} > 0$ より

$\boxed{-2x}$ のみの符号を考えればOK！

$f''(x)$
$= 4\left(x + \dfrac{1}{\sqrt{2}}\right)\left(x - \dfrac{1}{\sqrt{2}}\right)e^{-x^2}$

$e^{-x^2} > 0$ より

$\boxed{4\left(x + \dfrac{1}{\sqrt{2}}\right)\left(x - \dfrac{1}{\sqrt{2}}\right)}$

のみの符号を考えればOK！

$y = 4\left(x + \dfrac{1}{\sqrt{2}}\right)\left(x - \dfrac{1}{\sqrt{2}}\right)$ のグラフは…

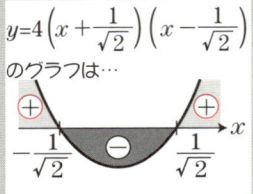

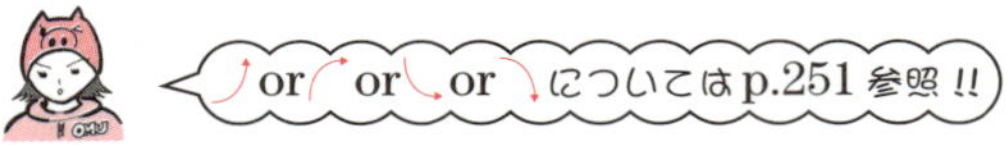

↗ or ↘ or ↗ or ↘ についてはp.251参照!!

このとき

$$f\left(-\dfrac{1}{\sqrt{2}}\right) = e^{-\left(-\frac{1}{\sqrt{2}}\right)^2} = e^{-\frac{1}{2}} = \dfrac{1}{e^{\frac{1}{2}}} = \dfrac{1}{\sqrt{e}}$$

$$f(0) = e^{-0^2} = e^0 = 1$$

$$f\left(\dfrac{1}{\sqrt{2}}\right) = e^{-\left(\frac{1}{\sqrt{2}}\right)^2} = e^{-\frac{1}{2}} = \dfrac{1}{e^{\frac{1}{2}}} = \dfrac{1}{\sqrt{e}}$$

さらに

$$\lim_{x \to \pm\infty} f(x) = \lim_{x \to \pm\infty} e^{-x^2} = \lim_{x \to \pm\infty} \dfrac{1}{e^{x^2}} = 0$$

$x \to \pm\infty$ のとき
$x^2 \to \infty$
つまり $e^{x^2} \to \infty$

よって $\dfrac{1}{e^{x^2}} \to 0$

よって，x軸が漸近線となる。

以上からグラフをかくと

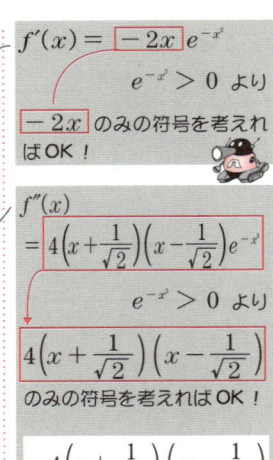

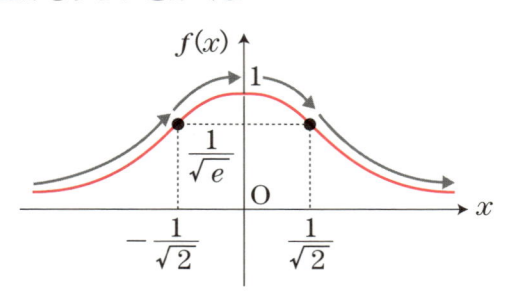

なかなかいいカーブですね……

(2) $f(x) = \dfrac{x}{\log x}$

真数条件より $x > 0$

さらに分母 $\neq 0$ より $x \neq 1$

$f'(x) = \dfrac{(x)' \times \log x - x \times (\log x)'}{(\log x)^2}$

$= \dfrac{1 \times \log x - x \times \dfrac{1}{x}}{(\log x)^2}$

$= \dfrac{\log x - 1}{(\log x)^2}$

$f''(x) = \dfrac{(\log x - 1)' \times (\log x)^2 - (\log x - 1) \times \{(\log x)^2\}'}{\{(\log x)^2\}^2}$

$= \dfrac{\dfrac{1}{x} \times (\log x)^2 - (\log x - 1) \times 2(\log x) \times \dfrac{1}{x}}{(\log x)^4}$

$= \dfrac{\dfrac{1}{x} \times \log x - (\log x - 1) \times 2 \times \dfrac{1}{x}}{(\log x)^3}$

$= \dfrac{\log x - (\log x - 1) \times 2}{x(\log x)^3}$

$= \dfrac{-\log x + 2}{x(\log x)^3}$

$= \dfrac{-(\log x - 2)}{x(\log x)^3}$

注 分母 $= \log x = 0$ のとき $x = 1$ ($\log 1 = 0$)
つまーり！
$x = 1$ は，漸近線となる！

これを見落とすな!!

商の微分法
$\left\{\dfrac{f(x)}{g(x)}\right\}' = \dfrac{f'(x)g(x) - f(x)g'(x)}{\{g(x)\}^2}$

この場合
$f(x) = x, \ g(x) = \log x$

$f'(x) = 0$ のとき
$\log x - 1 = 0$ より
$\log x = 1$
∴ $x = e$

$\log e = 1$

商の微分法
$\left\{\dfrac{f(x)}{g(x)}\right\}' = \dfrac{f'(x)g(x) - f(x)g'(x)}{\{g(x)\}^2}$

この場合
$f(x) = \log x - 1,$
$g(x) = (\log x)^2$

$\{(\log x)^2\}' = 2(\log x) \times \dfrac{1}{x}$

全体の微分！ 中の微分！

$\log x$ で約分！

分子 & 分母を $\times x$

$f''(x) = 0$ のとき
$\log x - 2 = 0$ より
$\log x = 2$
∴ $x = e^2$

$\log$ の基本的なお話は p.588 の ナイスフォロー その6 参照！

以上より，

x	0	$\cdots$	1	$\cdots$	e	$\cdots$	e^2	$\cdots$
$f'(x)$		$-$		$-$	0	$+$	$+$	$+$
$f''(x)$		$-$		$+$		$+$	0	$-$
$f(x)$		↓		↓	極小	↑	変曲点	↑

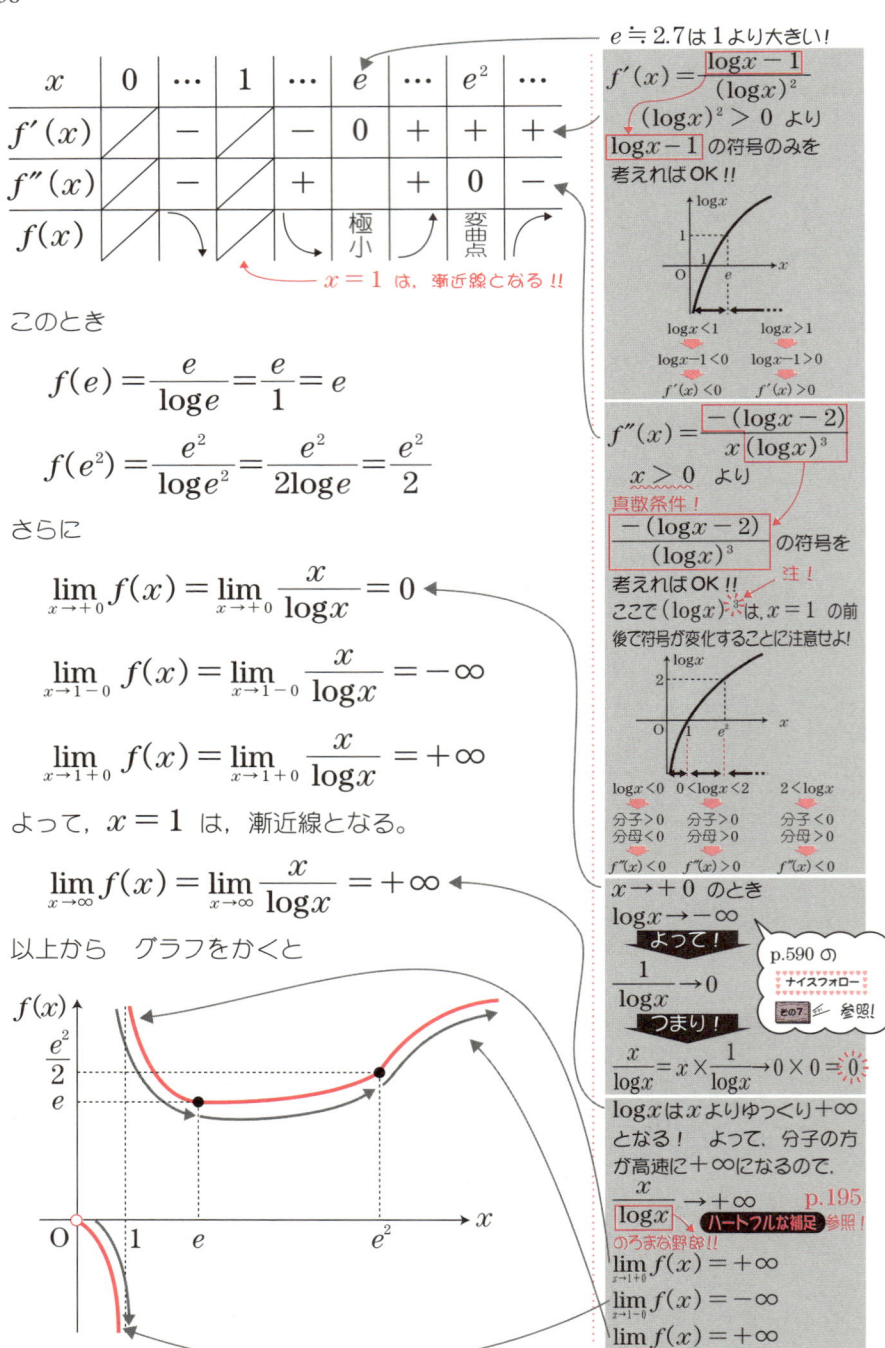

$x=1$ は，漸近線となる !!

$e \fallingdotseq 2.7$ は 1 より大きい！

$f'(x) = \dfrac{\log x - 1}{(\log x)^2}$

$(\log x)^2 > 0$ より $\boxed{\log x - 1}$ の符号のみを考えればOK!!

$\log x < 1 \quad \log x > 1$
$\log x - 1 < 0 \quad \log x - 1 > 0$
$f'(x) < 0 \quad f'(x) > 0$

このとき

$$f(e) = \dfrac{e}{\log e} = \dfrac{e}{1} = e$$

$$f(e^2) = \dfrac{e^2}{\log e^2} = \dfrac{e^2}{2\log e} = \dfrac{e^2}{2}$$

$f''(x) = \dfrac{-(\log x - 2)}{x(\log x)^3}$

$x > 0$ より（真数条件！）

$\dfrac{-(\log x - 2)}{(\log x)^3}$ の符号を考えればOK!!

注! ここで $(\log x)^3$ は，$x=1$ の前後で符号が変化することに注意せよ！

$\log x < 0 \quad 0 < \log x < 2 \quad 2 < \log x$
分子 >0 ／分子 >0 ／分子 <0
分母 <0 ／分母 >0 ／分母 <0
$f''(x) < 0 \quad f''(x) > 0 \quad f''(x) < 0$

さらに

$$\lim_{x \to +0} f(x) = \lim_{x \to +0} \dfrac{x}{\log x} = 0$$

$$\lim_{x \to 1-0} f(x) = \lim_{x \to 1-0} \dfrac{x}{\log x} = -\infty$$

$$\lim_{x \to 1+0} f(x) = \lim_{x \to 1+0} \dfrac{x}{\log x} = +\infty$$

よって，$x=1$ は，漸近線となる。

$$\lim_{x \to \infty} f(x) = \lim_{x \to \infty} \dfrac{x}{\log x} = +\infty$$

以上から　グラフをかくと

$x \to +0$ のとき
$\log x \to -\infty$
よって！
$\dfrac{1}{\log x} \to 0$
つまり！
$\dfrac{x}{\log x} = x \times \dfrac{1}{\log x} \to 0 \times 0 = 0$

p.590 のナイスフォロー その7 参照！

$\log x$ は x よりゆっくり $+\infty$ となる！よって，分子の方が高速に $+\infty$ になるので，

$\dfrac{x}{\boxed{\log x}} \to +\infty$　p.195 ハートフルな補足 参照！

のろまな野郎!!

$\lim_{x \to 1+0} f(x) = +\infty$

$\lim_{x \to 1-0} f(x) = -\infty$

$\lim_{x \to \infty} f(x) = +\infty$

さて，$f''(x)$ をもっとフル活用しましょう！

問題 23-3　　　　　　　　　　　　　　　　　　　　　　**標準**

次の各問いに答えよ。

(1) $f(x) = x\log x$ が $x = \dfrac{1}{e}$ で極小値をもつことを証明せよ。

(2) $f(x) = \sin x + \sqrt{3}\cos x + 1$ が $x = \dfrac{\pi}{6}$ で極大値をもつことを証明せよ。

ナイスな導入!!

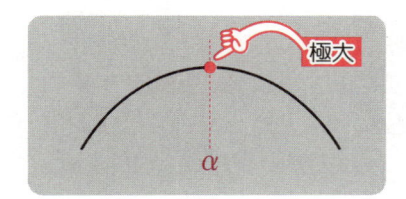

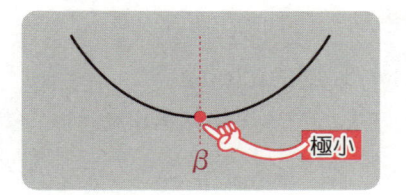

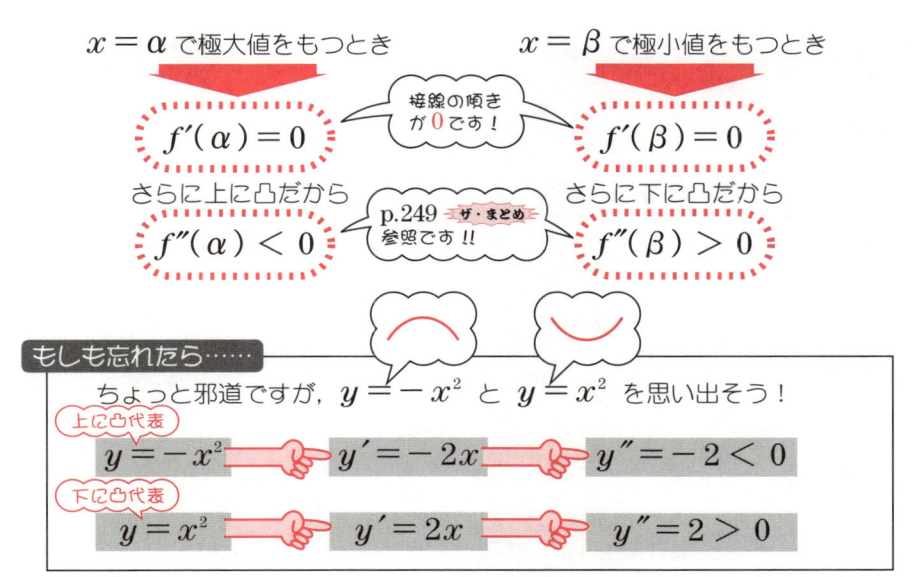

$x = \alpha$ で極大値をもつとき　　　　　$x = \beta$ で極小値をもつとき

$f'(\alpha) = 0$　　接線の傾きが **0** です！　　$f'(\beta) = 0$

さらに上に凸だから　　p.249 ザ・まとめ 参照です!!　　さらに下に凸だから

$f''(\alpha) < 0$　　　　　　　　　　　　　　$f''(\beta) > 0$

もしも忘れたら……

ちょっと邪道ですが，$y = -x^2$ と $y = x^2$ を思い出そう！

上に凸代表　　$y = -x^2$ 👉 $y' = -2x$ 👉 $y'' = -2 < 0$

下に凸代表　　$y = x^2$ 👉 $y' = 2x$ 👉 $y'' = 2 > 0$

などをすればすぐ思い出せるなり♥

ザ・まとめ

$f'(\alpha) = 0$ かつ $f''(\alpha) < 0$ のとき… $x = \alpha$ で極大！

$f'(\beta) = 0$ かつ $f''(\beta) > 0$ のとき… $x = \beta$ で極小！

で!! 本問なんですが，極大や極小となるときの x の値が問題文中に与えられているので，まともに増減表なんかかくより，この ザ・まとめ を活用するのが妙技です!!

解答でござる

(1) $f(x) = x\log x$

$f'(x) = (x)' \times \log x + x \times (\log x)'$

$\quad = 1 \times \log x + x \times \dfrac{1}{x}$

$\quad = \log x + 1$

$f''(x) = \dfrac{1}{x}$

積の微分法
$\{f(x)g(x)\}' = f'(x)g(x) + f(x)g'(x)$
この場合
$f(x) = x, \ g(x) = \log x$

このとき

$f'\left(\dfrac{1}{e}\right) = \log \dfrac{1}{e} + 1$

$\quad = -1 + 1$

$\quad = 0$

$f''\left(\dfrac{1}{e}\right) = \dfrac{1}{\frac{1}{e}}$

$\quad = e > 0$

$\log \dfrac{1}{e} = \log e^{-1}$
$\quad (= -\log e)$
$\quad = -1$

分子＆分母を $\times e$

以上より

$x = \dfrac{1}{e}$ で，極小値をもつ。

$f'\left(\dfrac{1}{e}\right) = 0$ かつ
$f''\left(\dfrac{1}{e}\right) > 0$ より
ザ・まとめ 参照!!

（証明おわり）

(2) $f(x) = \sin x + \sqrt{3} \cos x + 1$

$f'(x) = \cos x + \sqrt{3} \times (-\sin x)$

$ = \cos x - \sqrt{3} \sin x$

$f''(x) = -\sin x - \sqrt{3} \cos x$

このとき

$f'\left(\dfrac{\pi}{6}\right) = \cos \dfrac{\pi}{6} - \sqrt{3} \sin \dfrac{\pi}{6}$ ← $\dfrac{\pi}{6} = 30°$ ですョ!

$\phantom{f'\left(\dfrac{\pi}{6}\right)} = \dfrac{\sqrt{3}}{2} - \sqrt{3} \times \dfrac{1}{2}$

$\phantom{f'\left(\dfrac{\pi}{6}\right)} = 0$

$f''\left(\dfrac{\pi}{6}\right) = -\sin \dfrac{\pi}{6} - \sqrt{3} \cos \dfrac{\pi}{6}$

$\phantom{f''\left(\dfrac{\pi}{6}\right)} = -\dfrac{1}{2} - \sqrt{3} \times \dfrac{\sqrt{3}}{2}$

$\phantom{f''\left(\dfrac{\pi}{6}\right)} = -\dfrac{1}{2} - \dfrac{3}{2}$

$\phantom{f''\left(\dfrac{\pi}{6}\right)} = -2 < 0$

以上より

$x = \dfrac{\pi}{6}$ で極大値をもつ。 ← $f'\left(\dfrac{\pi}{6}\right) = 0$ かつ $f''\left(\dfrac{\pi}{6}\right) < 0$ より

（証明おわり） ザ・まとめ 参照!!

Theme 24 x と y が影武者に操られる！

（x, y 以外の別の文字）

問題 24-1　ちょいムズ

媒介変数 θ を用いて（ただし $0 \leqq \theta < 2\pi$）
$$\begin{cases} x = 2\cos\theta & \cdots\cdots① \\ y = 3\sin\theta & \cdots\cdots② \end{cases}$$
と表される曲線について，次の各問いに答えよ。

(1) $\dfrac{dx}{d\theta}$ と $\dfrac{dy}{d\theta}$ を求めよ。

(2) $\dfrac{dy}{dx}$ を θ を用いて表せ。

(3) $\theta = \dfrac{\pi}{3}$ における接線の方程式を求めよ。

ナイスな導入!!

$$\dfrac{dy}{dx} = \dfrac{dy}{d\theta} \cdot \dfrac{d\theta}{dx}$$

$$= \dfrac{\dfrac{dy}{d\theta}}{\dfrac{dx}{d\theta}}$$

これがポイントです!!

> p.159 **合成関数の微分法** 参照！
> 本当は，この考えはいけないんだけど
> $\dfrac{dy}{d\theta} \cdot \dfrac{d\theta}{dx} = \dfrac{dy}{dx}$
> とすればいつもつじつまが合う！

$\dfrac{1}{\dfrac{dx}{d\theta}} = \dfrac{d\theta}{dx}$

解答でござる

$$\begin{cases} x = 2\cos\theta & \cdots\cdots① \\ y = 3\sin\theta & \cdots\cdots② \end{cases}$$

(1) ①より

$$\dfrac{dx}{d\theta} = 2 \times (-\sin\theta)$$

x を θ で微分するという意味！

$$= -2\sin\theta \quad \cdots \text{(答)}$$

②より

$$\frac{dy}{d\theta} = 3\cos\theta \quad \cdots \text{(答)}$$

← y を θ で微分するという意味！

(2) $\dfrac{dy}{dx} = \dfrac{\dfrac{dy}{d\theta}}{\dfrac{dx}{d\theta}}$

← ナイスな導入!! 参照！

$$= \frac{3\cos\theta}{-2\sin\theta}$$

← マイナスを前に出した！

$$= -\frac{3}{2\cdot\boxed{\dfrac{\sin\theta}{\cos\theta}}}$$

← 分子&分母を $\div \cos\theta$

$\dfrac{\sin\theta}{\cos\theta} = \tan\theta$

$$= -\frac{3}{2\tan\theta} \quad \cdots \text{(答)}$$

(3) $\theta = \dfrac{\pi}{3}$ のとき

← $\dfrac{\pi}{3} = 60°$ です！

①より，$x = 2\cos\dfrac{\pi}{3} = 2 \times \dfrac{1}{2} = 1$ ← x 座標

②より，$y = 3\sin\dfrac{\pi}{3} = 3 \times \dfrac{\sqrt{3}}{2} = \dfrac{3\sqrt{3}}{2}$ ← y 座標

よって，接点は $\left(1, \dfrac{3\sqrt{3}}{2}\right)$

さらに，$\theta = \dfrac{\pi}{3}$ のとき (2) から

$$\frac{dy}{dx} = -\frac{3}{2\tan\dfrac{\pi}{3}}$$

(2) より
$\dfrac{dy}{dx} = -\dfrac{3}{2\tan\theta}$

$$= -\frac{3}{2\sqrt{3}}$$

$$= -\frac{\sqrt{3}}{2}$$

← 接線の傾き

以上より求めるべき接線の方程式は

$$y - \frac{3\sqrt{3}}{2} = -\frac{\sqrt{3}}{2}(x-1)$$

$$\therefore\ y = -\frac{\sqrt{3}}{2}x + 2\sqrt{3} \quad \cdots\text{(答)}$$

← $(p,\ q)$ を通り，傾き m の直線は
$y - q = m(x - p)$ です！

ちょっと言わせて

$$\begin{cases} x = 2\cos\theta & \cdots\cdots① \\ y = 3\sin\theta & \cdots\cdots② \end{cases}$$

①より $\cos\theta = \dfrac{x}{2}$　②より $\sin\theta = \dfrac{y}{3}$

このとき $\sin^2\theta + \cos^2\theta = 1$ であるから

$$\left(\frac{x}{2}\right)^2 + \left(\frac{y}{3}\right)^2 = 1$$

$$\therefore\ \frac{x^2}{4} + \frac{y^2}{9} = 1$$

$\sin\theta = \dfrac{y}{3}$
$\cos\theta = \dfrac{x}{2}$ より

よって，これは，以下のような楕円となる。

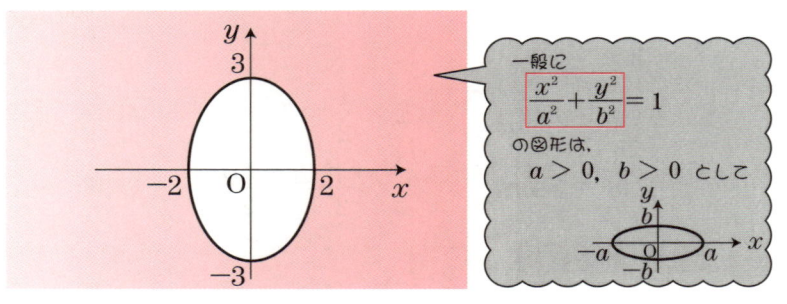

一般に
$\boxed{\dfrac{x^2}{a^2} + \dfrac{y^2}{b^2} = 1}$
の図形は，
$a > 0,\ b > 0$ として

さしあたって(3)で求めた接線は，

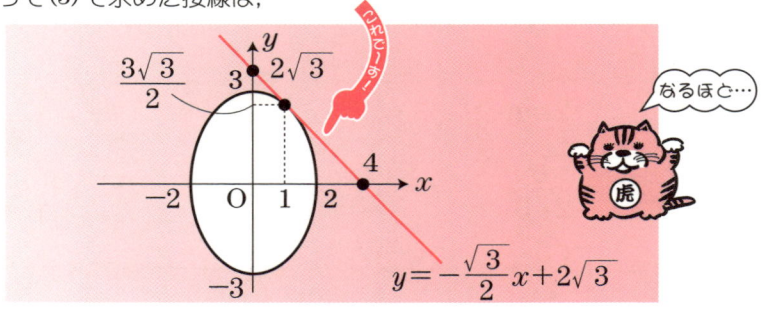

これです！

なるほど…

$y = -\dfrac{\sqrt{3}}{2}x + 2\sqrt{3}$

出たぁ——っ!!

問題 24-2 モロ難

媒介変数 θ を用いて（ただし $0 \leqq \theta \leqq 2\pi$）
$$\begin{cases} x = \theta - \sin\theta & \cdots\cdots ① \\ y = 1 - \cos\theta & \cdots\cdots ② \end{cases}$$
と表される曲線がある。この曲線の概形をかけ。

ナイスな導入!!

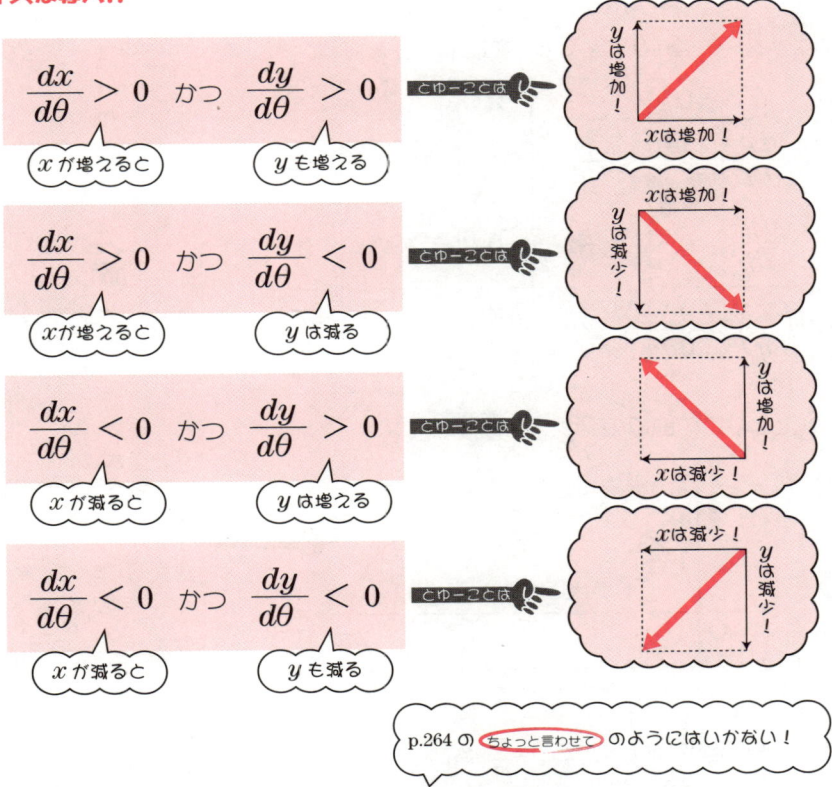

$\dfrac{dx}{d\theta} > 0$ かつ $\dfrac{dy}{d\theta} > 0$ とゆーことは （y は増加！ x は増加！）
（x が増えると）（y も増える）

$\dfrac{dx}{d\theta} > 0$ かつ $\dfrac{dy}{d\theta} < 0$ とゆーことは （x は増加！ y は減少！）
（x が増えると）（y は減る）

$\dfrac{dx}{d\theta} < 0$ かつ $\dfrac{dy}{d\theta} > 0$ とゆーことは （y は増加！ x は減少！）
（x が減ると）（y は増える）

$\dfrac{dx}{d\theta} < 0$ かつ $\dfrac{dy}{d\theta} < 0$ とゆーことは （x は減少！ y は減少！）
（x が減ると）（y も減る）

p.264 の（ちょっと言わせて）のようにはいかない！

で，本問では θ を消去して x と y だけの式にすることはできないので，$\dfrac{dx}{d\theta}$ と $\dfrac{dy}{d\theta}$ の情報から上のように x と y の動きを把握して，グラフをかくべし！

解答でござる

$$\begin{cases} x = \theta - \sin\theta & \cdots\cdots ① \\ y = 1 - \cos\theta & \cdots\cdots ② \end{cases}$$

①より $\dfrac{dx}{d\theta} = 1 - \cos\theta$

②より $\dfrac{dy}{d\theta} = -(-\sin\theta)$

$\qquad\qquad = \sin\theta$

よって，$0 \leqq \theta \leqq 2\pi$ で以下の表を得る。

θ	0	……	π	……	2π
$\dfrac{dx}{d\theta}$	0	+	+	+	0
$\dfrac{dy}{d\theta}$	0	+	0	−	0
$\begin{pmatrix}x\\y\end{pmatrix}$	$\begin{pmatrix}0\\0\end{pmatrix}$	↗	$\begin{pmatrix}\pi\\2\end{pmatrix}$	↘	$\begin{pmatrix}2\pi\\0\end{pmatrix}$

以上よりこの曲線のグラフをかくと

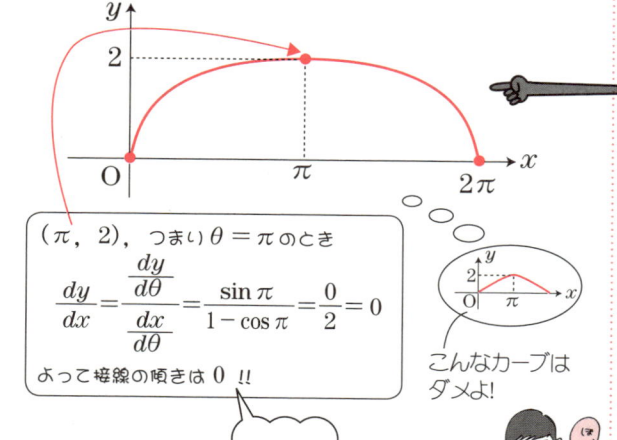

$(\pi, 2)$，つまり $\theta = \pi$ のとき

$$\dfrac{dy}{dx} = \dfrac{\dfrac{dy}{d\theta}}{\dfrac{dx}{d\theta}} = \dfrac{\sin\pi}{1 - \cos\pi} = \dfrac{0}{2} = 0$$

よって接線の傾きは 0 !!

こんなカーブはダメよ！

$\dfrac{dx}{d\theta} = 1 - \cos\theta = 0$ のとき
$\cos\theta = 1$ より
$0 \leqq \theta \leqq 2\pi$ で $\theta = 0, 2\pi$

$\dfrac{dy}{d\theta} = \sin\theta = 0$ のとき
$0 \leqq \theta \leqq 2\pi$ で，$\theta = 0, \pi, 2\pi$

$-1 \leqq \boxed{\cos\theta \leqq 1}$ ← $\cos\theta$ を移項して
$0 \leqq 1 - \cos\theta$
$\therefore \dfrac{dx}{d\theta} = 1 - \cos\theta \geqq 0$

$\dfrac{dy}{d\theta} = \sin\theta$ より
$0 < \theta < \pi$ で $\dfrac{dy}{d\theta} > 0$
$\pi < \theta < 2\pi$ で $\dfrac{dy}{d\theta} < 0$

$\boxed{\theta = 0}$ のとき
①より $x = 0 - \sin 0 = 0$
②より $y = 1 - \cos 0 = 1 - 1 = 0$

$\boxed{\theta = \pi}$ のとき
①より $x = \pi - \sin\pi = \pi - 0 = \pi$
②より $y = 1 - \cos\pi = 1 - (-1) = 2$

$\boxed{\theta = 2\pi}$ のとき
①より $x = 2\pi - \sin 2\pi = 2\pi - 0 = 2\pi$
②より $y = 1 - \cos 2\pi = 1 - 1 = 0$

このカーブの理由！

$\theta = 0, 2\pi$ のとき

$$\dfrac{dy}{dx} = \dfrac{\dfrac{dy}{d\theta}}{\dfrac{dx}{d\theta}} = \dfrac{0}{0}$$

となって値が求まらない！
$\theta = 0$ のとき，$\theta = 2\pi$ のとき
つまり $(0, 0)$，$(2\pi, 0)$ での接線の傾きが求まらない！

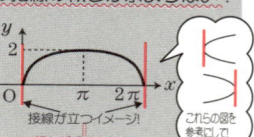

接線が立つイメージ！！
傾きが求まらない！

これらの図を参考にして

Theme 24　xとyが影武者に操られる！

もういっちょいくぞ!!

問題 24-3　　　　　　　　　　　　　　　　　モロ難

媒介変数tを用いて（ただし，$-2 \leqq t \leqq 5$）
$$\begin{cases} x = t^2 - 2t & \cdots\cdots① \\ y = -t^2 + 6t - 8 & \cdots\cdots② \end{cases}$$
と表される曲線がある。この曲線の概形をかけ。

ナイスな導入!!

①＋②より　$x + y = 4t - 8$

$\therefore\ t = \dfrac{x + y + 8}{4}$　　おーっ！tがxとyで表せた！

これを①に代入すると

$$x = \left(\dfrac{x + y + 8}{4}\right)^2 - 2 \times \dfrac{x + y + 8}{4}$$　ゲーッ！

しかしながら，これを展開しても，ナゾの式が登場するだけでお先真っ暗である…。

こんなときは……

前問 **問題 24-2** の作戦を活用すればOK！

解答でござる

$$\begin{cases} x = t^2 - 2t & \cdots\cdots① \\ y = -t^2 + 6t - 8 & \cdots\cdots② \end{cases}$$

①より

$\dfrac{dx}{dt} = 2t - 2$

$\phantom{\dfrac{dx}{dt}} = 2(t - 1)$

またもやこのタイプが…

②より，$\dfrac{dy}{dt} = -2t + 6$
$\qquad\qquad = -2(t-3)$

よって，$-2 \leqq t \leqq 5$ で以下の表を得る。

t	-2	$\cdots$	1	$\cdots$	3	$\cdots$	5
$\dfrac{dx}{dt}$	$-$	$-$	0	$+$	$+$	$+$	$+$
$\dfrac{dy}{dt}$	$+$	$+$	$+$	$+$	0	$-$	$-$
$\begin{pmatrix} x \\ y \end{pmatrix}$	$\begin{pmatrix} 8 \\ -24 \end{pmatrix}$	↖	$\begin{pmatrix} -1 \\ -3 \end{pmatrix}$	↗	$\begin{pmatrix} 3 \\ 1 \end{pmatrix}$	↘	$\begin{pmatrix} 15 \\ -3 \end{pmatrix}$

さらに

①で，$x = 0$ とすると
$\qquad t^2 - 2t = 0$
$\qquad t(t-2) = 0$
$\qquad \therefore\ t = 0,\ 2$

$t = 0$ のとき ②から
$\qquad y = -0^2 + 6 \times 0 - 8$
$\qquad\ \ = -8$

$t = 2$ のとき②から
$\qquad y = -2^2 + 6 \times 2 - 8$
$\qquad\ \ = 0$

つまり，この曲線は $(0, -8)$，$(0, 0)$ を通る。

②で，$y = 0$ とすると
$\qquad -t^2 + 6t - 8 = 0$
$\qquad t^2 - 6t + 8 = 0$
$\qquad (t-2)(t-4) = 0$
$\qquad \therefore\ t = 2,\ 4$

$\dfrac{dx}{dt} = 2(t-1)$ より

$t < 1$ のとき $\dfrac{dx}{dt} < 0$

$1 < t$ のとき $\dfrac{dx}{dt} > 0$

$\dfrac{dy}{dt} = -2(t-3)$ より

$t < 3$ のとき $\dfrac{dy}{dt} > 0$

$3 < t$ のとき $\dfrac{dy}{dt} < 0$

この段の 矢印の決め方 は p.265 問題24-2 の ナイスな導入!! 参照!!

$t = -2$ のとき
①より $x = (-2)^2 - 2 \times (-2) = 8$
②より $y = -(-2)^2 + 6 \times (-2) - 8 = -24$

$t = 1$ のとき
①より $x = 1^2 - 2 \times 1 = -1$
②より $y = -1^2 + 6 \times 1 - 8 = -3$

$t = 3$ のとき
①より $x = 3^2 - 2 \times 3 = 3$
②より $y = -3^2 + 6 \times 3 - 8 = 1$

$t = 5$ のとき
①より $x = 5^2 - 2 \times 5 = 15$
②より $y = -5^2 + 6 \times 5 - 8 = -3$

y 軸との交点を求める！

このときは，原点 $(0, 0)$ に対応！

x 軸との交点を求める！

Theme 24　xとyが影武者に操られる！　269

$t=2$ については，すでに計算してあるので，
$t=4$ のとき①から
$$x = 4^2 - 2 \times 4$$
$$= 8$$
つまり，この曲線は，さらに $\boxed{(8, 0)}$ を通る。
以上より，この曲線のグラフをかくと

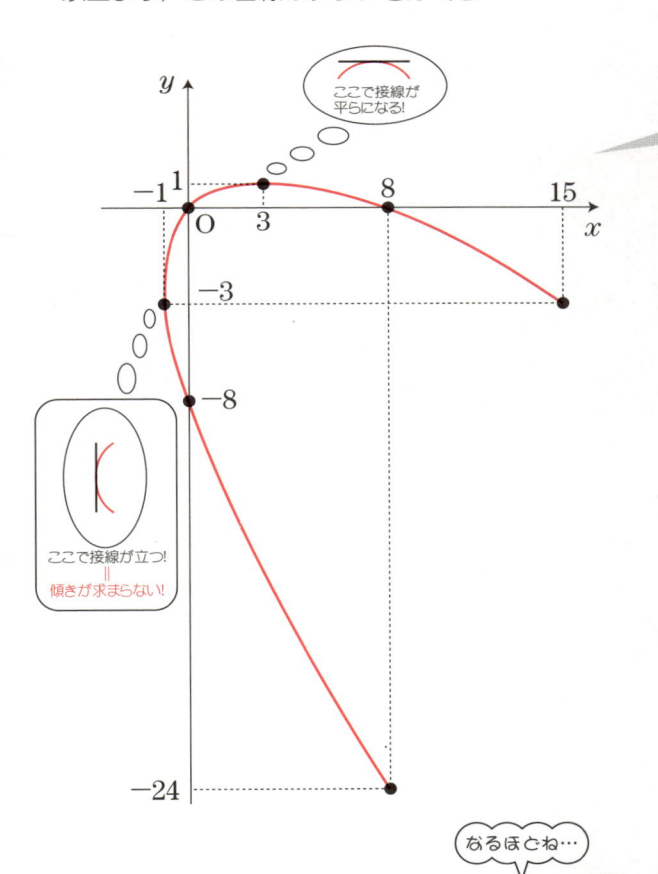

> このときは，原点$(0, 0)$に対応！

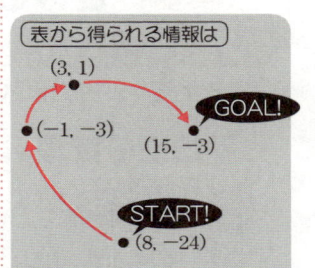

表から得られる情報は
$(3, 1)$
$(-1, -3)$　GOAL!
$(15, -3)$
START!
$(8, -24)$

さらに…
$\boxed{(0, 0), (0, -8), (8, 0)}$
を通る！

そして最後のツメです!!
$\boxed{t=3 \text{ つまり } (x,y)=(3,1) \text{ のとき}}$

$$\frac{dy}{dx} = \frac{\dfrac{dy}{dt}}{\dfrac{dx}{dt}}$$
$$= \frac{0}{2 \times 3 - 2}$$
$$= \frac{0}{4}$$
$$= 0$$

イメージは…
$(3, 1)$

よって，$(3, 1)$での接線の傾きは 0

$\boxed{t=1 \text{ つまり } (x,y)=(-1,-3) \text{ のとき}}$

$$\frac{dy}{dx} = \frac{\dfrac{dy}{dt}}{\dfrac{dx}{dt}}$$
$$= \frac{-2 \times 1 + 6}{0}$$
$$= \frac{4}{0}$$

分母が 0！
つまり求まらない!!

よって，$(-1, -3)$での接線の傾きは求まらない！

イメージは…
$(-1, -3)$

ここで接線が平らになる！

ここで接線が立つ！
＝
傾きが求まらない！

なるほどね…

Theme 25 目の上のタンコブ!! 平均値の定理

それでは，何かと嫌われるヤツの紹介です♥　出たぁ～～～～～っ!!

平均値の定理

これです!! 関数 $f(x)$ が $a \leqq x \leqq b$ で連続でさらに $a < x < b$ で微分可能であるならば…

このとき!!

この式がある意味主役です!!

$$\frac{f(b) - f(a)}{b - a} = f'(c) \quad (ただし a < b)$$

を満たす $a < c < b$ なる実数 c が少なくとも1つ存在する！

では，図で説明しましょう！

検証その1

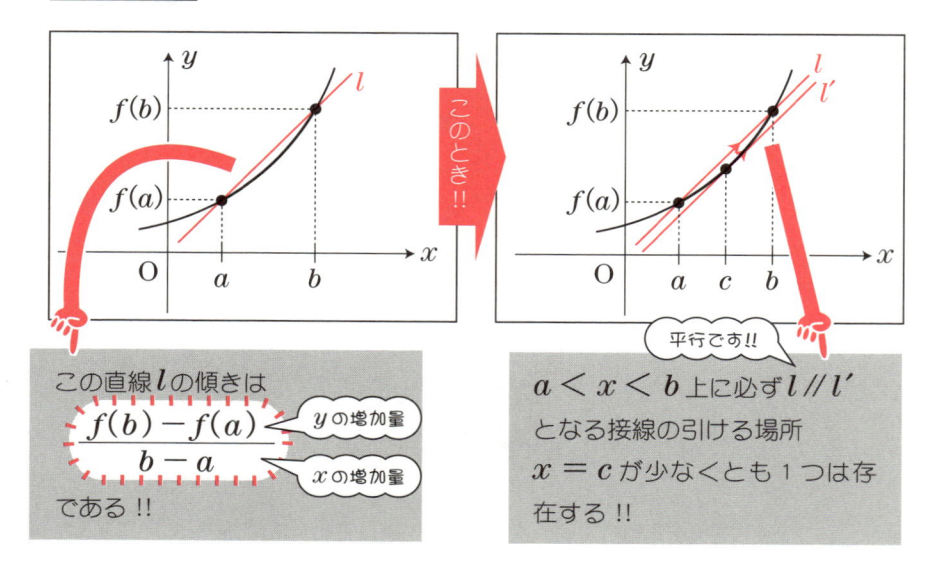

この直線 l の傾きは
$$\frac{f(b) - f(a)}{b - a}$$
（y の増加量／x の増加量）
である!!

平行です!!

$a < x < b$ 上に必ず $l \mathbin{/\!/} l'$ となる接線の引ける場所 $x = c$ が少なくとも1つは存在する!!

Theme 25 目の上のタンコブ!! 平均値の定理

つま――り!!

l' の傾きは $f'(c)$ であるから

$$\frac{f(b)-f(a)}{b-a}=f'(c)$$

（l の傾き）（l' の傾き）

を満たす c が存在した!!

検証その2 グニャグニャのグラフでもイメージしてみましょう♥

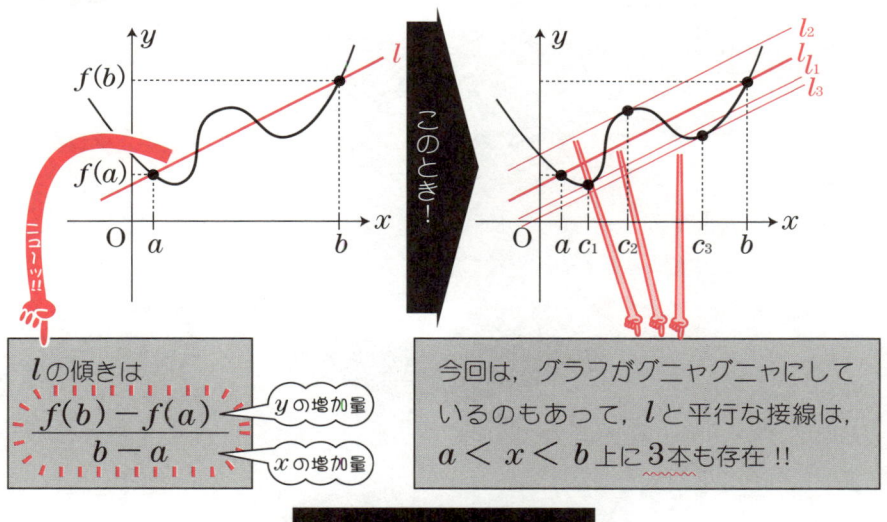

l の傾きは
$$\frac{f(b)-f(a)}{b-a}$$
（y の増加量／x の増加量）

今回は，グラフがグニャグニャにしているのもあって，l と平行な接線は，$a < x < b$ 上に3本も存在!!

つま――り!!

l_1, l_2, l_3 の傾きは，それぞれ $f'(c_1)$, $f'(c_2)$, $f'(c_3)$ であるから

$$\frac{f(b)-f(a)}{b-a}=f'(c)$$

今回は c_1, c_2, c_3 の3つ！

を満たす c は存在した!!

注意 ただーし!! 冒頭でも述べているように，この平均値の定理は関数 $f(x)$ が $a \leqq x \leqq b$ で**連続**でかつ $a < x < b$ で**微分可能**でなければならない!!

平均値の定理が使えない例でーす！

例1 $a \leqq x \leqq b$ で連続でない!!　　例2 $a < x < b$ で微分可能でない!!

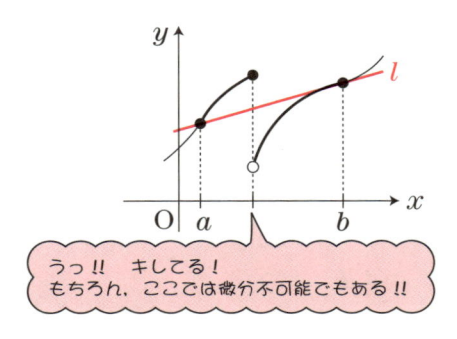

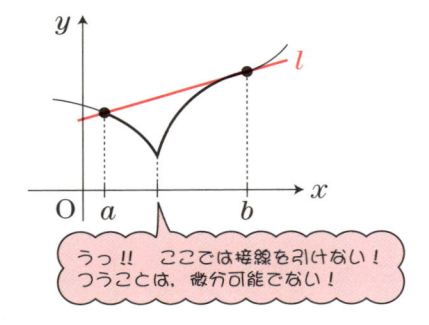

うっ!! キレてる！
もちろん, ここでは微分不可能でもある!!

うっ!! ここでは接線を引けない！
つうことは, 微分可能でない！

このようなケースでは, $a < x < b$ の範囲でlと平行な接線を引けるとは限らない!!

偶然引けることもあるので注意！

例1 & 例2 は, あえてlと平行な接線が引けない図を用意しました！（引けるもんなら引いてみな♥）

引けません…

つまーーり!!

関数$f(x)$が$a \leqq x \leqq b$で不連続だったり, $a < x < b$で微分不可能な場所が存在したりすると,

グラフが変にトンガったりしてるところなど

$$\frac{f(b) - f(a)}{b - a} = f'(c)$$

となるcが存在するとは限らない!!

すなわち, **平均値の定理は成立しない!!**

補足コーナー　　コトバのお話なんですが……

区間$a \leqq x \leqq b$を閉区間といって$[a, b]$と表現し, 区間$a < x < b$を

イコールがついている!!

開区間といって(a, b)と表現したりします（ちなみに, $(a, b]$は, $a < x \leqq b$の意味です）。

Theme 25 目の上のタンコブ!! 平均値の定理

平均値の定理って，どんなタイミングで使うの〜？

問題 25-1 〈ちょいムズ〉

$a < b$ のとき，$e^a(b-a) < e^b - e^a$
が成立することを証明せよ。

ナイスな導入!!

ザッと見てみてごらん！

$$e^a(b-a) < e^b - e^a$$

$a < b$ より $b-a > 0$ である！ そこで，$b-a$ で両辺を割ってみましょう！

$$e^a < \frac{e^b - e^a}{b-a}$$

$b-a > 0$ より不等号の向きは変化せず！

なんか見えましたあ？

そーです。右辺の $\dfrac{e^b - e^a}{b-a}$ ですヨ♥

$f(x) = e^x$ とすると…

$$\frac{f(b) - f(a)}{b-a}$$

対応しまっせ！ $\dfrac{e^b - e^a}{b-a}$

こっ，これは…「平均値の定理」のお話にも登場してるなぁ…

p.270 の「平均値の定理」

関数 $f(x)$ が $a \leq x \leq b$ で連続で，さらに $a < x < b$ で微分可能であるならば

$$\frac{f(b) - f(a)}{b-a} = f'(c) \quad (\text{ただし } a < b)$$

を満たす実数 $a < c < b$ なる c が少なくとも 1 つ存在する！

そこで!!

$f(x) = e^x$ として，平均値の定理を見つめ直してみましょう！
関数 $f(x) = e^x$ は，全区間で連続かつ微分可能であるから，当然，$a \leqq x \leqq b$ で連続かつ $a < x < b$ で微分可能ってことになる！

つま――り!!　　平均値の定理が活用できるぞ！

$$\frac{f(b) - f(a)}{b - a} = f'(c)$$

すなわち　　　$f(x) = e^x$ のとき $f'(x) = e^x$ です！

$$\frac{e^b - e^a}{b - a} = e^c \quad \cdots\cdots ①$$

を満たす，$a < c < b$ 　……②なる c が少なくとも 1 つ存在する！

ここからが見せ場です!!

$f(x) = e^x$ が増加関数であることを考えると，

②から　$a < c$ より　$e^a < e^c$ 　……③

①と③から

$$e^a < \boxed{\frac{e^b - e^a}{b - a}}$$

①で $\frac{e^b - e^a}{b - a} = e^c$ です！

で!!　$b - a(> 0)$ を両辺にかけて

おーっ!!
いつの間に…

$$e^a(b - a) < e^b - e^a$$

証明おわりでございます♥

どうです？　キツネにつままれた感じですか？

とにかく，$\dfrac{f(b) - f(a)}{b - a}$ に対応する部分があるときは，平均値の定理も疑ってみるクセをつけておいてください。

解答でござる

$e^a(b-a) < e^b - e^a$ ……(*)

$f(x) = e^x$ とする。

このとき，$f(x)$ は，$a \leq x \leq b$ で連続かつ，$a < x < b$ で微分可能であるから，平均値の定理より，

$$\frac{e^b - e^a}{b - a} = e^c \quad \cdots\cdots ①$$

かつ $a < c < b$ ……②

となる c が少なくとも1つ存在する。

②で $a < c$ から

$e^a < e^c$ ……③

①，③より （①より）

$$e^a < \frac{e^b - e^a}{b - a}$$

両辺に $b - a > 0$ をかけて

$e^a(b-a) < e^b - e^a$

よって，(*)は証明された。

> 目的は，この不等式を証明することです!!

> 全範囲で連続かつ微分可能です！ p.274 参照！

> $\dfrac{f(b)-f(a)}{b-a} = f'(c)$ で，$f(x) = e^x$, $f'(x) = e^x$ に対応します！

> この式がかくし味となる！

> ……

> $a < b$ より $b - a > 0$

> $b - a > 0$ より不等号の向きは変わらない！

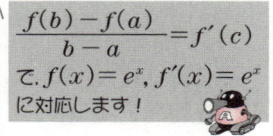

プロフィール

虎次郎

抜群の運動神経を誇るアスリート猫。肝心な勉強に対しても，前向きで真面目!! もちろん，虎次郎もおむちゃんの飼い猫で，体重は桃太郎の半分の4kgです。

おいおい！ 俺が8kgってバレるじゃん☆

別解でござる

$$g(x) = e^b - e^x - e^x(b-x)$$
（ただし $x < b$）

とおく。

このとき
$$g'(x) = -e^x - \{e^x \times (b-x) + e^x \times (-1)\}$$
$$= -e^x(b-x)$$

ここで，$e^x > 0$ かつ $b-x > 0$ より
$$g'(x) < 0$$

つまり "$g(x)$ は，$x < b$ で減少関数である。"
……①

さらに，$g(b) = e^b - e^b - e^b(b-b) = 0$
……②

①，②より $x < b$ のとき
$$g(x) > g(b)$$
$$\therefore g(x) > 0$$

すなわち
$$e^b - e^x - e^x(b-x) > 0$$

まぁ，参考までに…

$e^a(b-a) < e^b - e^a$
$\Updownarrow$
$e^b - e^a - e^a(b-a) > 0$

これを証明すればOK!!
ここで見通しをよくするために登場回数の多い方の文字つまり a を x に置きかえ
$g(x) = e^b - e^x - e^x(b-x)$
と設定しました！

これは，アタリマエ!!
$x < b$ より $b-x > 0$

$g'(x) < 0$ ですから！

$g(x) = e^b - e^x - e^x(b-x)$
の x のところに b を入れたよ！

②より

$g(x)$ は，$x < b$ で減少関数より
イメージは…

$x < b$ である x で…

∴ $e^b - e^x > e^x(b-x)$ ← 移項しただけです

ここで，$x = a$ とすると

$e^b - e^a > e^a(b-a)$

$a < b$ だから，$x < b$ の条件を a は満たしている。よって x を a に置きかえても OK !!

よって，(*) は証明された。← ハイ！ できあがり♥

別解でござる の方が好きな方もいらっしゃるのでは？？
しかし平均値の定理に気づいちゃった方が早くてスマート♥

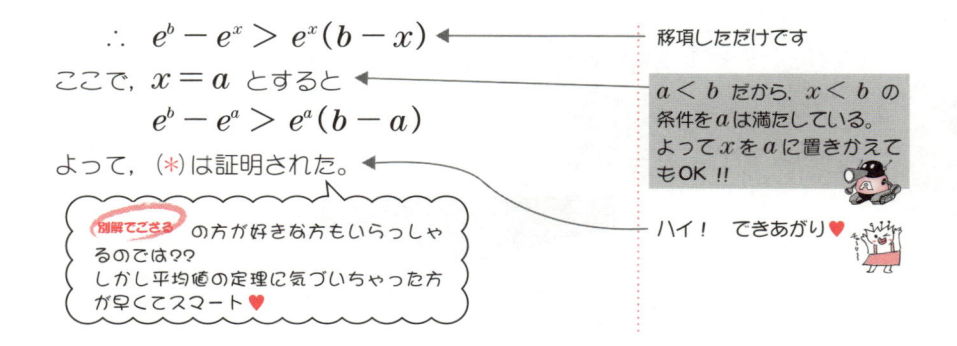

では，もう少し平均値の定理におつきあいを…

問題 25-2 ちょいムズ

$p > 0$ のとき，平均値の定理を利用して

$$\frac{1}{p+1} < \log\frac{p+1}{p} < \frac{1}{p}$$

を証明せよ。

ナイスな導入!!

"平均値の定理を利用して" といわれた日にゃー，もう逃れられませんのー。

逃がさねぇーよ!!

とにかく $\dfrac{f(b) - f(a)}{b - a}$ に対応する部分を探さねば…

これが一番ポイント!!

▼ そこで… ▼

まん中の $\log\dfrac{p+1}{p}$ なんですが…

$$\log \frac{p+1}{p} = \log(p+1) - \log p$$

基本公式
$$\log_a \frac{M}{N} = \log_a M - \log_a N$$

でっせ！
p.588 ナイスフォロー その6 参照！

で!! $p+1-p=1$ となることに気づけば…

ず——っと!!

$f(x) = \log x$ として，$b = p+1$，$a = p$ です！

$$\log(p+1) - \log p = \frac{\log(p+1) - \log p}{p+1-p}$$

対応!!

$$\frac{f(b) - f(a)}{b - a}$$

$f(x) = \log x$ のとき $f'(x) = \dfrac{1}{x}$ であることにも注意して

平均値の定理 を思い出そう!!

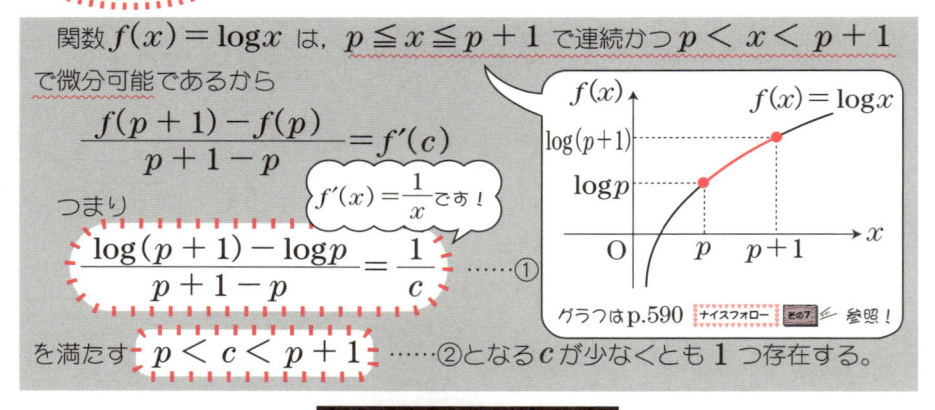

関数 $f(x) = \log x$ は，$p \leq x \leq p+1$ で連続かつ $p < x < p+1$ で微分可能であるから

$$\frac{f(p+1) - f(p)}{p+1-p} = f'(c)$$

つまり

$f'(x) = \dfrac{1}{x}$ です！

$$\frac{\log(p+1) - \log p}{p+1-p} = \frac{1}{c} \quad \cdots\cdots ①$$

を満たす $p < c < p+1$ ……② となる c が少なくとも 1 つ存在する。

グラフは p.590 ナイスフォロー その7 参照！

てなワケで…

②より $p > 0$ であるから

$$\frac{1}{p} > \frac{1}{c} > \frac{1}{p+1}$$

一般に正の数 A，B，C が
$A < B < C$ のとき
$$\frac{1}{A} > \frac{1}{B} > \frac{1}{C}$$
分母が大きいと小さくなるっしょ！

つまり $\dfrac{1}{p+1} < \dfrac{1}{c} < \dfrac{1}{p} \quad \cdots\cdots ②'$

並べかえただけ！

②'に①を代入して

①の右辺に一致しまっせ♥

$$\frac{1}{p+1} < \frac{\log(p+1)-\log p}{\boxed{p+1-p}} < \frac{1}{p}$$

1です！

おー!! ここまでくりゃあ もらったようなもの！

$$\frac{1}{p+1} < \log(p+1)-\log p < \frac{1}{p}$$

$$\therefore \quad \frac{1}{p+1} < \log\frac{p+1}{p} < \frac{1}{p}$$

ハイ！ おしまい!!

解答でござる

$$\frac{1}{p+1} < \log\frac{p+1}{p} < \frac{1}{p} \quad \cdots\cdots (*)$$

$f(x) = \log x$ とおく。
$p > 0$ より, $f(x) = \log x$ は, $p \leq x \leq p+1$ で連続かつ $p < x < p+1$ で微分可能であるから, 平均値の定理より

$$\frac{f(p+1)-f(p)}{p+1-p} = f'(c)$$

つまり

$$\log(p+1) - \log p = \frac{1}{c} \quad \cdots\cdots ①$$

$$\left(f'(x) = \frac{1}{x} \text{ より}\right)$$

かつ

$$p < c < p+1 \quad \cdots\cdots ②$$

となる c が少なくとも1つ存在する。

②から, $p > 0$ より

$$\frac{1}{p+1} < \frac{1}{c} < \frac{1}{p} \quad \cdots\cdots ②'$$

この不等式を証明することが目的である!!
まん中の
$$\log\frac{p+1}{p}$$
$$= \log(p+1) - \log p$$
$$= \frac{\log(p+1)-\log p}{p+1-p}$$
となるところがポイント!!

詳しくは **ナイスな導入!!** 参照！

$$\frac{f(b)-f(a)}{b-a}$$

$a = p$
$b = p+1$ に対応！

$f(x) = \log x$ より
$$\frac{\log(p+1)-\log p}{p+1-p}$$
$$= \log(p+1) - \log p$$

$f'(x) = \frac{1}{x}$ より

$f'(c) = \frac{1}{c}$ です！

一般に正の数 A, B, Cで
$A < B < C$ のとき
$$\frac{1}{A} > \frac{1}{B} > \frac{1}{C}$$
つまり $\frac{1}{C} < \frac{1}{B} < \frac{1}{A}$
です！

①, ②' から $\dfrac{1}{c}$ を消去して

$$\dfrac{1}{p+1} < \log(p+1) - \log p < \dfrac{1}{p}$$

∴ $\dfrac{1}{p+1} < \log \dfrac{p+1}{p} < \dfrac{1}{p}$

よって，(∗)は証明された。

> ①より
> $\dfrac{1}{c} = \log(p+1) - \log p$

> $\log(p+1) - \log p$
> $= \log \dfrac{p+1}{p}$

では，最後のツメでもう一発!!

問題 25-3 〈モロ難〉

$p > 0$ のとき，平均値の定理を利用して

$$0 < \dfrac{1}{p} \log \dfrac{e^p - 1}{p} < 1$$

を証明せよ。

ナイスな導入!!

平均値の定理を活用するとき

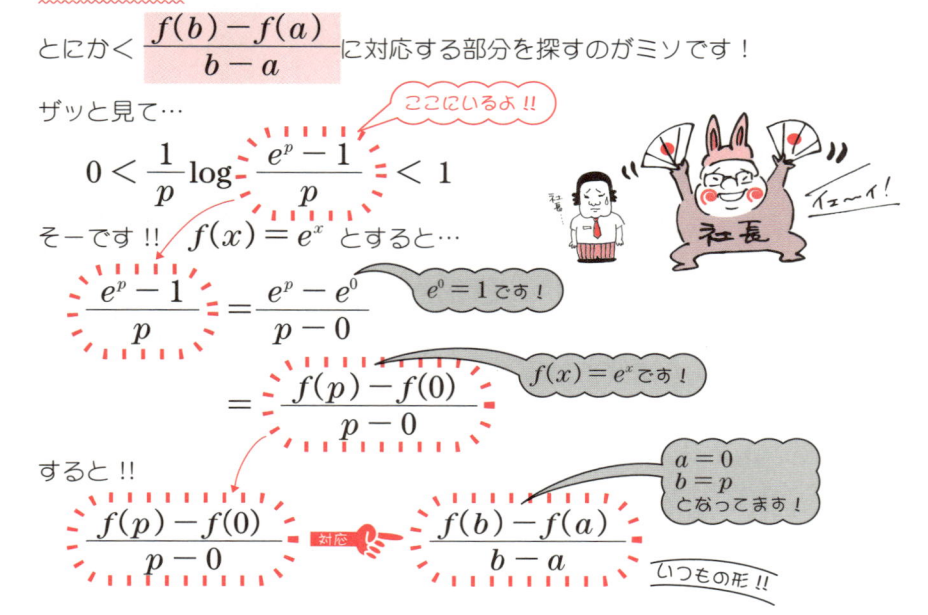

とにかく $\dfrac{f(b) - f(a)}{b - a}$ に対応する部分を探すのがミソです！

ザッと見て…

$$0 < \dfrac{1}{p} \log \underbrace{\dfrac{e^p - 1}{p}}_{\text{ここにいるよ!!}} < 1$$

そーです!! $f(x) = e^x$ とすると…

$$\dfrac{e^p - 1}{p} = \dfrac{e^p - e^0}{p - 0} \quad (e^0 = 1 \text{です！})$$

$$= \dfrac{f(p) - f(0)}{p - 0} \quad (f(x) = e^x \text{です！})$$

($a = 0$, $b = p$ となってます！)

すると!!

$$\underbrace{\dfrac{f(p) - f(0)}{p - 0}}_{} \quad \text{対応} \quad \underbrace{\dfrac{f(b) - f(a)}{b - a}}_{\text{いつもの形!!}}$$

Theme 25 目の上のタンコブ!! 平均値の定理

では仕上げは解答にて…

解答でござる

$$0 < \frac{1}{p}\log\frac{e^p-1}{p} < 1 \quad \cdots\cdots (*)$$

（この不等式を証明することが目的である！ $\dfrac{e^p-1}{p}=\dfrac{e^p-e^0}{p-0}$ となるところがポイント!!）

$f(x) = e^x$ とおく。

$f(x) = e^x$ は，$0 \leqq x \leqq p$ で連続かつ $0 < x < p$ で微分可能であるから，平均値の定理より

$$\frac{f(p)-f(0)}{p-0} = f'(c)$$

（$\dfrac{f(b)-f(a)}{b-a}$ で，$a=0, b=p$ に対応！ $f(0)=e^0=1$）

つまり

$$\frac{e^p-1}{p} = e^c \quad \cdots\cdots ① \quad (f'(x)=e^x より)$$

（$f(x)=e^x$ のとき $f'(x)=e^x$ つまり $f'(c)=e^c$）

かつ

$$0 < c < p \quad \cdots\cdots ②$$

となる c が少なくとも 1 つ存在する。

（この条件式を忘れないように!! 平均値の定理 をしっかり覚えよう！）

②から

$$e^0 < e^c < e^p$$
$$\therefore \quad 1 < e^c < e^p \quad \cdots\cdots ③$$

（$1 < e^c < e^p$ 自然対数をとる $\log 1 < \log e^c < \log e^p$）

③の各辺の自然対数をとって

$$\log 1 < \log e^c < \log e^p$$
$$0 < \log e^c < p \quad \cdots\cdots ④$$

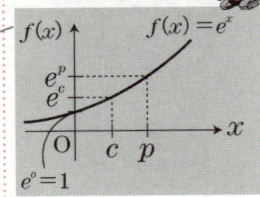

（$\log 1 = 0$）

（$\log e^p = p\log e = p \times 1 = p$

基本公式は p.588 の ナイスフォロー その6 参照！）

①, ④から e^c を消去して

$$0 < \log \frac{e^p - 1}{p} < p \quad \cdots\cdots ⑤$$

①より
$e^c = \dfrac{e^p - 1}{p}$ です！

⑤の各辺を $p\,(>0)$ で割って

$$\frac{0}{p} < \frac{1}{p} \log \frac{e^p - 1}{p} < \frac{p}{p}$$

$p > 0$ より不等号の向きは変わりません！

$$\therefore\ 0 < \frac{1}{p} \log \frac{e^p - 1}{p} < 1$$

ハイ！　できたぁー!!

よって，(*)は証明された。

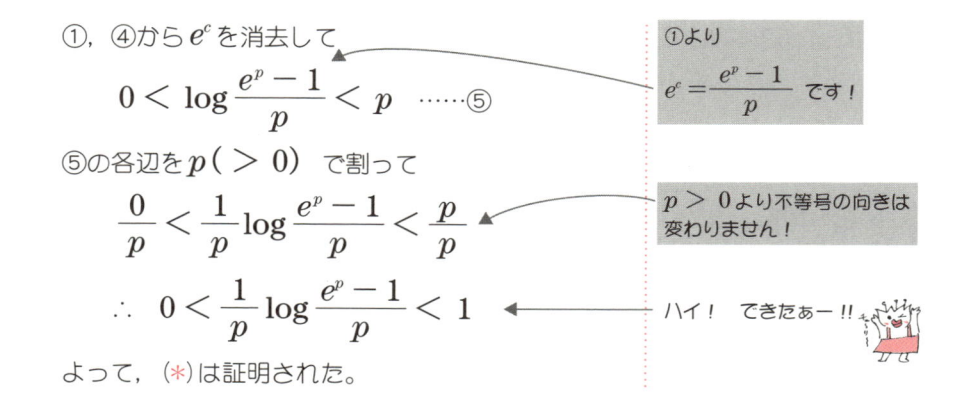

プロフィール

玉三郎

　虎次郎と仲良しの小型猫。品種は美声で名高いソマリで毛はフサフサ，少し気まぐれな性格ですが気になることはとことん追求する性分です!!　玉三郎もみっちゃんの飼い猫です。

プロフィール

金四郎

　桃太郎を兄貴と慕う大型猫。少し乱暴な性格なので虎次郎には嫌われてます。品種はノルウェージャンフォレットキャットで超剛毛!!　夏はかなり暑そうです。もちろんみっちゃんの飼い猫です。

Theme 26 逆関数とは，何ぞや!?

あんまり重要な分野ではありませんが，とりあえずやっておきましょう!!

その1　逆関数とは…??

xの関数 $y = f(x)$ において，逆にxがyの関数として，$x = g(y)$ で表されるとき，**$g(x)$ を $f(x)$ の逆関数** と呼びます。このとき，この$f(x)$の逆関数$g(x)$を **$f^{-1}(x)$** と表します。

> 例えば…
>
> 関数 $f(x) = 3x + 5$ の 逆関数 $f^{-1}(x)$ を求めよ。

☞ **まず，$f(x)$ を y に書きかえよう!!**
$$y = 3x + 5$$
　　　$f(x)$をyに書きかえただけです。

☞ **x と y を入れかえよう!!**
$$x = 3y + 5$$
　　　xとyを入れかえただけです。

☞ **$y = \cdots$ の形に変形しよう!!**
$$3y = x - 5$$
$$\therefore\ y = \frac{1}{3}x - \frac{5}{3}$$
　　　$y = \cdots$ の形に変形しました!!

そーです!!　これが逆関数 $f^{-1}(x)$ です!!

つまーり!!
$$f^{-1}(x) = \frac{1}{3}x - \frac{5}{3}$$

できあがり!!

では，実際に求めてみましょう♥

問題 26-1 〔基礎〕

次の関数 $f(x)$ の逆関数 $f^{-1}(x)$ を求めよ。

(1) $f(x) = 2x - 6$

(2) $f(x) = \dfrac{2x-3}{x+2}$

(3) $f(x) = x^2 - 2 \quad (x \geq 0)$

(4) $f(x) = x^2 - 2 \quad (x \leq 0)$

解答でござる 〔いきなり参りまーす!!〕

(1) $y = f(x)$ として，

$y = 2x - 6$ ← $f(x)$ を y に書きかえる!!

このとき，x と y を入れかえて

$x = 2y - 6$ ← x と y を逆にする!!

$2y = x + 6$

∴ $y = \dfrac{1}{2}x + 3$ ← $y = \cdots$ の形に変形!! これがそのまま逆関数 $f^{-1}(x)$ になります。

以上より

$f^{-1}(x) = \dfrac{1}{2}x + 3$ …(答) ← 楽勝でしょ!?

(2) $y = f(x)$ として，

$y = \dfrac{2x-3}{x+2}$ ← $f(x)$ を y に書きかえる!!

このとき，x と y を入れかえて

$x = \dfrac{2y-3}{y+2}$ ← x と y を逆にする!!

$(y+2)x = 2y - 3$

$xy + 2x = 2y - 3$

$(x-2)y = -2x - 3$

∴ $y = \dfrac{-2x-3}{x-2}$ ← $y = \cdots$ の形に変形!!

以上より

$f^{-1}(x) = \dfrac{-2x-3}{x-2}$ …(答) ← 〔マイナスを出す!!〕 $f^{-1}(x) = -\dfrac{2x+3}{x-2}$ としてもOKです♥

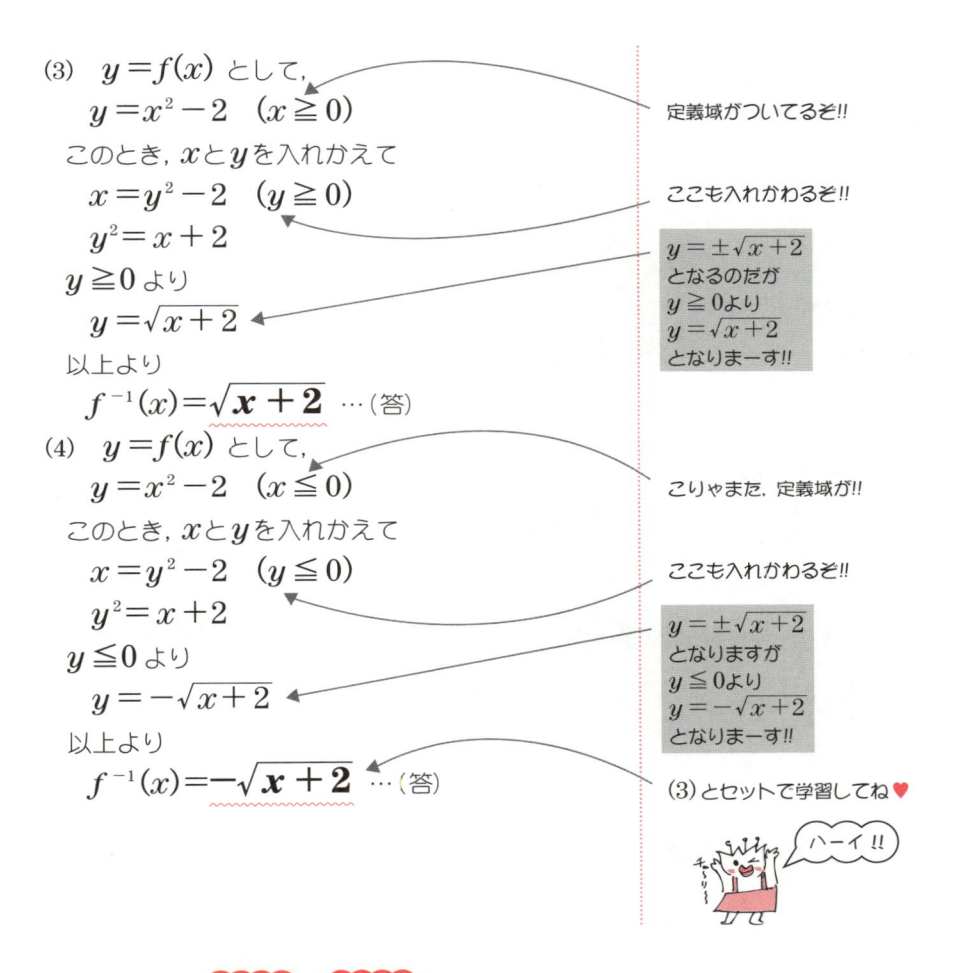

(3) $y = f(x)$ として,
$y = x^2 - 2 \quad (x \geqq 0)$
このとき, x と y を入れかえて
$x = y^2 - 2 \quad (y \geqq 0)$
$y^2 = x + 2$
$y \geqq 0$ より
$y = \sqrt{x + 2}$
以上より
$f^{-1}(x) = \sqrt{x + 2}$ …(答)

定義域がついてるぞ!!

ここも入れかわるぞ!!

$y = \pm\sqrt{x+2}$ となるのだが $y \geqq 0$ より $y = \sqrt{x+2}$ となりまーす!!

(4) $y = f(x)$ として,
$y = x^2 - 2 \quad (x \leqq 0)$
このとき, x と y を入れかえて
$x = y^2 - 2 \quad (y \leqq 0)$
$y^2 = x + 2$
$y \leqq 0$ より
$y = -\sqrt{x + 2}$
以上より
$f^{-1}(x) = -\sqrt{x + 2}$ …(答)

こりゃまた, 定義域が!!

ここも入れかわるぞ!!

$y = \pm\sqrt{x+2}$ となりますが $y \leqq 0$ より $y = -\sqrt{x+2}$ となりまーす!!

(3)とセットで学習してね♥

ハーイ!!

その2　定義域と値域が入れかわる!!
（xの範囲）（yの範囲）

　もとの関数 $f(x)$ と逆関数 $f^{-1}(x)$ の関係はそもそも, **x と y を入れかえただけ**の関係であるので, 当然, **xの範囲とyの範囲**も**入れかわる!!**　つまーり, **定義域**と**値域**は入れかわります。

アタリマエですね!!

実際に体験してみてください♥

問題26-2　　　　　　　　　　　　　　　　　　　　　基礎

次の関数 $f(x)$ の逆関数 $f^{-1}(x)$ を求めよ。また $f^{-1}(x)$ の値域を求めよ。

(1) $f(x) = \dfrac{1}{2}x - 3 \quad (2 \leqq x \leqq 8)$

(2) $f(x) = \dfrac{2x+5}{x-2} \quad (-3 \leqq x \leqq 1)$

(3) $f(x) = \sqrt{2x+4}$

解答でござる

(1)　$y = f(x)$ として，

$$y = \dfrac{1}{2}x - 3 \quad (2 \leqq x \leqq 8)$$

このとき，x と y を入れかえて

$$x = \dfrac{1}{2}y - 3 \quad (2 \leqq y \leqq 8)$$

$$\dfrac{1}{2}y = x + 3$$

$$\therefore \ y = 2x + 6$$

以上より

$$f^{-1}(x) = \underline{\underline{2x + 6}} \quad \cdots \text{(答)}$$

値域は

$$\underline{\underline{2 \leqq f^{-1}(x) \leqq 8}} \quad \cdots \text{(答)}$$

(2)　$y = f(x)$ として，

$$y = \dfrac{2x+5}{x-2} \quad (-3 \leqq x \leqq 1)$$

このとき，x と y を入れかえて

$$x = \dfrac{2y+5}{y-2} \quad (-3 \leqq y \leqq 1)$$

$$(y-2)x = 2y + 5$$

$$xy - 2x = 2y + 5$$

定義域です!!
この値がそのまま，逆関数の値域になります。

ここも入れかわる!!
つまり，すでに逆関数の値域が求まってしまった!!

$y = \cdots$ の形に変形!!

y を $f^{-1}(x)$ に書きかえます。

$2 \leqq y \leqq 8$ でしたね♥
y を $f^{-1}(x)$ に書きかえれば解決です。

定義域です!!

ここも入れかわる!!
つまり，すでに逆関数の値域が求まってしまった!!

$(x-2)y = 2x+5$

$\therefore\ y = \dfrac{2x+5}{x-2}$ ← $y=\cdots$ の形に変形!!

以上より

$f^{-1}(x) = \dfrac{2x+5}{x-2}$ …(答) ← 仕上げは y を $f^{-1}(x)$ に書きかえる。

値域は

$-3 \leqq f^{-1}(x) \leqq 1$ …(答)

序盤で求まってましたね。
$-3 \leqq y \leqq 1$ つまり
$-3 \leqq f^{-1}(x) \leqq 1$ です。

(3) $y = f(x)$ として,
$y = \sqrt{2x+4}$

ここで, 根号内は 0 以上でないといけないから

$2x+4 \geqq 0$ ← ルートの中は 0 以上!!

$\therefore\ x \geqq -2$ ← 定義域が求まります。

定義域が隠されていることに気をつけろ!!

このとき, x と y を入れかえて

$x = \sqrt{2y+4}\ \ (y \geqq -2)$

$x^2 = 2y+4$

$2y = x^2 - 4$

$\therefore\ y = \dfrac{1}{2}x^2 - 2$

上で求めた定義域がそのまま値域に!!

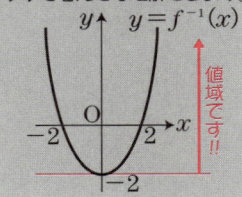

じつに単純な話だ……

以上より

$f^{-1}(x) = \dfrac{1}{2}x^2 - 2$ …(答)

値域は

$f^{-1}(x) \geqq -2$ …(答)

$y \geqq -2$ より $f^{-1}(x) \geqq -2$ となることは明白ですが, ふつうにグラフで考えても理解できます。

あとは，知識として頭に入れておいてほしいことをまとめておきます。

その3

$y = f(x)$と，この逆関数$y = f^{-1}(x)$とは，直線 **$y = x$ に関して対称**な位置関係にあります。

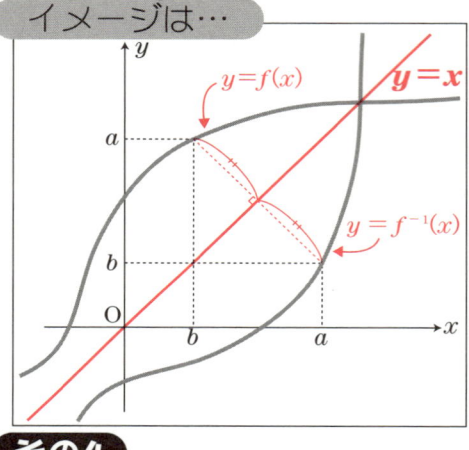

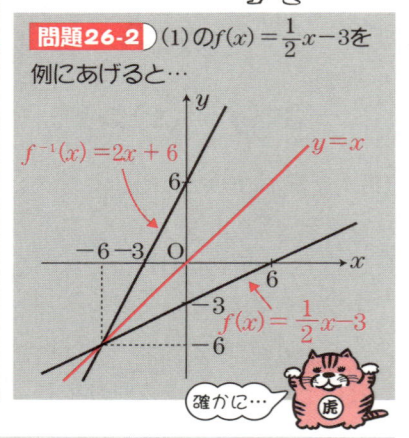

イメージは…

問題26-2 (1)の$f(x) = \frac{1}{2}x - 3$を例にあげると…

$f^{-1}(x) = 2x + 6$

その4

1つのxに対して1つのyが対応する関数でないと逆関数は決められない！！

関数$f(x)$について，xの値が異なれば，それに対応するyの値も異なるとき，$y = f(x)$は**1対1の関数**であると申します。

つまり，$y = x^2$は1対1の関数ではありません！！ しかし，$y = x^2 \ (x \geqq 0)$は1対1の関数です。

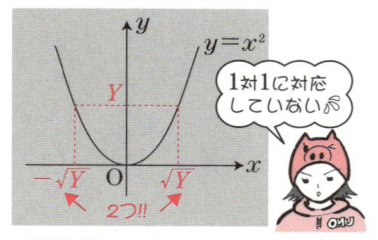

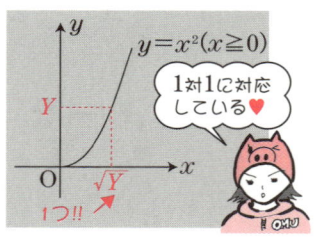

$y = x^2$ 1対1に対応していない 2つ!!

$y = x^2 \ (x \geqq 0)$ 1対1に対応している 1つ!!

逆関数を求められるときは，関数$y = f(x)$は，xとyが1対1に対応する関数 つまり**1対1の関数のときに限ります。**

問題26-1 ，問題26-2 を見てごらん。ちゃんとxとyが1対1に対応してますよ。

Theme 27 逆関数の微分法

逆関数の微分法のお話です。

微分可能な関数 $y=f(x)$ が逆関数 $y=g(x)$ をもつとき,逆関数 $y=g(x)$ の導関数を求めてみましょう。

$y=g(x)$ より
$x=f(y)$ ……①

> $f^{-1}(x)$ のことです!!

> $y=f(x)$ の逆関数が $y=g(x)$ より $x=f(y)$ を y について解いたものが $y=g(x)$ ということである。つまり… $x=f(y)$ と $y=g(x)$ は同じ式です。

①の両辺を x について微分すると

$$1=\frac{d}{dx}f(y)$$

合成関数の微分法を用いて右辺を微分すると

$$1=\frac{d}{dy}f(y)\cdot\frac{dy}{dx} \quad ……②$$

> 合成関数の微分法については Theme 15 を参照せよ!!

②に①を用いて

$$1=\frac{dx}{dy}\cdot\frac{dy}{dx} \quad ……③$$

> $1=\frac{d}{dy}f(y)\cdot\frac{dy}{dx}\cdots②$
> $f(y)=x\cdots①$
> なるほど〜

③より次の公式が得られます。

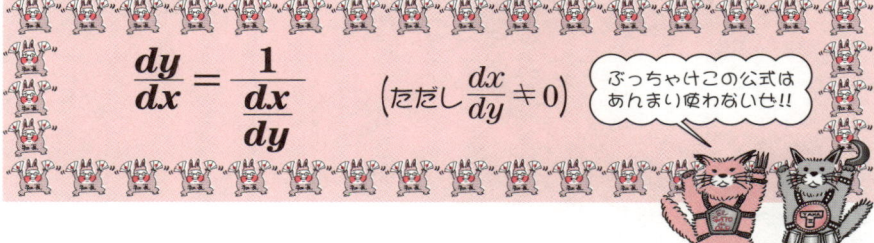

$$\frac{dy}{dx}=\frac{1}{\frac{dx}{dy}} \quad \left(ただし\frac{dx}{dy}\neq 0\right)$$

> ぶっちゃけこの公式はあんまり使わないぜ!!

では，この公式を活用してみましょう。

問題 27-1 　基礎

関数 $y = \sqrt[3]{x}$ の導関数を逆関数の微分法を用いて求めよ。

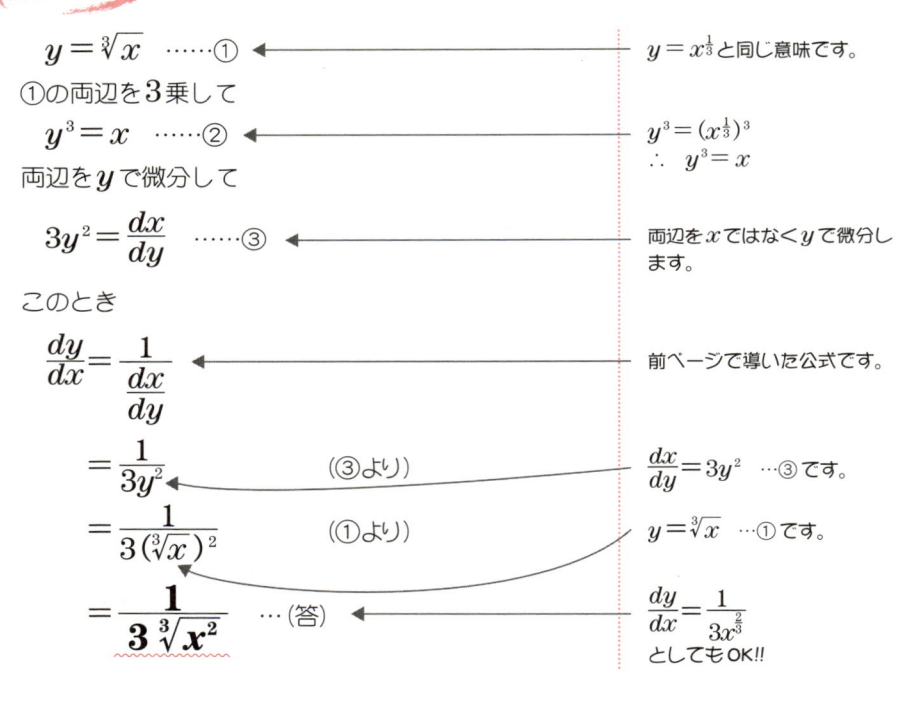

解答でござる

$y = \sqrt[3]{x}$ ……①　　　　　　　　　　　$y = x^{\frac{1}{3}}$ と同じ意味です。

①の両辺を3乗して

$y^3 = x$ ……②　　　　　　　　　　　$y^3 = (x^{\frac{1}{3}})^3$
　　　　　　　　　　　　　　　　　　　　　∴ $y^3 = x$

両辺を y で微分して

$3y^2 = \dfrac{dx}{dy}$ ……③　　　　　　　両辺を x ではなく y で微分します。

このとき

$\dfrac{dy}{dx} = \dfrac{1}{\dfrac{dx}{dy}}$ 　　　　　　　　　　　前ページで導いた公式です。

$= \dfrac{1}{3y^2}$ 　　（③より）　　　　　$\dfrac{dx}{dy} = 3y^2$ …③ です。

$= \dfrac{1}{3(\sqrt[3]{x})^2}$ 　（①より）　　　　$y = \sqrt[3]{x}$ …① です。

$= \dfrac{1}{3\sqrt[3]{x^2}}$ …（答）　　　　　　$\dfrac{dy}{dx} = \dfrac{1}{3x^{\frac{2}{3}}}$
　　　　　　　　　　　　　　　　　　　　　としてもOK!!

Theme 28 意外に単純な…中間値の定理

吹き出し: 平均値の定理と違って簡単です!!

中間値の定理のもととなるお話

($a \leq x \leq b$ ってことです。)

関数 $y = f(x)$ が区間 $[a, b]$ で**連続**ならば，この関数は $x = a$ から $x = b$ の間で切れることなく続いていることになります。このとき，$f(a)$ と $f(b)$ が反対の符号 をもつならば，方程式 $f(x) = 0$ は $a < x < b$ の範囲に少なくとも1つの実数解をもちます。

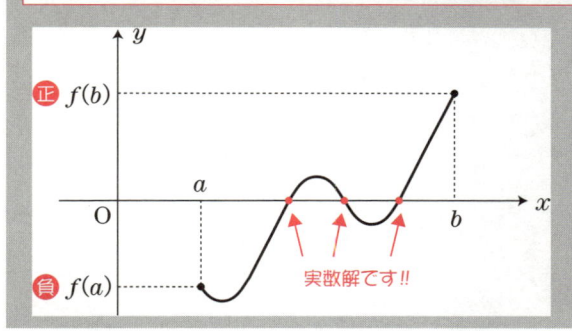

吹き出し: 左のように図示してしまえばアタリマエのお話だね♥

（グラフ：正 $f(b)$、負 $f(a)$、実数解です!!）

では，早速活用してみましょう。

問題 28-1 （基礎）

方程式 $3^x - 7x + 2 = 0$ が $1 < x < 3$ の範囲内に少なくとも1つの実数解をもつことを証明せよ。

解答でござる

$f(x) = 3^x - 7x + 2$ とおく。

このとき，関数 $f(x)$ は区間 $[1, 3]$ で連続である。

さらに

$f(1) = 3^1 - 7 \times 1 + 2 = -2 < 0$

$f(3) = 3^3 - 7 \times 3 + 2 = 8 > 0$

よって $f(1)$ と $f(3)$ は異符号である。

注記: まず，連続であることを断っておくべし!! 分母に x があったり，$\log x$ や $\tan x$ などが存在するわけではないので連続であることは明らか!!
負です!!
正です!!
$f(1) < 0$, $f(3) > 0$ です。

以上より

方程式 $f(x)=0$ は，$1<x<3$ の範囲内に少なくとも1つの実数解をもつ。

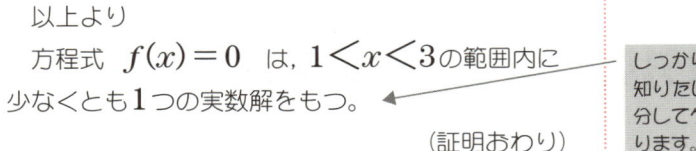

> しっかりと実数解の個数まで知りたいときは，ちゃんと微分してグラフをかく必要があります。

（証明おわり）

今までの考え方は，さらに一般化すると，次の定理が得られます。これこそが『中間値の定理』であります。

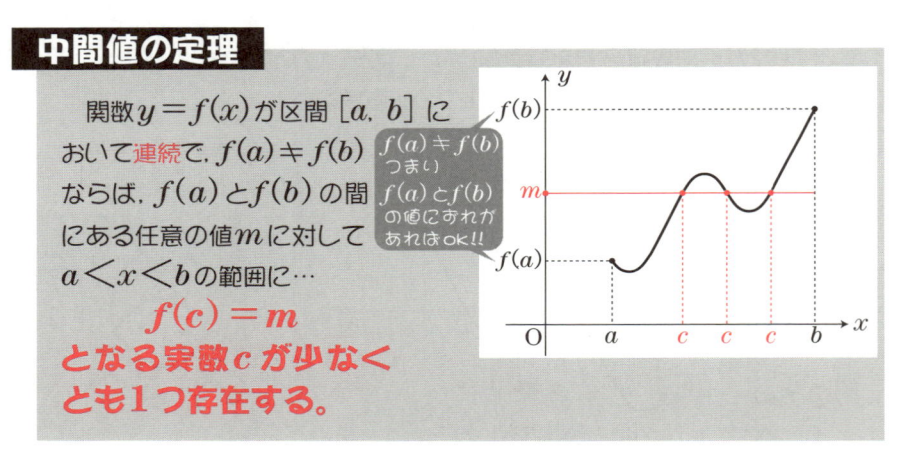

中間値の定理

関数 $y=f(x)$ が区間 $[a, b]$ において連続で，$f(a) \neq f(b)$ ならば，$f(a)$ と $f(b)$ の間にある任意の値 m に対して $a<x<b$ の範囲に…

> $f(a) \neq f(b)$ つまり $f(a)$ と $f(b)$ の値にずれがあればOK!!

$f(c) = m$
となる実数 c が少なくとも1つ存在する。

では，早速活用してみましょう。

問題 28-2 〔基礎〕

方程式 $4x - \tan x = 1$ は，$0 < x < \dfrac{\pi}{4}$ の範囲に実数解をもつことを中間値の定理を用いて証明せよ。

解答でござる

$4x - \tan x = 1$ ……(*)

(*)で

$f(x) = 4x - \tan x$ とおく。

このとき，関数 $f(x)$ は区間 $\left[0, \dfrac{\pi}{4}\right]$ で連続である。

> $\tan x$ は，区間 $\left[0, \dfrac{\pi}{4}\right]$ では問題なく連続である。

さらに
$$f(0) = 4 \times 0 - \tan 0 = 0$$
$$f\left(\frac{\pi}{4}\right) = 4 \times \frac{\pi}{4} - \tan\frac{\pi}{4} = \pi - 1$$
よって，$f(0) \neq f\left(\dfrac{\pi}{4}\right)$ である。

以上より，中間値の定理から $0 < 1 < \pi - 1$ であることに注意して $0 < x < \dfrac{\pi}{4}$ の範囲に

$$f(c) = 1$$

となる実数 c が少なくとも1つ存在する。
この c こそが，（＊）の実数解である。

（証明おわり）

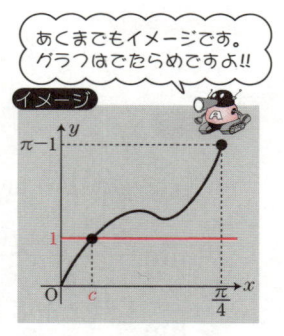

あくまでもイメージです。グラフはでたらめですよ!!

1は，0と$\pi - 1$の間の数値です。

ちょっと言わせて

$4x - \tan x = 1$ より
$4x - \tan x - 1 = 0$
と変形して
$f(x) = 4x - \tan x - 1$

そうか…。中間値の定理って，じつはまわりくどい証明法なのかもしれない…。

とおいて 問題28-1 みたいな方針で証明した方が早いです!! 本問は中間値の定理に親しんでもらうことが目的だったもので…。

ナイスなおまけ

積の微分法

$$\{f(x)g(x)\}' = f'(x)g(x) + f(x)g'(x)$$

証明

導関数の定義式
$$f'(x) = \lim_{h \to 0} \frac{f(x+h) - f(x)}{h}$$ より

この場合 $f(x)$ が $f(x)g(x)$ に対応！

$$\{f(x)g(x)\}' = \lim_{h \to 0} \frac{f(x+h)g(x+h) - f(x)g(x)}{h}$$

これを作る！

$$= \lim_{h \to 0} \frac{f(x+h)g(x+h) - f(x)g(x+h) + f(x)g(x+h) - f(x)g(x)}{h}$$

$$= \lim_{h \to 0} \frac{\{f(x+h) - f(x)\}g(x+h) + f(x)\{g(x+h) - g(x)\}}{h}$$

$$= \lim_{h \to 0} \left\{ \boxed{\frac{f(x+h) - f(x)}{h}} \cdot g(x + \boxed{h}) + f(x) \cdot \boxed{\frac{g(x+h) - g(x)}{h}} \right\}$$

$\underset{f'(x)}{} \quad \underset{0}{} \quad \underset{g'(x)}{}$

$$= f'(x)g(x) + f(x)g'(x)$$

（証明おわり）

商の微分法

$$\left\{ \frac{f(x)}{g(x)} \right\}' = \frac{f'(x)g(x) - f(x)g'(x)}{\{g(x)\}^2}$$

証明

導関数の定義式
$$f'(x) = \lim_{h \to 0} \frac{f(x+h) - f(x)}{h}$$

この場合 $f(x)$ が $\dfrac{f(x)}{g(x)}$ に対応！

$$\left\{ \frac{f(x)}{g(x)} \right\}' = \lim_{h \to 0} \frac{\dfrac{f(x+h)}{g(x+h)} - \dfrac{f(x)}{g(x)}}{h}$$

分子&分母に $\times g(x+h)g(x)$

$$= \lim_{h \to 0} \frac{f(x+h)g(x) - f(x)g(x+h)}{hg(x+h)g(x)}$$

これを作る！

$$= \lim_{h \to 0} \frac{f(x+h)g(x) - f(x)g(x) + f(x)g(x) - f(x)g(x+h)}{hg(x+h)g(x)}$$

$$= \lim_{h \to 0} \frac{\{f(x+h) - f(x)\}g(x) - f(x)\{g(x+h) - g(x)\}}{hg(x+h)g(x)}$$

$$= \lim_{h \to 0} \frac{\boxed{\dfrac{f(x+h) - f(x)}{h}} \cdot g(x) - f(x) \cdot \boxed{\dfrac{g(x+h) - g(x)}{h}}}{g(x + \boxed{h})g(x)}$$

$f'(x) \leftarrow \qquad \rightarrow g'(x) \qquad \underset{0}{}$

$$= \frac{f'(x)g(x) - f(x)g'(x)}{\{g(x)\}^2}$$

（証明おわり）

第3章

積分編

なせばなる
なさねばならぬ
なにごとも…

Theme 29 数学Ⅱの復習！ 不定積分編

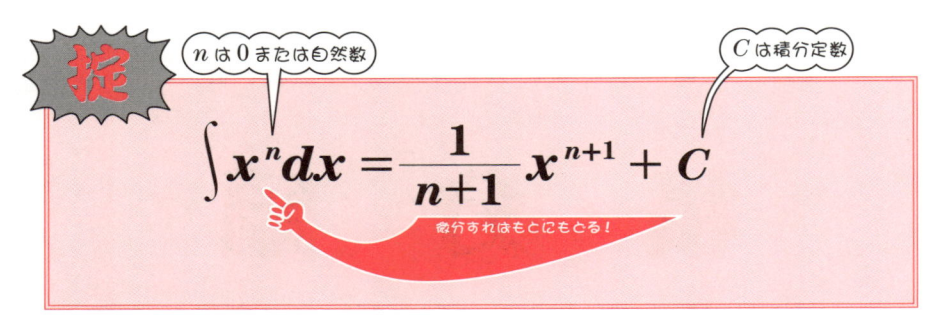

おさらいだぜ!!

掟

n は 0 または自然数
C は積分定数

$$\int x^n dx = \frac{1}{n+1} x^{n+1} + C$$

微分すればもとにもどる！

確認その1

$$\int f(x)dx \quad \Longrightarrow \quad 関数 f(x) を x で積分するという意味!!$$

この記号 ∫ を「インテグラル」と申します！

確認その2

本来，不定積分とは，微分しちゃった式をもとの式にもどすための計算です！

例 $\int x^2 dx = \frac{1}{3} x^3 + C$ ですよね!?

$\frac{1}{2+1} x^{2+1}$

このとき右辺を微分してみましょう！

$$\left(\frac{1}{3} x^3 + C \right)' = \frac{1}{3} \times 3x^2 = x^2 \quad と，もとにもどる！$$

つまり，C は 10 だろうが，$\frac{1}{20}$ だろうが，$\sqrt{3}$ だろうが，どうせ消えてしまいますので，実数の定数であれば何でもOKなわけです！
よって，とりあえず C とおいている。

では，少し復習しますかぁ！

問題 29-1　　　　　　　　　　　　　　　　　　　　　基礎の基礎

次の不定積分を求めよ。

(1) $\int (x^3 + 2x - 3)\,dx$

(2) $\int x^5 (x-2)^2\,dx$

ナイスな導入!!

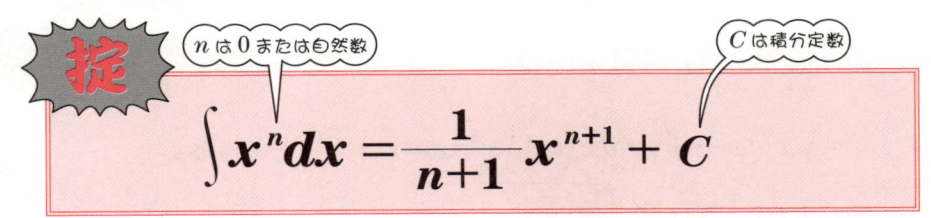

掟（n は 0 または自然数、C は積分定数）

$$\int x^n\,dx = \frac{1}{n+1} x^{n+1} + C$$

で、定数の不定積分は、

$$\int 5\,dx = \underline{5x + C} \qquad \int \sqrt{7}\,dx = \underline{\sqrt{7}\,x + C}$$

（微分すりゃもどる！）

てな具合に、定数の横っちょに x を添えればOK!!

確かに上の掟を強引に用いて（あえて $n=0$ として、C は、あとでつけるべし！）

$$\int 5\,dx = \int 5 \times \underline{x^0}\,dx = 5\int x^0\,dx = 5 \times \boxed{\frac{1}{0+1} x^{0+1}} + C = 5x + C$$
$$\;1$$

$$\int \sqrt{7}\,dx = \int \sqrt{7} \times \underline{x^0}\,dx = \sqrt{7}\int x^0\,dx = \sqrt{7} \times \boxed{\frac{1}{0+1} x^{0+1}} + C = \sqrt{7}\,x + C$$
$$\phantom{\int \sqrt{7}\,dx = \int \sqrt{7} \times }\;1$$

などと考えてもよいが、まわりくどいぜっ！

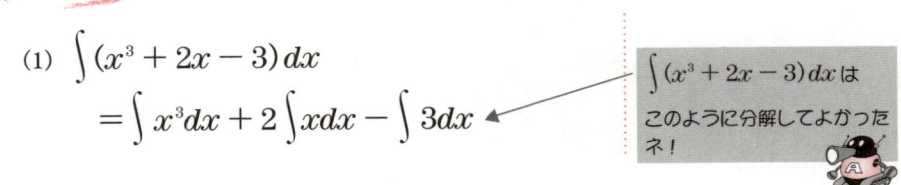

解答でござる

(1) $\int (x^3 + 2x - 3)\,dx$

　　$= \int x^3\,dx + 2\int x\,dx - \int 3\,dx$

> $\int (x^3 + 2x - 3)\,dx$ は、このように分解してよかったネ！

$$= \frac{1}{4}x^4 + 2 \times \frac{1}{2}x^2 - 3x + C$$

$$= \frac{1}{4}x^4 + x^2 - 3x + C \cdots \text{(答)}$$

（ただし C は積分定数）

$\dfrac{1}{3+1}x^{3+1} = \dfrac{1}{4}x^4$

$\dfrac{1}{1+1}x^{1+1} = \dfrac{1}{2}x^2$

C は最後に1つつければOK！
面倒だが必ず断っておこう！

(2) $\displaystyle\int x^5(x-2)^2 dx$

$\displaystyle = \int x^5(x^2 - 4x + 4)dx$

$\displaystyle = \int (x^7 - 4x^6 + 4x^5)dx$

$\displaystyle = \int x^7 dx - 4\int x^6 dx + 4\int x^5 dx$

$= \dfrac{1}{8}x^8 - 4 \times \dfrac{1}{7}x^7 + 4 \times \dfrac{1}{6}x^6 + C$

$= \dfrac{1}{8}x^8 - \dfrac{4}{7}x^7 + \dfrac{2}{3}x^6 + C$

（ただし C は積分定数）
… (答)

$\boxed{\displaystyle\int x^n dx = \dfrac{1}{n+1}x^{n+1} + C}$

を活用するために展開してバラバラにしよう！

展開完了

とりあえず分解！

$\dfrac{1}{7+1}x^{7+1} = \dfrac{1}{8}x^8$

$\dfrac{1}{6+1}x^{6+1} = \dfrac{1}{7}x^7$

$\dfrac{1}{5+1}x^{5+1} = \dfrac{1}{6}x^6$

C は最後に1つつければOK！

ちょっと確認

(1)では…

$\left(\dfrac{1}{4}x^4 + x^2 - 3x + C\right)' = \dfrac{1}{4} \times 4x^3 + 2x - 3$

$= x^3 + 2x - 3$ もとにもどります！

(2)でも…

$\left(\dfrac{1}{8}x^8 - \dfrac{4}{7}x^7 + \dfrac{2}{3}x^6 + C\right)' = \dfrac{1}{8} \times 8x^7 - \dfrac{4}{7} \times 7x^6 + \dfrac{2}{3} \times 6x^5$

$= x^7 - 4x^6 + 4x^5$

$= x^5(x-2)^2$ もとにもどります！

このタイプも復習しておきましょう！

問題 29-2　　　　　　　　　　　　　　　　　　　　　　基礎

次の条件をみたす関数 $f(x)$ を求めよ。
(1) $f'(x) = 4x^3 - 3x^2 + 5$, $f(1) = 3$
(2) $f'(x) = 10x^4 - 12x^3 + 9x^2$, $f(-2) = -120$

ナイスな導入!!

目的は **ズバリ!!**

$f'(x)$ を $f(x)$ にもどしたい!!

（微分してある!!）　　つまーり!!　　（じつに単純なお話だね!!）

$\int f'(x)\,dx$ の出番だあ〜っ!!

（微分してあるものをもとにもどすときは，不定積分の登場や!!）

で!! 末尾に C がつくから，この C を明らかにするために，
（積分定数です!!）

(1)では $f(1) = 3$, (2)では $f(-2) = -120$ てな条件がついているワケです！

解答でござる

(1)　$f'(x) = 4x^3 - 3x^2 + 5$ ……①
　　 $f(1) = 3$ ……②
　①より

$$f(x) = \int f'(x)\,dx$$
$$= \int (4x^3 - 3x^2 + 5)\,dx$$

（微分してある $f'(x)$ を $f(x)$ にもどしたい！こんなときは **不定積分** !!）

$$= 4\int x^3 dx - 3\int x^2 dx + \int 5dx$$

分解できます！

$\dfrac{1}{3+1}x^{3+1} = \dfrac{1}{4}x^4$

$$= 4 \times \dfrac{1}{4}x^4 - 3 \times \dfrac{1}{3}x^3 + 5x + C$$

$\dfrac{1}{2+1}x^{2+1} = \dfrac{1}{3}x^3$

$$= x^4 - x^3 + 5x + C \quad \cdots\cdots ③$$

（ただし C は積分定数）

このとき，②，③より
$$f(1) = 1^4 - 1^3 + 5 \times 1 + C = 3$$

③に $x = 1$ を代入！
②より $f(1) = 3$

$$\therefore \quad C = -2$$

よって，③から
$$f(x) = x^4 - x^3 + 5x - 2 \cdots \text{(答)}$$

ハイ！　できあがり!!

(2) $f'(x) = 10x^4 - 12x^3 + 9x^2 \quad \cdots\cdots ①$

$f(-2) = -120 \quad \cdots\cdots ②$

微分してある $f'(x)$ を $f(x)$ にもどしたい！
こんなときは 不定積分 !!

①より
$$f(x) = \int f'(x) dx$$

$$= \int (10x^4 - 12x^3 + 9x^2) dx$$

$$= 10\int x^4 dx - 12\int x^3 dx + 9\int x^2 dx$$

$\dfrac{1}{4+1}x^{4+1} = \dfrac{1}{5}x^5$

$$= 10 \times \dfrac{1}{5}x^5 - 12 \times \dfrac{1}{4}x^4 + 9 \times \dfrac{1}{3}x^3 + C$$

$\dfrac{1}{3+1}x^{3+1} = \dfrac{1}{4}x^4$

$$= 2x^5 - 3x^4 + 3x^3 + C \quad \cdots\cdots ③$$

$\dfrac{1}{2+1}x^{2+1} = \dfrac{1}{3}x^3$

（ただし C は積分定数）

このとき，②，③より
$$f(-2) = 2 \times (-2)^5 - 3 \times (-2)^4 + 3 \times (-2)^3 + C = -120$$

$$\therefore \quad C = 16$$

$-64 - 48 - 24 + C = -120$

よって，③から
$$f(x) = 2x^5 - 3x^4 + 3x^3 + 16 \cdots \text{(答)}$$

Theme 30 数学Ⅱの復習！ 定積分編

定積分って，こんなのでしたね♥

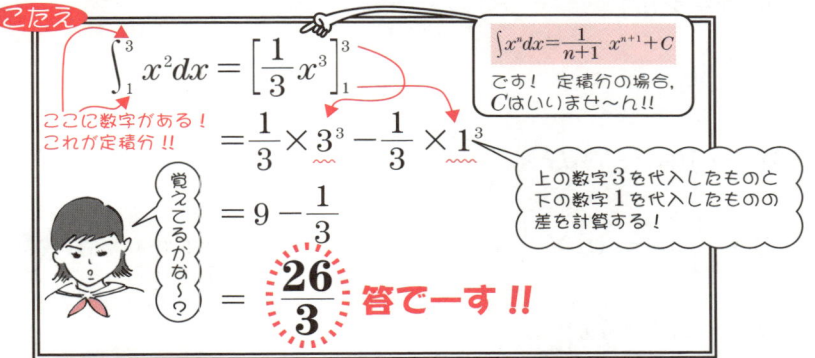

例

定積分 $\int_1^3 x^2\,dx$ を求めてみよう！

こたえ

$$\int_1^3 x^2\,dx = \left[\frac{1}{3}x^3\right]_1^3$$

ここに数字がある！これが定積分!!

$\int x^n\,dx = \frac{1}{n+1}x^{n+1} + C$
です！ 定積分の場合，Cはいいませ〜ん!!

$$= \frac{1}{3}\times 3^3 - \frac{1}{3}\times 1^3$$

上の数字3を代入したものと下の数字1を代入したものの差を計算する！

覚えてるかな〜?

$$= 9 - \frac{1}{3}$$

$$= \frac{26}{3}$$ 答でーす!!

確認コーナー

なぜ，積分定数 C はいらないのか??
では，C も入れてやり直してみましょう！

$$\int_1^3 x^2\,dx = \left[\frac{1}{3}x^3 + C\right]_1^3$$

積分定数Cでーす！

Cなんてクソくらえ!!

$$= \frac{1}{3}\times 3^3 + C - \left(\frac{1}{3}\times 1^3 + C\right)$$

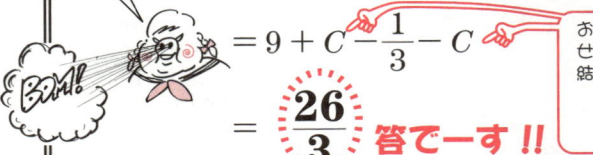

$$= 9 + C - \frac{1}{3} - C$$

おーっと！！せっかく生かしておいたCが結局消えていってしもうた！

$$= \frac{26}{3}$$ 答でーす!!

そうです！ 定積分の場合，なんだかんだ言っても，C は必ず消えてしまう構造となっているのです！

つまーり!! 定積分を求めるとき，積分定数 C は無用!!

では，ちょっと練習しましょう！

問題 30-1 　　　　　　　　　　　　　　　　　　　　　基礎の基礎

次の定積分を求めよ。

(1) $\int_{2}^{5}(3x^2-10x-7)\,dx$

(2) $\int_{-1}^{3}(8x^3-3x^2+5)\,dx$

いきなりいきます!!

解答でござる

(1) $\int_{2}^{5}(3x^2-10x-7)\,dx$　←　さあ，定積分の始まりだ！

$= \left[3 \times \dfrac{1}{3}x^3 - 10 \times \dfrac{1}{2}x^2 - 7x\right]_{2}^{5}$　←　[ ]の中味は不定積分の計算と同じです！ただし，Cはいりません！

$= \left[x^3 - 5x^2 - 7x\right]_{2}^{5}$

$= 5^3 - 5 \times 5^2 - 7 \times 5 - (2^3 - 5 \times 2^2 - 7 \times 2)$　←　上の数字5を代入したものと下の数字2を代入したものの差をとる！

$= -35 - (-26)$

$= \underline{-9}$ …(答)　←　ハイ！ おしまい!!

(2) $\int_{-1}^{3}(8x^3-3x^2+5)\,dx$　←　定積分でっせ！

$= \left[8 \times \dfrac{1}{4}x^4 - 3 \times \dfrac{1}{3}x^3 + 5x\right]_{-1}^{3}$　←　[ ]の中味は不定積分の計算と同じです！ただし，Cは無用!!

$= \left[2x^4 - x^3 + 5x\right]_{-1}^{3}$

無用がぁ…

$= 2 \times 3^4 - 3^3 + 5 \times 3$
$\quad - \{2 \times (-1)^4 - (-1)^3 + 5 \times (-1)\}$　←　上の数字3を代入したものと下の数字-1を代入したものの差をとる！

$= 150 - (-2)$

$= \underline{\mathbf{152}}$ …(答)　←　ハイ！ 一丁あがり!!

では，もう少し…

問題 30-2 基礎

次の等式が成り立つとき，定数 a の値を求めよ。

(1) $\int_{-2}^{1} (6x^2 + ax - 3)\,dx = 15$

(2) $\int_{2}^{a} (4x + a)\,dx = -3$

これも，ヒントなしでまいります♥

解答でござる

(1) $\int_{-2}^{1} (6x^2 + ax - 3)\,dx = 15$ ……(∗)　← とりあえず，左辺を計算しましょう！

左辺 $= \left[6 \times \dfrac{1}{3}x^3 + a \times \dfrac{1}{2}x^2 - 3x \right]_{-2}^{1}$

$= \left[2x^3 + \dfrac{a}{2}x^2 - 3x \right]_{-2}^{1}$　← [ ] の中味は不定積分の計算と同じです！ただし，C は無用!!

$= 2 \times 1^3 + \dfrac{a}{2} \times 1^2 - 3 \times 1$
$\quad - \left\{ 2 \times (-2)^3 + \dfrac{a}{2} \times (-2)^2 - 3 \times (-2) \right\}$　← 上の数字1を代入したものと下の数字−2を代入したものの差をとる！

$= \dfrac{a}{2} - 1 - (2a - 10)$

$= -\dfrac{3}{2}a + 9$　← 左辺を計算してしまいました！

(∗)より，これが 15 に一致するから

$-\dfrac{3}{2}a + 9 = 15$　← (∗)の左辺＝右辺です！

$-\dfrac{3}{2}a = 6$

$\therefore\ \underline{\underline{a = -4}}$ …(答)　← ハイ！ できた!!

(2) $\int_2^a (4x+a)\,dx = -3$ ……(∗)

まず，左辺を計算することから！

このとき，

$$\text{左辺} = \left[4 \times \frac{1}{2}x^2 + ax \right]_2^a$$

[ ]の中味は不定積分の計算と同じでーす！
積分定数Cはいらないよ！

$$= \left[2x^2 + ax \right]_2^a$$

$$= 2 \times a^2 + a \times a - (2 \times 2^2 + a \times 2)$$

上の数字aを代入したものと下の数字2を代入したものの差をとります！

$$= 3a^2 - 2a - 8$$

(∗)より，これが-3に一致するから

$$3a^2 - 2a - 8 = -3$$

(∗)の左辺＝右辺です！

$$3a^2 - 2a - 5 = 0$$

$$(a+1)(3a-5) = 0$$

タスキガケ！
1　　　1 ＝ 3
3　　　－5 ＝ －5 (+
　　　　　　　－2

∴ $a = -1,\ \dfrac{5}{3}$ …(答)

ハイ！　一丁あがり♥

プロフィール

ナイスガイ（19才）

努力を怠らない受験生の鏡。ファッションにはこだわりがあり，全身ブランドで固めている。豚山さんを苦手としている

Theme 31 $\int x^\alpha dx$ のお話!!

すべてはここから始まります!

掟その1

α は,$\alpha \neq -1$ の有理数であればよい!

$$\int x^\alpha dx = \frac{1}{\alpha+1} x^{\alpha+1} + C$$

C は積分定数

微分すればもとにもどる!

掟その2

掟その1 の $\alpha = -1$ の場合です!

$$\int x^{-1} dx = \log|x| + C$$

C は積分定数

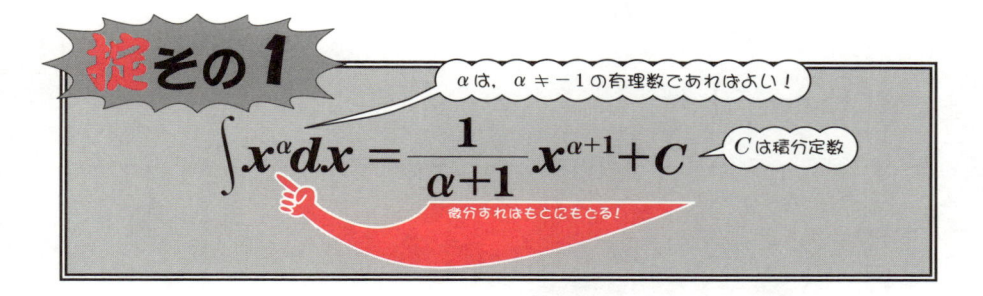

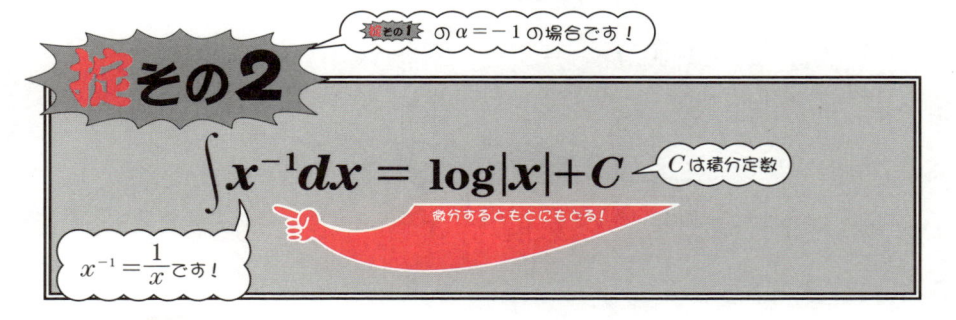

微分するともとにもどる!

$x^{-1} = \frac{1}{x}$ です!

確認コーナー

$$\left(\frac{1}{\alpha+1} x^{\alpha+1} + C\right)' = \frac{1}{\alpha+1} \times (\alpha+1) x^\alpha = x^\alpha$$

$$(\log|x| + C)' = \frac{1}{x} = x^{-1}$$

確かに微分するともとにもどる!

では,早速練習とまいりましょうかぁ!

問題 31-1 （基礎）

次の不定積分を求めよ。

(1) $\displaystyle\int \left(x^2 + \frac{1}{x}\right)^2 dx$

(2) $\displaystyle\int \frac{x^2 + \sqrt[3]{x} - 2}{\sqrt{x}} dx$

(3) $\displaystyle\int \left(x + \frac{2}{x^3}\right)^3 dx$

ナイスな導入!!

とにかく 掟その1 ＆ 掟その2 を活用するっきゃありません!!

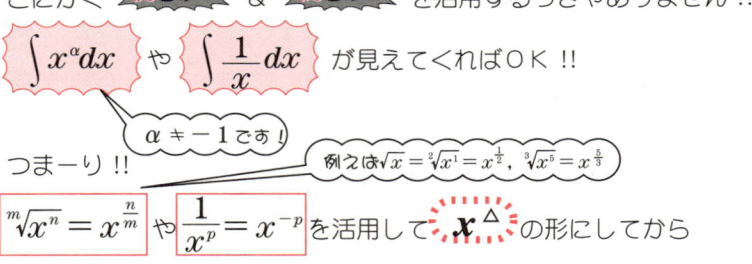

$\displaystyle\int x^\alpha dx$ や $\displaystyle\int \frac{1}{x} dx$ が見えてくればOK!!

（α ≠ -1 です!）

例えば $\sqrt{x} = \sqrt[2]{x^1} = x^{\frac{1}{2}}$, $\sqrt[3]{x^5} = x^{\frac{5}{3}}$

つまーり!!

$\boxed{\sqrt[m]{x^n} = x^{\frac{n}{m}}}$ や $\boxed{\dfrac{1}{x^p} = x^{-p}}$ を活用して $x^\triangle$ の形にしてから

不定積分を行おう!!

解答でござる

(1) $\displaystyle\int \left(x^2 + \frac{1}{x}\right)^2 dx$ ← $\left(x^2 + \dfrac{1}{x}\right)^2$ を展開してみよう！

$= \displaystyle\int \left\{ (x^2)^2 + 2 \times x^2 \times \frac{1}{x} + \left(\frac{1}{x}\right)^2 \right\} dx$

展開公式
$(a+b)^2 = a^2 + 2ab + b^2$
です！

基本だ…

$= \displaystyle\int \left(x^4 + 2x + \frac{1}{x^2} \right) dx$

$= \displaystyle\int \left(x^4 + 2x + x^{-2} \right) dx$ ← $\dfrac{1}{x^2} = x^{-2}$ です！

$$= \int x^4 dx + 2\int x dx + \int x^{-2} dx$$

$$= \frac{1}{5}x^5 + 2 \times \frac{1}{2}x^2 + \frac{1}{-1}x^{-1} + C$$

$$= \boldsymbol{\frac{1}{5}x^5 + x^2 - \frac{1}{x} + C} \quad \cdots \text{(答)}$$

（ただし C は積分定数）

バラバラにしました！ しかしながら, 慣れてくればこの行は必要なし!!

※その1 より
$\dfrac{1}{-2+1}x^{-2+1} = \dfrac{1}{-1}x^{-1}$

$x^{-1} = \dfrac{1}{x}$

(2) $\displaystyle\int \frac{x^2 + \sqrt[3]{x} - 2}{\sqrt{x}} dx$

$$= \int \frac{x^2 + x^{\frac{1}{3}} - 2}{x^{\frac{1}{2}}} dx$$

$\sqrt{x} = x^{\frac{1}{2}}$
$\sqrt[3]{x} = x^{\frac{1}{3}}$ です！

$$= \int \left(\frac{x^2}{x^{\frac{1}{2}}} + \frac{x^{\frac{1}{3}}}{x^{\frac{1}{2}}} - \frac{2}{x^{\frac{1}{2}}} \right) dx$$

分数を分けました！

$\boxed{\dfrac{x^m}{x^n} = x^{m-n}}$ ですヨ!!

$\dfrac{x^2}{x^{\frac{1}{2}}} = x^{2-\frac{1}{2}} = x^{\frac{3}{2}}$

$\dfrac{x^{\frac{1}{3}}}{x^{\frac{1}{2}}} = x^{\frac{1}{3}-\frac{1}{2}} = x^{-\frac{1}{6}}$

$$= \int \left(x^{\frac{3}{2}} + x^{-\frac{1}{6}} - 2x^{-\frac{1}{2}} \right) dx$$

$\dfrac{2}{x^{\frac{1}{2}}} = 2x^{-\frac{1}{2}}$

$$= \int x^{\frac{3}{2}} dx + \int x^{-\frac{1}{6}} dx - 2\int x^{-\frac{1}{2}} dx$$

この1行は省略してよし！

$\dfrac{1}{\frac{3}{2}+1}x^{\frac{3}{2}+1} = \dfrac{1}{\frac{5}{2}}x^{\frac{5}{2}} = \dfrac{2}{5}x^{\frac{5}{2}}$

$\dfrac{1}{-\frac{1}{6}+1}x^{-\frac{1}{6}+1} = \dfrac{1}{\frac{5}{6}}x^{\frac{5}{6}} = \dfrac{6}{5}x^{\frac{5}{6}}$

$$= \frac{2}{5}x^{\frac{5}{2}} + \frac{6}{5}x^{\frac{5}{6}} - 2 \times 2x^{\frac{1}{2}} + C$$

$$= \boldsymbol{\frac{2}{5}x^{\frac{5}{2}} + \frac{6}{5}x^{\frac{5}{6}} - 4x^{\frac{1}{2}} + C} \quad \cdots \text{(答)}$$

（ただし C は積分定数）

$\dfrac{1}{-\frac{1}{2}+1}x^{-\frac{1}{2}+1} = \dfrac{1}{\frac{1}{2}}x^{\frac{1}{2}} = 2x^{\frac{1}{2}}$

以上 ※その1 です！

$$\left(\begin{array}{l}=\dfrac{2}{5}\sqrt{x^5}+\dfrac{6}{5}\sqrt[6]{x^5}-4\sqrt{x}+C \\ =\dfrac{2}{5}x^2\sqrt{x}+\dfrac{6}{5}\sqrt[6]{x^5}-4\sqrt{x}+C \quad \cdots\text{(答)}\end{array}\right.$$

$x^{\frac{5}{2}}=\sqrt[2]{x^5}=\sqrt{x^5}$

$x^{\frac{5}{6}}=\sqrt[6]{x^5}$

$x^{\frac{1}{2}}=\sqrt[2]{x^1}=\sqrt{x}$

$\sqrt{x^5}=\sqrt{(x^2)^2 x}=x^2\sqrt{x}$

このように答えてもOK！

(3) $\displaystyle\int\left(x+\dfrac{2}{x^3}\right)^3 dx$

展開公式
$(a+b)^3 = a^3+3a^2b+3ab^2+b^3$
です！
基本ですョ!!

$=\displaystyle\int\left\{x^3+3\times x^2\times\dfrac{2}{x^3}+3\times x\times\left(\dfrac{2}{x^3}\right)^2+\left(\dfrac{2}{x^3}\right)^3\right\}dx$

$=\displaystyle\int\left(x^3+\dfrac{6}{x}+\dfrac{12}{x^5}+\dfrac{8}{x^9}\right)dx$

$\dfrac{1}{x}=x^{-1}$

$\dfrac{1}{x^5}=x^{-5}$

$=\displaystyle\int(x^3+6x^{-1}+12x^{-5}+8x^{-9})\,dx$

$\dfrac{1}{x^9}=x^{-9}$

$=\displaystyle\int x^3 dx+6\int x^{-1}dx+12\int x^{-5}dx+8\int x^{-9}dx$

この一行省略してよし！

$=\dfrac{1}{4}x^4+6\log|x|+12\times\left(-\dfrac{1}{4}x^{-4}\right)$

その2 です!!
$\displaystyle\int x^{-1}dx=\log|x|+C$

$\quad+8\times\left(-\dfrac{1}{8}x^{-8}\right)+C$

その1 より
$\dfrac{1}{-5+1}x^{-5+1}=\dfrac{1}{-4}x^{-4}=-\dfrac{1}{4}x^{-4}$

$=\dfrac{1}{4}x^4+6\log|x|-\dfrac{3}{x^4}-\dfrac{1}{x^8}+C \cdots\text{(答)}$

（ただし C は積分定数）

その1 より
$\dfrac{1}{-9+1}x^{-9+1}=\dfrac{1}{-8}x^{-8}=-\dfrac{1}{8}x^{-8}$

では，少しばかり応用めいたものを…

問題 31-2 　標準

次の条件をみたす関数 $f(x)$ を求めよ。

(1) $f'(x) = \dfrac{x-1}{\sqrt{x}+1}$, $f(1) = \dfrac{5}{3}$

(2) $f''(x) = \dfrac{1}{x^2}$, $f(e) = 3e-1$, $f'(2) = \dfrac{3}{2}$

ナイスな導入!!

このタイプの簡単なバージョンは，すでに 問題29-2 で演習済み！
イメージは…

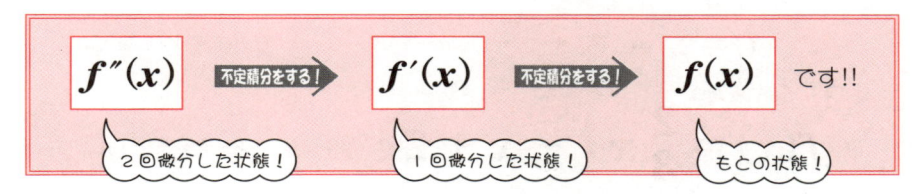

$f''(x)$ →不定積分をする！→ $f'(x)$ →不定積分をする！→ $f(x)$ です!!

2回微分した状態！　　1回微分した状態！　　もとの状態！

では，早速まいりましょう！

解答でござる

(1) $f'(x) = \dfrac{x-1}{\sqrt{x}+1}$ ……①

$f(1) = \dfrac{5}{3}$ ……②

①より

$f'(x) = \dfrac{(x-1)(\sqrt{x}-1)}{(\sqrt{x}+1)(\sqrt{x}-1)}$

$= \dfrac{(x-1)(\sqrt{x}-1)}{x-1}$

$= \sqrt{x}-1$

> この形だと不定積分がやりにくい！ 分母を有理化するしかないね♥
> 分子＆分母に×$(\sqrt{x}-1)$
> 公式
> $(a+b)(a-b) = a^2-b^2$
> です！
> この場合
> $(\sqrt{x}+1)(\sqrt{x}-1) = (\sqrt{x})^2 - 1^2$
> $= x-1$
>
> $\dfrac{(x-1)(\sqrt{x}-1)}{x-1} = \sqrt{x}-1$

$$= x^{\frac{1}{2}} - 1 \quad \cdots\cdots ③$$

$\sqrt{x} = x^{\frac{1}{2}}$ です！

③より

$$f(x) = \int f'(x)\,dx$$

不定積分すると，微分された関数 $f'(x)$ は，もとの $f(x)$ にもどる！

$$= \int (x^{\frac{1}{2}} - 1)\,dx$$

公式その1 です！
$$\frac{1}{\frac{1}{2}+1} x^{\frac{1}{2}+1} = \frac{1}{\frac{3}{2}} x^{\frac{3}{2}} = \frac{2}{3} x^{\frac{3}{2}}$$

$$= \frac{2}{3} x^{\frac{3}{2}} - x + C \quad \cdots\cdots ④$$

（このとき C は積分定数）

②，④より

$$f(1) = \frac{2}{3} \times 1^{\frac{3}{2}} - 1 + C = \frac{5}{3}$$

④の x に 1 を代入！

$$\therefore C = 2 \quad \cdots\cdots ⑤$$

C が求まりました！

よって④，⑤から

$$\boldsymbol{f(x) = \frac{2}{3} x^{\frac{3}{2}} - x + 2} \quad \cdots\text{(答)}$$

ハイ，てきあがり!!

(2) $f''(x) = \dfrac{1}{x^2} \quad \cdots\cdots ①$

$\dfrac{1}{x^2} = x^{-2}$ ですヨ！

$f(e) = 3e - 1 \quad \cdots\cdots ②$

$f'(2) = \dfrac{3}{2} \quad \cdots\cdots ③$

①より

$$f'(x) = \int f''(x)\,dx$$

$f''(x)$ の不定積分は $f'(x)$ どんどんもとにもどる！これがポイント♥

$$= \int \frac{1}{x^2}\,dx$$

$$= \int x^{-2}\,dx$$

$\dfrac{1}{x^2} = x^{-2}$

$$= -x^{-1} + C \quad \cdots\cdots ④$$

公式その1 です！
$\dfrac{1}{-2+1} x^{-2+1} = \dfrac{1}{-1} x^{-1} = -x^{-1}$

（このとき C は積分定数）

③, ④より

$$f'(2) = -2^{-1} + C = \frac{3}{2}$$
$$= -\frac{1}{2} + C = \frac{3}{2}$$
$$\therefore \quad C = 2 \quad \cdots\cdots ⑤$$

④のxに2を代入！

$2^{-1} = \frac{1}{2}$

Cは求まりました！

④, ⑤から
$$f'(x) = -x^{-1} + 2 \quad \cdots\cdots ⑥$$

とりあえず$f'(x)$まではOK！

⑥より

$$f(x) = \int f'(x)\,dx$$
$$= \int (-x^{-1} + 2)\,dx$$
$$= -\log|x| + 2x + C' \quad \cdots\cdots ⑦$$
（このときC'は積分定数）

$f'(x)$の不定積分は$f(x)$にもどるんだったネ！

極 その2
$$\int x^{-1}dx = \log|x| + C$$
です！

②, ⑦より
$$f(e) = -\log|e| + 2e + C' = 3e - 1$$
$$-1 + 2e + C' = 3e - 1$$
$$\therefore \quad C' = e \quad \cdots\cdots ⑧$$

$\log|e| = \log e = 1$

C'も求まりました！

⑦, ⑧から
$$f(x) = -\log|x| + 2x + e$$
…(答)

ほら！　できた!!

定積分バージョンもやっときましょう！

問題 31-3 基礎

次の定積分を求めよ。

(1) $\displaystyle\int_8^{125} \sqrt[3]{x^2}\,dx$

(2) $\displaystyle\int_1^e \frac{\sqrt{x}+1}{x}\,dx$

ナイスな導入!!

Theme 30 で復習したとおり，"数学Ⅱ"とやることは同じです!!
ただし，次の公式が登場しまっせ♥

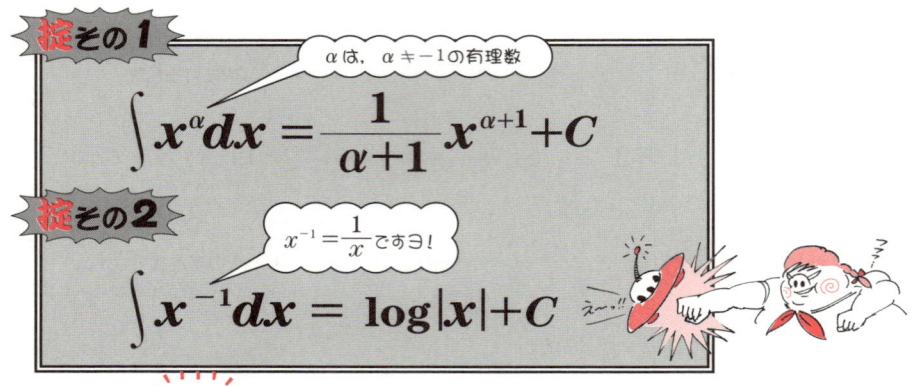

掟その1 （αは，$\alpha \neq -1$の有理数）

$$\int x^\alpha dx = \frac{1}{\alpha+1}x^{\alpha+1}+C$$

掟その2 （$x^{-1}=\frac{1}{x}$ですヨ！）

$$\int x^{-1}dx = \log|x|+C$$

今回は 定積分 なもんで，積分定数Cは考える必要はありません!!（数学Ⅱの復習！）

では，早速まいりましょう！！

解答でござる

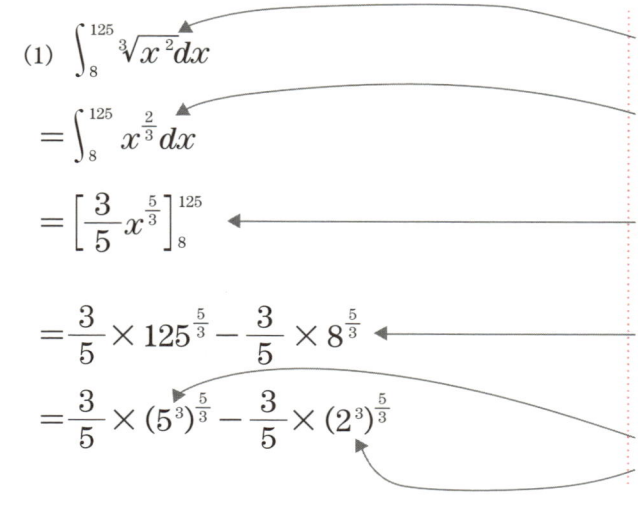

(1) $\displaystyle\int_8^{125} \sqrt[3]{x^2}\,dx$

$= \displaystyle\int_8^{125} x^{\frac{2}{3}}\,dx$

$= \left[\dfrac{3}{5}x^{\frac{5}{3}}\right]_8^{125}$

$= \dfrac{3}{5}\times 125^{\frac{5}{3}} - \dfrac{3}{5}\times 8^{\frac{5}{3}}$

$= \dfrac{3}{5}\times (5^3)^{\frac{5}{3}} - \dfrac{3}{5}\times (2^3)^{\frac{5}{3}}$

> まず$x^\triangle$（指数表現）の形にしようゼ!!
>
> $\sqrt[m]{x^n}=x^{\frac{n}{m}}$
>
> この場合 $\sqrt[3]{x^2}=x^{\frac{2}{3}}$です！

> 掟その1 です！
>
> $\dfrac{1}{\frac{2}{3}+1}x^{\frac{2}{3}+1}=\dfrac{1}{\frac{5}{3}}x^{\frac{5}{3}}=\dfrac{3}{5}x^{\frac{5}{3}}$

> 上の数字125を代入したものと下の数字8を代入したものとの差をとる！

> $125=5^3$
> $8=2^3$

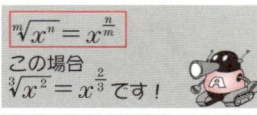

$$= \frac{3}{5} \times 5^5 - \frac{3}{5} \times 2^5$$

$(5^3)^{\frac{5}{3}} = 5^{3 \times \frac{5}{3}} = 5^5$
$(2^3)^{\frac{5}{3}} = 2^{3 \times \frac{5}{3}} = 2^5$

$$= \frac{9375 - 96}{5}$$

通分して計算!

$$= \frac{\mathbf{9279}}{\mathbf{5}} \cdots (答)$$

ハイ! できあがり♥

(2) $\int_1^e \dfrac{\sqrt{x}+1}{x} dx$

$\sqrt{x} = \sqrt[2]{x^1} = x^{\frac{1}{2}}$

$$= \int_1^e \left(\frac{x^{\frac{1}{2}}}{x} + \frac{1}{x} \right) dx$$

$\dfrac{x^{\frac{1}{2}}}{x} = \dfrac{x^{\frac{1}{2}}}{x^1} = x^{\frac{1}{2}-1} = x^{-\frac{1}{2}}$

$\dfrac{1}{x} = x^{-1}$

$$= \int_1^e \left(x^{-\frac{1}{2}} + x^{-1} \right) dx$$

$\int_1^e x^{-\frac{1}{2}} dx + \int_1^e x^{-1} dx$
と分けて考えても OK ですヨ!

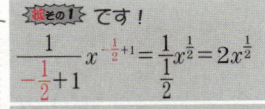

$$= \left[2x^{\frac{1}{2}} + \log|x| \right]_1^e$$

極その1 です!
$\dfrac{1}{-\frac{1}{2}+1} x^{-\frac{1}{2}+1} = \dfrac{1}{\frac{1}{2}} x^{\frac{1}{2}} = 2x^{\frac{1}{2}}$

極その2
$\int x^{-1} dx = \log|x| + C$

$$= 2e^{\frac{1}{2}} + \log|e| - (2 \times 1^{\frac{1}{2}} + \log|1|)$$

上の数字 e を代入したものと下の数字 1 を代入したものとの差をとる!

$e^{\frac{1}{2}} = \sqrt{e}$
$|e| = e$
$|1| = 1$

$$= 2\sqrt{e} + \log e - (2 + \log 1)$$

$\log e = 1$
$\log 1 = 0$

$$= 2\sqrt{e} + 1 - (2 + 0)$$

$$= \mathbf{2\sqrt{e} - 1} \cdots (答)$$

ハイ! 一丁あがり♥

Theme 32 公式オンパレード ♥

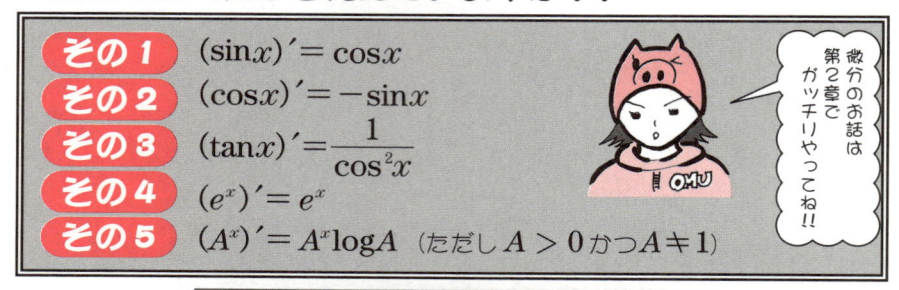

微分の公式たちを覚えていますか??

その1 $(\sin x)' = \cos x$
その2 $(\cos x)' = -\sin x$
その3 $(\tan x)' = \dfrac{1}{\cos^2 x}$
その4 $(e^x)' = e^x$
その5 $(A^x)' = A^x \log A$ （ただし $A > 0$ かつ $A \neq 1$）

微分のお話は第2章でガッチリやってね!!

ここから様々な積分公式が生まれる!!

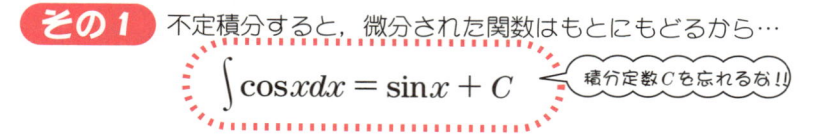

その1 不定積分すると，微分された関数はもとにもどるから…

$$\int \cos x\, dx = \sin x + C$$

積分定数 C を忘れるな!!

その2 $\cos x$ 微分する！ $-\sin x$ より $-\cos x$ 微分する！ $\sin x$

つまーり!! $\displaystyle\int \sin x\, dx = -\cos x + C$

その3 不定積分すると，微分された関数はもとにもどるから…

$$\int \dfrac{1}{\cos^2 x} dx = \tan x + C$$

その4 不定積分すると，微分された関数はもとにもどるから…

$$\int e^x dx = e^x + C$$

両辺を $\log A$ で割った！

その5 A^x 微分する！ $A^x \log A$ より $\dfrac{A^x}{\log A}$ 微分する！ A^x

つまーり!! $\displaystyle\int A^x dx = \dfrac{A^x}{\log A} + C$

Theme 32 公式オンパレード 315

では，まとめましょう！

p.312 の その1 & その2 のつづきです！

ザ・まとめ

掟その3 $\displaystyle\int \sin x\, dx = -\cos x + C$

掟その4 $\displaystyle\int \cos x\, dx = \sin x + C$

掟その5 $\displaystyle\int \frac{1}{\cos^2 x}\, dx = \tan x + C$

掟その6 $\displaystyle\int e^x\, dx = e^x + C$

掟その7 $\displaystyle\int A^x\, dx = \frac{A^x}{\log A} + C$

e^x でないとき

ただし，$A > 0$ かつ $A \neq 1$

では，練習しましょう！

問題 32-1 基礎の基礎

次の不定積分を求めよ。

(1) $\displaystyle\int (\sin x + 3\cos x + 2)\, dx$

(2) $\displaystyle\int (5^x + 2^x + e^x + x^2)\, dx$

(3) $\displaystyle\int \frac{\cos^3 x + 1}{\cos^2 x}\, dx$

ナイスな導入!!

とにかく 公式を覚える!! としか言いようがありません…。

解答でござる

(1) $\int (\sin x + 3\cos x + 2)\,dx$

$= \int \sin x\,dx + 3\int \cos x\,dx + \int 2\,dx$

$= -\cos x + 3\sin x + 2x + C$ … (答)

（ただし C は積分定数）

> バラバラにできますョ！
> しかも，この1行は省略するのがふつう!!

> その3
> $\int \sin x\,dx = -\cos x + C$

> その4
> $\int \cos x\,dx = \sin x + C$

> 積分定数はまとめて1つつければOK！

(2) $\int (5^x + 2^x + e^x + x^2)\,dx$

$= \int 5^x\,dx + \int 2^x\,dx + \int e^x\,dx + \int x^2\,dx$

$= \dfrac{5^x}{\log 5} + \dfrac{2^x}{\log 2} + e^x + \dfrac{1}{3}x^3 + C$ … (答)

（ただし C は積分定数）

> バラバラにしました！
> しかし，この1行は省略したいところです！

> その7
> $\int A^x\,dx = \dfrac{A^x}{\log A} + C$

> その6
> $\int e^x\,dx = e^x + C$

(3) $\int \dfrac{\cos^3 x + 1}{\cos^2 x}\,dx$

$= \int \left(\dfrac{\cos^3 x}{\cos^2 x} + \dfrac{1}{\cos^2 x} \right) dx$

$= \int \left(\cos x + \dfrac{1}{\cos^2 x} \right) dx$

$= \int \cos x\,dx + \int \dfrac{1}{\cos^2 x}\,dx$

$= \sin x + \tan x + C$ … (答)

（ただし C は積分定数）

> 2つの分数に分けました！

> $\dfrac{\cos^3 x}{\cos^2 x} = \cos x$

> とりあえずバラバラにしました！
> しかし，この1行はいらない！

> その4
> $\int \cos x\,dx = \sin x + C$

> その5
> $\int \dfrac{1}{\cos^2 x}\,dx = \tan x + C$

Theme 32　公式オンパレード　317

ちょっとダメ押しです！

問題 32-2　　　　　　　　　　　　　　　　　　　　　　**基礎**

次の条件をみたす関数 $f(x)$ を求めよ。

(1) $f'(x) = 2\cos x$, $f\left(\dfrac{\pi}{2}\right) = 5$

(2) $f''(x) = e^x + \sin x$, $f(\pi) = e^\pi$, $f'(0) = 2$

ナイスな導入!!

すでに，**問題 29-2** & **問題 31-2** でそっくりな問題をやっています！

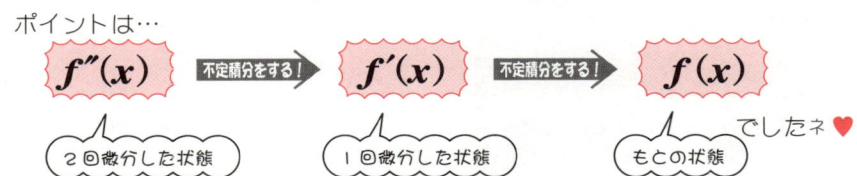

ポイントは…

$f''(x)$ →不定積分をする！→ $f'(x)$ →不定積分をする！→ $f(x)$

でしたネ♥

（2回微分した状態）（1回微分した状態）（もとの状態）

では，まいりましょう！

解答でござる

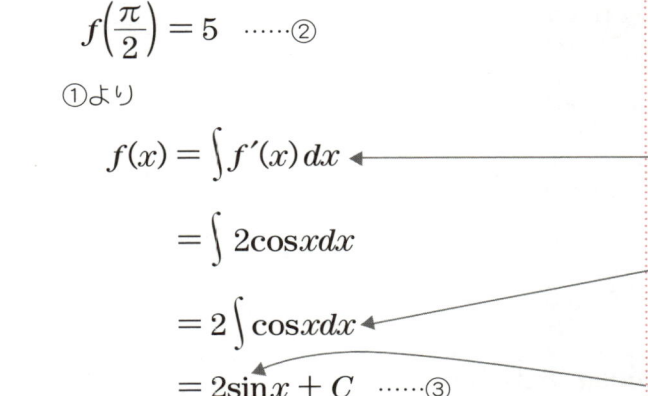

(1) $f'(x) = 2\cos x$ ……①

$f\left(\dfrac{\pi}{2}\right) = 5$ ……②

①より

$$f(x) = \int f'(x)\,dx$$

$$= \int 2\cos x\,dx$$

$$= 2\int \cos x\,dx$$

$$= 2\sin x + C \quad\cdots\cdots ③$$

（ただし C は積分定数）

公式はしっかり覚えようね!!

不定積分すると，微分された関数 $f'(x)$ は，$f(x)$ にもどる！

この1行は，省略してもOK！

その4
$\int \cos x\,dx = \sin x + C$

②, ③から

$$f\left(\frac{\pi}{2}\right) = 2\sin\frac{\pi}{2} + C = 5$$

$$2 \times 1 + C = 5$$

$$\therefore\ C = 3 \quad \cdots\cdots ④$$

③の x に $\frac{\pi}{2}$ を代入!

C が求まりました!

③, ④より

$$f(x) = 2\sin x + 3 \quad \cdots (答)$$

ハイ! できた!!

(2) $f''(x) = e^x + \sin x \quad \cdots\cdots ①$
　　$f(\pi) = e^\pi \quad \cdots\cdots ②$
　　$f'(0) = 2 \quad \cdots\cdots ③$

①より

$$f'(x) = \int f''(x)\,dx$$

$$= \int (e^x + \sin x)\,dx$$

$$= e^x - \cos x + C \quad \cdots\cdots ④$$

（ただし C は積分定数）

$f''(x)$ の不定積分は $f'(x)$

省略しましたが
$\int e^x dx + \int \sin x dx$
となります!

$\int e^x dx = e^x + C$

$\int \sin x dx = -\cos x + C$

③, ④から

$$f'(0) = e^0 - \cos 0 + C = 2$$

$$1 - 1 + C = 2$$

$$\therefore\ C = 2 \quad \cdots\cdots ⑤$$

④の x に 0 を代入!

C が求まったヨ!

④, ⑤より

$$f'(x) = e^x - \cos x + 2 \quad \cdots\cdots ⑥$$

⑤より $C = 2$ です!

⑥より

$$f(x) = \int f'(x)\,dx$$

$$= \int (e^x - \cos x + 2)\,dx$$

$$= e^x - \sin x + 2x + C' \quad \cdots\cdots ⑦$$

（ただし C' は積分定数）

$f'(x)$ の不定積分は $f(x)$

省略しましたが
$\int e^x dx - \int \cos x dx + \int 2 dx$
となります!

$\int e^x dx = e^x + C$

$\int \cos x dx = \sin x + C$

②, ⑦から
$$f(\pi) = e^\pi - \sin\pi + 2\pi + C' = e^\pi$$ ← ⑦の x に π を代入！
$$\therefore \quad C' = -2\pi \quad \cdots\cdots ⑧$$ ← C' が求まったヨ！

⑦, ⑧より
$$f(x) = e^x - \sin x + 2x - 2\pi \quad \cdots \text{(答)}$$ ← ハイ！ おしまい♥

このあたりで定積分バージョンもやっておこうせ!!

問題 32-3 　基礎

次の定積分を求めよ。

(1) $\displaystyle\int_{\frac{\pi}{3}}^{\pi} \sin x \, dx$

(2) $\displaystyle\int_{-\frac{\pi}{3}}^{\frac{\pi}{6}} \left(\frac{2\cos^3 x + 3}{\cos^2 x} \right) dx$

(3) $\displaystyle\int_0^1 (e^x + 2) \, dx$

(4) $\displaystyle\int_0^2 (5^x + 3^x) \, dx$

ナイスな導入!!

以下の公式たちは，大丈夫ですか？

掟その3 $\displaystyle\int \sin x\, dx = -\cos x + C$

掟その4 $\displaystyle\int \cos x\, dx = \sin x + C$

掟その5 $\displaystyle\int \frac{1}{\cos^2 x}\, dx = \tan x + C$

掟その6 $\displaystyle\int e^x\, dx = e^x + C$

掟その7 $\displaystyle\int A^x\, dx = \frac{A^x}{\log A} + C$ (e^xでないとき)

ただし，$A > 0$ かつ $A \ne 1$

ただし，**定積分**ですから，積分定数 C は無用!!（p.312参照!!）

では，解答へまいります！

解答でござる

(1) $\displaystyle\int_{\frac{\pi}{3}}^{\pi} \sin x\, dx$

掟その3: $\displaystyle\int \sin x\, dx = -\cos x + C$

$= \Bigl[-\cos x\Bigr]_{\frac{\pi}{3}}^{\pi}$

$= -\cos \pi - \left(-\cos \frac{\pi}{3}\right)$

上の数字 π を代入したものと下の数字 $\frac{\pi}{3}$ を代入したものとの差をとる！

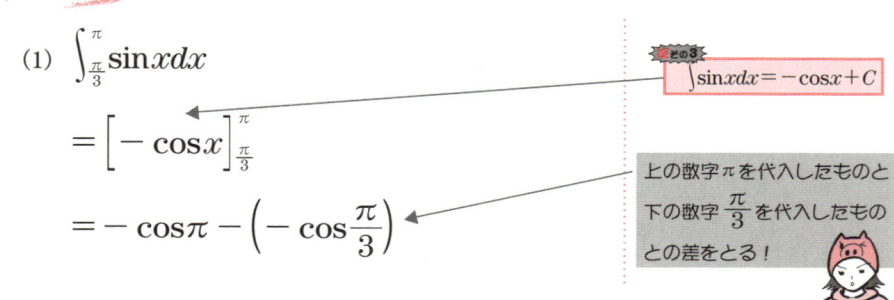

$$= -(-1) - \left(-\frac{1}{2}\right)$$

$$= 1 + \frac{1}{2}$$

$$= \boldsymbol{\frac{3}{2}} \cdots \text{(答)}$$

> $\cos \pi = -1$
> $\pi = 180°$ です!!

> $\cos \dfrac{\pi}{3} = \dfrac{1}{2}$
> $\dfrac{\pi}{3} = 60°$ です!!

ハイ! できあがり!!

(2) $\displaystyle\int_{-\frac{\pi}{3}}^{\frac{\pi}{6}} \left(\frac{2\cos^3 x + 3}{\cos^2 x}\right) dx$

$$= \int_{-\frac{\pi}{3}}^{\frac{\pi}{6}} \left(\frac{2\cos^3 x}{\cos^2 x} + \frac{3}{\cos^2 x}\right) dx$$

$$= \int_{-\frac{\pi}{3}}^{\frac{\pi}{6}} \left(2\cos x + 3 \times \frac{1}{\cos^2 x}\right) dx$$

$$= \Big[2\sin x + 3\tan x\Big]_{-\frac{\pi}{3}}^{\frac{\pi}{6}}$$

$$= 2\sin\frac{\pi}{6} + 3\tan\frac{\pi}{6} - \left\{2\sin\left(-\frac{\pi}{3}\right) + 3\tan\left(-\frac{\pi}{3}\right)\right\}$$

$$= 2 \times \frac{1}{2} + 3 \times \frac{1}{\sqrt{3}} - \left\{2 \times \left(-\frac{\sqrt{3}}{2}\right)\right.$$
$$\left. + 3 \times (-\sqrt{3})\right\}$$

$$= 1 + \sqrt{3} + \sqrt{3} + 3\sqrt{3}$$

$$= \boldsymbol{1 + 5\sqrt{3}} \cdots \text{(答)}$$

> 2つの分数に分けたヨ!

> $2\displaystyle\int_{-\frac{\pi}{3}}^{\frac{\pi}{6}} \cos x\, dx + 3\int_{-\frac{\pi}{3}}^{\frac{\pi}{6}} \frac{1}{\cos^2 x} dx$
> と分解して表現しても,それはそれでよし!!

> その4
> $\displaystyle\int \cos x\, dx = \sin x + C$

> その5
> $\displaystyle\int \frac{1}{\cos^2 x} dx = \tan x + C$

> 上の数字 $\dfrac{\pi}{6}$ を代入したものと下の数字 $-\dfrac{\pi}{3}$ を代入したものとの差をとる!

> $\sin\dfrac{\pi}{6} = \dfrac{1}{2}$
> $\tan\dfrac{\pi}{6} = \dfrac{1}{\sqrt{3}}$
> $\dfrac{\pi}{6} = 30°$ です!!

> $\sin\left(-\dfrac{\pi}{3}\right) = -\dfrac{\sqrt{3}}{2}$
> $\tan\left(-\dfrac{\pi}{3}\right) = -\sqrt{3}$
> $-\dfrac{\pi}{3} = -60°$ です!!

ハイ! 一丁あがり!!

(3) $\int_0^1 (e^x + 2)\,dx$ ← $\int_0^1 e^x dx + \int_0^1 2\,dx$ と分解して考えてもOK！

$= \left[e^x + 2x \right]_0^1$

その⑥ $\int e^x dx = e^x + C$

$= e^1 + 2 \times 1 - (e^0 + 2 \times 0)$ ← 上の数字1を代入したものと下の数字0を代入したものの差をとる!!

$= e + 2 - 1$

$= \boldsymbol{e + 1}$ …(答)

$e^0 = 1$
ホラ！ できた!!

(4) $\int_0^2 (5^x + 3^x)\,dx$ ← $\int_0^2 5^x dx + \int_0^2 3^x dx$ と分解して考えても大丈夫！

$= \left[\dfrac{5^x}{\log 5} + \dfrac{3^x}{\log 3} \right]_0^2$

その⑦ $\int A^x dx = \dfrac{A^x}{\log A} + C$

$= \dfrac{5^2}{\log 5} + \dfrac{3^2}{\log 3} - \left(\dfrac{5^0}{\log 5} + \dfrac{3^0}{\log 3} \right)$ ← 上の数字2を代入したものと下の数字0を代入したものの差をとる!!

$= \dfrac{25}{\log 5} + \dfrac{9}{\log 3} - \left(\dfrac{1}{\log 5} + \dfrac{1}{\log 3} \right)$

$5^0 = 1$, $3^0 = 1$ です!!

$= \dfrac{\boldsymbol{24}}{\boldsymbol{\log 5}} + \dfrac{\boldsymbol{8}}{\boldsymbol{\log 3}}$ …(答)

ハイ！ おしまい♥

$\left(= \dfrac{24\log 3 + 8\log 5}{\log 5 \log 3} \right)$

ちなみに，通分するとこうなりまーす！
こっちの方がお好き？

Theme 33 ここからが本番!! 1次関数ハマリ型

今まで，素直な積分計算ばかりやってまいりました！ たとえば

$\int e^x \, dx$ や $\int \sin x \, dx$ などです！ しかしながら，実際に必要となる積分計算ってやつは……

$\int e^{3x+2} \, dx$ や $\int \sin(2x-5) \, dx$　てな具合に

$e^{\square}$ や $\sin \square$ の $\square$ のところに $ax+b$ がハマっているタイプです！（1次関数）

そこで!!　今まで登場した公式たちをもう1度見つめ直そう!!

問題 33-1　[基礎]

次の公式を証明せよ。ただし，C は積分定数である。

(1) $\displaystyle\int \frac{1}{ax+b} dx = \frac{1}{a} \log|ax+b| + C$

　　（a，b は定数で，$a \neq 0$ かつ $ax+b \neq 0$ とする）

(2) $\displaystyle\int \cos(ax+b) \, dx = \frac{1}{a} \sin(ax+b) + C$

　　（a，b は定数で，$a \neq 0$ とする）

(3) $\displaystyle\int e^{ax+b} \, dx = \frac{1}{a} e^{ax+b} + C$

　　（a，b は定数で，$a \neq 0$ とする）

ナイスな導入!!

何ごともイメージが大切!! 本問で，前に $\dfrac{1}{a}$ が飛び出してくる理由をつかんでホシイのであります。

（これが最大のテーマ!!）

で!! 今回の証明は，堅苦しいことは抜きにして…

"不定積分しちゃった関数は，微分すりゃあもとにもどる!!"

の考えに基づき，(1)〜(3)において

$$\int \text{もとの関数}\, dx = \text{不定積分したあとの関数}$$

（これを証明する!!）（微分してもとにもどるはず!!）

を示せばOK!!

では，やってみましょう♥

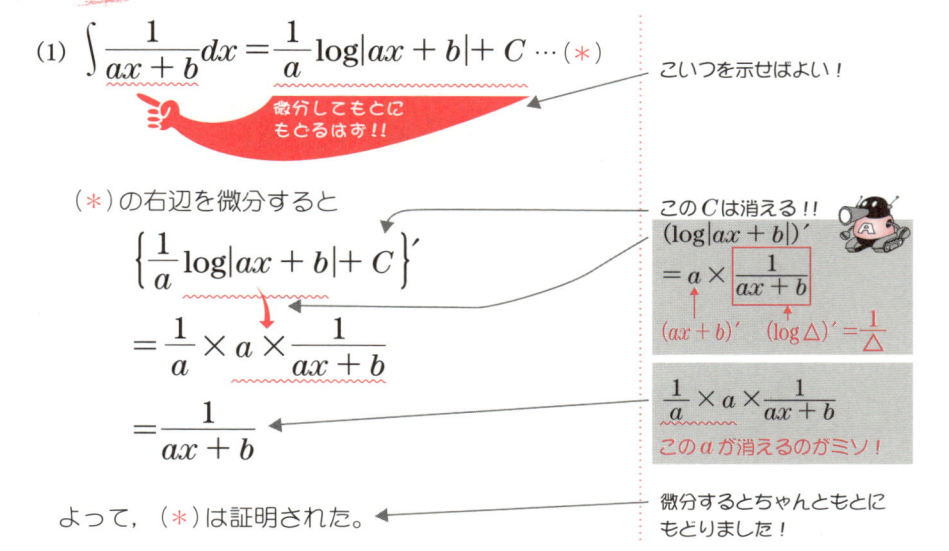

解答でござる

(1) $\displaystyle \int \dfrac{1}{ax+b}\,dx = \dfrac{1}{a}\log|ax+b| + C \cdots (*)$

（微分してもとにもどるはず!!）　こいつを示せばよい！

$(*)$ の右辺を微分すると

$$\left\{\dfrac{1}{a}\log|ax+b| + C\right\}'$$

$$= \dfrac{1}{a} \times a \times \dfrac{1}{ax+b}$$

$$= \dfrac{1}{ax+b}$$

よって，$(*)$ は証明された。

このCは消える!!
$(\log|ax+b|)'$
$= a \times \boxed{\dfrac{1}{ax+b}}$
$(ax+b)'$　$(\log\triangle)' = \dfrac{1}{\triangle}$

$\dfrac{1}{a} \times a \times \dfrac{1}{ax+b}$

このaが消えるのがミソ！

微分するとちゃんともとにもどりました！

(2) $\int \cos(ax+b)\,dx = \dfrac{1}{a}\sin(ax+b) + C \quad \cdots\cdots (*)$

微分してもとにもどるはず!!

こいつを示せばOK！

（*）の右辺を微分すると

$$\left\{\dfrac{1}{a}\sin(ax+b) + C\right\}'$$

$$= \dfrac{1}{a} \times a\cos(ax+b)$$

$$= \cos(ax+b)$$

よって，（*）は証明された。

このCは消える!!

$\{\sin(ax+b)\}'$
$= a \times \boxed{\cos(ax+b)}$
$(ax+b)' \quad (\sin\triangle)' = \cos\triangle$

$\dfrac{1}{a} \times a\cos(ax+b)$

このaが消えるのがミソ！

微分するとちゃんともとにもどりました！

(3) $\int e^{ax+b}\,dx = \dfrac{1}{a}e^{ax+b} + C \quad \cdots\cdots (*)$

微分してもとにもどるはず!!

こいつを示せばOK！

（*）の右辺を微分すると

$$\left(\dfrac{1}{a}e^{ax+b} + C\right)'$$

$$= \dfrac{1}{a} \times ae^{ax+b}$$

$$= e^{ax+b}$$

よって，（*）は証明された。

このCは消える!!

$(e^{ax+b})'$
$= a \times \boxed{e^{ax+b}}$
$(ax+b)' \quad (e^{\triangle})' = e^{\triangle}$

$\dfrac{1}{a} \times ae^{ax+b}$

このaが消えるのがミソ！

微分するとちゃんともとにもどりました！

前問 問題33-1 を一般化すると

$F'(x) = f(x)$ のとき（逆にいうと $f(x)$ の不定積分が $F(x)$）

$$\int f(ax+b)dx = \frac{1}{a}F(ax+b) + C$$

（1次関数がハマってる！／この $\frac{1}{a}$ がポイント!!／C は積分定数）

てなワケで **新しい掟です!!**

NEW 掟その1

（α は，$\alpha \neq -1$ の有理数です！／C は積分定数）

$$\int (ax+b)^{\alpha} dx = \frac{1}{a} \cdot \frac{1}{\alpha+1}(ax+b)^{\alpha+1} + C$$

ポイント!!

NEW 掟その2

$(ax+b)^{-1} = \frac{1}{ax+b}$

$$\int (ax+b)^{-1} dx = \frac{1}{a}\log|ax+b| + C$$

ポイント!!

NEW 掟その3

$-\frac{1}{a}\cos(ax+b)$ を丸暗記せず，計算してとにかく $\frac{1}{a}$ が出ることを覚えてホシイ！

$$\int \sin(ax+b)dx = \frac{1}{a} \times \{-\cos(ax+b)\} + C$$

ポイント!!

NEW 掟その4

$$\int \cos(ax+b)dx = \frac{1}{a} \times \sin(ax+b) + C$$

ポイント!!

NEW 掟その5

$$\int \frac{1}{\cos^2(ax+b)}dx = \frac{1}{a} \times \tan(ax+b) + C$$

ポイント!!

Theme 33 ここからが本番!! 1次関数ハマリ型

掟その6 (NEW)

$$\int e^{ax+b} dx = \frac{1}{a} e^{ax+b} + C$$

ポイント!!

掟その7 (NEW)

ただし，$A > 0$ かつ $A \neq 1$

$$\int A^{ax+b} dx = \frac{1}{a} \cdot \frac{A^{ax+b}}{\log A} + C$$

ポイント!!

とにかく!! $\dfrac{1}{a}$ が前に出るのがポイント!!

注! これらすべて，$a = 1$，$b = 0$ を代入するとp.312とp.315の **掟その1** ～ **掟その7** になりまーす！

では，早速，活用していきましょう！

問題 33-2 （基礎の基礎）

次の不定積分を求めよ。

(1) $\displaystyle\int (3x+2)^5 dx$

(2) $\displaystyle\int \frac{1}{2x+1} dx$

(3) $\displaystyle\int \sin(4x+5) dx$

(4) $\displaystyle\int \cos\left(\frac{1}{2}x + \pi\right) dx$

(5) $\displaystyle\int \frac{1}{\cos^2 3x} dx$

(6) $\displaystyle\int e^{10x+20} dx$

(7) $\int 2^{-3x+5} dx$

ナイスな導入!!

イメージは… $F'(x) = f(x)$ のとき…

$$\int f(ax+b)dx = \frac{1}{a}F(ax+b) + C$$

この $\frac{1}{a}$ がポイント!!

でーす!!

解答でござる

(1) $\int (3x+2)^5 dx$ （a）

$= \boxed{\dfrac{1}{3}} \times \dfrac{1}{6}(3x+2)^6 + C$ ← $\frac{1}{a}$

$= \dfrac{1}{18}(3x+2)^6 + C$ …（答）

（ただし C は積分定数）

その1: $\int (ax+b)^{\alpha} dx = \frac{1}{a} \cdot \frac{1}{\alpha+1}(ax+b)^{\alpha+1} + C$

(2) $\int \dfrac{1}{2x+1} dx$ （a）

$\int (2x+1)^{-1} dx$ のことです!

$= \boxed{\dfrac{1}{2}} \log|2x+1| + C$ …（答） ← $\frac{1}{a}$

（ただし C は積分定数）

その2: $\int (ax+b)^{-1} dx = \frac{1}{a} \log|ax+b| + C$

(3) $\int \sin(4x+5) dx$ （a）

$= \boxed{\dfrac{1}{4}} \times \{-\cos(4x+5)\} + C$ ← $\frac{1}{a}$

$= -\dfrac{1}{4} \cos(4x+5) + C$ …（答）

（ただし C は積分定数）

その3: $\int \sin(ax+b) dx = \frac{1}{a}\{-\cos(ax+b)\} + C$

(4) $\int \cos\left(\dfrac{1}{2}x + \pi\right) dx$

$= \boxed{\dfrac{1}{\frac{1}{2}}} \sin\left(\dfrac{1}{2}x + \pi\right) + C$

$= \mathbf{2\sin\left(\dfrac{1}{2}x + \pi\right) + C}$ …(答)

(ただし C は積分定数)

$\int \cos(ax+b)\,dx = \dfrac{1}{a} \times \sin(ax+b) + C$

$\dfrac{1}{\frac{1}{2}} = \dfrac{2}{1} = 2$ 分子&分母×2

(5) $\int \dfrac{1}{\cos^2 3x} dx$

$= \boxed{\dfrac{1}{3}} \mathbf{\tan 3x + C}$ …(答)

(ただし C は積分定数)

$\int \dfrac{1}{\cos^2(ax+b)} dx = \dfrac{1}{a} \times \tan(ax+b) + C$

(6) $\int e^{10x+20} dx$

$= \boxed{\dfrac{1}{10}} \mathbf{e^{10x+20} + C}$ …(答)

(ただし C は積分定数)

$\int e^{ax+b} dx = \dfrac{1}{a} e^{ax+b} + C$

(7) $\int 2^{-3x+5} dx$

$= \boxed{\dfrac{1}{-3}} \cdot \dfrac{2^{-3x+5}}{\log 2} + C$

$= \mathbf{-\dfrac{2^{-3x+5}}{3\log 2} + C}$ …(答)

(ただし C は積分定数)

$\int A^{ax+b} dx = \dfrac{1}{a} \cdot \dfrac{A^{ax+b}}{\log A} + C$

公式は大切だ…

ではでは，少しばかりレベルを上げてみましょう♥

問題 33-3 標準

次の不定積分を求めよ。

(1) $\int \dfrac{2x}{\sqrt{2x+3}} dx$

(2) $\displaystyle\int x\sqrt{2x+5}\,dx$

(3) $\displaystyle\int \tan^2 x\,dx$

(4) $\displaystyle\int \frac{3xe^{5x}+4}{2x}\,dx$

ナイスな導入!! p.326〜p.327 の 愛の1〜愛の7 です!

とりあえず公式が使える形に変形しなければなりません!

(1) では $\displaystyle\int \frac{2x}{\sqrt{2x+3}}\,dx$

これじゃあ手も足も出ません!!
だって，こんな公式ありましたっけ?

そこで…

$\displaystyle\int \frac{2x+3-3}{\sqrt{2x+3}}$

分母に $\sqrt{2x+3}$ があることに注意して，分子にも $2x+3$ を強引に作る!!
加えた 3 はすぐうしろで -3 としておけば OK!

すると…

$\displaystyle\int \left(\frac{2x+3}{\sqrt{2x+3}} - \frac{3}{\sqrt{2x+3}}\right)dx$

2つの分数に分ける!!

$=\displaystyle\int \left\{ \frac{2x+3}{(2x+3)^{\frac{1}{2}}} - \frac{3}{(2x+3)^{\frac{1}{2}}} \right\}dx$

$\sqrt{2x+3}=(2x+3)^{\frac{1}{2}}$ ですョ♥

$=\displaystyle\int \left\{ (2x+3)^{\frac{1}{2}} - 3(2x+3)^{-\frac{1}{2}} \right\}dx$

$\dfrac{2x+3}{(2x+3)^{\frac{1}{2}}}=(2x+3)^{1-\frac{1}{2}}=(2x+3)^{\frac{1}{2}}$

$\dfrac{3}{(2x+3)^{\frac{1}{2}}}=3\times\dfrac{1}{(2x+3)^{\frac{1}{2}}}=3(2x+3)^{-\frac{1}{2}}$

$=\boxed{\displaystyle\int (2x+3)^{\frac{1}{2}}dx} - 3\boxed{\displaystyle\int (2x+3)^{-\frac{1}{2}}dx}$

いずれも
愛その1
が活用できる!!

仕上げは，解答にて!!

(2) では $\int x\sqrt{2x+5}\,dx$

> おーっと!! これも, このままじゃダメだね…

そこで…

$$\int \frac{1}{2}\times 2x\sqrt{2x+5}\,dx$$

> とりあえず $2x$ を作りたい! 前に $\frac{1}{2}$ をつけておけば大丈夫!!

$$=\int \frac{1}{2}\times (2x+5-5)\sqrt{2x+5}\,dx$$

> うしろに $\sqrt{2x+5}$ があることに注意して, $2x+5$ を強引に作る!! 加えた 5 はすぐうしろで -5 としておけば OK です

すると…

$$=\int \frac{1}{2}\left\{(2x+5)\sqrt{2x+5}-5\sqrt{2x+5}\right\}dx$$

$$=\int \left\{\frac{1}{2}(2x+5)\sqrt{2x+5}-\frac{5}{2}\sqrt{2x+5}\right\}dx$$

$$=\int \left\{\frac{1}{2}(2x+5)^{\frac{3}{2}}-\frac{5}{2}(2x+5)^{\frac{1}{2}}\right\}dx$$

> 2つに分けました!
> この変形がかかってこことが…

$(2x+5)\sqrt{2x+5}=(2x+5)(2x+5)^{\frac{1}{2}}$
$\qquad =(2x+5)^{1+\frac{1}{2}}$
$\qquad =(2x+5)^{\frac{3}{2}}$

$\sqrt{2x+5}=(2x+5)^{\frac{1}{2}}$

$$=\frac{1}{2}\int (2x+5)^{\frac{3}{2}}dx-\frac{5}{2}\int (2x+5)^{\frac{1}{2}}dx$$

> いずれも **NEW その1** が活用できる!!

なるほど…

仕上げは解答で ♥

(3) では $\int \tan^2 x\,dx$

> よーく, 思い出して!! こんな公式なかった?!

そこで…

$$\int \left(\frac{\sin x}{\cos x}\right)^2 dx$$

> とりあえず
> **超有名公式**
> $\tan x=\dfrac{\sin x}{\cos x}$
> を活用するくらいしか思いつかん!

$$= \int \frac{\sin^2 x}{\cos^2 x} dx$$

ここで
$$\int \frac{1}{\cos^2 x} dx = \tan x + C$$
であったことを思い出してホシイ！

すると…

超有名公式
$\sin^2 x + \cos^2 x = 1$ より
$\sin^2 x = 1 - \cos^2 x$ でっせ！

$$\int \frac{1 - \cos^2 x}{\cos^2 x} dx$$

$$= \int \left(\frac{1}{\cos^2 x} - \frac{\cos^2 x}{\cos^2 x} \right) dx$$

2つの分数に分けたヨ！

$$= \int \left(\boxed{\frac{1}{\cos^2 x}} - 1 \right) dx$$

NEW その5 つうか その5 がモロに使える！

ここまでくれば大丈夫でしょ？　仕上げは解答にて…

ん…!?

(4)では, $\int \frac{3xe^{5x} + 4}{2x} dx$

こいつはただの**見かけ倒し!!**

$$= \int \left(\frac{3xe^{5x}}{2x} + \frac{4}{2x} \right) dx$$

2つの分数に分けたヨ！

$$= \int \left(\frac{3}{2} e^{5x} + \frac{2}{x} \right) dx$$

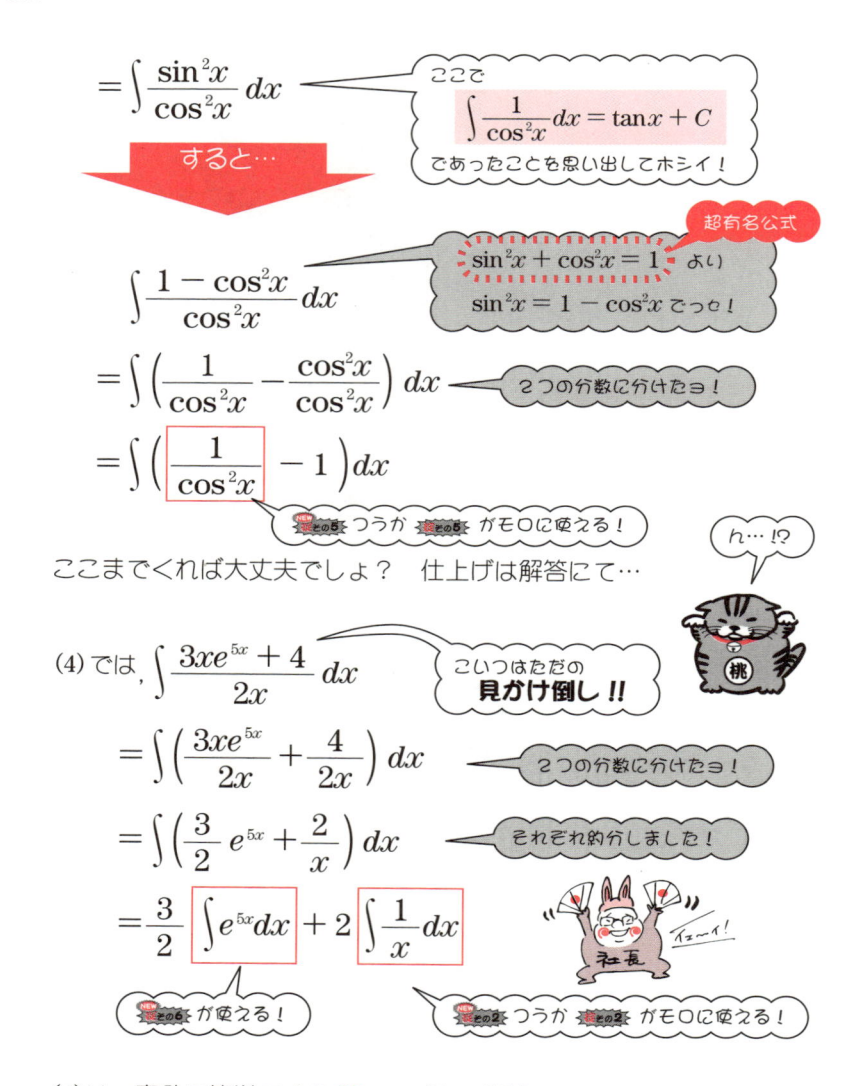

それぞれ約分しました！

$$= \frac{3}{2} \boxed{\int e^{5x} dx} + 2 \boxed{\int \frac{1}{x} dx}$$

イェーイ！

NEW その5 が使える！　　NEW その2 つうか その2 がモロに使える！

(4)は, 意外に簡単ですね♥　つづきは解答にて…

では, まいりまーす！

解答でござる

(1) $\displaystyle\int \frac{2x}{\sqrt{2x+3}}\,dx$

分子に $2x+3$ を作るために 3 を加えてすぐ引いとく！

$= \displaystyle\int \frac{2x+3-3}{\sqrt{2x+3}}\,dx$

2つの分数に分けました！

$= \displaystyle\int \left(\frac{2x+3}{\sqrt{2x+3}} - \frac{3}{\sqrt{2x+3}}\right) dx$

イメージは…
$\dfrac{A}{\sqrt{A}} = \dfrac{A^1}{A^{\frac{1}{2}}} = A^{1-\frac{1}{2}} = A^{\frac{1}{2}}$

イメージは…
$\dfrac{1}{\sqrt{A}} = \dfrac{1}{A^{\frac{1}{2}}} = A^{-\frac{1}{2}}$

$= \displaystyle\int \left\{ (2x+3)^{\frac{1}{2}} - 3(2x+3)^{-\frac{1}{2}} \right\} dx$

$= \dfrac{1}{2} \times \dfrac{2}{3}(2x+3)^{\frac{3}{2}} - 3 \times \dfrac{1}{2} \times 2(2x+3)^{\frac{1}{2}} + C$

その1 より
$\dfrac{1}{a}\boxed{\dfrac{1}{2}} \times \dfrac{1}{\frac{1}{2}+1}(2x+3)^{\frac{1}{2}+1}$

その1 より
$\dfrac{1}{a}\boxed{\dfrac{1}{2}} \times \dfrac{1}{-\frac{1}{2}+1}(2x+3)^{-\frac{1}{2}+1}$

$= \dfrac{1}{3}(2x+3)^{\frac{3}{2}} - 3(2x+3)^{\frac{1}{2}} + C$ …(答)

（ただし C は積分定数）

$\begin{cases} = \dfrac{1}{3}\sqrt{(2x+3)^3} - 3\sqrt{2x+3} + C \\ = \dfrac{1}{3}(2x+3)\sqrt{2x+3} - 3\sqrt{2x+3} + C \\ = \dfrac{2x+3}{3}\sqrt{2x+3} - \dfrac{9}{3}\sqrt{2x+3} + C \\ = \dfrac{2x-6}{3}\sqrt{2x+3} + C \\ = \dfrac{2}{3}(x-3)\sqrt{2x+3} + C \quad \text{…(答)} \end{cases}$

好みによりますが，このように変形しても…

イメージは…
$\sqrt{A^3} = A\sqrt{A}$ です！

$3 = \dfrac{9}{3}$ です！

$\sqrt{2x+3}$ でくくって
$\left(\dfrac{2x+3}{3} - \dfrac{9}{3}\right)\sqrt{2x+3}$

これも，またよし♥

（ただし C は積分定数）

(2) $\int x\sqrt{2x+5}\,dx$

$= \int \dfrac{1}{2} \times 2x\sqrt{2x+5}\,dx$

$= \int \dfrac{1}{2} \times (2x+5-5)\sqrt{2x+5}\,dx$

$= \int \left\{ \dfrac{1}{2}(2x+5)\sqrt{2x+5} - \dfrac{5}{2}\sqrt{2x+5} \right\}dx$

$= \int \left\{ \dfrac{1}{2}(2x+5)^{\frac{3}{2}} - \dfrac{5}{2}(2x+5)^{\frac{1}{2}} \right\}dx$

$= \dfrac{1}{2} \times \dfrac{1}{2} \times \dfrac{2}{5}(2x+5)^{\frac{5}{2}}$

$\quad - \dfrac{5}{2} \times \dfrac{1}{2} \times \dfrac{2}{3}(2x+5)^{\frac{3}{2}} + C$

$= \dfrac{1}{10}(2x+5)^{\frac{5}{2}} - \dfrac{5}{6}(2x+5)^{\frac{3}{2}} + C$ …(答)

（ただし C は積分定数）

うしろに $\sqrt{2x+5}$ があるから前にも $2x+5$ を作りたい！

強引に $2x+5$ を作る!!

2つに分けました！

イメージは…
$A\sqrt{A} = A^1 \times A^{\frac{1}{2}} = A^{1+\frac{1}{2}} = A^{\frac{3}{2}}$

その1 より
$\dfrac{1}{a}\boxed{\dfrac{1}{2}} \times \dfrac{1}{\frac{3}{2}+1}(2x+5)^{\frac{3}{2}+1}$

その1 より
$\dfrac{1}{a}\boxed{\dfrac{1}{2}} \times \dfrac{1}{\frac{1}{2}+1}(2x+5)^{\frac{1}{2}+1}$

$\begin{aligned}
&= \dfrac{1}{10}\sqrt{(2x+5)^5} - \dfrac{5}{6}\sqrt{(2x+5)^3} + C\\
&= \dfrac{1}{10}(2x+5)^2\sqrt{2x+5} - \dfrac{5}{6}(2x+5)\sqrt{2x+5} + C\\
&= \dfrac{3(2x+5)^2}{30}\sqrt{2x+5} - \dfrac{25(2x+5)}{30}\sqrt{2x+5} + C\\
&= \dfrac{(2x+5)\{3(2x+5)-25\}}{30}\sqrt{2x+5} + C\\
&= \dfrac{(2x+5)(6x-10)}{30}\sqrt{2x+5} + C\\
&= \dfrac{1}{15}(3x-5)(2x+5)\sqrt{2x+5} + C \text{ …(答)}
\end{aligned}$

（ただし C は積分定数）

上の答でいいと思いますが…

イメージは
$\sqrt{A^5} = \sqrt{(A^2)^2 A} = A^2\sqrt{A}$

イメージは
$\sqrt{A^3} = \sqrt{A^2 A} = A\sqrt{A}$

$(2x+5)\sqrt{2x+5}$ でくくりました！

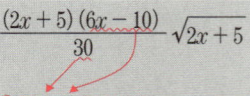

$\dfrac{(2x+5)(6x-10)}{30}\sqrt{2x+5}$

2で約分できます!!

約分して整理しておしまい！
（何もここまでしなくても…）

Theme 33 ここからが本番!! 1次関数ハマリ型

(3) $\int \tan^2 x \, dx$

これを求める公式はないので…
このままでは、いけませんネ！

$= \int \left(\dfrac{\sin x}{\cos x}\right)^2 dx$

$\tan x = \dfrac{\sin x}{\cos x}$ です！
とりあえずこのくらいしか思いつきません!!

$= \int \dfrac{\sin^2 x}{\cos^2 x} \, dx$

$= \int \dfrac{1 - \cos^2 x}{\cos^2 x} \, dx$

$\sin^2 x + \cos^2 x = 1$ より
$\sin^2 x = 1 - \cos^2 x$

$= \int \left(\dfrac{1}{\cos^2 x} - \dfrac{\cos^2 x}{\cos^2 x}\right) dx$

2つの分数に分けました！

$= \int \left(\dfrac{1}{\cos^2 x} - 1\right) dx$

$= \boldsymbol{\tan x - x + C}$ …(答)

(ただし C は積分定数)

公式その5 です！
この場合 p.315 の 公式その5 のまんまですが…

(4) $\int \dfrac{3xe^{5x} + 4}{2x} \, dx$

見かけ倒しだよ！

$= \int \left(\dfrac{3xe^{5x}}{2x} + \dfrac{4}{2x}\right) dx$

2つの分数に分けた！

$\dfrac{4}{2x} = \dfrac{2}{x} = 2 \cdot \dfrac{1}{x} \left(= 2x^{-1}\right)$

$= \int \left(\dfrac{3}{2} e^{5x} + 2 \cdot \dfrac{1}{x}\right) dx$
       $\underset{a}{\frown}$

おーっ!! こっ、これは…
モロに公式が使える!!

$= \dfrac{3}{2} \times \dfrac{1}{5} e^{5x} + 2 \times \log|x| + C$

公式その6 より
$\dfrac{1}{a}\boxed{\dfrac{1}{5}} \times e^{5x}$

$= \boldsymbol{\dfrac{3}{10} e^{5x} + 2\log|x| + C}$ …(答)

(ただし C は積分定数)

公式その2 というより
モロに 公式その2 です！
$\int \dfrac{1}{x} dx = \log|x| + C$

$\dfrac{1}{x} = x^{-1}$

では，恒例の定積分もやっておきますかぁーっ！

問題 33-4 　基礎

次の定積分を求めよ。

(1) $\int_{-\frac{\pi}{12}}^{\frac{\pi}{6}} \cos\left(2x + \frac{\pi}{3}\right) dx$

(2) $\int_{\frac{1}{3}}^{1} (e^{3x-1} + 5) dx$

ナイスな導入!!

不定積分がしっかり計算できれば定積分も楽勝です！
いきなりまいりまっせ ♥

えーっ！！ 導入になってないよ〜っ！

解答でござる

(1) $\int_{-\frac{\pi}{12}}^{\frac{\pi}{6}} \cos(2x + \frac{\pi}{3}) dx$

その4
$\int \cos(ax+b)\,dx = \frac{1}{a}\sin(ax+b) + C$

$= \left[\dfrac{1}{2} \sin\left(2x + \dfrac{\pi}{3}\right) \right]_{-\frac{\pi}{12}}^{\frac{\pi}{6}}$

$\dfrac{1}{a}$

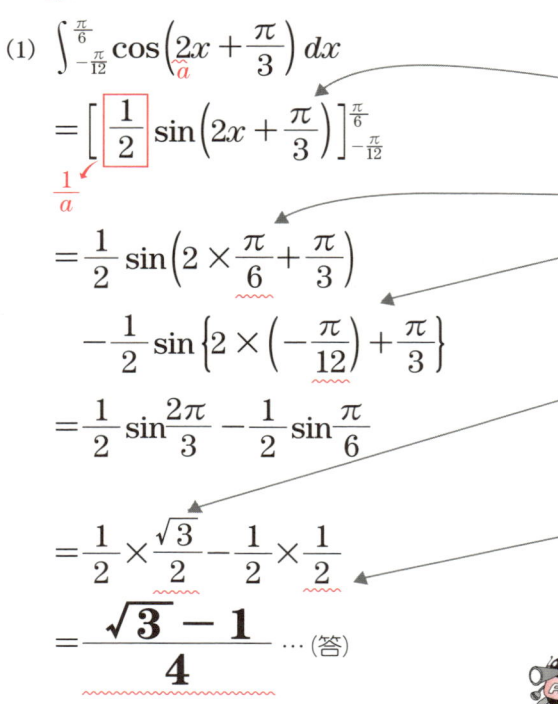

上の数字 $\dfrac{\pi}{6}$ を代入したものと
下の数字 $-\dfrac{\pi}{12}$ を代入したもの
との差を計算する！

$= \dfrac{1}{2} \sin\left(2 \times \dfrac{\pi}{6} + \dfrac{\pi}{3}\right)$

$\quad - \dfrac{1}{2} \sin\left\{2 \times \left(-\dfrac{\pi}{12}\right) + \dfrac{\pi}{3}\right\}$

$= \dfrac{1}{2} \sin\dfrac{2\pi}{3} - \dfrac{1}{2} \sin\dfrac{\pi}{6}$

$\sin\dfrac{2\pi}{3} = \dfrac{\sqrt{3}}{2}$

$\dfrac{2\pi}{3} = \dfrac{2}{3} \times 180° = 120°$ です！

$= \dfrac{1}{2} \times \dfrac{\sqrt{3}}{2} - \dfrac{1}{2} \times \dfrac{1}{2}$

$\sin\dfrac{\pi}{6} = \dfrac{1}{2}$

$\dfrac{\pi}{6} = \dfrac{1}{6} \times 180° = 30°$ です！

$= \dfrac{\sqrt{3} - 1}{4}$ …(答)

$\pi = 180°$ ですョ !!!

(2) $\int_{\frac{1}{3}}^{1} (e^{3x-1} + 5)\,dx$

$= \left[\dfrac{1}{3} e^{3x-1} + 5x \right]_{\frac{1}{3}}^{1}$

$= \dfrac{1}{3} e^{3\times 1 - 1} + 5 \times 1 - \left(\dfrac{1}{3} e^{3 \times \frac{1}{3} - 1} + 5 \times \dfrac{1}{3} \right)$

$= \dfrac{1}{3} e^2 + 5 - \left(\dfrac{1}{3} e^0 + \dfrac{5}{3} \right)$

$= \dfrac{1}{3} e^2 + 5 - \left(\dfrac{1}{3} + \dfrac{5}{3} \right)$

$= \dfrac{1}{3} e^2 + 5 - 2$

$= \dfrac{1}{3} e^2 + 3$ …(答)

$\int e^{ax+b} dx = \dfrac{1}{a} e^{ax+b} + C$

上の数字 1 を代入したものと下の数字 $\dfrac{1}{3}$ を代入したものとの差を計算する！

$e^0 = 1$ です!!

通分して $\dfrac{e^2 + 9}{3}$ としてもOK!!

一歩ずつ確実に進んで行こうね

Theme 34 基本操作 part I 分数式をいじれ!!

問題 33-3 で，公式の使えるカタチへの半ば強引な変形を学びましたね！タイプ的には，似た課題なんですが……

問題 34-1 基礎

次の不定積分を求めよ。

(1) $\displaystyle\int \dfrac{1}{(x+2)(x+5)}\,dx$

(2) $\displaystyle\int \dfrac{1}{4x^2-1}\,dx$

ナイスな導入!!

一般的に…

$$\dfrac{1}{\heartsuit(\heartsuit+d)} = \dfrac{1}{d}\left(\dfrac{1}{\heartsuit} - \dfrac{1}{\heartsuit+d}\right) \quad 速技!!$$

が成立します!!

証明してみましょうか？

右辺 👉 $\dfrac{1}{d}\left(\dfrac{1}{\heartsuit} - \dfrac{1}{\heartsuit+d}\right)$ 〔通分します！〕

$= \dfrac{1}{d} \times \left\{\dfrac{\heartsuit+d}{\heartsuit(\heartsuit+d)} - \dfrac{\heartsuit}{\heartsuit(\heartsuit+d)}\right\}$

$= \dfrac{1}{d} \times \dfrac{d}{\heartsuit(\heartsuit+d)}$ 〔分子の計算は $\heartsuit+d-\heartsuit=d$〕

$= \dfrac{1}{\heartsuit(\heartsuit+d)}$ 👉 左辺

〔d で約分しました！〕

ホラ!! うまくいってますね ♥

で!! この変形を活用すると…

(1) では, $\displaystyle\int \frac{1}{(x+2)(x+5)}dx$

$\dfrac{1}{(x+2)(x+5)}$ 　$d=3$ がポイント!!

$= \displaystyle\int \frac{1}{(x+2)(x+2+3)}dx$

$\underbrace{(x+2)}_{☺}\underbrace{(x+2}_{☺}+\underbrace{3}_{\tilde{d}})$

$\dfrac{1}{☺(☺+d)} = \dfrac{1}{d}\left(\dfrac{1}{☺} - \dfrac{1}{☺+d}\right)$

このような行為を"部分分数に分ける!"と申します!

$= \displaystyle\int \underbrace{\frac{1}{3}}_{\frac{1}{d}}\left(\frac{1}{\underbrace{x+2}_{☺}} - \frac{1}{\underbrace{x+5}_{☺+d}}\right)dx$

$= \displaystyle\int \frac{1}{3}\cdot\frac{1}{x+2}dx - \int\frac{1}{3}\cdot\frac{1}{x+5}dx$

この変形がカキってことか…

$= \dfrac{1}{3}\displaystyle\int\frac{1}{x+2}dx - \frac{1}{3}\int\frac{1}{x+5}dx$

お――っと!! こいつらは **NEW 従その2** だぁ――っ!!

(2) でも, $\displaystyle\int\frac{1}{4x^2-1}dx$

$4x^2-1 = (2x)^2 - 1^2 = (2x+1)(2x-1)$

$= \displaystyle\int\frac{1}{(2x-1)(2x+1)}dx$

小さい方 $2x-1$ を前に置くとこがミソ!

$= \displaystyle\int\frac{1}{(2x-1)(2x-1+2)}dx$

$\underbrace{(2x-1)}_{☺}\underbrace{(2x-1}_{☺}+\underbrace{2}_{\tilde{d}})$

$\dfrac{1}{☺(☺+d)} = \dfrac{1}{d}\left(\dfrac{1}{☺} - \dfrac{1}{☺+d}\right)$

このような行為を"部分分数に分ける!"と申します!

$= \displaystyle\int \underbrace{\frac{1}{2}}_{\frac{1}{d}}\left(\frac{1}{\underbrace{2x-1}_{☺}} - \frac{1}{\underbrace{2x+1}_{☺+d}}\right)dx$

$= \displaystyle\int\frac{1}{2}\cdot\frac{1}{2x-1}dx - \int\frac{1}{2}\cdot\frac{1}{2x+1}dx$

$= \dfrac{1}{2}\displaystyle\int\frac{1}{2x-1}dx - \frac{1}{2}\int\frac{1}{2x+1}dx$

お――っと!! またまた **NEW 従その2** の登場だぁ――っ!!

いずれにせよ……

NEW 掟その2

$$\int (ax+b)^{-1}dx = \int \frac{1}{ax+b}dx = \frac{1}{a}\log|ax+b|+C$$

が大活躍をしまーす!!

解答でござる

(1) $\int \dfrac{1}{(x+2)(x+5)}dx$

$= \int \left\{\dfrac{1}{3}\left(\dfrac{1}{x+2}-\dfrac{1}{x+5}\right)\right\}dx$

ここがそろっているのがミソ！

$= \dfrac{1}{3}\int \dfrac{1}{x+2}dx - \dfrac{1}{3}\int \dfrac{1}{x+5}dx$

$= \dfrac{1}{3}\log|x+2| - \dfrac{1}{3}\log|x+5| + C$ …(答)

（ただし C は積分定数）

$= \dfrac{1}{3}(\log|x+2|-\log|x+5|) + C$

$= \dfrac{1}{3}\log\dfrac{|x+2|}{|x+5|} + C$

$= \dfrac{1}{3}\log\left|\dfrac{x+2}{x+5}\right| + C$ …(答)

（ただし C は積分定数）

ぶっちゃけ！ イメージは…

$\dfrac{1}{\text{①}\times\text{⑦}} = \dfrac{1}{\text{差}}\left(\dfrac{1}{\text{①}}-\dfrac{1}{\text{⑦}}\right)$

$\dfrac{1}{(x+2)(x+5)}$

$= \dfrac{1}{3}\left(\dfrac{1}{x+2}-\dfrac{1}{x+5}\right)$

$x+5$ と $x+2$ の差は 3 !!

その2
$\int\frac{1}{ax+b}dx=\frac{1}{a}\log|ax+b|+C$

この場合 $a=1$ です!!

$\dfrac{1}{3}$ でくくる！

基本公式
$\log_a M - \log_a N = \log_a \dfrac{M}{N}$

p.588 ナイスフォロー その6
参照！

$\dfrac{|A|}{|B|} = \left|\dfrac{A}{B}\right|$ です！

この答もOK!!
（私的には、こっちの方が好き♥）

(2) $\int \dfrac{1}{4x^2-1}dx$

$= \int \dfrac{1}{(2x-1)(2x+1)}dx$

ここがそろっているのがミソ！

$4x^2-1$
$=(2x)^2-1^2$
$=(2x-1)(2x+1)$

Theme 34 分数式をいじれ!! 341

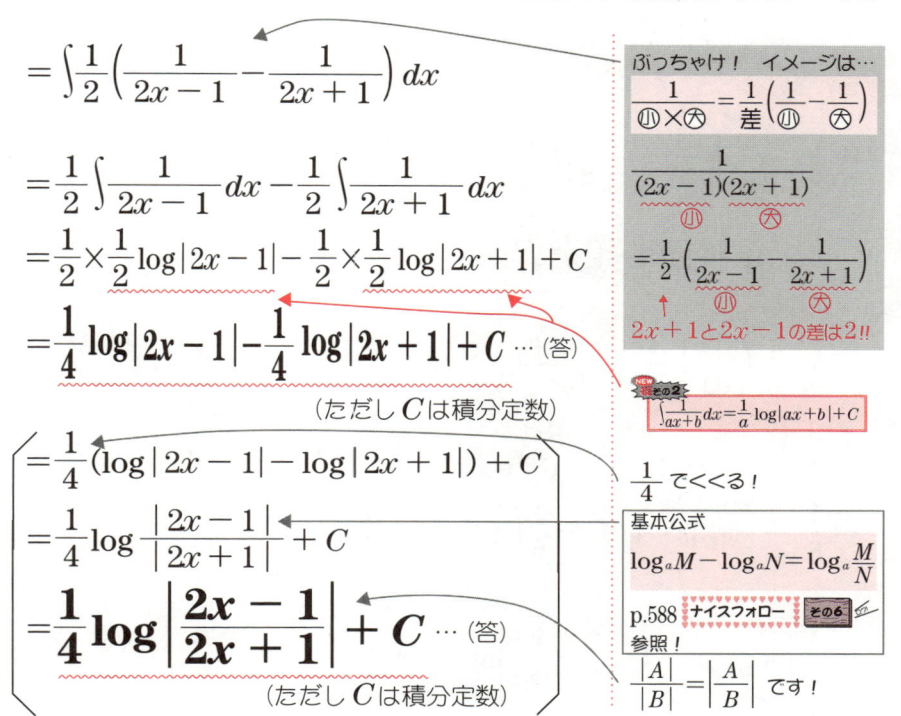

$$= \int \frac{1}{2}\left(\frac{1}{2x-1} - \frac{1}{2x+1}\right)dx$$

$$= \frac{1}{2}\int \frac{1}{2x-1}dx - \frac{1}{2}\int \frac{1}{2x+1}dx$$

$$= \frac{1}{2}\times\frac{1}{2}\log|2x-1| - \frac{1}{2}\times\frac{1}{2}\log|2x+1| + C$$

$$= \frac{1}{4}\log|2x-1| - \frac{1}{4}\log|2x+1| + C \cdots (答)$$

（ただし C は積分定数）

$$\begin{cases} = \frac{1}{4}(\log|2x-1| - \log|2x+1|) + C \\ = \frac{1}{4}\log\frac{|2x-1|}{|2x+1|} + C \\ = \frac{1}{4}\log\left|\frac{2x-1}{2x+1}\right| + C \cdots (答) \end{cases}$$

（ただし C は積分定数）

ぶっちゃけ！ イメージは…
$$\frac{1}{\text{小}\times\text{大}} = \frac{1}{\text{差}}\left(\frac{1}{\text{小}} - \frac{1}{\text{大}}\right)$$

$$\frac{1}{(2x-1)(2x+1)}$$
　　　小　　大
$$= \frac{1}{2}\left(\frac{1}{2x-1} - \frac{1}{2x+1}\right)$$
　　　　　小　　　大
$2x+1$ と $2x-1$ の差は2!!

その2
$$\int \frac{1}{ax+b}dx = \frac{1}{a}\log|ax+b| + C$$

$\frac{1}{4}$ でくくる！

基本公式
$$\log_a M - \log_a N = \log_a \frac{M}{N}$$
p.588 ナイスフォロー その6
参照！
$\frac{|A|}{|B|} = \left|\frac{A}{B}\right|$ です！

では，定積分バージョンを……

問題 34-2　　　　　　　　　　　　　　　　　　　　基礎

次の定積分を求めよ．

(1) $\displaystyle\int_1^3 \frac{1}{9x^2+12x-5}dx$

(2) $\displaystyle\int_{-7}^{-5} \frac{2}{(x+1)(x+4)}dx$

ナイスな導入!!

(1) "分母が因数分解できるのでは？" と疑ってみるクセをつけておきましょう！　まぁ，実際できるのですが……

(2) (1)でもそうですが……　　　p.338 参照

速技!!　$\dfrac{1}{☺(☺+d)} = \dfrac{1}{d}\left(\dfrac{1}{☺} - \dfrac{1}{☺+d}\right)$ がポイントです！

解答でござる

(1) $\displaystyle\int_1^3 \frac{1}{9x^2+12x-5}\,dx$

$\displaystyle = \int_1^3 \frac{1}{(3x-1)(3x+5)}\,dx$

ここがそろっているのがミソ！

$\displaystyle = \int_1^3 \frac{1}{6}\left(\frac{1}{3x-1} - \frac{1}{3x+5}\right)dx$

$\displaystyle = \frac{1}{6}\int_1^3 \frac{1}{3x-1}\,dx - \frac{1}{6}\int_1^3 \frac{1}{3x+5}\,dx$

$\displaystyle = \frac{1}{6}\left[\frac{1}{3}\log|3x-1|\right]_1^3 - \frac{1}{6}\left[\frac{1}{3}\log|3x+5|\right]_1^3$

$\displaystyle = \frac{1}{18}\Big[\log|3x-1|\Big]_1^3 - \frac{1}{18}\Big[\log|3x+5|\Big]_1^3$

$\displaystyle = \frac{1}{18}\{\log|3\times3-1| - \log|3\times1-1|\}$

$\displaystyle \quad - \frac{1}{18}\{\log|3\times3+5| - \log|3\times1+5|\}$

$\displaystyle = \frac{1}{18}(\log 8 - \log 2) - \frac{1}{18}(\log 14 - \log 8)$

$\displaystyle = \frac{1}{18}(\log 8 - \log 2 - \log 14 + \log 8)$

$\displaystyle = \frac{1}{18}\log\frac{8\times 8}{2\times 14}$

$\displaystyle = \frac{1}{18}\log\frac{16}{7}$ … (答)

タスキガケ！

$\begin{matrix} 3 & & -1 & = -3 \\ & \times & & \\ 3 & & 5 & = \underline{15} \;(+ \\ & & & 12 \end{matrix}$

$\displaystyle \frac{1}{(3x-1)(3x+5)}$
$\displaystyle = \frac{1}{(3x-1)(3x-1+\boxed{6})}$
$\displaystyle = \frac{1}{\boxed{6}}\left(\frac{1}{3x-1} - \frac{1}{3x+5}\right)$

ぶっちゃけ！

$\displaystyle \frac{1}{\text{⑪}\times\text{㊁}} = \frac{1}{\text{差}}\left(\frac{1}{\text{⑪}} - \frac{1}{\text{㊁}}\right)$

です！

とりあえず分けて表記しました！

その2
$\displaystyle \int\frac{1}{ax+b}\,dx = \frac{1}{a}\log|ax+b|+C$

ん…!?

$|8|=8$
$|2|=2$
$|14|=14$
$|8|=8$

すべてアタリマエ…

基本公式
$\log_a M + \log_a N = \log_a MN$
$\log_a M - \log_a N = \log_a \dfrac{M}{N}$

p.588 ナイスフォロー その6
参照！
$\log 8 - \log 2 - \log 14 + \log 8$
$= \log 8 + \log 8 - \log 2 - \log 14$
$= \log 8 + \log 8 - (\log 2 + \log 14)$
$= \log(8\times 8) - \log(2\times 14)$
$= \log\dfrac{8\times 8}{2\times 14}$

(2) $\displaystyle\int_{-7}^{-5} \frac{2}{(x+1)(x+4)} dx$

ここがそろっているのがミソ！

$= \displaystyle\int_{-7}^{-5} 2 \times \frac{1}{(x+1)(x+4)} dx$

$= \displaystyle\int_{-7}^{-5} 2 \times \frac{1}{3}\left(\frac{1}{x+1} - \frac{1}{x+4}\right) dx$

$= \displaystyle\frac{2}{3}\int_{-7}^{-5} \frac{1}{x+1} dx - \frac{2}{3}\int_{-7}^{-5} \frac{1}{x+4} dx$

$= \displaystyle\frac{2}{3}\Big[\log|x+1|\Big]_{-7}^{-5} - \frac{2}{3}\Big[\log|x+4|\Big]_{-7}^{-5}$

$= \displaystyle\frac{2}{3}\{\log|-5+1| - \log|-7+1|\}$
$\quad - \displaystyle\frac{2}{3}\{\log|-5+4| - \log|-7+4|\}$

$= \displaystyle\frac{2}{3}(\log 4 - \log 6) - \frac{2}{3}(\log 1 - \log 3)$

$= \displaystyle\frac{2}{3}(\log 4 - \log 6 + \log 3)$

$= \displaystyle\frac{2}{3}\log\frac{4\times 3}{6}$

$= \displaystyle\mathbf{\frac{2}{3}\log 2}$ …(答)

ちょっとばかりレベルを上げまっせ ♥

2は，外に出しとく！

$\dfrac{1}{(x+1)(x+4)}$
$= \dfrac{1}{(x+1)(x+1+\boxed{3})}$
$= \dfrac{1}{\boxed{3}}\left(\dfrac{1}{x+1} - \dfrac{1}{x+4}\right)$

ぶっちゃけ！
$\dfrac{1}{①\times ⑦} = \dfrac{1}{差}\left(\dfrac{1}{①} - \dfrac{1}{⑦}\right)$

その2 $\displaystyle\int\frac{1}{ax+b}dx = \frac{1}{a}\log|ax+b| + C$

この場合 $a=1$ です！！

そりゃあ
アタリマエだね！！

$|-4|=4$
$|-6|=6$
$|-1|=1$
$|-3|=3$

$\log 1 = 0$ でっせ！

基本公式
$\log_a M + \log_a N = \log_a MN$
$\log_a M - \log_a N = \log_a \dfrac{M}{N}$

p.588 ナイスフォロー その6
参照！！

問題 34-3 標準

次の不定積分を求めよ。

(1) $\displaystyle\int \frac{7x+11}{2x^2+7x+6} dx$

(2) $\displaystyle\int \frac{x^2+10x+13}{(x+1)(x+2)(x+3)} dx$

(3) $\displaystyle\int \frac{1}{2x^2-7x+6} dx$

ナイスな導入!!

問題**34-1** & 問題**34-2** に似てますが、ちょっと違いますね。
それは，分子に x があるということです！

> 問題**34-1** & 問題**34-2**
> の分子は定数でした！

しかーし!! 方針は、まったく同じです！

(1)では、$\dfrac{7x+11}{2x^2+7x+6}$

> 分子が x の式になってる!!
> とりあえず分母は因数分解できる!!

$= \dfrac{7x+11}{(x+2)(2x+3)}$

> タスキがけ！
> $\begin{matrix} 1 & & 2=4 \\ 2 & \diagup & 3=3 \end{matrix}$(+)
> $\overline{7}$

こんなときどうする!?

> 問題**34-1** & 問題**34-2**
> のようにはうまくいかない！

$$\dfrac{7x+11}{(x+2)(2x+3)} = \dfrac{A}{x+2} + \dfrac{B}{2x+3}$$

てな具合に分子を A, B とおいてみよう！

このとき!!

> 通分しました！

右辺 $= \dfrac{A(2x+3)}{(x+2)(2x+3)} + \dfrac{B(x+2)}{(x+2)(2x+3)}$

$= \dfrac{(2A+B)x + 3A+2B}{(x+2)(2x+3)}$

> 分子を計算!!
> $A(2x+3)+B(x+2)$
> $=2Ax+3A+Bx+2B$ より

これが左辺の $\dfrac{7x+11}{(x+2)(2x+3)}$ と一致するから、分子に注目して…

$\begin{cases} 2A+B = 7 & \cdots\cdots ① \\ 3A+2B = 11 & \cdots\cdots ② \end{cases}$

> 右辺の分子… $(2A+B)x + 3A+2B$
> 左辺の分子… $7x + 11$
> 恒等式の考えです!!

①，② より
$A = 3$, $B = 1$

> ①×2 − ② より
> ①×2 → $4A+2B = 14$
> ② → $3A+2B = 11$ (−
> $ A = 3$
> ①から $2 \times 3 + B = 7$
> ∴ $B = 1$

つまーり!!

$$\dfrac{7x+11}{(x+2)(2x+3)} = \dfrac{\overset{A}{3}}{x+2} + \dfrac{\overset{B}{1}}{2x+3}$$ と変形できた！！

Theme 34 分数式をいじれ!!

仕上げは解答にて…

(2)では $\dfrac{x^2+10x+13}{(x+1)(x+2)(x+3)}$

おーっと!!
分母がトリプル!!

この変形が
大切ってことか…

こんなときどうする!?

$$\dfrac{x^2+10x+13}{(x+1)(x+2)(x+3)} = \dfrac{A}{x+1}+\dfrac{B}{x+2}+\dfrac{C}{x+3}$$

てな具合に3つに分ければいいやん!

このとき!!

通分しました!!

右辺 $= \dfrac{A(x+2)(x+3)}{(x+1)(x+2)(x+3)} + \dfrac{B(x+1)(x+3)}{(x+1)(x+2)(x+3)}$

$\qquad + \dfrac{C(x+1)(x+2)}{(x+1)(x+2)(x+3)}$

分子をまとめたョ!

$= \dfrac{A(x^2+5x+6)+B(x^2+4x+3)+C(x^2+3x+2)}{(x+1)(x+2)(x+3)}$

$= \dfrac{(A+B+C)x^2+(5A+4B+3C)x+6A+3B+2C}{(x+1)(x+2)(x+3)}$

これが左辺の $\dfrac{x^2+10x+13}{(x+1)(x+2)(x+3)}$ と一致するから,分子に注目して…

$\begin{cases} A+B+C=1 &\cdots ① \\ 5A+4B+3C=10 &\cdots ② \\ 6A+3B+2C=13 &\cdots ③ \end{cases}$

右辺の分子
➡ $(A+B+C)x^2+(5A+4B+3C)x+6A+3B+2C$

左辺の分子 ➡ $1x^2+10\,x+13$

では,解きましょう!!

①×5−②より

$5A+5B+5C=5$ ←①×5
$\underline{-)\ 5A+4B+3C=10}$ ←②
$B+2C=-5 \quad \cdots ④$

しっかり解こうね♥

①×6－③より

$$6A + 6B + 6C = 6 \quad \leftarrow ①×6$$
$$-\underline{)\ 6A + 3B + 2C = 13} \quad \leftarrow ③$$
$$3B + 4C = -7 \quad \cdots\cdots ⑤$$

④×3－⑤より

$$3B + 6C = -15 \quad \leftarrow ④×3$$
$$-\underline{)\ 3B + 4C = -7} \quad \leftarrow ⑤$$
$$2C = -8$$
$$\therefore C = -4$$

④から $B + 2 \times (-4) = -5 \quad \therefore B = 3$

①から $A + \underset{B}{3} - \underset{C}{4} = 1 \quad \therefore A = 2$

> 連立方程式を解くわけかぁ…

つま――り!!

> $A = 2, B = 3, C = -4$ より

$$\frac{x^2 + 10x + 13}{(x+1)(x+2)(x+3)} = \frac{\boxed{2}}{x+1} + \frac{\boxed{3}}{x+2} + \frac{\boxed{-4}}{x+3}$$
$$\overset{A}{} \quad \overset{B}{} \quad \overset{C}{}$$

と変形できた!!

ここまで来れば楽勝です! つづきは,解答にて……

(3) では, $\displaystyle\int \frac{1}{2x^2 - 7x + 6} dx$

$\displaystyle\int \frac{1}{(x-2)(2x-3)} dx$

> おーっ!
> 分子が定数だぁ!!
> ここは…
> 問題34-1 & 問題34-2 のタイプ?

> タスキがけ!
> $\begin{array}{c} 1 \\ 2 \end{array} \times \begin{array}{c} -2 = -4 \\ -3 = -3 \end{array} (+)$
> $\overline{ -7}$

えーっ!! ここがそろってないぞ～っ

そーです!! 問題34-1 & 問題34-2 の 速技 が使えるときは,

$$\frac{r}{(px+q)(px+s)}$$

のように x のところが同じ場合です!

そろっている!!

Theme 34 分数式をいじれ !!

(1)と同様に

$$\frac{1}{(x-2)(2x-3)} = \frac{A}{x-2} + \frac{B}{2x-3}$$

てな具合に，けなげに生きていくしかありません…。

このとき !!　　　　　　　　　　　　　　　　　　　　通分しました！

右辺 $= \dfrac{A(2x-3)}{(x-2)(2x-3)} + \dfrac{B(x-2)}{(x-2)(2x-3)}$

$= \dfrac{(2A+B)x - 3A - 2B}{(x-2)(2x-3)}$

これが左辺の $\dfrac{1}{(x-2)(2x-3)}$ と一致するから，分子に注目して…

$\begin{cases} 2A + B = 0 & \cdots\cdots① \\ -3A - 2B = 1 & \cdots\cdots② \end{cases}$

右辺の分子 ➡ $(2A+B)x - 3A - 2B$
左辺の分子 ➡ $1 \to 0x + 1$
xの係数は0と考える！

①，②より
$A = 1$，$B = -2$

フォーッ!!

$$\frac{1}{(x-2)(2x-3)} = \frac{1}{x-2} + \frac{-2}{2x-3}$$

と変形できる !!

仕上げは解答でね ♥

解答でござる

(1) $\displaystyle\int \frac{7x+11}{2x^2 + 7x + 6} dx$

分子に x があるので見た瞬間，問題34-1 や 問題34-2 と違って p.338 の「速技」は使えないことがわかる！

$$= \int \frac{7x+11}{(x+2)(2x+3)}dx$$

$$= \int \left(\frac{3}{x+2} + \frac{1}{2x+3}\right)dx$$

$$= 3\int \frac{1}{x+2}dx + \int \frac{1}{2x+3}dx$$

$$= 3\log|x+2| + \frac{1}{2}\log|2x+3| + C \cdots \text{(答)}$$

（ただし C は積分定数）

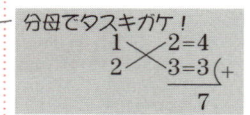

分母でタスキガケ！
1 ＼ 2 = 4
2 ／ 3 = 3 (+
　　　　7

この変形は ナイスな導入!! を参照せよ！
とりあえず分けてみました！

$\int \frac{1}{ax+b}dx = \frac{1}{a}\log|ax+b| + C$

(2) $\int \frac{x^2+10x+13}{(x+1)(x+2)(x+3)}dx$

$$= \int \left(\frac{2}{x+1} + \frac{3}{x+2} + \frac{-4}{x+3}\right)dx$$

$$= 2\int \frac{1}{x+1}dx + 3\int \frac{1}{x+2}dx - 4\int \frac{1}{x+3}dx$$

$$= 2\log|x+1| + 3\log|x+2| - 4\log|x+3| + C \cdots \text{(答)}$$

（ただし C は積分定数）

この変形は ナイスな導入!! を参照せよ！

とりあえず分けたヨ！

$\int \frac{1}{ax+b}dx = \frac{1}{a}\log|ax+b| + C$
この場合 $a=1$ です！

(3) $\int \frac{1}{2x^2-7x+6}dx$

$$= \int \frac{1}{(x-2)(2x-3)}dx$$

$$= \int \left(\frac{1}{x-2} + \frac{-2}{2x-3}\right)dx$$

$$= \int \frac{1}{x-2}dx - 2\int \frac{1}{2x-3}dx$$

$$= \log|x-2| - 2 \times \frac{1}{2}\log|2x-3| + C$$

分母を因数分解しよう！

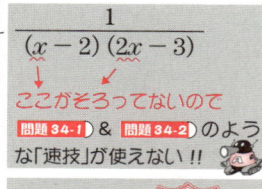

$\frac{1}{(x-2)(2x-3)}$
ここがそろってないので
問題34-1 & 問題34-2 のような「速技」が使えない!!

この変形は ナイスな導入!! を参照せよ！
とりあえず分けました！

$\int \frac{1}{ax+b}dx = \frac{1}{a}\log|ax+b| + C$

Theme 34 分数式をいじれ!! 349

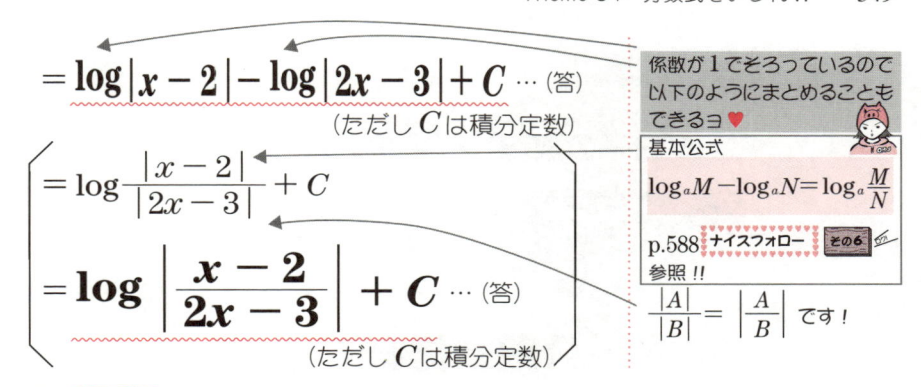

$$= \log|x-2| - \log|2x-3| + C \quad \cdots \text{(答)}$$
(ただし C は積分定数)

$$\begin{cases} = \log\dfrac{|x-2|}{|2x-3|} + C \\ \\ = \log\left|\dfrac{x-2}{2x-3}\right| + C \quad \cdots \text{(答)} \end{cases}$$
(ただし C は積分定数)

> 係数が1でそろっているので以下のようにまとめることもできるョ♥
>
> **基本公式**
> $$\log_a M - \log_a N = \log_a \dfrac{M}{N}$$
>
> p.588 ナイスフォロー その6
> 参照!!
>
> $\dfrac{|A|}{|B|} = \left|\dfrac{A}{B}\right|$ です！

ちょっと言わせて

どうしても 問題34-1 & 問題34-2 の 速技 を使うには

$$(x-2) \times 2\left(x - \dfrac{3}{2}\right)$$

↑そろった↑

とすればいいョ！　こうすれば

$$\dfrac{1}{(x-2)(2x-3)} = \dfrac{1}{2} \cdot \dfrac{1}{(x-2)\left(x-\dfrac{3}{2}\right)}$$

$$= \dfrac{1}{2} \cdot \dfrac{1}{\dfrac{1}{2}}\left(\dfrac{1}{x-2} - \dfrac{1}{x-\dfrac{3}{2}}\right) = \dfrac{1}{x-2} - \dfrac{1}{\dfrac{2x-3}{2}}$$

$$= \dfrac{1}{x-2} - \dfrac{2}{2x-3}$$

となり，同じ分解になるネ！

問題34-1 ～ 問題34-2 は，（分子の次数）<（分母の次数）だったんですが，そうでない場合は，どうなるんでしょうか？

問題 34-4　標準

次の不定積分もしくは，定積分を求めよ。

(1) $\displaystyle\int \dfrac{2x^2 - x - 3}{x - 2} dx$

(2) $\displaystyle\int_0^1 \dfrac{3x^2 - 5x + 2}{3x + 1} dx$

ナイスな導入!!

今までと違って (分子の次数) > (分母の次数) となってますね！

こんなときどうする!?

ズバリ!! **整式＋分数式に直す!** ことがポイント!!

思い出そう！

$$\frac{17}{3} = 5 + \frac{2}{3}$$

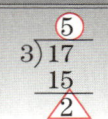

$$3\overline{)17} \quad \frac{5}{15} \quad \frac{}{2}$$

ん…!?

(1) では, $\dfrac{2x^2 - x - 3}{x-2}$

$= 2x + 3 + \dfrac{3}{x-2}$

$$\begin{array}{r} 2x + 3 \\ x-2 \overline{)2x^2 - x - 3} \\ 2x^2 - 4x \\ \hline 3x - 3 \\ 3x - 6 \\ \hline 3 \end{array}$$

おーっと!! これならできそうだ!!

(2) では, $\dfrac{3x^2 - 5x + 1}{3x + 1}$

$= x - 2 + \dfrac{4}{3x+1}$

$$\begin{array}{r} x - 2 \\ 3x+1 \overline{)3x^2 - 5x + 2} \\ 3x^2 + x \\ \hline -6x + 2 \\ -6x - 2 \\ \hline 4 \end{array}$$

おーっ!! こうなれば楽勝ムード♥

解答でござる

(1) $\displaystyle\int \frac{2x^2 - x - 3}{x - 2} dx$ ← (分子の次数)＞(分母の次数) です！

$$= \int \left(2x + 3 + \frac{3}{x-2}\right) dx$$

$$= 2\int x\,dx + \int 3\,dx + 3\int \frac{1}{x-2}\,dx$$

$$= 2 \times \frac{1}{2}x^2 + 3x + 3\log|x-2| + C$$

$$= \boldsymbol{x^2 + 3x + 3\log|x-2| + C} \quad \cdots \text{(答)}$$

（ただし C は積分定数）

この変形については、**ナイスな導入!!** を参照せよ！

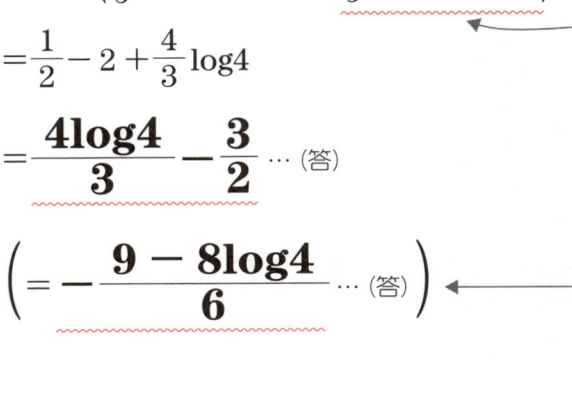

とりあえず分けて表現しましたが、わざわざ書く必要はありませんョ♥

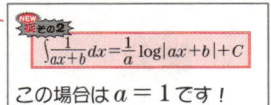

その2
$\int \frac{1}{ax+b}dx = \frac{1}{a}\log|ax+b| + C$

この場合は $a = 1$ です！

(2) $\displaystyle\int_0^1 \frac{3x^2 - 5x + 2}{3x+1}\,dx$

$$= \int_0^1 \left(x - 2 + \frac{4}{3x+1}\right) dx$$

$$= \int_0^1 x\,dx - \int_0^1 2\,dx + 4\int_0^1 \frac{1}{3x+1}\,dx$$

$$= \left[\frac{1}{2}x^2\right]_0^1 - \left[2x\right]_0^1 + 4\left[\frac{1}{3}\log|3x+1|\right]_0^1$$

$$= \frac{1}{2} \times 1^2 - \frac{1}{2} \times 0^2 - (2 \times 1 - 2 \times 0)$$

$$\quad + 4\left(\frac{1}{3}\log|3 \times 1 + 1| - \frac{1}{3}\log|3 \times 0 + 1|\right)$$

$$= \frac{1}{2} - 2 + \frac{4}{3}\log 4$$

$$= \boldsymbol{\frac{4\log 4}{3} - \frac{3}{2}} \quad \cdots \text{(答)}$$

$$\left(= -\boldsymbol{\frac{9 - 8\log 4}{6}} \quad \cdots \text{(答)}\right)$$

〈分子の次数〉＞〈分母の次数〉ですョ♥

この変形については **ナイスな導入!!** を参照せよ!!

とりあえず分けて表現しました

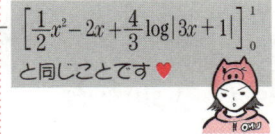

$\left[\frac{1}{2}x^2 - 2x + \frac{4}{3}\log|3x+1|\right]_0^1$ と同じことです♥

$\log|3 \times 0 + 1| = \log 1 = 0$

このように通分して答えてもOKです！

Theme 35 基本操作 part II
三角関数にまつわるよくありがちな変形

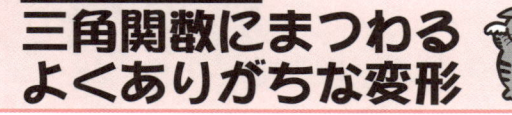

> 三角関数は好きじゃないせ!!

"**積分**"ってヤツは，面倒なヤツでね…。"**微分**"のように単純な公式活用だけでは，済まないんだよね。

> 第2章を見てね♥

例えば $\int \sin^2 x \, dx$ と $\int \sin^3 x \, dx$ では，まったく計算方法が違うんです。

p.434 問題39-5 参照

で，今回は，まず $\int \sin^2 x \, dx$ や $\int \cos^2 x \, dx$ のタイプをガッチリ修得することにしましょう♥

問題 35-1　［基礎］

次の不定積分を求めよ。

(1) $\int \sin^2 x \, dx$

(2) $\int \cos^2 x \, dx$

ナイスな導入!!

$\int \sin^2 x \, dx$ や $\int \cos^2 x \, dx$ は，公式のリストにありませんね!!

> ありそうでないのが悲しい事実…

そこで!! なんとか公式が使える形にしなければならん!!

Theme 35 三角関数にまつわるよくありがちな変形

$\sin\theta$ や $\cos\theta$ にまつわる公式といえば…

NEW その3 $\displaystyle\int \sin(ax+b)\,dx = \frac{1}{a}\{-\cos(ax+b)\} + C$

NEW その4 $\displaystyle\int \cos(ax+b)\,dx = \frac{1}{a}\sin(ax+b) + C$

が思いあたります!!

そーです!! とりあえずこの連中を活用するしかない…。

こんなときどうする!?

p.581 ナイスフォロー その4 の "2倍角の公式" を思い出そう!!
その中で $\cos 2\theta$ のお話なんですが…。

$\cos 2\theta = 1 - 2\sin^2\theta$ ……①
$\cos 2\theta = 2\cos^2\theta - 1$ ……②

①から $1 - 2\sin^2\theta = \cos 2\theta$ 　①の左辺と右辺を入れかえた!
　　　$-2\sin^2\theta = -1 + \cos 2\theta$ 　1を右辺に移してる!
　　　$2\sin^2\theta = 1 - \cos 2\theta$ 　両辺を(-1)倍!!
∴ $\sin^2\theta = \dfrac{1-\cos 2\theta}{2}$

これを活用すれば $\sin^2\theta$ から脱出できる!

②から $2\cos^2\theta - 1 = \cos 2\theta$ 　②の左辺と右辺を入れかえた!
　　　$2\cos^2\theta = 1 + \cos 2\theta$ 　-1を右辺に移してる
∴ $\cos^2\theta = \dfrac{1+\cos 2\theta}{2}$

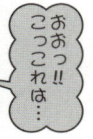

これを活用すれば $\cos^2\theta$ から脱出できる!

で…

覚えておこう!!

$$\sin^2\theta = \frac{1-\cos2\theta}{2} \quad \cdots\cdots ①'$$

$$\cos^2\theta = \frac{1+\cos2\theta}{2} \quad \cdots\cdots ②'$$

この公式は役に立つぞーっ!!

①' を $\theta = x$ として活用すれば

$$\sin^2 x = \frac{1-\cos2x}{2} = \frac{1}{2} - \frac{1}{2}\cos2x$$

おーっ!! NEW 公式その4 が使える!!

②' を $\theta = x$ として活用すれば

$$\cos^2 x = \frac{1+\cos2x}{2} = \frac{1}{2} + \frac{1}{2}\cos2x$$

おーっ!! NEW 公式その4 が使える!!

なるほど…

ね?? ①'，②'って役に立つでしょ～！

前ページの①，②から①'，②'をいちいち導いてもよいのですが，なんせしょっちゅう活用する式ですから，①'，②'ともに覚えておいて損はナイと思いまっせ♥

解答でござる

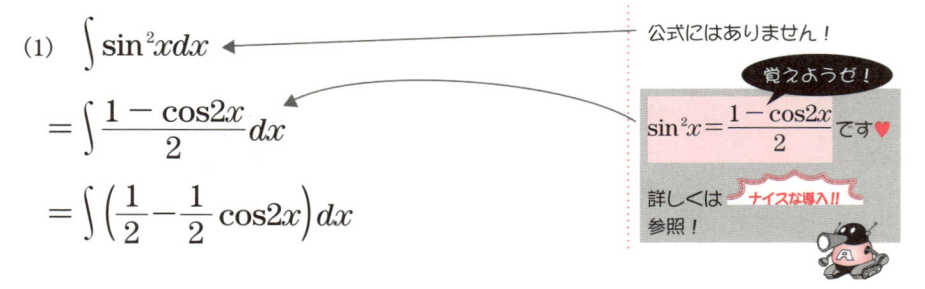

(1) $\displaystyle\int \sin^2 x \, dx$ ← 公式にはありません！

$\displaystyle = \int \frac{1-\cos2x}{2} dx$

$\displaystyle = \int \left(\frac{1}{2} - \frac{1}{2}\cos2x\right) dx$

覚えようぜ！
$\sin^2 x = \dfrac{1-\cos2x}{2}$ です♥
詳しくは ナイスな導入!! 参照！

$$= \int \frac{1}{2} dx - \frac{1}{2} \int \cos 2x \, dx$$

$$= \frac{1}{2}x - \frac{1}{2} \times \frac{1}{2} \sin 2x + C$$

$$= \underline{\underline{\frac{1}{2}x - \frac{1}{4} \sin 2x + C}} \quad \cdots \text{(答)}$$

(ただし C は積分定数)

とりあえず，分けて表現致しました。

p.326
$\int \cos(ax+b) \, dx = \frac{1}{a} \sin(ax+b) + C$

この場合 $a=2$, $b=0$ です！

(2) $\int \cos^2 x \, dx$

$$= \int \frac{1 + \cos 2x}{2} dx$$

$$= \int \left(\frac{1}{2} + \frac{1}{2} \cos 2x \right) dx$$

$$= \int \frac{1}{2} dx + \frac{1}{2} \int \cos 2x \, dx$$

$$= \frac{1}{2}x + \frac{1}{2} \times \frac{1}{2} \sin 2x + C$$

$$= \underline{\underline{\frac{1}{2}x + \frac{1}{4} \sin 2x + C}} \quad \cdots \text{(答)}$$

(ただし C は積分定数)

こんな公式ありませーん！

覚えようぜ！
$\cos^2 x = \frac{1 + \cos 2x}{2}$ です♥

詳しくは参照！ ナイスな導入!!

分けて表現する必要もないんだけど…
まぁ，とりあえず…

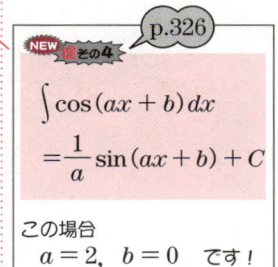

p.326
$\int \cos(ax+b) \, dx = \frac{1}{a} \sin(ax+b) + C$

この場合 $a=2$, $b=0$ です！

気分を変えて定積分で…

問題 35-2 標準

次の定積分を求めよ。

(1) $\displaystyle\int_{-\frac{\pi}{24}}^{\frac{\pi}{12}} \sin^2 2x \, dx$

(2) $\displaystyle\int_{\frac{\pi}{36}}^{\frac{\pi}{18}} \cos^2 3x \, dx$

ナイスな導入!!

もちろん!! p.354 の

$$\sin^2\theta = \frac{1-\cos 2\theta}{2}$$

$$\cos^2\theta = \frac{1+\cos 2\theta}{2}$$

またもやこの公式が大活躍するぞ!!

を活用しまっせ ♥

(1) では $\displaystyle\sin^2 2x = \frac{1-\cos(2\times 2x)}{2}$

$\sin^2\theta = \dfrac{1-\cos 2\theta}{2}$ で, $\theta = 2x$ とした！

$\displaystyle\qquad\qquad = \frac{1-\cos 4x}{2}$

$\displaystyle\qquad\qquad = \frac{1}{2} - \frac{1}{2}\cos 4x$

おーっ!! 公式が使える！

(2) では $\displaystyle\cos^2 3x = \frac{1+\cos(2\times 3x)}{2}$

$\cos^2\theta = \dfrac{1+\cos 2\theta}{2}$ で, $\theta = 3x$ とした！

$\displaystyle\qquad\qquad = \frac{1+\cos 6x}{2}$

$\displaystyle\qquad\qquad = \frac{1}{2} + \frac{1}{2}\cos 6x$

おーっ!! またまた公式が使える！

解答でござる

(1) $\int_{-\frac{\pi}{24}}^{\frac{\pi}{12}} \sin^2 2x \, dx$

$= \int_{-\frac{\pi}{24}}^{\frac{\pi}{12}} \frac{1-\cos 4x}{2} dx$

$= \int_{-\frac{\pi}{24}}^{\frac{\pi}{12}} \left(\frac{1}{2} - \frac{1}{2}\cos 4x\right) dx$

$= \left[\frac{1}{2}x - \frac{1}{2} \times \frac{1}{4}\sin 4x\right]_{-\frac{\pi}{24}}^{\frac{\pi}{12}}$

$= \left[\frac{1}{2}x - \frac{1}{8}\sin 4x\right]_{-\frac{\pi}{24}}^{\frac{\pi}{12}}$

$= \frac{1}{2} \times \frac{\pi}{12} - \frac{1}{8}\sin\left(4 \times \frac{\pi}{12}\right)$
$\quad - \left[\frac{1}{2} \times \left(-\frac{\pi}{24}\right) - \frac{1}{8}\sin\left\{4 \times \left(-\frac{\pi}{24}\right)\right\}\right]$

$= \frac{\pi}{24} - \frac{1}{8}\sin\frac{\pi}{3} + \frac{\pi}{48} + \frac{1}{8}\sin\left(-\frac{\pi}{6}\right)$

$= \frac{\pi}{24} - \frac{1}{8} \times \frac{\sqrt{3}}{2} + \frac{\pi}{48} + \frac{1}{8} \times \left(-\frac{1}{2}\right)$

$= \frac{\pi}{16} - \frac{\sqrt{3}}{16} - \frac{1}{16}$

$= \dfrac{\pi - \sqrt{3} - 1}{16}$ …(答)

$\sin^2\theta = \dfrac{1-\cos 2\theta}{2}$

のお出ましだ!!

$\theta = 2x$ に対応!

詳しくは ナイスな導入!! 参照!!

分けて表現すると
$\int_{-\frac{\pi}{24}}^{\frac{\pi}{12}} \frac{1}{2}dx - \frac{1}{2}\int_{-\frac{\pi}{24}}^{\frac{\pi}{12}}\cos 4x dx$

となりまーす!

NEW 徒その4 p.326

$\int \cos(ax+b)dx$
$= \dfrac{1}{a}\sin(ax+b) + C$

$\dfrac{\pi}{12}$ を代入したものと $-\dfrac{\pi}{24}$ を代入したものとの差を計算する!

しっかり計算してネ♥

$\sin\dfrac{\pi}{3} = \dfrac{\sqrt{3}}{2}$

$\dfrac{\pi}{3} = \dfrac{1}{3} \times 180° = 60°$ です!

$\pi = 180°$ ですヨ!!

$\sin\left(-\dfrac{\pi}{6}\right) = -\dfrac{1}{2}$

$-\dfrac{\pi}{6} = -\dfrac{1}{6} \times 180° = -30°$ です!

$\dfrac{\pi}{24} + \dfrac{\pi}{48} = \dfrac{3\pi}{48} = \dfrac{\pi}{16}$

(2) $\int_{\frac{\pi}{36}}^{\frac{\pi}{18}} \cos^2 3x \, dx$

$= \int_{\frac{\pi}{36}}^{\frac{\pi}{18}} \dfrac{1+\cos 6x}{2} dx$

$= \int_{\frac{\pi}{36}}^{\frac{\pi}{18}} \left(\dfrac{1}{2} + \dfrac{1}{2}\cos 6x\right) dx$

$= \left[\dfrac{1}{2}x + \dfrac{1}{2} \times \dfrac{1}{6}\sin 6x\right]_{\frac{\pi}{36}}^{\frac{\pi}{18}}$

$= \left[\dfrac{1}{2}x + \dfrac{1}{12}\sin 6x\right]_{\frac{\pi}{36}}^{\frac{\pi}{18}}$

$= \dfrac{1}{2} \times \dfrac{\pi}{18} + \dfrac{1}{12}\sin\left(6 \times \dfrac{\pi}{18}\right)$
$\quad - \left\{\dfrac{1}{2} \times \dfrac{\pi}{36} + \dfrac{1}{12}\sin\left(6 \times \dfrac{\pi}{36}\right)\right\}$

$= \dfrac{\pi}{36} + \dfrac{1}{12}\sin\dfrac{\pi}{3} - \dfrac{\pi}{72} - \dfrac{1}{12}\sin\dfrac{\pi}{6}$

$= \dfrac{\pi}{36} + \dfrac{1}{12} \times \dfrac{\sqrt{3}}{2} - \dfrac{\pi}{72} - \dfrac{1}{12} \times \dfrac{1}{2}$

$= \dfrac{\pi}{72} + \dfrac{\sqrt{3}}{24} - \dfrac{1}{24}$

$= \dfrac{\pi + 3\sqrt{3} - 3}{72}$ …(答)

$\cos^2\theta = \dfrac{1+\cos 2\theta}{2}$
のお出ましだ!!
$\theta = 3x$ に対応!
詳しくは ナイスな導入!! にて…

分けて表現すると
$\int_{\frac{\pi}{36}}^{\frac{\pi}{18}} \dfrac{1}{2} dx + \dfrac{1}{2}\int_{\frac{\pi}{36}}^{\frac{\pi}{18}} \cos 6x \, dx$
となります!!

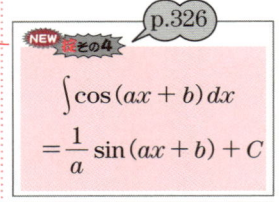

NEW その4　p.326

$\int \cos(ax+b) dx = \dfrac{1}{a}\sin(ax+b) + C$

$\dfrac{\pi}{18}$を代入したものと
$\dfrac{\pi}{36}$を代入したものとの
差を計算する!

$\sin\dfrac{\pi}{3} = \dfrac{\sqrt{3}}{2}$
$\dfrac{\pi}{3} = \dfrac{1}{3} \times 180° = 60°$ です!
$\pi = 180°$ですヨ!!

$\sin\dfrac{\pi}{6} = \dfrac{1}{2}$
$\dfrac{\pi}{6} = \dfrac{1}{6} \times 180° = 30°$ です!

$\dfrac{\pi}{36} - \dfrac{\pi}{72} = \dfrac{\pi}{72}$

通分してまとめました!

Theme 35 三角関数にまつわるよくありがちな変形

では，こんなのいかが？

問題 35-3 　　　　　　　　　　　　　　　　　　　　　　　　標準

次の不定積分を求めよ．

(1) $\displaystyle\int \sin^4 x\, dx$

(2) $\displaystyle\int \cos^4 x\, dx$

ナイスな導入!!

いいたいことは，ただひとつ!!

A^4　　　$A^4 = (A^2)^2$

4乗 は 2乗の2乗 ってことです！

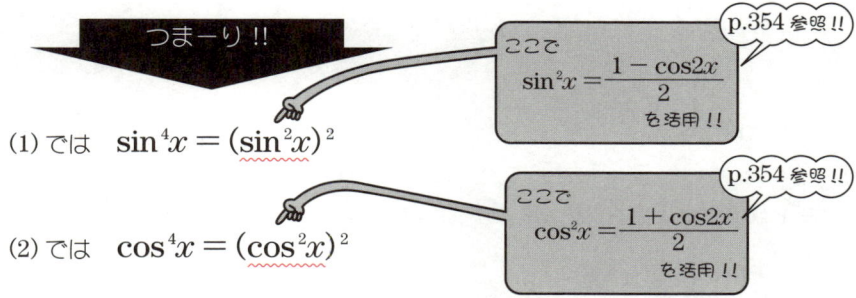

あたりまえじゃん!!

つまーり!!

(1) では　$\sin^4 x = (\sin^2 x)^2$

ここで $\sin^2 x = \dfrac{1 - \cos 2x}{2}$ を活用!! （p.354 参照!!）

(2) では　$\cos^4 x = (\cos^2 x)^2$

ここで $\cos^2 x = \dfrac{1 + \cos 2x}{2}$ を活用!! （p.354 参照!!）

方針が定まったところで，解答へいきまーす！

解答でござる

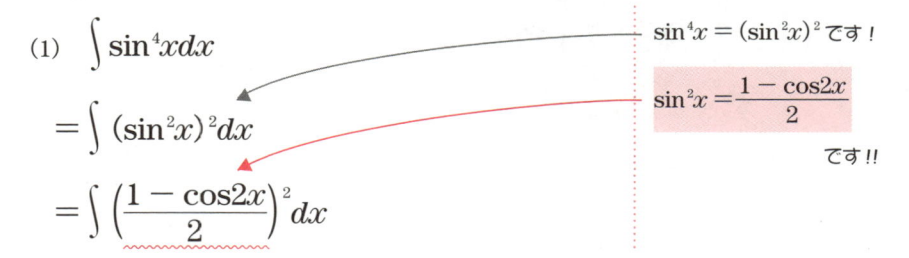

(1) $\displaystyle\int \sin^4 x\, dx$

$= \displaystyle\int (\sin^2 x)^2\, dx$

$= \displaystyle\int \left(\dfrac{1 - \cos 2x}{2}\right)^2 dx$

$\sin^4 x = (\sin^2 x)^2$ です！

$\sin^2 x = \dfrac{1 - \cos 2x}{2}$

です!!

$$= \int \frac{1 - 2\cos 2x + \cos^2 2x}{4} dx$$

$$= \int \left(\frac{1}{4} - \frac{2}{4}\cos 2x + \frac{1}{4}\cos^2 2x \right) dx$$

$$= \int \left(\frac{1}{4} - \frac{1}{2}\cos 2x + \frac{1}{4} \times \frac{1 + \cos 4x}{2} \right) dx$$

$$= \int \left(\frac{1}{4} - \frac{1}{2}\cos 2x + \frac{1}{8} + \frac{1}{8}\cos 4x \right) dx$$

$$= \int \left(\frac{3}{8} - \frac{1}{2}\cos 2x + \frac{1}{8}\cos 4x \right) dx$$

$$= \frac{3}{8}x - \frac{1}{2} \times \frac{1}{2}\sin 2x + \frac{1}{8} \times \frac{1}{4}\sin 4x + C$$

$$= \frac{3}{8}x - \frac{1}{4}\sin 2x + \frac{1}{32}\sin 4x + C \quad \cdots \text{(答)}$$

（ただし C は積分定数）

展開しました！

ありゃ！　こんなところに2乗が…
しかし、案ずることはない!!

もう一発例のアレを…
$$\cos^2\theta = \frac{1 + \cos 2\theta}{2}$$
で、$\theta = 2x$ とすればOK!!
つまり $2 \times 2x$
$$\cos^2 2x = \frac{1 + \cos 4x}{2}$$
です!!

バラバラにすると…
$$\int \frac{3}{8} dx - \frac{1}{2} \int \cos 2x dx$$
$$+ \frac{1}{8} \int \cos 4x dx$$
と表せます♥

p.326 参照!!

NEW その4
$$\int \cos(ax + b) dx$$
$$= \frac{1}{a}\sin(ax + b) + C$$

(2) $\int \cos^4 x dx$

$$= \int (\cos^2 x)^2 dx$$

$$= \int \left(\frac{1 + \cos 2x}{2} \right)^2 dx$$

$$= \int \frac{1 + 2\cos 2x + \cos^2 2x}{4} dx$$

$$= \int \left(\frac{1}{4} + \frac{2}{4}\cos 2x + \frac{1}{4}\cos^2 2x \right) dx$$

$\cos^4 x = (\cos^2 x)^2$ です！

$$\cos^2 x = \frac{1 + \cos 2x}{2}$$
でーす♥

展開しました！

おーっと!!こんなところに…
心配無用!!
もう一度あの作戦を…
$$\cos^2\theta = \frac{1 + \cos 2\theta}{2}$$
で、$\theta = 2x$ とすればOK！

Theme 35 三角関数にまつわるよくありがちな変形

$$= \int \left(\frac{1}{4} + \frac{1}{2}\cos 2x + \frac{1}{4} \times \underline{\frac{1+\cos 4x}{2}}\right) dx$$

$$= \int \left(\frac{1}{4} + \frac{1}{2}\cos 2x + \frac{1}{8} + \frac{1}{8}\cos 4x\right) dx$$

$$= \int \left(\frac{3}{8} + \frac{1}{2}\cos 2x + \frac{1}{8}\cos 4x\right) dx$$

$$= \frac{3}{8}x + \frac{1}{2} \times \underline{\frac{1}{2}\sin 2x} + \frac{1}{8} \times \underline{\frac{1}{4}\sin 4x} + C$$

$$= \boldsymbol{\frac{3}{8}x + \frac{1}{4}\sin 2x + \frac{1}{32}\sin 4x + C} \quad \cdots \text{(答)}$$

(ただし C は積分定数)

つまり
$\cos^2 2x = \dfrac{1+\cos 4x}{2}$
($2 \times 2x$)
ですヨ！

バラバラにすると…
$\int \dfrac{3}{8}dx + \dfrac{1}{2}\int \cos 2x dx$
$+ \dfrac{1}{8}\int \cos 4x dx$
となります！

p.326 参照!!
NEW 極 その4
$\int \cos(ax+b)dx$
$= \dfrac{1}{a}\sin(ax+b) + C$

プロフィール
豚山中納言（16才）
花も恥じらう女子高生
2m40cmの長身もさることながら
怪力の持ち主！ あらゆる拳法を体得！
無敵である。

このタイプもはずせない!!

問題 35-4 標準

次の不定積分を求めよ。

(1) $\int \sin 5x \cos 3x \, dx$

(2) $\int \cos(4x + 3\pi) \cos(2x + \pi) \, dx$

ナイスな導入!!

問題 35-1 ～ 問題 35-2 で学習したことを思い出してください!! 変形方法とかじゃなくて，もっと根本的なとこを…。とにかく

$\int \sin(ax+b) \, dx$ や $\int \cos(ax+b) \, dx$

> 2乗も何も
> ついてない
> pureな形 ♥

が独立して登場する，つまり和の形で登場するように仕掛ければいい！

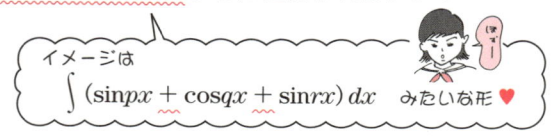

> イメージは
> $\int (\sin px + \cos qx + \sin rx) \, dx$ みたいな形 ♥

で!! (1)も(2)も，$\sin$ や $\cos$ の積となってます！

そこで，思い出してホシイものが…

てなワケで何かと嫌われるあいつの登場です！　（詳しくはp.584の ナイスフォロー その5 参照!）

そーです！ **積 ➡ 和** の公式です!!

積→和の公式　〈大丈夫かな…?〉

① $\sin\alpha \cos\beta = \dfrac{1}{2}\{\sin(\alpha+\beta) + \sin(\alpha-\beta)\}$

② $\cos\alpha \sin\beta = \dfrac{1}{2}\{\sin(\alpha+\beta) - \sin(\alpha-\beta)\}$

③ $\cos\alpha\cos\beta = \dfrac{1}{2}\{\cos(\alpha+\beta)+\cos(\alpha-\beta)\}$

④ $\sin\alpha\sin\beta = -\dfrac{1}{2}\{\cos(\alpha+\beta)-\cos(\alpha-\beta)\}$

注! 丸暗記せずに導き出せるようにしてください！

p.584 ナイスフォロー その5 参照！

この連中をフル活用すりゃぁ，イケそうでっせ ♥

(1) では…

$$\sin 5x \cos 3x = \dfrac{1}{2}\{\sin(5x+3x)+\sin(5x-3x)\}$$
$$= \dfrac{1}{2}(\sin 8x + \sin 2x)$$
$$= \dfrac{1}{2}\sin 8x + \dfrac{1}{2}\sin 2x$$

この積の形が気にくわない!!

積→和の公式①です！
$\sin\alpha\cos\beta = \dfrac{1}{2}\{\sin(\alpha+\beta)+\sin(\alpha-\beta)\}$
で，$\alpha=5x$，$\beta=3x$ とする!!

$\sin 8x$ と $\sin 2x$ が独立して登場するので，それぞれに公式が適用できる！

(2) では…

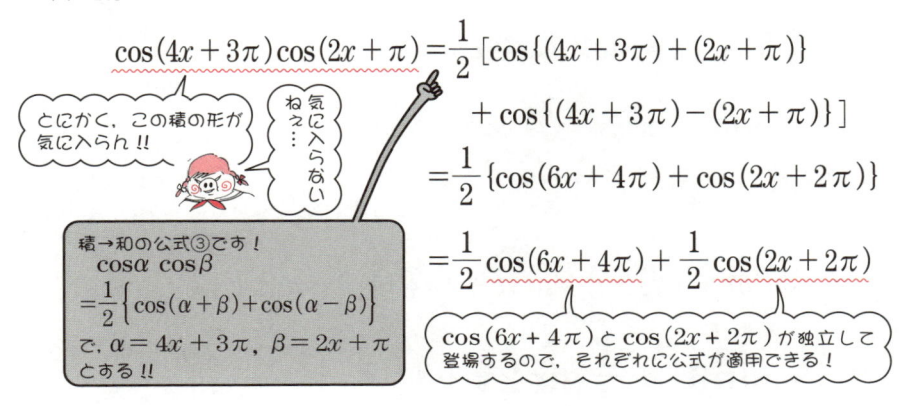

$$\cos(4x+3\pi)\cos(2x+\pi) = \dfrac{1}{2}[\cos\{(4x+3\pi)+(2x+\pi)\}$$
$$+ \cos\{(4x+3\pi)-(2x+\pi)\}]$$
$$= \dfrac{1}{2}\{\cos(6x+4\pi)+\cos(2x+2\pi)\}$$
$$= \dfrac{1}{2}\cos(6x+4\pi) + \dfrac{1}{2}\cos(2x+2\pi)$$

とにかく，この積の形が気に入らん!!

ね え…

気に入らない

積→和の公式③です！
$\cos\alpha\cos\beta = \dfrac{1}{2}\{\cos(\alpha+\beta)+\cos(\alpha-\beta)\}$
で，$\alpha=4x+3\pi$，$\beta=2x+\pi$ とする!!

$\cos(6x+4\pi)$ と $\cos(2x+2\pi)$ が独立して登場するので，それぞれに公式が適用できる！

見通しが明るくなったところで，解答作りとまいりますかぁ！

解答でござる

(1) $\displaystyle\int \sin 5x \cos 3x\, dx$

$\displaystyle= \int \frac{1}{2}\{\sin(5x+3x)+\sin(5x-3x)\}\,dx$

$\displaystyle= \int \frac{1}{2}(\sin 8x + \sin 2x)\,dx$

$\displaystyle= \frac{1}{2}\int \sin 8x\, dx + \frac{1}{2}\int \sin 2x\, dx$

$\displaystyle= \frac{1}{2}\times\left(-\frac{1}{8}\cos 8x\right) + \frac{1}{2}\times\left(-\frac{1}{2}\cos 2x\right) + C$

$\displaystyle= -\frac{1}{16}\cos 8x - \frac{1}{4}\cos 2x + C$ …(答)

（ただし C は積分定数）

> この積の形では手も足も出ない…
> そこで！ 積→和の公式です!!
> p.362 の①を活用！
> $\sin\alpha\cos\beta = \frac{1}{2}\{\sin(\alpha+\beta)+\sin(\alpha-\beta)\}$
> で，$\alpha=5x,\ \beta=3x$ としてます！

> $\displaystyle\int\left(\frac{1}{2}\sin 8x + \frac{1}{2}\sin 2x\right)dx$ と同じことです!!

> p.326 参照!!
> **NEW その3**
> $\displaystyle\int \sin(ax+b)\,dx = -\frac{1}{a}\cos(ax+b)+C$

> ハイ！ できあがり!!

(2) $\displaystyle\int \cos(4x+3\pi)\cos(2x+\pi)\,dx$

$\displaystyle= \int \frac{1}{2}[\cos\{(4x+3\pi)+(2x+\pi)\}$
$\qquad +\cos\{(4x+3\pi)-(2x+\pi)\}]\,dx$

$\displaystyle= \int \frac{1}{2}\{\cos(6x+4\pi)+\cos(2x+2\pi)\}\,dx$

$\displaystyle= \frac{1}{2}\int \cos(6x+4\pi)\,dx + \frac{1}{2}\int \cos(2x+2\pi)\,dx$

$\displaystyle= \frac{1}{2}\times\frac{1}{6}\sin(6x+4\pi) + \frac{1}{2}\times\frac{1}{2}\sin(2x+2\pi) + C$

$\displaystyle= \frac{1}{12}\sin(6x+4\pi) + \frac{1}{4}\sin(2x+2\pi) + C$

$\displaystyle= \frac{1}{12}\sin 6x + \frac{1}{4}\sin 2x + C$ …(答)

（ただし C は積分定数）

> この積の形ではまずい！
> そこで積→和の公式が登場！
> p.363 の③を活用します!!
> $\cos\alpha\cos\beta = \frac{1}{2}\{\cos(\alpha+\beta)+\cos(\alpha-\beta)\}$
> で，$\alpha=4x+3\pi,\ \beta=2x+\pi$ としてます！

> $\displaystyle\int\left\{\frac{1}{2}\cos(6x+4\pi)+\frac{1}{2}\cos(2x+2\pi)\right\}dx$ と同じことです！

> p.326 参照!!
> **NEW その4**
> $\displaystyle\int \cos(ax+b)\,dx = \frac{1}{a}\times\sin(ax+b)+C$

> 周期性を活用!!
> $\begin{cases}\sin(6x+4\pi)=\sin 6x\\ \sin(2x+2\pi)=\sin 2x\end{cases}$
> 一般に
> $\sin(\theta+2n\pi)=\sin\theta$

Theme 35 三角関数にまつわるよくありがちな変形

では，定積分バージョンも…

問題 35-5 標準

次の定積分を求めよ．

(1) $\displaystyle\int_0^\pi \cos 3x \sin 2x\, dx$

(2) $\displaystyle\int_{-\frac{\pi}{2}}^{\frac{\pi}{4}} \sin\left(5x+\frac{3\pi}{2}\right)\sin\left(x+\frac{\pi}{2}\right) dx$

ナイスな導入!!

今回は定積分です！基本的には 問題 35-4 と同じです！

スバリ!! 積 ━━▶ 和 の公式がポイントでっせ ♥

（p.362 参照）

解答でござる

(1) $\displaystyle\int_0^\pi \cos 3x \sin 2x\, dx$

$= \displaystyle\int_0^\pi \frac{1}{2}\{\sin(3x+2x) - \sin(3x-2x)\} dx$

$= \displaystyle\int_0^\pi \frac{1}{2}(\sin 5x - \sin x)\, dx$

$= \displaystyle\int_0^\pi \left(\frac{1}{2}\sin 5x - \frac{1}{2}\sin x\right) dx$

$= \left[\dfrac{1}{2}\times\left(-\dfrac{1}{5}\cos 5x\right) - \left(-\dfrac{1}{2}\cos x\right)\right]_0^\pi$

$= \left[-\dfrac{1}{10}\cos 5x + \dfrac{1}{2}\cos x\right]_0^\pi$

積→和に変形すべし！

p.362 の積→和の公式②

$\cos\alpha \sin\beta$
$= \dfrac{1}{2}\{\sin(\alpha+\beta)-\sin(\alpha-\beta)\}$

で，$\alpha = 3x$，$\beta = 2x$ とします！

$\dfrac{1}{2}\displaystyle\int_0^\pi \sin 5x\, dx - \dfrac{1}{2}\displaystyle\int_0^\pi \sin x\, dx$

と分けてみてもOK！

p.326 参照!!

NEW 波その3

$\displaystyle\int \sin(ax+b)\, dx$
$= \dfrac{1}{a}\times\{-\cos(ax+b)\} + C$

$-\dfrac{1}{10}\Big[\cos 5x\Big]_0^\pi + \dfrac{1}{2}\Big[\cos x\Big]_0^\pi$

と同じだよ！

$$= -\frac{1}{10}\cos 5\pi + \frac{1}{2}\cos \pi$$
$$\quad -\left\{-\frac{1}{10}\cos(5\times 0) + \frac{1}{2}\cos 0\right\}$$
$$= -\frac{1}{10}\times(-1) + \frac{1}{2}\times(-1) + \frac{1}{10}\times 1 - \frac{1}{2}\times 1$$
$$= \frac{1}{10} - \frac{1}{2} + \frac{1}{10} - \frac{1}{2}$$
$$= -\frac{4}{5} \quad \cdots \text{(答)}$$

> πを代入したものと0を代入したものとの差を計算する！
> $\cos 5\pi = \cos\pi = -1$
> $5\pi = 2\times 2\pi + \pi$
> $\pi = 180°$ つまり
> $2\pi = 360°$ です！

> $\cos\pi = -1$
> $\cos 0 = 1$

> ハイ！ できあがり!!

(2) $\displaystyle\int_{-\frac{\pi}{2}}^{\frac{\pi}{4}} \sin\left(5x + \frac{3\pi}{2}\right)\sin\left(x + \frac{\pi}{2}\right)dx$

$\displaystyle = \int_{-\frac{\pi}{2}}^{\frac{\pi}{4}} \left(-\frac{1}{2}\left[\cos\left\{\left(5x + \frac{3\pi}{2}\right)+\left(x + \frac{\pi}{2}\right)\right\}\right.\right.$
$\displaystyle \qquad\qquad \left.\left. -\cos\left\{\left(5x+\frac{3\pi}{2}\right) - \left(x + \frac{\pi}{2}\right)\right\}\right]\right)dx$

$\displaystyle = \int_{-\frac{\pi}{2}}^{\frac{\pi}{4}} \left[-\frac{1}{2}\left\{\cos(6x + 2\pi) - \cos(4x + \pi)\right\}\right] dx$

$\displaystyle = \int_{-\frac{\pi}{2}}^{\frac{\pi}{4}} \left\{-\frac{1}{2}\cos(6x + 2\pi) + \frac{1}{2}\cos(4x + \pi)\right\} dx$

$\displaystyle = \left[-\frac{1}{2}\times\frac{1}{6}\sin(6x + 2\pi) + \frac{1}{2}\times\frac{1}{4}\sin(4x + \pi)\right]_{-\frac{\pi}{2}}^{\frac{\pi}{4}}$

$\displaystyle = \left[-\frac{1}{12}\sin(6x + 2\pi) + \frac{1}{8}\sin(4x + \pi)\right]_{-\frac{\pi}{2}}^{\frac{\pi}{4}}$

$\displaystyle = -\frac{1}{12}\sin\left(6\times\frac{\pi}{4} + 2\pi\right) + \frac{1}{8}\sin\left(4\times\frac{\pi}{4} + \pi\right)$
$\displaystyle \quad -\left[-\frac{1}{12}\sin\left\{6\times\left(-\frac{\pi}{2}\right) + 2\pi\right\}\right.$
$\displaystyle \quad\quad \left. + \frac{1}{8}\sin\left\{4\times\left(-\frac{\pi}{2}\right) + \pi\right\}\right]$

> 積の形じゃ先に進みません！
> p.363の積→和の公式④
> $\sin\alpha\sin\beta$
> $= -\frac{1}{2}\{\cos(\alpha+\beta) - \cos(\alpha-\beta)\}$

> で，$\alpha = 5x + \frac{3\pi}{2}$,
> $\beta = x + \frac{\pi}{2}$ としてます！

> $-\frac{1}{2}\int_{-\frac{\pi}{2}}^{\frac{\pi}{4}}\cos(6x + 2\pi)dx$
> $+\frac{1}{2}\int_{-\frac{\pi}{2}}^{\frac{\pi}{4}}\cos(4x + \pi)dx$
> と分けて表してもOK！

> NEW その4 p.326参照!!
> $\int \cos(ax + b)dx$
> $= \frac{1}{a}\sin(ax + b) + C$

> $-\frac{1}{12}\left[\sin(6x + 2\pi)\right]_{-\frac{\pi}{2}}^{\frac{\pi}{4}}$
> $+\frac{1}{8}\left[\sin(4x + \pi)\right]_{-\frac{\pi}{2}}^{\frac{\pi}{4}}$
> と同じことだよ。

> $\frac{\pi}{4}$を代入したものと
> $-\frac{\pi}{2}$を代入したものとの
> 差を計算する！

$$= -\frac{1}{12}\sin\frac{7\pi}{2} + \frac{1}{8}\sin 2\pi$$

$$+ \frac{1}{12}\sin(-\pi) - \frac{1}{8}\sin(-\pi)$$

$$= -\frac{1}{12}\times(-1) + \frac{1}{8}\times 0 + \frac{1}{12}\times 0 - \frac{1}{8}\times 0$$

$$= \frac{1}{12} \cdots \text{(答)}$$

$\sin\dfrac{7\pi}{2} = \sin\dfrac{3\pi}{2} = -1$

$\dfrac{7\pi}{2} = 2\pi + \dfrac{3\pi}{2}$, $\dfrac{3\pi}{2} = 270°$

$2\pi = 360°$ ですョ！

$\sin 2\pi = 0$

$\sin(-\pi) = 0$
$-\pi = -180°$ です！

Theme 36 ついに登場！ 部分積分!!

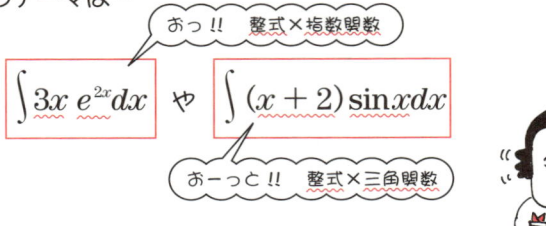

今回のテーマは…

$$\int 3x\, e^{2x} dx \quad \text{や} \quad \int (x+2)\sin x\, dx$$

おっ!! 整式×指数関数
おーっと!! 整式×三角関数
何ぃーっ!?
困りましたね〜

などのような，違う種類の関数の積をどう料理するか？ です。

そこで!! 活躍するのが，**部分積分法**です！

部分積分法

$$\int f(x)g(x)dx = F(x)g(x) - \int F(x)g'(x)dx$$

☞ ただし $F(x)$ は，$f(x)$ を不定積分した関数であーる！

説明です！

まず思い出してホシイのが…
積の微分法

$$\{p(x)q(x)\}' = p'(x)q(x) + p(x)q'(x) \quad \cdots\cdots ①$$

です!!

このとき
$F(x)$ が $f(x)$ を不定積分した関数であるとして…

$F'(x) = f(x)$ ってことです！

①と同様に
$$\{F(x)g(x)\}' = F'(x)g(x) + F(x)g'(x)$$

つまり　　（$F'(x) = f(x)$ ですョ！）
$$\{F(x)g(x)\}' = f(x)g(x) + F(x)g'(x) \quad \cdots\cdots ②$$

が成立するねぇ！

②の左辺と右辺を入れかえて
$$f(x)g(x) + F(x)g'(x) = \{F(x)g(x)\}'$$

（移項しただけ！）

$$\therefore \ f(x)g(x) = \{F(x)g(x)\}' - F(x)g'(x) \quad \cdots\cdots ③$$

そこで!!　③の両辺を不定積分すると

$$\int f(x)g(x)\,dx = \int \left[\{F(x)g(x)\}' - F(x)g'(x)\right]dx$$

（分けて表しました！）

$$\int f(x)g(x)\,dx = \int \{F(x)g(x)\}'\,dx - \int F(x)g'(x)\,dx$$

$$\therefore \int f(x)g(x)\,dx = F(x)g(x) - \int F(x)g'(x)\,dx$$

証明できました♥

$\int \{F(x)g(x)\}'\,dx = F(x)g(x)$ です！
微分したものを不定積分するともとにもどる!!

ではでは，例題として，次のような物件をご用意致しました♥

問題 36-1 基礎

次の不定積分を求めよ。

(1) $\displaystyle\int xe^x dx$

(2) $\displaystyle\int (2x+3)\cos x\, dx$

ナイスな導入!!

$\displaystyle\int x\,e^x dx$ （おーっ!! 整式と指数関数の積!） や $\displaystyle\int (2x+3)\cos x\, dx$ （おーっ!! 整式と三角関数の積!） の登場や!!

両方に共通していえることは，種類の異なる関数の積を不定積分するってことです！

そこで!! 登場するのが…

部分積分法

（$F(x)$ は，$f(x)$ を不定積分した関数です！）

$$\int f(x)g(x)dx = F(x)g(x) - \int F(x)g'(x)dx$$

でーす！

(1) では…

$\displaystyle\int xe^x dx$

（まず最初に問題となるのは，x と e^x のどちらを $f(x)$，どちらを $g(x)$ に設定するべきか？ ってことです！）

こんなときどうする!?

（何が始まったざ!!）

とりあえずチェックしてホシイことは…

$(x)' = 1, \qquad (e^x)' = e^x$

ってな具合に，両方とも微分してみてください。

Theme 36 ついに登場！ 部分積分 !!

そこで !!

変わりばえのしない方の関数 👉 $f(x)$ に設定 !!

（次数が小さくなる方）

簡単になる方の関数 👉 $g(x)$ に設定 !!

が，基本的な設定の目安です ♥

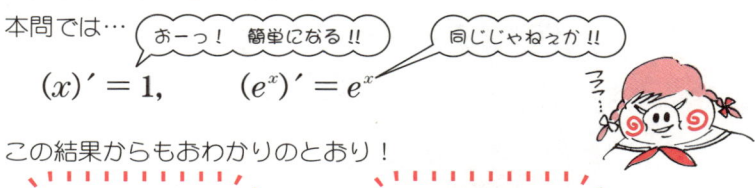

本問では…

（おーっ！ 簡単になる!!） （同じじゃねぇか!!）

$(x)' = 1, \qquad (e^x)' = e^x$

この結果からもおわかりのとおり！

e^x 〔対応!!〕👉 $f(x)$ & x 〔対応!!〕👉 $g(x)$

として **部分積分法** で GO!!

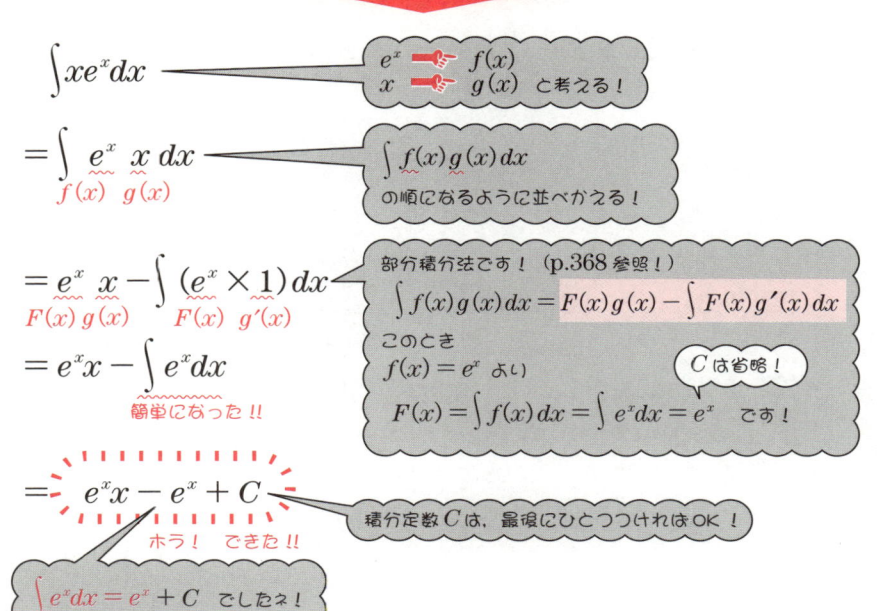

⬇ と，ゆーーわけで…

$\displaystyle\int xe^x dx$ 　　　e^x 👉 $f(x)$
　　　　　　　　　　　　　x 👉 $g(x)$ と考える！

$= \displaystyle\int \underset{f(x)}{e^x} \underset{g(x)}{x}\, dx$ 　　　$\displaystyle\int f(x)g(x)dx$ の順になるように並べかえる！

$= \underset{F(x)\,g(x)}{e^x\, x} - \displaystyle\int \underset{F(x)\ g'(x)}{(e^x \times 1)}\, dx$ 　　　部分積分法です！（p.368 参照！）
　　　　　　　　　　　　　　　$\displaystyle\int f(x)g(x)dx = F(x)g(x) - \int F(x)g'(x)dx$

$= e^x x - \displaystyle\int e^x dx$ 　　　このとき
　　　〔簡単になった!!〕　　　$f(x) = e^x$ より
　　　　　　　　　　　　　　$F(x) = \displaystyle\int f(x)dx = \int e^x dx = e^x$ です！　〔C は省略！〕

$= e^x x - e^x + C$

〔ホラ！ できた!!〕　　　積分定数 C は，最後にひとつつければOK！

$\displaystyle\int e^x dx = e^x + C$ でしたネ！

同様に(2)では…

$$\int (2x+3)\cos x\, dx$$

簡単になる!!　　　　　　　　変身しただけかよっ!

$(2x+3)' = 2$　　　　　$(\cos x)' = -\sin x$

この結果からもおわかりですね!?　そーです!!

$\cos x$ 対応!! $f(x)$　&　$2x+3$ 対応!! $g(x)$

として **部分積分法** でGO!!

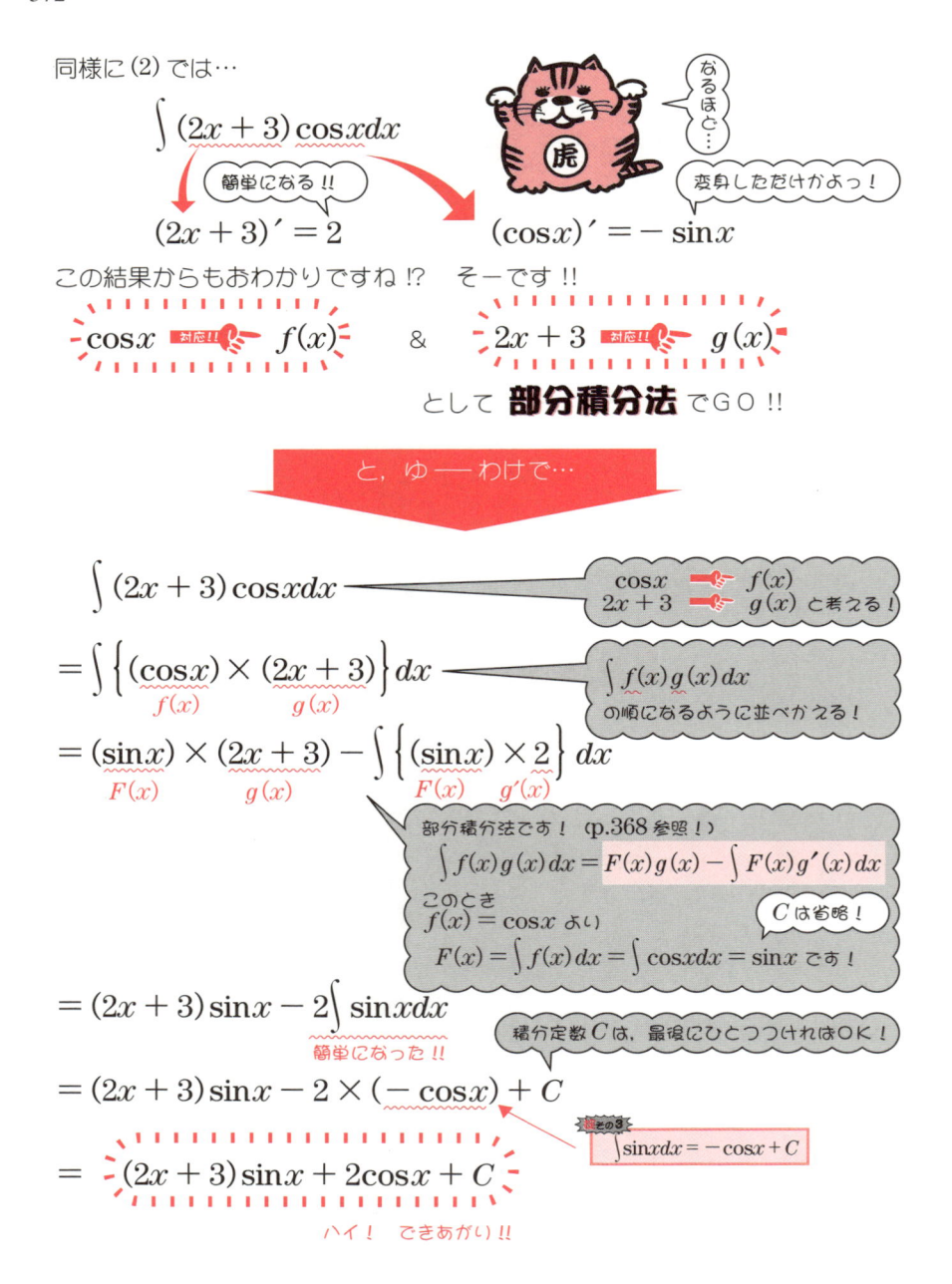

と，ゆーわけで…

$\int (2x+3)\cos x\, dx$　　　$\cos x \Rightarrow f(x)$
$\qquad\qquad\qquad\qquad\qquad 2x+3 \Rightarrow g(x)$ と考える!

$= \int \{\underbrace{(\cos x)}_{f(x)} \times \underbrace{(2x+3)}_{g(x)}\} dx$　　　$\int f(x)g(x)dx$ の順になるように並べかえる!

$= \underbrace{(\sin x)}_{F(x)} \times \underbrace{(2x+3)}_{g(x)} - \int \{\underbrace{(\sin x)}_{F(x)} \times \underbrace{2}_{g'(x)}\} dx$

部分積分法です! (p.368参照!)
$\int f(x)g(x)dx = F(x)g(x) - \int F(x)g'(x)dx$
このとき
$f(x) = \cos x$ より
$F(x) = \int f(x)dx = \int \cos x\, dx = \sin x$ です!
C は省略!

$= (2x+3)\sin x - 2\int \sin x\, dx$
簡単になった!!

$= (2x+3)\sin x - 2 \times (-\cos x) + C$

積分定数 C は，最後にひとつつければOK!

$\int \sin x\, dx = -\cos x + C$

$= (2x+3)\sin x + 2\cos x + C$

ハイ!　できあがり!!

Theme 36 ついに登場！ 部分積分!!

解答でござる

(1) $\displaystyle\int xe^x dx$

$= \displaystyle\int \underset{f(x)}{e^x}\ \underset{g(x)}{x}\ dx$

$= \underset{F(x)g(x)}{e^x\ x} - \displaystyle\int \underset{F(x)\ g'(x)}{(e^x \times 1)}\, dx$

$= xe^x - \displaystyle\int e^x dx$

$= \boldsymbol{xe^x - e^x + C}$ …(答)

（ただし C は積分定数）

$(x)' = 1$ のように微分すると次数が下がり簡単になるのでこちらを $g(x)$ に設定してください♥
並べかえただけですヨ！

$\displaystyle\int e^x dx = e^x + C$

部分積分法です！
詳しくはナイスな導入!!参照!!

簡単になりました!!
部分積分法バンザイ！

$\displaystyle\int e^x dx = e^x + C$

(2) $\displaystyle\int (2x+3)\cos x\, dx$

$= \displaystyle\int \left\{\underset{f(x)}{(\cos x)} \times \underset{g(x)}{(2x+3)}\right\} dx$

$= \underset{F(x)}{(\sin x)} \times \underset{g(x)}{(2x+3)} - \displaystyle\int \left\{\underset{F(x)}{(\sin x)} \times \underset{g'(x)}{2}\right\} dx$

$= (2x+3)\sin x - 2\displaystyle\int \sin x\, dx$

$= (2x+3)\sin x - 2 \times (-\cos x) + C$

$= \boldsymbol{(2x+3)\sin x + 2\cos x + C}$ …(答)

（ただし C は積分定数）

$(2x+3)'=2$ のように微分すると次数が下がり簡単になるのでこちらを $g(x)$ に設定してください♥

$\displaystyle\int \cos x\, dx = \sin x + C$

部分積分法です！
詳しくはナイスな導入!!参照!!

簡単になりました!!
部分積分法サマサマ!!

$\displaystyle\int \sin x\, dx = -\cos x + C$

C は最後にひとつつければOK！

今さら $\log x$??

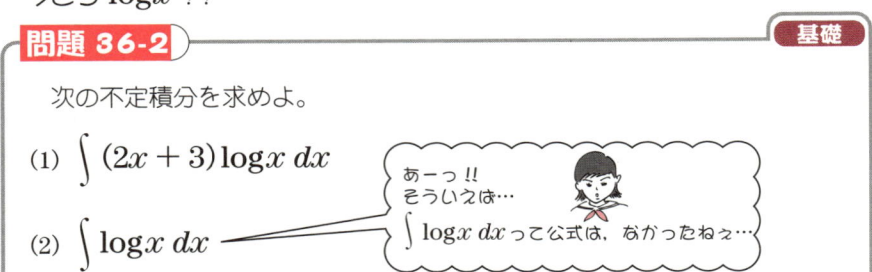

問題 36-2　基礎

次の不定積分を求めよ。

(1) $\displaystyle\int (2x+3)\log x\, dx$

(2) $\displaystyle\int \log x\, dx$

あーっ!!
そういえば…
$\int \log x\, dx$ って公式は，なかったねぇ…

ナイスな導入!!

いきなり結論で恐縮ですが…

$\displaystyle\int \log x\, dx$ を求める公式が存在しません!!　しかし…

$(\log x)' = \dfrac{1}{x}$ を使うと，一瞬で計算できます！

つまーり!!

部分積分法

$$\int f(x)g(x)dx = F(x)g(x) - \int F(x)g'(x)dx$$

$g(x)$ は，微分される方です！

において…

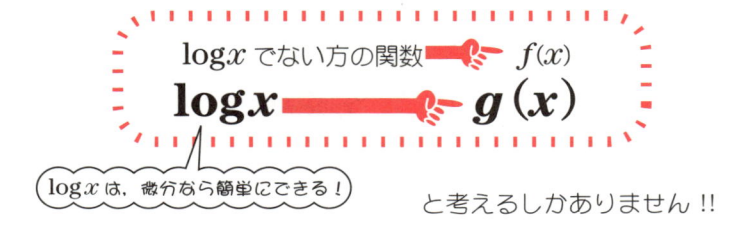

$\log x$ でない方の関数　$f(x)$
$\log x$ 　　　　　　　　　$g(x)$

（$\log x$ は，微分なら簡単にできる！）

と考えるしかありません!!

Theme 36 ついに登場！ 部分積分!!

(1) では…

$$\int (2x+3)\log x\, dx$$

（logxでない方の関数は 2x+3 です!）

よって!!

$2x+3$ 対応!! $f(x)$ & $\log x$ 対応!! $g(x)$

（これで決まり!!）

と考えて **部分積分法** でGO!!

じゃあ(2)はどーすんねん？？
頭がカタいですねぇ…。 こうすりゃあ、いいんですョ♥

$$\int \log x\, dx$$

（えーっ!! logx しかない!!）

$$= \int (1 \times \log x)\, dx$$

（その手があったかぁーっ!!）

そーです!! logxの前に **1**（イチッ!!）を設定すればＯＫ!!

と、ゆーわけで…

1 対応!! $f(x)$ & $\log x$ 対応!! $g(x)$

（これで決まり!!）

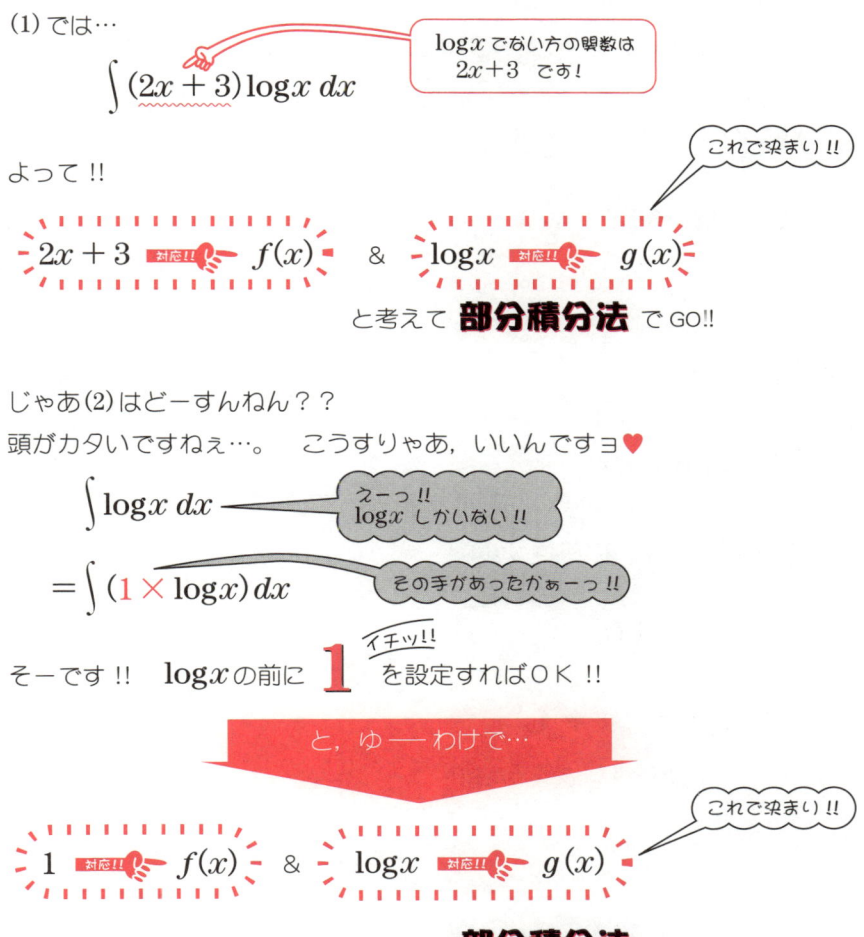

と考えて **部分積分法** でGO!!

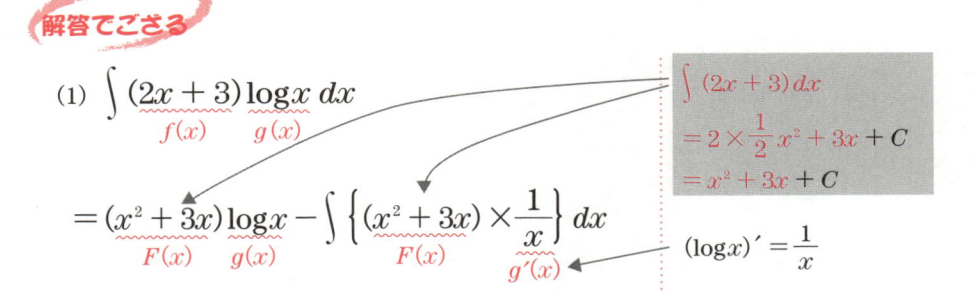

解答でござる

(1) $\displaystyle\int \underbrace{(2x+3)}_{f(x)}\underbrace{\log x}_{g(x)}\, dx$

$= \underbrace{(x^2+3x)}_{F(x)}\underbrace{\log x}_{g(x)} - \int \Big\{\underbrace{(x^2+3x)}_{F(x)} \times \underbrace{\frac{1}{x}}_{g'(x)}\Big\}\, dx$

$\displaystyle\int (2x+3)\, dx$
$= 2 \times \frac{1}{2}x^2 + 3x + C$
$= x^2 + 3x + C$

$(\log x)' = \dfrac{1}{x}$

$$= (x^2 + 3x)\log x - \int (x+3)\,dx$$

$(x^2 + 3x) \times \dfrac{1}{x} = x+3$

$$= (x^2 + 3x)\log x - \left(\dfrac{1}{2}x^2 + 3x\right) + C$$

$\int (x+3)\,dx = \dfrac{1}{2}x^2 + 3x + C$

$$= \underline{(x^2+3x)\log x - \dfrac{1}{2}x^2 - 3x + C} \;\cdots \text{(答)}$$

ハイ！　できあがり！

(ただし C は積分定数)

(2) $\displaystyle\int \log x\,dx$

この公式は存在しません！なんとかせねば…。

強引に1を作る!!

$$= \int \underbrace{(1}_{f(x)} \times \underbrace{\log x)}_{g(x)}\,dx$$

$\int 1\,dx = x + C$

$$= \underbrace{x}_{F(x)}\underbrace{\log x}_{g(x)} - \int \left(\underbrace{x}_{F(x)} \times \underbrace{\dfrac{1}{x}}_{g'(x)}\right)dx$$

$(\log x)' = \dfrac{1}{x}$

$$= x\log x - \int 1\,dx$$

$x \times \dfrac{1}{x} = 1$

$\int 1\,dx = x + C$

$$= \boldsymbol{x\log x - x + C} \;\cdots\text{(答)}$$

(ただし C は積分定数)

Theme 36 ついに登場！ 部分積分!!

では，部分積分法を定積分バージョンでもう一度…

問題 36-3 　　　　　　　　　　　　　　　　　　　標準

次の定積分を求めよ。

(1) $\displaystyle\int_0^1 (3x+2)e^{2x}\,dx$

(2) $\displaystyle\int_1^2 (2x+5)2^x\,dx$

(3) $\displaystyle\int_{-\frac{\pi}{6}}^{\frac{\pi}{2}} x\sin 2x\,dx$

(4) $\displaystyle\int_e^{e^2} (x^3+1)\log x\,dx$

ナイスな導入!!

すべて，種類の異なる関数の積を定積分するお話です！

そこで!! 今までどおり **部分積分法** で **GO！** です。

今回は定積分ですが，まず不定積分をして最終的な関数を明らかにしておいてから，数値を代入した方がよりいいかと思います！ ← 私のおすすめ♥

では復習でーす！

部分積分法

$$\int f(x)g(x)\,dx = F(x)g(x) - \int F(x)g'(x)\,dx$$

(1) では…

簡単になる!!　　　　むしろややこしくなる！

$(3x+2)' = 3$, $(e^{2x})' = 2e^{2x}$

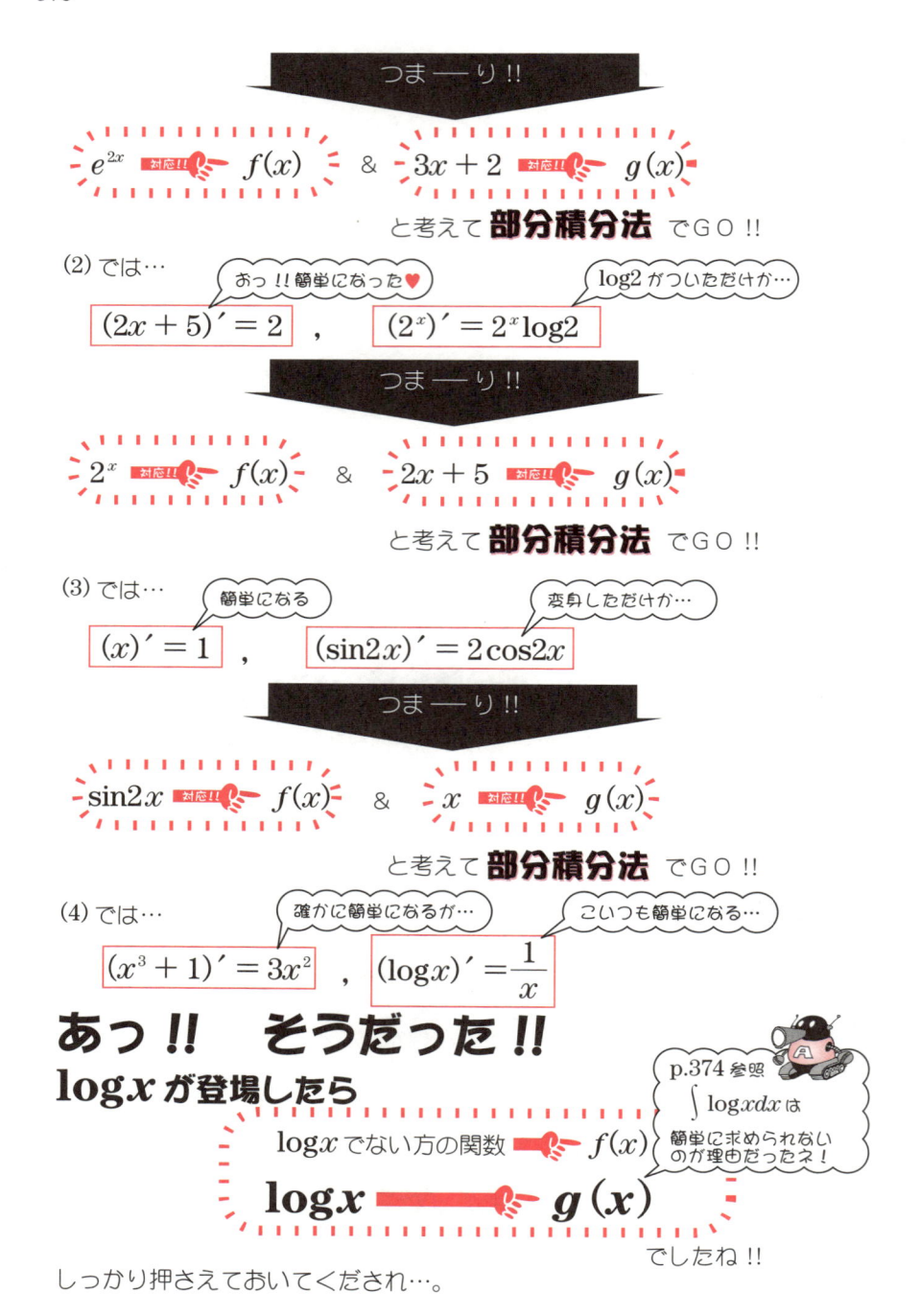

つまーり!!

e^{2x} 対応!! $f(x)$ & $3x+2$ 対応!! $g(x)$

と考えて **部分積分法** でGO!!

(2) では…

おっ!!簡単になった♥

$(2x+5)' = 2$, $(2^x)' = 2^x \log 2$

log2 がついただけか…

つまーり!!

2^x 対応!! $f(x)$ & $2x+5$ 対応!! $g(x)$

と考えて **部分積分法** でGO!!

(3) では…

簡単になる

$(x)' = 1$, $(\sin 2x)' = 2\cos 2x$

変身しただけか…

つまーり!!

$\sin 2x$ 対応!! $f(x)$ & x 対応!! $g(x)$

と考えて **部分積分法** でGO!!

(4) では…

確かに簡単になるが…

こいつも簡単になる…

$(x^3+1)' = 3x^2$, $(\log x)' = \dfrac{1}{x}$

あっ!! そうだった!!
$\log x$ が登場したら

$\log x$ でない方の関数 → $f(x)$

$\log x$ → $g(x)$

p.374 参照
$\int \log x \, dx$ は簡単に求められないのが理由だったネ！

でしたね!!

しっかり押さえておいてくだされ…。

解答でござる

(1) $\displaystyle\int (3x+2)e^{2x}\,dx$ ← まず不定積分を求めておこう！

$= \displaystyle\int \underbrace{e^{2x}}_{f(x)}\underbrace{(3x+2)}_{g(x)}\,dx$ ← 並べかえただけっス！

$\displaystyle\int e^{2x}\,dx = \frac{1}{2}e^{2x}+C$

$\displaystyle\int e^{ax+b}\,dx = \frac{1}{a}e^{ax+b}+C$

$= \underbrace{\dfrac{1}{2}e^{2x}}_{F(x)}\underbrace{(3x+2)}_{g(x)} - \displaystyle\int\left(\underbrace{\dfrac{1}{2}e^{2x}}_{F(x)}\times\underbrace{3}_{g'(x)}\right)dx$

$(3x+2)' = 3$

$= \dfrac{1}{2}e^{2x}(3x+2) - \dfrac{3}{2}\displaystyle\int e^{2x}\,dx$

$= \dfrac{1}{2}e^{2x}(3x+2) - \dfrac{3}{2}\times\dfrac{1}{2}e^{2x}+C$

$\displaystyle\int e^{2x}\,dx = \dfrac{1}{2}e^{2x}+C$

$= \left(\dfrac{3}{2}x+\dfrac{1}{4}\right)e^{2x}+C$ ← e^{2x} でくくった！

（ただし C は積分定数）

よって

$\displaystyle\int_0^1 (3x+2)e^{2x}\,dx$ ← 定積分開始！

$= \left[\left(\dfrac{3}{2}x+\dfrac{1}{4}\right)e^{2x}\right]_0^1$ ← 定積分のとき，C はいらないヨ！

$= \left(\dfrac{3}{2}\times 1 + \dfrac{1}{4}\right)e^{2\times 1} - \left(\dfrac{3}{2}\times 0 + \dfrac{1}{4}\right)e^{2\times 0}$

1 を代入したものと 0 を代入したものとの差を計算する！

$= \dfrac{7}{4}e^2 - \dfrac{1}{4}\times 1$

$e^0 = 1$

$= \dfrac{7e^2-1}{4}$ …（答）

ハイ！ できあがり!!

(2) $\displaystyle\int (2x+5)2^x dx$ ← まず不定積分を求めておこう！

$= \displaystyle\int \underbrace{2^x}_{f(x)} \underbrace{(2x+5)}_{g(x)} dx$ ← 並べかえておきます！

$\displaystyle\int 2^x dx = \dfrac{2^x}{\log 2} + C$

$\displaystyle\int A^{ax+b} dx = \dfrac{1}{a}\cdot\dfrac{A^{ax+b}}{\log A}+C$

$= \underbrace{\dfrac{2^x}{\log 2}}_{F(x)}\underbrace{(2x+5)}_{g(x)} - \displaystyle\int \left(\underbrace{\dfrac{2^x}{\log 2}}_{F(x)}\times \underbrace{2}_{g'(x)}\right) dx$

$= \dfrac{2^x(2x+5)}{\log 2} - \dfrac{2}{\log 2}\displaystyle\int 2^x dx$

$\displaystyle\int 2^x dx = \dfrac{2^x}{\log 2} + C$

$= \dfrac{2^x(2x+5)}{\log 2} - \dfrac{2}{\log 2}\times \dfrac{2^x}{\log 2} + C$

$= \left\{\dfrac{2x+5}{\log 2} - \dfrac{2}{(\log 2)^2}\right\}2^x + C$ ← 2^xでくくった！

← { }内を$(\log 2)^2$で通分しました！

$= \left\{\dfrac{(2x+5)\log 2 - 2}{(\log 2)^2}\right\}2^x + C$

(ただしCは積分定数)

よって

$\displaystyle\int_1^2 (2x+5)2^x dx$ ← 定積分始動！

$= \left[\left\{\dfrac{(2x+5)\log 2 - 2}{(\log 2)^2}\right\}2^x\right]_1^2$ ← 定積分のときCはいらねぇ！

$= \left\{\dfrac{(2\times 2+5)\log 2 - 2}{(\log 2)^2}\right\}2^2 - \left\{\dfrac{(2\times 1+5)\log 2 - 2}{(\log 2)^2}\right\}2^1$

← 2を代入したものと1を代入したものとの差を計算する！

$= \dfrac{(9\log 2 - 2)\times 4}{(\log 2)^2} - \dfrac{(7\log 2 - 2)\times 2}{(\log 2)^2}$

$= \dfrac{36\log 2 - 8 - 14\log 2 + 4}{(\log 2)^2}$

$= \dfrac{\mathbf{22\log 2 - 4}}{\mathbf{(\log 2)^2}}$ …(答)

計算もタイヘンだね…

ハイ！　おしまい!!

(3) $\displaystyle\int x\sin 2x\, dx$ ← まず不定積分を求めておこう

$\displaystyle =\int \Big\{ \underbrace{(\sin 2x)}_{f(x)} \times \underbrace{x}_{g(x)} \Big\}\, dx$ ← 並べかえました！

$\displaystyle\int \sin 2x\, dx = \frac{1}{2}(-\cos 2x) + C$

その3
$\displaystyle\int \sin(ax+b)\, dx = \frac{1}{a}\times\{-\cos(ax+b)\} + C$

$\displaystyle = \underbrace{\frac{1}{2}(-\cos 2x)}_{F(x)} \times \underbrace{x}_{g(x)} - \int \Big\{ \underbrace{\frac{1}{2}(-\cos 2x)}_{F(x)} \times \underbrace{1}_{g'(x)} \Big\} dx$

$(x)' = 1$

$\displaystyle = -\frac{1}{2}x\cos 2x + \frac{1}{2}\int \cos 2x\, dx$

$\displaystyle\int \cos 2x\, dx = \frac{1}{2}\sin 2x + C$

その4
$\displaystyle\int \cos(ax+b)\, dx = \frac{1}{a}\times \sin(ax+b) + C$

$\displaystyle = -\frac{1}{2}x\cos 2x + \frac{1}{2}\times\frac{1}{2}\sin 2x + C$

$\displaystyle = -\frac{1}{2}x\cos 2x + \frac{1}{4}\sin 2x + C$

(ただし C は積分定数)

よって

$\displaystyle\int_{-\frac{\pi}{6}}^{\frac{\pi}{2}} x\sin 2x\, dx$ ← 定積分開始です！

$\displaystyle = \Big[-\frac{1}{2}x\cos 2x + \frac{1}{4}\sin 2x \Big]_{-\frac{\pi}{6}}^{\frac{\pi}{2}}$ ← 定積分なので C は不要！

$\displaystyle = -\frac{1}{2}\times\frac{\pi}{2}\cos\Big(2\times\frac{\pi}{2}\Big) + \frac{1}{4}\sin\Big(2\times\frac{\pi}{2}\Big)$

$\displaystyle\qquad - \Big[-\frac{1}{2}\times\Big(-\frac{\pi}{6}\Big)\times\cos\Big\{2\times\Big(-\frac{\pi}{6}\Big)\Big\}$

$\displaystyle\qquad\qquad + \frac{1}{4}\sin\Big\{2\times\Big(-\frac{\pi}{6}\Big)\Big\} \Big]$

$\dfrac{\pi}{2}$ を代入したものと $-\dfrac{\pi}{6}$ を代入したものとの差を計算する！

$\displaystyle = -\frac{\pi}{4}\cos\pi + \frac{1}{4}\sin\pi$

$\displaystyle\qquad - \frac{\pi}{12}\cos\Big(-\frac{\pi}{3}\Big) - \frac{1}{4}\sin\Big(-\frac{\pi}{3}\Big)$

$$= -\frac{\pi}{4} \times (-1) + \frac{1}{4} \times 0 - \frac{\pi}{12} \times \frac{1}{2} - \frac{1}{4} \times \left(-\frac{\sqrt{3}}{2}\right)$$

$$= \frac{5\pi}{24} + \frac{\sqrt{3}}{8}$$

$$= \frac{5\pi + 3\sqrt{3}}{24} \quad \cdots \text{(答)}$$

$\cos \pi = -1$
$\pi = 180°$
$\sin \pi = 0$
$\cos\left(-\dfrac{\pi}{3}\right) = \dfrac{1}{2}$
$-\dfrac{\pi}{3} = -\dfrac{1}{3} \times 180° = -60°$
$\sin\left(-\dfrac{\pi}{3}\right) = -\dfrac{\sqrt{3}}{2}$

ハイ！ できた ♥

(4) $\displaystyle\int \underbrace{(x^3+1)}_{f(x)} \underbrace{\log x}_{g(x)}\, dx$

とりあえず不定積分を…
$\log x$ が登場したら
必ず $\log x \Rightarrow g(x)$

$$= \underbrace{\left(\frac{1}{4}x^4 + x\right)}_{F(x)} \underbrace{\log x}_{g(x)} - \int \left\{ \underbrace{\left(\frac{1}{4}x^4 + x\right)}_{F(x)} \times \underbrace{\frac{1}{x}}_{g'(x)} \right\} dx$$

$\displaystyle\int (x^3+1)\, dx = \dfrac{1}{4}x^4 + x + C$
$(\log x)' = \dfrac{1}{x}$

$$= \left(\frac{1}{4}x^4 + x\right)\log x - \int \left(\frac{1}{4}x^3 + 1\right) dx$$

$$= \frac{(x^4 + 4x)\log x}{4} - \left(\frac{1}{4} \times \frac{1}{4}x^4 + x\right) + C$$

$$= \frac{(x^4 + 4x)\log x}{4} - \frac{1}{16}x^4 - x + C$$

（ただし C は積分定数）

しっかり計算してね ♥

よって

$$\int_e^{e^2} (x^3+1)\log x\, dx$$

定積分開幕！

$$= \left[\frac{(x^4+4x)\log x}{4} - \frac{1}{16}x^4 - x \right]_e^{e^2}$$

定積分なので C いらず！

$$
\begin{aligned}
&= \frac{\{(e^2)^4 + 4e^2\}\log e^2}{4} - \frac{1}{16}(e^2)^4 - e^2 \\
&\quad - \left\{\frac{(e^4 + 4e)\log e}{4} - \frac{1}{16}e^4 - e\right\}
\end{aligned}
$$

e^2 を代入したものと e を代入したものとの差を計算する！

$\log e^2 = 2\log e = 2 \times 1 = 2$

$$
= \frac{(e^8 + 4e^2) \times 2}{4} - \frac{e^8}{16} - e^2 \\
\quad - \frac{(e^4 + 4e) \times 1}{4} + \frac{e^4}{16} + e
$$

$\log e = 1$

$$
= \frac{8e^8 + 32e^2}{16} - \frac{e^8}{16} - \frac{16e^2}{16} \\
\quad - \frac{4e^4 + 16e}{16} + \frac{e^4}{16} + \frac{16e}{16}
$$

16で通分！

$$
= \frac{\boldsymbol{7e^8 - 3e^4 + 16e^2}}{\boldsymbol{16}} \quad \cdots \text{(答)}
$$

ハイ！　一丁あがり!!

Theme 37 涙…涙の部分積分劇場

えーん…

"部分積分法"にまつわる，数々のドラマを紹介しましょう♥

問題 37-1　[標準]

次の不定積分を求めよ。

(1) $\int x^2 e^x dx$

(2) $\int (\log x)^2 dx$

ナイスな導入!!

ザッと見てみて…

(1)は…

$\int x^2 e^x dx$

整式と指数関数との積！
つまり，まったく違う種類の関数の積です！
ってことは…
そう!! 部分積分法 のお出まし!!

そこで!! いつものチェックです！

$(x^2)' = 2x$ ， $(e^x)' = e^x$

次数が下がって簡単になる！　同じかよ!!

チェックしてからGO!!

とゆーわけで…

部分積分法
$$\int f(x)g(x)dx = F(x)g(x) - \int F(x)g'(x)dx$$

$e^x \rightarrow f(x)$
$x^2 \rightarrow g(x)$

となります!!

Let's Try!

$$\int x^2 e^x dx$$

並べかえてみました！

$$= \int \underbrace{e^x}_{f(x)} \underbrace{x^2}_{g(x)} dx$$

$\int e^x dx = e^x + C$ ですョ！

$(x^2)' = 2x$ です！

$$= \underbrace{e^x}_{F(x)} \underbrace{x^2}_{g(x)} - \int (\underbrace{e^x}_{F(x)} \times \underbrace{2x}_{g'(x)}) dx$$

$$= x^2 e^x - 2 \int x e^x dx \quad \cdots\cdots ①$$

えーっ!! そんなぁ〜!!

そーです!! $\int xe^x dx$ は秒殺できる積分ではありません。

まさかとお思いでしょうが…
もう一度 **部分積分** を行う必要があります!!

$$\int xe^x dx$$

取り出しました!!

2回目の部分積分開始です！

いつもの並べかえです！

$$= \int \underbrace{e^x}_{f(x)} \underbrace{x}_{g(x)} dx$$

$\int e^x dx = e^x + C$ ですョ！

$(x)' = 1$

$$= \underbrace{e^x}_{F(x)} \underbrace{x}_{g(x)} - \int (\underbrace{e^x}_{F(x)} \times \underbrace{1}_{g'(x)}) dx$$

$$= xe^x - \int e^x dx$$

$$= xe^x - e^x \quad \cdots\cdots ②$$

とりあえず，現段階で積分定数 C は省略しておきます！

②を①に代入して

与式 $= x^2 e^x - 2(xe^x - e^x) + C$

②です!!

最後の最後で積分定数 C をつければ OK！

$$= x^2 e^x - 2xe^x + 2e^x + C$$

なるほど…

答でーす!!

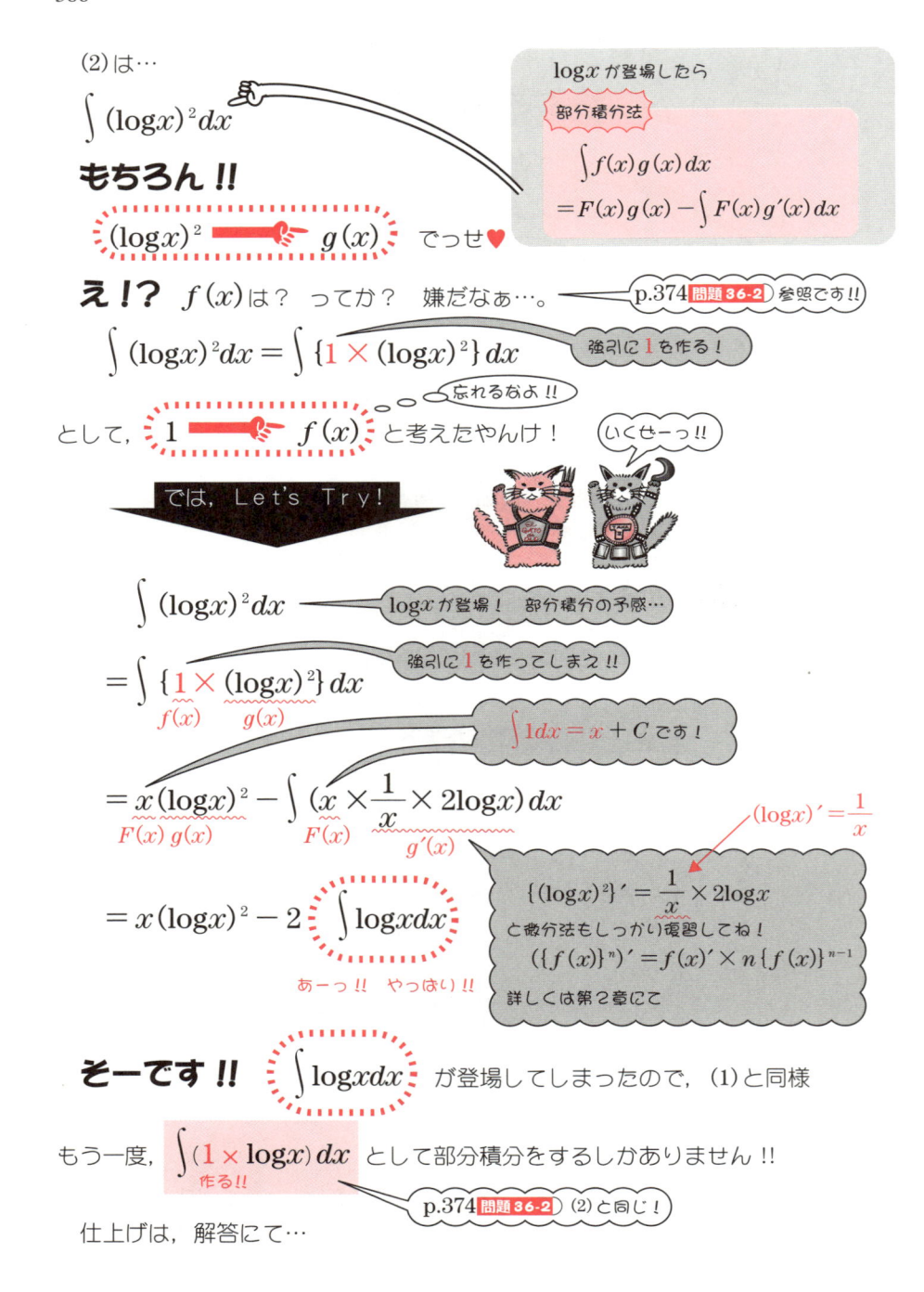

(2)は…

$$\int (\log x)^2 dx$$

もちろん!!

$(\log x)^2$ ☞ $g(x)$ でっせ♥

> $\log x$ が登場したら
> 部分積分法
> $$\int f(x)g(x)dx = F(x)g(x) - \int F(x)g'(x)dx$$

え!? $f(x)$は? ってか? 嫌だなぁ…。 ← p.374 問題36-2 参照です!!

$$\int (\log x)^2 dx = \int \{1 \times (\log x)^2\} dx$$

（強引に 1 を作る!）

として, 1 ☞ $f(x)$ と考えたやんけ! （忘れるなよ!!）（いくせーっ!!）

では, Let's Try!

$$\int (\log x)^2 dx$$ ← $\log x$ が登場! 部分積分の予感…

$$= \int \{\underbrace{1}_{f(x)} \times \underbrace{(\log x)^2}_{g(x)}\} dx$$

強引に 1 を作ってしまえ!!

$\int 1 dx = x + C$ です!

$$= \underbrace{x}_{F(x)} \underbrace{(\log x)^2}_{g(x)} - \int (\underbrace{x}_{F(x)} \times \underbrace{\frac{1}{x} \times 2\log x}_{g'(x)}) dx$$

$(\log x)' = \frac{1}{x}$

$$= x(\log x)^2 - 2\int \log x \, dx$$

あーっ!! やっぱり!!

> $\{(\log x)^2\}' = \frac{1}{x} \times 2\log x$
> と微分法もしっかり復習してね!
> $(\{f(x)\}^n)' = f(x)' \times n\{f(x)\}^{n-1}$
> 詳しくは第2章にて

そーです!!

$\int \log x \, dx$ が登場してしまったので, (1)と同様

もう一度, $\int (1 \times \log x) dx$ として部分積分をするしかありません!!

作る!!　　p.374 問題36-2 (2)と同じ!

仕上げは, 解答にて…

本問のテーマは、**ダブル部分積分** でした!!

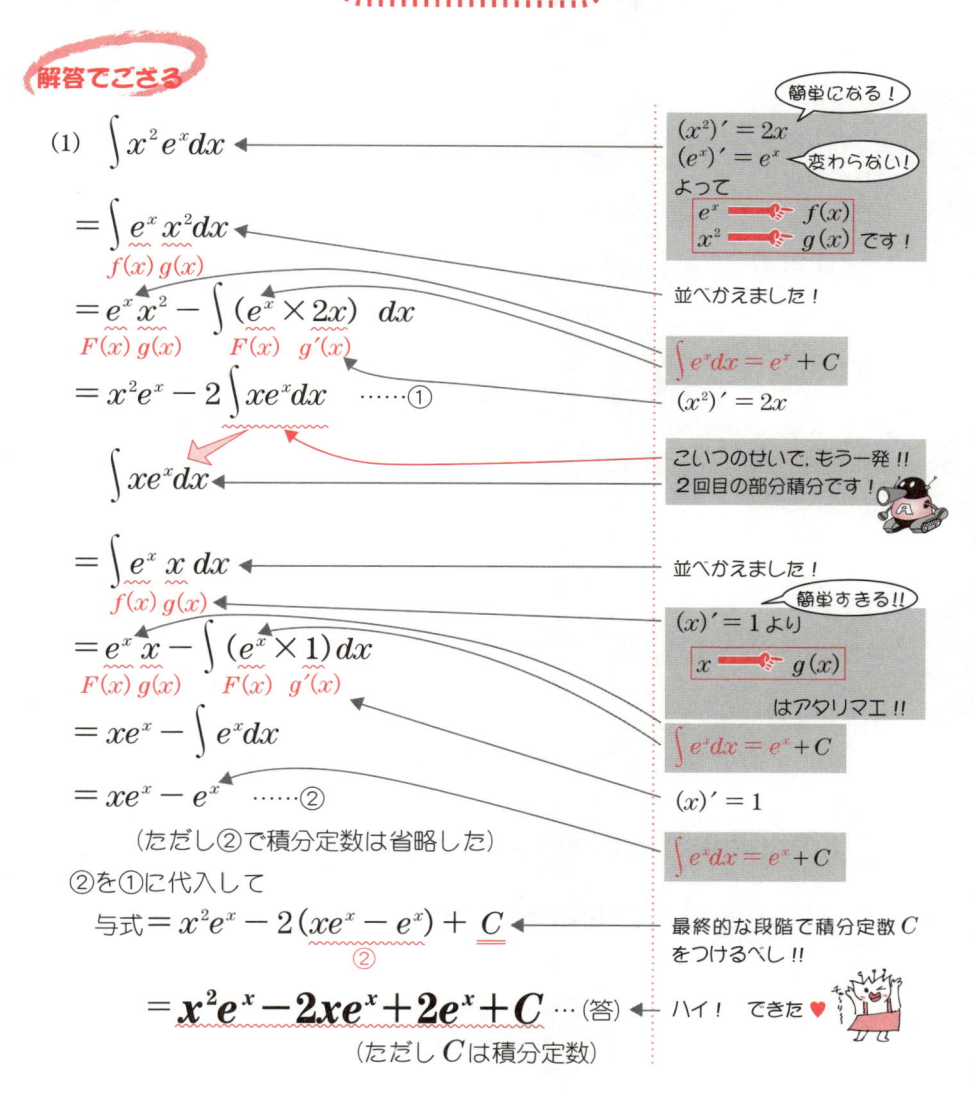

ダブルだぜっ!!

解答でござる

(1) $\displaystyle\int x^2 e^x dx$

簡単になる！
$(x^2)' = 2x$
$(e^x)' = e^x$ 変わらない！
よって
$e^x \rightarrow f(x)$
$x^2 \rightarrow g(x)$ です！

$= \displaystyle\int \underbrace{e^x}_{f(x)} \underbrace{x^2}_{g(x)} dx$

並べかえました！

$= \underbrace{e^x}_{F(x)} \underbrace{x^2}_{g(x)} - \displaystyle\int (\underbrace{e^x}_{F(x)} \times \underbrace{2x}_{g'(x)}) \, dx$

$\displaystyle\int e^x dx = e^x + C$
$(x^2)' = 2x$

$= x^2 e^x - 2 \displaystyle\int xe^x dx$ ……①

$\displaystyle\int xe^x dx$

こいつのせいで、もう一発!!
2回目の部分積分です！

$= \displaystyle\int \underbrace{e^x}_{f(x)} \underbrace{x}_{g(x)} dx$

並べかえました！

簡単すぎる!!
$(x)' = 1$ より
$x \rightarrow g(x)$
はアタリマエ!!

$= \underbrace{e^x}_{F(x)} \underbrace{x}_{g(x)} - \displaystyle\int (\underbrace{e^x}_{F(x)} \times \underbrace{1}_{g'(x)}) \, dx$

$= xe^x - \displaystyle\int e^x dx$

$\displaystyle\int e^x dx = e^x + C$
$(x)' = 1$

$= xe^x - e^x$ ……②

（ただし②で積分定数は省略した）

②を①に代入して

与式 $= x^2 e^x - 2\underbrace{(xe^x - e^x)}_{②} + \underline{\underline{C}}$

最終的な段階で積分定数 C をつけるべし!!

$= \boldsymbol{x^2 e^x - 2xe^x + 2e^x + C}$ …（答）

（ただし C は積分定数）

ハイ！ できた ♥

(2) $\displaystyle\int (\log x)^2 dx$ ← logx が登場したら部分積分の予兆と思え!!

$= \displaystyle\int \{\underbrace{1}_{f(x)} \times \underbrace{(\log x)^2}_{g(x)}\} dx$

強引に1を作るべし！

$\displaystyle\int 1dx = x + C$

$= \underbrace{x}_{F(x)}\underbrace{(\log x)^2}_{g(x)} - \displaystyle\int \underbrace{(x}_{F(x)} \times \underbrace{\dfrac{1}{x} \times 2\log x)}_{g'(x)} dx$

$\{(\log x)^2\}'$
$= \dfrac{1}{x} \times 2\log x$

$(\log x)' = \dfrac{1}{x}$

$= x(\log x)^2 - 2\displaystyle\int \log x\, dx$ ……①

$(\{f(x)\}^n)'$
$= f'(x) \times n\{f(x)\}^{n-1}$

です!!

$\displaystyle\int \log x\, dx$

こいつのせいでもう一発!!
2回目の部分積分です！

$= \displaystyle\int (\underbrace{1}_{f(x)} \times \underbrace{\log x}_{g(x)}) dx$

とにかく強引に1を作るべし！

$= \underbrace{x}_{F(x)}\underbrace{\log x}_{g(x)} - \displaystyle\int (\underbrace{x}_{F(x)} \times \underbrace{\dfrac{1}{x}}_{g'(x)}) dx$

$\displaystyle\int 1dx = x + C$

$(\log x)' = \dfrac{1}{x}$

$= x\log x - \displaystyle\int 1 dx$

$\displaystyle\int 1dx = x + C$

$= x\log x - x$ ……②

（ただし②で積分定数は省略した）

②を①に代入して

与式 $= x(\log x)^2 - 2\underbrace{(x\log x - x)}_{②} + C$

最後の最後で積分定数 C をつけておけばよい!!

$= x(\log x)^2 - 2x\log x + 2x + C$ …(答)

ハイ！ おしまい♥

（ただし C は積分定数）

では，もっと味のあるお話を…

問題 37-2　ちょいムズ

次の定積分を求めよ。

(1) $\displaystyle\int_0^1 \log(x+2)\,dx$

(2) $\displaystyle\int_1^3 \log(2x+3)\,dx$

ナイスな導入!!

まあ，$\log$ が登場してますから，部分積分法を頭に浮かべてホシイわけですが…。とりあえず，やってみますか！

(1) では…

$\displaystyle\int \log(x+2)\,dx$　← まずは不定積分で！

$= \displaystyle\int \{\underbrace{1}_{f(x)} \times \underbrace{\log(x+2)}_{g(x)}\}\,dx$　← 強引に 1 を作る！

$\displaystyle\int 1\,dx = x+C$

$= \underbrace{x}_{F(x)} \underbrace{\log(x+2)}_{g(x)} - \displaystyle\int \Big(\underbrace{x}_{F(x)} \times \underbrace{\dfrac{1}{x+2}}_{g'(x)}\Big)\,dx$

$\{\log(x+2)\}' = \dfrac{1}{x+2}$

$= x\log(x+2) - \displaystyle\int \dfrac{x}{x+2}\,dx$　← なんか気に入らねぇ…。

ってな感じになるわけです。

$\dfrac{x}{x+2} = \dfrac{x+2-2}{x+2} = \dfrac{x+2}{x+2} + \dfrac{-2}{x+2}$ より

確かに $\displaystyle\int \dfrac{x}{x+2}\,dx$ は，$\displaystyle\int\Big(1+\dfrac{-2}{x+2}\Big)\,dx$ と変形して

計算すればよいのですが，じつは，もっともっと<u>ウマイ方法</u>があるんですヨ♥

▼ それは…

問題のシーンにもどりますね！

$$\int \underbrace{1}_{f(x)} \times \underbrace{\log(x+2)}_{g(x)} \, dx$$ ← ここまではOK!!

$$= \underbrace{x}_{F(x)} \underbrace{\log(x+2)}_{g(x)} - \int \Big(\underbrace{x}_{F(x)} \times \underbrace{\frac{1}{x+2}}_{g'(x)} \Big) \, dx$$

えーっ!!

ここが問題の場所です!!
アナタはある思い込みをしてしまってますョ！

$$\int 1 dx = x + C$$ ですよねぇ!?

いつも楽な道を選び積分定数 C を 0 と設定して $F(x)$ を求めてました。
実際は，積分定数 C を何に設定しようが自由なはずです。
例えば…

$$\int 1 dx = x + 3$$ ← $(x+3)' = 1$ となり，条件をみたす！

$$\int 1 dx = x + 100$$ ← $(x+100)' = 1$ となり，ちゃんともとにもどる！

など，本来いろいろ選択肢があるわけです！

つまり

$$\int 1 dx = x + 2$$ と考えても，まったくOKですね！

▼ では仕切り直し!!

$$\int \underbrace{1}_{f(x)} \times \underbrace{\log(x+2)}_{g(x)} \, dx$$ ← また，このシーンからスタート！

$$= (x+2)\log(x+2) - \int\left\{(x+2) \times \frac{1}{x+2}\right\}dx$$

$\underbrace{(x+2)}_{F(x)}\,\underbrace{\log(x+2)}_{g(x)}$ ... $\underbrace{(x+2)}_{F(x)} \times \underbrace{\frac{1}{x+2}}_{g'(x)}$

（$\int 1dx = x+2$ としました!!）

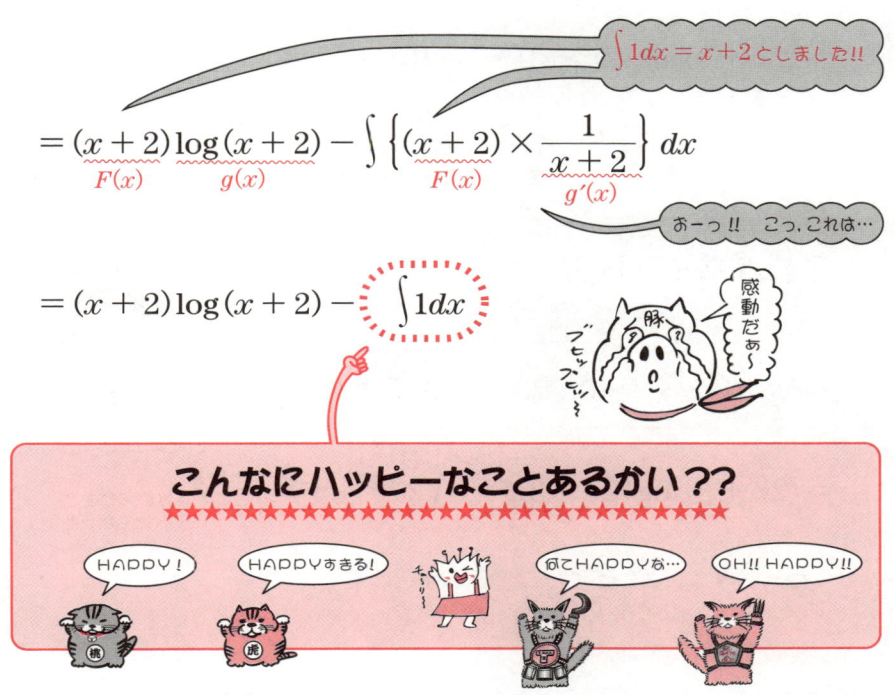

おーっ!! こっ,これは…

$$= (x+2)\log(x+2) - \int 1dx$$

感動だぁ〜 ブヒャブヒャ

こんなにハッピーなことあるかい??
★★★★★★★★★★★★★★★★★★★★★★★★★★★★★★★★★★★

HAPPY! / HAPPYすぎる! / チェリー!! / 何てHAPPYな… / OH!! HAPPY!!

つまーり!! $F(x)$ を決定するとき積分定数 C を都合のいい数字にしてしまってOKってことです!!

(2) も同様!!

$\log x$ といえば部分積分!

$$\int \log(2x+3)\,dx$$

強引に 1 を作る!

$$= \int \{1 \times \log(2x+3)\}dx$$

うしろの $\log(2x+3)$ に注意して,2 を作る!!

$$= \int \frac{1}{2}\{2 \times \log(2x+3)\}dx$$

この部分を取り出せばすべてがわかる!

$$\int \{\underbrace{2}_{f(x)} \times \underbrace{\log(2x+3)}_{g(x)}\}dx$$

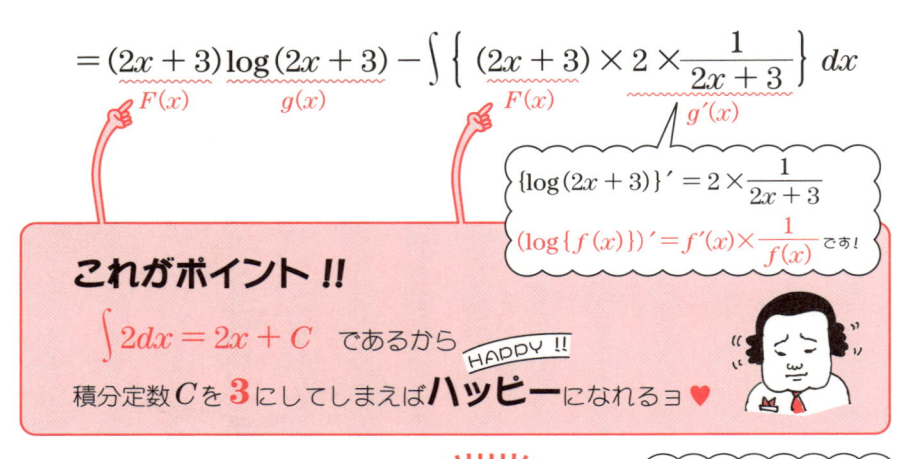

$$= (2x+3)\underset{F(x)}{\underline{\log(2x+3)}} \underset{g(x)}{\underline{}} - \int \Big\{ \underset{F(x)}{\underline{(2x+3)}} \times \underset{g'(x)}{\underline{2 \times \frac{1}{2x+3}}} \Big\} dx$$

> $\{\log(2x+3)\}' = 2 \times \dfrac{1}{2x+3}$
>
> $(\log\{f(x)\})' = f'(x) \times \dfrac{1}{f(x)}$ です！

これがポイント!!

$\displaystyle\int 2\,dx = 2x + C$ であるから

積分定数 C を **3** にしてしまえば **ハッピー** になれるョ ♥ HAPPY!!

$$= (2x+3)\log(2x+3) - \int 2\,dx$$

> ホラ!!
> $2x+3$ が約分できて
> ハッピーな形になったョ！

ハッピーになったところで、つづきは解答にて…。

解答でござる

(1) $\displaystyle\int \log(x+2)\,dx$ ← まず不定積分から！

$$= \int \{1 \times \log(x+2)\}\,dx$$
$\underset{f(x)}{} \underset{g(x)}{}$

← 強引に 1 を作ります！

> $\displaystyle\int 1\,dx = x + C$
> そこで $C = 2$ としました！

$$= \underset{F(x)}{(x+2)}\underset{g(x)}{\log(x+2)} - \int \Big\{\underset{F(x)}{(x+2)} \times \underset{g'(x)}{\dfrac{1}{x+2}}\Big\}dx$$

> OH！ HAPPY!!
> うまく約分できるように
> $F(x)$ を決定するところが
> ミソ！

$$= (x+2)\log(x+2) - \int 1\,dx$$

$$= (x+2)\log(x+2) - x + C$$

（ただし C は積分定数）

← 不定積分はとりあえず完了！

Theme 37 涙…涙の部分積分劇場

よって

$$\int_0^1 \log(x+2)\,dx$$

← 定積分開始！

$$= \Big[(x+2)\log(x+2) - x\Big]_0^1$$

← 定積分のとき積分定数 C は無用!!

$$= (1+2)\log(1+2) - 1 - \{(0+2)\log(0+2) - 0\}$$

← 1 を代入したものと 0 を代入したものとの差を計算する!!

$$= 3\log 3 - 1 - 2\log 2$$

$$= \mathbf{3\log 3 - 2\log 2 - 1} \quad \cdots \text{(答)}$$

← ハイ！　できあがり ♥

$$\left(\begin{array}{l} = \log 3^3 - \log 2^2 - 1 \\ = \log 27 - \log 4 - 1 \\ = \log \dfrac{\mathbf{27}}{\mathbf{4}} - 1 \quad \cdots \text{(答)} \end{array}\right)$$

$r\log_a M = \log_a M^r$ です！
p.588 ナイスフォロー その6 参照!!

$\log_a M - \log_a N = \log_a \dfrac{M}{N}$
です！
p.588 ナイスフォロー その6 参照!!

これでもよし!!

え…まだ続くの？

$$\left(\begin{array}{l} = \log \dfrac{27}{4} - \log e \\ = \log \dfrac{\mathbf{27}}{\mathbf{4e}} \quad \cdots \text{(答)} \end{array}\right)$$

← $1 = \log e$ です！

これでもよいが…
ちょっとやりすぎかも…。

(2) $\displaystyle\int \log(2x+3)\,dx$

← まず不定積分から!!

$$= \int \{1 \times \log(2x+3)\}\,dx$$

まいど!!
いつもの 1 作りですヨ ♥

$$= \int \dfrac{1}{2}\{2 \times \log(2x+3)\}\,dx \quad \cdots\cdots ①$$

うしろの $\log(2x+3)$ を意識して，2 を作っておく！

このとき

$$\int \{\underbrace{2}_{f(x)} \times \underbrace{\log(2x+3)}_{g(x)}\}\,dx$$

$$= (2x+3)\log(2x+3)$$
$$\quad - \int \left\{(2x+3) \times 2 \times \frac{1}{2x+3}\right\} dx$$

$$= (2x+3)\log(2x+3) - \int 2\, dx$$

$$= (2x+3)\log(2x+3) - 2x \quad \cdots ②$$

（ただし②で積分定数は省略した）

②を①に代入して

$$\int \log(2x+3)\, dx$$
$$= \frac{1}{2}\left\{(2x+3)\log(2x+3) - 2x\right\} + C$$

（C は積分定数）

$$= \frac{1}{2}(2x+3)\log(2x+3) - x + C$$

よって

$$\int_1^3 \log(2x+3)\, dx$$
$$= \left[\frac{1}{2}(2x+3)\log(2x+3) - x\right]_1^3$$

$$= \frac{1}{2}(2\times 3+3)\log(2\times 3+3) - 3$$
$$\quad - \left\{\frac{1}{2}(2\times 1+3)\log(2\times 1+3) - 1\right\}$$

$$= \frac{9}{2}\log 9 - 3 - \left(\frac{5}{2}\log 5 - 1\right)$$

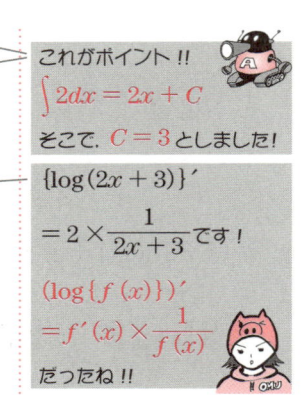

これがポイント!!
$\int 2\, dx = 2x + C$
そこで, $C=3$ としました！

$\{\log(2x+3)\}'$
$= 2 \times \dfrac{1}{2x+3}$ です！

$(\log\{f(x)\})'$
$= f'(x) \times \dfrac{1}{f(x)}$
だったね!!

積分定数 C は最終的なところであとでつける！ これが鉄則だ!!
例えば②で
$(2x+3)\log(2x+3)$
$-2x+C$
としてもよいが
これを①に代入すると
$\dfrac{1}{2}\{(2x+3)$
$\times \log(2x+3) - 2x + C\}$
$= \dfrac{1}{2}(2x+3)$
$\times \log(2x+3) - x + \dfrac{C}{2}$
となり, カッコ悪くなる！
あとになってから
$\dfrac{C}{2}$ を C と置き直せばよいが, 面倒である。

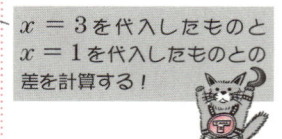

$x=3$ を代入したものと $x=1$ を代入したものとの差を計算する！

$$= \frac{9}{2}\log 9 - \frac{5}{2}\log 5 - 2$$

> これを答にしてよいが
> $\log 9 = \log 3^2 = 2\log 3$ と変形した方がよい。

$$= \frac{9}{2} \times 2\log 3 - \frac{5}{2}\log 5 - 2$$

$$= 9\log 3 - \frac{5}{2}\log 5 - 2$$

> これでよいが，通分しておきます！

$$= \frac{18\log 3 - 5\log 5 - 4}{2} \quad \cdots (答)$$

> ハイ！ おしまい ♥♥

Theme 38 置換積分法って何?

いきなり具体例で……

問題 38-1 　　　　　　　　　　　　　　　　　　　　　　　基礎

次の不定積分を求めよ。

(1) $\displaystyle\int x\sqrt{x+2}\,dx$

(2) $\displaystyle\int x\sqrt{3x-2}\,dx$

ナイスな導入!!　　p.330 問題 33-3 (2) 参照!

まず基本に帰る方針があります!

例えば (1) で……

うしろの $\sqrt{x+2}$ に注意して $x+2$ を作る!

$$\int x\sqrt{x+2}\,dx = \int (\underline{x+2-2})\sqrt{x+2}\,dx$$

$$= \int \{(x+2)\sqrt{x+2} - 2\sqrt{x+2}\}\,dx$$

$$= \int \{(x+2)^{\frac{3}{2}} - 2(x+2)^{\frac{1}{2}}\}\,dx$$

$(x+2)\sqrt{x+2}$
$= (x+2)(x+2)^{\frac{1}{2}}$
$= (x+2)^{1+\frac{1}{2}}$
$= (x+2)^{\frac{3}{2}}$

$\sqrt{x+2} = (x+2)^{\frac{1}{2}}$

ってな感じに変形すれば解決です!

しかし,もう少し式がややこしくなるといちいち作るのもタイヘン!!

では,部分積分法ではどうでしょうか?
p.368 参照!

部分積分…

(1)は，x と $\sqrt{x+2}$ の積！
(2)は，x と $\sqrt{3x-2}$ の積！
つまり，両者とも2つの関数の積で表されている！
(1)では…

$$\int x\sqrt{x+2}\,dx$$

$\sqrt{x+2}=(x+2)^{\frac{1}{2}}$です！

$$=\int \{\underbrace{(x+2)^{\frac{1}{2}}}_{f(x)} \times \underbrace{x}_{g(x)}\}dx$$

$(x)'=1$ ←簡単になる!!
よって $x \rightarrow g(x)$

$$=\underbrace{\frac{2}{3}(x+2)^{\frac{3}{2}}}_{F(x)} \times \underbrace{x}_{g(x)} - \int \{\underbrace{\frac{2}{3}(x+2)^{\frac{3}{2}}}_{F(x)} \times \underbrace{1}_{g'(x)}\}dx$$

$$\int (x+2)^{\frac{1}{2}}dx = \frac{1}{\frac{1}{2}+1}(x+2)^{\frac{1}{2}+1} = \frac{1}{\frac{3}{2}}(x+2)^{\frac{3}{2}} = \frac{2}{3}(x+2)^{\frac{3}{2}}$$

$$=\frac{2}{3}x(x+2)^{\frac{3}{2}} - \frac{2}{3}\int (x+2)^{\frac{3}{2}}dx$$

おっ!!
これならイケル！

何ーっ!?

ってな具合に計算してもOKなんですが…

もっとスッキリした方法があるのだ!!

そーです！ それこそが **置換積分法** です♥

では，再び(1)を考えてみましょう！
唐突で誠に申し訳ありませんが…

唐突すぎます…

$$\int x\sqrt{x+2}\,dx \quad \text{と} \quad \int (x-2)\sqrt{x}\,dx$$

どっちが好き??

では対決です!! 〔ルートの中が $x+2$ じゃたまんねぇや…〕

$\int x\sqrt{x+2}\,dx$ は,すぐに計算することができません!!

これに対して,$\int (x-2)\sqrt{x}\,dx$ は…

$$\int (x-2)\sqrt{x}\,dx$$

〔$\sqrt{x} = x^{\frac{1}{2}}$〕

$$= \int (x-2)x^{\frac{1}{2}}dx$$

$$= \int (x \times x^{\frac{1}{2}} - 2 \times x^{\frac{1}{2}})\,dx$$

〔$x^1 \times x^{\frac{1}{2}} = x^{1+\frac{1}{2}} = x^{\frac{3}{2}}$〕

$$= \int (x^{\frac{3}{2}} - 2x^{\frac{1}{2}})\,dx$$

$$= \frac{2}{5}x^{\frac{5}{2}} - 2 \times \frac{2}{3}x^{\frac{3}{2}} + C$$

$$= \frac{2}{5}x^{\frac{5}{2}} - \frac{4}{3}x^{\frac{3}{2}} + C$$

ハイ! できあがり♥

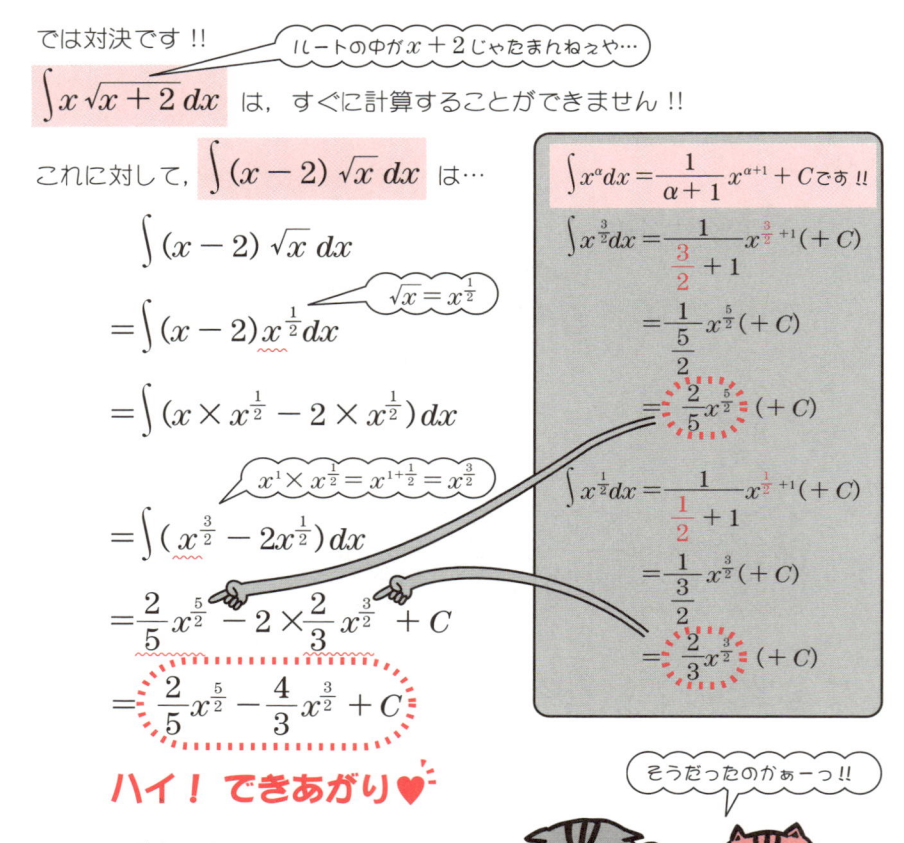

$\int x^\alpha dx = \dfrac{1}{\alpha+1}x^{\alpha+1} + C$ です!!

$\int x^{\frac{3}{2}}dx = \dfrac{1}{\frac{3}{2}+1}x^{\frac{3}{2}+1}(+C)$

$\qquad = \dfrac{1}{\frac{5}{2}}x^{\frac{5}{2}}(+C)$

$\qquad = \dfrac{2}{5}x^{\frac{5}{2}}(+C)$

$\int x^{\frac{1}{2}}dx = \dfrac{1}{\frac{1}{2}+1}x^{\frac{1}{2}+1}(+C)$

$\qquad = \dfrac{1}{\frac{3}{2}}x^{\frac{3}{2}}(+C)$

$\qquad = \dfrac{2}{3}x^{\frac{3}{2}}(+C)$

〔そうだったのかぁーっ!!〕

ふつうに積分できてしまいましたね!

つまり!!

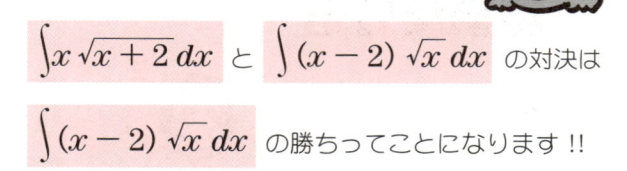

$\int x\sqrt{x+2}\,dx$ と $\int (x-2)\sqrt{x}\,dx$ の対決は

$\int (x-2)\sqrt{x}\,dx$ の勝ちってことになります!!

じつは…

$\int x\sqrt{x+2}\,dx$ って $\int (x-2)\sqrt{x}\,dx$ に変身できるんです!

ここからが本番!!

$$\int x\sqrt{x+2}\,dx$$

ルートの中味の $x+2$ が嫌だなぁ…

そこで $x+2=t$ **とおいてみましょう!!**

すると…

$x+2=t$ より $x=t-2$ です！

$$\int x\sqrt{x+2}\,dx = \int (t-2)\sqrt{t}\,dx$$

t とおく!!

先ほどの $\int (x-2)\sqrt{x}\,dx$ と同じ形だ!!

おっ!! 式が簡単になりましたねぇ ♥

もとの式でなく，この式を計算すりゃあ楽勝ってことです!!

しかーし!! やり残したことが…

ん…!?

それは…

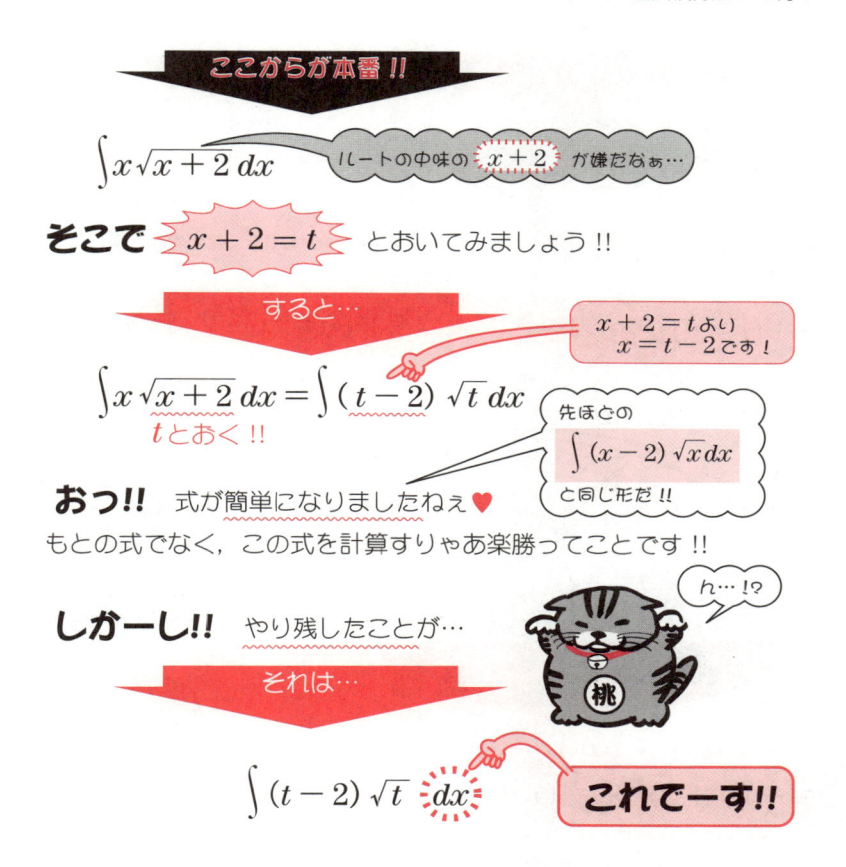

$$\int (t-2)\sqrt{t}\,dx$$

これでーす!!

そーです！ t の話題に変わっているのにもかかわらず，dx ってのはお粗末!! これをなんとか dt に変身させなければなりません!!

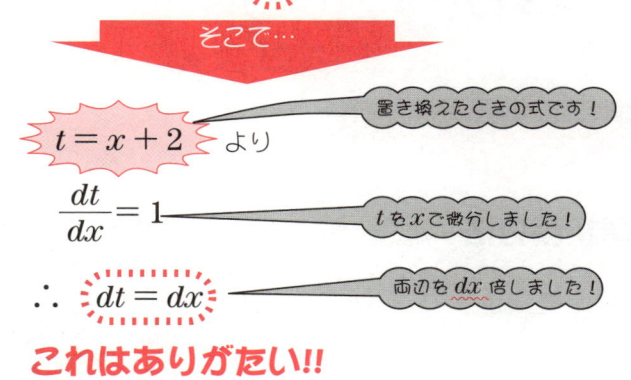

そこで…

$t=x+2$ より

置き換えたときの式です！

$$\frac{dt}{dx}=1$$

t を x で微分しました！

$\therefore\ dt=dx$

両辺を dx 倍しました！

これはありがたい!!

つまーり!!

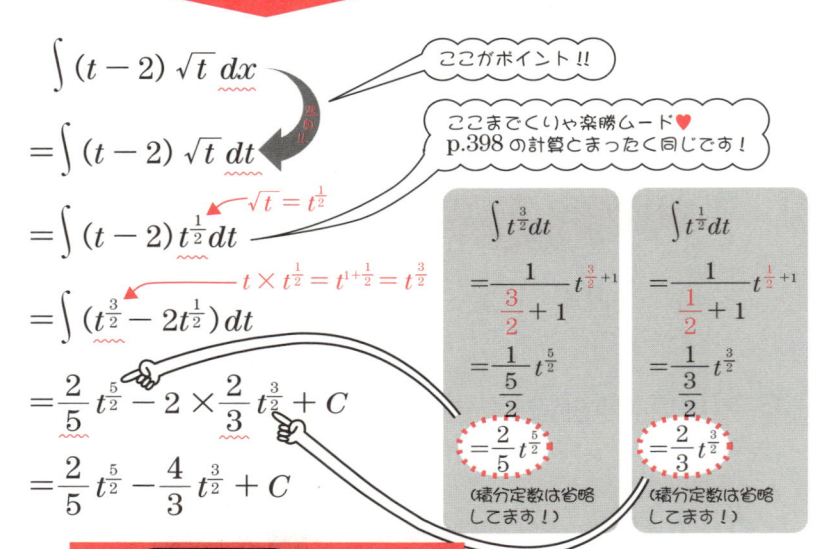

$$\int (t-2)\sqrt{t}\,dx$$

$$=\int (t-2)\sqrt{t}\,dt$$ ← ここがポイント!!

ここまでくりゃ楽勝ムード♥
p.398の計算とまったく同じです!

$\sqrt{t}=t^{\frac{1}{2}}$

$$=\int (t-2)t^{\frac{1}{2}}\,dt$$

$t\times t^{\frac{1}{2}}=t^{1+\frac{1}{2}}=t^{\frac{3}{2}}$

$$=\int (t^{\frac{3}{2}}-2t^{\frac{1}{2}})\,dt$$

$$=\frac{2}{5}t^{\frac{5}{2}}-2\times\frac{2}{3}t^{\frac{3}{2}}+C$$

$$=\frac{2}{5}t^{\frac{5}{2}}-\frac{4}{3}t^{\frac{3}{2}}+C$$

$\int t^{\frac{3}{2}}dt$	$\int t^{\frac{1}{2}}dt$
$=\dfrac{1}{\frac{3}{2}+1}t^{\frac{3}{2}+1}$	$=\dfrac{1}{\frac{1}{2}+1}t^{\frac{1}{2}+1}$
$=\dfrac{1}{\frac{5}{2}}t^{\frac{5}{2}}$	$=\dfrac{1}{\frac{3}{2}}t^{\frac{3}{2}}$
$=\dfrac{2}{5}t^{\frac{5}{2}}$	$=\dfrac{2}{3}t^{\frac{3}{2}}$
(積分定数は省略してます!)	(積分定数は省略してます!)

て! $t=x+2$ だったから…

$$=\frac{2}{5}(x+2)^{\frac{5}{2}}-\frac{4}{3}(x+2)^{\frac{3}{2}}+C$$

ハイ!できた!!

なるほどね…

このように,別の文字に置き換えて積分する方法を

置換積分法 と申します♥

(2)も同様で…

$$\int x\sqrt{3x-2}\,dx$$

$\sqrt{}$ の中味が $3x-2$!!
これは,かなりウザイ!!

こんなときどうする!?

そーです! **置換積分法** の登場でっせ♥

置換積分…

$t=3x-2$ とおいて!

Theme 38 置換積分法って何？　401

$$\int x\sqrt{3x-2}\,dx$$
　　　　　tとおく

$t = 3x - 2$ より
$3x = t + 2$
よって, $x = \dfrac{t+2}{3}$ です！

$$= \int \left(\dfrac{t+2}{3} \times \sqrt{t} \right) dx$$

これもなんとかせねば…

このとき!!

$t = 3x - 2$ より

$\dfrac{dt}{dx} = 3$　　tをxで微分しました！

$dt = 3dx$　　両辺にdxをかけたよ！

$\therefore \ dx = \dfrac{1}{3}dt$　　これをdxのところに入れてください!!

以上より

$$\int \left(\dfrac{t+2}{3} \times \sqrt{t} \right) \times \dfrac{1}{3} dt$$

$dx = \dfrac{1}{3}dt$ です！

$$= \dfrac{1}{9} \int (t+2)\sqrt{t}\,dt$$

$\dfrac{1}{9}$を前に出しました！

ここまでくれば大丈夫ですね！　仕上げは解答にて…。

(1)＆(2)ともに 部分積分法 　Theme 36 ＆ Theme 37 参照
でもできるのですが, 今回登場した 置換積分法 の方が計算が楽です！

ですから,

　数式×指数関数
$\int xe^x dx$ のように, まったく種類の違う関数の積が
　問題 36-1)(1)です！
登場した場合は, 部分積分法 をまず疑ってみる！

$\int x\sqrt{x+2}\,dx$ のように, それほど違わない関数の積が
　問題 38-1)(1)です！
登場した場合は, 置換積分法 をまず疑ってみる！

と考えればOKです！

解答でござる

(1) $t = x+2$ とおく。

このとき

$$\frac{dt}{dx} = 1$$

$$dt = dx$$

$$\therefore \boxed{dx = dt}$$

以上から

$$\int x\sqrt{x+2}\,dx$$

$$= \int (t-2)\sqrt{t}\,dt$$

$$= \int (t-2)t^{\frac{1}{2}}\,dt$$

$$= \int (t^{\frac{3}{2}} - 2t^{\frac{1}{2}})\,dt$$

$$= \frac{2}{5}t^{\frac{5}{2}} - 2 \times \frac{2}{3}t^{\frac{3}{2}} + C$$

$$= \frac{2}{5}t^{\frac{5}{2}} - \frac{4}{3}t^{\frac{3}{2}} + C$$

$$= \frac{2}{5}(x+2)^{\frac{5}{2}} - \frac{4}{3}(x+2)^{\frac{3}{2}} + C \quad \cdots \text{(答)}$$

(ただし C は積分定数)

―― 置換積分法始動!

―― t を x で微分する!
両辺に dx をかけました!
左右逆にしただけです!
この式は重要なり!

$t = x+2$ より
$x = t-2$ です!

$\int x\sqrt{x+2}\,dx$
 ↓   ↓   ↓
$t-2$ t dt

$\sqrt{t} = t^{\frac{1}{2}}$

$t \times t^{\frac{1}{2}} = t^{1+\frac{1}{2}} = t^{\frac{3}{2}}$

$\int t^{\alpha}dt = \dfrac{1}{\alpha+1}t^{\alpha+1} + C$ です!!

$\dfrac{1}{\frac{3}{2}+1}t^{\frac{3}{2}+1} + C$

$= \dfrac{1}{\frac{5}{2}}t^{\frac{5}{2}} + C$

$= \dfrac{2}{5}t^{\frac{5}{2}} + C$

$\dfrac{1}{\frac{1}{2}+1}t^{\frac{1}{2}+1} + C$

$= \dfrac{1}{\frac{3}{2}}t^{\frac{3}{2}} + C$

$= \dfrac{2}{3}t^{\frac{3}{2}} + C$

仕上げは、t のところに $t = x+2$ を代入!!

(2) $t = 3x - 2$ とおく。 ← 置換積分法始動！

このとき

$$\frac{dt}{dx} = 3$$ ← t を x で微分する！

$$dt = 3dx$$ ← 両辺に dx をかけた！

$$\therefore \boxed{dx = \frac{1}{3}dt}$$ ← dx について解いた！

この式は重要だよ！

以上から

$$\int x\sqrt{3x-2}\,dx$$

$$= \int \frac{t+2}{3} \cdot \sqrt{t} \cdot \frac{1}{3}\,dt$$

$$= \frac{1}{9}\int (t+2)\,t^{\frac{1}{2}}\,dt$$

$$= \frac{1}{9}\int (t^{\frac{3}{2}} + 2t^{\frac{1}{2}})\,dt$$

$$= \frac{1}{9}\left(\frac{2}{5}t^{\frac{5}{2}} + 2 \times \frac{2}{3}t^{\frac{3}{2}}\right) + C$$

$$= \frac{2}{45}t^{\frac{5}{2}} + \frac{4}{27}t^{\frac{3}{2}} + C$$

$$= \frac{2}{45}(3x-2)^{\frac{5}{2}} + \frac{4}{27}(3x-2)^{\frac{3}{2}} + C \quad \text{…(答)}$$

(ただし C は積分定数)

$t = 3x - 2$ より
$3x = t + 2$
よって，$x = \dfrac{t+2}{3}$ です！

$$\int x\sqrt{3x-2}\,dx$$
$\dfrac{t+2}{3}$　t　$\dfrac{1}{3}dt$

$\sqrt{t} = t^{\frac{1}{2}}$

$t \times t^{\frac{1}{2}} = t^{1+\frac{1}{2}} = t^{\frac{3}{2}}$

$$\int t^{\alpha}\,dt = \frac{1}{\alpha+1}t^{\alpha+1} + C$$ です！！

$\dfrac{1}{\frac{3}{2}+1}t^{\frac{3}{2}+1} + C$

$= \dfrac{1}{\frac{5}{2}}t^{\frac{5}{2}} + C$

$= \dfrac{2}{5}t^{\frac{5}{2}} + C$

$\dfrac{1}{\frac{1}{2}+1}t^{\frac{1}{2}+1} + C$

$= \dfrac{1}{\frac{3}{2}}t^{\frac{3}{2}} + C$

$= \dfrac{2}{3}t^{\frac{3}{2}} + C$

仕上げは，t のところに $t = 3x - 2$ を代入!!

置換積分法 の醍醐味は 定積分 にあります！ そこで…

問題 38-2　基礎

定積分 $\int_1^2 x\sqrt{3x-2}\,dx$ を求めよ。

ナイスな導入!!

あえて， 問題 38-1 (2)と同じ式にしておきました！
まあ， 置換積分法 を活用すりゃあOKなんですが…
今回は， 定積分 なんですヨ！

いったいどこが，変わるんでしょうかね…

$$\int_1^2 x\sqrt{3x-2}\,dx$$

p.400 参照!!
$t=3x-2$ とおきましたね！
このとき
$\dfrac{dt}{dx}=3$ から $dx=\dfrac{1}{3}dt$
さらに $x=\dfrac{t+2}{3}$ でした！

$$=\int_1^2 \frac{t+2}{3}\cdot\sqrt{t}\cdot\frac{1}{3}\,dt$$

はたして，これでいいのかな…？

そーです!!

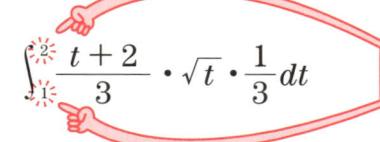

$$\int_1^2 \frac{t+2}{3}\cdot\sqrt{t}\cdot\frac{1}{3}\,dt \quad \text{これがダメ!!}$$

そりゃ，そうでしょ!?
$\int_1^2$ は，あくまでも x の値の範囲ですから!!（$x=1$ から $x=2$ まで積分する）　残念!!

Theme 38 置換積分法って何？

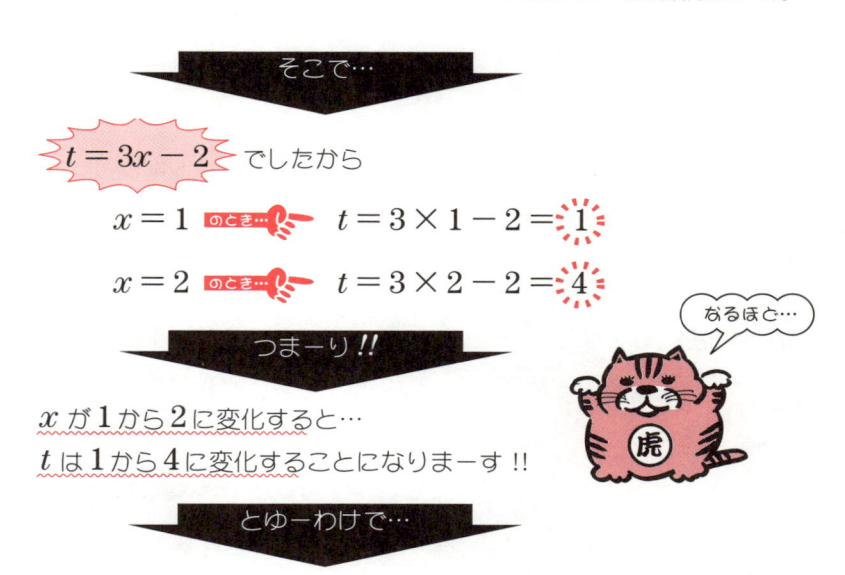

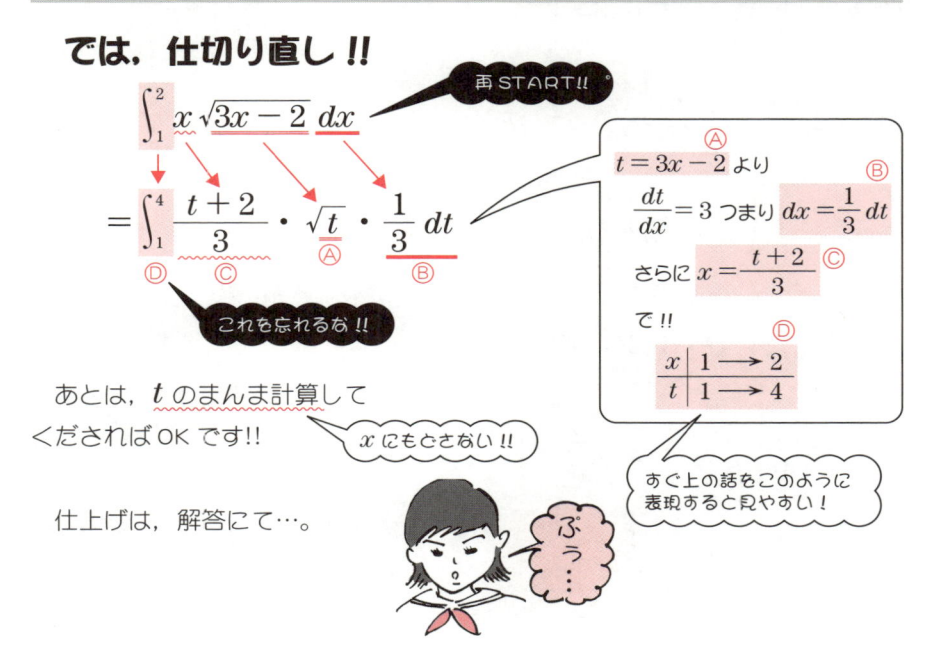

そこで…

$t = 3x - 2$ でしたから

$x = 1$ のとき… $t = 3 \times 1 - 2 = 1$

$x = 2$ のとき… $t = 3 \times 2 - 2 = 4$

なるほど…

つまーり!!

x が1から2に変化すると…
t は1から4に変化することになりまーす!!

とゆーわけで…

$$\int_1^2 (\cdots\cdots) dx \quad 変身!! \quad \int_1^4 (\cdots\cdots) dt$$

では，仕切り直し!!

再START!!

$$\int_1^2 x\sqrt{3x-2}\,dx$$

$$= \int_1^4 \frac{t+2}{3} \cdot \sqrt{t} \cdot \frac{1}{3}\,dt$$

ⒹⒸⒶⒷ

これを忘れるな!!

Ⓐ $t = 3x - 2$ より

Ⓑ $\dfrac{dt}{dx} = 3$ つまり $dx = \dfrac{1}{3}dt$

Ⓒ さらに $x = \dfrac{t+2}{3}$

で!!

Ⓓ

x	1 $\longrightarrow$ 2
t	1 $\longrightarrow$ 4

すぐ上の話をこのように表現すると見やすい！

あとは，t のまんま計算してくだされば OK です!!

x にもどさない!!

仕上げは，解答にて…。

ぶぅ…

解答でござる

$t = 3x - 2$ とおく。

このとき

$$\frac{dt}{dx} = 3$$

$$dt = 3dx$$

$$\therefore \quad dx = \frac{1}{3}dt$$

さらに

x	$1 \longrightarrow 2$
t	$1 \longrightarrow 4$

以上から

$$\int_1^2 x\sqrt{3x-2}\,dx$$

$$= \int_1^4 \frac{t+2}{3} \cdot \sqrt{t} \cdot \frac{1}{3}\,dt$$

$$= \frac{1}{9}\int_1^4 (t+2)\,t^{\frac{1}{2}}\,dt$$

$$= \frac{1}{9}\int_1^4 \left(t^{\frac{3}{2}} + 2t^{\frac{1}{2}}\right)dt$$

$$= \frac{1}{9}\left[\frac{2}{5}t^{\frac{5}{2}} + 2 \times \frac{2}{3}t^{\frac{3}{2}}\right]_1^4$$

$$= \frac{1}{9}\left[\frac{2}{5}t^{\frac{5}{2}} + \frac{4}{3}t^{\frac{3}{2}}\right]_1^4$$

置換積分開幕!

t を x で微分!!

両辺を dx 倍する!!

これを忘れるな!!

$t = 3x - 2$ より
 $x = 1$ のとき $t = 1$
 $x = 2$ のとき $t = 4$

つまーり!

x が $1 \longrightarrow 2$ のとき
t は $1 \longrightarrow 4$ となる!

$t = 3x - 2$ より
$x = \dfrac{t+2}{3}$ です!

$$\int_1^2 x\sqrt{3x-2}\,dx$$

$$\int_1^4 \frac{t+2}{3} \cdot \sqrt{t} \cdot \frac{1}{3}\,dt$$

$\sqrt{t} = t^{\frac{1}{2}}$

$t \times t^{\frac{1}{2}} = t^{1+\frac{1}{2}} = t^{\frac{3}{2}}$

$$\int t^{\alpha}\,dt = \frac{1}{\alpha+1}t^{\alpha+1} + C$$

です!!

$$\frac{1}{\frac{3}{2}+1}t^{\frac{3}{2}+1} = \frac{1}{\frac{5}{2}}t^{\frac{5}{2}}$$

$$= \frac{2}{5}t^{\frac{5}{2}}$$

$$\frac{1}{\frac{1}{2}+1}t^{\frac{1}{2}+1} = \frac{1}{\frac{3}{2}}t^{\frac{3}{2}}$$

$$= \frac{2}{3}t^{\frac{3}{2}}$$

$$= \frac{1}{9}\left\{\left(\frac{2}{5}\times 4^{\frac{5}{2}}+\frac{4}{3}\times 4^{\frac{3}{2}}\right)\right.$$

$$\left.-\left(\frac{2}{5}\times 1^{\frac{5}{2}}+\frac{4}{3}\times 1^{\frac{3}{2}}\right)\right\}$$

$$= \frac{1}{9}\left\{\left(\frac{2}{5}\times 32+\frac{4}{3}\times 8\right)-\left(\frac{2}{5}+\frac{4}{3}\right)\right\}$$

$$= \frac{1}{9}\left(\frac{62}{5}+\frac{28}{3}\right)$$

$$= \frac{1}{9}\times\frac{186+140}{15}$$

$$= \boldsymbol{\frac{326}{135}} \cdots \text{(答)}$$

$t=4$ を代入したものと $t=1$ を代入したものとの差をとる！

$4^{\frac{5}{2}}=(2^2)^{\frac{5}{2}}=2^{2\times\frac{5}{2}}=2^5=32$

$4^{\frac{3}{2}}=(2^2)^{\frac{3}{2}}=2^{2\times\frac{3}{2}}=2^3=8$

$\frac{2\times 32}{5}-\frac{2}{5}=\frac{64-2}{5}=\frac{62}{5}$

$\frac{4\times 8}{3}-\frac{4}{3}=\frac{32-4}{3}=\frac{28}{3}$

$\frac{62}{5}+\frac{28}{3}=\frac{62\times 3+28\times 5}{15}$

ハイ！　てきた♥

では，定積分を通して，置換積分法 をさらに…

問題 38-3　　　　　　　　　　　　　　　　　標準

次の定積分を求めよ．

(1) $\displaystyle\int_0^{\frac{1}{2}} x(2x+1)^5 dx$

(2) $\displaystyle\int_1^5 \frac{x}{\sqrt{2x-1}} dx$

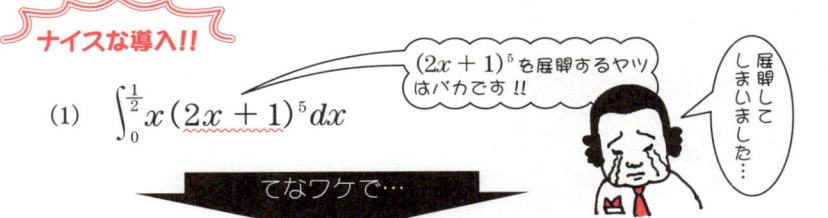

ナイスな導入!!

(1) $\displaystyle\int_0^{\frac{1}{2}} x(2x+1)^5 dx$

$(2x+1)^5$ を展開するヤツはバカです!!

展開してしまいました…

てなワケで…

$t = 2x+1$ とおくと $x = \dfrac{t-1}{2}$ より

$x(2x+1)^5$ 　変身!!　$\dfrac{t-1}{2} \times t^5$ ← 簡単になる!!

(2) $\displaystyle\int_1^5 \dfrac{x}{\sqrt{2x-1}} dx$ ← 問題38-1 & 問題38-2 の $\sqrt{}$ の部分が分母にきただけです！

そこで…

問題38-1 & 問題38-2 と同様に $\sqrt{}$ の中身を t とおいてみましょう！

とゆーわけで…

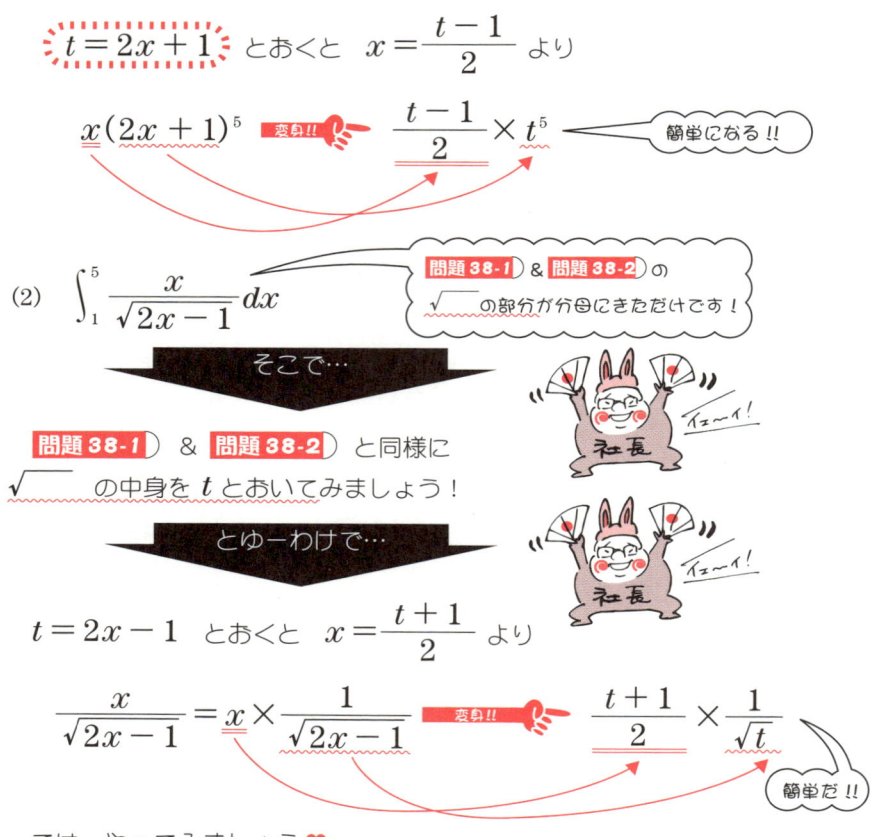

$t = 2x-1$ とおくと $x = \dfrac{t+1}{2}$ より

$\dfrac{x}{\sqrt{2x-1}} = x \times \dfrac{1}{\sqrt{2x-1}}$ 　変身!!　$\dfrac{t+1}{2} \times \dfrac{1}{\sqrt{t}}$ ← 簡単だ!!

では，やってみましょう♥

解答でござる

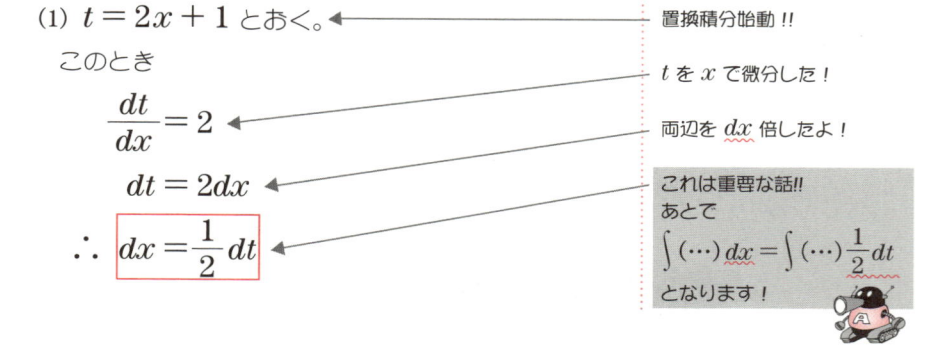

(1) $t = 2x+1$ とおく。 ← 置換積分始動!!

このとき

$\dfrac{dt}{dx} = 2$ ← t を x で微分した！

$dt = 2dx$ ← 両辺を dx 倍したよ！

∴ $\boxed{dx = \dfrac{1}{2} dt}$

これは重要な話!!
あとで
$\displaystyle\int (\cdots) dx = \int (\cdots) \dfrac{1}{2} dt$
となります！

さらに

x	$0 \longrightarrow \frac{1}{2}$
t	$1 \longrightarrow 2$

以上から

$$\int_0^{\frac{1}{2}} x(2x+1)^5 dx$$

$$= \int_1^2 \frac{t-1}{2} \cdot t^5 \cdot \frac{1}{2} dt$$

$$= \frac{1}{4} \int_1^2 (t^6 - t^5) dt$$

$$= \frac{1}{4} \left[\frac{1}{7} t^7 - \frac{1}{6} t^6 \right]_1^2$$

$$= \frac{1}{4} \left\{ \left(\frac{1}{7} \times 2^7 - \frac{1}{6} \times 2^6 \right) - \left(\frac{1}{7} \times 1^7 - \frac{1}{6} \times 1^6 \right) \right\}$$

$$= \frac{1}{4} \left(\frac{128}{7} - \frac{64}{6} - \frac{1}{7} + \frac{1}{6} \right)$$

$$= \frac{1}{4} \left(\frac{127}{7} - \frac{21}{2} \right)$$

$$= \frac{1}{4} \times \frac{254 - 147}{14}$$

$$= \frac{\mathbf{107}}{\mathbf{56}} \quad \cdots \text{(答)}$$

$t = 2x + 1$ より
 $x = 0$ のとき $t = 1$
 $x = \frac{1}{2}$ のとき $t = 2$

つまり…

x が $0 \longrightarrow \frac{1}{2}$ のとき
t は $1 \longrightarrow 2$ となる!!

$t = 2x + 1$ より
 $x = \dfrac{t-1}{2}$ です!

$\displaystyle\int_0^{\frac{1}{2}} x(2x+1)^5 dx$

$\displaystyle\int_1^2 \frac{t-1}{2} \cdot t^5 \cdot \frac{1}{2} dt$

$\displaystyle\int t^n dt = \frac{1}{n+1} t^{n+1} + C$

$t = 2$ を代入したものと
$t = 1$ を代入したものとの
差を計算する!!

$-\dfrac{64}{6} + \dfrac{1}{6}$
$= -\dfrac{63}{6} = -\dfrac{21}{2}$

$\dfrac{127}{7} - \dfrac{21}{2}$
$= \dfrac{127 \times 2 - 21 \times 7}{14}$

ハイ! できた!!

(2) $t = 2x - 1$ とおく。

このとき

$$\frac{dt}{dx} = 2$$

$$dt = 2dx$$

$$\therefore \boxed{dx = \frac{1}{2}dt}$$

さらに

x	$1 \longrightarrow 5$
t	$1 \longrightarrow 9$

以上から

$$\int_1^5 \frac{x}{\sqrt{2x-1}} dx$$

$$= \int_1^5 x \cdot \frac{1}{\sqrt{2x-1}} dx$$

$$= \int_1^9 \frac{t+1}{2} \cdot \frac{1}{\sqrt{t}} \cdot \frac{1}{2} dt$$

$$= \frac{1}{4} \int_1^9 (t+1) \cdot \frac{1}{t^{\frac{1}{2}}} dt$$

$$= \frac{1}{4} \int_1^9 \left(\frac{t}{t^{\frac{1}{2}}} + \frac{1}{t^{\frac{1}{2}}}\right) dt$$

$$= \frac{1}{4} \int_1^9 (t^{\frac{1}{2}} + t^{-\frac{1}{2}}) dt$$

置換積分開始!!

t を x で微分!!

両辺を dx 倍する!

これは大切な式です!!
あとで
$\int (\cdots) dx = \int (\cdots) \frac{1}{2} dt$
となります!

$t = 2x - 1$ より
$x = 1$ のとき $t = 1$
$x = 5$ のとき $t = 9$

つまり…

x が $1 \longrightarrow 5$ のとき
t は $1 \longrightarrow 9$ となる!!

見やすく書き直しました!!

$t = 2x - 1$ より
$x = \dfrac{t+1}{2}$ です!

$\sqrt{t} = t^{\frac{1}{2}}$

$\dfrac{t}{t^{\frac{1}{2}}} = t^{1-\frac{1}{2}} = t^{\frac{1}{2}}$

$\dfrac{1}{t^{\frac{1}{2}}} = t^{-\frac{1}{2}}$

Theme 38 置換積分法って何？

$$=\frac{1}{4}\left[\frac{2}{3}t^{\frac{3}{2}}+2t^{\frac{1}{2}}\right]_1^9$$

$$=\frac{1}{4}\left\{\left(\frac{2}{3}\times 9^{\frac{3}{2}}+2\times 9^{\frac{1}{2}}\right)\right.$$

$$\left.-\left(\frac{2}{3}\times 1^{\frac{3}{2}}+2\times 1^{\frac{1}{2}}\right)\right\}$$

$$=\frac{1}{4}\left\{\left(\frac{2}{3}\times 27+2\times 3\right)-\left(\frac{2}{3}+2\right)\right\}$$

$$=\frac{1}{4}\left(18+6-\frac{2}{3}-2\right)$$

$$=\frac{1}{4}\times\frac{64}{3}$$

$$=\boldsymbol{\frac{16}{3}} \cdots \text{(答)}$$

$\int t^{\alpha}dt=\dfrac{1}{\alpha+1}t^{\alpha+1}+C$ です!!

$\dfrac{1}{\frac{1}{2}+1}t^{\frac{1}{2}+1}=\dfrac{1}{\frac{3}{2}}t^{\frac{3}{2}}=\dfrac{2}{3}t^{\frac{3}{2}}$

$\dfrac{1}{-\frac{1}{2}+1}t^{-\frac{1}{2}+1}=\dfrac{1}{\frac{1}{2}}t^{\frac{1}{2}}=2t^{\frac{1}{2}}$

$t=9$ を代入したものと $t=1$ を代入したものとの差を計算する!!

$9^{\frac{3}{2}}=(3^2)^{\frac{3}{2}}=3^{2\times\frac{3}{2}}=3^3=27$

$9^{\frac{1}{2}}=(3^2)^{\frac{1}{2}}=3^{2\times\frac{1}{2}}=3^1=3$

$18+6-\dfrac{2}{3}-2$
$=22-\dfrac{2}{3}$
$=\dfrac{64}{3}$

ハイ！　一丁あがり♥

Theme 39 置換積分大活躍！

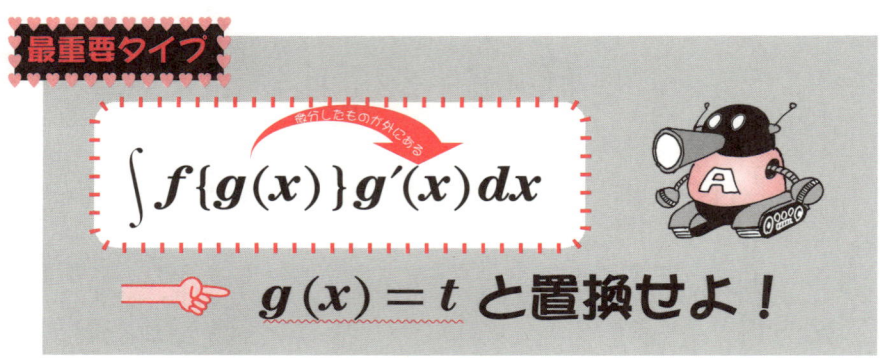

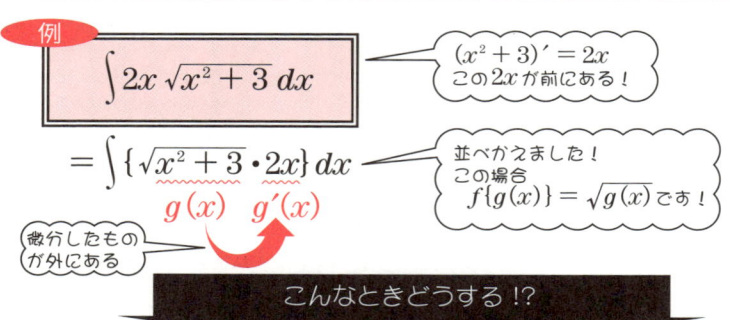

活躍するせーっ!!

最重要タイプ

$$\int f\{g(x)\}g'(x)dx$$

微分したものが外にある

☞ $g(x) = t$ と置換せよ！

例

$$\int 2x\sqrt{x^2+3}\,dx$$

$(x^2+3)' = 2x$
この $2x$ が前にある！

$$= \int \{\underbrace{\sqrt{x^2+3}}_{g(x)} \cdot \underbrace{2x}_{g'(x)}\}\,dx$$

並べかえました！
この場合
$f\{g(x)\} = \sqrt{g(x)}$ です！

微分したものが外にある

▼ こんなときどうする!?

$t = x^2 + 3$ とおく。

この場合 $g(x) = x^2+3$ です！
$g(x) = t$ とおく！ これ定石!!

$\dfrac{dt}{dx} = 2x$

t を x で微分しました！

$dt = 2x\,dx$

両辺を dx 倍したよ！

∴ $dx = \dfrac{1}{2x}\,dt$

dx について解きました！

▼ すると…

Theme 39 置換積分大活躍！

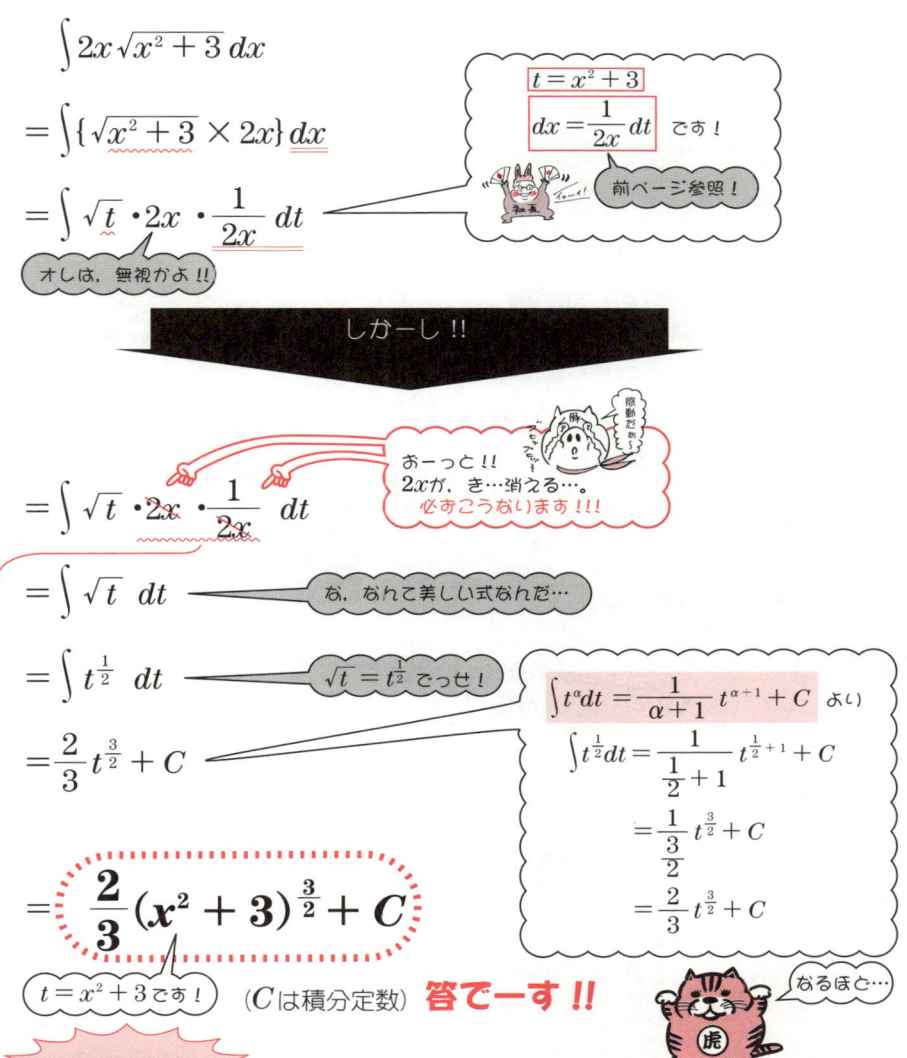

$$\int 2x\sqrt{x^2+3}\,dx$$

$$=\int \{\underline{\sqrt{x^2+3}} \times 2x\}\,\underline{dx}$$

$$=\int \underline{\sqrt{t}} \cdot 2x \cdot \underline{\frac{1}{2x}\,dt}$$

> $t = x^2+3$
> $dx = \dfrac{1}{2x}dt$ です！
> 前ページ参照！

オレは，無視かよ!!

しかーし!!

$$=\int \sqrt{t}\cdot \underline{2x\cdot \frac{1}{2x}}\,dt$$

> おーっと!!
> $2x$が，き…消える…。
> 必ずこうなります!!!

$$=\int \sqrt{t}\,dt$$

な，なんて美しい式なんだ…

$$=\int t^{\frac{1}{2}}\,dt$$

$\sqrt{t}=t^{\frac{1}{2}}$ でっせ！

$$=\frac{2}{3}t^{\frac{3}{2}}+C$$

> $\int t^{\alpha}dt = \dfrac{1}{\alpha+1}t^{\alpha+1}+C$ より
>
> $\int t^{\frac{1}{2}}dt = \dfrac{1}{\frac{1}{2}+1}t^{\frac{1}{2}+1}+C$
>
> $\phantom{\int t^{\frac{1}{2}}dt} = \dfrac{1}{\frac{3}{2}}t^{\frac{3}{2}}+C$
>
> $\phantom{\int t^{\frac{1}{2}}dt} = \dfrac{2}{3}t^{\frac{3}{2}}+C$

$$=\boxed{\frac{2}{3}(x^2+3)^{\frac{3}{2}}+C}$$

$t = x^2+3$ です！ （C は積分定数）**答でーす!!**

なるほど…

結論です!!

外に **ある関数** を微分した関数があるとき
この **ある関数** を t に置換せよ!!
そーすれば必ずいいことがある!!

では，いろいろやってみましょう♥

問題 39-1 〔基礎〕

次の不定積分を求めよ。

(1) $\displaystyle\int \sin^3 x \cos x \, dx$

(2) $\displaystyle\int 3x^2 e^{x^3+1} dx$

ナイスな導入!!

微分したものが外にあればいいなぁ…

(1)では…

$$\int \sin^3 x \cos x \, dx$$

$$= \int (\sin x)^3 \cos x \, dx$$

微分したものが外にある / きっといいことがある♥

よって $t = \sin x$ と置換すればOK!!

(2)では…

$$\int 3x^2 e^{x^3+1} dx$$

微分したものが外にある / 並べかえただけです！

$$= \int \left(e^{x^3+1} \times 3x^2 \right) dx$$

きっといいことがある♥

よって $t = x^3 + 1$ と置換すればOK!!

どうです?? コツがつかめましたか？ では早速!!

解答でござる

(1) $t = \sin x$ とおく。 ← $(\sin x)' = \cos x$
この $\cos x$ が外にあるから!!

このとき

$$\frac{dt}{dx} = \cos x$$ ← t を x で微分する!

$$dt = \cos x \, dx$$ ← 両辺を dx 倍した!

$$\therefore \quad dx = \frac{1}{\cos x} \, dt$$ ← dx について解いたよ!

以上から

$$\int \sin^3 x \cos x \, dx$$

$\sin^3 x = (\sin x)^3$
ちょっと見やすくします!

$$= \int (\sin x)^3 \cos x \, dx$$

$$= \int t^3 \cos x \cdot \frac{1}{\cos x} \, dt$$ ← おーっ!!
いいことがあるぞーっ!

$$= \int t^3 \, dt$$ ← めでたく $\cos x$ が消えてしまいました!!

$$= \frac{1}{4} t^4 + C$$ ← こんな楽なのってあり??

$t = \sin x$ です!!
ハイ!できた♥

$$= \frac{1}{4} \sin^4 x + C \quad \cdots \text{(答)}$$

(ただし C は積分定数)

(2) $t = x^3 + 1$ とおく。 ← $(x^3+1)' = 3x^2$
この $3x^2$ が外にあるから!!

このとき

$$\frac{dt}{dx} = 3x^2$$ ← t を x で微分する!

$$dt = 3x^2 dx$$ ← 両辺を dx 倍した!

$$\therefore \quad dx = \frac{1}{3x^2} dt$$ ← dxについて解いたよ！

以上から

$$\int 3x^2 e^{x^3+1} dx$$

$$= \int e^{x^3+1} \cdot 3x^2 \, dx$$ ← 並べかえただけですョ！

$$= \int e^t \cdot 3x^2 \cdot \frac{1}{3x^2} dt$$ ← おーっ!! いいことがありそうだ…。

$$= \int e^t dt$$ ← めでたく $3x^2$ が消えちゃいましたね♥

$$= e^t + C$$ ← 公式のまんまです!!

$$= e^{x^3+1} + C \cdots \text{(答)}$$ ← $t = x^3 + 1$ です！ ハイ！ 一丁あがり♥

（ただし C は積分定数）

Theme 39 置換積分大活躍！

このあたりで，脳ミソをやわらかくしておきましょう♥

問題 39-2 　　　　　　　　　　　　　　　　　　　　標準

次の不定積分を求めよ。

(1) $\displaystyle\int \cos^3 2x \sin 2x \, dx$

(2) $\displaystyle\int \frac{x \log(x^2+2)}{x^2+2} dx$

ナイスな導入!!

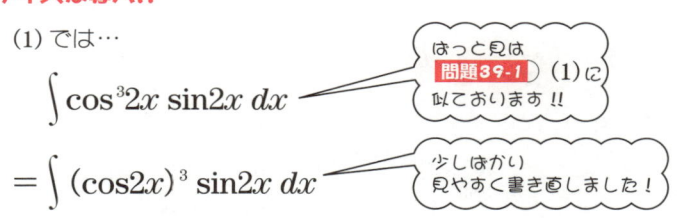

(1) では…

$$\int \cos^3 2x \sin 2x \, dx$$

はっと見は 問題39-1 (1)に似ております!!

$$= \int (\cos 2x)^3 \sin 2x \, dx$$

少しばかり見やすく書き直しました！

今回は，ちょっと惜しいんですねぇ…
それは…

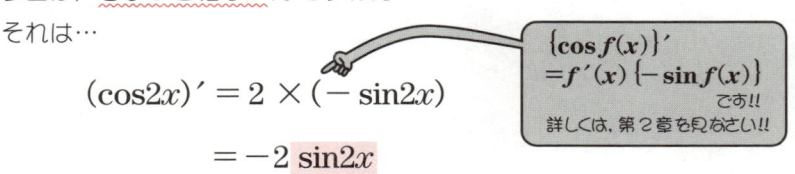

$$(\cos 2x)' = 2 \times (-\sin 2x)$$
$$= -2\sin 2x$$

$\{\cos f(x)\}' = f'(x)\{-\sin f(x)\}$ です!! 詳しくは，第2章を見なさい!!

この $\boxed{\sin 2x}$ だけなら外にあるんだけどな…。

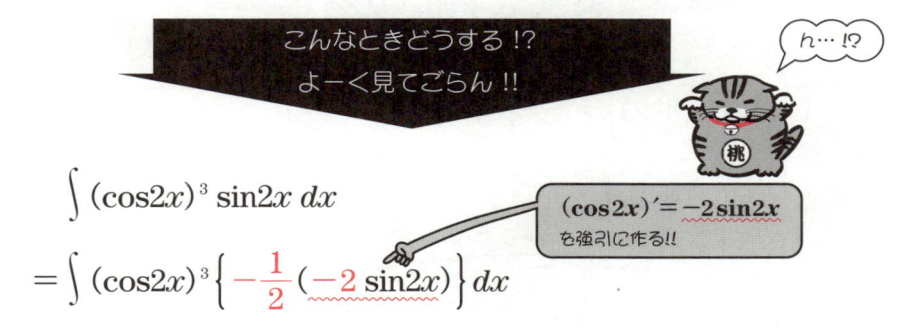

こんなときどうする!?
よーく見てごらん!!

ん…!?

$$\int (\cos 2x)^3 \sin 2x \, dx$$

$(\cos 2x)' = -2\sin 2x$ を強引に作る!!

$$= \int (\cos 2x)^3 \left\{-\frac{1}{2}(-2\sin 2x)\right\} dx$$

$$= -\frac{1}{2}\int \underline{(\cos 2x)^3}\,\underline{(-2\sin 2x)}\,dx$$

（$-\frac{1}{2}$を前に出す!!）

（微分したものが外にある）

（あっ!!　$(\cos 2x)'$がいる!!）

そこで!!　$t = \cos 2x$ と置換すればOK!!

(2) でも…

$$\int \frac{x\log(x^2+2)}{x^2+2}\,dx$$

$$= \int \{\log(x^2+2)\}\cdot\frac{x}{x^2+2}\,dx$$

（見やすく分けました！）

今回も惜しいですねぇ…。
それは…

$$\{\log(x^2+2)\}' = 2x\times\frac{1}{x^2+2}$$

$$= \frac{2x}{x^2+2}$$

$\{\log f(x)\}' = f'(x)\times\dfrac{1}{f(x)}$　です!!
詳しくは，第2章を見なさい!!

この $\dfrac{x}{x^2+2}$ だけなら外にあるんですけどね…。

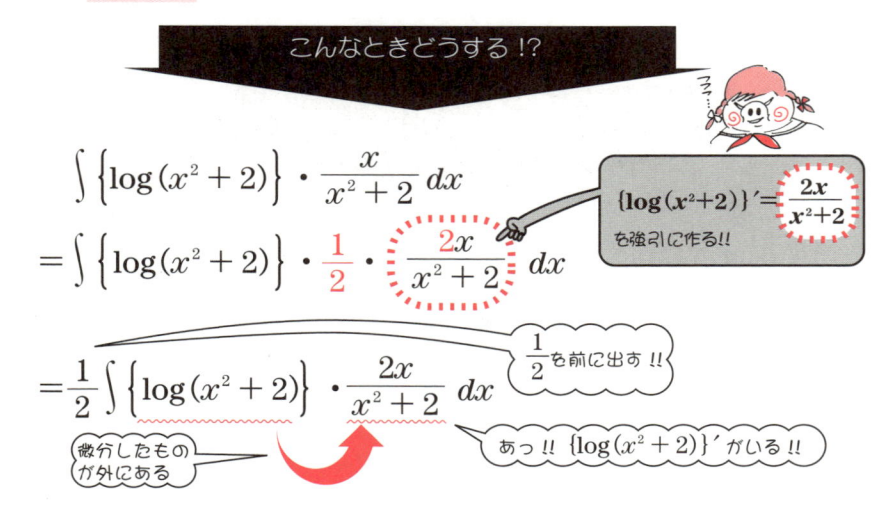

こんなときどうする!?

$$\int \{\log(x^2+2)\}\cdot\frac{x}{x^2+2}\,dx$$

$$= \int \{\log(x^2+2)\}\cdot\frac{1}{2}\cdot\frac{2x}{x^2+2}\,dx$$

$\{\log(x^2+2)\}' = \dfrac{2x}{x^2+2}$
を強引に作る!!

$$= \frac{1}{2}\int \{\log(x^2+2)\}\cdot\frac{2x}{x^2+2}\,dx$$

（$\frac{1}{2}$を前に出す!!）

（微分したものが外にある）

（あっ!!　$\{\log(x^2+2)\}'$がいる!!）

Theme 39 置換積分大活躍！ 419

そこで!! $t=\log(x^2+2)$ と置換すればOK!!

なるほど…
虎

結論です!!

つまり x の式の部分 のことです!!

外に ある関数 を微分した関数の係数以外の部分があるとき，この ある関数 を t に置換せよ!!

解答でござる

(1) $t=\cos 2x$ とおく。

$(\cos 2x)' = 2(-\sin 2x)$
$\qquad\quad = -2\sin 2x$
この $\sin 2x$ が外にあるから！
係数以外の部分です！

このとき

$$\frac{dt}{dx} = 2(-\sin 2x)$$

$\{\cos f(x)\}' = f'(x)\{-\sin f(x)\}$
t を x について微分しました！

$$= -2\sin 2x$$

$$dt = -2\sin 2x\, dx$$

両辺を dx 倍しました！

$$\therefore\quad dx = \frac{1}{-2\sin 2x}\, dt$$

dx について解いたよ！

以上から

$$\int \cos^3 2x\, \sin 2x\, dx$$

$$= \int (\cos 2x)^3 \sin 2x\, dx$$

$$= \int t^3 \sin 2x \cdot \frac{1}{-2\sin 2x}\, dt$$

$$= -\frac{1}{2}\int t^3\, dt$$

ここでわざわざ
$\int (\cos 2x)^3 \left\{-\frac{1}{2}\cdot(-2\sin 2x)\right\}dx$
$= -\frac{1}{2}\int \underbrace{(\cos 2x)^3}_{g(x)}\underbrace{(-2\sin 2x)}_{g'(x)}dx$
と書き直してから直接置換してもOK!!
しかし，その必要はない！

めでたく $\sin 2x$ は消える!!

$$= -\frac{1}{2} \times \frac{1}{4} t^4 + C$$

楽勝ですね♥

$$= -\frac{1}{8} t^4 + C$$

$t = \cos 2x$ です！

$$= -\frac{1}{8} \cos^4 2x + C \quad \cdots \text{(答)}$$

ハイ！　できあがり!!

(ただし C は積分定数)

(2) $t = \log(x^2 + 2)$ とおく。

$\{\log(x^2+2)\}'$
$= 2x \times \dfrac{1}{x^2+2}$
$= \dfrac{2x}{x^2+2}$

この $\dfrac{x}{x^2+2}$ が外にある!!

このとき

$$\frac{dt}{dx} = 2x \times \frac{1}{x^2+2}$$

係数以外の部分です！

$\{\log f(x)\}' = f'(x) \times \dfrac{1}{f(x)}$

t を x で微分しました！

$$= \frac{2x}{x^2+2}$$

$$dt = \frac{2x}{x^2+2} dx$$

両辺を dx 倍したよ！

$$\therefore \quad dx = \frac{x^2+2}{2x} dt$$

dx について解いた！

以上から

ここでわざわざ
$\int \{\log(x^2+2)\} \cdot \dfrac{1}{2} \cdot \dfrac{2x}{x^2+2} dx$
$= \dfrac{1}{2} \int \{\log(x^2+2)\} \cdot \dfrac{2x}{x^2+2} dx$
　　　　　　$g(x)$　　　$g'(x)$
と書き直してから置換しても
よい!!
しかし，その必要はないョ♥

$$\int \frac{x \log(x^2+2)}{x^2+2} dx$$

$$= \int \{\log(x^2+2)\} \cdot \frac{x}{x^2+2} dx$$

$$= \int t \cdot \frac{x}{x^2+2} \cdot \frac{x^2+2}{2x} dt$$

$\int t \cdot \dfrac{\cancel{x}}{\cancel{x^2+2}} \cdot \dfrac{\cancel{x^2+2}}{2\cancel{x}} dt$

邪魔者抹殺!!

$$= \frac{1}{2} \int t \, dt$$

$$= \frac{1}{2} \cdot \frac{1}{2} t^2 + C$$

楽勝すぎる♥♥♥

$$= \frac{1}{4} t^2 + C$$

$t = \log(x^2 + 2)$ でっせ！

$$= \frac{1}{4}\{\log(x^2+2)\}^2 + C \cdots \text{(答)}$$

ハイ！　一丁あがり♥

（ただし C は積分定数）

では，今までのタイプを　定積分　バージョンで…

問題 39-3　　　　　　　　　　　　　　　　　　　　　　標準

次の定積分を求めよ。

(1) $\displaystyle\int_0^1 x\, e^{x^2+1}\, dx$

(2) $\displaystyle\int_e^{e^2} \frac{\log x}{x}\, dx$

(3) $\displaystyle\int_0^{\frac{\pi}{2}} \cos^3 x \sin x\, dx$

ナイスな導入!!

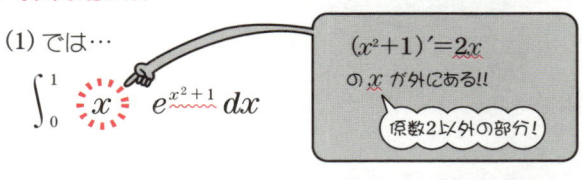

(1) では…

$\displaystyle\int_0^1 x\, e^{x^2+1}\, dx$

$(x^2+1)' = 2x$ の x が外にある!!

係数2以外の部分！

つまーり!!

$t = x^2 + 1$ と置換すればOK!!

しか〜し!!　あれを忘れちゃダメよ♥

忘れてました…

そーです！ あれですョ!!

$t = x^2 + 1$ より

$x = 0$ のとき $t = 0^2 + 1 = 1$
$x = 1$ のとき $t = 1^2 + 1 = 2$

てなワケで，対応表はこちら…

x	0 → 1
t	1 → 2

x が $x = 0$ から $x = 1$ に変化すると…
t は $t = 1$ から $t = 2$ に変わる!!

よって!!

イメージは…

$\int_0^1 (\cdots\cdots) dx \underset{=}{\text{変身!!}} \int_1^2 (\cdots\cdots) dt$

x のお話!! t のお話!

です!!

(2) では…

$$\int_e^{e^2} \frac{\log x}{x} dx = \int_e^{e^2} \frac{1}{x} \cdot \log x\, dx$$

$(\log x)' = \frac{1}{x}$ の $\frac{1}{x}$ がモロ外にある！

つまーり!!

$t = \log x$ と置換すればOK!!

(3) では…

$$\int_0^{\frac{\pi}{2}} \cos^3 x \sin x\, dx = \int_0^{\frac{\pi}{2}} (\cos x)^3 \sin x\, dx$$

$(\cos x)' = -\sin x$ の $\sin x$ がモロ外にある！

原数以外の部分！

つまーり!!

$t = \cos x$ と置換すればOK!!

解答でござる

(1) $t = x^2 + 1$ とおく。

| $(x^2+1)' = 2x$ の x が外にあるヨ！ |

このとき

$$\frac{dt}{dx} = 2x$$

t を x で微分した！

$$dt = 2x\, dx$$

両辺を dx 倍したよ！

$$\therefore \quad dx = \frac{1}{2x}\, dt$$

dx について解いた！

さらに

x	0 $\longrightarrow$ 1
t	1 $\longrightarrow$ 2

$t = x^2 + 1$ より
$x = 0$ のとき $t = 1$
$x = 1$ のとき $t = 2$

つまり…

x が $0 \longrightarrow 1$ のとき
t は $1 \longrightarrow 2$ となる!!

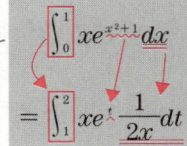

以上から

$$\int_0^1 x\, e^{x^2+1}\, dx$$

$$= \int_1^2 x\, e^t \cdot \frac{1}{2x}\, dt$$

$\int_0^1 \underline{x e^{x^2+1}}\, \underline{dx}$

$= \int_1^2 x e^t \cdot \frac{1}{2x} dt$

$$= \frac{1}{2} \int_1^2 e^t\, dt$$

x が消えてスッキリ!!

$$= \frac{1}{2} \left[e^t \right]_1^2$$

$\int e^t dt = e^t + C$

$$= \frac{1}{2}(e^2 - e^1)$$

$t = 2$ を代入したものと $t = 1$ を代入したものとの差を計算する！

$$= \frac{e^2 - e}{2} \quad \cdots \text{(答)}$$

ハイ！　一丁あがり!!

(2) $t = \log x$ とおく。

$(\log x)' = \dfrac{1}{x}$
の $\dfrac{1}{x}$ がモロ外にある！

このとき

$$\dfrac{dt}{dx} = \dfrac{1}{x}$$

t を x で微分した！

$$dt = \dfrac{1}{x}\,dx$$

両辺を dx 倍したよ！

$$\therefore\quad dx = x\,dt$$

dx について解いた！

さらに

x	e	$\longrightarrow$	e^2
t	1	$\longrightarrow$	2

$t = \log x$ より
$x = e$ のときに
 $t = \log e = 1$
$t = e^2$ のとき
 $t = \log e^2 = 2\log e = 2 \times 1 = 2$

つまり…

x が $e \longrightarrow e^2$ のとき
t は $1 \longrightarrow 2$ となる！！

以上から

$$\int_{e}^{e^2} \dfrac{\log x}{x}\,dx$$

$$= \int_{e}^{e^2} \dfrac{1}{x} \cdot \log x\,dx$$

$$= \int_{1}^{2} \dfrac{1}{x} \cdot t \cdot x\,dt$$

$$= \int_{1}^{2} t\,dt$$

うまくいきました♥

$$= \left[\dfrac{1}{2}t^2\right]_{1}^{2}$$

楽勝っす!!

$$= \dfrac{1}{2} \times 2^2 - \dfrac{1}{2} \times 1^2$$

$t = 2$ を代入したものと
$t = 1$ を代入したものとの差
を計算する!!

$$= 2 - \dfrac{1}{2}$$

$$= \boldsymbol{\dfrac{3}{2}} \quad \cdots \text{(答)}$$

ハイ！ できた!!

(3) $t = \cos x$ とおく。 ― $(\cos x)' = -\sin x$ の $\sin x$ が外にあるから！
係数以外の肝心な部分です！

このとき

$$\frac{dt}{dx} = -\sin x$$ ― t を x で微分した！

$$dt = -\sin x \, dx$$ ― 両辺を dx 倍したよ！

$$\therefore \quad dx = \frac{1}{-\sin x} dt$$ ― dx について解いたよ！

さらに

x	$0 \longrightarrow \dfrac{\pi}{2}$
t	$1 \longrightarrow 0$

$t = \cos x$ より
$x = 0$ のとき
 $t = \cos 0 = 1$
$x = \dfrac{\pi}{2}$ のとき
 $t = \cos \dfrac{\pi}{2} = 0$

つまり…

x が $0 \longrightarrow \dfrac{\pi}{2}$ のとき
t は $1 \longrightarrow 0$ となる!!

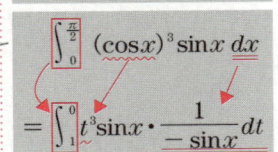

以上から

$$\int_0^{\frac{\pi}{2}} \cos^3 x \sin x \, dx$$

$$= \int_0^{\frac{\pi}{2}} (\cos x)^3 \sin x \, dx$$

$$= \int_1^0 t^3 \sin x \cdot \frac{1}{-\sin x} dt$$

$$= -\int_1^0 t^3 \, dt$$ ― うざい $\sin x$ が消えた!!

$$= -\left[\frac{1}{4} t^4\right]_1^0$$ ― またもや楽勝ムード♥

$$= -\left(\frac{1}{4} \times 0^4 - \frac{1}{4} \times 1^4\right)$$ ― $t = 0$ を代入したものと $t = 1$ を代入したものとの差を計算する！

$$= -\left(-\frac{1}{4}\right)$$

$$= \frac{1}{4} \cdots (答)$$ ― ハイ！ できあがり♥

ちょっと言わせて

(3)の終盤で…

$$-\int_1^0 t^3 dt$$
$$=\int_0^1 t^3 dt$$

一般的に
$$\int_\alpha^\beta f(x)\,dx = -\int_\beta^\alpha f(x)\,dx$$
です!!

なるほど…

として，1と0を入れかえると同時に前の符号を変えてしまって解いてもOKです!!

いいかえると…

$$-\int_1^0 t^3 dt = -\left(-\int_0^1 t^3 dt\right) = \int_0^1 t^3 dt \quad \text{ってことです!!}$$

さらに一言…

$f(x)$ の不定積分のひとつを $F(x)$ とすると

$$\int_\beta^\alpha f(x)\,dx = \Big[F(x)\Big]_\beta^\alpha = F(\alpha) - F(\beta)$$

同様に

$$\int_\alpha^\beta f(x)\,dx = \Big[F(x)\Big]_\alpha^\beta = F(\beta) - F(\alpha)$$
$$= -\Big\{F(\alpha) - F(\beta)\Big\}$$

となるから，確かに

$$\int_\alpha^\beta f(x)\,dx = -\int_\beta^\alpha f(x)\,dx$$

だよネ!!

なるほど!

では，こんな問題はいかが？

問題 39-4 　標準

次の不定積分を求めよ．

(1) $\displaystyle\int \sin^3 x \, dx$

(2) $\displaystyle\int \cos^3 x \, dx$

(3) $\displaystyle\int \sin^5 x \, dx$

(4) $\displaystyle\int \cos^5 x \, dx$

ナイスな導入!!

テーマはズバリ!!

$\displaystyle\int \sin^n x \, dx$ （n が奇数）　&　$\displaystyle\int \cos^n x \, dx$ （n が奇数）

ついに登場か…

つまり $\sin x$ や $\cos x$ の **奇数乗** の積分でーす!!

そこで注意してホシイのは，**問題 35-1** とはまったく解き方が違うってことです!!

$\displaystyle\int \sin^2 x \, dx$ や $\displaystyle\int \cos^2 x \, dx$

ここでポイントとなるのは　基本公式

$$\sin^2 x + \cos^2 x = 1$$ です!!

確かに基本ね♥

この基本公式を活用すれば

$\sin^2 x = 1 - \cos^2 x$ 　　$\sin x$ が $\cos x$ に変身！

$\cos^2 x = 1 - \sin^2 x$ 　　$\cos x$ が $\sin x$ に変身！

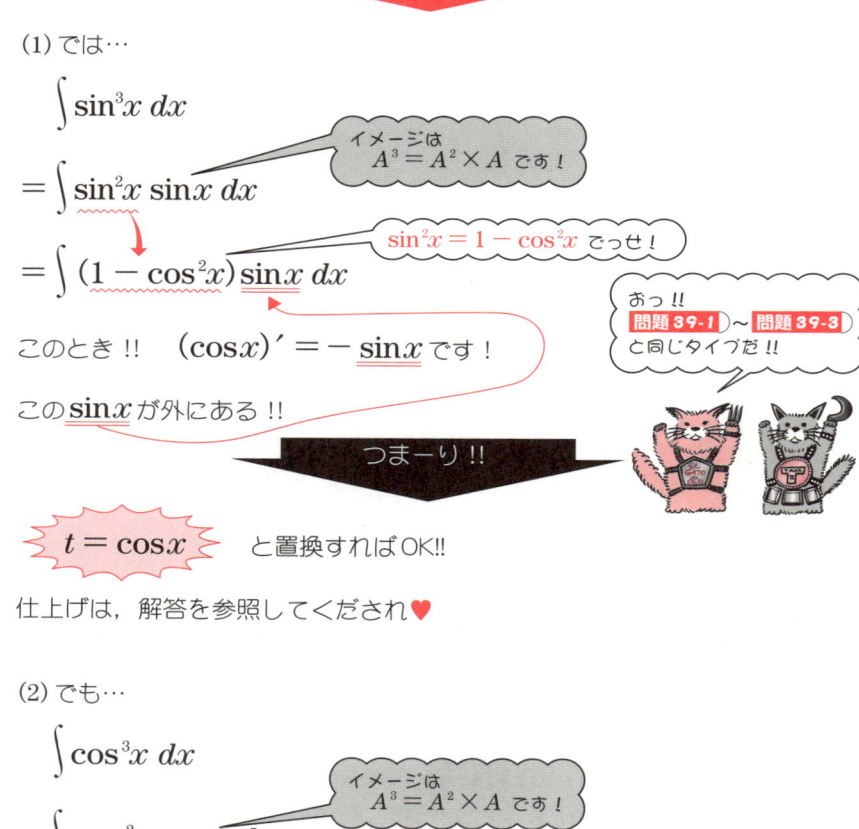

(1) では…

$$\int \sin^3 x \, dx$$
$$= \int \sin^2 x \sin x \, dx$$
$$= \int (1 - \cos^2 x) \sin x \, dx$$

イメージは $A^3 = A^2 \times A$ です！

$\sin^2 x = 1 - \cos^2 x$ でっせ！

このとき!!　$(\cos x)' = -\underline{\sin x}$ です！

この $\underline{\sin x}$ が外にある!!

おっ!! 問題 39-1 ～ 問題 39-3 と同じタイプだ!!

つまーり!!

$t = \cos x$　と置換すればOK!!

仕上げは，解答を参照してくだされ♥

(2) でも…

$$\int \cos^3 x \, dx$$
$$= \int \cos^2 x \cos x \, dx$$
$$= \int (1 - \sin^2 x) \cos x \, dx$$

イメージは $A^3 = A^2 \times A$ です！

$\cos^2 x = 1 - \sin^2 x$ です！

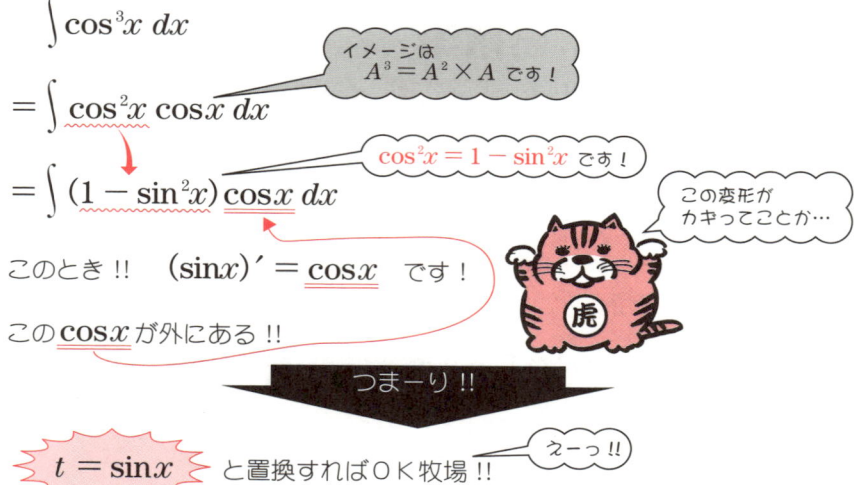

この変形がカギってことが…

このとき!!　$(\sin x)' = \underline{\cos x}$　です！

この $\underline{\cos x}$ が外にある!!

つまーり!!

$t = \sin x$　と置換すればＯＫ牧場!!

えーっ!!

ここで一般化しましょう!!

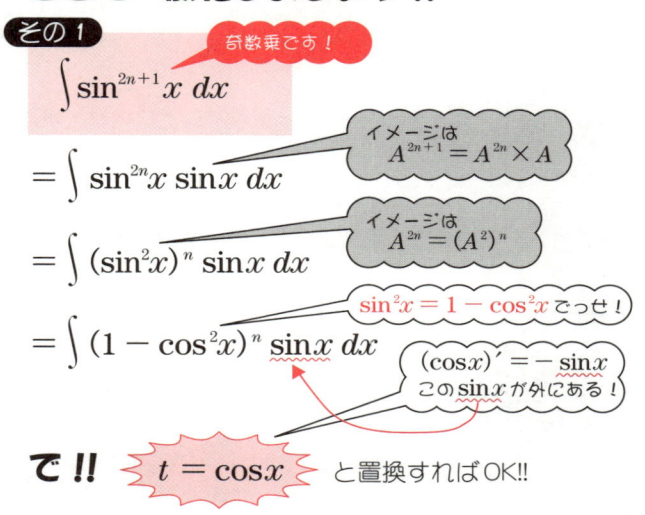

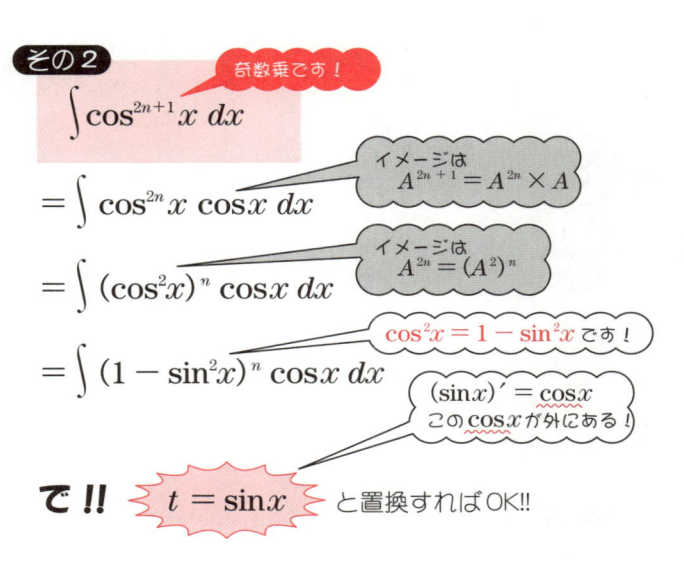

その1

$$\int \sin^{2n+1} x \, dx$$ 　奇数乗です!

$$= \int \sin^{2n} x \, \sin x \, dx$$ 　イメージは $A^{2n+1} = A^{2n} \times A$

$$= \int (\sin^2 x)^n \sin x \, dx$$ 　イメージは $A^{2n} = (A^2)^n$

$$= \int (1 - \cos^2 x)^n \sin x \, dx$$ 　$\sin^2 x = 1 - \cos^2 x$ でっせ!

$(\cos x)' = -\sin x$　この $\sin x$ が外にある!

で!! $t = \cos x$ と置換すればOK!!

その2

$$\int \cos^{2n+1} x \, dx$$ 　奇数乗です!

$$= \int \cos^{2n} x \, \cos x \, dx$$ 　イメージは $A^{2n+1} = A^{2n} \times A$

$$= \int (\cos^2 x)^n \cos x \, dx$$ 　イメージは $A^{2n} = (A^2)^n$

$$= \int (1 - \sin^2 x)^n \cos x \, dx$$ 　$\cos^2 x = 1 - \sin^2 x$ です!

$(\sin x)' = \cos x$　この $\cos x$ が外にある!

で!! $t = \sin x$ と置換すればOK!!

つまーり!!　(3), (4)も同じ方針で**イケ**まっせ♥

解答でござる

(1)　$t = \cos x$　とおく。　　← 理由は【ナイスな導入!!】参照!!

このとき

$$\frac{dt}{dx} = -\sin x$$　← tをxで微分する!!

$$dt = -\sin x\, dx$$　← 両辺にdxをかける!

$$\therefore\quad dx = \frac{1}{-\sin x}\, dt$$　← dxについて解く!

以上から

$\sin x$ひとつを仲間はずれにするとこがポイント!!

$\sin^2 x + \cos^2 x = 1$より
$\sin^2 x = 1 - \cos^2 x$です!

$$\int \sin^3 x\, dx$$

$$= \int \sin^2 x\, \sin x\, dx$$

$$= \int (1 - \cos^2 x)\sin x\, dx$$

$$= \int (1 - t^2)\sin x \cdot \frac{1}{-\sin x}\, dt$$

$$= \int (t^2 - 1)\, dt$$

$\sin x$が消える!

$$\int (1-t^2)\sin x \cdot \frac{1}{-\sin x}\, dt$$
$$= \int (1-t^2) \cdot \frac{1}{-1}\, dt$$
$$= \int (1-t^2) \cdot (-1)\, dt$$
$$= \int (t^2 - 1)\, dt$$

$$= \frac{1}{3} t^3 - t + C$$　← 楽勝!!

$$= \frac{1}{3}\cos^3 x - \cos x + C \quad \cdots \text{(答)}$$　← $t = \cos x$でしたね!

（ただし C は積分定数）

(2)　$t = \sin x$　とおく。　　　　　　　　　　　　理由は ナイスな導入!! 参照!!

このとき

$$\frac{dt}{dx} = \cos x$$　　　　　　　　　　　　　t を x で微分する!!

$$dt = \cos x \, dx$$　　　　　　　　　　　　両辺に dx をかける！

$$\therefore \quad dx = \frac{1}{\cos x} \, dt$$　　　　　　　　dx について解く！

以上から

$$\int \cos^3 x \, dx$$

$$= \int \cos^2 x \, \underline{\cos x} \, dx$$　　　　　　　$\cos x$ ひとつを仲間はずれにするとこがポイント!!

$$= \int (1 - \underline{\sin^2 x}) \cos x \, \underline{dx}$$　　　　$\sin^2 x + \cos^2 x = 1$ より　$\cos^2 x = 1 - \sin^2 x$ です！

$$= \int (1 - t^2) \cos x \cdot \underline{\frac{1}{\cos x}} \, dt$$

　　　　　　　　　　　　　　　　　　　　　$\cos x$ が消える！

$$= \int (1 - t^2) \, dt$$　　　　　　　　　　　$\int (1-t^2)\cos x \cdot \frac{1}{\cos x} dt$

$$= \int (-t^2 + 1) \, dt$$　　　　　　　　　並べかえただけです！

$$= -\frac{1}{3} t^3 + t + C$$　　　　　　　　　楽勝!!

$$= \boldsymbol{-\frac{1}{3} \sin^3 x + \sin x + C} \quad \cdots \text{(答)}$$　　$t = \sin x$ でしたね！

　　　　　（ただし C は積分定数）

(3) $t = \cos x$ とおく。 ← 理由は ナイスな導入!! 参照!!

このとき

$$\frac{dt}{dx} = -\sin x$$ ← t を x で微分する!!

$$dt = -\sin x \, dx$$ ← 両辺に dx をかける!

$$\therefore \quad dx = \frac{1}{-\sin x} dt$$ ← dx について解く!

以上から

$\sin x$ ひとつを仲間はずれにするところがポイント!!

$\sin^4 x = (\sin^2 x)^2$

$\sin^2 x + \cos^2 x = 1$ より $\sin^2 x = 1 - \cos^2 x$ です!

$$\int \sin^5 x \, dx$$
$$= \int \sin^4 x \sin x \, dx$$
$$= \int (\sin^2 x)^2 \sin x \, dx$$
$$= \int (1 - \cos^2 x)^2 \sin x \, dx$$
$$= \int (1 - t^2)^2 \sin x \cdot \frac{1}{-\sin x} dt$$
$$= -\int (1 - t^2)^2 \, dt$$

$\sin x$ が消える!

$\int (1-t^2)^2 \sin x \cdot \frac{1}{-\sin x} dt$
$= \int (1-t^2)^2 \cdot \frac{1}{-1} dt$
$= \int (1-t^2)^2 \cdot (-1) dt$
$= -\int (1-t^2)^2 dt$

$$= -\int (t^4 - 2t^2 + 1) \, dt$$

$(1-t^2)^2$
$= 1 - 2t^2 + t^4$
$= t^4 - 2t^2 + 1$

$$= -\left(\frac{1}{5} t^5 - 2 \times \frac{1}{3} t^3 + t \right) + C$$ ← 楽勝〜っ!!

$$= -\frac{1}{5} t^5 + \frac{2}{3} t^3 - t + C$$

$$= -\frac{1}{5} \cos^5 x + \frac{2}{3} \cos^3 x - \cos x + C \quad \cdots \text{(答)}$$ ← $t = \cos x$ でしたョ!

(ただし C は積分定数)

(4)　$t = \sin x$　とおく。　　←　理由は *ナイスな導入!!* 参照!!

このとき

$$\frac{dt}{dx} = \cos x$$　←　t を x で微分する!!

$$dt = \cos x\, dx$$　←　両辺に dx をかける！

$$\therefore\ dx = \frac{1}{\cos x}\, dt$$　←　dx について解く！

以上から

$$\int \cos^5 x\, dx$$

$$= \int \cos^4 x\, \cos x\, dx$$

$\cos x$ ひとつを仲間はずれにするところがポイント!!
$\cos^4 x = (\cos^2 x)^2$

$$= \int (\cos^2 x)^2 \cos x\, dx$$

$\sin^2 x + \cos^2 x = 1$ より
$\cos^2 x = 1 - \sin^2 x$ です！

$$= \int (1 - \sin^2 x)^2 \cos x\, dx$$

$\cos x$ が消える！

$$= \int (1 - t^2)^2 \cos x \cdot \frac{1}{\cos x}\, dt$$

$\int (1-t^2)^2 \cos x \cdot \frac{1}{\cos x} dt$
$= \int (1-t^2)^2 dt$

$$= \int (1 - t^2)^2\, dt$$

$(1-t^2)^2$
$= 1 - 2t^2 + t^4$
$= t^4 - 2t^2 + 1$

$$= \int (t^4 - 2t^2 + 1)\, dt$$

$$= \frac{1}{5} t^5 - 2 \times \frac{1}{3} t^3 + t + C$$　←　楽勝だね♥

$$= \frac{1}{5} t^5 - \frac{2}{3} t^3 + t + C$$

$t = \sin x$ ですョ！

$$= \mathbf{\frac{1}{5} \sin^5 x - \frac{2}{3} \sin^3 x + \sin x + C}\ \cdots\text{(答)}$$

（ただし C は積分定数）

一見違うタイプに見えますが…

問題 39-5 　標準

次の不定積分を求めよ。

(1) $\displaystyle\int \sin^3 x \cos^6 x \, dx$

(2) $\displaystyle\int \cos^3 x \sin^{10} x \, dx$

ナイスな導入!!

いきなり一般論で攻めます!!

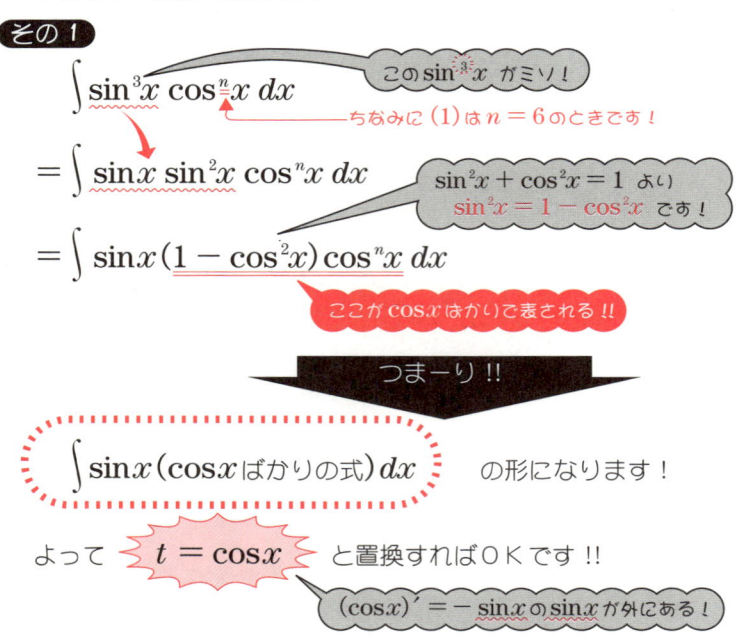

その1

$\displaystyle\int \sin^3 x \cos^n x \, dx$ 　　この $\sin^3 x$ がミソ!

ちなみに (1) は $n=6$ のときです!

$= \displaystyle\int \sin x \sin^2 x \cos^n x \, dx$ 　　$\sin^2 x + \cos^2 x = 1$ より $\sin^2 x = 1 - \cos^2 x$ です!

$= \displaystyle\int \sin x (1 - \cos^2 x) \cos^n x \, dx$

ここが $\cos x$ ばかりで表される!!

つまーり!!

$\displaystyle\int \sin x (\cos x \text{ばかりの式}) \, dx$ 　　の形になります!

よって $t = \cos x$ と置換すればOKです!!

$(\cos x)' = -\sin x$ の $\sin x$ が外にある!

その2

$$\int \cos^3 x \sin^n x \, dx$$

このcos³x ガミソ！
ちなみに(2)は $n=10$ のときです！

$$= \int \cos x \cos^2 x \sin^n x \, dx$$

$\sin^2 x + \cos^2 x = 1$ より
$\cos^2 x = 1 - \sin^2 x$ です！

$$= \int \cos x (1 - \sin^2 x) \sin^n x \, dx$$

ここが $\sin x$ ばかりで表されている！！

つまーり!!

$$\int \cos x \, (\sin x \text{ばかりの式}) \, dx$$

の形になります！

よって $t = \sin x$ と置換すればOKです!!

「$(\sin x)' = \cos x$」の $\cos x$ が外にある！

解答でござる

(1)　$t = \cos x$ とおく。← 理由は ナイスな導入!! にて

このとき

$$\frac{dt}{dx} = -\sin x$$

t を x で微分！

$$dt = -\sin x \, dx$$

両辺に dx をかける！

$$\therefore \quad dx = \frac{1}{-\sin x} dt$$

dx について解いた！

以上より

$$\int \sin^3 x \cos^6 x \, dx$$

この3乗がポイント！

$\sin^3 x = \sin x \sin^2 x$

$$= \int \sin x \sin^2 x \cos^6 x \, dx$$

$$= \int \sin x (1-\cos^2 x) \cos^6 x \, dx$$

$$= \int \sin x (\cos^6 x - \cos^8 x) \, dx$$

$$= \int \sin x (t^6 - t^8) \cdot \frac{1}{-\sin x} \, dt$$

$$= \int (t^8 - t^6) \, dt$$

$$= \frac{1}{9} t^9 - \frac{1}{7} t^7 + C$$

$$= \boldsymbol{\frac{1}{9} \cos^9 x - \frac{1}{7} \cos^7 x + C} \quad \cdots \text{(答)}$$

(ただし C は積分定数)

$\sin^2 x + \cos^2 x = 1$ より $\sin^2 x = 1 - \cos^2 x$ です！
$\cos^2 x \cos^6 x = \cos^{2+6} x = \cos^8 x$
$\sin x$ が消える！
$\int \sin x (t^6 - t^8) \cdot \frac{1}{-\sin x} dt$ $= \int (t^6 - t^8) \frac{1}{-1} dt$ $= \int (t^6 - t^8)(-1) dt$ $= \int (-t^6 + t^8) dt$ $= \int (t^8 - t^6) dt$
$\int t^n dt = \frac{1}{n+1} t^{n+1} + C$
$t = \cos x$ です！

(2)　$t = \sin x$ とおく。　　理由は ナイスな導入!! で!!

このとき

$$\frac{dt}{dx} = \cos x$$　　t を x で微分する！

$$dt = \cos x \, dx$$　　両辺に dx をかけた！

$$\therefore \quad dx = \frac{1}{\cos x} \, dt$$　　dx について解いた！

以上より

$$\int \cos^3 x \sin^{10} x \, dx$$

この3乗がポイント！
$\cos^3 x = \cos x \cos^2 x$

$$= \int \cos x \cos^2 x \sin^{10} x \, dx$$

$\sin^2 x + \cos^2 x = 1$ より
$\cos^2 x = 1 - \sin^2 x$ です！

$$= \int \cos x (1 - \sin^2 x) \sin^{10} x \, dx$$

$$\begin{aligned}
&= \int \cos x (\sin^{10} x - \sin^{12} x)\, dx \\
&= \int \cos x (t^{10} - t^{12}) \cdot \frac{1}{\cos x}\, dt \\
&= \int (-t^{12} + t^{10})\, dt \\
&= -\frac{1}{13} t^{13} + \frac{1}{11} t^{11} + C \\
&= -\frac{1}{13} \sin^{13} x + \frac{1}{11} \sin^{11} x + C \quad \cdots \text{(答)}
\end{aligned}$$

（ただし C は積分定数）

$\sin^2 x \sin^{10} x = \sin^{2+10} x = \sin^{12} x$

$\cos x$ が消える！

$$\int \cos x (t^{10} - t^{12}) \cdot \frac{1}{\cos x}\, dt$$
$$= \int (t^{10} - t^{12})\, dt$$
$$= \int (-t^{12} + t^{10})\, dt$$

$$\int t^n\, dt = \frac{1}{n+1} t^{n+1} + C$$

$t = \sin x$ です！

プロフィール
アントニオ豚木（ブタキ）（12才）
のんびり屋ながら性格の良さに定評がある。ハムが大好物！

お前なんか
みんな忘れてるぜ!!

Theme 40 豪快にまるごと置換！

いきなり問題から入ります♥

問題 40-1 　　　　　　　　　　　　　　　　　　　　　　　　標準

次の不定積分を求めよ。

(1) $\displaystyle\int x\sqrt{x+2}\,dx$ 　　　〈じつは 問題38-1 (1)と同じ〉

(2) $\displaystyle\int \frac{x}{\sqrt{2x+5}}\,dx$

ナイスな導入!!

まず(1)で，…

問題38-1 の(1)と同じやんけ～っ!! とブーイングが聞こえてきそうですが…。まぁ，おさえて…おさえて…。

p.396 の ナイスな導入!! でも述べましたが，いろいろな解き方が可能でした！で!!　その代表作として〈おすすめ！〉〈p.402 の 解答でござる 参照!!〉

$t = x+2$ と置換する解答を紹介したね！

しか～し!!　まだもう1つ とっておきの方針 が…

そこで!!　ダマされたと思って，

$t = \sqrt{x+2}$ と置換してみてください!!

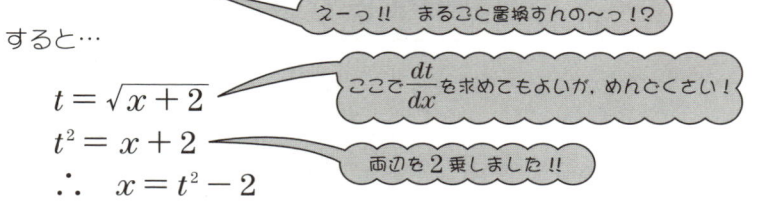

〈え～っ!! まるごと置換すんの～っ!?〉

すると…

$t = \sqrt{x+2}$ 　　〈ここで $\dfrac{dt}{dx}$ を求めてもよいが，めんどくさい！〉

$t^2 = x+2$

∴ $x = t^2 - 2$ 　　〈両辺を2乗しました!!〉

このとき

$$\frac{dx}{dt} = 2t$$

（xをtで微分する！）

$$\therefore \quad dx = 2tdt$$

そーです!!
dxとdtの関係がわかればよいので，
$\frac{dx}{dt}$を求めようが $\frac{dt}{dx}$を求めようが
楽な方をやればいいんです!!

以上から…

$$\int x\sqrt{x+2}\,dx$$

上の情報を整理すると…
Ⓐ $t = \sqrt{x+2}$ より
Ⓑ $x = t^2 - 2$
さらに
Ⓒ $dx = 2tdt$

$$= \int \underbrace{(t^2-2)}_{Ⓑ} \underbrace{t}_{Ⓐ} \cdot \underbrace{2tdt}_{Ⓒ}$$

$$= \int (2t^4 - 4t^2)\,dt$$

$\int t^n dt = \frac{1}{n+1}t^{n+1} + C$

$$= 2 \times \frac{1}{5}t^5 - 4 \times \frac{1}{3}t^3 + C$$

$$= \frac{2}{5}t^5 - \frac{4}{3}t^3 + C$$

$$= \frac{2}{5}(\sqrt{x+2})^5 - \frac{4}{3}(\sqrt{x+2})^3 + C$$

$t = \sqrt{x+2}$です!!

$\sqrt{x+2} = (x+2)^{\frac{1}{2}}$です!!

$$= \frac{2}{5}\{(x+2)^{\frac{1}{2}}\}^5 - \frac{4}{3}\{(x+2)^{\frac{1}{2}}\}^3 + C$$

おーっ!!
問題38-1 (1)の
解答と一致した!!

$$= \frac{2}{5}(x+2)^{\frac{5}{2}} - \frac{4}{3}(x+2)^{\frac{3}{2}} + C$$

（ただしCは積分定数）

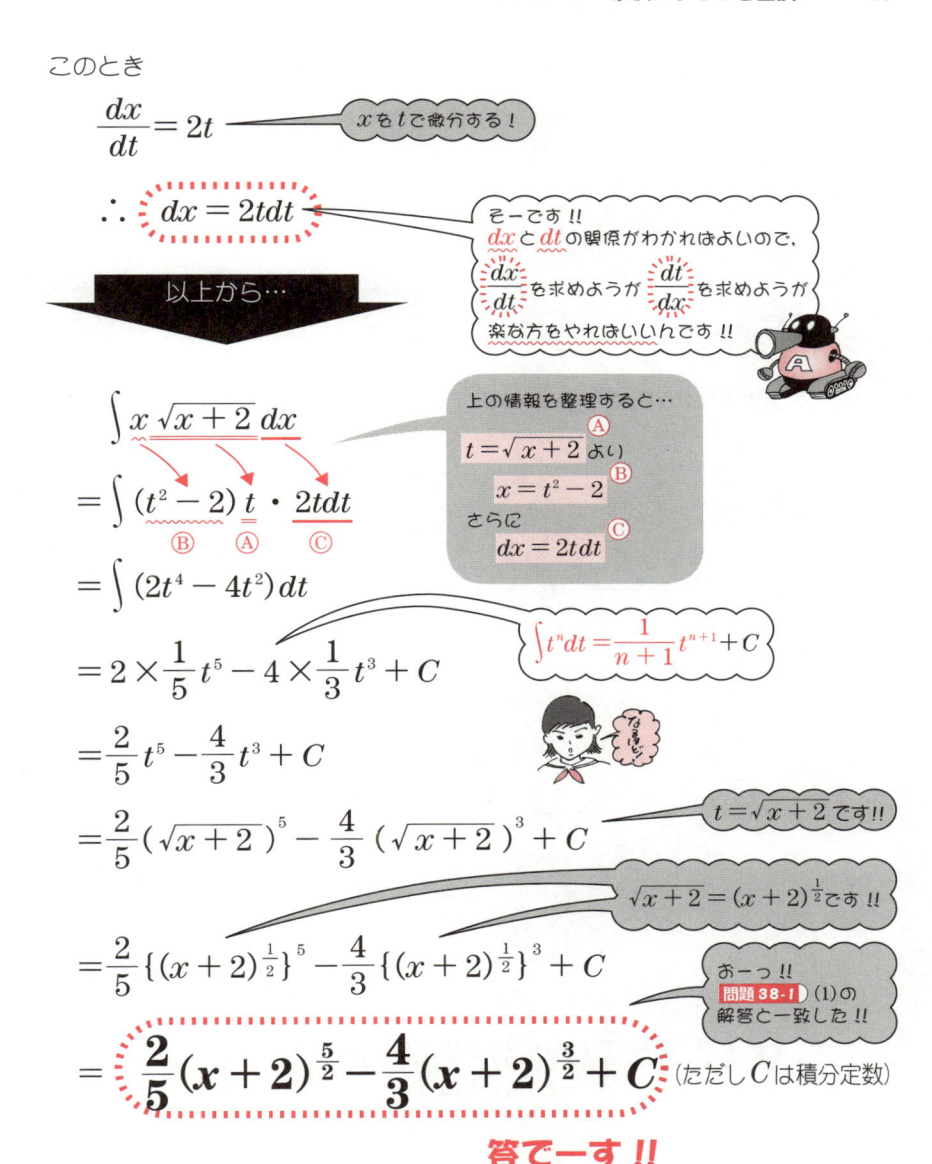

答でーす!!

(2)も同様，$t = \sqrt{2x+5}$ とまるごと置換してみてください♥

このように，大胆にまるごと置換するとうまくいくことがあることを肝に銘じておいてください！（「必ず」ではないので注意!!）

解答でござる

(1) $t = \sqrt{x+2}$ とおく。 ← まるごと置換でっせ♥

$t^2 = x + 2$ ← 両辺を2乗しました！

$\therefore \quad x = t^2 - 2$

このとき

x を t で微分する!!

$\dfrac{dx}{dt} = 2t$

$\therefore \quad dx = 2t\,dt$ ← 両辺に dt をかけた！

以上より

全情報を集結して…
$x = t^2 - 2$
$\sqrt{x+2} = t$
$dx = 2t\,dt$
でしたヨ♥

$\displaystyle\int x \sqrt{x+2}\, dx$

$= \displaystyle\int (t^2 - 2) \cdot t \cdot 2t\,dt$

$= \displaystyle\int (2t^4 - 4t^2)\,dt$

$\displaystyle\int t^n\,dt = \dfrac{1}{n+1} t^{n+1} + C$

$= 2 \times \dfrac{1}{5} t^5 - 4 \times \dfrac{1}{3} t^3 + C$

$= \dfrac{2}{5} t^5 - \dfrac{4}{3} t^3 + C$

$t = \sqrt{x+2}$ です!!

$= \dfrac{2}{5} (\sqrt{x+2})^5 - \dfrac{4}{3} (\sqrt{x+2})^3 + C$

$(\sqrt{x+2})^5 = \{(x+2)^{\frac{1}{2}}\}^5$
$= (x+2)^{\frac{5}{2}}$

$(\sqrt{x+2})^3 = \{(x+2)^{\frac{1}{2}}\}^3$
$= (x+2)^{\frac{3}{2}}$

$= \dfrac{2}{5}(x+2)^{\frac{5}{2}} - \dfrac{4}{3}(x+2)^{\frac{3}{2}} + C$ …(答)

(ただし C は積分定数)

(2) $t = \sqrt{2x+5}$ とおく。 ← まるごと置換でっせ♥

$t^2 = 2x+5$ ← 両辺を2乗したョ!

$\therefore\ x = \dfrac{t^2-5}{2}$ ← xについて解きました!

このとき

$\dfrac{dx}{dt} = \dfrac{1}{2} \times 2t$

$\dfrac{dx}{dt} = t$

← 両辺にdtをかけた!

$\therefore\ dx = tdt$

以上より

$\displaystyle\int \dfrac{x}{\sqrt{2x+5}} dx$

← $\dfrac{x}{\sqrt{2x+5}} = x \times \dfrac{1}{\sqrt{2x+5}}$

$= \displaystyle\int \left(x \times \dfrac{1}{\sqrt{2x+5}}\right) dx$

← 全情報を集結して…
$x = \dfrac{t^2-5}{2}$
$\sqrt{2x+5} = t$
$dx = tdt$
でした!!

$= \displaystyle\int \dfrac{t^2-5}{2} \cdot \dfrac{1}{t} \cdot tdt$

$= \displaystyle\int \dfrac{t^2-5}{2} dt$ ← こんなに簡単になるとは…

$= \displaystyle\int \left(\dfrac{1}{2}t^2 - \dfrac{5}{2}\right) dt$

← $\displaystyle\int t^n dt = \dfrac{1}{n+1} t^{n+1} + C$

$= \dfrac{1}{2} \times \dfrac{1}{3} t^3 - \dfrac{5}{2} t + C$

$= \dfrac{1}{6} t^3 - \dfrac{5}{2} t + C$

← $t = \sqrt{2x+5}$ でーす!

$= \dfrac{1}{6}(\sqrt{2x+5})^3 - \dfrac{5}{2}(\sqrt{2x+5}) + C$

$(\sqrt{2x+5})^3 = \{(2x+5)^{\frac{1}{2}}\}^3$
$= (2x+5)^{\frac{3}{2}}$
$\sqrt{2x+5} = (2x+5)^{\frac{1}{2}}$

$= \boldsymbol{\dfrac{1}{6}(2x+5)^{\frac{3}{2}} - \dfrac{5}{2}(2x+5)^{\frac{1}{2}} + C}$ …(答)

(ただしCは積分定数)

では，定積分でTRY AGAIN!!

問題 40-2 標準

次の定積分を求めよ。

(1) $\displaystyle\int_{2}^{\frac{7}{2}} \frac{x}{\sqrt{2x-3}} dx$

(2) $\displaystyle\int_{-2}^{2} e^{\sqrt{x+2}} dx$

ナイスな導入!!

前問 問題 40-1 で $\sqrt{\cdots\cdots} = t$ と**まるごと置換**することに酔いしれていただいたと思います♥

そこで，同じ要領で定積分バージョンもGO!! です。

$\sqrt{\cdots\cdots} = t$ と置換する！

解答でござる

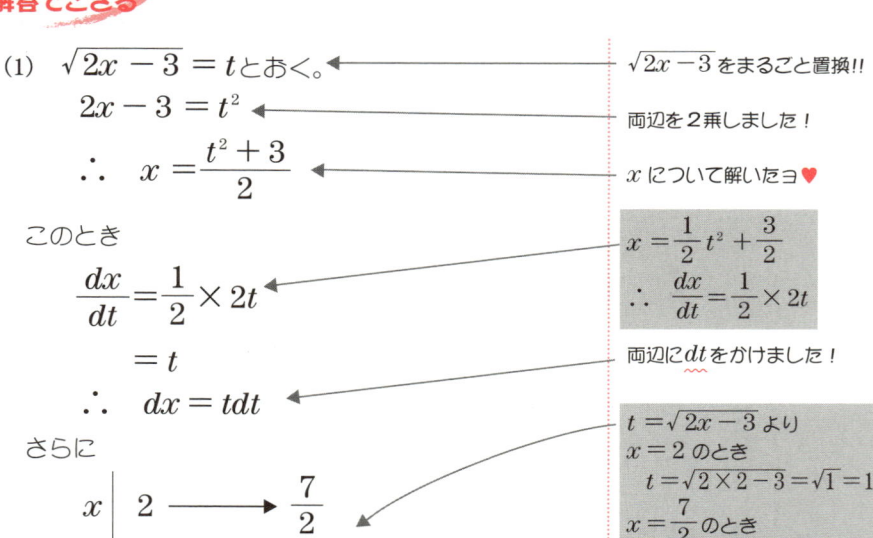

(1) $\sqrt{2x-3} = t$ とおく。 ← $\sqrt{2x-3}$ をまるごと置換!!

$2x - 3 = t^2$ ← 両辺を2乗しました！

$\therefore \quad x = \dfrac{t^2 + 3}{2}$ ← x について解いたヨ♥

このとき

$\dfrac{dx}{dt} = \dfrac{1}{2} \times 2t$

$= t$

$\therefore \quad dx = t\, dt$

さらに

x	2	⟶	$\dfrac{7}{2}$
t	1	⟶	2

$x = \dfrac{1}{2} t^2 + \dfrac{3}{2}$

$\therefore \quad \dfrac{dx}{dt} = \dfrac{1}{2} \times 2t$

両辺に dt をかけました！

$t = \sqrt{2x-3}$ より
$x = 2$ のとき
$\quad t = \sqrt{2 \times 2 - 3} = \sqrt{1} = 1$
$x = \dfrac{7}{2}$ のとき
$\quad t = \sqrt{2 \times \dfrac{7}{2} - 3} = \sqrt{4} = 2$

以上より

$$\int_2^{\frac{7}{2}} \frac{x}{\sqrt{2x-3}} dx$$

$$= \int_2^{\frac{7}{2}} x \cdot \frac{1}{\sqrt{2x-3}} dx$$

$$= \int_1^2 \frac{t^2+3}{2} \cdot \frac{1}{t} \cdot t\, dt$$

$$= \int_1^2 \left(\frac{1}{2}t^2 + \frac{3}{2}\right) dt$$

$$= \left[\frac{1}{2} \times \frac{1}{3}t^3 + \frac{3}{2}t\right]_1^2$$

$$= \left[\frac{1}{6}t^3 + \frac{3}{2}t\right]_1^2$$

$$= \frac{1}{6} \times 2^3 + \frac{3}{2} \times 2 - \left(\frac{1}{6} \times 1^3 + \frac{3}{2} \times 1\right)$$

$$= \frac{8}{3} \quad \cdots (答)$$

> つまーり!!
> x が $2 \longrightarrow \dfrac{7}{2}$ のとき
> t は $1 \longrightarrow 2$ となる!!

> $\int_2^{\frac{7}{2}} x \cdot \dfrac{1}{\sqrt{2x-3}} dx$
> $= \int_1^2 \dfrac{t^2+3}{2} \cdot \dfrac{1}{t} \cdot t\, dt$

> $\dfrac{t^2+3}{2} \cdot \dfrac{1}{t} \cdot t$
> $= \dfrac{t^2+3}{2}$
> $= \dfrac{1}{2}t^2 + \dfrac{3}{2}$

> $t=2$ を代入したものと $t=1$ を代入したものとの差を計算する!

> 通分してできあがり♥

(2) $\sqrt{x+2} = t$ とおく。

$x + 2 = t^2$

$\therefore \quad x = t^2 - 2$

このとき

$\dfrac{dx}{dt} = 2t$

$\therefore \quad dx = 2t\, dt$

さらに

x	-2 $\longrightarrow$ 2
t	0 $\longrightarrow$ 2

> まるごと置換です!!
> 両辺を2乗しました!
> x を t で微分する!!
> 両辺に dt をかけた!

> $t = \sqrt{x+2}$ より
> $x = -2$ のとき
> $t = \sqrt{-2+2} = \sqrt{0} = 0$
> $x = 2$ のとき
> $t = \sqrt{2+2} = \sqrt{4} = 2$

> つまーり!!
> x が $-2 \longrightarrow 2$ のとき
> t は $0 \longrightarrow 2$ となる!!

これらより

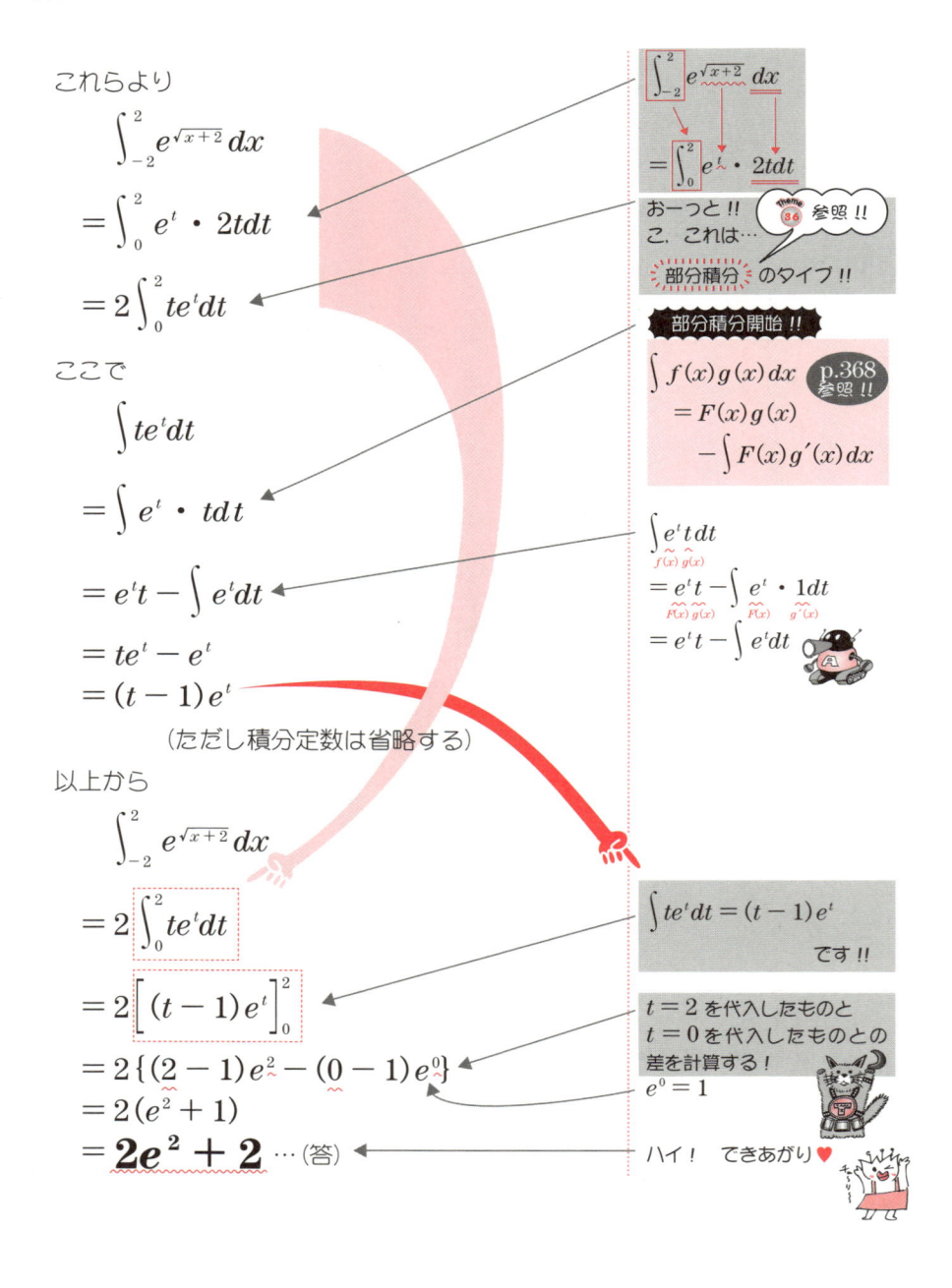

$$\int_{-2}^{2} e^{\sqrt{x+2}} dx$$

$$= \int_{0}^{2} e^{t} \cdot 2t \, dt$$

$$= 2 \int_{0}^{2} t e^{t} \, dt$$

ここで

$$\int t e^{t} \, dt$$

$$= \int e^{t} \cdot t \, dt$$

$$= e^{t} t - \int e^{t} \, dt$$

$$= t e^{t} - e^{t}$$

$$= (t-1) e^{t}$$

（ただし積分定数は省略する）

$$\int_{-2}^{2} e^{\sqrt{x+2}} dx$$

$$\int_{-2}^{2} e^{\sqrt{x+2}} dx$$

$$= \int_{0}^{2} e^{t} \cdot 2t \, dt$$

おーっと!!
こ、これは…
部分積分 のタイプ!!　参照!!

部分積分開始!!

$$\int f(x) g(x) \, dx$$ p.368 参照!!

$$= F(x) g(x) - \int F(x) g'(x) \, dx$$

$$\int e^{t} t \, dt$$
$_{f(x)\ g(x)}$

$$= e^{t} t - \int e^{t} \cdot 1 \, dt$$
$_{F(x)\ g(x)}\ \ _{F(x)\ g'(x)}$

$$= e^{t} t - \int e^{t} \, dt$$

以上から

$$\int_{-2}^{2} e^{\sqrt{x+2}} dx$$

$$= 2 \int_{0}^{2} t e^{t} \, dt$$

$$= 2 \left[(t-1) e^{t} \right]_{0}^{2}$$

$$= 2 \{ (2-1) e^{2} - (0-1) e^{0} \}$$

$$= 2 (e^{2} + 1)$$

$$= \mathbf{2 e^{2} + 2} \quad \cdots \text{(答)}$$

$$\int t e^{t} \, dt = (t-1) e^{t}$$
です!!

$t=2$ を代入したものと $t=0$ を代入したものとの差を計算する！

$e^{0}=1$

ハイ！ てきあがり♥

Theme 41 $x = a\sin\theta$ と置いたり，$x = a\tan\theta$ と置いたり

特別な置換を要するものがあります！ とりあえず，具体例を出しながら進んでいきましょう！

ただし，今回は定積分のみを扱います。理由は，高校数学で不定積分を求めることができないものばかりなもんで…。

問題 41-1 【標準】

$\int_0^1 \sqrt{4-x^2}\, dx$ を求めよ。

ナイスな導入!!

こいつは難敵!! $4 - x^2 = t$ や $\sqrt{4-x^2} = t$ などと（ルートの中を置換！／まるごと置換!!）置換しても解けませんョ！

そこで!! 超有名テクニックが!!（やってみてごらん！すげーことになっから）

必殺技 I

$\sqrt{a^2 - x^2}$ が登場したら…（ただし $a > 0$ でっせ♥）

$x = a\sin\theta$ と置換せよ!!

このとき $-\dfrac{\pi}{2} \le \theta \le \dfrac{\pi}{2}$ と設定するべし!!

この技のメリットとは…

メリットその1 本問の場合…

$\sqrt{4 - x^2} = \sqrt{2^2 - x^2}$ より （$a = 2$ に対応！）

$x = 2\sin\theta$ と置換すりゃあOK!!（$a = 2$ ですョ♥）

すると…

$$\sqrt{4-x^2} = \sqrt{4-(2\sin\theta)^2}$$

$x = 2\sin\theta$ と置換!!

$$= \sqrt{4-4\sin^2\theta}$$

$$= \sqrt{4(1-\sin^2\theta)}$$

基本公式
$\sin^2\theta + \cos^2\theta = 1$
より, $1-\sin^2\theta = \cos^2\theta$

$$= \sqrt{4\cos^2\theta}$$

$$= 2|\cos\theta|$$

一般に
$\sqrt{A^2} = |A|$
例えば…
$\sqrt{(-3)^2} = |-3| = 3$ですョ♥

$$= 2\cos\theta$$

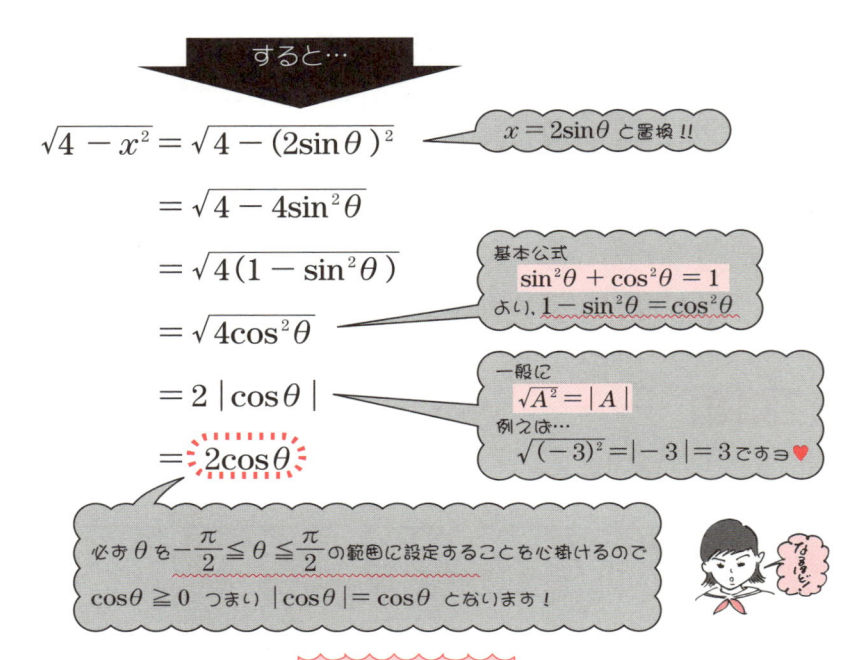

必ず θ を $-\dfrac{\pi}{2} \leqq \theta \leqq \dfrac{\pi}{2}$ の範囲に設定することを心掛けるので $\cos\theta \geqq 0$ つまり $|\cos\theta| = \cos\theta$ となります!

なるほど…

このように意外と シンプルな形 となります!!

メリットその2

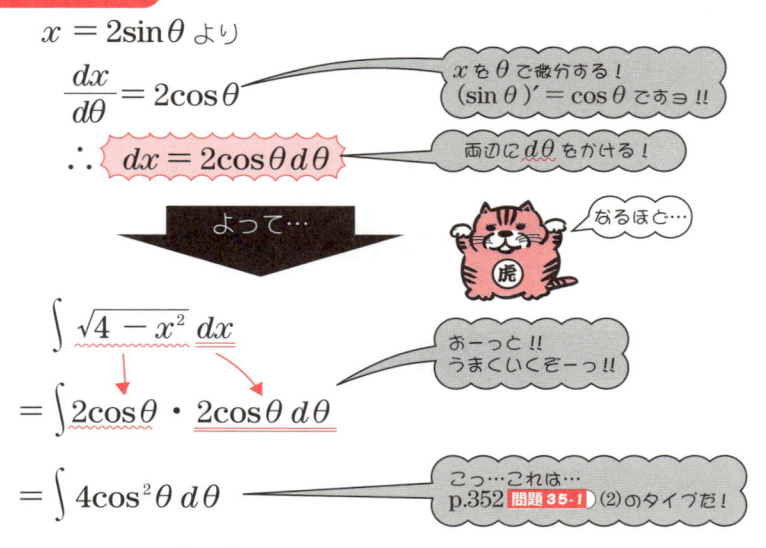

$x = 2\sin\theta$ より

$$\dfrac{dx}{d\theta} = 2\cos\theta$$

x を θ で微分する!
$(\sin\theta)' = \cos\theta$ ですョ!!

$$\therefore dx = 2\cos\theta\, d\theta$$

両辺に $d\theta$ をかける!

よって…

なるほど…

$$\int \sqrt{4-x^2}\, dx$$

$$= \int 2\cos\theta \cdot 2\cos\theta\, d\theta$$

おーっと!!
うまくいくぞーっ!!

$$= \int 4\cos^2\theta\, d\theta$$

こっ…これは…
p.352 問題 35-1 (2)のタイプだ!

まさに, 必殺技バンザイって感じですよね!!

Theme 41 $x = a\sin\theta$ と置いたり，$x = a\tan\theta$ と置いたり　447

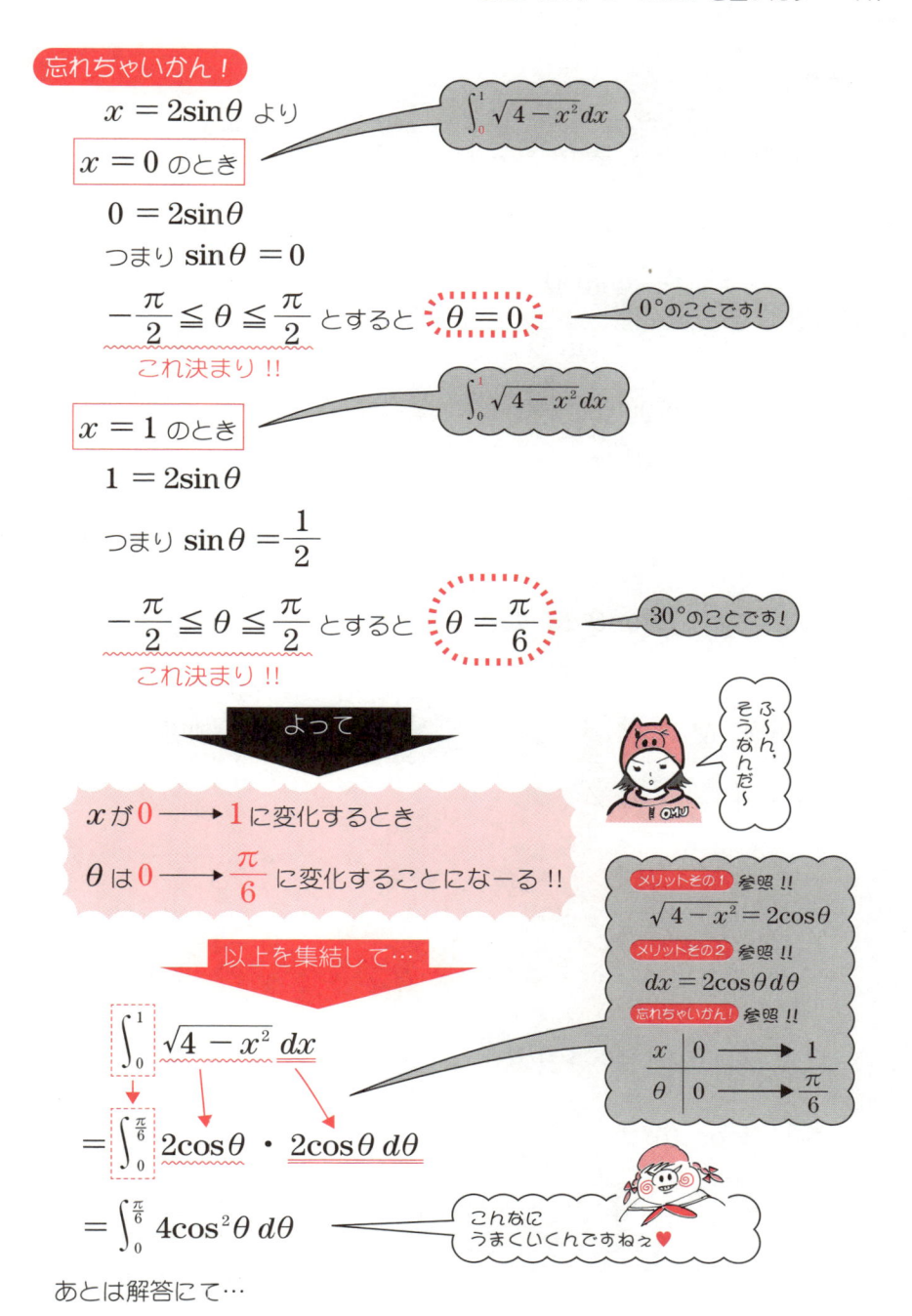

忘れちゃいかん！

$x = 2\sin\theta$ より　　$\int_0^1 \sqrt{4-x^2}\,dx$

$\boxed{x = 0 \text{ のとき}}$

$0 = 2\sin\theta$

つまり $\sin\theta = 0$

$-\dfrac{\pi}{2} \leqq \theta \leqq \dfrac{\pi}{2}$ とすると $\theta = 0$　　0°のことです！

これ決まり!!

$\boxed{x = 1 \text{ のとき}}$　　$\int_0^1 \sqrt{4-x^2}\,dx$

$1 = 2\sin\theta$

つまり $\sin\theta = \dfrac{1}{2}$

$-\dfrac{\pi}{2} \leqq \theta \leqq \dfrac{\pi}{2}$ とすると $\theta = \dfrac{\pi}{6}$　　30°のことです！

これ決まり!!

よって

x が $0 \longrightarrow 1$ に変化するとき

θ は $0 \longrightarrow \dfrac{\pi}{6}$ に変化することになーる!!

ふ～ん、そうなんだ～

以上を集結して…

メリットその1 参照!!
$\sqrt{4-x^2} = 2\cos\theta$

メリットその2 参照!!
$dx = 2\cos\theta\,d\theta$

忘れちゃいかん！ 参照!!

x	0	$\longrightarrow$	1
θ	0	$\longrightarrow$	$\dfrac{\pi}{6}$

$\int_0^1 \sqrt{4-x^2}\,dx$

$= \int_0^{\frac{\pi}{6}} 2\cos\theta \cdot 2\cos\theta\,d\theta$

$= \int_0^{\frac{\pi}{6}} 4\cos^2\theta\,d\theta$

こんなにうまくいくんですね♥

あとは解答にて…

解答でござる

$x = 2\sin\theta \left(-\dfrac{\pi}{2} \leqq \theta \leqq \dfrac{\pi}{2}\right)$ とおくと

$$\sqrt{4-x^2} = \sqrt{4-(2\sin\theta)^2}$$
$$= \sqrt{4-4\sin^2\theta}$$
$$= \sqrt{4(1-\sin^2\theta)}$$
$$= \sqrt{4\cos^2\theta}$$
$$= 2\cos\theta$$

このとき

$$\dfrac{dx}{d\theta} = 2\cos\theta$$

$$\therefore \quad dx = 2\cos\theta\, d\theta$$

さらに

x	$0 \longrightarrow 1$
θ	$0 \longrightarrow \dfrac{\pi}{6}$

以上より

$$\int_0^1 \sqrt{4-x^2}\, dx$$
$$= \int_0^{\frac{\pi}{6}} 2\cos\theta \cdot 2\cos\theta\, d\theta$$
$$= \int_0^{\frac{\pi}{6}} 4\cos^2\theta\, d\theta$$

必殺技 I

$\sqrt{a^2-x^2}$ が登場したら
$x = a\sin\theta$
$\left(-\dfrac{\pi}{2} \leqq \theta \leqq \dfrac{\pi}{2}\right)$
と置換せよ!!

この場合 $a = 2$ です!

基本公式!

$\sin^2\theta + \cos^2\theta = 1$ より
$1-\sin^2\theta = \cos^2\theta$ です!

$-\dfrac{\pi}{2} \leqq \theta \leqq \dfrac{\pi}{2}$ より
$\cos\theta \geqq 0$ つまり
$\sqrt{\cos^2\theta} = |\cos\theta| = \cos\theta$

$x = 2\sin\theta$ より
x を θ で微分すると
$\dfrac{dx}{d\theta} = 2\cos\theta$

両辺に $d\theta$ をかける!

$x = 2\sin\theta$ より
$x = 0$ のとき
　$0 = 2\sin\theta$
　$\therefore\ \sin\theta = 0$
よって $-\dfrac{\pi}{2} \leqq \theta \leqq \dfrac{\pi}{2}$
とすると
　　　　$\theta = 0$ となる!

$x = 1$ のとき
　$1 = 2\sin\theta$
　$\therefore\ \sin\theta = \dfrac{1}{2}$
よって $-\dfrac{\pi}{2} \leqq \theta \leqq \dfrac{\pi}{2}$
とすると
　　　　$\theta = \dfrac{\pi}{6}$ となる!

つまーり!!

x が $0 \longrightarrow 1$ のとき
t は $0 \longrightarrow \dfrac{\pi}{6}$ となる!!

$$= \int_0^{\frac{\pi}{6}} 4 \cdot \frac{1+\cos 2\theta}{2} d\theta$$

p.352 問題 35-1 (2)参照！
$$\cos^2\theta = \frac{1+\cos 2\theta}{2}$$
を活用します!!

$$= \int_0^{\frac{\pi}{6}} (2 + 2\cos 2\theta) d\theta$$

$$\int \cos(a\theta + b) d\theta = \frac{1}{a}\sin(a\theta + b) + C$$

$$= \left[2\theta + 2 \cdot \frac{1}{2} \cdot \sin 2\theta \right]_0^{\frac{\pi}{6}}$$

この場合 $a=2, b=0$ に対応！

$$= \left[2\theta + \sin 2\theta \right]_0^{\frac{\pi}{6}}$$

$\theta = \dfrac{\pi}{6}$ を代入したものと $\theta = 0$ を代入したものとの差を計算する！

$$= 2 \times \frac{\pi}{6} + \sin\frac{\pi}{3} - \left(2 \times 0 + \sin 0\right)$$

$\sin\left(2 \times \dfrac{\pi}{6}\right) = \sin\dfrac{\pi}{3}$

$$= \frac{\pi}{3} + \frac{\sqrt{3}}{2} \quad \cdots \text{(答)}$$

$\sin\dfrac{\pi}{3} = \dfrac{\sqrt{3}}{2}$

ハイ！　できあがり♥

ちょっと言わせて

別解のようなものです！
見たことねぇなあ…。

$y = \sqrt{4-x^2}$ のグラフって何??

では両辺を 2 乗してみましょう！

$$y^2 = 4 - x^2$$

$$\therefore \ x^2 + y^2 = 4$$

おーっと！　円だ!!

ここで $\sqrt{4-x^2} \geqq 0$ より $y \geqq 0$ となる。

一般的に $\sqrt{A} \geqq 0$
$\sqrt{A}$ がマイナスになることはなーい!!

つまーり!!
$y = \sqrt{4-x^2}$
$\geqq 0 \quad \geqq 0$
$\sqrt{4-x^2} \geqq$ より $y \geqq 0$

すなわち!!

$y = \sqrt{4-x^2}$ ◀同じ意味▶ $x^2 + y^2 = 4 \ (y \geqq 0)$

図示すると…

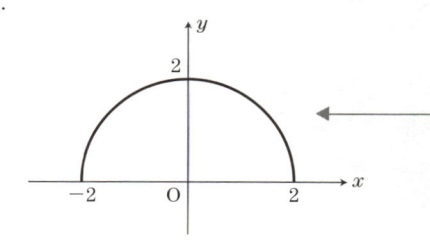

円 $x^2 + y^2 = 4$
(中心 $(0,0)$, 半径 2 の円)
の $y \geqq 0$ の部分!!
つまり半円でーす♥

$\int_0^1 \sqrt{4-x^2}\,dx$ の表す面積は以下のとおり。

よって中学生向けに…

$= \pi \times 2^2 \times \dfrac{30°}{360°} + \dfrac{1}{2} \times 1 \times \sqrt{3}$

$= \dfrac{\pi}{3} + \dfrac{\sqrt{3}}{2}$ …(答)

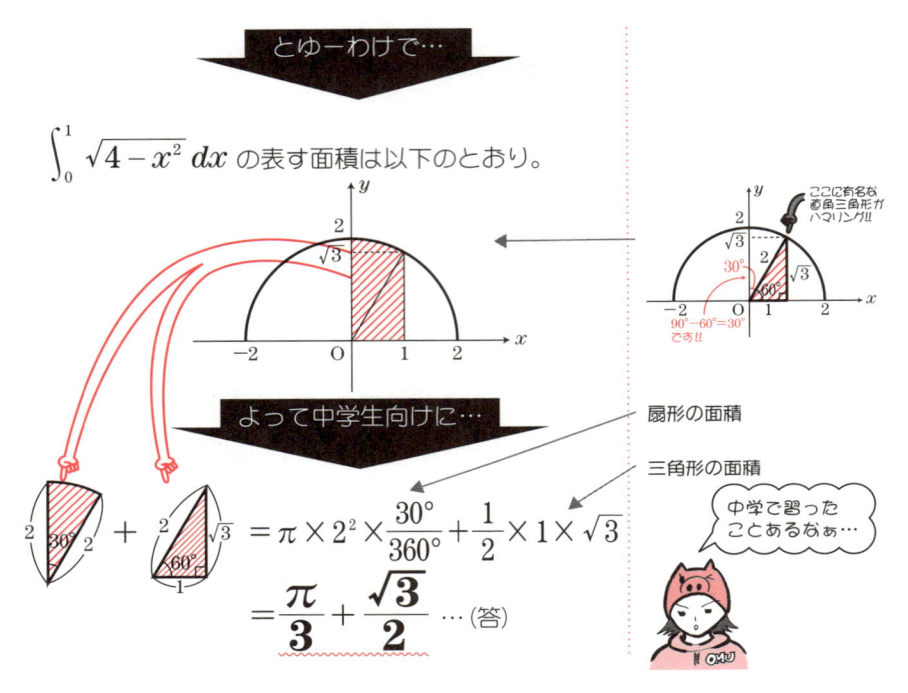

まぁ、お好きな方針を優先していただければよろしいのですが、

$x = a\sin\theta$ とおく作戦 をしっかり修得しておいた方が、長い目で見れば役に立ちます!!

ただし!! 次のような場合は別です!!

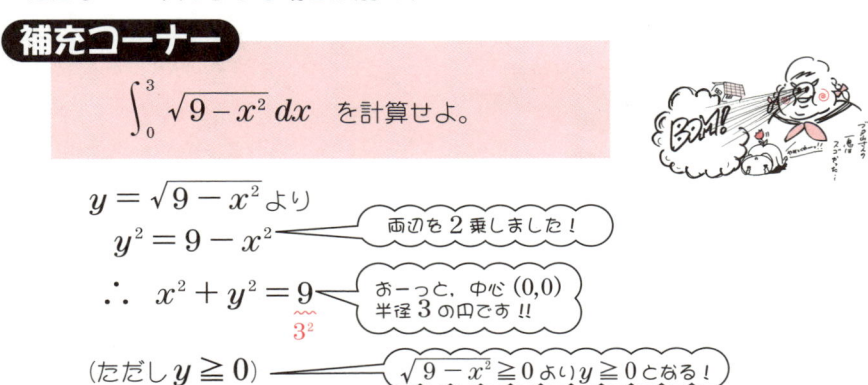

補充コーナー

$\int_0^3 \sqrt{9-x^2}\,dx$ を計算せよ。

$y = \sqrt{9-x^2}$ より

$y^2 = 9 - x^2$

∴ $x^2 + y^2 = 9$
　　　　　　　　3^2

(ただし $y \geqq 0$)

よって，$\int_0^3 \sqrt{9-x^2}\,dx$ の表す面積を図示すると

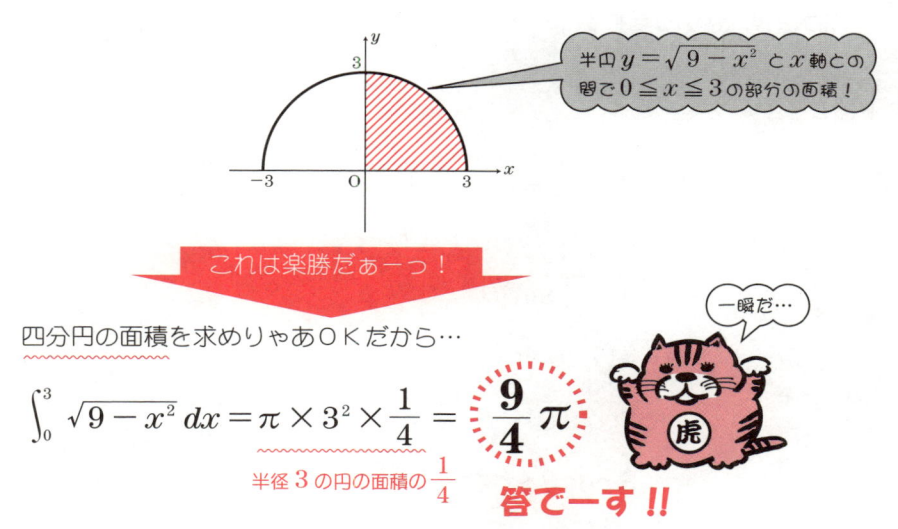

> 半円 $y=\sqrt{9-x^2}$ と x 軸との間で $0 \leqq x \leqq 3$ の部分の面積！

これは楽勝だぁーっ！

四分円の面積を求めりゃあＯＫだから…

$$\int_0^3 \sqrt{9-x^2}\,dx = \pi \times 3^2 \times \frac{1}{4} = \frac{9}{4}\pi$$

半径 3 の円の面積の $\frac{1}{4}$

一瞬だ…

答でーす!!

このように，図が簡単になりすぎるときは，この方針が無敵となる!!

ではでは，さらに経験を増やしましょう！

問題 41-2 ちょいムズ

次の定積分を求めよ。

(1) $\int_{-\frac{\sqrt{3}}{2}}^{\sqrt{3}} \sqrt{3-x^2}\,dx$

(2) $\int_0^3 x^2 \sqrt{9-x^2}\,dx$

ナイスな導入!!

(1)，(2)には，いずれも $\sqrt{a^2-x^2}$ が登場します!!

こんなときは…

$x = a\sin\theta$ と置換するんでしたネ♥

では，早速まいりましょう!! ただし $-\dfrac{\pi}{2} \leqq \theta \leqq \dfrac{\pi}{2}$

解答でござる

(1) $x = \sqrt{3}\sin\theta \left(-\dfrac{\pi}{2} \leqq \theta \leqq \dfrac{\pi}{2}\right)$ とおくと

$$\sqrt{3-x^2} = \sqrt{3-(\sqrt{3}\sin\theta)^2}$$
$$= \sqrt{3-3\sin^2\theta}$$
$$= \sqrt{3(1-\sin^2\theta)}$$
$$= \sqrt{3\cos^2\theta}$$
$$= \sqrt{3}\cos\theta$$

($\sqrt{3}$)² です!!

必殺技 1
$\sqrt{a^2-x^2}$ が登場したら
$x = a\sin\theta$
$\left(-\dfrac{\pi}{2} \leqq \theta \leqq \dfrac{\pi}{2}\right)$
と置換せよ!!
この場合 $a=\sqrt{3}$ です!

$\sin^2\theta + \cos^2\theta = 1$ より
$1-\sin^2\theta = \cos^2\theta$

$-\dfrac{\pi}{2} \leqq \theta \leqq \dfrac{\pi}{2}$ から
$\cos\theta \geqq 0$ つまり
$\sqrt{\cos^2\theta} = |\cos\theta| = \cos\theta$

このとき

$$\dfrac{dx}{d\theta} = \sqrt{3}\cos\theta$$
$$\therefore \ dx = \sqrt{3}\cos\theta\,d\theta$$

$x = \sqrt{3}\sin\theta$ より
x を θ で微分すると
$\dfrac{dx}{d\theta} = \sqrt{3}\cos\theta$

両辺に $d\theta$ をかける!

さらに

x	$-\dfrac{\sqrt{3}}{2}$	$\longrightarrow$	$\sqrt{3}$
θ	$-\dfrac{\pi}{6}$	$\longrightarrow$	$\dfrac{\pi}{2}$

$x = \sqrt{3}\sin\theta$ より
$x = -\dfrac{\sqrt{3}}{2}$ のとき
$-\dfrac{\sqrt{3}}{2} = \sqrt{3}\sin\theta$
$\therefore \ \sin\theta = -\dfrac{1}{2}$
よって $-\dfrac{\pi}{2} \leqq \theta \leqq \dfrac{\pi}{2}$
とすると
$\theta = -\dfrac{\pi}{6}$ となる!

$x = \sqrt{3}$ のとき
$\sqrt{3} = \sqrt{3}\sin\theta$
$\therefore \ \sin\theta = 1$
よって $-\dfrac{\pi}{2} \leqq \theta \leqq \dfrac{\pi}{2}$
とすると
$\theta = \dfrac{\pi}{2}$ となる!

以上より

$$\int_{-\frac{\sqrt{3}}{2}}^{\sqrt{3}} \sqrt{3-x^2}\,dx$$
$$= \int_{-\frac{\pi}{6}}^{\frac{\pi}{2}} \sqrt{3}\cos\theta \cdot \sqrt{3}\cos\theta\,d\theta$$
$$= \int_{-\frac{\pi}{6}}^{\frac{\pi}{2}} 3\cos^2\theta\,d\theta$$

つまーり!!

x が $-\dfrac{\sqrt{3}}{2} \longrightarrow \sqrt{3}$ のとき
θ は $-\dfrac{\pi}{6} \longrightarrow \dfrac{\pi}{2}$ となる!!

$$= \int_{-\frac{\pi}{6}}^{\frac{\pi}{2}} 3 \cdot \frac{1+\cos 2\theta}{2} d\theta$$

$$= \int_{-\frac{\pi}{6}}^{\frac{\pi}{2}} \left(\frac{3}{2} + \frac{3}{2}\cos 2\theta \right) d\theta$$

$$= \left[\frac{3}{2}\theta + \frac{3}{2} \cdot \frac{1}{2}\sin 2\theta \right]_{-\frac{\pi}{6}}^{\frac{\pi}{2}}$$

$$= \left[\frac{3}{2}\theta + \frac{3}{4}\sin 2\theta \right]_{-\frac{\pi}{6}}^{\frac{\pi}{2}}$$

$$= \frac{3}{2} \times \frac{\pi}{2} + \frac{3}{4}\sin\left(2 \times \frac{\pi}{2}\right)$$
$$\quad - \left[\frac{3}{2} \times \left(-\frac{\pi}{6}\right) + \frac{3}{4}\sin\left\{2 \cdot \left(-\frac{\pi}{6}\right)\right\} \right]$$

$$= \frac{3}{4}\pi + \frac{3}{4}\sin\pi + \frac{\pi}{4} - \frac{3}{4}\sin\left(-\frac{\pi}{3}\right)$$

$$= \pi + \frac{3\sqrt{3}}{8} \quad \cdots \text{(答)}$$

$\cos^2\theta = \dfrac{1+\cos 2\theta}{2}$ です！
p.354 参照!!

p.326参照!!
$\int \cos(a\theta + b)d\theta$
$= \dfrac{1}{a}\sin(a\theta + b) + C$
この場合 $a=2$, $b=0$ に対応！

$\theta = \dfrac{\pi}{2}$ を代入したものと
$\theta = -\dfrac{\pi}{6}$ を代入したもの
との差を計算する！
$\sin\pi = 0$
$\sin\left(-\dfrac{\pi}{3}\right) = -\dfrac{\sqrt{3}}{2}$

ハイ！ おしまい♥

(2) $x = 3\sin\theta \ \left(-\dfrac{\pi}{2} \leqq \theta \leqq \dfrac{\pi}{2}\right)$ とおくと

$$\sqrt{9-x^2} = \sqrt{9 - (3\sin\theta)^2}$$
$$= \sqrt{9 - 9\sin^2\theta}$$
$$= \sqrt{9(1 - \sin^2\theta)}$$
$$= \sqrt{9\cos^2\theta}$$
$$= 3\cos\theta$$

必殺技 I
$\sqrt{a^2 - x^2}$ が登場したら
$x = a\sin\theta$
$\left(-\dfrac{\pi}{2} \leqq \theta \leqq \dfrac{\pi}{2}\right)$
と置換せよ!!
この場合 $a=3$ です！

$\sin^2\theta + \cos^2\theta = 1$ より
$1 - \sin^2\theta = \cos^2\theta$
$-\dfrac{\pi}{2} \leqq \theta \leqq \dfrac{\pi}{2}$ から
$\cos\theta \geqq 0$ つまり
$\sqrt{\cos^2\theta} = |\cos\theta| = \cos\theta$

このとき

$$\frac{dx}{d\theta} = 3\cos\theta$$

$$\therefore \quad dx = 3\cos\theta\, d\theta$$

さらに

x	0	$\longrightarrow$	3
θ	0	$\longrightarrow$	$\dfrac{\pi}{2}$

以上より

$$\int_0^3 x^2 \sqrt{9-x^2}\, dx$$

$$= \int_0^{\frac{\pi}{2}} (3\sin\theta)^2 \cdot 3\cos\theta \cdot 3\cos\theta\, d\theta$$

$$= \int_0^{\frac{\pi}{2}} 81\sin^2\theta \cos^2\theta\, d\theta$$

$$= \int_0^{\frac{\pi}{2}} 81 \cdot \frac{1-\cos 2\theta}{2} \cdot \frac{1+\cos 2\theta}{2}\, d\theta$$

$$= \frac{81}{4} \int_0^{\frac{\pi}{2}} (1-\cos^2 2\theta)\, d\theta$$

$x = 3\sin\theta$ より
x を θ で微分すると
$\dfrac{dx}{d\theta} = 3\cos\theta$

両辺に $d\theta$ をかける！

$x = 3\sin\theta$ より
$x = 0$ のとき
  $0 = 3\sin\theta$
  $\therefore \sin\theta = 0$
よって $-\dfrac{\pi}{2} \leqq \theta \leqq \dfrac{\pi}{2}$
とすると
  $\theta = 0$ となる！

$x = 3$ のとき
  $3 = 3\sin\theta$
  $\therefore \sin\theta = 1$
よって $-\dfrac{\pi}{2} \leqq \theta \leqq \dfrac{\pi}{2}$
とすると
  $\theta = \dfrac{\pi}{2}$ となる！

つまーり！！

x が $0 \longrightarrow 3$ のとき
θ は $0 \longrightarrow \dfrac{\pi}{2}$ となる！！

外に x^2 があるから p.450 の ような、半円の面積作戦を使 えない！！

$\sin^2\theta = \dfrac{1-\cos 2\theta}{2}$
$\cos^2\theta = \dfrac{1+\cos 2\theta}{2}$
p.354 参照！！

$(1+\cos 2\theta)(1-\cos 2\theta)$
$= 1^2 - (\cos 2\theta)^2$
$= 1 - \cos^2 2\theta$

$$= \frac{81}{4}\int_0^{\frac{\pi}{2}}\left(1-\frac{1+\cos 4\theta}{2}\right)d\theta$$

$$= \frac{81}{4}\int_0^{\frac{\pi}{2}}\frac{1-\cos 4\theta}{2}d\theta$$

$$= \frac{81}{8}\int_0^{\frac{\pi}{2}}(1-\cos 4\theta)d\theta$$

$$= \frac{81}{8}\left[\theta-\frac{1}{4}\sin 4\theta\right]_0^{\frac{\pi}{2}}$$

$$= \frac{81}{8}\left\{\frac{\pi}{2}-\frac{1}{4}\sin\left(4\cdot\frac{\pi}{2}\right)-\left(0-\frac{1}{4}\sin 0\right)\right\}$$

$$= \frac{81}{8}\left(\frac{\pi}{2}-\frac{1}{4}\sin 2\pi\right)$$

$$= \frac{81}{16}\pi \quad \cdots\text{(答)}$$

> $\cos^2 2\theta = \dfrac{1+\cos 2\cdot 2\theta}{2}$
> $ = \dfrac{1+\cos 4\theta}{2}$
>
> まさに，p.356 問題 35-2 (2) のタイプです!!

> p.326 参照!!
> $\int\cos(a\theta + b)d\theta$
> $= \dfrac{1}{a}\sin(a\theta + b) + C$

> $\theta = \dfrac{\pi}{2}$ を代入したものと $\theta = 0$ を代入したものとの差を計算する！

> $\sin 2\pi = 0$

> ハイ！ できあがり♥

さて，もうひとつ重要なテクニックがあります！

問題 41-3　　　　　　　　　　　　　　　　　　　　　　　　標準

$\displaystyle\int_0^2 \frac{1}{x^2+4}dx$　を求めよ。

ナイスな導入!!

$\displaystyle\int_0^2 \frac{1}{x^2+4}dx$

> ここがプラス!! になっているところがチャームポイントです！

これがもしも

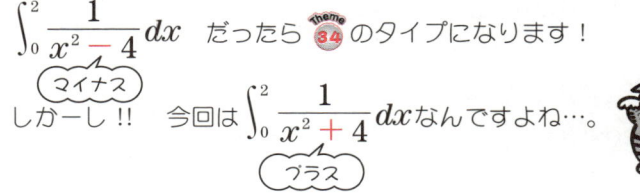

$\displaystyle\int_0^2 \frac{1}{x^2-4}dx$　だったら Theme 34 のタイプになります！
（マイナス）

しか〜し!!　今回は $\displaystyle\int_0^2 \frac{1}{x^2+4}dx$ なんですよね…。
（プラス）

> そうか…

そこで!! またまた超有名テクニックがあります!!

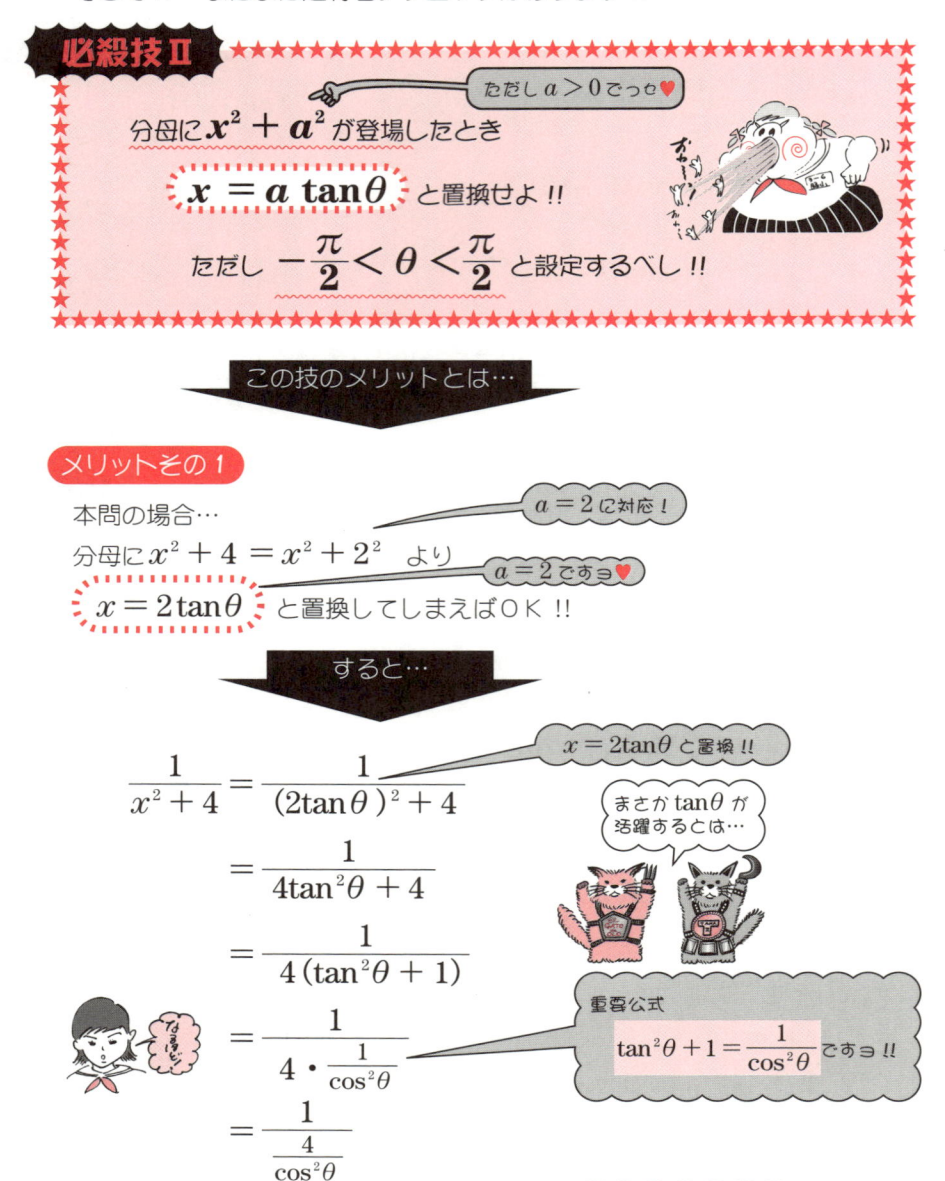

必殺技Ⅱ

ただし $a>0$ でっσ♥

分母に x^2+a^2 が登場したとき

$x = a\tan\theta$ と置換せよ!!

ただし $-\dfrac{\pi}{2} < \theta < \dfrac{\pi}{2}$ と設定するべし!!

この技のメリットとは…

メリットその1

本問の場合…

$a=2$ に対応!

分母に $x^2+4 = x^2+2^2$ より

$a=2$ ですョ♥

$x = 2\tan\theta$ と置換してしまえばOK!!

すると…

$x=2\tan\theta$ と置換!!

$$\dfrac{1}{x^2+4} = \dfrac{1}{(2\tan\theta)^2+4}$$

まさか $\tan\theta$ が活躍するとは…

$$= \dfrac{1}{4\tan^2\theta+4}$$

$$= \dfrac{1}{4(\tan^2\theta+1)}$$

重要公式

$$= \dfrac{1}{4\cdot\dfrac{1}{\cos^2\theta}}$$

$\tan^2\theta + 1 = \dfrac{1}{\cos^2\theta}$ ですョ!!

$$= \dfrac{1}{\dfrac{4}{\cos^2\theta}}$$

$$= \dfrac{\cos^2\theta}{4}$$

分子&分母に $\cos^2\theta$ をかけました!

今回もまたなかなか シンプル になりましたねぇ～。

メリットその２

$x = 2\tan\theta$ より

$$\frac{dx}{d\theta} = 2 \cdot \frac{1}{\cos^2\theta}$$

> x を θ で微分したョ！
> $(\tan\theta)' = \dfrac{1}{\cos^2\theta}$ です！

$$\therefore\ dx = \frac{2}{\cos^2\theta}\,d\theta$$

> 両辺に $d\theta$ をかける！

よって

$$\int \frac{1}{x^2+4}\,dx$$

> なるほど…
> おーっ!!
> こりゃまたうまくいくの～っ！

$$= \int \frac{\cos^2\theta}{4} \cdot \frac{2}{\cos^2\theta}\,d\theta$$

$$= \int \frac{1}{2}\,d\theta$$

> こんな楽チンでいいの～っ？

こいつは，必殺技に１本取られましたな…。

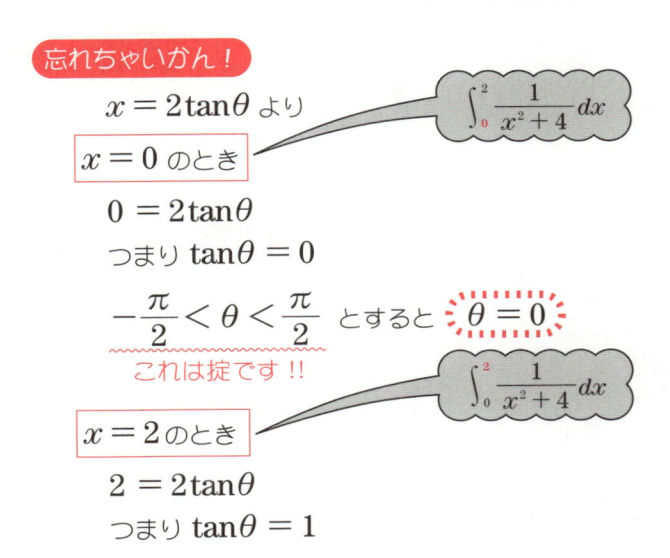

忘れちゃいかん！

$x = 2\tan\theta$ より

> $\displaystyle\int_0^2 \frac{1}{x^2+4}\,dx$

$\boxed{x = 0\ \text{のとき}}$

$0 = 2\tan\theta$

つまり $\tan\theta = 0$

$-\dfrac{\pi}{2} < \theta < \dfrac{\pi}{2}$ とすると $\theta = 0$

これは掟です!!

> $\displaystyle\int_0^2 \frac{1}{x^2+4}\,dx$

$\boxed{x = 2\ \text{のとき}}$

$2 = 2\tan\theta$

つまり $\tan\theta = 1$

$-\dfrac{\pi}{2} < \theta < \dfrac{\pi}{2}$ とすると　　$\theta = \dfrac{\pi}{4}$

（45°のことです！）

これは掟です!!

↓ よって

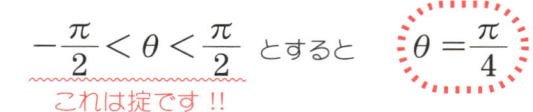

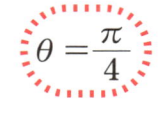

x が $0 \longrightarrow 2$ に変化するとき

θ は $0 \longrightarrow \dfrac{\pi}{4}$ に変化することになーる!!

↓ 以上を集結して…

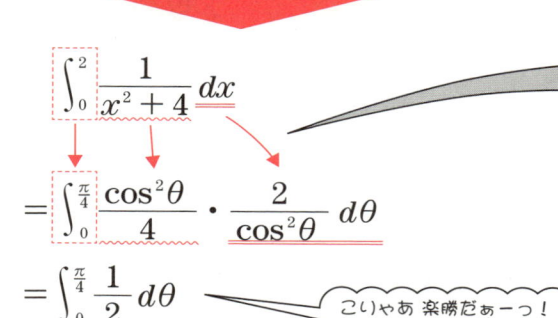

$$\int_0^2 \dfrac{1}{x^2+4}\,dx$$

$$= \int_0^{\pi/4} \dfrac{\cos^2\theta}{4} \cdot \dfrac{2}{\cos^2\theta}\,d\theta$$

$$= \int_0^{\pi/4} \dfrac{1}{2}\,d\theta$$

メリットその1 参照!!
$$\dfrac{1}{x^2+4} = \dfrac{\cos^2\theta}{4}$$

メリットその2 参照!!
$$dx = \dfrac{2}{\cos^2\theta}\,d\theta$$

忘れちゃいかん! 参照!!

x	0	$\longrightarrow$	2
θ	0	$\longrightarrow$	$\dfrac{\pi}{4}$

こりゃあ楽勝だぁーっ！

仕上げは，解答にて…

解答でござる

$x = 2\tan\theta \;\left(-\dfrac{\pi}{2} < \theta < \dfrac{\pi}{2}\right)$ とおくと

$$\dfrac{1}{x^2+4} = \dfrac{1}{(2\tan\theta)^2 + 4}$$

$$= \dfrac{1}{4\tan^2\theta + 4}$$

$$= \dfrac{1}{4(\tan^2\theta + 1)}$$

必殺技Ⅱ

分母に $x^2 + a^2$ が登場したとき

$$x = a\tan\theta$$
$$\left(-\dfrac{\pi}{2} < \theta < \dfrac{\pi}{2}\right)$$

と置換せよ!!
この場合 $a = 2$ に対応！

Theme 41　$x = a\sin\theta$ と置いたり，$x = a\tan\theta$ と置いたり　459

$$= \frac{1}{4 \cdot \dfrac{1}{\cos^2\theta}}$$

基本公式
$$\tan^2\theta + 1 = \frac{1}{\cos^2\theta}$$
です!!

$$= \frac{\cos^2\theta}{4}$$

分子&分母に $\cos^2\theta$ をかけた!

このとき

$$\frac{dx}{d\theta} = 2 \cdot \frac{1}{\cos^2\theta}$$

$x = 2\tan\theta$ より
x を θ で微分したヨ!
$(\tan\theta)' = \dfrac{1}{\cos^2\theta}$ です!

$$\therefore\ dx = \frac{2}{\cos^2\theta}\,d\theta$$

両辺に $d\theta$ をかけた!

さらに

x	0 $\longrightarrow$ 2
θ	0 $\longrightarrow$ $\dfrac{\pi}{4}$

$x = 2\tan\theta$ より
$x = 0$ のとき
　$0 = 2\tan\theta$
　$\therefore\ \tan\theta = 0$
$-\dfrac{\pi}{2} < \theta < \dfrac{\pi}{2}$ とすると
　　$\theta = 0$ となる!

$x = 2$ のとき
　$2 = 2\tan\theta$
　$\therefore\ \tan\theta = 1$
$-\dfrac{\pi}{2} < \theta < \dfrac{\pi}{2}$ とすると
　　$\theta = \dfrac{\pi}{4}$ となる!

つまーり!!

x が $0 \longrightarrow 2$ のとき
θ は $0 \longrightarrow \dfrac{\pi}{4}$ となる!!

以上から

$$\int_0^2 \frac{1}{x^2+4}\,dx$$

$$= \int_0^{\frac{\pi}{4}} \frac{\cos^2\theta}{4} \cdot \frac{2}{\cos^2\theta}\,d\theta$$

$$= \int_0^{\frac{\pi}{4}} \frac{1}{2}\,d\theta$$

$$= \left[\frac{1}{2}\theta\right]_0^{\frac{\pi}{4}}$$

$$= \frac{1}{2} \times \frac{\pi}{4} - \frac{1}{2} \times 0$$

$\theta = \dfrac{\pi}{4}$ を代入したものと
$\theta = 0$ を代入したものとの
差を計算する!

$$= \frac{\pi}{8} \quad \cdots\text{(答)}$$

ハイ!　てきあがり♥

では，このタイプもバリバリいきましょう！

問題 41-4 　標準

次の定積分を求めよ。

(1) $\displaystyle\int_0^1 \frac{1}{x^2+3}dx$

(2) $\displaystyle\int_0^{\sqrt{3}} \frac{1}{(x^2+9)^2}dx$

ナイスな導入!!

(1), (2)いずれも分母に x^2+a^2 が登場してます！
こんなときは…

$x = a\tan\theta$ と置換するんでしたネ♥

ただし $-\dfrac{\pi}{2} < \theta < \dfrac{\pi}{2}$

有名なテクニックは押さえておこう!!

では早速!!

解答でござる

(1) $x = \sqrt{3}\tan\theta \left(-\dfrac{\pi}{2} < \theta < \dfrac{\pi}{2}\right)$ とおくと

$\dfrac{1}{x^2+3} = \dfrac{1}{(\sqrt{3}\tan\theta)^2+3}$

$(\sqrt{3})^2$ です!!

$= \dfrac{1}{3\tan^2\theta + 3}$

$= \dfrac{1}{3(\tan^2\theta + 1)}$

$= \dfrac{1}{3 \cdot \dfrac{1}{\cos^2\theta}}$

$= \dfrac{\cos^2\theta}{3}$

必殺技Ⅱ
分母に x^2+a^2 が登場したとき
$x = a\tan\theta$
$\left(-\dfrac{\pi}{2} < \theta < \dfrac{\pi}{2}\right)$
と置換せよ！
本問では $a = \sqrt{3}$ に対応!!

$x = \sqrt{3}\tan\theta$ です！

基本公式
$\tan^2\theta + 1 = \dfrac{1}{\cos^2\theta}$
です!!

分子&分母に $\cos^2\theta$ をかける！
$\dfrac{1}{3 \cdot \dfrac{1}{\cos^2\theta}} = \dfrac{1}{\dfrac{3}{\cos^2\theta}} = \dfrac{\cos^2\theta}{3}$

このとき

$$\frac{dx}{d\theta} = \sqrt{3} \cdot \frac{1}{\cos^2\theta}$$

$$\therefore \quad dx = \frac{\sqrt{3}}{\cos^2\theta} d\theta$$

$x = \sqrt{3}\tan\theta$ より
x を θ で微分すると
$$\frac{dx}{d\theta} = \sqrt{3} \cdot \frac{1}{\cos^2\theta}$$
$(\tan\theta)' = \dfrac{1}{\cos^2\theta}$
両辺に $d\theta$ をかけた！

さらに

x	0	$\longrightarrow$	1
θ	0	$\longrightarrow$	$\dfrac{\pi}{6}$

$x = \sqrt{3}\tan\theta$ より
$x = 0$ のとき
　$0 = \sqrt{3}\tan\theta$
　$\therefore \tan\theta = 0$
よって $-\dfrac{\pi}{2} < \theta < \dfrac{\pi}{2}$
とすると
　　　$\theta = 0$ となる!!
$x = 1$ のとき
　$1 = \sqrt{3}\tan\theta$
　$\therefore \tan\theta = \dfrac{1}{\sqrt{3}}$
よって $-\dfrac{\pi}{2} < \theta < \dfrac{\pi}{2}$
とすると
　　　$\theta = \dfrac{\pi}{6}$ となる!!

つまーり!!

x が $0 \longrightarrow 1$ のとき
θ は $0 \longrightarrow \dfrac{\pi}{6}$ となる!!

以上より

$$\int_0^1 \frac{1}{x^2+3} dx$$

$$= \int_0^{\frac{\pi}{6}} \frac{\cos^2\theta}{3} \cdot \frac{\sqrt{3}}{\cos^2\theta} d\theta$$

$$= \int_0^{\frac{\pi}{6}} \frac{\sqrt{3}}{3} d\theta$$

$$= \left[\frac{\sqrt{3}}{3}\theta\right]_0^{\frac{\pi}{6}}$$

$$= \frac{\sqrt{3}}{3} \times \frac{\pi}{6} - \frac{\sqrt{3}}{3} \times 0$$

$$= \boldsymbol{\frac{\sqrt{3}}{18}\pi} \cdots \text{(答)}$$

ヤッホー!! こんな楽な形に!!
$\theta = \dfrac{\pi}{6}$ を代入したものと
$\theta = 0$ を代入したものとの
差を計算する！
ハイ！　てきあがり♥

必殺技Ⅱ
分母に $x^2 + a^2$ が登場したとき
$x = a\tan\theta$
$\left(-\dfrac{\pi}{2} < \theta < \dfrac{\pi}{2}\right)$
と置換せよ！
本問では，$a = 3$ に対応!!

(2)　$x = 3\tan\theta \quad \left(-\dfrac{\pi}{2} < \theta < \dfrac{\pi}{2}\right)$ とおくと

$$\frac{1}{(x^2+9)^2} = \frac{1}{\{(3\tan\theta)^2+9\}^2}$$

3^2 です!! $x = 3\tan\theta$ です!!

$\{9(\tan^2\theta+1)\}^2$
$= 9^2(\tan^2\theta+1)^2$
$= 81(\tan^2\theta+1)^2$

$$= \frac{1}{(9\tan^2\theta+9)^2}$$

$$= \frac{1}{\{9(\tan^2\theta+1)\}^2}$$

$$= \frac{1}{81(\tan^2\theta+1)^2}$$

基本公式
$$\tan^2\theta + 1 = \frac{1}{\cos^2\theta}$$
ですヨ！

$$= \frac{1}{81 \cdot \left(\dfrac{1}{\cos^2\theta}\right)^2}$$

分子&分母に $\cos^4\theta$ をかける！

$$= \frac{1}{\dfrac{81}{\cos^4\theta}} = \frac{\cos^4\theta}{81}$$

$x = 3\tan\theta$ より x を θ で微分すると
$$\frac{dx}{d\theta} = 3 \cdot \frac{1}{\cos^2\theta}$$
$(\tan\theta)' = \dfrac{1}{\cos^2\theta}$

このとき
$$\frac{dx}{d\theta} = 3 \cdot \frac{1}{\cos^2\theta}$$

両辺に $d\theta$ をかけた！

$$\therefore dx = \frac{3}{\cos^2\theta} d\theta$$

さらに

x	0 ⟶ $\sqrt{3}$
θ	0 ⟶ $\dfrac{\pi}{6}$

$x = 3\tan\theta$ より
$x = 0$ のとき
$0 = 3\tan\theta$
$\therefore \tan\theta = 0$
よって $-\dfrac{\pi}{2} < \theta < \dfrac{\pi}{2}$
とすると
$\theta = 0$ となる!!

$x = \sqrt{3}$ のとき
$\sqrt{3} = 3\tan\theta$
$\therefore \tan\theta = \dfrac{\sqrt{3}}{3} = \dfrac{1}{\sqrt{3}}$
よって $-\dfrac{\pi}{2} < \theta < \dfrac{\pi}{2}$
とすると
$\theta = \dfrac{\pi}{6}$ となる!!

つまーり!!
x が 0 ⟶ $\sqrt{3}$ のとき
θ は 0 ⟶ $\dfrac{\pi}{6}$ となる!!

以上より

$$\int_0^{\sqrt{3}} \frac{1}{(x^2+9)^2} dx$$

$$= \int_0^{\frac{\pi}{6}} \frac{\cos^4\theta}{81} \cdot \frac{3}{\cos^2\theta} d\theta$$

$$= \int_0^{\frac{\pi}{6}} \frac{\cos^2\theta}{27} d\theta$$

$$= \frac{1}{27} \int_0^{\frac{\pi}{6}} \cos^2\theta \, d\theta$$

$$= \frac{1}{27} \int_0^{\frac{\pi}{6}} \frac{1+\cos 2\theta}{2} d\theta$$

$$= \frac{1}{54} \int_0^{\frac{\pi}{6}} (1+\cos 2\theta) d\theta$$

$$= \frac{1}{54} \left[\theta + \frac{1}{2}\sin 2\theta \right]_0^{\frac{\pi}{6}}$$

$$= \frac{1}{54}\left\{ \frac{\pi}{6} + \frac{1}{2}\sin\left(2\cdot\frac{\pi}{6}\right) \right\}$$
$$\quad - \frac{1}{54}\left(0 + \frac{1}{2}\sin 0 \right)$$

$$= \frac{\pi}{324} + \frac{1}{108}\sin\frac{\pi}{3}$$

$$= \frac{\pi}{324} + \frac{1}{108}\cdot\frac{\sqrt{3}}{2}$$

$$= \frac{\pi}{324} + \frac{\sqrt{3}}{216} \quad \cdots (答)$$

$$\left(= \frac{2\pi + 3\sqrt{3}}{648} \quad \cdots (答) \right)$$

おっ!! これは
問題 35-1 (2)のタイプ！

p.354 参照!!

$\cos^2\theta = \dfrac{1+\cos 2\theta}{2}$ です！

p.326 参照!!
$\int \cos(a\theta + b) d\theta$
$= \dfrac{1}{a}\sin(a\theta + b) + C$
本問では, $a = 2, b = 0$ です！

$x = \dfrac{\pi}{6}$ を代入したものと
$x = 0$ を代入したものとの
差を計算する！
$\sin\theta = 0$

$\sin\dfrac{\pi}{3} = \dfrac{\sqrt{3}}{2}$

ハイ！ 一丁あがり♥

通分するとこうなるヨ！
これを解答とするもよし！

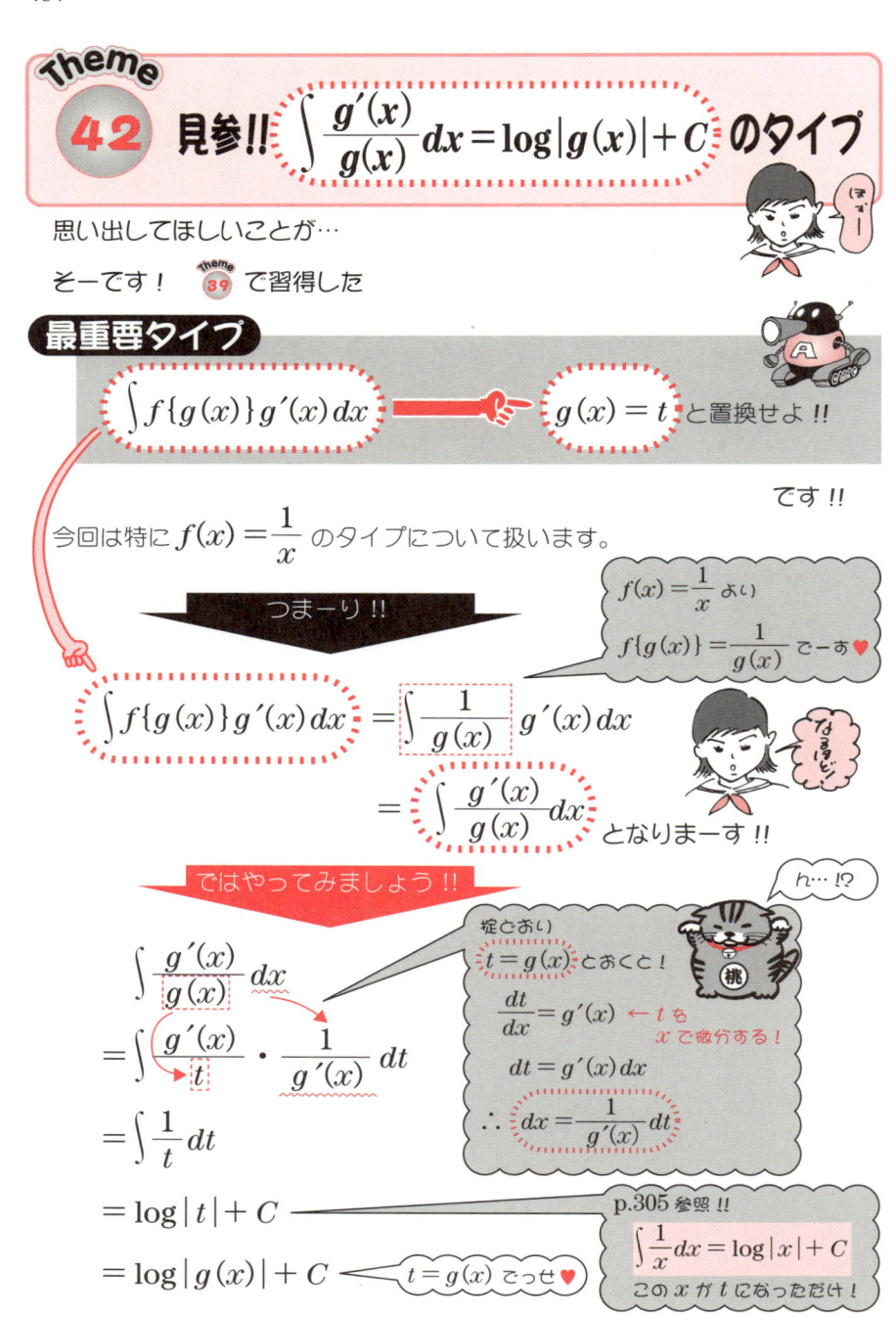

Theme 42 見参!! $\int \dfrac{g'(x)}{g(x)}dx = \log|g(x)| + C$ のタイプ

思い出してほしいことが…

そーです！ Theme 39 で習得した

最重要タイプ

$\int f\{g(x)\}g'(x)\,dx$ ＝＞ $g(x) = t$ と置換せよ!!

です!!

今回は特に $f(x) = \dfrac{1}{x}$ のタイプについて扱います。

つまーり!!

$f(x) = \dfrac{1}{x}$ より
$f\{g(x)\} = \dfrac{1}{g(x)}$ でーす♥

$\int f\{g(x)\}g'(x)\,dx = \int \dfrac{1}{g(x)} g'(x)\,dx$

$= \int \dfrac{g'(x)}{g(x)}dx$

となりまーす!!

ではやってみましょう!!

$\int \dfrac{g'(x)}{g(x)}dx$

$= \int \dfrac{g'(x)}{t} \cdot \dfrac{1}{g'(x)}dt$

$= \int \dfrac{1}{t}dt$

$= \log|t| + C$

$= \log|g(x)| + C$ ← $t = g(x)$ でっせ♥

定とおり
$t = g(x)$ とおくと！
$\dfrac{dt}{dx} = g'(x)$ ← t を x で微分する！
$dt = g'(x)\,dx$
∴ $dx = \dfrac{1}{g'(x)}dt$

p.305 参照!!
$\int \dfrac{1}{x}dx = \log|x| + C$
この x が t になっただけ！

Theme 42　見参!! $\int \frac{g'(x)}{g(x)}dx = \log|g(x)|+C$ のタイプ　465

ここで新たなる伝説が…

NEW公式!

$$\int \frac{g'(x)}{g(x)}dx = \log|g(x)|+C$$

（C は積分定数）

これを特別な形として覚えておくと便利である!!
では，早速使いまくりましょう♥

問題 42-1　　　　　　　　　　　　　　　　　　　　　　**基礎**

次の不定積分を求めよ。

(1) $\displaystyle\int \frac{2x+3}{x^2+3x+2}dx$

(2) $\displaystyle\int \frac{e^x}{e^x+2}dx$

(3) $\displaystyle\int \frac{\cos x+1}{\sin x+x}dx$

ナイスな導入!!

(1) $\displaystyle\int \frac{2x+3}{x^2+3x+2}dx = \int \frac{(x^2+3x+2)'}{x^2+3x+2}dx$ つまーい!! $\displaystyle\int \frac{g'(x)}{g(x)}dx$ の形!!

（$(x^2+3x+2)' = 2x+3$）

(2) $\displaystyle\int \frac{e^x}{e^x+2}dx = \int \frac{(e^x+2)'}{e^x+2}dx$ つまーい!! $\displaystyle\int \frac{g'(x)}{g(x)}dx$ の形!!

（$(e^x+2)' = e^x$）

(3) $\displaystyle\int \frac{\cos x+1}{\sin x+x}dx = \int \frac{(\sin x+x)'}{\sin x+x}dx$ つまーい!! $\displaystyle\int \frac{g'(x)}{g(x)}dx$ の形!!

（$(\sin x+x)' = \cos x+1$）

そーです!!　3問とも

$$\int \frac{g'(x)}{g(x)} dx = \log|g(x)| + C$$

が活用できまっせ♥

ふ〜ん，そうなんだ〜

では，まいりましょう!!!

解答でござる

(1) $\displaystyle \int \frac{2x+3}{x^2+3x+2} dx$

$= \displaystyle \int \frac{(x^2+3x+2)'}{x^2+3x+2} dx$

$= \mathbf{\log|x^2+3x+2| + C}$ …(答)

(ただし C は積分定数)

$(x^2+3x+2)' = 2x+3$ です!

$\displaystyle \int \frac{g'(x)}{g(x)} dx$ のタイプ!!

$\displaystyle \int \frac{g'(x)}{g(x)} dx = \log|g(x)| + C$

本問では
$g(x) = x^2+3x+2$ です!

(2) $\displaystyle \int \frac{e^x}{e^x+2} dx$

$= \displaystyle \int \frac{(e^x+2)'}{e^x+2} dx$

$= \log|e^x+2| + C$

$= \mathbf{\log(e^x+2) + C}$ …(答)

(ただし C は積分定数)

$(e^x+2)' = e^x$ です!

$\displaystyle \int \frac{g'(x)}{g(x)} dx$ のタイプ!!

$\displaystyle \int \frac{g'(x)}{g(x)} dx = \log|g(x)| + C$

本問では
$g(x) = e^x+2$ です!

$e^x > 0$ より
$e^x + 2 > 2 > 0$　よって
$|e^x+2| = e^x+2$ です!!

(3) $\displaystyle \int \frac{\cos x + 1}{\sin x + x} dx$

$(\sin x + x)' = \cos x + 1$ です!

Theme 42　見参!!　$\int \dfrac{g'(x)}{g(x)}dx = \log|g(x)| + C$ のタイプ　467

$$= \int \dfrac{(\sin x + x)'}{\sin x + x}dx$$

$\int \dfrac{g'(x)}{g(x)}dx$ のタイプ!!

$$= \log|\sin x + x| + C \quad \cdots \text{(答)}$$

（ただし C は積分定数）

$\int \dfrac{g'(x)}{g(x)}dx = \log|g(x)| + C$

本問では $g(x) = \sin x + x$ です!

$\sin x + x < 0$ となることもあり得るので、絶対値のままにしておく!!

では，ホンの少～しだけレベルを上げてみましょう♥

問題 42-2 　標準

次の不定積分を求めよ。

(1) $\int \dfrac{x^2}{x^3 + 1}dx$

(2) $\int \tan x \, dx$

あーっ!! そういえば…… $\int \tan x \, dx$ の公式ってなかったねぇ!!

ナイスな導入!!

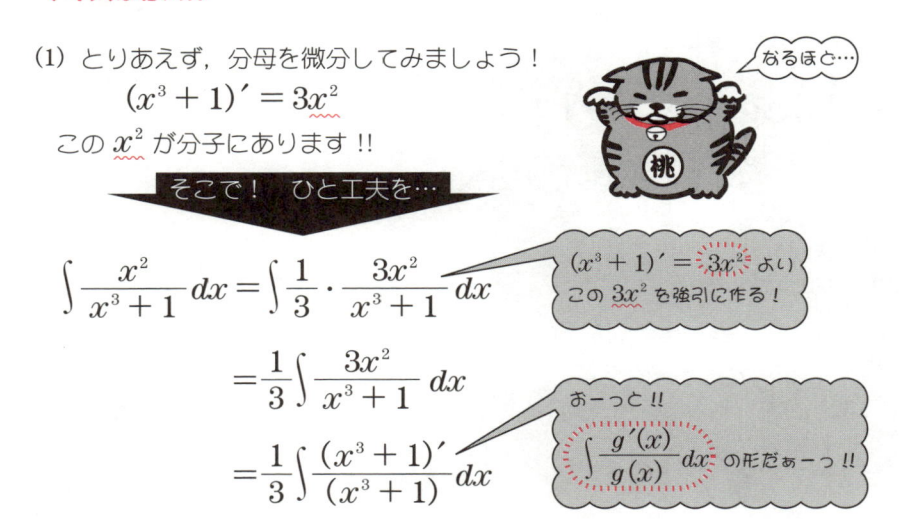

(1) とりあえず，分母を微分してみましょう！

$$(x^3 + 1)' = 3x^2$$

この x^2 が分子にあります!!

なるほど…

そこで！　ひと工夫を…

$$\int \dfrac{x^2}{x^3 + 1}dx = \int \dfrac{1}{3} \cdot \dfrac{3x^2}{x^3 + 1}dx$$

$(x^3 + 1)' = 3x^2$ より この $3x^2$ を強引に作る！

$$= \dfrac{1}{3}\int \dfrac{3x^2}{x^3 + 1}dx$$

$$= \dfrac{1}{3}\int \dfrac{(x^3 + 1)'}{(x^3 + 1)}dx$$

おーっと!! $\int \dfrac{g'(x)}{g(x)}dx$ の形だぁーっ!!

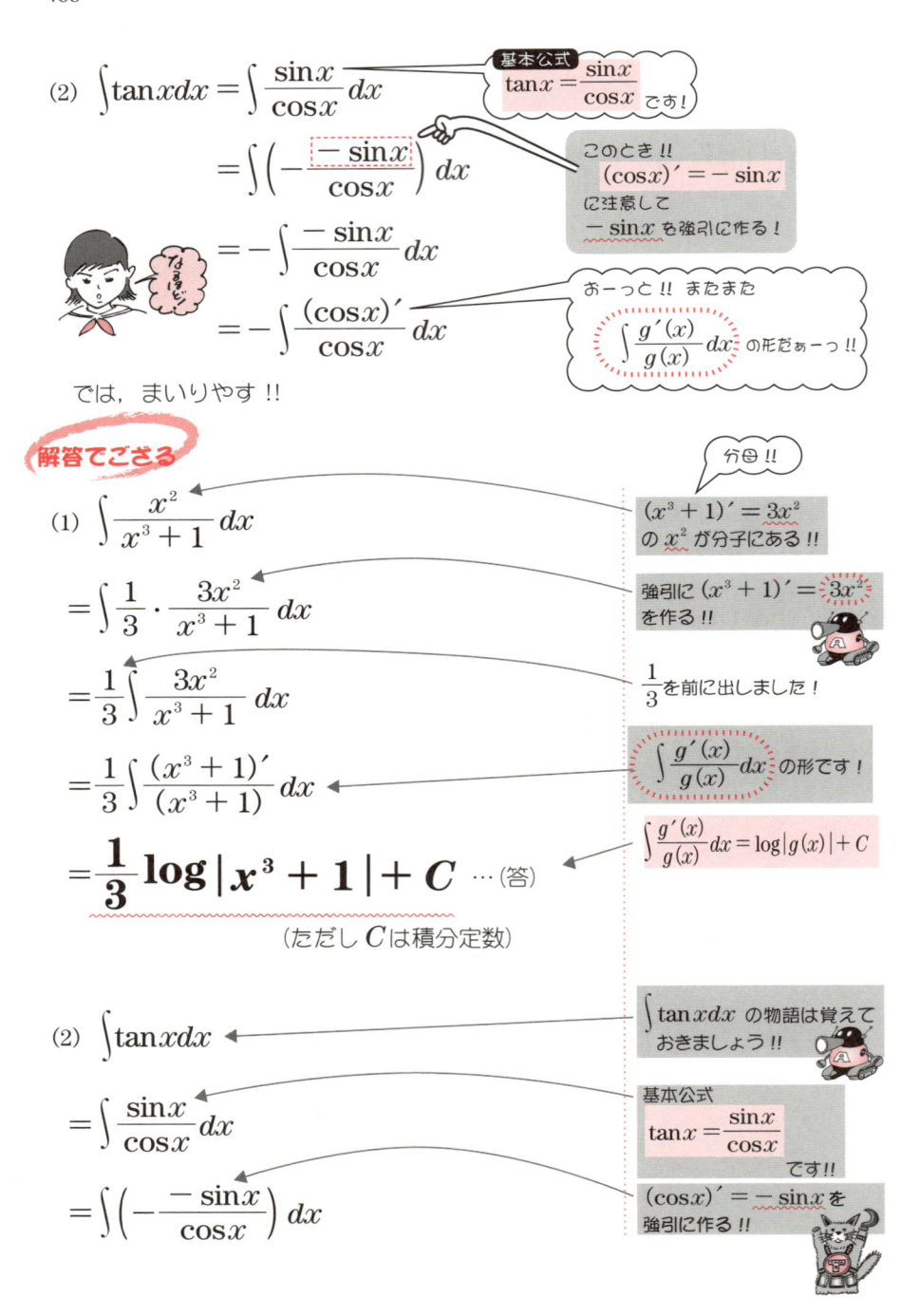

(2) $\displaystyle\int \tan x \, dx = \int \frac{\sin x}{\cos x} dx$　　　基本公式　$\tan x = \dfrac{\sin x}{\cos x}$ です!

$\displaystyle = \int \left(-\frac{-\sin x}{\cos x}\right) dx$

このとき!! $(\cos x)' = -\sin x$ に注意して $-\sin x$ を強引に作る!

$\displaystyle = -\int \frac{-\sin x}{\cos x} dx$

$\displaystyle = -\int \frac{(\cos x)'}{\cos x} dx$

おーっと!! またまた $\displaystyle\int \frac{g'(x)}{g(x)} dx$ の形だぁーっ!!

では，まいりやす!!

解答でござる

分母!!

(1) $\displaystyle\int \frac{x^2}{x^3+1} dx$

$(x^3+1)' = 3x^2$ の x^2 が分子にある!!

$\displaystyle = \int \frac{1}{3} \cdot \frac{3x^2}{x^3+1} dx$

強引に $(x^3+1)' = 3x^2$ を作る!!

$\displaystyle = \frac{1}{3} \int \frac{3x^2}{x^3+1} dx$

$\dfrac{1}{3}$ を前に出しました!

$\displaystyle = \frac{1}{3} \int \frac{(x^3+1)'}{(x^3+1)} dx$

$\displaystyle \int \frac{g'(x)}{g(x)} dx$ の形です!

$\displaystyle \int \frac{g'(x)}{g(x)} dx = \log|g(x)| + C$

$\displaystyle = \frac{1}{3} \log |x^3 + 1| + C$ …(答)

（ただし C は積分定数）

(2) $\displaystyle\int \tan x \, dx$

$\displaystyle\int \tan x \, dx$ の物語は覚えておきましょう!!

$\displaystyle = \int \frac{\sin x}{\cos x} dx$

基本公式　$\tan x = \dfrac{\sin x}{\cos x}$ です!!

$\displaystyle = \int \left(-\frac{-\sin x}{\cos x}\right) dx$

$(\cos x)' = -\sin x$ を強引に作る!!

$$= -\int \frac{-\sin x}{\cos x} dx$$

$$= -\int \frac{(\cos x)'}{\cos x} dx$$

$$= \underline{\underline{-\log|\cos x| + C}} \quad \cdots \text{(答)}$$
（ただし C は積分定数）

$\int \frac{g'(x)}{g(x)} dx$ の形です!!

$\int \frac{g'(x)}{g(x)} dx = \log|g(x)| + C$

Theme 43 面積を求めてしまえ!!

「数学Ⅱ」と比べて扱う関数が複雑になるだけで，基本的にはまったく同様です。では，オーソドックスなものから…

問題 43-1 　　　　　　　　　　　　　　　　　　　　　　　標準

次の各問いに答えよ。
(1) $y=x$ と $y=\sqrt{x}$ とで囲まれる部分の面積を求めよ。
(2) $y=e^x$, $x=0$, $x=2$ および $y=0$ とで囲まれる部分の面積を求めよ。

ナイスな導入!!

「数学Ⅱ」で修得済みと思いますが…

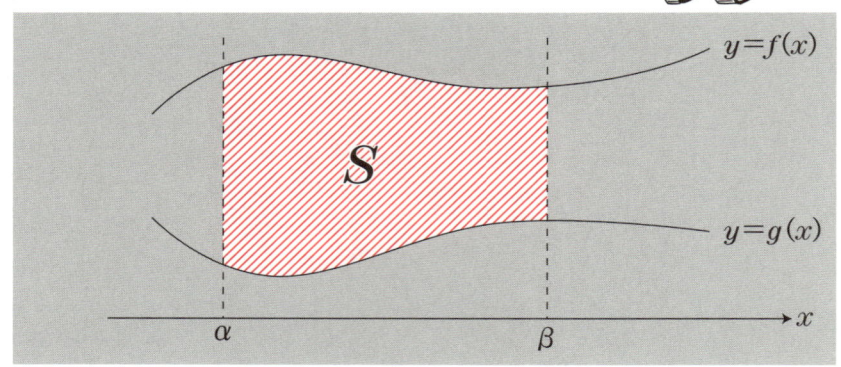

この面積 S はズバリ!!

上にある関数から下にある関数を引く!!

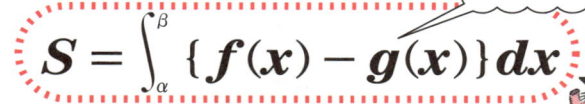

$$S = \int_\alpha^\beta \{f(x) - g(x)\}\,dx$$

では，早速まいりましょう！！

解答でござる

(1) $y = x$ ……①
$y = \sqrt{x}$ ……②

①，②より
$$x = \sqrt{x}$$
$$x^2 = x$$
$$x^2 - x = 0$$
$$x(x-1) = 0$$
$$\therefore \ x = 0, 1$$

よって，下の図を得る。

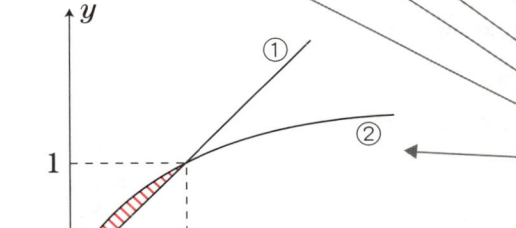

①，②で囲まれた部分の面積を S として

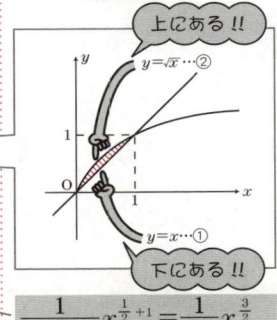

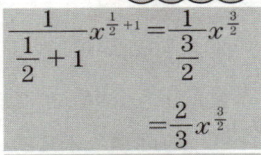

$$S = \int_0^1 (\sqrt{x} - x)\,dx$$

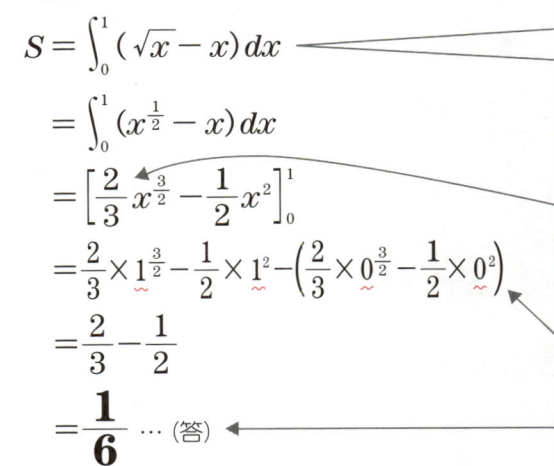

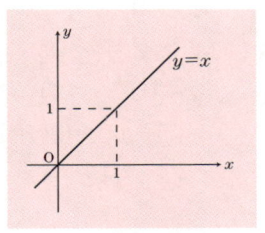

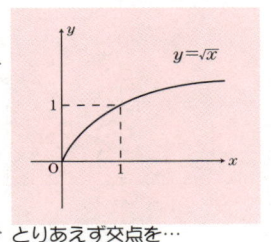

$$= \int_0^1 (x^{\frac{1}{2}} - x)\,dx$$

$$= \left[\frac{2}{3}x^{\frac{3}{2}} - \frac{1}{2}x^2\right]_0^1$$

$$= \frac{2}{3} \times 1^{\frac{3}{2}} - \frac{1}{2} \times 1^2 - \left(\frac{2}{3} \times 0^{\frac{3}{2}} - \frac{1}{2} \times 0^2\right)$$

$$= \frac{2}{3} - \frac{1}{2}$$

$$= \frac{1}{6} \quad \cdots \text{(答)}$$

とりあえず交点を…
両辺を2乗しました！
①，②の交点の x 座標！
①と②は，$x = 0, 1$ で交わる!!

なるほど…

上にある!!

下にある!!

$$\frac{1}{\frac{1}{2}+1}x^{\frac{1}{2}+1} = \frac{1}{\frac{3}{2}}x^{\frac{3}{2}}$$

$$= \frac{2}{3}x^{\frac{3}{2}}$$

$x = 1$ を代入したものと $x = 0$ を代入したものとの差を計算する！

これが面積でーす!!

(2) $y = e^x$ ……①
$x = 0$ ……②
$x = 2$ ……③
$y = 0$ ……④

①,②,③,④の位置関係は，下の図のとおりである。

よって，①,②,③,④で囲まれた部分の面積を S として

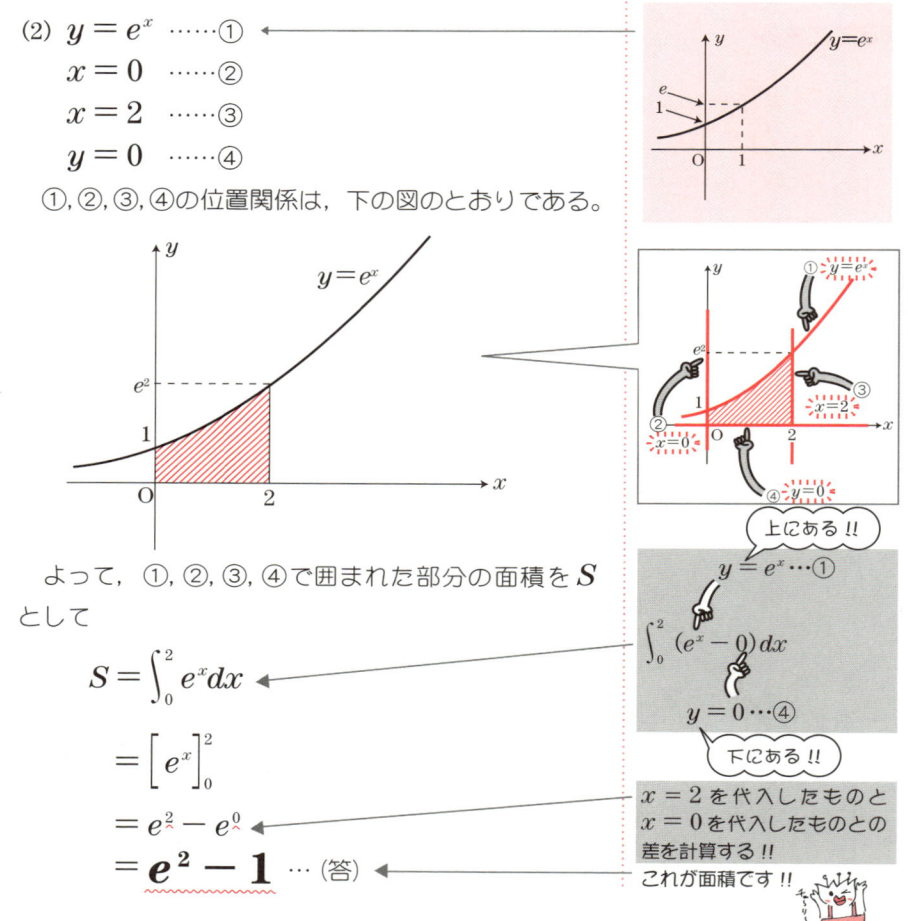

$$S = \int_0^2 e^x dx$$
$$= \left[e^x \right]_0^2$$
$$= e^2 - e^0$$
$$= e^2 - 1 \quad \cdots \text{(答)}$$

ちょっとレベルを上げて，三角関数絡みのものを…

問題 43-2 標準

次の各問いに答えよ。
(1) $0 \leqq x \leqq \pi$ の範囲で，$y = \sin x$ と $y = \sin 2x$ とで囲まれる部分の面積を求めよ。
(2) $0 \leqq x \leqq \pi$ の範囲で，$y = \cos x$ と $y = \cos 2x$ とで囲まれる部分の面積を求めよ。

Theme 43 面積を求めてしまえ!!

ナイスな導入!!

ここで大切なことは，$y = \sin 2x$ や $y = \cos 2x$ のグラフを容易にイメージできるか？ってことです！

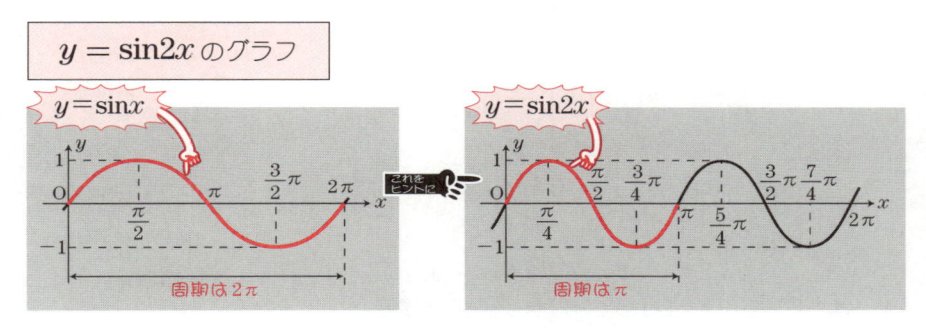

$y = \sin 2x$ のグラフ

そーです!! $y = \sin 2x$ は，$y = \sin x$ に比べて2倍のスピードで変化するわけだから，周期は半分の π となります!!

> イメージは…
> 2倍の速さだと時間は半分！

同様にして…

$y = \cos 2x$ のグラフ

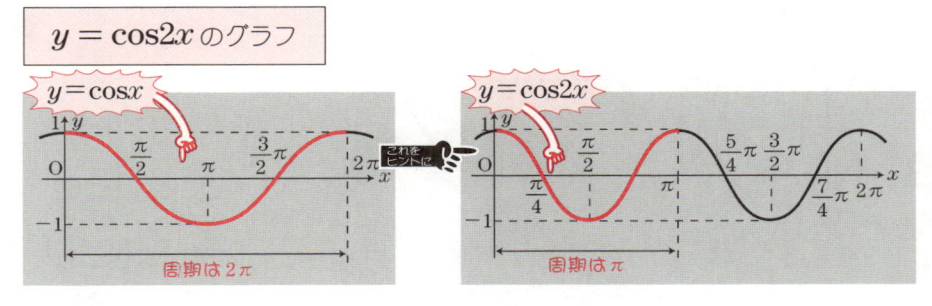

グラフをイメージさえできれば，なんとかなりそうです！

解答でござる

(1) $y = \sin x$ ……①
$y = \sin 2x$ ……②
$0 \leqq x \leqq \pi$ ……③

①,②より
$$\sin x = \sin 2x$$
$$\sin x = 2\sin x \cos x$$
$$2\sin x \cos x - \sin x = 0$$
$$\sin x (2\cos x - 1) = 0$$
$$\therefore \sin x = 0, \cos x = \frac{1}{2}$$

③より　　0≦x≦π です!!
$$\sin x = 0 \text{ から } x = 0, \pi$$
$$\cos x = \frac{1}{2} \text{ から } x = \frac{\pi}{3}$$

よって③における①,②の共有点のx座標は,
$$x = 0, \frac{\pi}{3}, \pi$$

以上より,③における,①,②の位置関係は,次の図の通りである。

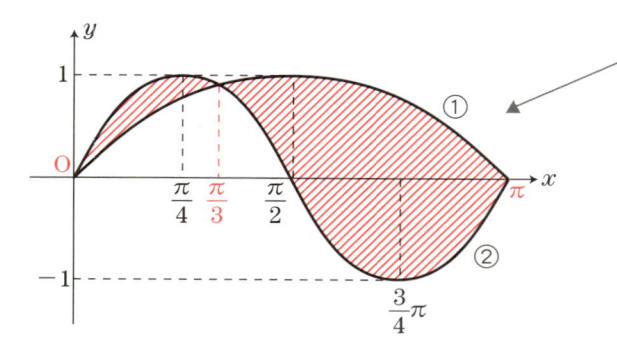

①,②の共有点の情報がほしい!
2倍角の公式
$$\sin 2x = 2\sin x \cos x$$
p.581 ナイスフォロー その4 参照!!
$\sin x$ でくくりました!

$\sin x (2\cos x - 1) = 0$
$\sin x = 0$　　$2\cos x - 1 = 0$
$\therefore \cos x = \frac{1}{2}$

0°, 180°のことです!
60°のことです!

これさえ求まればグラフがちゃんとかける!

グラフについては,
ナイスな導入!! 参照!!

グラフの上下関係に注目してくれよ!!

よって,③の範囲において①と②で囲まれた部分の面積をSとすると

Theme 43　面積を求めてしまえ!!

$$S = \int_0^{\frac{\pi}{3}} \underbrace{(\sin 2x - \sin x)}_{S_1} dx + \int_{\frac{\pi}{3}}^{\pi} \underbrace{(\sin x - \sin 2x)}_{S_2} dx$$

$$= \left[\frac{1}{2}(-\cos 2x) + \cos x \right]_0^{\frac{\pi}{3}}$$

$$+ \left[-\cos x - \frac{1}{2}(-\cos 2x) \right]_{\frac{\pi}{3}}^{\pi}$$

$$= \left[-\frac{1}{2}\cos 2x + \cos x \right]_0^{\frac{\pi}{3}}$$

$$+ \left[-\cos x + \frac{1}{2}\cos 2x \right]_{\frac{\pi}{3}}^{\pi}$$

$$= -\frac{1}{2}\cos\left(2 \cdot \frac{\pi}{3}\right) + \cos\frac{\pi}{3}$$

$$- \left(-\frac{1}{2}\cos 0 + \cos 0 \right) - \cos\pi$$

$$+ \frac{1}{2}\cos 2\pi - \left\{ -\cos\frac{\pi}{3} \right.$$

$$\left. + \frac{1}{2}\cos\left(2 \cdot \frac{\pi}{3}\right) \right\}$$

$$= -\frac{1}{2}\cos\frac{2}{3}\pi + \cos\frac{\pi}{3} + \frac{1}{2}\cos 0$$

$$- \cos 0 - \cos\pi + \frac{1}{2}\cos 2\pi$$

$$+ \cos\frac{\pi}{3} - \frac{1}{2}\cos\frac{2}{3}\pi$$

$$= -\frac{1}{2} \cdot \left(-\frac{1}{2} \right) + \frac{1}{2} + \frac{1}{2} - 1$$

$$- (-1) + \frac{1}{2} + \frac{1}{2} - \frac{1}{2} \cdot \left(-\frac{1}{2} \right)$$

$$= \frac{5}{2} \cdots (答)$$

$0 < x < \frac{\pi}{3}$ では…
②が上, ①が下 !!

$\frac{\pi}{3} < x < \pi$ では…
①が上, ②が下 !!

このあたりの公式はp.326参照!!

$\int \sin 2x \, dx$
$= \frac{1}{2} \times (-\cos 2x) + C$

$\int \sin(ax+b) \, dx$
$= \frac{1}{a} \times \{-\cos(ax+b)\} + C$

ですヨ!! p.326 参照!!

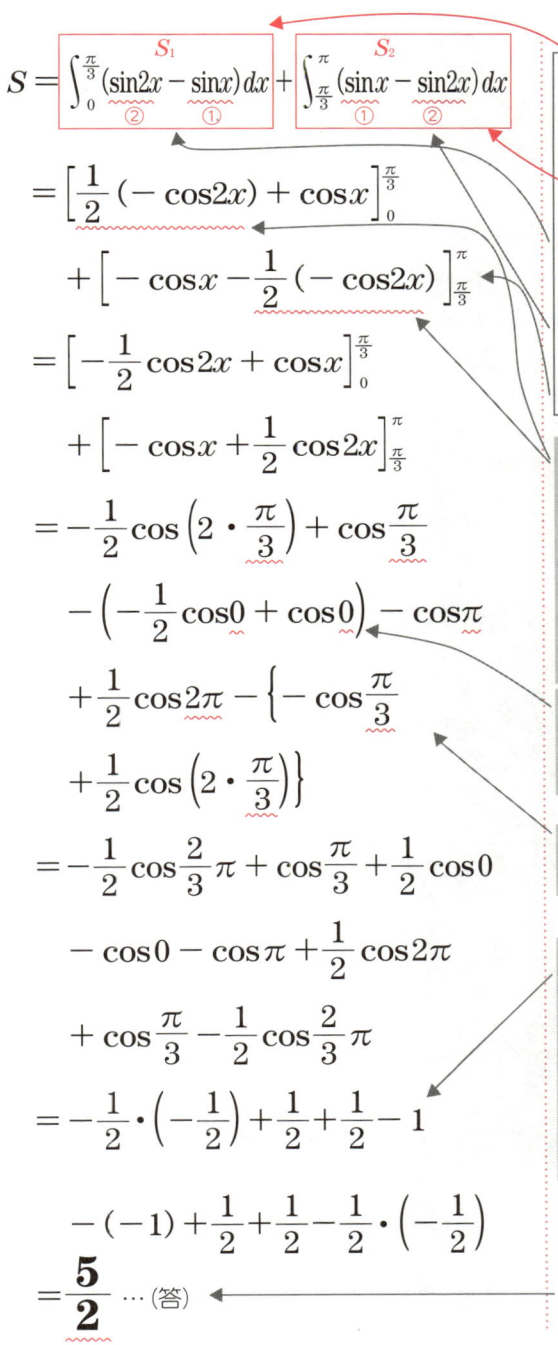

$x = \frac{\pi}{3}$ を代入したものと $x = 0$ を代入したものとの差!

$x = \pi$ を代入したものと $x = \frac{\pi}{3}$ を代入したものとの差!

$\frac{2}{3} \times 180° = 120°$
$\cos\frac{2}{3}\pi = -\frac{1}{2}$

$\frac{1}{3} \times 180° = 60°$
$\cos\frac{\pi}{3} = \frac{1}{2}$
$\cos 0 = 1$
$\cos \pi = -1$
$\cos 2\pi = 1$

これが面積です!!

(2) $y = \cos x$ ……①
$y = \cos 2x$ ……②
$0 \leqq x \leqq \pi$ ……③

①,②より

$\cos x = \cos 2x$
$\cos x = 2\cos^2 x - 1$
$2\cos^2 x - \cos x - 1 = 0$
$(2\cos x + 1)(\cos x - 1) = 0$
$\therefore \ \cos x = -\dfrac{1}{2}, 1$

③より $0 \leqq x \leqq \pi$ です!!

$\cos x = -\dfrac{1}{2}$ から $x = \dfrac{2}{3}\pi$

$\cos x = 1$ から $x = 0$

よって③における①,②の共通点のx座標は

$$x = 0, \ \dfrac{2}{3}\pi$$

①,②の共通点の情報がほしい!!
2倍角の公式
$\cos 2x = 2\cos^2 x - 1$
p.581 ナイスフォロー その4
参照!!

$\begin{array}{cc} 2 & 1 = \ \ 1 \\ 1 & -1 = -2 \ (+ \\ \hline & \ \ \ -1 \end{array}$

タスキガケで因数分解!!
120°のことです!

これさえ求まれば楽勝!!

以上より③における①,②の位置関係は次の図の通りである。

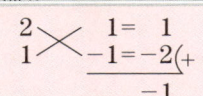

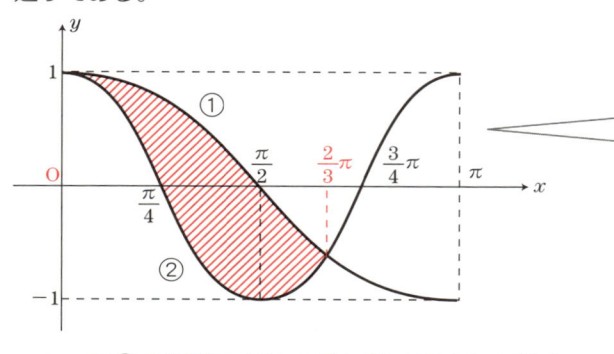

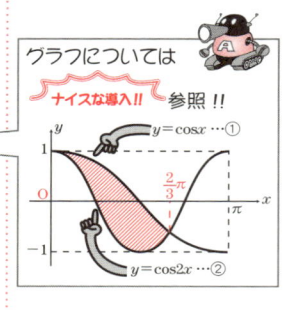

グラフについては ナイスな導入!! 参照!!

よって③の範囲において①と②で囲まれた部分の面積Sは

$$S = \int_0^{\frac{2}{3}\pi}(\cos x - \cos 2x)\,dx$$

$$= \left[\sin x - \dfrac{1}{2}\sin 2x\right]_0^{\frac{2}{3}\pi}$$

このあたりの公式はp.326参照!!

Theme 43 面積を求めてしまえ!! 477

$$= \sin\frac{2}{3}\pi - \frac{1}{2}\sin\left(2\cdot\frac{2}{3}\pi\right)$$
$$\quad -\left(\sin 0 - \frac{1}{2}\sin 0\right)$$
$$= \sin\frac{2}{3}\pi - \frac{1}{2}\sin\frac{4}{3}\pi$$
$$= \frac{\sqrt{3}}{2} - \frac{1}{2}\cdot\left(-\frac{\sqrt{3}}{2}\right)$$
$$= \boldsymbol{\frac{3\sqrt{3}}{4}} \cdots \text{(答)}$$

$x = \frac{2}{3}\pi$ を代入したものと $x = 0$ を代入したものとの差を計算する！

$\sin 0 = 0$

$\left(\frac{2}{3}\times 180° = 120°\right)$

$\sin\frac{2}{3}\pi = \frac{\sqrt{3}}{2}$

$\sin\frac{4}{3}\pi = -\frac{\sqrt{3}}{2}$

$\left(\frac{4}{3}\times 180° = 240°\right)$

これが面積!!

似てるようで…ひと味違う…。

問題 43-3 　ちょいムズ

2曲線 $y = \sin x$, $y = 2\cos x$ および y 軸が $x \geqq 0$ の範囲で囲む図形の面積を求めよ。

ナイスな導入!!

まぁ，とにかくグラフをかいてみましょう！

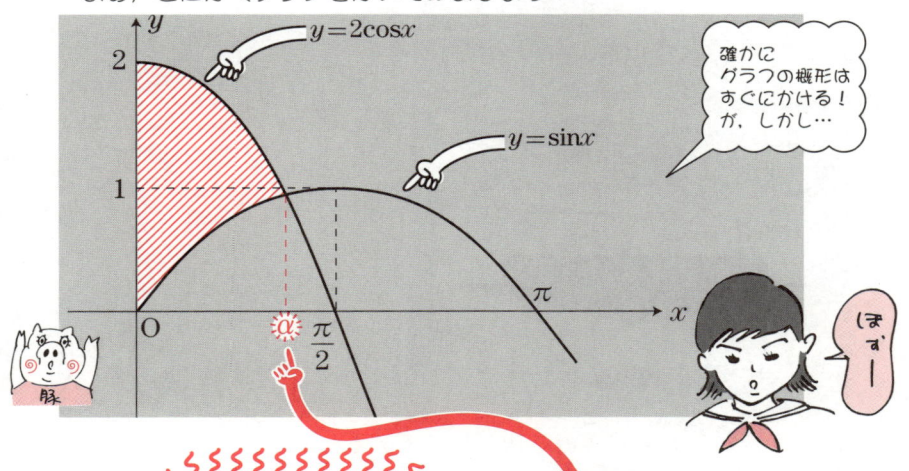

確かにグラフの概形はすぐかける！が，しかし…

そこで 大問題発生!! それは，これ です!!

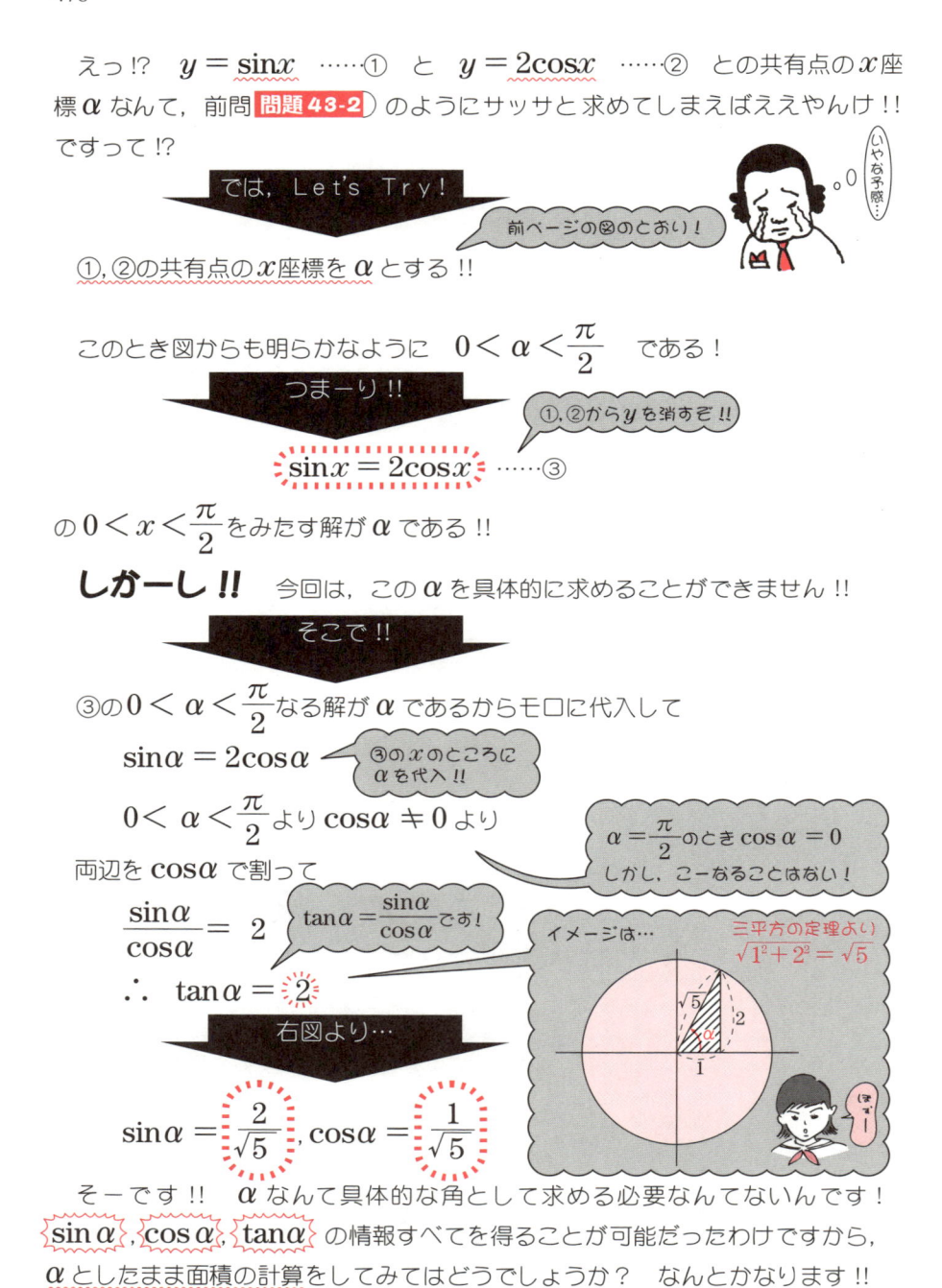

えっ!? $y=\sin x$ ……① と $y=2\cos x$ ……② との共有点のx座標 α なんて，前問 問題43-2 のようにサッサと求めてしまえばええやんけ!! ですって!?

では，Let's Try!

①,②の共有点のx座標を α とする!!

このとき図からも明らかなように $0<\alpha<\dfrac{\pi}{2}$ である！

つまーり!!

①,②からyを消すぞ!!

$$\sin x = 2\cos x \quad \cdots\cdots ③$$

の $0<x<\dfrac{\pi}{2}$ をみたす解が α である!!

しかーし!! 今回は，この α を具体的に求めることができません!!

そこで!!

③の $0<\alpha<\dfrac{\pi}{2}$ なる解が α であるからモロに代入して

$$\sin\alpha = 2\cos\alpha$$

③のxのところに α を代入!!

$0<\alpha<\dfrac{\pi}{2}$ より $\cos\alpha \neq 0$ より

$\alpha=\dfrac{\pi}{2}$ のとき $\cos\alpha=0$ しかし，こーなることはない！

両辺を $\cos\alpha$ で割って

$$\dfrac{\sin\alpha}{\cos\alpha} = 2$$

$\tan\alpha = \dfrac{\sin\alpha}{\cos\alpha}$ です！

$$\therefore \tan\alpha = 2$$

イメージは…

三平方の定理より $\sqrt{1^2+2^2}=\sqrt{5}$

右図より…

$$\sin\alpha = \dfrac{2}{\sqrt{5}},\ \cos\alpha = \dfrac{1}{\sqrt{5}}$$

そーです!! α なんて具体的な角として求める必要なんてないんです！ $\sin\alpha$, $\cos\alpha$, $\tan\alpha$ の情報すべてを得ることが可能だったわけですから，α としたまま面積の計算をしてみてはどうでしょうか？ なんとかなります!!

Theme 43 面積を求めてしまえ!!

解答でござる

(1) $y = \sin x$ ……①
$y = 2\cos x$ ……②

①,②より
$\sin x = 2\cos x$ ……③

③の解を α とおくと

(ただし $0 < \alpha < \dfrac{\pi}{2}$ は明らか)

$\sin \alpha = 2\cos \alpha$

$\dfrac{\sin \alpha}{\cos \alpha} = 2$

$\tan \alpha = 2$ ……④

④かつ $0 < \alpha < \dfrac{\pi}{2}$ より

$\sin \alpha = \dfrac{2}{\sqrt{5}}$ ……⑤, $\cos \alpha = \dfrac{1}{\sqrt{5}}$ ……⑥

このとき，求める面積 S は

$$S = \int_0^\alpha (2\cos x - \sin x)\,dx$$
②が上！ ①が下！

$= \Big[2\sin x - (-\cos x) \Big]_0^\alpha$

$= \Big[2\sin x + \cos x \Big]_0^\alpha$

$= 2\sin \alpha + \cos \alpha - (2\sin 0 + \cos 0)$

$= 2\sin \alpha + \cos \alpha - 1$

$= 2 \times \dfrac{2}{\sqrt{5}} + \dfrac{1}{\sqrt{5}} - 1$ (⑤,⑥より)
　　　　⑤　　　⑥

$= \dfrac{5}{\sqrt{5}} - 1$

$= \underline{\sqrt{5} - 1}$ …(答)

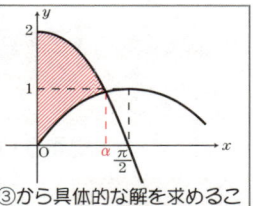

③から具体的な解を求めることができないので，とりあえず α とおく!!

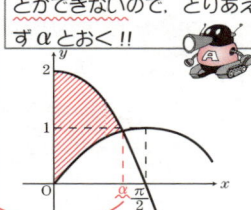

③に $x = \alpha$ を代入！
本問では，$\cos \alpha \ne 0$
$0 < \alpha < \dfrac{\pi}{2}$ ですから…

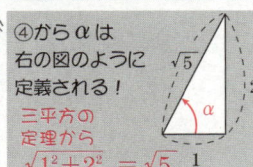

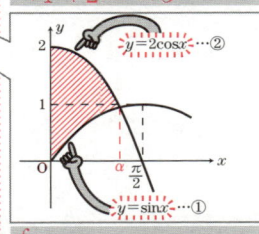

④から α は右の図のように定義される！
三平方の定理から
$\sqrt{1^2 + 2^2} = \sqrt{5}$

$\displaystyle\int \cos x\,dx = \sin x + C$

$\displaystyle\int \sin x\,dx = -\cos x + C$

$x = \alpha$ を代入したものと $x = 0$ を代入したものとの差を計算する！
$\sin 0 = 0,\ \cos 0 = 1$

$\dfrac{5}{\sqrt{5}} = \dfrac{5\sqrt{5}}{5} = \sqrt{5}$ です！

ハイ！ 一丁あがり♥

Theme 44 接線が絡む面積のお話

では、早速問題から…

問題 44-1 　　　　　　　　　　　　　　　　　　　　　　　標準

曲線 $y = e^x$ に原点から接線を引くとき,
(1) 接線の方程式を求めよ.
(2) この曲線と接線および y 軸とで囲まれる部分の面積を求めよ.

ナイスな導入!!

接線を求める話題は,第2章にて詳しく述べてあります。ここで,あらすじをまとめておきましょう!

(1) まず接点の x 座標を t とおく。

つまり,接点を (t, e^t) とおく!

（$y = e^x$ より $x = t$ のとき $y = e^t$）

このとき $y' = e^x$ より $x = t$ における接線の傾きは e^t

（$(e^x)' = e^x$）

以上より…

接線の方程式は…

$$y - \underbrace{e^t}_{y_0} = \underbrace{e^t}_{m}(x - \underbrace{t}_{x_0})$$

（点 (x_0, y_0) を通り傾き m の直線は $y - y_0 = m(x - x_0)$）

$$\therefore \quad y = e^t x - t e^t + e^t \quad \cdots\cdots (*)$$

そこで…

$(*)$ が原点 $(0, 0)$ を通るから

$$0 = e^t \times 0 - t e^t + e^t$$
$$t e^t - e^t = 0$$
$$e^t (t - 1) = 0$$

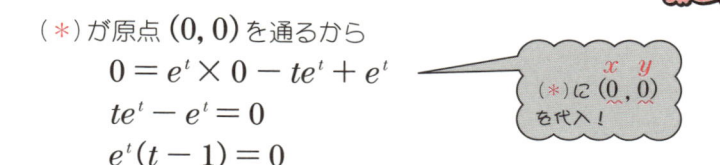

（$(*)$ に $(0, 0)$ を代入!）

Theme 44 接線が絡む面積のお話

$e^t > 0$ より $t = 1$
接点の x 座標が求まった！
$e^t = 0$ になれないってこと！

つまーり!!

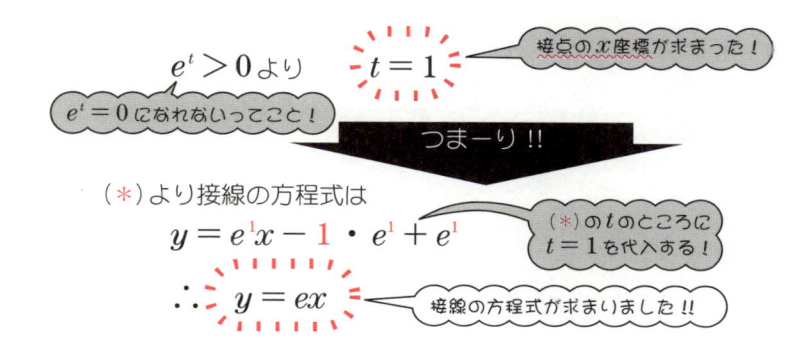

(＊)より接線の方程式は
$y = e^1 x - 1 \cdot e^1 + e^1$
(＊)の t のところに $t = 1$ を代入する！

∴ $y = ex$
接線の方程式が求まりました!!

(2) (1)で接線の方程式さえ求まれば，次の図が得られます。

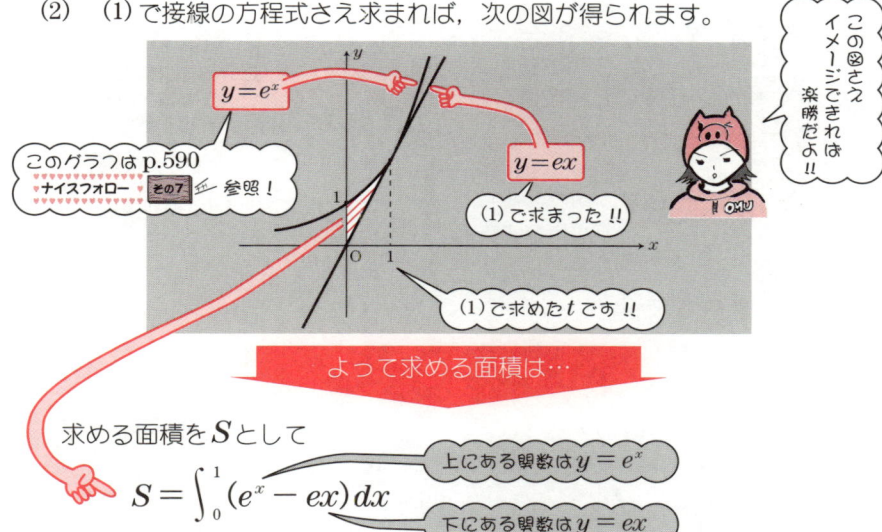

この図さえイメージできれば楽勝だよ!!

$y = e^x$
$y = ex$
このグラフは p.590 **ナイスフォロー　その7** 参照！
(1)で求まった!!
(1)で求めた t です!!

よって求める面積は…

求める面積を S として

$$S = \int_0^1 (e^x - ex)\, dx$$

上にある関数は $y = e^x$
下にある関数は $y = ex$

では，仕上げは解答にて…

解答でござる

$y = e^x$ ……①

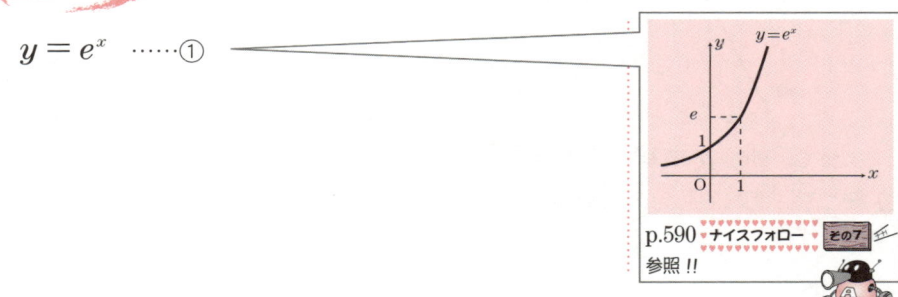

$y = e^x$

p.590 **ナイスフォロー　その7** 参照!!

(1) ①より $y' = e^x$ ← $(e^x)' = e^x$ です！

①上の点 (t, e^t) における接線の方程式は ← 傾きは e^t !!

$$y - e^t = e^t(x - t)$$

$$\therefore\ y = e^t x - te^t + e^t\ \cdots\cdots ②$$ ← 接線の方程式が t で表せた！

②が $(0, 0)$ を通るから

$$0 = e^t \cdot \underset{\tilde{x}}{0} - te^t + \underset{\tilde{y}}{e^t}$$ ← ②に $(0, 0)$ を代入 !!

$$te^t - e^t = 0$$

$$e^t(t - 1) = 0$$ ← e^t でくくった！

$e^t > 0$ より $\boxed{t = 1}$ ← $e^t > 0$ より $e^t = 0$ となることはない !!

これが接点の x 座標

よって，②から接線の方程式は

$$y = ex - e + e$$ ← ②に $t = 1$ を代入 !!
$y = e^1 x - 1 \times e^1 + e^1$

$$\therefore\ \underline{\underline{y = ex}}\ \cdots \text{(答)}$$ ← ハイ！ できた !!

(2) (1)より次の図を得る。

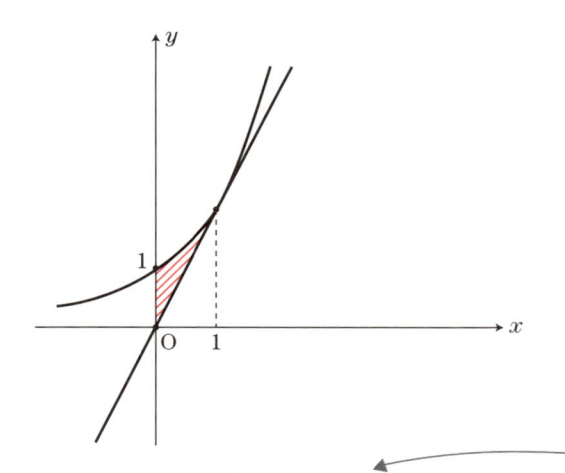

よって，曲線 $y = e^x$，直線 $y = ex$ および y 軸とで囲まれた部分の面積 S は

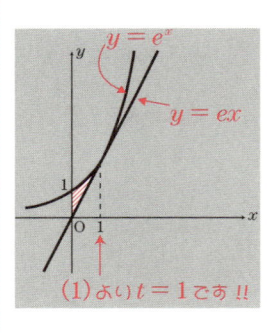

(1)で求めた曲線 $y = e^x$ に原点から引いた接線の方程式です！

$$S = \int_0^1 (e^x - ex)\,dx$$

（上の関数／下の関数）

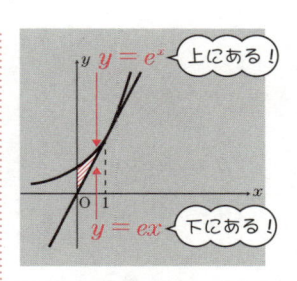

$$= \left[e^x - \frac{e}{2}x^2 \right]_0^1$$

$$= e^1 - \frac{e}{2} \cdot 1^2 - \left(e^0 - \frac{e}{2} \cdot 0^2 \right)$$

$$= e - \frac{e}{2} - 1$$

$$= \frac{e}{2} - 1 \quad \cdots \text{(答)}$$

$y = e^x$ 上にある！
$y = ex$ 下にある！

$x=1$ を代入したものと $x=0$ を代入したものとの差を計算する！

$e^0 = 1$

これが面積である！

少しレベルを上げてみましょう!!

問題 44-2　ちょいムズ

2曲線 $y = \log x$ と $y = 2\log x$ の共通接線と，この2曲線とで囲まれる部分の面積を求めよ。

ナイスな導入!!

$y = \log x$ ……①
$y = 2\log x$ ……②

①上の $(t, \log t)$ での接線の方程式を t で表す。
②上の $(u, 2\log u)$ での接線の方程式を u で表す。

接点の x 座標を文字でおくわけか…

で!! この2つの接線が 一致する ことから，t と u を求めてみては，いかがでしょうか？

では，早速まいりましょう！

イメージは…
$y = \triangle x + \square$
⇕ 一致!!
$y = \heartsuit x + \clubsuit$

つまり $\triangle = \heartsuit$ かつ $\square = \clubsuit$
傾きが一致!! 切片が一致!!

解答でござる

$y = \log x$ ……①
$y = 2\log x$ ……②

①より $y' = \dfrac{1}{x}$

よって①上の点 $(t, \log t)$ における接線の方程式は

$y - \underbrace{\log t}_{y_0} = \underbrace{\dfrac{1}{t}}_{m}(x - \underbrace{t}_{x_0})$

∴ $y = \dfrac{1}{t}x + \log t - 1$ ……③

（ただし真数条件より $t > 0$）

②より $y' = 2 \cdot \dfrac{1}{x} = \dfrac{2}{x}$

よって②上の点 $(u, 2\log u)$ における接線の方程式は

$y - \underbrace{2\log u}_{y_0} = \underbrace{\dfrac{2}{u}}_{m}(x - \underbrace{u}_{x_0})$

∴ $y = \dfrac{2}{u}x + 2\log u - 2$ ……④

（ただし真数条件より $u > 0$）

③と④が一致するから

$\begin{cases} \dfrac{1}{t} = \dfrac{2}{u} & \cdots\text{⑤} \\ \log t - 1 = 2\log u - 2 & \cdots\text{⑥} \end{cases}$

⑤より $u = 2t$ ……⑤′

⑥より $\log t + 1 = 2\log u$
$\log t + \log e = 2\log u$

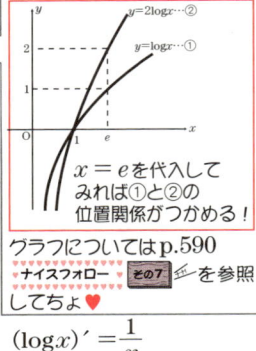

$x = e$ を代入してみれば①と②の位置関係がつかめる！

グラフについてはp.590 ナイスフォロー その7 を参照してちょ♥

$(\log x)' = \dfrac{1}{x}$

傾きは $\dfrac{1}{t}$ です!!

点 (x_0, y_0) を通り，傾き m の直線は
$y - y_0 = m(x - x_0)$

$(\log x)' = \dfrac{1}{x}$

傾きは $\dfrac{2}{u}$ です!!

点 (x_0, y_0) を通り，傾き m の直線は
$y - y_0 = m(x - x_0)$

条件は③と④が一致すること!!

$y = \boxed{\dfrac{1}{t}}x + \boxed{\log t - 1} \cdots\text{③}$
‖ ‖
$y = \boxed{\dfrac{2}{u}}x + \boxed{2\log u - 2} \cdots\text{④}$

$\times tu$ $\dfrac{1}{t} = \dfrac{2}{u} \cdots\text{⑤}$
$u = 2t \cdots\text{⑤}′$

⑥を整理しました！

$\log e = 1$ です!!

Theme 44　接線が絡む面積のお話

$$\log et = \log u^2$$
$$\therefore \ et = u^2 \quad \cdots\cdots ⑥'$$

⑤', ⑥' より
$$et = (2t)^2$$
$$4t^2 - et = 0$$
$$t(4t - e) = 0$$

真数条件より $t > 0$ だから $t = \dfrac{e}{4}$

このとき⑤'から $u = 2 \cdot \dfrac{e}{4} = \dfrac{e}{2}$

よって，③または④から，①と②の共通接線の方程式は

$$y = \dfrac{4}{e}x - \log 4 \quad \cdots\cdots ⑦$$

以上より下の図を得る。

（図：$y = 2\log x \cdots ②$，$y = \log x \cdots ①$，t の値です！ $\dfrac{e}{4}$，u の値です！ $\dfrac{e}{2}$）

公式です!! p.588
ナイスフォロー　その6　参照!!
$$r\log_a M = \log_a M^r$$

$\log \boxed{et} = \log \boxed{u^2}$
一致!!
u を消去!!
$t(4t - e) = 0$
$\therefore \ t = 0, \ \dfrac{e}{4}$
ところが，真数条件から $t = 0$ はボツ!!
$u = 2t \cdots ⑤'　\dfrac{e}{4}$

③より
$$y = \dfrac{1}{\frac{e}{4}}x + \log \dfrac{e}{4} - 1$$
$$= \dfrac{4}{e}x + \log e - \log 4 - 1$$
$$= \dfrac{4}{e}x + 1 - \log 4 - 1$$
$$= \dfrac{4}{e}x - \log 4$$
④から求めても同様です!!

p.588　ナイスフォロー　その6　参照!!
$$\log_a \dfrac{M}{N} = \log_a M - \log_a N$$

よって求める面積 S は

$$S = \int_{\frac{e}{4}}^{1} \left(\underbrace{\dfrac{4}{e}x - \log 4}_{\text{上は⑦}} - \underbrace{\log x}_{\text{下は①}} \right) dx$$
$$+ \int_{1}^{\frac{e}{2}} \left(\underbrace{\dfrac{4}{e}x - \log 4}_{\text{上は⑦}} - \underbrace{2\log x}_{\text{下は②}} \right) dx$$

$$= \int_{\frac{e}{4}}^{1}\left(\frac{4}{e}x - \log 4\right)dx - \int_{\frac{e}{4}}^{1}\log x\, dx$$

$$+ \int_{1}^{\frac{e}{2}}\left(\frac{4}{e}x - \log 4\right)dx - 2\int_{1}^{\frac{e}{2}}\log x\, dx$$

$$= \int_{\frac{e}{4}}^{\frac{e}{2}}\left(\frac{4}{e}x - \log 4\right)dx - \int_{\frac{e}{4}}^{1}\log x\, dx - 2\int_{1}^{\frac{e}{2}}\log x\, dx$$

部分積分法！　　　部分積分法！

$$= \left[\frac{2}{e}x^2 - x\log 4\right]_{\frac{e}{4}}^{\frac{e}{2}} - \left[x\log x - x\right]_{\frac{e}{4}}^{1}$$

$$- 2\left[x\log x - x\right]_{1}^{\frac{e}{2}}$$

$$= \frac{2}{e}\cdot\left(\frac{e}{2}\right)^2 - \frac{e}{2}\cdot\log 4 - \left\{\frac{2}{e}\left(\frac{e}{4}\right)^2 - \frac{e}{4}\cdot\log 4\right\}$$

$$- \left\{1\cdot\log 1 - 1 - \left(\frac{e}{4}\log\frac{e}{4} - \frac{e}{4}\right)\right\}$$

$$- 2\left\{\frac{e}{2}\log\frac{e}{2} - \frac{e}{2} - (1\cdot\log 1 - 1)\right\}$$

$$= \frac{e}{2} - \frac{e}{2}\cdot 2\log 2 - \frac{e}{8} + \frac{e}{4}\cdot 2\log 2$$

$$+ 1 + \frac{e}{4}(1 - 2\log 2) - \frac{e}{4}$$

$$- e(1 - \log 2) + e - 2$$

$$= \frac{e}{2} - e\log 2 - \frac{e}{8} + \frac{e}{4}\log 2 + 1 + \frac{e}{4}$$

$$- \frac{e}{2}\log 2 - \frac{e}{4} - e + e\log 2 + e - 2$$

$$= \frac{3}{8}e - 1 \quad \cdots\text{(答)}$$

右側の補足：

$\int_{\frac{e}{4}}^{1}\left(\frac{4}{e}x - \log 4 - \log x\right)dx$ を分けて表現しました！

$\int_{1}^{\frac{e}{2}}\left(\frac{4}{e}x - \log 4 - 2\log x\right)dx$ を分けて表現しました！

これぞスーパーテクニック！！

$$\int_{①}^{Ⓐ}\left(\frac{4}{e}x - \log 4\right)dx$$
$$+ \int_{Ⓑ}^{\frac{e}{2}}\left(\frac{4}{e}x - \log 4\right)dx$$
$$= \int_{Ⓐ}^{\frac{e}{2}}\left(\frac{4}{e}x - \log 4\right)dx$$

一般に
$$\int_{Ⓐ}^{⑦}f(x)dx + \int_{⑦}^{Ⓑ}f(x)dx = \int_{Ⓐ}^{Ⓑ}f(x)dx$$
ですヨ！！

p.374 問題36-2 参照！！
部分積分でございます♥

$$\int \log x\, dx$$
$$= \int \underset{f(x)}{1} \cdot \underset{g(x)}{\log x}\, dx$$
$$= \underset{F(x)}{x}\underset{g(x)}{\log x} - \int \underset{F(x)}{x}\cdot\underset{g'(x)}{\frac{1}{x}}dx$$
$$= x\log x - \int 1\, dx$$
$$= x\log x - x + C$$

$\log 1 = 0$
$\log 4 = \log 2^2 = 2\log 2$
$\log\frac{e}{4} = \log e - \log 4$
$\phantom{\log\frac{e}{4}} = 1 - \log 4$
$\phantom{\log\frac{e}{4}} = 1 - \log 2^2$
$\phantom{\log\frac{e}{4}} = 1 - 2\log 2$
$\log\frac{e}{2} = \log e - \log 2$
$\phantom{\log\frac{e}{2}} = 1 - \log 2$

log2 はすべて消えてスッキリ！！

Theme 45 dx でいくべきか？ dy でいくべきか？

哲学か!!

なかなか素晴らしい例がありますので，こちらを…

問題 45-1 【標準】

曲線 $y = \log x$，直線 $y = 1$，x 軸および y 軸で囲まれる部分の面積 S を求めよ。

ナイスな導入!!

とりあえず図示してみましょう♥

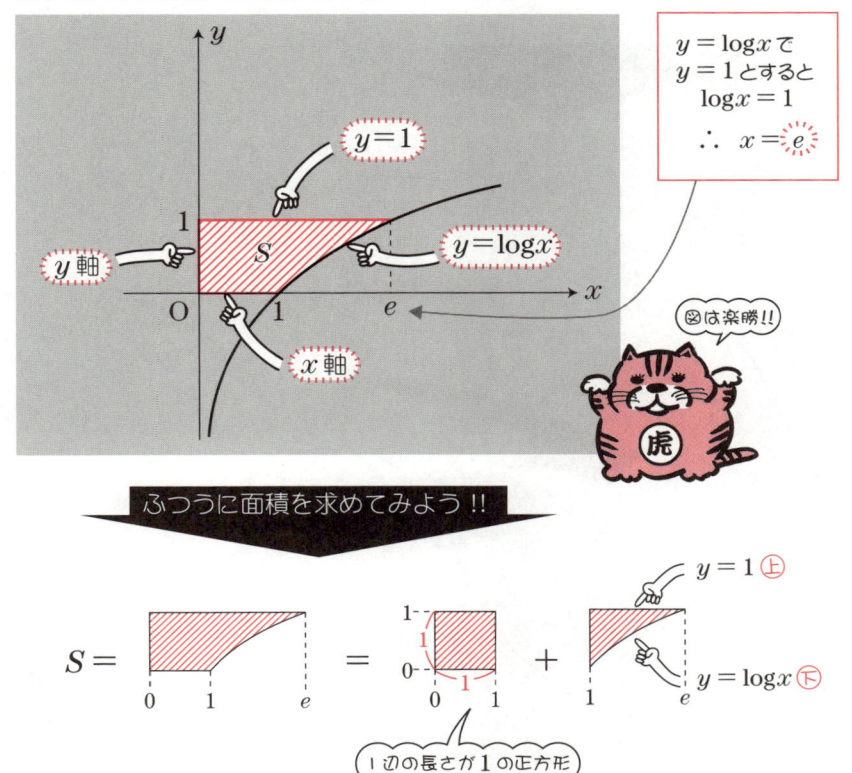

$y = \log x$ で $y = 1$ とすると $\log x = 1$ ∴ $x = e$

図は楽勝!!

ふつうに面積を求めてみよう!!

$$S = \text{(斜線部)} = \text{(1辺の長さが1の正方形)} + \int_1^e (\text{$y=1$ 上, $y=\log x$ 下})$$

$$= 1 \times 1 + \int_1^e (1 - \log x)\, dx$$

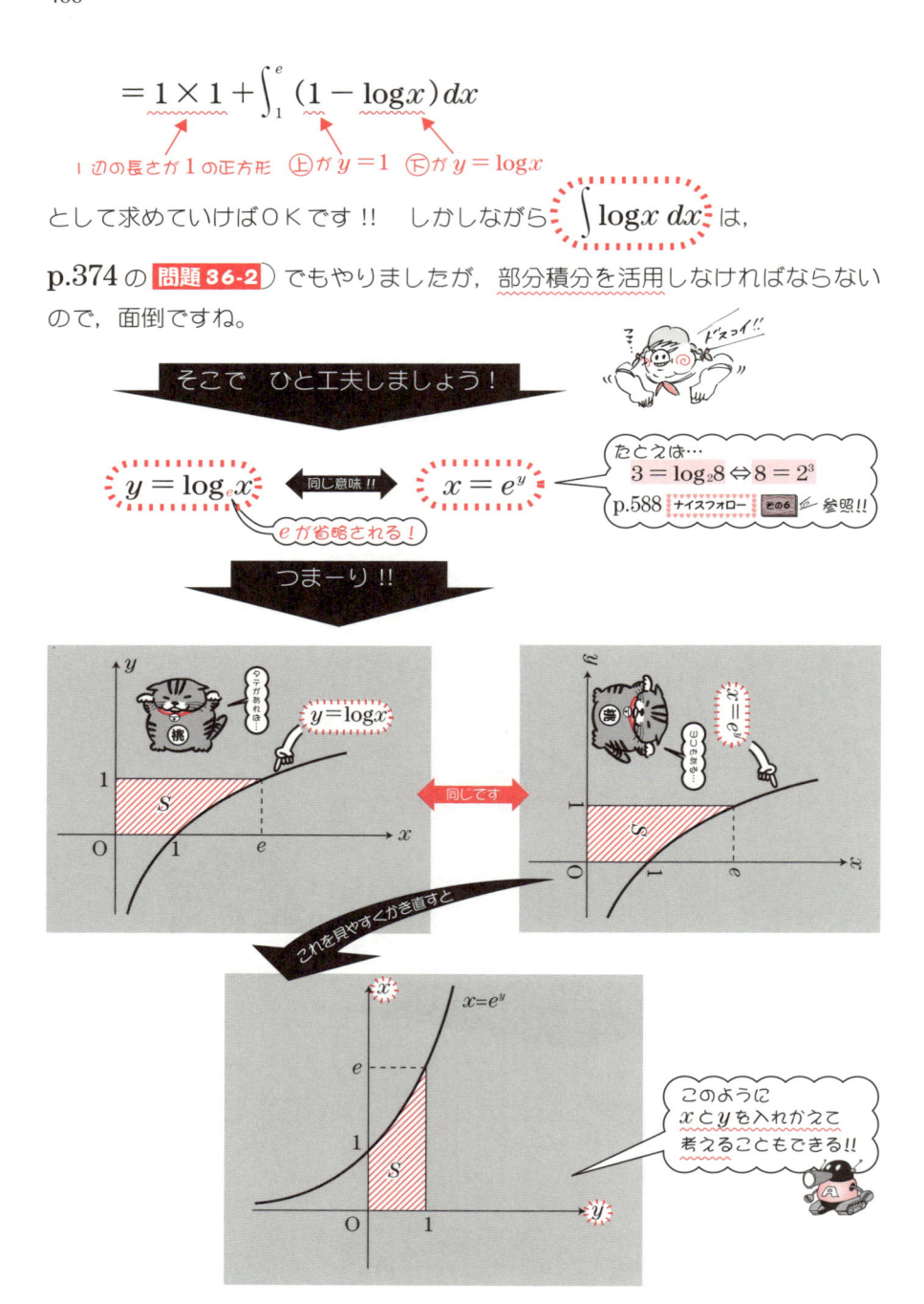

1辺の長さが1の正方形　上が $y=1$　下が $y = \log x$

として求めていけばOKです!!　しかしながら $\int \log x\, dx$ は，p.374 の 問題36-2 でもやりましたが，部分積分を活用しなければならないので，面倒ですね。

そこで　ひと工夫しましょう！

$y = \log_e x$　同じ意味!!　$x = e^y$

e が省略される！

たとえば…
$3 = \log_2 8 \Leftrightarrow 8 = 2^3$
p.588 ナイスフォロー その6 参照!!

つまーり!!

（左図：$y = \log x$ のグラフと面積 S、右図：$x = e^y$ のグラフと面積 S、同じです）

これを見やすくかき直すと

（$x = e^y$ のグラフ、面積 S）

このように x と y を入れかえて考えることもできる!!

Theme 45　dx でいくべきか？　dy でいくべきか？

よって!!

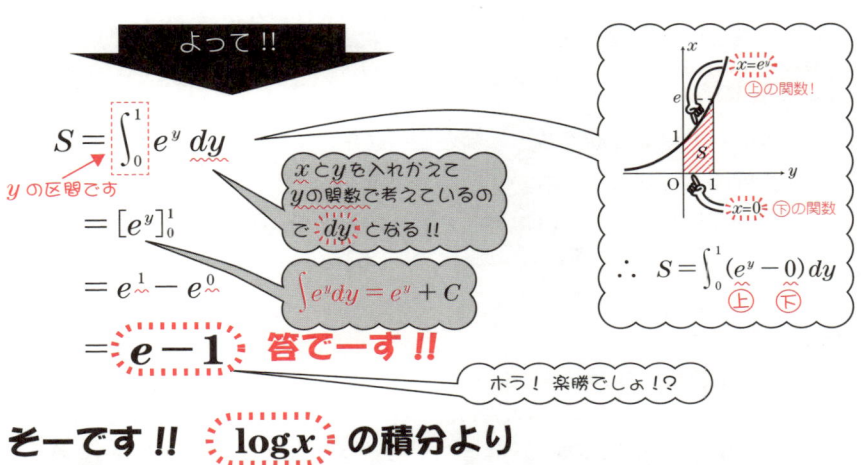

$$S = \int_0^1 e^y \, dy$$

y の区間です

$xとy$ を入れかえて y の関数で考えているので dy となる!!

$$= [e^y]_0^1$$

$$= e^1 - e^0$$

$\int e^y dy = e^y + C$

$$= \boxed{e - 1} \text{ 答でーす!!}$$

ホラ！楽勝でしょ！？

（右上囲み）
$x = e^y$　上の関数！
$x = 0$　下の関数
$$\therefore S = \int_0^1 (e^y - 0) \, dy$$
　　　　上　　下

そーです!! $\log x$ の積分より e^y の積分の方が 楽 なんです!!

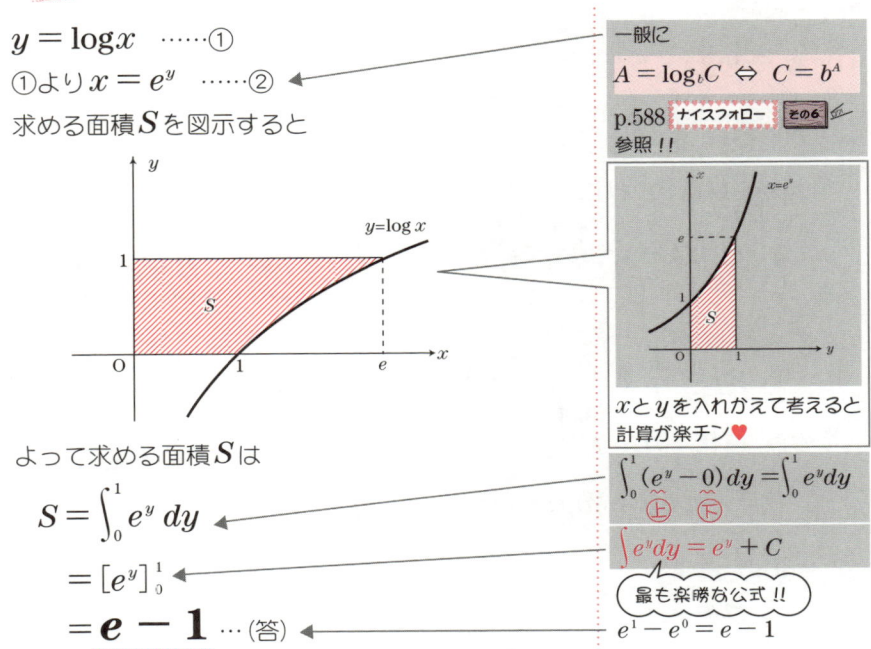

解答でござる

$y = \log x$ ……①

①より $x = e^y$ ……②

求める面積 S を図示すると

（グラフ: $y = \log x$、S は $0 \le x \le e$, $\log x \le y \le 1$ の領域）

よって求める面積 S は

$$S = \int_0^1 e^y \, dy$$

$$= [e^y]_0^1$$

$$= e - 1 \cdots \text{(答)}$$

（右側補足）
一般に
$A = \log_b C \Leftrightarrow C = b^A$
p.588 ナイスフォロー その6 参照!!

x と y を入れかえて考えると計算が楽チン♥

$\int_0^1 (e^y - 0) \, dy = \int_0^1 e^y dy$
　上　　下

$\int e^y dy = e^y + C$

最も楽勝な公式!!

$e^1 - e^0 = e - 1$

では，さらにもうひと品！

問題 45-2 （標準）

曲線 $y = \log x$ に原点から接線を引くとき，
(1) 接線の方程式を求めよ．
(2) この曲線と接線および x 軸とで囲まれる部分の面積を求めよ．

ナイスな導入!!

前問 問題 45-1 と同様

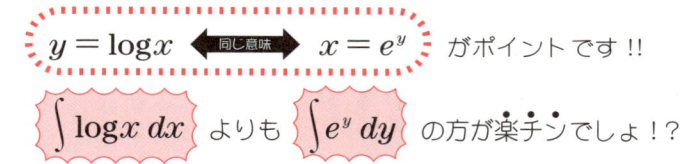

$y = \log x \iff x = e^y$ （同じ意味）がポイントです!!

$\int \log x\, dx$ よりも $\int e^y\, dy$ の方が楽チンでしょ!?

確かに楽チンだ…

解答でござる

(1) $y = \log x$ ……①

①より $y' = \dfrac{1}{x}$

$(\log x)' = \dfrac{1}{x}$

①上の点 $(t,\ \log t)$ における接線の方程式は

$$y - \underset{y_0}{\log t} = \underset{m}{\dfrac{1}{t}}(x - \underset{x_0}{t})$$

傾きは $\dfrac{1}{t}$ です!!

点 (x_0, y_0) を通り，傾き m の直線の方程式は
$$y - y_0 = m(x - x_0)$$
です!!

∴ $y = \dfrac{1}{t}x + \log t - 1$ ……②

②が原点 $(0,\ 0)$ を通るから

$0 = \dfrac{1}{t} \times 0 + \log t - 1$

②に $(0,\ 0)$ を代入!!

$\log t = 1$

∴ $t = e$

$\log e = 1$ です!!

Theme 45 dx でいくべきか？ dy でいくべきか？

よって②から接線の方程式は

$$y = \frac{1}{e}x + \log e - 1$$ ←②に $t=e$ を代入!!

$$\therefore \boldsymbol{y = \frac{1}{e}x}$$ …(答) ← ハイ！ できあがり!!

(2) (1)より下の図を得る。

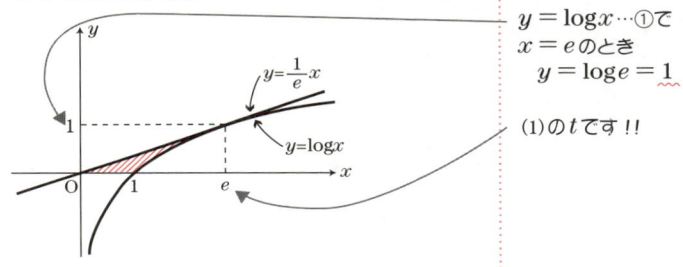

$y = \log x$ …①で $x = e$ のとき $y = \log e = 1$

(1)の t です!!

①より $x = e^y$ ……③

さらに(1)の接線の方程式は

$$y = \frac{1}{e}x \Leftrightarrow x = ey \quad ……④$$

y の関数③,④で上図をかき直すと

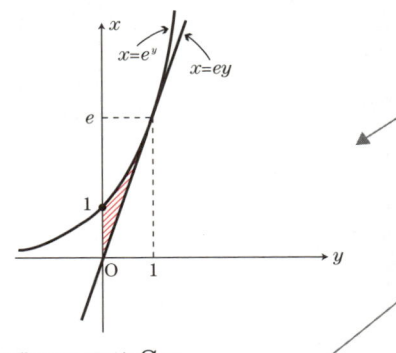

なるほど…

y の区間!!

よって求める面積 S は

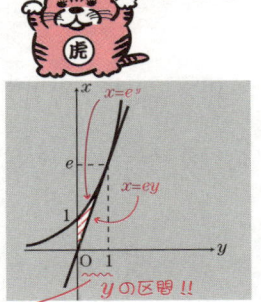

$$S = \int_0^1 (e^y - ey)\, dy$$

上の関数　下の関数　y の関数で考える

$e \times \frac{1}{2}y^2 = \frac{e}{2}y^2$

$$= \left[e^y - \frac{e}{2}y^2\right]_0^1$$

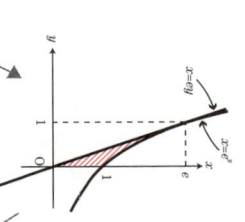

$$= e^1 - \frac{e}{2} \times 1^2 - (e^0 - \frac{e}{2} \times 0^2)$$

$$= \frac{e}{2} - 1 \cdots \text{(答)}$$

→ $y=1$ を代入したものと $y=0$ を代入したものとの差を考える!!

→ $e^0 = 1$ です!!

ちょっと言わせて

そこで思い出されるのが 問題44-2 です!!

登場する関数は $y = \log x$ と $y = 2\log x$ でしたね!

$y = \log x \iff x = e^y$ 〜簡単になる!!

$y = 2\log x \iff \frac{y}{2} = \log x \iff x = e^{\frac{y}{2}}$ 〜簡単になる!!

では "x と y を入れかえ作戦" でいけば楽勝!!
といいたいところですが, 問題44-2 のグラフは…

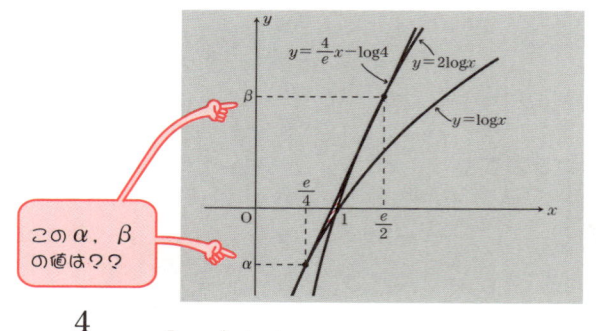

この α, β の値は??

$y = \frac{4}{e}x - \log 4$ より

$x = \frac{e}{4}$ のとき $y = \frac{4}{e} \times \frac{e}{4} - \log 4 = 1 - \log 4$ 〜α です!!

$x = \frac{e}{2}$ のとき $y = \frac{4}{e} \times \frac{e}{2} - \log 4 = 2 - \log 4$ 〜β です!!

つまーり!!

$\int_\alpha^\beta (\cdots\cdots) dy$ ←ブサイク!! で面積を求めると死ぬことになる!! ←死ぬ〜っ!

てなワケで, 座標も楽チンでないと無意味なんです!

えーっ!! ブサイク!!

えーっ! ブサイク!!

なるほど!

Theme 46 絶対値を攻略せよ!!

まずは，このあたりから…

問題 46-1　　　　　　　　　　　　　　　　　　　　　標準

次の定積分を求めよ。

(1) $\int_0^{\frac{\pi}{2}} \left| \sin x - \frac{1}{2} \right| dx$

(2) $\int_0^1 |e^x - 2| dx$

ナイスな導入!!

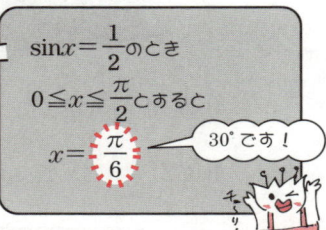

(1)では，$y = \sin x$ vs. $y = \dfrac{1}{2}$ を考えます!!

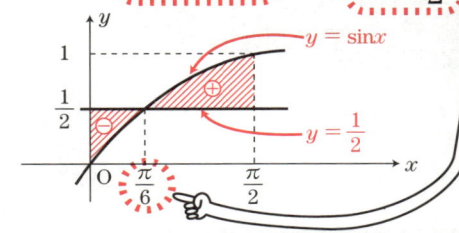

$\sin x = \dfrac{1}{2}$ のとき

$0 \leqq x \leqq \dfrac{\pi}{2}$ とすると

$x = \dfrac{\pi}{6}$　　30°です!

この図からおわかりのように…

$0 \leqq x < \dfrac{\pi}{6}$ のとき　$\sin x - \dfrac{1}{2} < 0$

$\dfrac{\pi}{6} < x \leqq \dfrac{\pi}{2}$ のとき　$\sin x - \dfrac{1}{2} > 0$

つまーり!!

$$\int_0^{\frac{\pi}{2}} \left|\sin x - \frac{1}{2}\right| dx = \int_0^{\frac{\pi}{6}} \left\{-\left(\sin x - \frac{1}{2}\right)\right\} dx + \int_{\frac{\pi}{6}}^{\frac{\pi}{2}} \left(\sin x - \frac{1}{2}\right) dx$$

前にマイナスをつけてプラスにする!

⊖　　　　　　　　　　　　　⊕

$0 \sim \frac{\pi}{6}$ では $\sin x - \frac{1}{2} < 0$　　　$\frac{\pi}{6} \sim \frac{\pi}{2}$ では $\sin x - \frac{1}{2} > 0$

$$= -\int_{\frac{\pi}{6}}^{\frac{\pi}{6}} \left(\sin x - \frac{1}{2}\right) dx + \int_{\frac{\pi}{6}}^{\frac{\pi}{2}} \left(\sin x - \frac{1}{2}\right) dx$$

マイナスを出したヨ!　　　　　　　　　　　仕上げは解答にて!!

(2) では, $y = e^x$ vs. $y = 2$ を考えまーす!!

$e^x = 2$ のとき
$x = \log_e 2$
∴ $x = \log 2$

注　$1 = \log e > \log 2$
$e ≒ 2.7$ ですから……

この図からおわかりのように…

$0 \leqq x < \log 2$ のとき　$e^x - 2 < 0$

$\log 2 < x \leqq 1$ のとき　$e^x - 2 > 0$

なるほど…

つまーり!!

$$\int_0^1 |e^x - 2| dx = \int_0^{\log 2} \left\{-(e^x - 2)\right\} dx + \int_{\log 2}^1 (e^x - 2) dx$$

前にマイナスをつけてプラスにする!

⊖　　　　　　　　　　　　　⊕

$0 \sim \log 2$ では, $e^x - 2 < 0$　　　$\log 2 \sim 1$ では, $e^x - 2 > 0$

$$= -\int_0^{\log 2} (e^x - 2) dx + \int_{\log 2}^1 (e^x - 2) dx$$

マイナスを出した!!　　　　　　　　　　　仕上げは解答にて!!

Theme 46 絶対値を攻略せよ!! 495

解答でござる

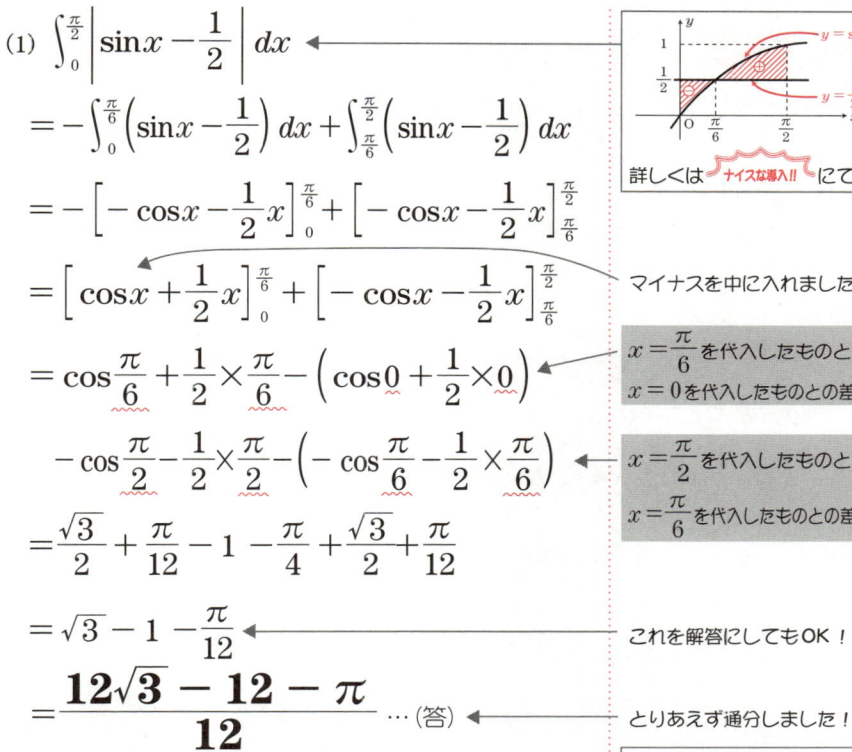

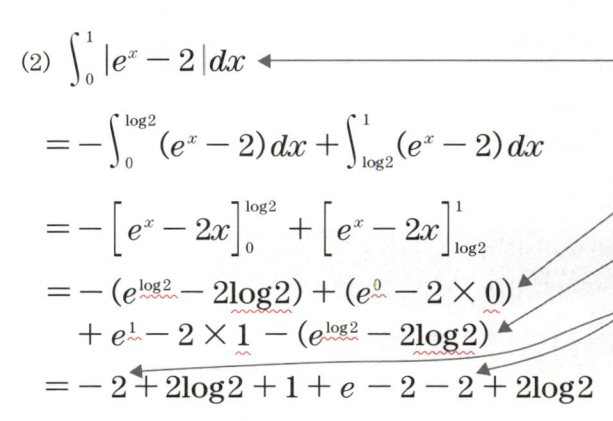

(1) $\displaystyle\int_0^{\frac{\pi}{2}} \left|\sin x - \frac{1}{2}\right| dx$

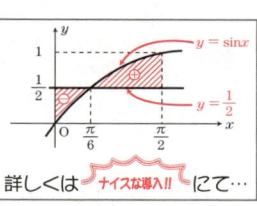

$= -\displaystyle\int_0^{\frac{\pi}{6}} \left(\sin x - \frac{1}{2}\right) dx + \int_{\frac{\pi}{6}}^{\frac{\pi}{2}} \left(\sin x - \frac{1}{2}\right) dx$

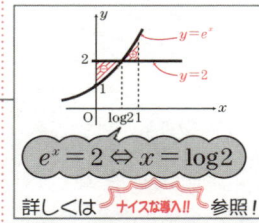

$= -\left[-\cos x - \dfrac{1}{2}x\right]_0^{\frac{\pi}{6}} + \left[-\cos x - \dfrac{1}{2}x\right]_{\frac{\pi}{6}}^{\frac{\pi}{2}}$

$= \left[\cos x + \dfrac{1}{2}x\right]_0^{\frac{\pi}{6}} + \left[-\cos x - \dfrac{1}{2}x\right]_{\frac{\pi}{6}}^{\frac{\pi}{2}}$

$= \cos\dfrac{\pi}{6} + \dfrac{1}{2}\times\dfrac{\pi}{6} - \left(\cos 0 + \dfrac{1}{2}\times 0\right)$

$\quad -\cos\dfrac{\pi}{2} - \dfrac{1}{2}\times\dfrac{\pi}{2} - \left(-\cos\dfrac{\pi}{6} - \dfrac{1}{2}\times\dfrac{\pi}{6}\right)$

$= \dfrac{\sqrt{3}}{2} + \dfrac{\pi}{12} - 1 - \dfrac{\pi}{4} + \dfrac{\sqrt{3}}{2} + \dfrac{\pi}{12}$

$= \sqrt{3} - 1 - \dfrac{\pi}{12}$

$= \dfrac{\mathbf{12\sqrt{3} - 12 - \pi}}{\mathbf{12}}$ …(答)

(2) $\displaystyle\int_0^1 |e^x - 2| dx$

$= -\displaystyle\int_0^{\log 2} (e^x - 2) dx + \int_{\log 2}^1 (e^x - 2) dx$

$= -\left[e^x - 2x\right]_0^{\log 2} + \left[e^x - 2x\right]_{\log 2}^1$

$= -(e^{\log 2} - 2\log 2) + (e^0 - 2\times 0)$
$\quad + e^1 - 2\times 1 - (e^{\log 2} - 2\log 2)$

$= -2 + 2\log 2 + 1 + e - 2 - 2 + 2\log 2$

$= 4\log 2 + e - 5$ …(答)

ちょっとレベルを上げてみましょう！

問題 46-2 ちょいムズ

$f(a) = \int_0^1 |e^x - a|\,dx$ とする。

(1) $f(a)$ を求めよ。
(2) $f(a)$ の値を最小にする a の値を求めよ。

ナイスな導入!!

本問のテーマはズバリ!!

$y = e^x$ vs. $y = a$ でございます♥

$0 \leqq x \leqq 1$ での $y = e^x$ のグラフは…

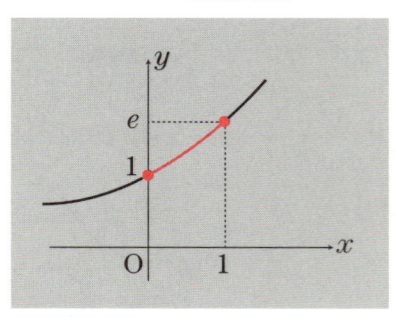

この2つのグラフの上下関係がポイントか…

ってな具合です。

これと $y = a$ が対決するわけです！

果たして a とは…？

そこで!!

何ぃーっ!?

a の値によって場合分けが必要です!!

Theme 46 絶対値を攻略せよ!!

場合分けその1

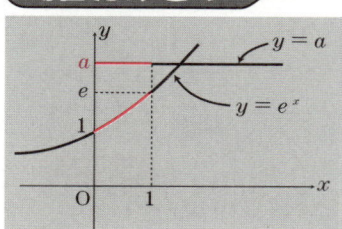

$a > e$ のとき

$0 \leqq x \leqq 1$ で
$y = a$ は，$y = e^x$ より必ず上にある!!

つまーり!!

$e^x - a < 0$ が常に成立するから
$|e^x - a| = -(e^x - a)$ です!!
プラスにするために前にマイナスをつける！

場合分けその2

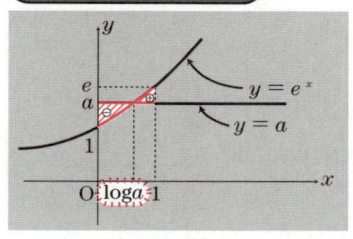

$1 \leqq a \leqq e$ のとき

$e^x = a$ より $x = \log_e a = \log a$

今回は
$0 \leqq x < \log a$ では，$e^x - a < 0$
$\log a < x \leqq 1$ では，$e^x - a > 0$

場合分けその3

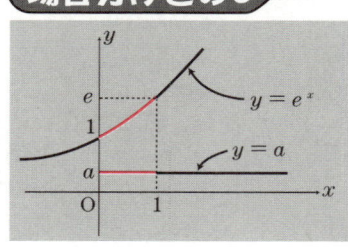

$a < 1$ のとき

$0 \leqq x \leqq 1$ で
$y = e^x$ は，$y = a$ より必ず上にある!!

つまーり!!

$e^x - a > 0$ が常に成立するから
$|e^x - a| = e^x - a$ です!!

では，以上のことに注意して，まいりましょう♥

解答でござる

$$f(a) = \int_0^1 |e^x - a| dx$$

さぁ，STARTです!!
得体の知れない a の登場で場合分けの予感…。

(1)(i) $a > e$ のとき

プラスにするために前にマイナスをつける！

$$f(a) = \int_0^1 \{-(e^x - a)\}dx$$
$$= -\int_0^1 (e^x - a)dx$$
$$= -\left[e^x - ax\right]_0^1$$
$$= -(e^1 - a \times 1) + (e^0 - a \times 0)$$
$$= \boxed{a - e + 1}$$

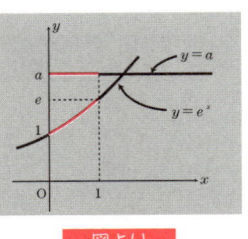

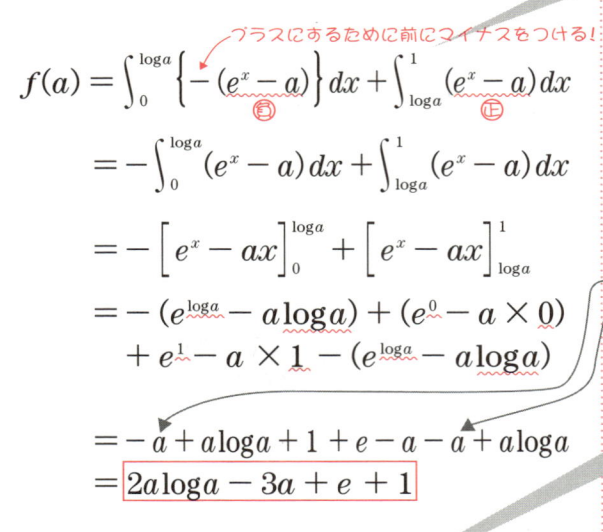

図より
$0 \leqq x \leqq 1$ では
$e^x - a < 0$

(ii) $1 \leqq a \leqq e$ のとき

プラスにするために前にマイナスをつける！

$$f(a) = \int_0^{\log a}\{-(e^x - a)\}dx + \int_{\log a}^1 (e^x - a)dx$$
$$= -\int_0^{\log a}(e^x - a)dx + \int_{\log a}^1 (e^x - a)dx$$
$$= -\left[e^x - ax\right]_0^{\log a} + \left[e^x - ax\right]_{\log a}^1$$
$$= -(e^{\log a} - a\log a) + (e^0 - a \times 0)$$
$$\quad + e^1 - a \times 1 - (e^{\log a} - a\log a)$$

$e^{\log a} = a^{\log e} = a^1 = a$

$$A^{\log_b C} = C^{\log_b A}$$

$$= -a + a\log a + 1 + e - a - a + a\log a$$
$$= \boxed{2a\log a - 3a + e + 1}$$

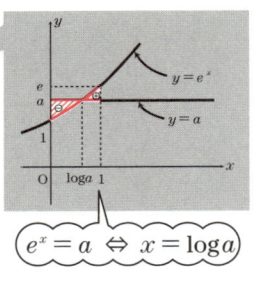

$e^x = a \Leftrightarrow x = \log a$

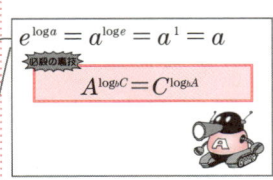

(iii) $a < 1$ のとき

$$f(a) = \int_0^1 (e^x - a)dx$$
$$= \left[e^x - ax\right]_0^1$$

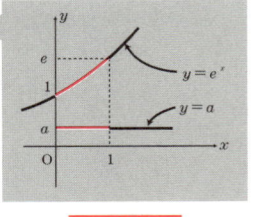

図より
$0 \leqq x \leqq 1$ では
$e^x - a > 0$

$$= e^1 - a \times 1 - (e^0 - a \times 0)$$
$$= \boxed{-a + e - 1}$$

以上まとめて

(答) $\begin{cases} f(a) = \underline{a - e + 1} \quad (a > e \text{のとき}) \\ f(a) = \underline{2a\log a - 3a + e + 1} \\ \quad\quad (1 \leqq a \leqq e \text{のとき}) \\ f(a) = \underline{-a + e - 1} \quad (a < 1 \text{のとき}) \end{cases}$

> もうご存知と思いますが，場合分けのイコールはどこについていてもOK !!
> 例えば
> $\begin{cases} a \geqq e \text{ のとき} \\ 1 < a < e \text{ のとき} \\ a \leqq 1 \text{ のとき} \end{cases}$
> としてもOK !!

(2) (i) $a > e$ のとき
$f(a) = a - e + 1$
これは傾き1の直線，
つまり増加関数である。

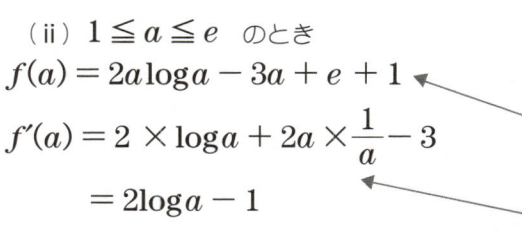

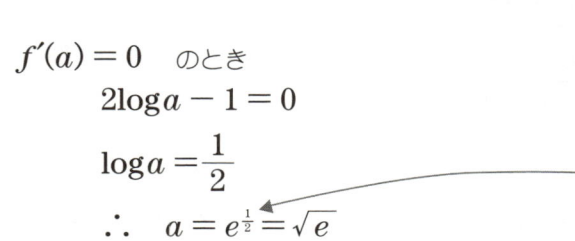

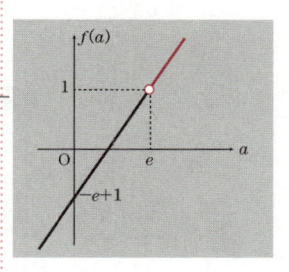

> これは a の1次関数．
> つまりは直線である！

(ii) $1 \leqq a \leqq e$ のとき
$f(a) = 2a\log a - 3a + e + 1$
$f'(a) = 2 \times \log a + 2a \times \dfrac{1}{a} - 3$
$ = 2\log a - 1$

$f'(a) = 0$ のとき
$\quad 2\log a - 1 = 0$
$\quad \log a = \dfrac{1}{2}$
$\therefore \quad a = e^{\frac{1}{2}} = \sqrt{e}$

> この関数は微分してみないと見当がつかない !!
>
> $\{f(a)g(a)\}'$
> $= f'(a)g(a) + f(a)g'(a)$
> この場合
> $f(a) = 2a, g(a) = \log a$
>
> $\log_e a = \dfrac{1}{2} \Leftrightarrow a = e^{\frac{1}{2}}$
> 基本的なことはp.588

$1 \leq a \leq e$ の範囲で増減表をかくと

a	1	$\cdots$	$\sqrt{e}$	$\cdots$	e
$f'(a)$		$-$	0	$+$	
$f(a)$		↘	極小	↗	

> $f'(a) = 2\log a - 1$
> $= 2\left(\log a - \dfrac{1}{2}\right)$
> $g(a) = \log a$ として
> イメージすると…
>
> ($1 \leq a \leq e$)

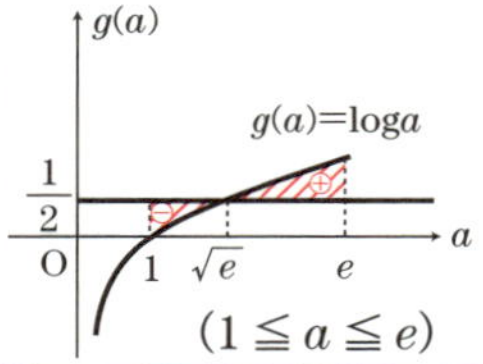

(iii) $a < 1$ のとき
$$f(a) = -a + e - 1$$
これは傾き -1 の直線, つまり減少関数である。

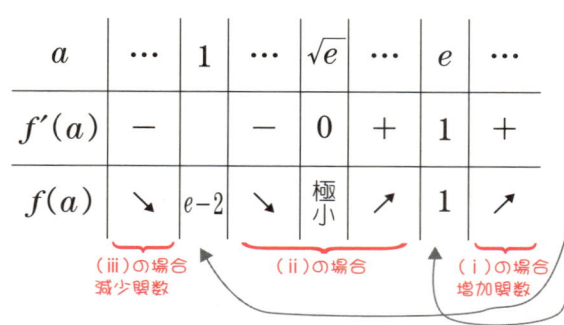

> これは a の1次関数, つまりは直線である！

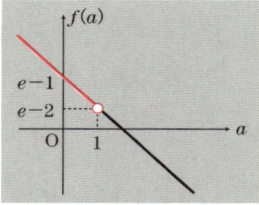

以上より全範囲で増減表をかくと

a	$\cdots$	1	$\cdots$	$\sqrt{e}$	$\cdots$	e	$\cdots$
$f'(a)$	$-$		$-$	0	$+$	1	$+$
$f(a)$	↘	$e-2$	↘	極小	↗	1	↗

(iii)の場合 減少関数　　(ii)の場合　　(i)の場合 増加関数

> (ii) $f(a) = 2a\log a - 3a + e + 1$
> (iii) $f(a) = -a + e - 1$
> のいずれからも
> 　$f(1) = e - 2$ が求まる！

> (i) $f(a) = a - e + 1$
> (ii) $f(a) = 2a\log a - 3a + e + 1$
> のいずれからも
> 　$f(e) = 1$ が求まる！

よって $f(a)$ を最小にする a の値は
$$a = \sqrt{e} \quad \cdots \text{(答)}$$

> ハイ！　できた!!

ちなみに最小値は
$$f(\sqrt{e}) = 2\sqrt{e}\log\sqrt{e} - 3\sqrt{e} + e + 1$$
$$= 2\sqrt{e} \times \dfrac{1}{2} - 3\sqrt{e} + e + 1$$
$$= e - 2\sqrt{e} + 1$$

> 本問では問われてない！よって求める必要もない!!

> $\log\sqrt{e} = \log e^{\frac{1}{2}}$
> $= \dfrac{1}{2}\log e = \dfrac{1}{2} \times 1 = \dfrac{1}{2}$

> これが最小値です!!

Theme 47 媒介変数に振り回されるな!!

(x, y) が別の文字に制御されとる！

媒介変数表示された関数については，p.262 でもみっちり書いてありますが，今回は，そこに面積のお話を絡めていきたいと思います♥

問題 47-1 　　　　　　　　　　　　　　　　　　　モロ難

θ が $0 \leq \theta \leq 2\pi$ の範囲で変化するとき
$$\begin{cases} x = a(\theta - \sin\theta) \\ y = a(1 - \cos\theta) \end{cases}$$
で表される曲線を考える。ただし $a > 0$ とする。
(1) この曲線の概形をかけ。
(2) この曲線と x 軸で囲まれる部分の面積を求めよ。

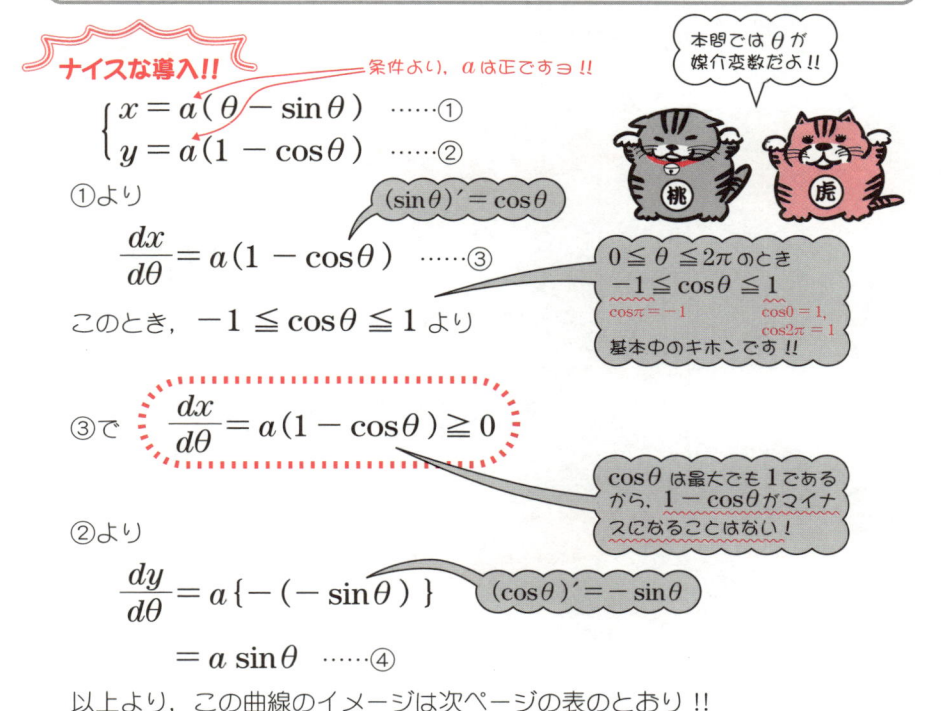

ナイスな導入!!　　　条件より，a は正ですョ!!

本問では θ が媒介変数だよ!!

$$\begin{cases} x = a(\theta - \sin\theta) & \cdots\cdots ① \\ y = a(1 - \cos\theta) & \cdots\cdots ② \end{cases}$$

①より
$$\frac{dx}{d\theta} = a(1 - \cos\theta) \quad \cdots\cdots ③$$

$(\sin\theta)' = \cos\theta$

このとき，$-1 \leq \cos\theta \leq 1$ より

$0 \leq \theta \leq 2\pi$ のとき
$-1 \leq \cos\theta \leq 1$
$\cos\pi = -1$　　$\cos 0 = 1,$ $\cos 2\pi = 1$
基本中のキホンです!!

③で $\dfrac{dx}{d\theta} = a(1 - \cos\theta) \geq 0$

$\cos\theta$ は最大でも 1 であるから，$1 - \cos\theta$ がマイナスになることはない！

②より
$$\frac{dy}{d\theta} = a\{-(-\sin\theta)\}$$
$$= a\sin\theta \quad \cdots\cdots ④$$

$(\cos\theta)' = -\sin\theta$

以上より，この曲線のイメージは次ページの表のとおり!!

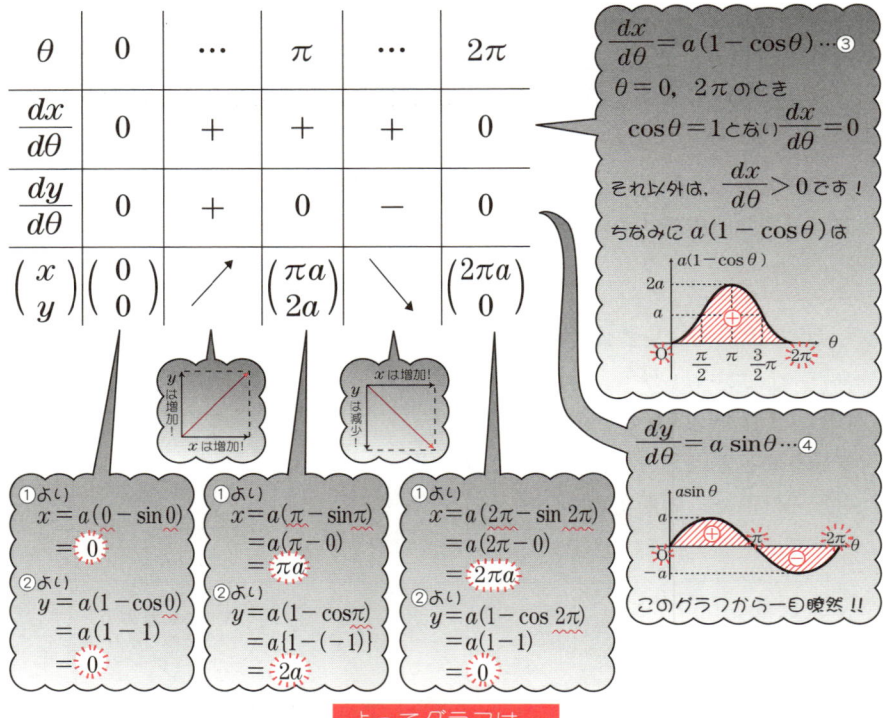

θ	0	$\cdots$	π	$\cdots$	2π
$\dfrac{dx}{d\theta}$	0	+	+	+	0
$\dfrac{dy}{d\theta}$	0	+	0	$-$	0
$\begin{pmatrix} x \\ y \end{pmatrix}$	$\begin{pmatrix} 0 \\ 0 \end{pmatrix}$	↗	$\begin{pmatrix} \pi a \\ 2a \end{pmatrix}$	↘	$\begin{pmatrix} 2\pi a \\ 0 \end{pmatrix}$

$\dfrac{dx}{d\theta} = a(1-\cos\theta) \cdots ③$

$\theta = 0,\ 2\pi$ のとき
$\cos\theta = 1$ となり $\dfrac{dx}{d\theta} = 0$

それ以外は，$\dfrac{dx}{d\theta} > 0$ です！

ちなみに $a(1-\cos\theta)$ は

（y は増加！ x は増加！）
（y は減少！ x は増加！）

①より
$x = a(0 - \sin 0)$
$= 0$
②より
$y = a(1 - \cos 0)$
$= a(1-1)$
$= 0$

①より
$x = a(\pi - \sin\pi)$
$= a(\pi - 0)$
$= \pi a$
②より
$y = a(1 - \cos\pi)$
$= a\{1-(-1)\}$
$= 2a$

①より
$x = a(2\pi - \sin 2\pi)$
$= a(2\pi - 0)$
$= 2\pi a$
②より
$y = a(1 - \cos 2\pi)$
$= a(1-1)$
$= 0$

$\dfrac{dy}{d\theta} = a\sin\theta \cdots ④$

このグラフから一目瞭然！！

よってグラフは…

$(\pi a, 2a)$
$(2\pi a, 0)$
$(0, 0)$

(ぽー)

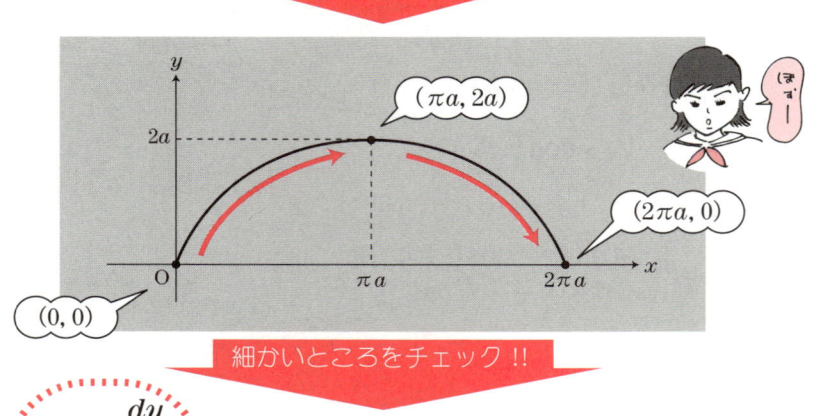

細かいところをチェック！！

$\dfrac{dy}{dx} = \dfrac{\dfrac{dy}{d\theta}}{\dfrac{dx}{d\theta}}$ で表現されることは，大丈夫かな！？

Theme 47 媒介変数に振り回されるな!! 503

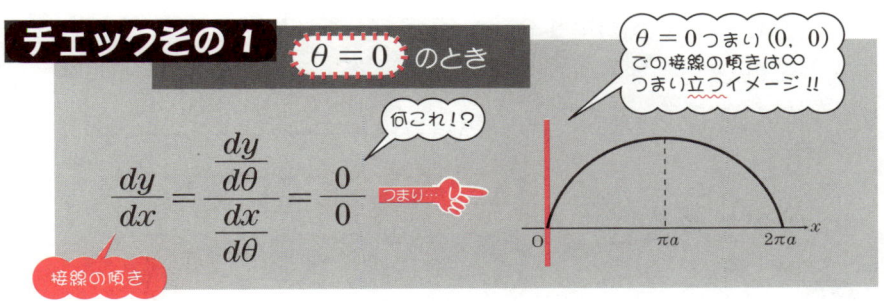

チェックその1　　$\theta = 0$ のとき

$$\frac{dy}{dx} = \frac{\dfrac{dy}{d\theta}}{\dfrac{dx}{d\theta}} = \frac{0}{0}$$

何これ!?

つまり…

接線の傾き

$\theta = 0$ つまり $(0, 0)$ での接線の傾きは ∞ つまり立つイメージ!!

チェックその2　　$\theta = \pi$ のとき

$$\frac{dy}{dx} = \frac{\dfrac{dy}{d\theta}}{\dfrac{dx}{d\theta}} = \frac{0}{2a}$$

おーっと!!

つまり…

接線の傾き

$\theta = \pi$ つまり $(\pi a, 2a)$ での接線の傾きは 0 つまり x 軸に平行!!

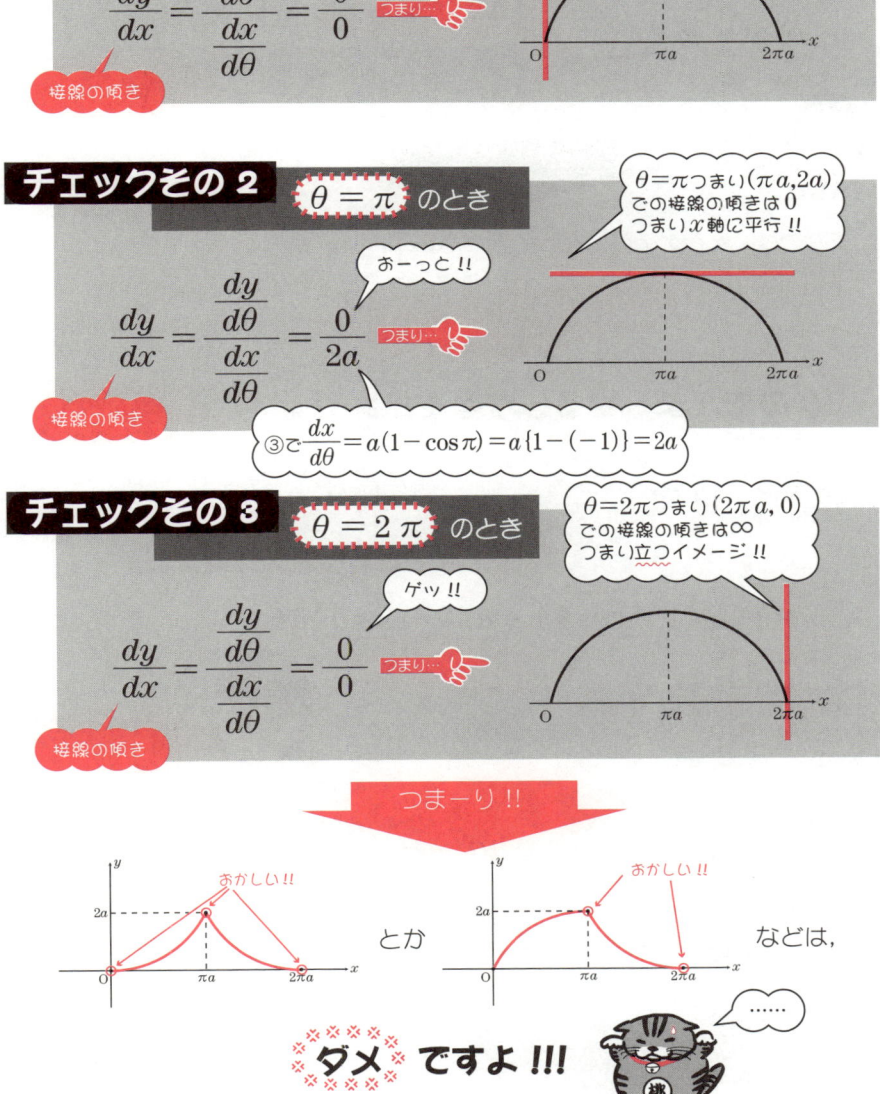

③で $\dfrac{dx}{d\theta} = a(1 - \cos\pi) = a\{1 - (-1)\} = 2a$

チェックその3　　$\theta = 2\pi$ のとき

$$\frac{dy}{dx} = \frac{\dfrac{dy}{d\theta}}{\dfrac{dx}{d\theta}} = \frac{0}{0}$$

ゲッ!!

つまり…

接線の傾き

$\theta = 2\pi$ つまり $(2\pi a, 0)$ での接線の傾きは ∞ つまり立つイメージ!!

つまーり!!

おかしい!! ／ おかしい!!

とか　　　　　　　　　　などは，

ダメ ですよ!!!

……

ではでは，メインの(2)です!!
求める面積を S とすると
y を x の関数であると考えて…

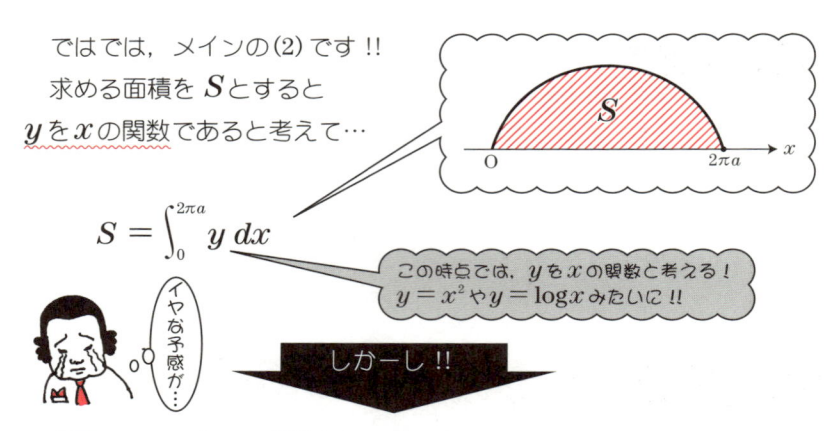

$$S = \int_0^{2\pi a} y\, dx$$

（イヤな予感が…）

この時点では，y を x の関数と考える！
$y = x^2$ や $y = \log x$ みたいに!!

しかーし!!

本問では，y を x の関数として表せない!!

こうなったらヤケクソだ!!

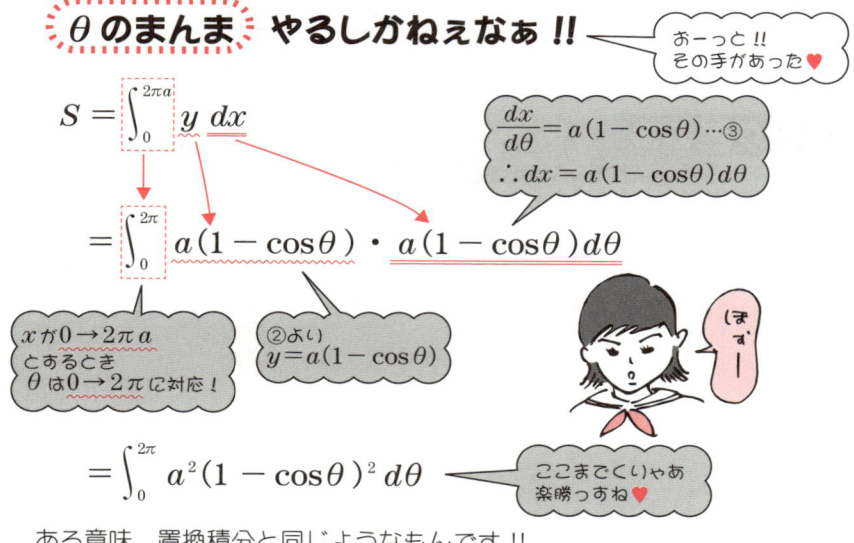

θ のまんま やるしかねぇなぁ!!

おーっと!! その手があった♥

$$S = \int_0^{2\pi a} y\, dx$$

$\dfrac{dx}{d\theta} = a(1-\cos\theta)$ …③

$\therefore dx = a(1-\cos\theta)d\theta$

$$= \int_0^{2\pi} a(1-\cos\theta) \cdot a(1-\cos\theta)d\theta$$

x が $0 \to 2\pi a$
とあるとき
θ は $0 \to 2\pi$ に対応！

②より
$y = a(1-\cos\theta)$

（ぽぇー）

$$= \int_0^{2\pi} a^2(1-\cos\theta)^2\, d\theta$$

ここまでくりゃあ楽勝っすね♥

ある意味，置換積分と同じようなもんです!!
仕上げは解答にて…。

解答でござる

(1) $\begin{cases} x = a(\theta - \sin\theta) & \cdots\cdots ① \\ y = a(1 - \cos\theta) & \cdots\cdots ② \end{cases}$

(x, y) は，θ によって操られているのだ!!

①より

$$\frac{dx}{d\theta} = a(1 - \cos\theta) \quad \cdots\cdots ③$$

$(\sin\theta)' = \cos\theta$

②より

$$\frac{dy}{d\theta} = a\sin\theta \quad \cdots\cdots ④$$

$(\cos\theta)' = -\sin\theta$

③，④より $0 \leqq \theta \leqq 2\pi$ の範囲で (x, y) を追跡すると

θ	0	$\cdots$	π	$\cdots$	2π
$\dfrac{dx}{d\theta}$	0	+	+	+	0
$\dfrac{dy}{d\theta}$	0	+	0	−	0
$\begin{pmatrix} x \\ y \end{pmatrix}$	$\begin{pmatrix} 0 \\ 0 \end{pmatrix}$	↗	$\begin{pmatrix} \pi a \\ 2a \end{pmatrix}$	↘	$\begin{pmatrix} 2\pi a \\ 0 \end{pmatrix}$

$\dfrac{dx}{d\theta} = a(1 - \cos\theta)$ のグラフは…

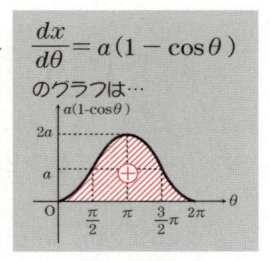

$\dfrac{dy}{d\theta} = a\sin\theta$ のグラフは…

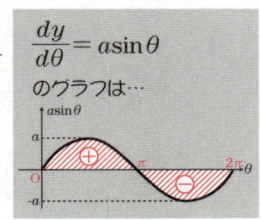

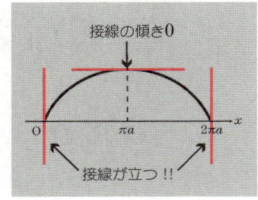

よって，この曲線の概形は，次のようになる。

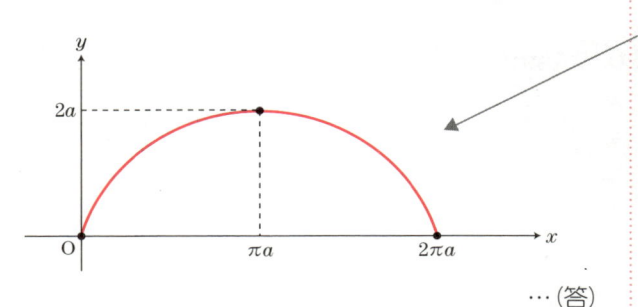

接線の傾き0

接線が立つ!!

$\cdots$（答）

詳しくは ナイスな導入!! 参照!!
ちなみにこのグラフのことをサイクロイドなんて呼びます。まぁ，ど〜でもい〜ですけどネ♪

(2) ③より

$$dx = a(1-\cos\theta)d\theta \quad \cdots\cdots ⑤$$

求める面積を S とおくと

$$S = \int_0^{2\pi a} y\, dx$$

$$= \int_0^{2\pi} a(1-\cos\theta) \cdot a(1-\cos\theta)d\theta$$

$$= \int_0^{2\pi} a^2(1-\cos\theta)^2 d\theta$$

$$= a^2 \int_0^{2\pi} (1 - 2\cos\theta + \cos^2\theta)d\theta$$

$$= a^2 \int_0^{2\pi} \left(1 - 2\cos\theta + \frac{1+\cos 2\theta}{2}\right)d\theta$$

$$= \frac{a^2}{2} \int_0^{2\pi} (3 - 4\cos\theta + \cos 2\theta)d\theta$$

$$= \frac{a^2}{2}\left[3\theta - 4\sin\theta + \frac{1}{2}\sin 2\theta\right]_0^{2\pi}$$

$$= \frac{a^2}{2}\left\{3 \times 2\pi - 4\sin 2\pi + \frac{1}{2}\sin(2 \cdot 2\pi)\right\}$$

$$\quad - \frac{a^2}{2}\left(3 \times 0 - 4\sin 0 + \frac{1}{2}\sin 0\right)$$

$$= \underline{\mathbf{3\pi a^2}} \cdots (答)$$

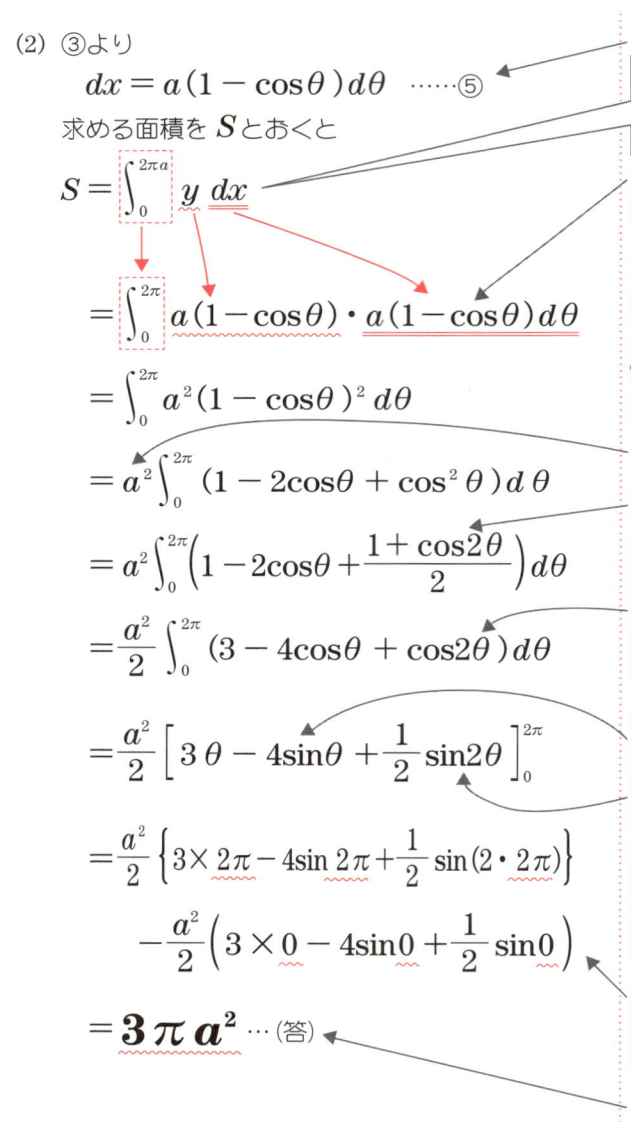

両辺に $d\theta$ をかける！

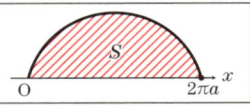

先ほどの表からもおわかりのように

x	0	$\longrightarrow$	$2\pi a$
θ	0	$\longrightarrow$	2π

さらに

$y = a(1-\cos\theta)$ …②
$dx = a(1-\cos\theta)d\theta$ …⑤

が大活躍!!

a^2 を前に出したヨ！

p.354 参照!!

$$\cos^2\theta = \frac{1+\cos 2\theta}{2}$$

てっセ♥

$$\frac{3-4\cos\theta + \cos 2\theta}{2}$$

の分母の2を前に出した!!

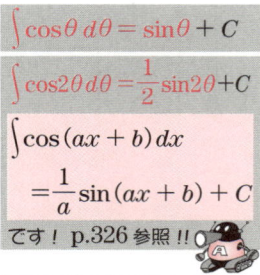

$$\int \cos\theta\, d\theta = \sin\theta + C$$

$$\int \cos 2\theta\, d\theta = \frac{1}{2}\sin 2\theta + C$$

$$\int \cos(ax+b)dx$$
$$= \frac{1}{a}\sin(ax+b)+C$$

です！p.326 参照!!

$\theta = 2\pi$ を代入したものと $\theta = 0$ を代入したものとの差を計算!!

$\sin 0 = 0$
$\sin 2\pi = 0$
$\sin 4\pi = 0$
より，こんなにスッキリ♥

では，もう一発!!

問題 47-2　モロ難

t が $-2 \leqq t \leqq 2$ の範囲で変化するとき
$$x = t^2 - 4$$
$$y = t^3 - 4t$$
で表される曲線を考える。
(1) この曲線の概形をかけ。
(2) この曲線によって囲まれる部分の面積を求めよ。

ナイスな導入!!

前問 問題 47-1 と同様です!!　Let's TRY!!

解答でござる

(1) $\begin{cases} x = t^2 - 4 & \cdots\cdots ① \\ y = t^3 - 4t & \cdots\cdots ② \end{cases}$

(x, y) は，t に操られているのだ!!

① より
$$\frac{dx}{dt} = 2t \quad \cdots\cdots ③$$

② より
$$\frac{dy}{dt} = 3t^2 - 4$$
$$= 3\left(t^2 - \frac{4}{3}\right)$$
$$= 3\left(t + \frac{2}{\sqrt{3}}\right)\left(t - \frac{2}{\sqrt{3}}\right) \quad \cdots\cdots ④$$

$t^2 - \dfrac{4}{3} = t^2 - \left(\dfrac{2}{\sqrt{3}}\right)^2$
$= \left(t + \dfrac{2}{\sqrt{3}}\right)\left(t - \dfrac{2}{\sqrt{3}}\right)$

このように因数分解しておくと，符号が調べやすい!

③，④ より，$-2 \leqq t \leqq 2$ の範囲で (x, y) を追跡すると

t	-2	$\cdots$	$-\dfrac{2}{\sqrt{3}}$	$\cdots$	0	$\cdots$	$\dfrac{2}{\sqrt{3}}$	$\cdots$	2
$\dfrac{dx}{dt}$	$-$	$-$	$-$	$-$	0	$+$	$+$	$+$	$+$
$\dfrac{dy}{dt}$	$+$	$+$	0	$-$	$-$	$-$	0	$+$	$+$
$\begin{pmatrix}x\\y\end{pmatrix}$	$\begin{pmatrix}0\\0\end{pmatrix}$	↖	$\begin{pmatrix}-\frac{8}{3}\\ \frac{16}{3\sqrt{3}}\end{pmatrix}$	↙	$\begin{pmatrix}-4\\0\end{pmatrix}$	↘	$\begin{pmatrix}-\frac{8}{3}\\ -\frac{16}{3\sqrt{3}}\end{pmatrix}$	↗	$\begin{pmatrix}0\\0\end{pmatrix}$

$\dfrac{dx}{dt} = 2t$

$\dfrac{dy}{dt} = 3\left(t + \dfrac{2}{\sqrt{3}}\right)\left(t - \dfrac{2}{\sqrt{3}}\right)$

$x = t^2 - 4 \cdots$ ①
$y = t^3 - 4t \cdots$ ② より

$t = -2$ のとき
$\begin{cases} x = (-2)^2 - 4 = 0 \\ y = (-2)^3 - 4(-2) = 0 \end{cases}$

$t = -\dfrac{2}{\sqrt{3}}$ のとき
$\begin{cases} x = \left(-\dfrac{2}{\sqrt{3}}\right)^2 - 4 = -\dfrac{8}{3} \\ y = \left(-\dfrac{2}{\sqrt{3}}\right)^3 - 4 \times \left(-\dfrac{2}{\sqrt{3}}\right) \end{cases}$
$ = \dfrac{16}{3\sqrt{3}}$

$t = 0$ のとき
$\begin{cases} x = 0^2 - 4 = -4 \\ y = 0^3 - 4 \times 0 = 0 \end{cases}$

$t = \dfrac{2}{\sqrt{3}}$ のとき
$\begin{cases} x = \left(\dfrac{2}{\sqrt{3}}\right)^2 - 4 = -\dfrac{8}{3} \\ y = \left(\dfrac{2}{\sqrt{3}}\right)^3 - 4 \times \dfrac{2}{\sqrt{3}} = -\dfrac{16}{3\sqrt{3}} \end{cases}$

$t = 2$ のとき
$\begin{cases} x = 2^2 - 4 = 0 \\ y = 2^3 - 4 \times 2 = 0 \end{cases}$

y は増加！ x は減少！
y は減少！ x は減少！
y は減少！ x は増加！
y は増加！ x は増加！

よって，この曲線の概形は次のようになる。

$\dfrac{16}{3\sqrt{3}}\left(=\dfrac{16\sqrt{3}}{9}\right)$

$-4 \quad -\dfrac{8}{3}$

$-\dfrac{16}{3\sqrt{3}}\left(=-\dfrac{16\sqrt{3}}{9}\right)$

上の表から
$\left(-\dfrac{8}{3}, \dfrac{16}{3\sqrt{3}}\right)$
$(-4, 0) \quad (0, 0)$
$\left(-\dfrac{8}{3}, -\dfrac{16}{3\sqrt{3}}\right)$

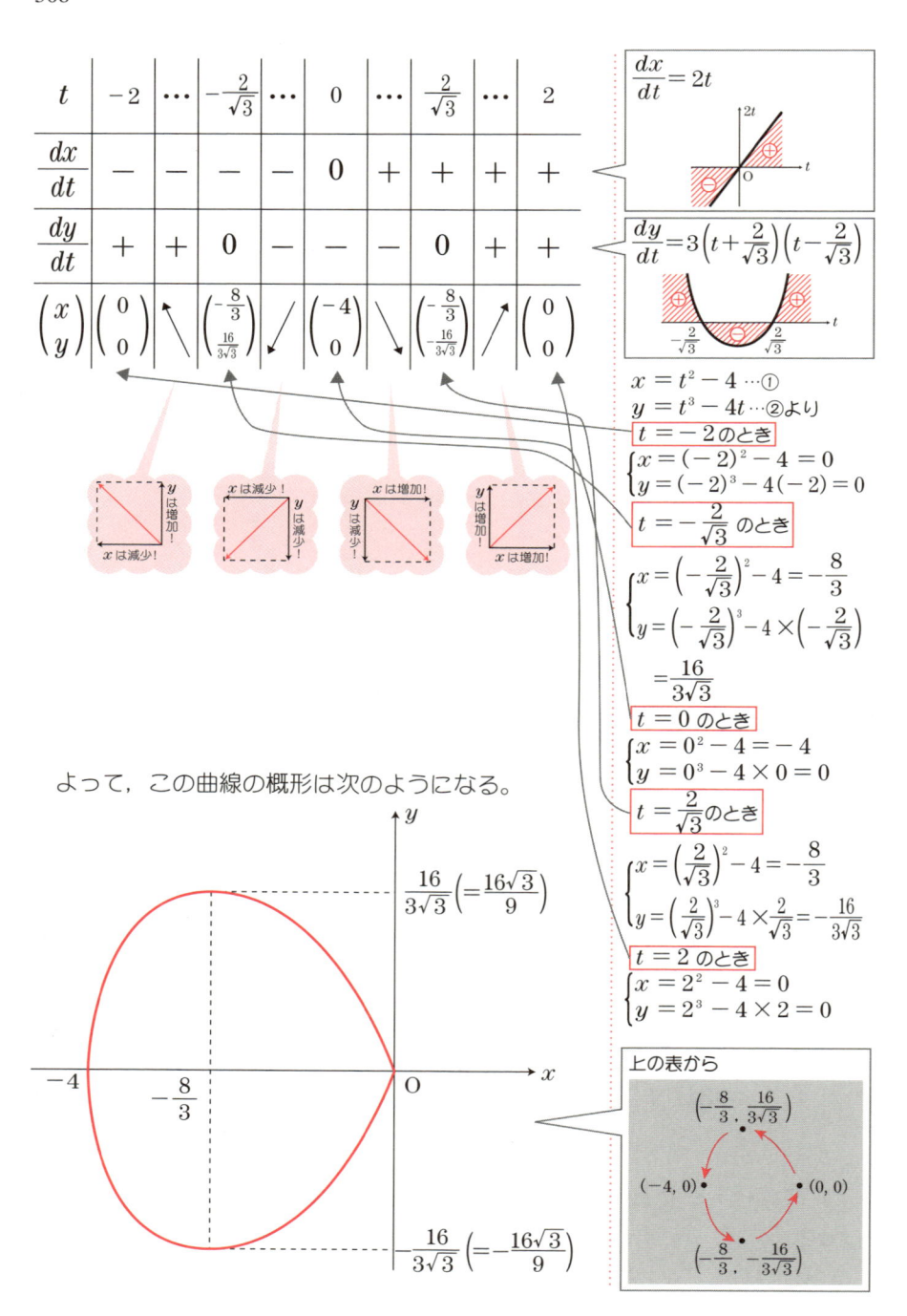

Theme 47 媒介変数に振り回されるな!!

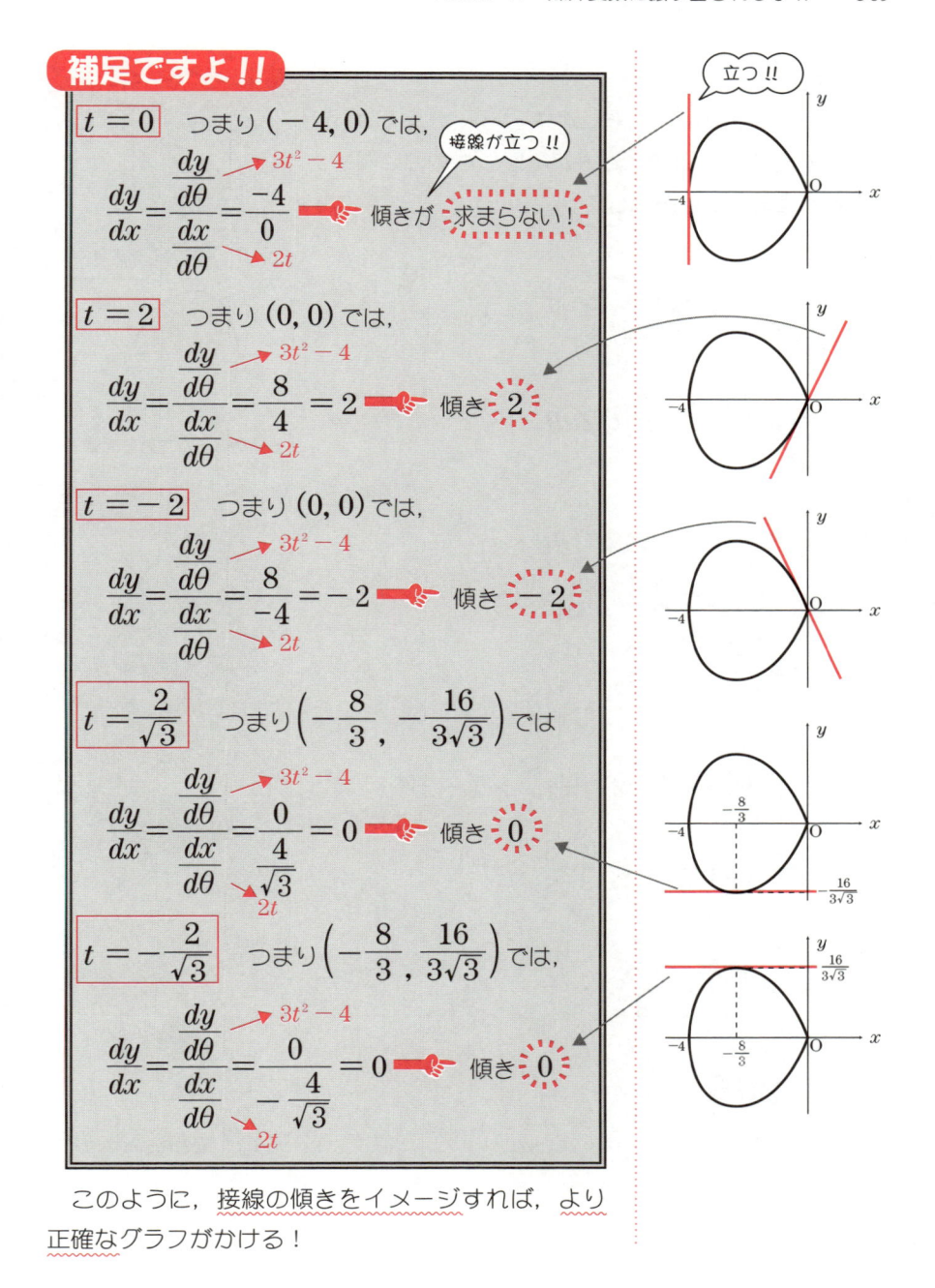

補足ですよ!!

$t=0$ つまり $(-4, 0)$ では,

$$\frac{dy}{dx} = \frac{\frac{dy}{d\theta}}{\frac{dx}{d\theta}} = \frac{-4}{0}$$

($\frac{dy}{d\theta} \to 3t^2-4$, $\frac{dx}{d\theta} \to 2t$)

傾きが 求まらない！ 接線が立つ!! 立つ!!

$t=2$ つまり $(0, 0)$ では,

$$\frac{dy}{dx} = \frac{\frac{dy}{d\theta}}{\frac{dx}{d\theta}} = \frac{8}{4} = 2$$

傾き 2

$t=-2$ つまり $(0, 0)$ では,

$$\frac{dy}{dx} = \frac{\frac{dy}{d\theta}}{\frac{dx}{d\theta}} = \frac{8}{-4} = -2$$

傾き -2

$t=\dfrac{2}{\sqrt{3}}$ つまり $\left(-\dfrac{8}{3}, -\dfrac{16}{3\sqrt{3}}\right)$ では

$$\frac{dy}{dx} = \frac{\frac{dy}{d\theta}}{\frac{dx}{d\theta}} = \frac{0}{\frac{4}{\sqrt{3}}} = 0$$

傾き 0

$t=-\dfrac{2}{\sqrt{3}}$ つまり $\left(-\dfrac{8}{3}, \dfrac{16}{3\sqrt{3}}\right)$ では,

$$\frac{dy}{dx} = \frac{\frac{dy}{d\theta}}{\frac{dx}{d\theta}} = \frac{0}{-\frac{4}{\sqrt{3}}} = 0$$

傾き 0

このように，接線の傾きをイメージすれば，より正確なグラフがかける！

(2) ③より
$$dx = 2tdt \quad \cdots\cdots ⑤$$

求める面積を S とおくと，この図形が x 軸に関して対称であることに注意して

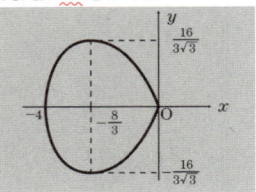

$$S = 2\int_{-4}^{0} y\, dx$$

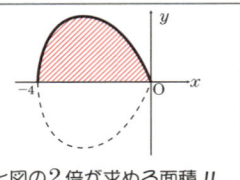

$$= 2\int_{0}^{-2} (t^3 - 4t) 2t\, dt$$

$$= 2\int_{0}^{-2} (2t^4 - 8t^2)\, dt$$

$$= 2\left[\frac{2}{5}t^5 - \frac{8}{3}t^3\right]_{0}^{-2}$$

$$= 2\left\{\frac{2}{5}\times(-2)^5 - \frac{8}{3}\times(-2)^3\right\}$$
$$\quad - 2\left(\frac{2}{5}\times 0^5 - \frac{8}{3}\times 0^3\right)$$

$$= -\frac{128}{5} + \frac{128}{3}$$

$$= \boldsymbol{\frac{256}{15}} \cdots \text{(答)}$$

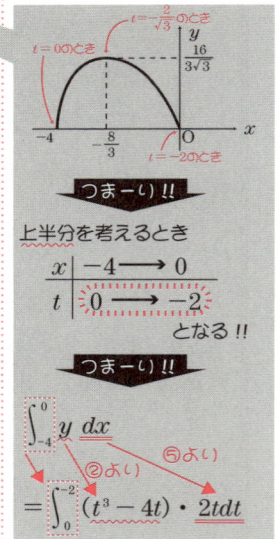

Theme 48 体積も求めてしまえ!!

まず最初に『ハムの伝説』を語らねばなるまい…。

そーです!! この スライスハム と ボンレスハム の関係こそ, 体積を求めるにあたって, 重要な考え方となります!!

ではもっと数学的に…

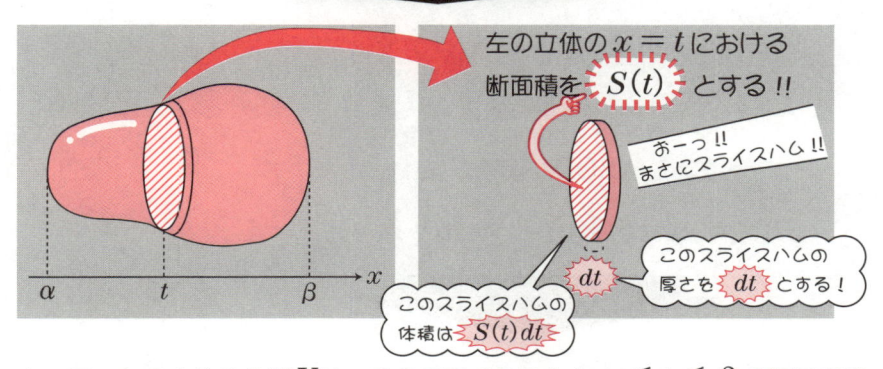

左の立体の $x = t$ における断面積を $S(t)$ とする!!

おーっ!! まさにスライスハム!!

このスライスハムの厚さを dt とする!

このスライスハムの体積は $S(t)dt$

よって, 上の立体の体積 V は, このスライスハムを $\alpha \leqq t \leqq \beta$ の範囲で集めればよい!!

つまーり!!

$$V = \int_\alpha^\beta \underbrace{S(t)dt}_{\text{スライスハムの体積}}$$

で表せます!!

そいつはスゴイ!!

では代表的なものから…

問題 48-1 （標準）

$y = \sin x \, (0 \leq x \leq \pi)$ がある。
$\mathrm{A}(t, 0)$ $\mathrm{B}(t, \sin t)$ とし，正方形 ABCD を図のように xy 平面と垂直に立てる。

このとき，正方形 ABCD が動いてできる立体の体積を求めよ。

ただし，正方形はつねに同じ側に立てるものとする。

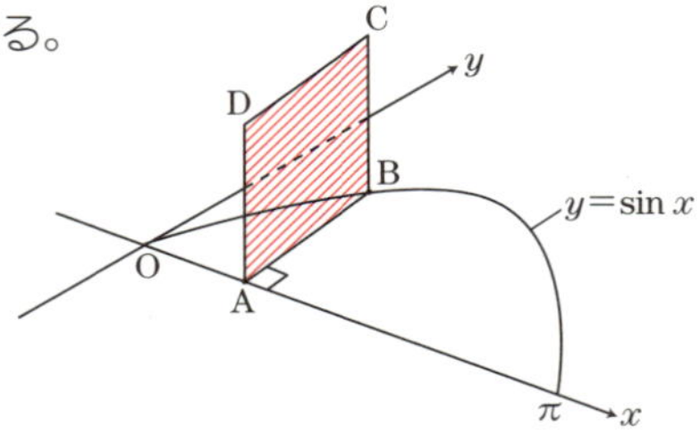

ナイスな導入!!

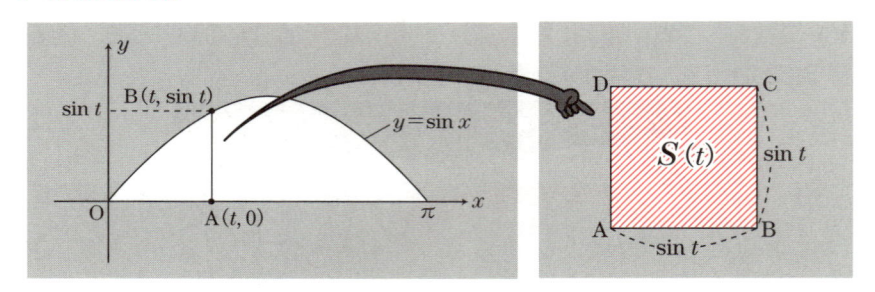

このとき正方形 ABCD の面積 $S(t)$ は

$$S(t) = \sin t \times \sin t = \sin^2 t$$

つまーり!!

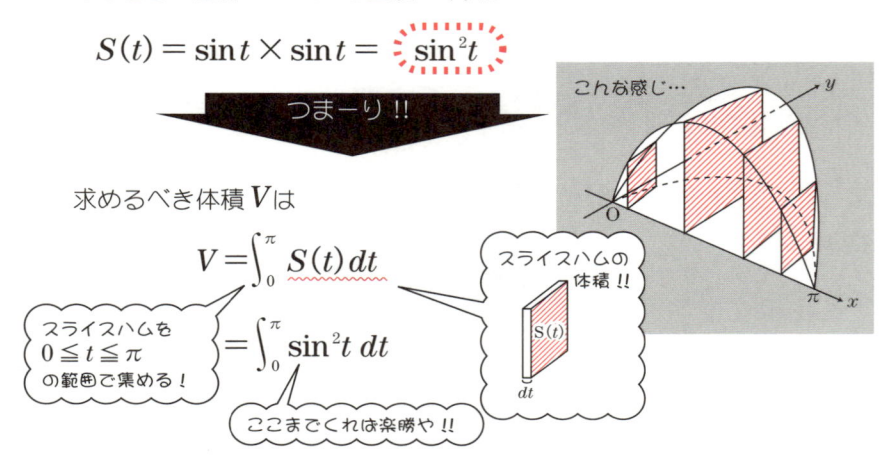

求めるべき体積 V は

$$V = \int_0^\pi S(t)\, dt$$

スライスハムを $0 \leq t \leq \pi$ の範囲で集める！

$$= \int_0^\pi \sin^2 t \, dt$$

スライスハムの体積!!

ここまでくれは楽勝や!!

解答でござる

ABの長さは、$\sin t$ であるから
正方形ABCDの面積を $S(t)$ とすると

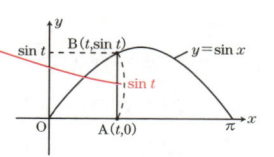

$$S(t) = \sin t \times \sin t$$
$$= \sin^2 t$$

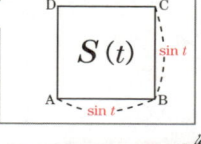

よって求める体積を V とすると

$$V = \int_0^\pi S(t)\,dt$$

$$= \int_0^\pi \sin^2 t\,dt$$

$$= \int_0^\pi \frac{1-\cos 2t}{2}\,dt$$

$$= \frac{1}{2}\int_0^\pi (1-\cos 2t)\,dt$$

$$= \frac{1}{2}\left[t - \frac{1}{2}\sin 2t\right]_0^\pi$$

$$= \frac{1}{2}\left(\pi - \frac{1}{2}\sin 2\pi\right) - \frac{1}{2}\left(0 - \frac{1}{2}\sin 0\right)$$

$$= \frac{\pi}{2} \quad \cdots (答)$$

続いて回転体のお話です♥

問題 48-2 標準

連立不等式 $0 \leq x \leq 4$, $0 \leq y \leq \sqrt{x}$ で表される領域を D とする。
(1) D を x 軸のまわりに回転してできる体積 V_1 を求めよ。
(2) D を y 軸のまわりに回転してできる体積 V_2 を求めよ。

ナイスな導入!!
一般論から入りましょう！

x 軸のまわりに回転

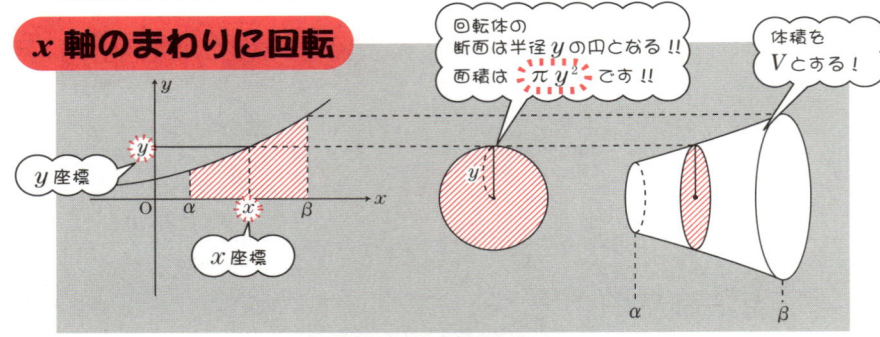

（回転体の断面は半径 y の円となる!! 面積は πy^2 です!!）
（体積を V とする！）
（y 座標）
（x 座標）

よって体積は…

$$V = \int_\alpha^\beta \pi y^2 dx$$

（x軸に垂直にスライスハムを作って考えている！ x軸方向にスライスハムの厚さがあるので dx）
（このスライスハムの体積は $\pi y^2 dx$）

一般的に $y = f(x)$ とすると…

$$V = \int_\alpha^\beta \pi \{f(x)\}^2 dx$$

（なるほど…）

と表現できる！

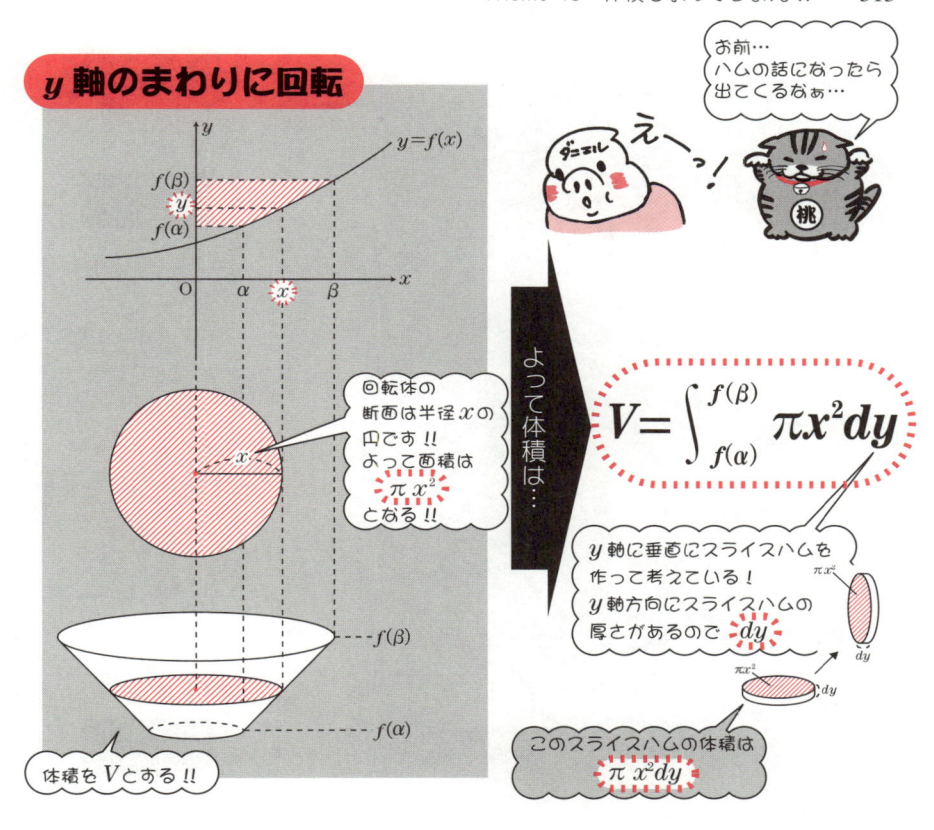

Theme 48 体積も求めてしまえ!! 515

y 軸のまわりに回転

$y = f(x)$

回転体の断面は半径 x の円です!! よって面積は πx^2 となる!!

体積を V とする!!

よって体積は…

$$V = \int_{f(\alpha)}^{f(\beta)} \pi x^2 \, dy$$

お前… ハムの話になったら出てくるなぁ…

え〜っ!

y 軸に垂直にスライスハムを作って考えている! y 軸方向にスライスハムの厚さがあるので dy

このスライスハムの体積は $\pi x^2 dy$

では,これらを参考にして解答を作ってしまいましょう!

解答でござる

領域 D を図示すると

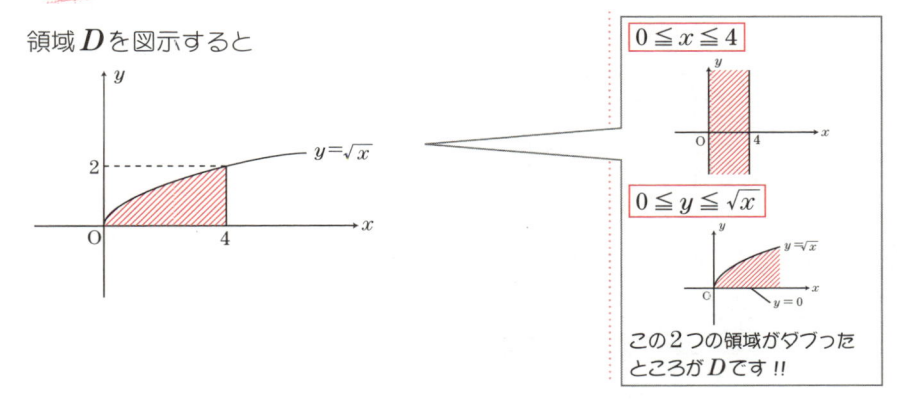

$y = \sqrt{x}$

$0 \leqq x \leqq 4$

$0 \leqq y \leqq \sqrt{x}$

$y = \sqrt{x}$
$y = 0$

この2つの領域がダブったところが D です!!

(1) $V_1 = \int_0^4 \pi y^2 dx$

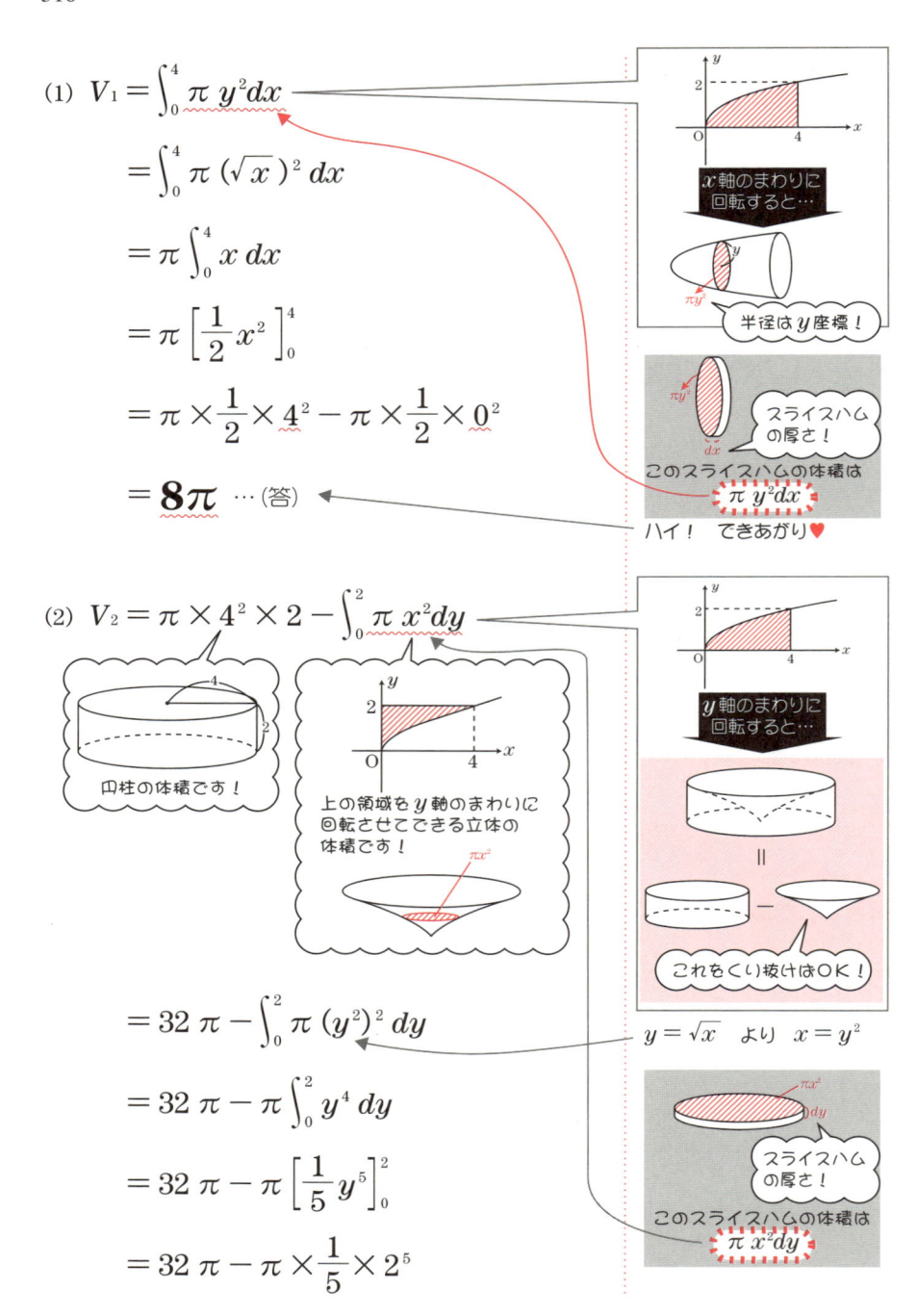

$= \int_0^4 \pi (\sqrt{x})^2 dx$

$= \pi \int_0^4 x\, dx$

$= \pi \left[\dfrac{1}{2}x^2\right]_0^4$

$= \pi \times \dfrac{1}{2} \times 4^2 - \pi \times \dfrac{1}{2} \times 0^2$

$= \mathbf{8\pi}$ …(答)

(2) $V_2 = \pi \times 4^2 \times 2 - \int_0^2 \pi x^2 dy$

円柱の体積です！

上の領域を y 軸のまわりに回転させてできる立体の体積です！

$= 32\pi - \int_0^2 \pi (y^2)^2 dy$

$= 32\pi - \pi \int_0^2 y^4 dy$

$= 32\pi - \pi \left[\dfrac{1}{5}y^5\right]_0^2$

$= 32\pi - \pi \times \dfrac{1}{5} \times 2^5$

半径は y 座標！

スライスハムの厚さ！

このスライスハムの体積は $\pi y^2 dx$

ハイ！できあがり♥

y 軸のまわりに回転すると…

これをくり抜けばOK！

$y = \sqrt{x}$ より $x = y^2$

スライスハムの厚さ！

このスライスハムの体積は $\pi x^2 dy$

$$= 32\pi - \frac{32}{5}\pi$$
$$= \underline{\underline{\frac{128}{5}\pi}} \cdots \text{(答)}$$

ハイ！ おしまい♥

ほんの少しレベルを上げてみましょう♥

問題 48-3　　　　　　　　　　　　　　　　　　　　　　　標準

2曲線 $y=x^2$ と $y=\sqrt{x}$ とが囲む領域を D とする。D を x 軸のまわりに回転してできる立体の体積を求めよ。

ナイスな導入!!

$y=x^2$ と $y=\sqrt{x}$ を図示すると

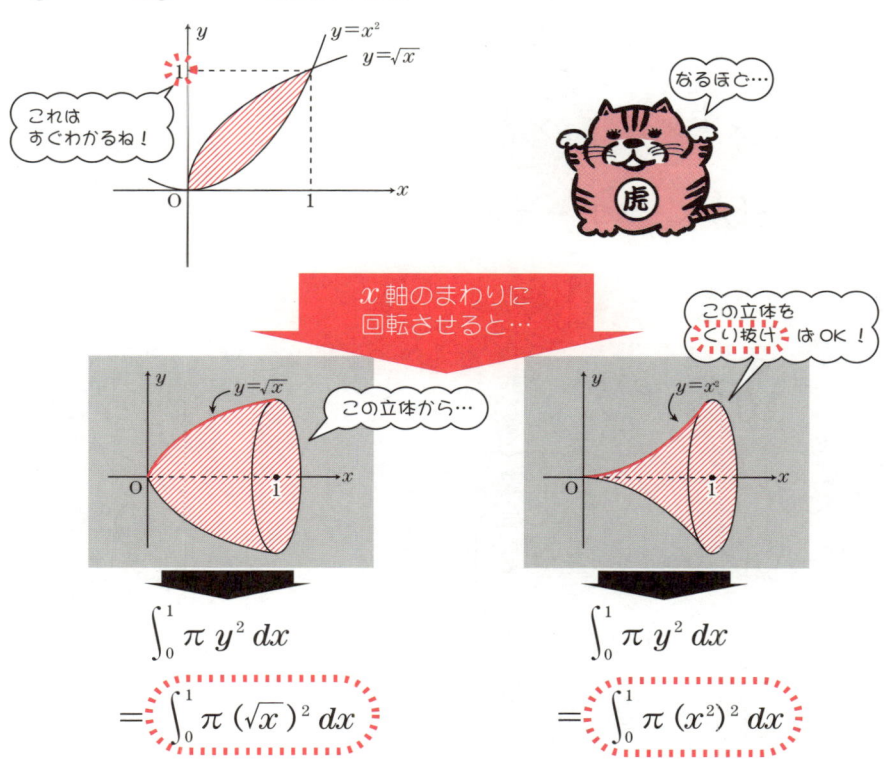

これはすぐわかるね！

なるほど…

x 軸のまわりに回転させると…

この立体から…

この立体をくり抜けばOK！

$$\int_0^1 \pi y^2 \, dx$$
$$= \int_0^1 \pi (\sqrt{x})^2 \, dx$$

$$\int_0^1 \pi y^2 \, dx$$
$$= \int_0^1 \pi (x^2)^2 \, dx$$

つまーり!!

求める立体の体積 V は

$$V = \int_0^1 \pi (\sqrt{x})^2 \, dx - \int_0^1 \pi (x^2)^2 \, dx$$

仕上げは解答にて!!

立体はイメージが大切だよ!!

解答でござる

求める立体の体積を V とすると

$$V = \int_0^1 \pi (\sqrt{x})^2 \, dx - \int_0^1 \pi (x^2)^2 \, dx$$

$$= \pi \int_0^1 x \, dx - \pi \int_0^1 x^4 \, dx$$

$$= \pi \left[\frac{1}{2} x^2\right]_0^1 - \pi \left[\frac{1}{5} x^5\right]_0^1$$

$$= \pi \times \frac{1}{2} \times 1^2 - \pi \times \frac{1}{2} \times 0^2$$

$$\quad - \left(\pi \times \frac{1}{5} \times 1^2 - \pi \times \frac{1}{5} \times 0^2\right)$$

$$= \frac{\pi}{2} - \frac{\pi}{5}$$

$$= \frac{3}{10} \pi \quad \cdots \text{(答)}$$

$= \pi (\sqrt{x})^2 \, dx$

$= \pi (x^2)^2 \, dx$

ハイ! できあがり♥

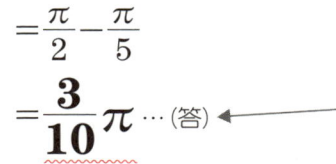

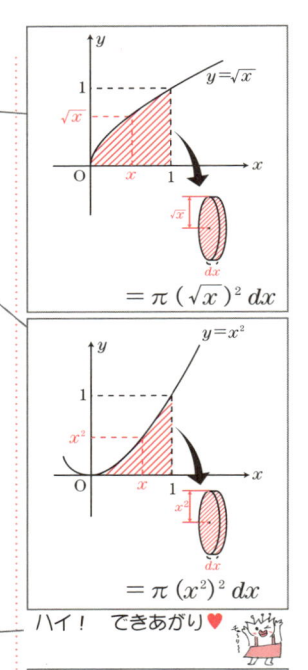

別解でござる こっちの方がお好きですか？

$$V = \int_0^1 \left\{\pi (\sqrt{x})^2 - \pi (x^2)^2\right\} dx$$

$$= \pi \int_0^1 (x - x^4) \, dx$$

$$= \pi \left[\frac{1}{2} x^2 - \frac{1}{5} x^5\right]_0^1$$

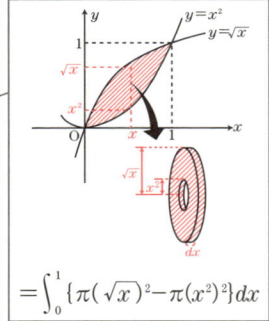

$= \int_0^1 \{\pi(\sqrt{x})^2 - \pi(x^2)^2\} dx$

このドーナツ板を集めよう!!

$$= \pi\left(\frac{1}{2} - \frac{1}{5}\right)$$
$$= \frac{3}{10}\pi \cdots \text{(答)}$$

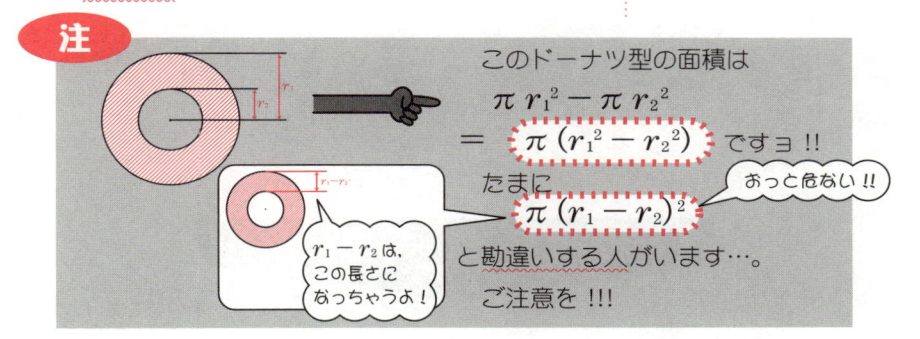

注

このドーナツ型の面積は
$$\pi r_1^2 - \pi r_2^2$$
$$= \pi(r_1^2 - r_2^2) \text{ですヨ!!}$$

たまに
$$\pi(r_1 - r_2)^2$$
と勘違いする人がいます…。
ご注意を!!!

$r_1 - r_2$ は，この長さになっちゃうよ！

おっと危ない!!

このあたりで，こんなんはいかが？

問題 48-4　ちょいムズ

$0 \leqq x \leqq \dfrac{2}{3}\pi$ において，2曲線 $y = \cos x$, $y = \cos 2x$

の囲む部分を x 軸のまわりに回転してできる体積を求めよ。

ナイスな導入!!

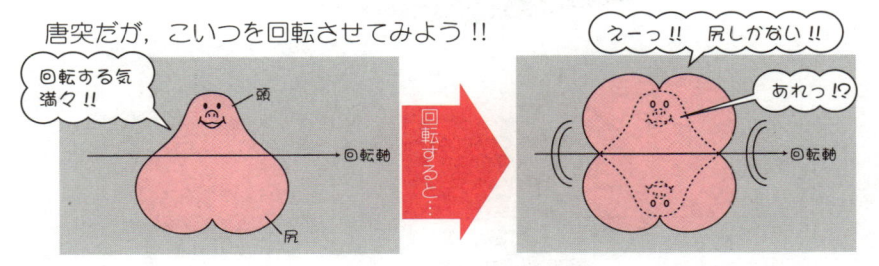

唐突だが，こいつを回転させてみよう!!

回転する気満々!!　頭　回転軸

回転すると…

えーっ!!　尻しかない!!　あれっ!?　回転軸

そーです!!　回転軸の上下に図形があるとき，小さい方の図形は回転に巻き込まれて消えてしまうのであーる!!

つまり，頭より尻がＢＩＧだったことが仇となり，回転すると尻のみとなってしまったのである。

ところで，本問の図形は…？

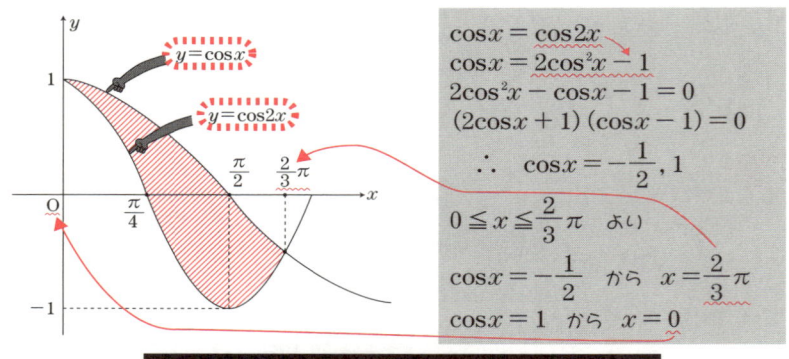

$\cos x = \cos 2x$
$\cos x = 2\cos^2 x - 1$
$2\cos^2 x - \cos x - 1 = 0$
$(2\cos x + 1)(\cos x - 1) = 0$
$\therefore \cos x = -\dfrac{1}{2}, 1$

$0 \leqq x \leqq \dfrac{2}{3}\pi$ より

$\cos x = -\dfrac{1}{2}$ から $x = \dfrac{2}{3}\pi$
$\cos x = 1$ から $x = 0$

こいつが x 軸のまわりを回転すると…

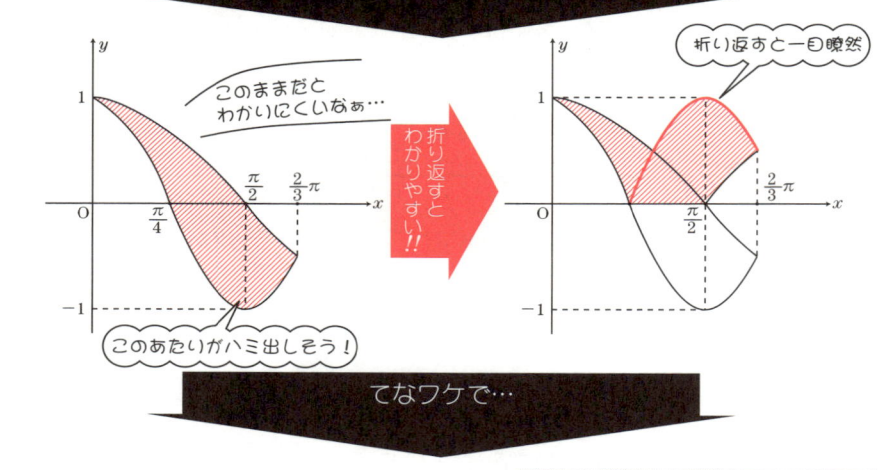

このままだとわかりにくいなぁ…

折り返すとわかりやすい‼

折り返すと一目瞭然

このあたりがハミ出しそう！

てなワケで…

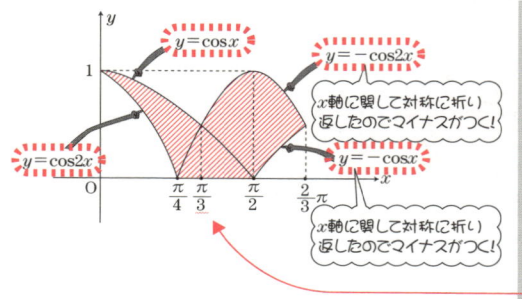

x軸に関して対称に折り返したのでマイナスがつく！

x軸に関して対称に折り返したのでマイナスがつく！

この図形で考えればOK‼

$\cos x = -\cos 2x$
$\cos x = -(2\cos^2 x - 1)$
$2\cos^2 x + \cos x - 1 = 0$
$(2\cos x - 1)(\cos x + 1) = 0$
$\therefore \cos x = \dfrac{1}{2}, -1$

$0 \leqq x \leqq \dfrac{2}{3}\pi$ よ り

$\cos x = \dfrac{1}{2}$ から $x = \dfrac{\pi}{3}$
$\cos x = -1$ からは求まらない

$x = \pi$ となりハミ出しちゃうもんで…

Theme 48 体積も求めてしまえ!!

つまーり!!

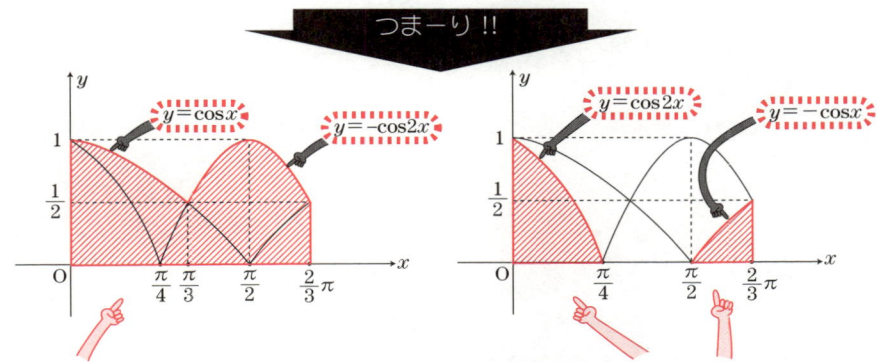

この図形を x 軸のまわりに回転させた立体の体積から，この図形を x 軸のまわりに回転させた立体の体積を引けば OK !!

では，やってみましょう!!

解答でござる

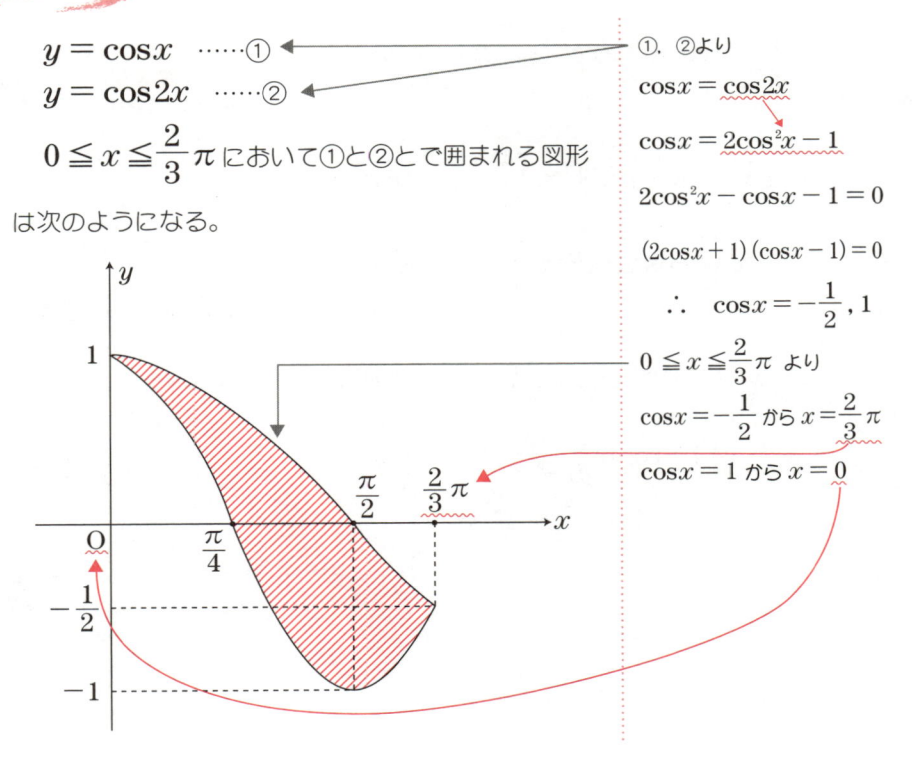

$y = \cos x$ ……①
$y = \cos 2x$ ……②

$0 \leqq x \leqq \dfrac{2}{3}\pi$ において①と②とで囲まれる図形は次のようになる。

①, ②より

$\cos x = \cos 2x$
$\cos x = 2\cos^2 x - 1$
$2\cos^2 x - \cos x - 1 = 0$
$(2\cos x + 1)(\cos x - 1) = 0$
$\therefore \quad \cos x = -\dfrac{1}{2}, 1$

$0 \leqq x \leqq \dfrac{2}{3}\pi$ より

$\cos x = -\dfrac{1}{2}$ から $x = \dfrac{2}{3}\pi$
$\cos x = 1$ から $x = 0$

このとき，x軸の下側の部分を上側に折り返すと，下の図が得られる。

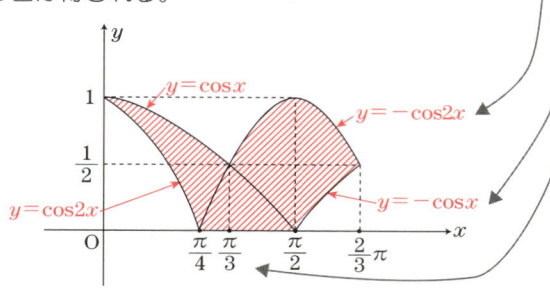

x軸に関して対称に折り返しているのでマイナスがつく!!

$\cos x = -\cos 2x$ より $x = \dfrac{\pi}{3}$ を得る！

詳しくは ナイスな導入!! にて!!

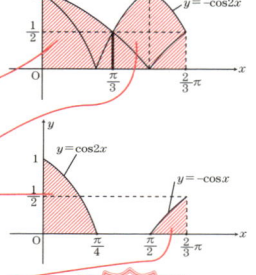

よって，求める体積 V は

$$V = \int_0^{\frac{\pi}{3}} \pi (\cos x)^2 dx + \int_{\frac{\pi}{3}}^{\frac{2}{3}\pi} \pi (-\cos 2x)^2 dx$$

$$- \int_0^{\frac{\pi}{4}} \pi (\cos 2x)^2 dx - \int_{\frac{\pi}{2}}^{\frac{2}{3}\pi} \pi (-\cos x)^2 dx$$

詳しくは ナイスな導入!! にて!!

豆知識コーナー

x軸に関して対称なグラフ $y = f(x)$ と $y = -f(x)$ があります!!

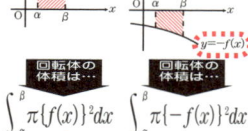

回転体の体積は…

$\int_\alpha^\beta \pi\{f(x)\}^2 dx$　$\int_\alpha^\beta \pi\{-f(x)\}^2 dx$

$= \int_\alpha^\beta \pi\{f(x)\}^2 dx$

同じ!!

そーです！　回転してしまうので上も下もないんです！

$$= \pi \int_0^{\frac{\pi}{3}} \cos^2 x \, dx + \pi \int_{\frac{\pi}{3}}^{\frac{2}{3}\pi} \cos^2 2x \, dx$$

$$- \pi \int_0^{\frac{\pi}{4}} \cos^2 2x \, dx - \pi \int_{\frac{\pi}{2}}^{\frac{2}{3}\pi} \cos^2 x \, dx$$

$$= \pi \int_0^{\frac{\pi}{3}} \frac{1 + \cos 2x}{2} dx + \pi \int_{\frac{\pi}{3}}^{\frac{2}{3}\pi} \frac{1 + \cos 4x}{2} dx$$

$$- \pi \int_0^{\frac{\pi}{4}} \frac{1 + \cos 4x}{2} dx - \pi \int_{\frac{\pi}{2}}^{\frac{2}{3}\pi} \frac{1 + \cos 2x}{2} dx$$

$\cos^2 \theta = \dfrac{1 + \cos 2\theta}{2}$ より

$\theta = 2x$ とすると

$\cos^2 2x = \dfrac{1 + \cos 4x}{2}$ です!!

$$= \frac{\pi}{2}\left[x+\frac{1}{2}\sin 2x\right]_0^{\frac{\pi}{3}} + \frac{\pi}{2}\left[x+\frac{1}{4}\sin 4x\right]_{\frac{\pi}{3}}^{\frac{2}{3}\pi}$$

$$-\frac{\pi}{2}\left[x+\frac{1}{4}\sin 4x\right]_0^{\frac{\pi}{4}} - \frac{\pi}{2}\left[x+\frac{1}{2}\sin 2x\right]_{\frac{\pi}{2}}^{\frac{2}{3}\pi}$$

$\displaystyle\int \cos 2x\, dx = \frac{1}{2}\sin 2x + C$

$\displaystyle\int \cos 4x\, dx = \frac{1}{4}\sin 4x + C$

$\displaystyle\int \cos(ax+b)\, dx = \frac{1}{a}\times \sin(ax+b) + C$

です！p.326 参照！！

$$= \frac{\pi}{2}\left\{\frac{\pi}{3}+\frac{1}{2}\sin\left(2\cdot\frac{\pi}{3}\right) - \left(0+\frac{1}{2}\sin 0\right)\right\}$$

$$+\frac{\pi}{2}\left[\frac{2}{3}\pi+\frac{1}{4}\sin\left(4\cdot\frac{2}{3}\pi\right) - \left\{\frac{\pi}{3}+\frac{1}{4}\sin\left(4\cdot\frac{\pi}{3}\right)\right\}\right]$$

$$-\frac{\pi}{2}\left\{\frac{\pi}{4}+\frac{1}{4}\sin\left(4\cdot\frac{\pi}{4}\right) - \left(0+\frac{1}{4}\sin 0\right)\right\}$$

$$-\frac{\pi}{2}\left[\frac{2}{3}\pi+\frac{1}{2}\sin\left(2\cdot\frac{2}{3}\pi\right) - \left\{\frac{\pi}{2}+\frac{1}{2}\sin\left(2\cdot\frac{\pi}{2}\right)\right\}\right]$$

$\pi = 180°$ ですよ！！ 大丈夫！？

$$= \frac{\pi}{2}\left(\frac{\pi}{3}+\frac{1}{2}\sin\frac{2}{3}\pi\right)$$

$$+\frac{\pi}{2}\left(\frac{2}{3}\pi+\frac{1}{4}\sin\frac{8}{3}\pi - \frac{\pi}{3} - \frac{1}{4}\sin\frac{4}{3}\pi\right)$$

$$-\frac{\pi}{2}\left(\frac{\pi}{4}+\frac{1}{4}\sin\pi\right)$$

$$-\frac{\pi}{2}\left(\frac{2}{3}\pi+\frac{1}{2}\sin\frac{4}{3}\pi - \frac{\pi}{2} - \frac{1}{2}\sin\pi\right)$$

$\sin\frac{2}{3}\pi = \frac{\sqrt{3}}{2}$

$\sin\frac{8}{3}\pi = \sin\frac{2}{3}\pi = \frac{\sqrt{3}}{2}$

$2\pi + \frac{2}{3}\pi$

$\sin\frac{4}{3}\pi = -\frac{\sqrt{3}}{2}$

$\sin\pi = 0$

$$= \frac{\pi^2}{6} + \frac{\sqrt{3}}{8}\pi + \frac{\pi^2}{3} + \frac{\sqrt{3}}{16}\pi - \frac{\pi^2}{6} + \frac{\sqrt{3}}{16}\pi$$

$$-\frac{\pi^2}{8} - \frac{\pi^2}{3} + \frac{\sqrt{3}}{8}\pi + \frac{\pi^2}{4}$$

$$= \frac{1}{8}\pi^2 + \frac{3\sqrt{3}}{8}\pi$$

これが答でもOK！

$$= \underline{\frac{\pi^2 + 3\sqrt{3}\,\pi}{8}} \cdots (答)$$

仕上げでございます♥♥

問題 48-5　モロ難

曲線 $y = \cos x \left(0 \leq x \leq \dfrac{\pi}{2}\right)$, x 軸および y 軸が囲む部分を D とする。

(1) D を x 軸のまわりに回転してできる立体の体積 V_1 を求めよ。
(2) D を y 軸のまわりに回転してできる立体の体積 V_2 を求めよ。

ナイスな導入!!

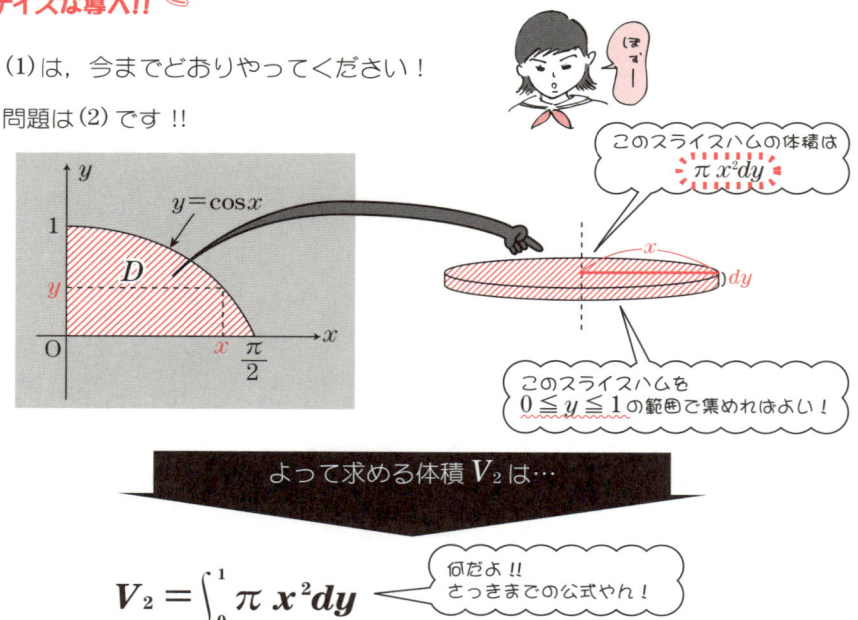

(1)は，今までどおりやってください！

問題は(2)です!!

（このスライスハムの体積は $\pi x^2 dy$）

（このスライスハムを $0 \leq y \leq 1$ の範囲で集めればよい！）

よって求める体積 V_2 は…

$$V_2 = \int_0^1 \pi x^2 \, dy$$

（何だよ!! さっきまでの公式やん！）

しか～し!!　これが悲劇の幕開けです!!

そーです!!　今までのように x が y の式にならないのです！

$$y = \cos x \quad \Longrightarrow \quad x = ???$$

Theme 48 体積も求めてしまえ!!

こうなったらしょーがねぇーや!!
dy を **dx** に変身させるしかないぞ!!

その手があったか!!

$y = \cos x$ より $\dfrac{dy}{dx} = -\sin x$ ← y を x で微分!!

∴ $dy = -\sin x\, dx$ ← 両辺に dx をかけた!

さらに y が $0 \longrightarrow 1$ のとき

x は $\dfrac{\pi}{2} \longrightarrow 0$ となる!!

$y=1$ のとき $x=0$
$y=0$ のとき $x=\dfrac{\pi}{2}$

よって!!

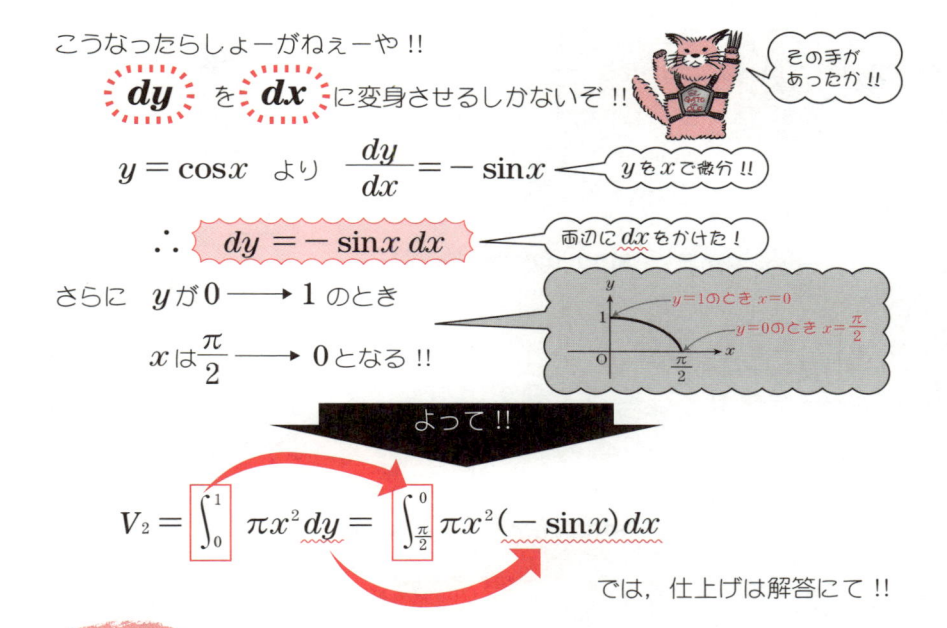

$$V_2 = \int_0^1 \pi x^2\, dy = \int_{\frac{\pi}{2}}^0 \pi x^2 (-\sin x)\, dx$$

では，仕上げは解答にて!!

解答でござる

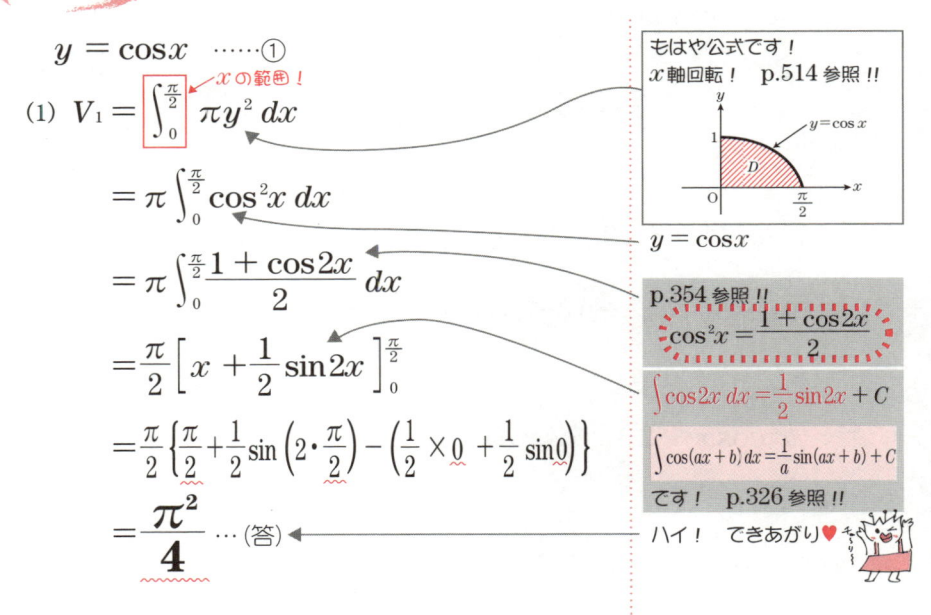

$y = \cos x$ ……①

もはや公式です！
x 軸回転！ p.514 参照!!

(1) $V_1 = \displaystyle\int_0^{\frac{\pi}{2}} \pi y^2\, dx$ ← x の範囲！

$= \pi \displaystyle\int_0^{\frac{\pi}{2}} \cos^2 x\, dx$ ← $y = \cos x$

$= \pi \displaystyle\int_0^{\frac{\pi}{2}} \dfrac{1 + \cos 2x}{2}\, dx$

p.354 参照!!
$\cos^2 x = \dfrac{1 + \cos 2x}{2}$

$= \dfrac{\pi}{2} \left[x + \dfrac{1}{2} \sin 2x \right]_0^{\frac{\pi}{2}}$

$\displaystyle\int \cos 2x\, dx = \dfrac{1}{2} \sin 2x + C$

$= \dfrac{\pi}{2} \left\{ \dfrac{\pi}{2} + \dfrac{1}{2} \sin \left(2 \cdot \dfrac{\pi}{2} \right) - \left(\dfrac{1}{2} \times 0 + \dfrac{1}{2} \sin 0 \right) \right\}$

$\displaystyle\int \cos(ax + b)\, dx = \dfrac{1}{a} \sin(ax + b) + C$

です！ p.326 参照!!

$= \dfrac{\pi^2}{4}$ …(答)

ハイ！ できあがり♥

(2) $V_2 = \displaystyle\int_0^1 \pi x^2 \, dy$ ← y の範囲！

もはや公式です！
y 軸回転！ p.515 参照!!

このとき①から

$$\dfrac{dy}{dx} = -\sin x$$

$y = \cos x$ より
$\dfrac{dy}{dx} = -\sin x$

$$\therefore \quad dy = -\sin x \, dx$$

両辺に dx をかけた！

さらに

y	0 $\longrightarrow$ 1
x	$\dfrac{\pi}{2} \longrightarrow 0$

$y=1$ のとき $x=0$
$y=0$ のとき $x=\dfrac{\pi}{2}$

以上より

$$V_2 = \int_{\frac{\pi}{2}}^{0} \pi x^2 (-\sin x) \, dx$$ ← x の範囲！

$\displaystyle\int_0^1 \pi x^2 \, dy$
$= \displaystyle\int_{\frac{\pi}{2}}^{0} \pi x^2 (-\sin x) \, dx$

$$= -\pi \int_{\frac{\pi}{2}}^{0} x^2 \sin x \, dx$$

一般に
$\displaystyle\int_A^B f(x) \, dx = -\int_B^A f(x) \, dx$

$$= \pi \int_0^{\frac{\pi}{2}} x^2 \sin x \, dx \quad \cdots\cdots ②$$

このとき

$$\int x^2 \sin x \, dx$$

不定積分をまず計算しとく！

おーっと!!
部分積分のタイプ！
p.368 を参照せよ!!

$\displaystyle\int f(x) g(x) \, dx$
$= F(x)g(x) - \displaystyle\int F(x)g'(x) \, dx$

$$= \int \{ \underbrace{(\sin x)}_{f(x)} \times \underbrace{x^2}_{g(x)} \} \, dx$$

$$= \underbrace{(-\cos x)}_{F(x)} \times \underbrace{x^2}_{g(x)} - \int \underbrace{(-\cos x)}_{F(x)} \times \underbrace{2x}_{g'(x)} \, dx$$

$\displaystyle\int \sin x \, dx = -\cos x + C$

$$= -x^2 \cos x + 2 \int x \cos x \, dx \quad \cdots\cdots ③$$

さらに③で

$$\int x \cos x \, dx$$

これがまたもや
部分積分のタイプ!!

$$= \int \left\{ \underbrace{(\cos x)}_{f(x)} \times \underbrace{x}_{g(x)} \right\} dx$$

$$= \underbrace{(\sin x)}_{F(x)} \times \underbrace{x}_{g(x)} - \int \left\{ \underbrace{(\sin x)}_{F(x)} \times \underbrace{1}_{g'(x)} \right\} dx$$

$\int \cos x \, dx = \sin x + C$

$$= x\sin x - \int \sin x \, dx$$

$\int \sin x \, dx = -\cos x + C$

積分定数は省略します！

$$= x\sin x - (-\cos x)$$
$$= x\sin x + \cos x \quad \cdots\cdots ④$$

④を③に代入して

$$\int x^2 \sin x \, dx$$

$\int x^2 \sin x \, dx$
$= -x^2\cos x + 2\int x\cos x \, dx \cdots ③$
$\int x\cos x \, dx = x\sin x + \cos x \cdots ④$

$$= -x^2\cos x + 2(x\sin x + \cos x)$$
$$= -x^2\cos x + 2x\sin x + 2\cos x \quad \cdots\cdots ⑤$$

（積分定数は省略する）

⑤を②に用いて

$V_2 = \pi \int_0^{\frac{\pi}{2}} x^2 \sin x \, dx$
$= \pi \left[-x^2\cos x \right.$ ⑤より!!
$\left. + 2x\sin x + 2\cos x \right]_0^{\frac{\pi}{2}}$

$$V_2 = \pi \left[-x^2\cos x + 2x\sin x + 2\cos x \right]_0^{\frac{\pi}{2}}$$

$$= \pi \left\{ -\left(\frac{\pi}{2}\right)^2 \cos\frac{\pi}{2} + 2 \times \frac{\pi}{2}\sin\frac{\pi}{2} + 2\cos\frac{\pi}{2} \right.$$
$$\left. -\left(-0^2\cos 0 + 2 \times 0 \times \sin 0 + 2\cos 0\right) \right\}$$

$\sin\frac{\pi}{2} = 1$

$\cos\frac{\pi}{2} = 0$ です!!

$$= \pi(\pi - 2)$$

残るのはこれだけ！

$$= \boldsymbol{\pi^2 - 2\pi} \quad \cdots \text{(答)}$$

ハイ！　できあがり♥

Theme 49 曲線の長さ(みちのり)って求められんの？

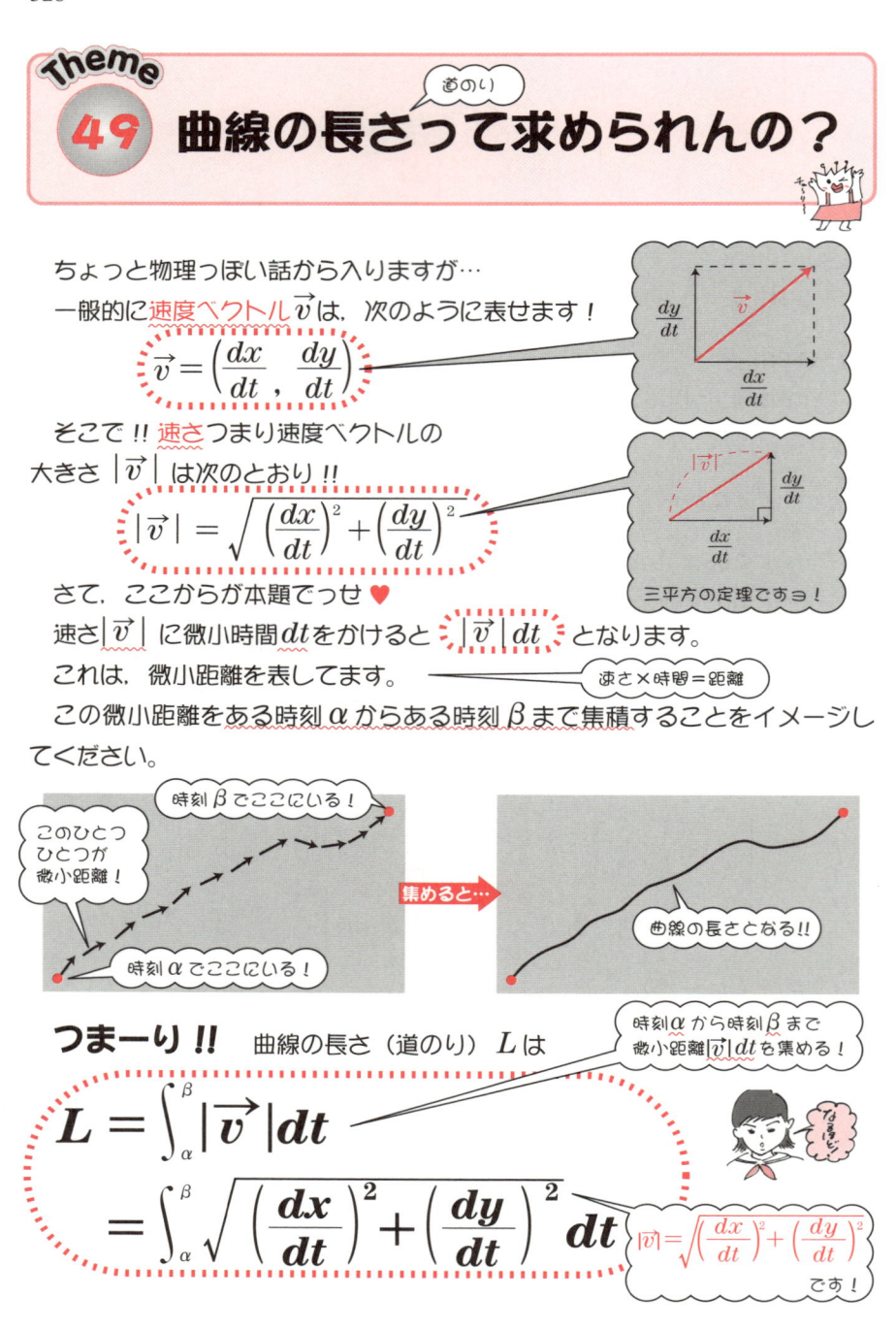

ちょっと物理っぽい話から入りますが…
一般的に速度ベクトル $\vec{v}$ は，次のように表せます！

$$\vec{v} = \left(\frac{dx}{dt}, \frac{dy}{dt}\right)$$

そこで!! 速さつまり速度ベクトルの大きさ $|\vec{v}|$ は次のとおり!!

$$|\vec{v}| = \sqrt{\left(\frac{dx}{dt}\right)^2 + \left(\frac{dy}{dt}\right)^2}$$

三平方の定理ですョ！

さて，ここからが本題でっせ ♥
速さ $|\vec{v}|$ に微小時間 dt をかけると $|\vec{v}|dt$ となります。
これは，微小距離を表してます。 速さ×時間＝距離

この微小距離をある時刻 α からある時刻 β まで集積することをイメージしてください。

このひとつひとつが微小距離！
時刻 β でここにいる！
時刻 α でここにいる！

集めると…

曲線の長さとなる!!

つまーり!! 曲線の長さ（道のり）L は

時刻 α から時刻 β まで微小距離 $|\vec{v}|dt$ を集める！

$$L = \int_\alpha^\beta |\vec{v}|dt$$

$$= \int_\alpha^\beta \sqrt{\left(\frac{dx}{dt}\right)^2 + \left(\frac{dy}{dt}\right)^2} dt$$

$|\vec{v}| = \sqrt{\left(\frac{dx}{dt}\right)^2 + \left(\frac{dy}{dt}\right)^2}$ です！

Theme 49 曲線の長さって求められんの？ 529

実際にやってみましょう！

問題 49-1 標準

t を媒介変数とするとき，次に示す曲線の長さを求めよ。

(1) $\begin{cases} x = t - \sin t \\ y = 1 - \cos t \end{cases}$ $(0 \leqq t \leqq \pi)$

(2) $\begin{cases} x = e^t \cos \pi t \\ y = e^t \sin \pi t \end{cases}$ $(0 \leqq t \leqq 5)$

ナイスな導入!!

とにかく!!

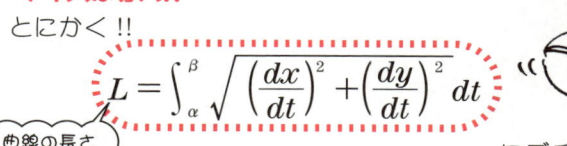

$$L = \int_\alpha^\beta \sqrt{\left(\frac{dx}{dt}\right)^2 + \left(\frac{dy}{dt}\right)^2}\, dt$$

（曲線の長さ）　にブチ込め!!

やったろうやないかい!!

解答でござる

(1) $\begin{cases} x = t - \sin t & \cdots\cdots ① \\ y = 1 - \cos t & \cdots\cdots ② \end{cases}$

①より

$$\frac{dx}{dt} = 1 - \cos t \quad \cdots\cdots ③$$

②より

$$\frac{dy}{dt} = -(-\sin t)$$

$$= \sin t \quad \cdots\cdots ④$$

③,④から $0 \leqq t \leqq \pi$ における曲線の長さ L は

$$L = \int_0^\pi \sqrt{\left(\frac{dx}{dt}\right)^2 + \left(\frac{dy}{dt}\right)^2}\, dt$$

$$= \int_0^\pi \sqrt{(1-\cos t)^2 + (\sin t)^2}\, dt$$

$$= \int_0^\pi \sqrt{1 - 2\cos t + \cos^2 t + \sin^2 t}\, dt$$

とにかく，まず $\dfrac{dx}{dt}$ & $\dfrac{dy}{dt}$ を求める！

$(\sin t)' = \cos t$

$(\cos t)' = -\sin t$

また公式が増えたぁ〜

公式です!!

③,④を代入！

ルート内を展開！

$$= \int_0^\pi \sqrt{2 - 2\cos t}\, dt$$

$$= \int_0^\pi \sqrt{2(1 - \cos t)}\, dt$$

$$= \int_0^\pi \sqrt{2 \times 2\sin^2 \frac{t}{2}}\, dt$$

2は出せます!!

$$= \int_0^\pi 2\sqrt{\sin^2 \frac{t}{2}}\, dt$$

$$= \int_0^\pi 2\left|\sin \frac{t}{2}\right| dt$$

$$= 2\int_0^\pi \sin \frac{t}{2}\, dt$$

$$= 2\left[2\left(-\cos \frac{t}{2}\right)\right]_0^\pi$$

$$= -4\left[\cos \frac{t}{2}\right]_0^\pi$$

$$= -4\cos \frac{\pi}{2} - (-4\cos 0)$$

$$= \mathbf{4} \cdots \text{(答)}$$

$\sin^2 t + \cos^2 t = 1$ です！
このルートをはずすために $\sqrt{A^2}$ の形にしたい！

2倍角の公式
$\cos 2\theta = 1 - 2\sin^2 \theta$ より
$2\theta = t$ とおくと
$\cos t = 1 - 2\sin^2 \dfrac{t}{2}$
$\therefore 1 - \cos t = 2\sin^2 \dfrac{t}{2}$

このテクニックを覚えておいてね！自然に気づくもんじゃないですから…
p.581 ナイスフォロー その4
参照!!

一般に
$\sqrt{A^2} = |A|$ です！
$0 \leq t \leq \pi$ のとき
$\sin \dfrac{t}{2} \geq 0$ より
$\left|\sin \dfrac{t}{2}\right| = \sin \dfrac{t}{2}$

$\int \sin \dfrac{t}{2} dt = \dfrac{1}{\frac{1}{2}}\left(-\cos \dfrac{t}{2}\right) + C$
$= 2\left(-\cos \dfrac{t}{2}\right) + C$

$\int \sin(ax + b)\, dx$
$= \dfrac{1}{a} \times \{-\cos(ax + b)\} + C$
でしたネ♥ p.326 参照!!

$\cos \dfrac{\pi}{2} = 0$, $\cos 0 = 1$ です！

(2) $\begin{cases} x = e^t \cos \pi t & \cdots\cdots ① \\ y = e^t \sin \pi t & \cdots\cdots ② \end{cases}$

①より

$$\dfrac{dx}{dt} = \underbrace{e^t}_{f'(x)}\underbrace{\cos \pi t}_{g(x)} + \underbrace{e^t}_{f(x)} \cdot \underbrace{\pi \cdot (-\sin \pi t)}_{g'(x)}$$
$$= e^t(\cos \pi t - \pi \sin \pi t) \cdots\cdots ③$$

$\{f(x)g(x)\}'$
$= f'(x)g(x) + f(x)g'(x)$
でしたね!!
$(\cos \pi t)' = \pi \times (-\sin \pi t)$
$(\sin \pi t)' = \pi \times \cos \pi t$

②より

$$\dfrac{dy}{dt} = \underbrace{e^t}_{f'(x)}\underbrace{\sin \pi t}_{g(x)} + \underbrace{e^t}_{f(x)} \cdot \underbrace{\pi \cdot \cos \pi t}_{g'(x)}$$
$$= e^t(\sin \pi t + \pi \cos \pi t) \cdots\cdots ④$$

③, ④から $0 \leq t \leq 5$ における曲線の長さ L は

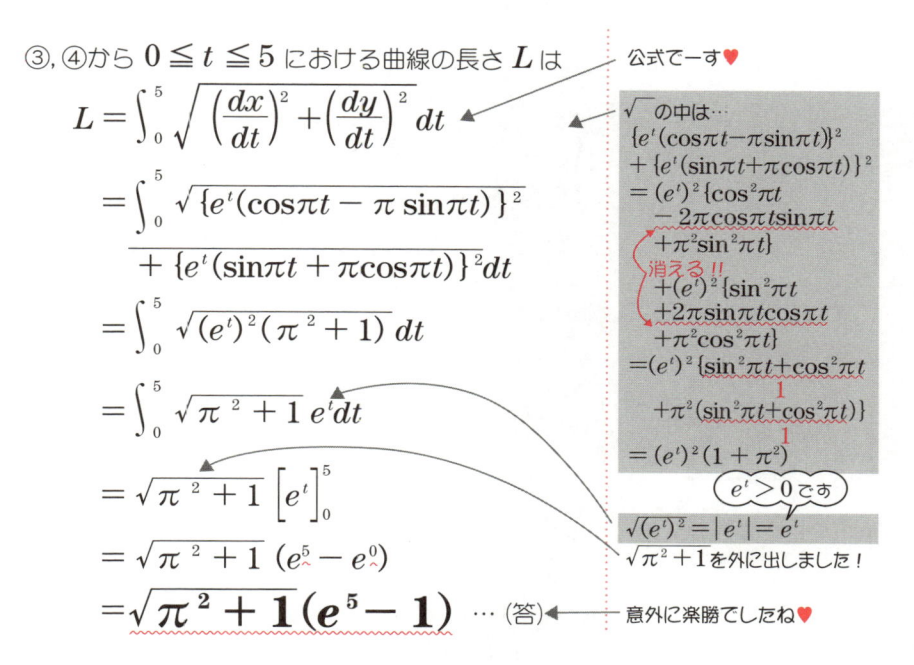

$$L = \int_0^5 \sqrt{\left(\frac{dx}{dt}\right)^2 + \left(\frac{dy}{dt}\right)^2} \, dt$$

$$= \int_0^5 \sqrt{\{e^t(\cos\pi t - \pi \sin\pi t)\}^2 + \{e^t(\sin\pi t + \pi\cos\pi t)\}^2} \, dt$$

$$= \int_0^5 \sqrt{(e^t)^2(\pi^2 + 1)} \, dt$$

$$= \int_0^5 \sqrt{\pi^2 + 1} \, e^t \, dt$$

$$= \sqrt{\pi^2 + 1} \left[e^t \right]_0^5$$

$$= \sqrt{\pi^2 + 1} \, (e^5 - e^0)$$

$$= \underline{\sqrt{\pi^2 + 1} \, (e^5 - 1)} \quad \cdots \text{(答)}$$

公式でーす♥

$\sqrt{}$ の中は…
$\{e^t(\cos\pi t - \pi\sin\pi t)\}^2$
$+ \{e^t(\sin\pi t + \pi\cos\pi t)\}^2$
$= (e^t)^2 \{\cos^2\pi t$
$\quad - 2\pi\cos\pi t\sin\pi t$
消える!!
$\quad + \pi^2\sin^2\pi t\}$
$\quad + (e^t)^2 \{\sin^2\pi t$
$\quad + 2\pi\sin\pi t\cos\pi t$
$\quad + \pi^2\cos^2\pi t\}$
$= (e^t)^2 \{\underbrace{\sin^2\pi t + \cos^2\pi t}_{1}$
$\quad + \pi^2(\underbrace{\sin^2\pi t + \cos^2\pi t}_{1})\}$
$= (e^t)^2(1 + \pi^2)$

$e^t > 0$ です
$\sqrt{(e^t)^2} = |e^t| = e^t$
$\sqrt{\pi^2 + 1}$ を外に出しました！

意外に楽勝でしたね♥

先ほどの公式を少し改造します！

$$L = \int_\alpha^\beta \sqrt{\left(\frac{dx}{dt}\right)^2 + \left(\frac{dy}{dt}\right)^2} \, dt$$

$x = t$　$y = f(x)$ とすると…

注目！　$\dfrac{dx}{dt} = 1$　　$x = t$ より

注目！　$\dfrac{dy}{dt} = \dfrac{dy}{dx} = f'(x)$　　$y = f(x)$ です！

$x = t$ より $\dfrac{dx}{dt} = 1$ つまり $dx = dt$

つまーり!!

$$L = \int_\alpha^\beta \sqrt{1 + \{f'(x)\}^2}\, dx$$

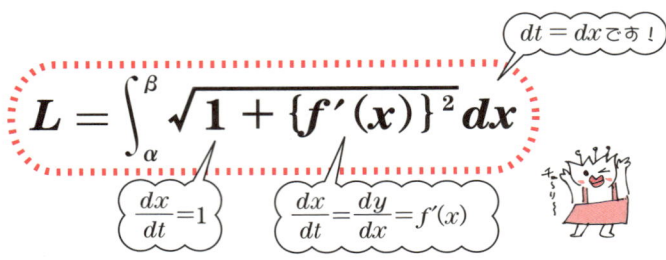

$dt = dx$ です！

$\dfrac{dx}{dt} = 1$ $\dfrac{dx}{dt} = \dfrac{dy}{dx} = f'(x)$

では，こちらも活用してみましょう♥

問題 49-2 　　　　　　　　　　　　　　　　　　　　　　　　　　　　標準

曲線 $f(x) = \dfrac{e^x + e^{-x}}{2}$ の $x = 0$ から $x = \log 2$ までの長さを求めよ。

ナイスな導入!!

今回は

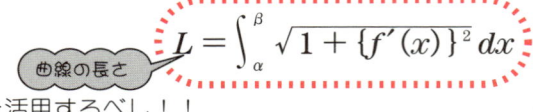

$$L = \int_\alpha^\beta \sqrt{1 + \{f'(x)\}^2}\, dx$$

曲線の長さ

を活用するべし！！

解答でござる

$$f(x) = \dfrac{e^x + e^{-x}}{2}$$

$$f'(x) = \dfrac{e^x - e^{-x}}{2}$$

このとき $0 \leq x \leq \log 2$ における曲線の長さ L は

$$L = \int_0^{\log 2} \sqrt{1 + \{f'(x)\}^2}\, dx \quad \text{公式です!!}$$

$$= \int_0^{\log 2} \sqrt{1 + \left(\dfrac{e^x - e^{-x}}{2}\right)^2}\, dx$$

$$= \int_0^{\log 2} \sqrt{\left(\dfrac{e^x + e^{-x}}{2}\right)^2}\, dx$$

$(e^{-x})' = (-1) \times e^{-x}$
$\quad\quad\quad = -e^{-x}$

ルートの中の計算です！

$1 + \left(\dfrac{e^x - e^{-x}}{2}\right)^2$　$e^x \times \dfrac{1}{e^x} = 1$

$= \dfrac{4 + (e^x)^2 - 2e^x \cdot e^{-x} + (e^{-x})^2}{4}$

$= \dfrac{(e^x)^2 + 2 + (e^{-x})^2}{4}$　1です！

$= \dfrac{(e^x)^2 + 2e^x \cdot e^{-x} + (e^{-x})^2}{4}$

$= \dfrac{(e^x + e^{-x})^2}{2^2}$

$= \left(\dfrac{e^x + e^{-x}}{2}\right)^2$

Theme 49 曲線の長さって求められんの？

$$= \int_0^{\log 2} \left| \frac{e^x + e^{-x}}{2} \right| dx$$

$$= \int_0^{\log 2} \frac{e^x + e^{-x}}{2} dx$$

$$= \frac{1}{2} \left[e^x - e^{-x} \right]_0^{\log 2}$$

$$= \frac{1}{2} \left\{ e^{\log 2} - e^{-\log 2} - (e^0 - e^0) \right\}$$

$$= \frac{1}{2} \left(2^{\log e} - \frac{1}{2^{\log e}} \right)$$

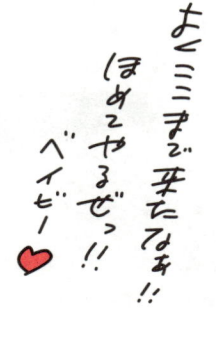

$$= \frac{1}{2} \left(2 - \frac{1}{2} \right)$$

$$= \frac{3}{4} \cdots \text{(答)}$$

一般に $\sqrt{A^2} = |A|$ です!!

$e^x > 0$ かつ $e^{-x} > 0$ より
$\frac{e^x + e^{-x}}{2} > 0$ です!!
$\therefore \left| \frac{e^x + e^{-x}}{2} \right| = \frac{e^x + e^{-x}}{2}$

$\int e^{-x} dx = \frac{1}{-1} e^{-x} + C$
$= -e^{-x} + C$

$\int e^{ax+b} dx = \frac{1}{a} e^{ax+b} + C$

です！ p.327 参照!!

必殺の裏技
$A^{\log_b C} = C^{\log_b A}$

$e^{\log 2} = 2^{\log e} = 2^1 = 2$
$e^{-\log 2} = \frac{1}{e^{\log 2}} = \frac{1}{2^{\log e}}$
$= \frac{1}{2^1} = \frac{1}{2}$

Theme 50 よくありがちな計算問題

定番らしいよ♥

こいつは，よく見かけるの～。

問題 50-1 　　　　　　　　　　　　　　　　　　　標準

次の等式をみたす連続関数 $f(x)$ を求めよ。

(1) $f(x) = \cos x + \int_0^{\frac{\pi}{6}} f(t)\,dt$

(2) $f(x) = e^x + \int_0^2 x f(t)\,dt$

ナイスな導入!!

代表として，(1)の説明をしましょう！
このタイプの問題は「数学Ⅱ」でもよく見かけますね♥

$$f(x) = \cos x + \int_0^{\frac{\pi}{6}} f(t)\,dt \quad \cdots\cdots ①$$

①の $\int_0^{\frac{\pi}{6}} f(t)\,dt$ は定積分なもんで，定数です。

ぼすー

つまーり!!

$$\int_0^{\frac{\pi}{6}} f(t)\,dt = k \quad \cdots\cdots ②$$ とおけ!!

定数です!!

これは決まり！

すると…

①，②から

$$f(x) = \cos x + k \quad \cdots\cdots ③$$

$$f(t) = \cos t + k \quad \cdots\cdots ③'$$

x を t に書きかえました！

となりまーす!!

Theme 50 よくありがちな計算問題

てなワケで…

③′を②に代入して

$$\int_0^{\frac{\pi}{6}} (\cos t + k)\,dt = k$$

$\int_0^{\frac{\pi}{6}} f(t)\,dt = k \cdots ②$
$f(t) = \cos t + k \cdots ③′$

この式が出れば楽勝!!

$\int \cos t\,dt = \sin t + C$

$$\left[\sin t + kt\right]_0^{\frac{\pi}{6}} = k$$

この等式から k を求めりゃあOKさ!!

$$\sin\frac{\pi}{6} + k \times \frac{\pi}{6} - (\sin 0 + k \times 0) = k$$

$$\frac{1}{2} + \frac{\pi}{6}k = k$$

両辺を×6

$$3 + \pi k = 6k$$
$$3 = (6 - \pi)k$$

よーし!! k が求まったぜ!

$$\therefore\ k = \frac{3}{6 - \pi} \quad \cdots ④$$

④を③に代入して

$f(x) = \cos x + k \cdots ③$
$k = \dfrac{3}{6-\pi} \cdots ④$

$$f(x) = \cos x + \frac{3}{6 - \pi}$$

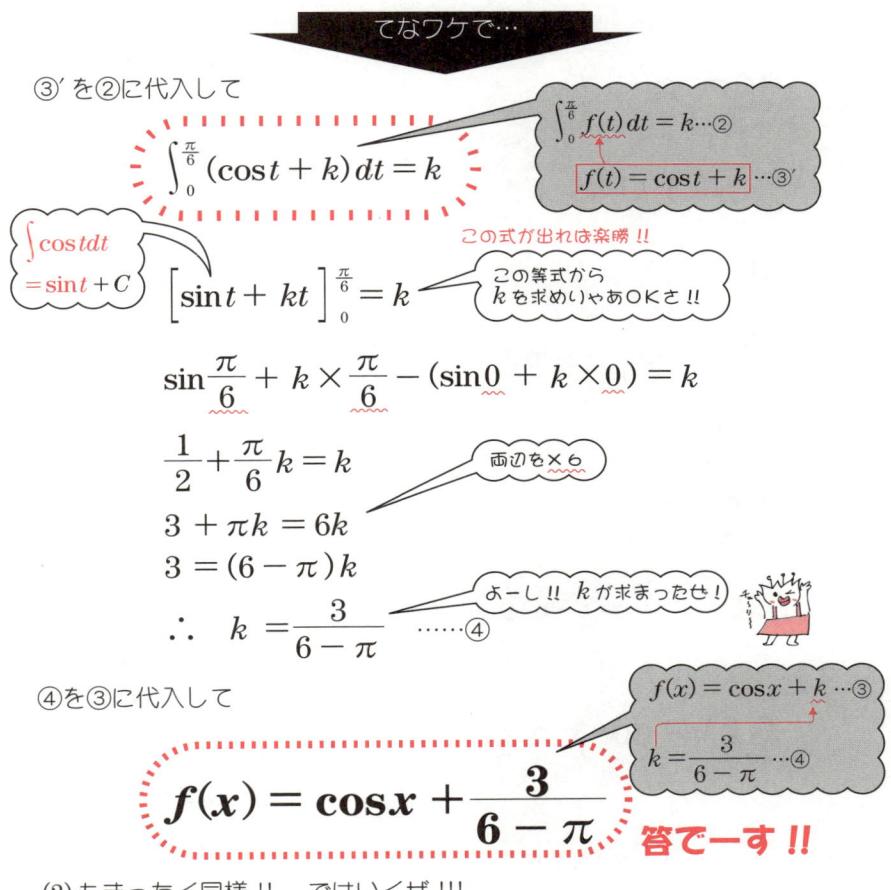

答でーす!!

(2)もまったく同様!! ではいくぜ!!!

解答でござる

(1) $f(x) = \cos x + \int_0^{\frac{\pi}{6}} f(t)\,dt \quad \cdots ①$

$\int_0^{\frac{\pi}{6}} f(t)\,dt$ が定積分で定数となるとこがポイント!!

①で $\int_0^{\frac{\pi}{6}} f(t)\,dt = k \quad \cdots ②$ とおくと

$\int_0^{\frac{\pi}{6}} f(t)\,dt$ が定数であるから k とおいた!!

①は $f(x) = \cos x + k \quad \cdots ③$

$f(x) = \cos x + \underbrace{\int_0^{\frac{\pi}{6}} f(t)\,dt}_{k} \cdots ①$

③より

$$f(t) = \cos t + k \quad \cdots\cdots③'$$

③'を②に代入して

$$\int_0^{\frac{\pi}{6}} (\cos t + k)\,dt = k$$

$$\left[\sin t + kt\right]_0^{\frac{\pi}{6}} = k$$

$$\sin\frac{\pi}{6} + k \times \frac{\pi}{6} - (\sin 0 + k \times 0) = k$$

$$\frac{1}{2} + \frac{\pi}{6}k = k$$

$$3 + \pi k = 6k$$

$$3 = (6 - \pi)k$$

$$\therefore \quad k = \frac{3}{6 - \pi} \quad \cdots\cdots④$$

④を③に代入して

$$f(x) = \cos x + \frac{3}{6 - \pi} \quad \cdots(答)$$

(2) $f(x) = e^x + \int_0^2 x f(t)\,dt$

$$\therefore \quad f(x) = e^x + x\int_0^2 f(t)\,dt \quad \cdots\cdots①$$

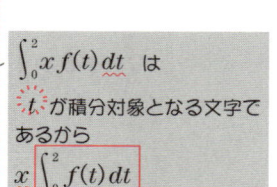

①で $\int_0^2 f(t)\,dt = k \quad \cdots\cdots②$ とおくと

①は $f(x) = e^x + x \times k$

$$\therefore \quad f(x) = e^x + kx \quad \cdots\cdots③$$

― 側注 ―

t の関数に改めただけです！

$\int_0^{\frac{\pi}{6}} f(t)\,dt = k \cdots②$

$f(t) = \cos t + k \cdots③'$

$\int \cos t\,dt = \sin t + C$

$\sin\frac{\pi}{6} = \frac{1}{2}$, $\sin 0 = 0$ です!!

両辺を6倍したよ！

よーし!! k が求まったぜ♥

ハイ！　おしまーい!!

$\int_0^2 x f(t)\,dt$ は
t が積分対象となる文字であるから
$x\int_0^2 f(t)\,dt$
x は、外に出すべし!!
このとき
$\int_0^2 f(t)\,dt$ は、完全なる定数となる!!

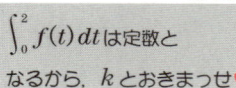

$\int_0^2 f(t)\,dt$ は定数となるから、k とおきまっせ♥

$f(x) = e^x + x\underbrace{\int_0^2 f(t)\,dt}_{k} \cdots①$

③より
$$f(t) = e^t + kt \quad \cdots\cdots ③'$$

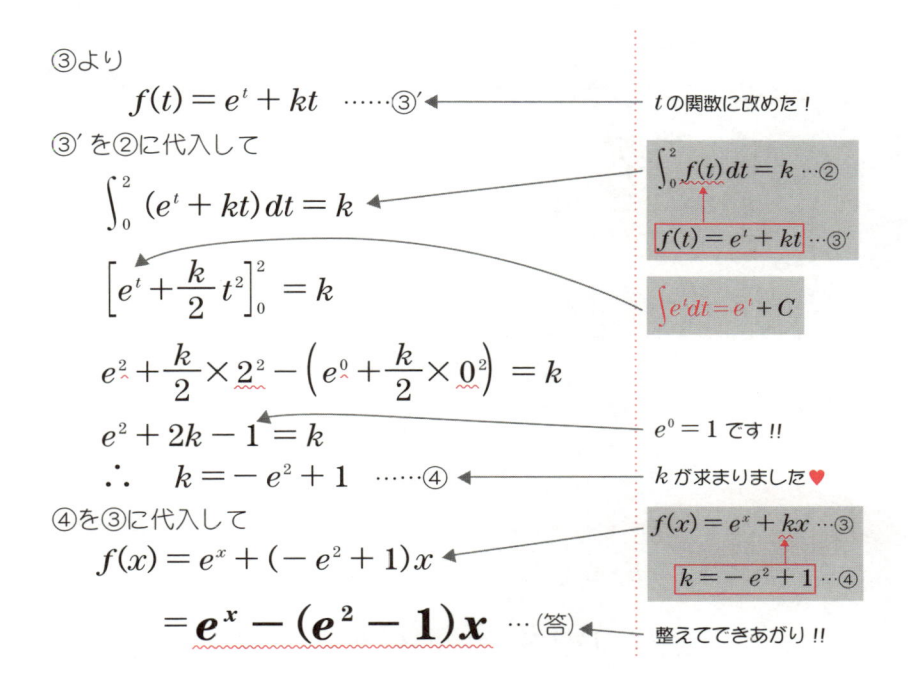

（t の関数に改めた！）

③' を②に代入して
$$\int_0^2 (e^t + kt)\,dt = k$$

$$\left[e^t + \frac{k}{2}t^2 \right]_0^2 = k$$

$$e^2 + \frac{k}{2} \times 2^2 - \left(e^0 + \frac{k}{2} \times 0^2 \right) = k$$

$$e^2 + 2k - 1 = k$$

$$\therefore \quad k = -e^2 + 1 \quad \cdots\cdots ④$$

$\int_0^2 f(t)\,dt = k \ \cdots ②$
$f(t) = e^t + kt \ \cdots ③'$

$\int e^t dt = e^t + C$

$e^0 = 1$ です!!

k が求まりました♥

④を③に代入して
$$f(x) = e^x + (-e^2 + 1)x$$

$$= \boldsymbol{e^x - (e^2 - 1)x} \quad \cdots （答）$$

$f(x) = e^x + kx \ \cdots ③$
$k = -e^2 + 1 \ \cdots ④$

整えてできあがり!!

「あるある問題」ね！

この話題もあるある……。

問題 50-2　　　　　　　　　　　　　　　　　　　　　　　標準

次の関数を x で微分せよ。

(1) $\displaystyle \int_{\cos x}^{\sin x} \tan t \, dt$

(2) $\displaystyle \int_{2x}^{\log x} e^{x+t} \, dt$

ナイスな導入!!

ここで，公式をおひとつ…

ザ・公式

u, v を x の関数 とするとき

$$\frac{d}{dx}\int_u^v f(t)\,dt = v'f(v) - u'f(u)$$

$\int_u^v f(t)\,dt$ を x で微分するという意味です！

証明です！

$$\int f(x)\,dx = F(x) \quad \cdots\cdots ①　とおく$$

積分された関数は微分するともとにもどる！

このとき　$F'(x) = f(x) \quad \cdots\cdots ②$

ここで，u, v を x の関数としたとき

①より t の関数に改めると $\int f(t)\,dt = F(t)$ となります！

$$\int_u^v f(t)\,dt = \Big[F(t)\Big]_u^v$$

積分したヨ！

$$\therefore \quad \int_u^v f(t)\,dt = F(v) - F(u) \quad \cdots\cdots ③$$

v を入れたものから u をハメたものを引く!!

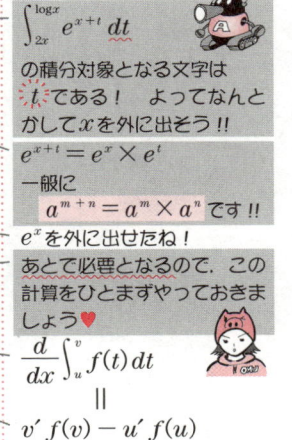

そこで，③の両辺を x で微分すると

$$\frac{d}{dx}\int_u^v f(t)\,dt = F'(v) - F'(u)$$
$$= v'f(v) - u'f(u)$$

証明おわり!!

②より $F'(x) = f(x)$ です！
$F(x)$ の中に x の関数 u, v が入っていることに注意せよ！
例えば…
$\{F(x^3)\}' = 3x^2 \times f(x^3)$
中を微分したもの

ではでは，この公式を使ってみましょう♥

解答でござる

(1) $\dfrac{d}{dx}\int_{\cos x}^{\sin x} \tan t\,dt$

$= (\sin x)' \times \tan(\sin x) - (\cos x)' \times \tan(\cos x)$

$(\sin x)' = \cos x$
$(\cos x)' = -\sin x$

$= \cos x \tan(\sin x) - (-\sin x)\tan(\cos x)$

$= \underline{\cos x \tan(\sin x) + \sin x \tan(\cos x)}$ …(答)

ハイ！おしまい♥

(2) $\displaystyle\int_{2x}^{\log x} e^{x+t}\,dt$

$= \displaystyle\int_{2x}^{\log x} (e^x \times e^t)\,dt$

$= e^x \displaystyle\int_{2x}^{\log x} e^t\,dt$ ……①

このとき

$\dfrac{d}{dx}\displaystyle\int_{2x}^{\log x} e^t\,dt$

$= (\log x)' \times e^{\log x} - (2x)' \times e^{2x}$

$\displaystyle\int_{2x}^{\log x} e^{x+t}\,dt$ の積分対象となる文字は t である！よってなんとかして x を外に出そう!!

$e^{x+t} = e^x \times e^t$
一般に $a^{m+n} = a^m \times a^n$ です!!

e^x を外に出せたね！
あとで必要となるので，この計算をひとまずやっておきましょう♥

$\dfrac{d}{dx}\int_u^v f(t)\,dt$
$=$
$v'f(v) - u'f(u)$

$$= \frac{1}{x} \times e^{\log x} - 2 \times e^{2x}$$

$$= \frac{e^{\log x}}{x} - 2e^{2x} \quad \cdots\cdots ②$$

$(\log x)' = \frac{1}{x}$
$(2x)' = 2$

①から

$$\frac{d}{dx}\left(\underbrace{e^x}_{p(x)} \underbrace{\int_{2x}^{\log x} e^t \, dt}_{q(x)}\right)$$

x での微分始動!!

$$= \underbrace{(e^x)'}_{p'(x)} \underbrace{\int_{2x}^{\log x} e^t \, dt}_{q(x)} + \underbrace{e^x}_{p(x)} \times \underbrace{\left(\frac{d}{dx}\int_{2x}^{\log x} e^t \, dt\right)}_{q'(x)}$$

$\{p(x)q(x)\}'$
$= p'(x)q(x) + p(x)q'(x)$

今さらですが…
$\{p(x)q(x)\}'$ と $\frac{d}{dx}\{p(x)q(x)\}$
とは同じ意味ですよ!!

$$= e^x \left[e^t\right]_{2x}^{\log x} + e^x\left(\frac{e^{\log x}}{x} - 2e^{2x}\right)$$

$\int e^t \, dt = e^t + C$

②ですヨ!!

$$= e^x(e^{\log x} - e^{2x}) + e^x\left(\frac{e^{\log x}}{x} - 2e^{2x}\right)$$

$$= e^x \times e^{\log x} - e^x \times e^{2x} + \frac{e^x \times e^{\log x}}{x} - e^x \times 2e^{2x}$$

$$= e^{x+\log x} - e^{3x} + \frac{e^{x+\log x}}{x} - 2e^{3x}$$

$e^x \times e^{\log x} = e^{x+\log x}$
$e^x \times e^{2x} = e^{x+2x} = e^{3x}$
一般に
$a^m \times a^n = a^{m+n}$ です!

$$= \left(1 + \frac{1}{x}\right)e^{x+\log x} - 3e^{3x} \cdots \text{(答)}$$

まとめました!

ちょっと言わせて

例の必殺の裏技ね…

必殺の裏技 $A^{\log_b C} = C^{\log_b A}$ を活用すると、

$e^{\log x} = x^{\log e} = x^1 = x$ となる。

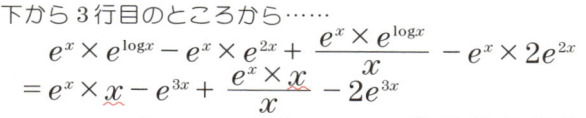

下から3行目のところから……

$$e^x \times e^{\log x} - e^x \times e^{2x} + \frac{e^x \times e^{\log x}}{x} - e^x \times 2e^{2x}$$

$$= e^x \times x - e^{3x} + \frac{e^x \times x}{x} - 2e^{3x}$$

$$= xe^x - e^{3x} + e^x - 2e^{3x}$$

$$= (x+1)e^x - 3e^{3x} \cdots \text{(答)}$$

この方がカッコイイです

Theme 51 超嫌われ者"区分求積法"の攻略!!

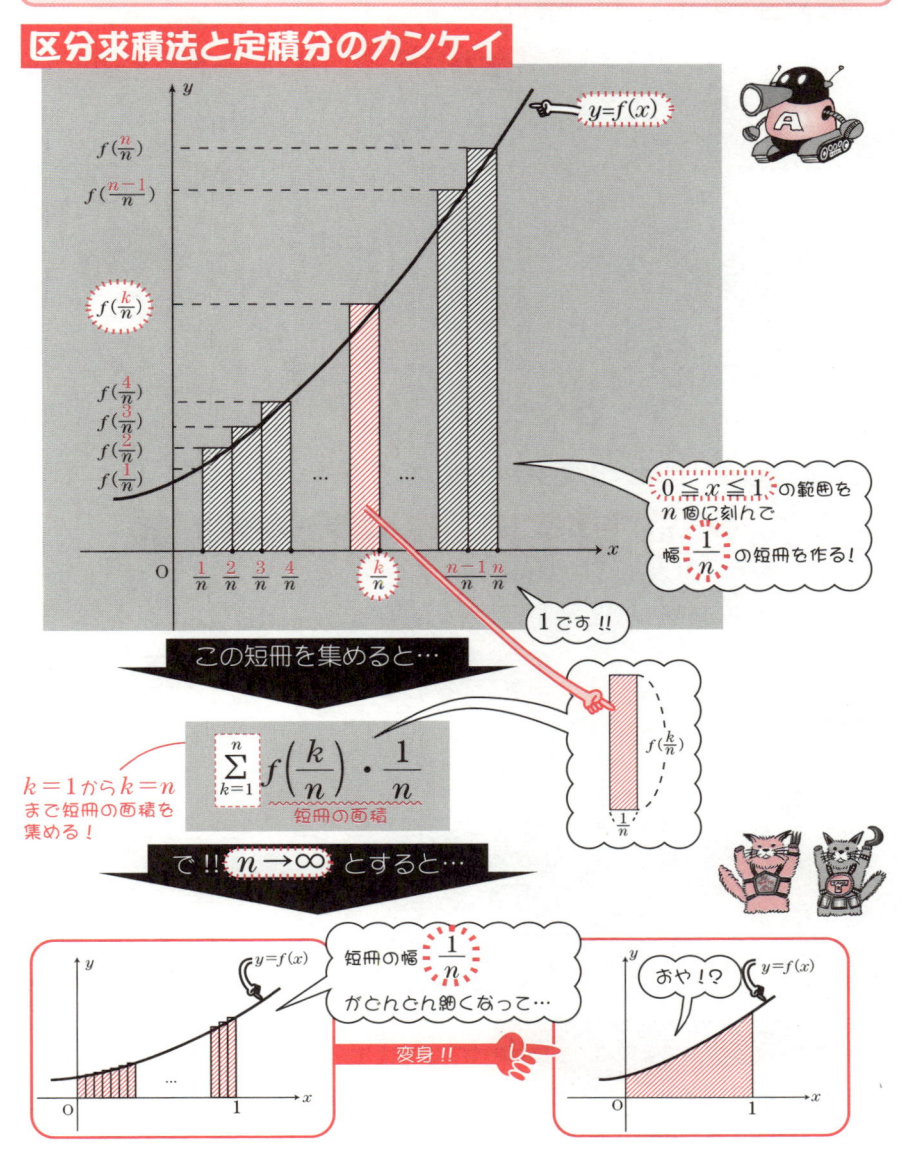

区分求積法と定積分のカンケイ

$0 \leq x \leq 1$ の範囲を n 個に刻んで幅 $\dfrac{1}{n}$ の短冊を作る!

この短冊を集めると…

$$\sum_{k=1}^{n} f\left(\dfrac{k}{n}\right) \cdot \dfrac{1}{n}$$

短冊の面積

$k=1$ から $k=n$ まで短冊の面積を集める!

で!! $n \to \infty$ とすると…

短冊の幅 $\dfrac{1}{n}$ がどんどん細くなって…

変身!!

おや!?

つまーり！！

下式の左辺のようにして面積を求める方法を

区分求積法 と申します!!

（$\frac{1}{n}$ を外に出しました！）

$$\lim_{n\to\infty}\sum_{k=1}^{n} f\left(\frac{k}{n}\right)\cdot\frac{1}{n}=\lim_{n\to\infty}\frac{1}{n}\sum_{k=1}^{n} f\left(\frac{k}{n}\right)=\int_{0}^{1} f(x)\,dx$$

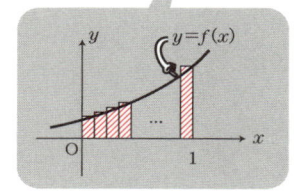

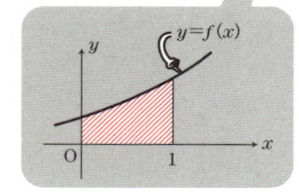

なるほど…

そこで，世間にはひねくれ者もおりまして…。

区分求積法と定積分のカンケイ ひねくれバージョン！

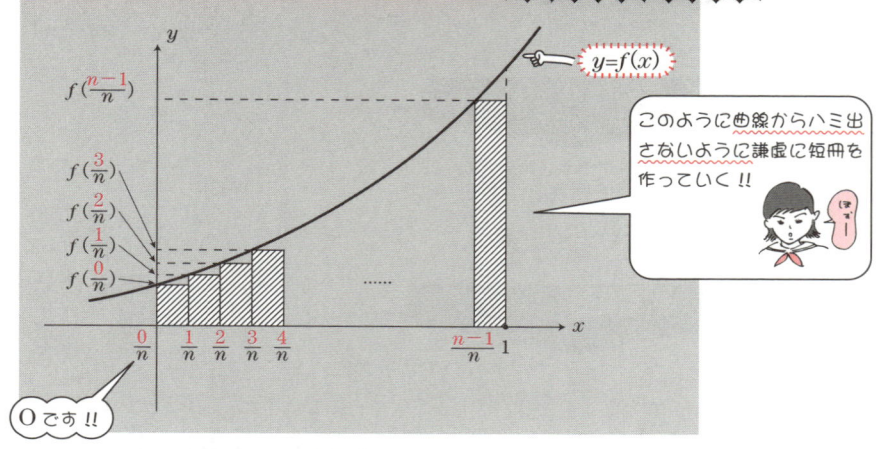

このように曲線からハミ出さないように謙虚に短冊を作っていく!!

0です!!

この短冊を集めると…

Theme 51 超嫌われ者"区分求積法"の攻略!! 543

$$\boxed{\sum_{k=0}^{n-1}} f\left(\frac{k}{n}\right) \cdot \frac{1}{n}$$
$$= \sum_{k=1}^{n} f\left(\frac{k-1}{n}\right) \cdot \frac{1}{n}$$

> 2タイプあります!!
> いずれもちゃんと
> $$f\left(\frac{0}{n}\right) \cdot \frac{1}{n}$$
> $$f\left(\frac{1}{n}\right) \cdot \frac{1}{n}$$
> $$f\left(\frac{2}{n}\right) \cdot \frac{1}{n}$$
> $$\vdots$$
> $$+)\ f\left(\frac{n-1}{n}\right) \cdot \frac{1}{n}$$
> を表現してます!!

つまーり!! 先ほどと同様に…

$$\lim_{n\to\infty} \sum_{k=0}^{n-1} f\left(\frac{k}{n}\right) \cdot \frac{1}{n} = \lim_{n\to\infty} \frac{1}{n} \sum_{k=0}^{n-1} f\left(\frac{k}{n}\right) = \int_0^1 f(x)\,dx$$

$$\lim_{n\to\infty} \sum_{k=1}^{n} f\left(\frac{k-1}{n}\right) \cdot \frac{1}{n} = \lim_{n\to\infty} \frac{1}{n} \sum_{k=1}^{n} f\left(\frac{k-1}{n}\right) = \int_0^1 f(x)\,dx$$

以上まとめて…

公式でございまーす

その1
$$\lim_{n\to\infty} \sum_{k=1}^{n} f\left(\frac{k}{n}\right) \cdot \frac{1}{n} = \int_0^1 f(x)\,dx$$

その2
$$\lim_{n\to\infty} \sum_{k=0}^{n-1} f\left(\frac{k}{n}\right) \cdot \frac{1}{n} = \int_0^1 f(x)\,dx$$

その3
$$\lim_{n\to\infty} \sum_{k=1}^{n} f\left(\frac{k-1}{n}\right) \cdot \frac{1}{n} = \int_0^1 f(x)\,dx$$

その1 が通常のスタイルで９９％はこのスタイルです！
たまに **その2** , **その3** が１枚かんでくるのでご注意を…。

かんべんして～

では早速!!

問題 51-1　　　　　　　　　　　　　　　　　　　　　標準

次の極限値を求めよ。

(1) $\displaystyle\lim_{n\to\infty}\frac{1}{n}\sum_{k=1}^{n}e^{\frac{k}{n}}$ 　　　(2) $\displaystyle\lim_{n\to\infty}\sum_{k=1}^{n}\frac{k^3}{n^4}$

(3) $\displaystyle\lim_{n\to\infty}\frac{1}{n}\sum_{k=0}^{n-1}\sin\frac{k}{n}\pi$ 　　(4) $\displaystyle\lim_{n\to\infty}\sum_{k=1}^{n}\frac{\sqrt{n(k-1)}}{n^2}$

(5) $\displaystyle\lim_{n\to\infty}\sum_{k=1}^{n}\frac{1}{\sqrt{nk}}$

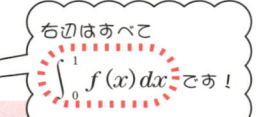

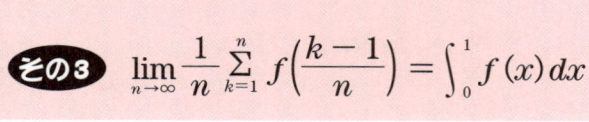

ナイスな導入!!

活用する公式は，次の 3つ!! だ!!

右辺はすべて $\displaystyle\int_0^1 f(x)dx$ です！

その1 　$\displaystyle\lim_{n\to\infty}\frac{1}{n}\sum_{k=1}^{n}f\left(\frac{k}{n}\right)=\int_0^1 f(x)dx$

その2 　$\displaystyle\lim_{n\to\infty}\frac{1}{n}\sum_{k=0}^{n-1}f\left(\frac{k}{n}\right)=\int_0^1 f(x)dx$

使いこなしてね♥

その3 　$\displaystyle\lim_{n\to\infty}\frac{1}{n}\sum_{k=1}^{n}f\left(\frac{k-1}{n}\right)=\int_0^1 f(x)dx$

$\displaystyle\lim_{n\to\infty}$ & $\displaystyle\sum_{k=1}^{n}$ or $\displaystyle\sum_{k=0}^{n-1}$ & $\dfrac{k}{n}$ の関数 を発見したらこの3公式を思い出すべし!!

(1) では

$\displaystyle\lim_{n\to\infty}$ と $\displaystyle\sum_{k=1}^{n}$ と $e^{\frac{k}{n}}$ という $\dfrac{k}{n}$ の関数があるので，

公式 **その1** が頭に浮かびますね！

比べてみよう!!

公式 その1

$$\lim_{n\to\infty}\frac{1}{n}\sum_{k=1}^{n}f\left(\frac{k}{n}\right)=\int_{0}^{1}f(x)\,dx$$

$\dfrac{k}{n}$ のところが x に変身するイメージ!

対応!! 対応!!

本問では

$$\lim_{n\to\infty}\frac{1}{n}\sum_{k=1}^{n}e^{\frac{k}{n}}=\int_{0}^{1}e^{x}dx$$

こいつを計算すればOK!!

(2)では

まず $\dfrac{1}{n}$ を作らなきゃね!!

$$\lim_{n\to\infty}\sum_{k=1}^{n}\frac{k^{3}}{n^{4}}=\lim_{n\to\infty}\frac{1}{n}\sum_{k=1}^{n}\frac{k^{3}}{n^{3}}=\lim_{n\to\infty}\frac{1}{n}\sum_{k=1}^{n}\left(\frac{k}{n}\right)^{3}$$

そこで!! (1)と同様 $\lim\limits_{n\to\infty}$ と $\sum\limits_{k=1}^{n}$ と $\left(\dfrac{k}{n}\right)^{3}$ という $\dfrac{k}{n}$ の関数があるので

公式 その1 のタイプとなりまっする!

比べてみよう!!

公式 その1

$$\lim_{n\to\infty}\frac{1}{n}\sum_{k=1}^{n}f\left(\frac{k}{n}\right)=\int_{0}^{1}f(x)\,dx$$

$\dfrac{k}{n}$ のところが x に変身するイメージ!

対応!! 対応!!

本問では

$$\lim_{n\to\infty}\frac{1}{n}\sum_{k=1}^{n}\left(\frac{k}{n}\right)^{3}=\int_{0}^{1}x^{3}dx$$

こいつを計算すればOK!!

(3)では…

注意!!

$\lim\limits_{n\to\infty}$ と $\sum\limits_{k=0}^{n-1}$ と $\sin\dfrac{k}{n}\pi$ という $\dfrac{k}{n}$ の関数があるので公式 その2 が

頭に浮かびますね!!

比べてみよう!!

公式 その2

$$\lim_{n\to\infty}\frac{1}{n}\sum_{k=0}^{n-1}f\left(\frac{k}{n}\right)=\int_{0}^{1}f(x)\,dx$$

またまた $\dfrac{k}{n}$ のところが x に変身するイメージ!

対応!! 対応!!

本問では

$$\lim_{n\to\infty}\frac{1}{n}\sum_{k=0}^{n-1}\sin\frac{k}{n}\pi=\int_{0}^{1}\underset{\parallel\;\sin\pi x}{\sin x\pi}\,dx$$

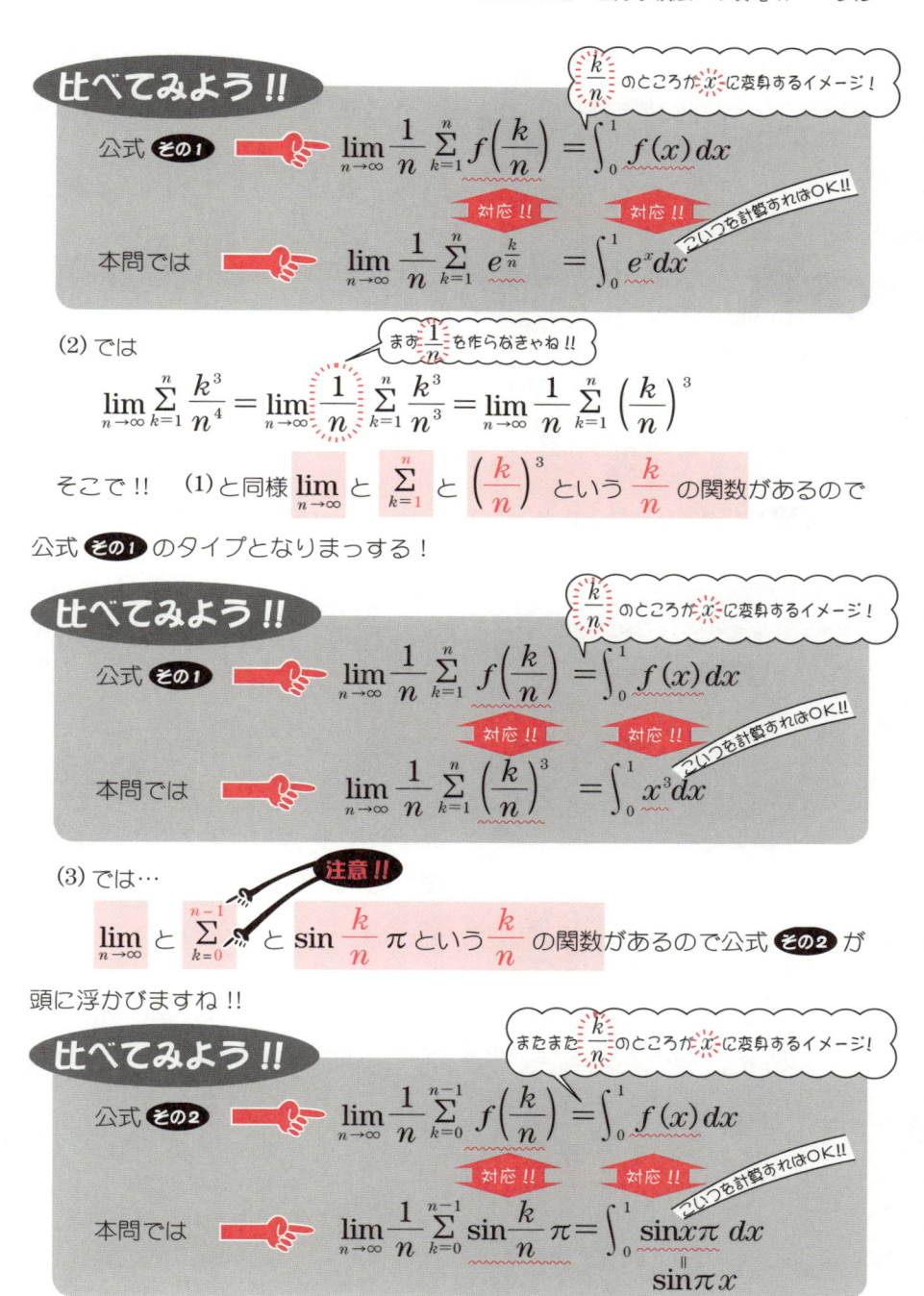

こいつを計算すればOK!!

(4) では…

$$\lim_{n\to\infty}\sum_{k=1}^{n}\frac{\sqrt{n(k-1)}}{n^2} = \lim_{n\to\infty}\frac{1}{n}\sum_{k=1}^{n}\frac{\sqrt{n(k-1)}}{n}$$

とにかく $\frac{1}{n}$ を作る!!

$$= \lim_{n\to\infty}\frac{1}{n}\sum_{k=1}^{n}\sqrt{\frac{n(k-1)}{n^2}}$$

$n = \sqrt{n^2}$ です!

$$= \lim_{n\to\infty}\frac{1}{n}\sum_{k=1}^{n}\sqrt{\frac{k-1}{n}}$$

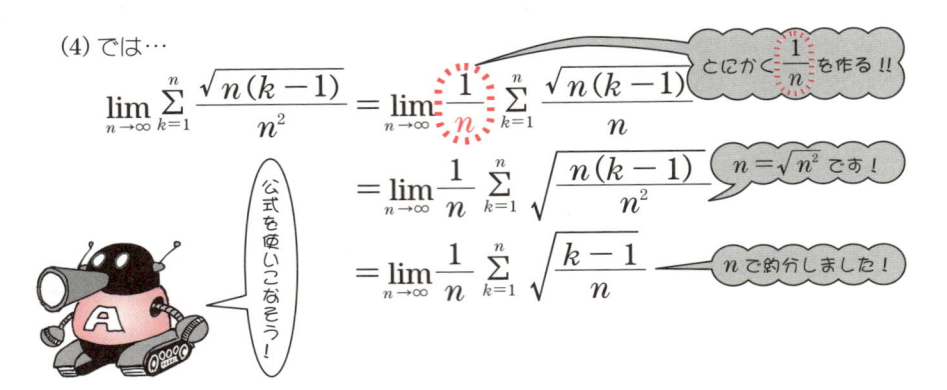

n で約分しました!

公式を使いこなそう!

そこで!! 今回は $\lim_{n\to\infty}$ と $\sum_{k=1}^{n}$ と $\sqrt{\frac{k-1}{n}}$ という $\frac{k-1}{n}$ の関数があるので 公式 その3 が頭に浮かびます!!

$\frac{k}{n}$ ではないタイプもありまっせ! その3 のタイプだよ♥

比べてみよう!!

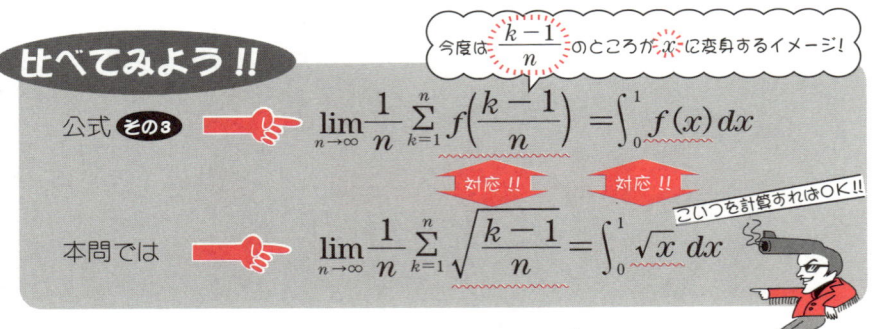

今度は $\frac{k-1}{n}$ のところが x に変身するイメージ!

公式 その3 👉 $\lim_{n\to\infty}\frac{1}{n}\sum_{k=1}^{n}f\left(\frac{k-1}{n}\right) = \int_0^1 f(x)\,dx$

対応!! 対応!!

本問では 👉 $\lim_{n\to\infty}\frac{1}{n}\sum_{k=1}^{n}\sqrt{\frac{k-1}{n}} = \int_0^1 \sqrt{x}\,dx$

こいつを計算すればOK!!

(5)は，おまけ問題!! (1)〜(4)を参考にやってごらん♥

解答でござる

(1) $\displaystyle\lim_{n\to\infty}\frac{1}{n}\sum_{k=1}^{n}e^{\frac{k}{n}}$

$= \int_0^1 e^x dx$

$= \Big[e^x\Big]_0^1$

$= e^1 - e^0$

公式 その1 です!!
$$\lim_{n\to\infty}\frac{1}{n}\sum_{k=1}^{n}f\left(\frac{k}{n}\right)$$
$$\|$$
$$\int_0^1 f(x)\,dx$$
本問では
$f(x) = e^x$ です!

$= \boldsymbol{e - 1}$ …(答)

$e^0 = 1$ です！

まず $\dfrac{1}{n}$ を外に出さなきゃ！

(2) $\displaystyle\lim_{n\to\infty} \sum_{k=1}^{n} \dfrac{k^3}{n^4}$

$= \displaystyle\lim_{n\to\infty} \dfrac{1}{n} \sum_{k=1}^{n} \dfrac{k^3}{n^3}$

$\dfrac{k^3}{n^4} = \dfrac{1}{n}\cdot\dfrac{k^3}{n^3} = \dfrac{1}{n}\left(\dfrac{k}{n}\right)^3$

$= \displaystyle\lim_{n\to\infty} \dfrac{1}{n} \sum_{k=1}^{n} \left(\dfrac{k}{n}\right)^3$

公式 その1 です!!
$\displaystyle\lim_{n\to\infty} \dfrac{1}{n} \sum_{k=1}^{n} f\left(\dfrac{k}{n}\right)$
$\parallel$
$\displaystyle\int_0^1 f(x)\,dx$

$= \displaystyle\int_0^1 x^3 dx$

$= \left[\dfrac{1}{4}x^4\right]_0^1$

本問では
$f(x) = x^3$ です！

$= \dfrac{1}{4}\times 1^4 - \dfrac{1}{4}\times 0^4$

$= \dfrac{\boldsymbol{1}}{\boldsymbol{4}}$ …(答)

ハイ！ できた♥

(3) $\displaystyle\lim_{n\to\infty} \dfrac{1}{n} \sum_{k=0}^{n-1} \sin\dfrac{k}{n}\pi$

公式 その2 です!!
$\displaystyle\lim_{n\to\infty} \dfrac{1}{n} \sum_{k=0}^{n-1} f\left(\dfrac{k}{n}\right)$
$\parallel$
$\displaystyle\int_0^1 f(x)\,dx$

$= \displaystyle\int_0^1 \sin\pi x\,dx$

本問では
$f(x) = \sin\pi x$ です！

$= \left[\dfrac{1}{\pi}(-\cos\pi x)\right]_0^1$

$\sin x\pi$ と同じです！

$= \left[-\dfrac{1}{\pi}\cos\pi x\right]_0^1$

$\displaystyle\int \sin\pi x\,dx = \dfrac{1}{\pi}(-\cos\pi x) + C$

$= -\dfrac{1}{\pi}\cos(\pi\times 1) - \left\{-\dfrac{1}{\pi}\cos(\pi\times 0)\right\}$

$\displaystyle\int \sin(ax+b)\,dx$
$= \dfrac{1}{a}\times\{-\cos(ax+b)\} + C$

$= -\dfrac{1}{\pi}\cos\pi + \dfrac{1}{\pi}\cos 0$

です!! p.326 を参照せよ!!

$$= -\frac{1}{\pi} \times (-1) + \frac{1}{\pi} \times 1$$

$\cos \pi = -1$
$\cos 0 = 1$

$$= \frac{1}{\pi} + \frac{1}{\pi}$$

$$= \frac{2}{\pi} \cdots \text{(答)}$$

ハイ！　一丁あがり♥

(4) $\displaystyle\lim_{n \to \infty} \sum_{k=1}^{n} \frac{\sqrt{n(k-1)}}{n^2}$

とにかく $\dfrac{1}{n}$ を作ることから…

$$= \lim_{n \to \infty} \frac{1}{n} \sum_{k=1}^{n} \frac{\sqrt{n(k-1)}}{n}$$

$\dfrac{1}{n}$ を前に出す!!

$$= \lim_{n \to \infty} \frac{1}{n} \sum_{k=1}^{n} \sqrt{\frac{n(k-1)}{n^2}}$$

分母で $n = \sqrt{n^2}$ を活用!!

$$= \lim_{n \to \infty} \frac{1}{n} \sum_{k=1}^{n} \sqrt{\frac{k-1}{n}}$$

n で約分しました!!

公式 その3 でーす!!
$$\lim_{n \to \infty} \frac{1}{n} \sum_{k=1}^{n} f\left(\frac{k-1}{n}\right)$$
$$\parallel$$
$$\int_0^1 f(x)\,dx$$
本問では
$f(x) = \sqrt{x}$ です!

$$= \int_0^1 \sqrt{x}\,dx$$

$$= \int_0^1 x^{\frac{1}{2}}\,dx$$

$\sqrt{x} = x^{\frac{1}{2}}$

$$= \left[\frac{2}{3} x^{\frac{3}{2}}\right]_0^1$$

$\displaystyle\int x^{\frac{1}{2}}dx = \frac{1}{\frac{1}{2}+1} x^{\frac{1}{2}+1} + C$
$\qquad = \dfrac{1}{\frac{3}{2}} x^{\frac{3}{2}} + C$
$\qquad = \dfrac{2}{3} x^{\frac{3}{2}} + C$

$$= \frac{2}{3} \times 1^{\frac{3}{2}} - \frac{2}{3} \times 0^{\frac{3}{2}}$$

一般に
$$\int x^{\alpha}\,dx = \frac{1}{\alpha + 1} x^{\alpha + 1} + C$$
です!! p.305 参照!!

$$= \frac{2}{3} \cdots \text{(答)}$$

Theme 51 超嫌われ者"区分求積法"の攻略!!

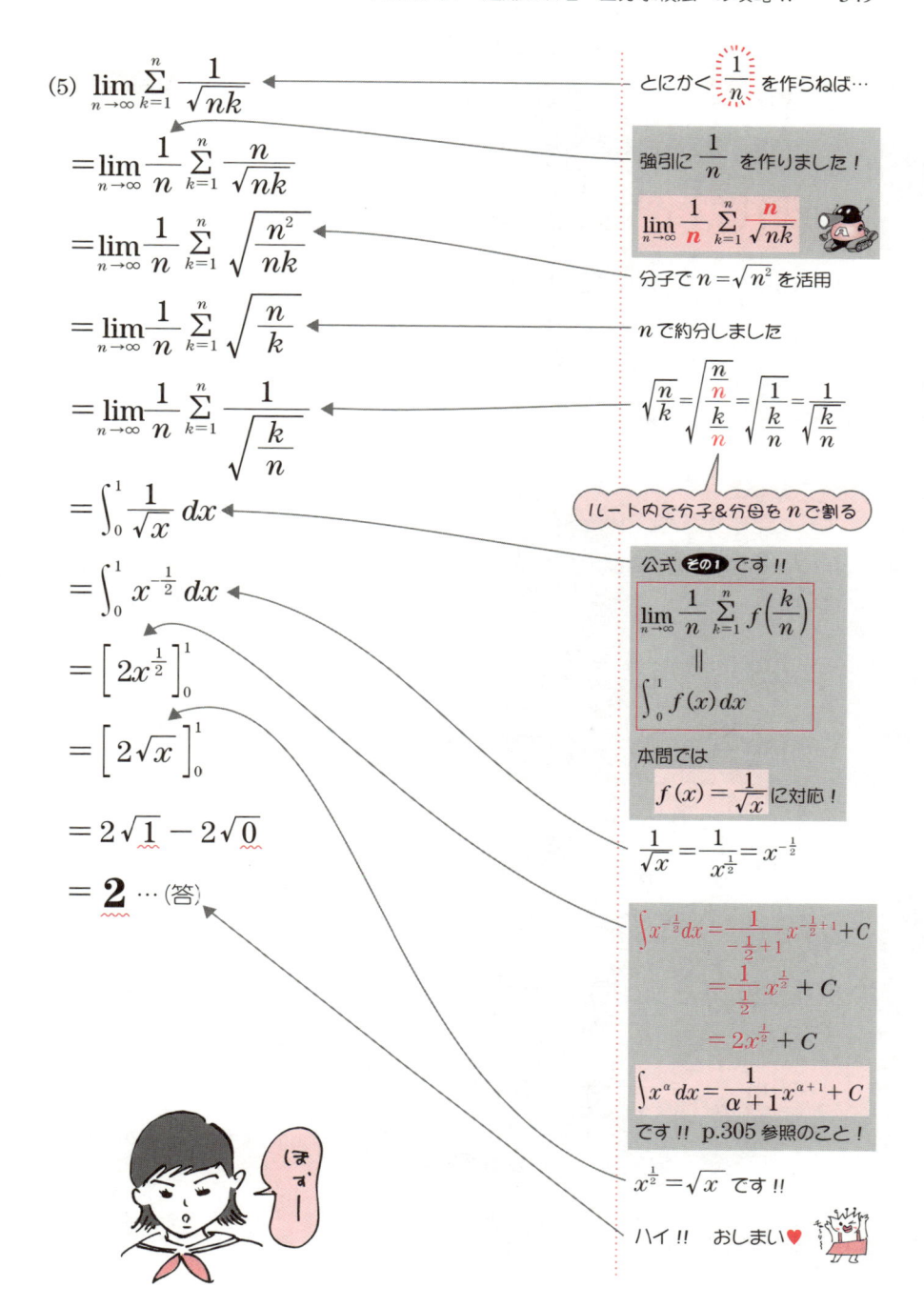

(5) $\displaystyle\lim_{n\to\infty}\sum_{k=1}^{n}\frac{1}{\sqrt{nk}}$ ← とにかく $\frac{1}{n}$ を作らねば…

$=\displaystyle\lim_{n\to\infty}\frac{1}{n}\sum_{k=1}^{n}\frac{n}{\sqrt{nk}}$ ← 強引に $\frac{1}{n}$ を作りました!

$\displaystyle\lim_{n\to\infty}\frac{1}{n}\sum_{k=1}^{n}\frac{n}{\sqrt{nk}}$

$=\displaystyle\lim_{n\to\infty}\frac{1}{n}\sum_{k=1}^{n}\sqrt{\frac{n^2}{nk}}$ ← 分子で $n=\sqrt{n^2}$ を活用

$=\displaystyle\lim_{n\to\infty}\frac{1}{n}\sum_{k=1}^{n}\sqrt{\frac{n}{k}}$ ← n で約分しました

$=\displaystyle\lim_{n\to\infty}\frac{1}{n}\sum_{k=1}^{n}\frac{1}{\sqrt{\frac{k}{n}}}$ ← $\sqrt{\frac{n}{k}}=\sqrt{\frac{\frac{n}{n}}{\frac{k}{n}}}=\sqrt{\frac{1}{\frac{k}{n}}}=\frac{1}{\sqrt{\frac{k}{n}}}$

ルート内で分子&分母を n で割る

$=\displaystyle\int_0^1\frac{1}{\sqrt{x}}dx$

公式 その1 です!!

$\displaystyle\lim_{n\to\infty}\frac{1}{n}\sum_{k=1}^{n}f\left(\frac{k}{n}\right)$
$\parallel$
$\displaystyle\int_0^1 f(x)dx$

$=\displaystyle\int_0^1 x^{-\frac{1}{2}}dx$

本問では $f(x)=\dfrac{1}{\sqrt{x}}$ に対応!

$=\left[2x^{\frac{1}{2}}\right]_0^1$

$\dfrac{1}{\sqrt{x}}=\dfrac{1}{x^{\frac{1}{2}}}=x^{-\frac{1}{2}}$

$=\left[2\sqrt{x}\right]_0^1$

$\displaystyle\int x^{-\frac{1}{2}}dx=\frac{1}{-\frac{1}{2}+1}x^{-\frac{1}{2}+1}+C$
$=\dfrac{1}{\frac{1}{2}}x^{\frac{1}{2}}+C$
$=2x^{\frac{1}{2}}+C$

$=2\sqrt{1}-2\sqrt{0}$

$\displaystyle\int x^\alpha dx=\frac{1}{\alpha+1}x^{\alpha+1}+C$

です!! p.305 参照のこと!

$= \mathbf{2}$ …(答)

$x^{\frac{1}{2}}=\sqrt{x}$ です!!

ハイ!! おしまい♥

基本的に前問 問題51-1 と同じなんですが…とりあえず!!

問題 51-2 　ちょいムズ

次の極限値を求めよ。

(1) $\displaystyle\lim_{n\to\infty}\left(\frac{1}{n+1}+\frac{1}{n+2}+\frac{1}{n+3}+\cdots+\frac{1}{2n}\right)$

(2) $\displaystyle\lim_{n\to\infty}\frac{1}{n\sqrt{n}}(1+\sqrt{2}+\sqrt{3}+\cdots+\sqrt{n})$

(3) $\displaystyle\lim_{n\to\infty}\frac{1}{n^3}\{1^2+2^2+3^2+\cdots+(3n)^2\}$

ナイスな導入!!

よーく見てください!!
1, 2, 3, …と動いた部分が k に対応します!!
(1)では…

$\dfrac{1}{2n}=\dfrac{1}{n+n}$ です!

$$\lim_{n\to\infty}\left(\frac{1}{n+1}+\frac{1}{n+2}+\frac{1}{n+3}+\cdots+\frac{1}{n+n}\right)$$

$$=\lim_{n\to\infty}\sum_{k=1}^{n}\frac{1}{n+k}$$

1, 2, 3, …と動いている部分を k に対応させて Σ を使って表現します!　シグマ!!

$$=\lim_{n\to\infty}\frac{1}{n}\sum_{k=1}^{n}\frac{n}{n+k}$$

とにかく強引に $\dfrac{1}{n}$ を作ります!

$$=\lim_{n\to\infty}\frac{1}{n}\sum_{k=1}^{n}\frac{\frac{n}{n}}{\frac{n}{n}+\frac{k}{n}}$$

$\dfrac{k}{n}$ を作るために分子&分母を n で割ります!!

$$=\lim_{n\to\infty}\frac{1}{n}\sum_{k=1}^{n}\frac{1}{1+\frac{k}{n}}$$

ここまでくれば 問題51-1 と同様です!!

$$=\int_{0}^{1}\frac{1}{1+x}dx$$

公式 その❶
$$\lim_{n\to\infty}\frac{1}{n}\sum_{k=1}^{n}f\left(\frac{k}{n}\right)=\int_{0}^{1}f(x)\,dx$$

コツさえつかめば…

仕上げは解答にて!!

Theme 51 超嫌われ者"区分求積法"の攻略!! 551

(2) では…

$1 = \sqrt{1}$ です!

$$\lim_{n \to \infty} \frac{1}{n\sqrt{n}} (\sqrt{1} + \sqrt{2} + \sqrt{3} + \cdots + \sqrt{n})$$

$$= \lim_{n \to \infty} \frac{1}{n\sqrt{n}} \sum_{k=1}^{n} \sqrt{k}$$

1, 2, 3, …と動いている部分を k に対応させて Σ を使って表現します！ シグマ!!

$$= \lim_{n \to \infty} \frac{1}{n} \sum_{k=1}^{n} \frac{\sqrt{k}}{\sqrt{n}}$$

$\frac{1}{n}$ だけを残して $\frac{1}{\sqrt{n}}$ は中へ…

$$= \lim_{n \to \infty} \frac{1}{n} \sum_{k=1}^{n} \sqrt{\frac{k}{n}}$$

おーっと!! 待望の $\frac{k}{n}$ が誕生!!

$$= \int_0^1 \sqrt{x}\, dx$$

公式 その1

$$\lim_{n \to \infty} \frac{1}{n} \sum_{k=1}^{n} f\left(\frac{k}{n}\right) = \int_0^1 f(x)\, dx$$

あとは, こいつを計算するだけ!!

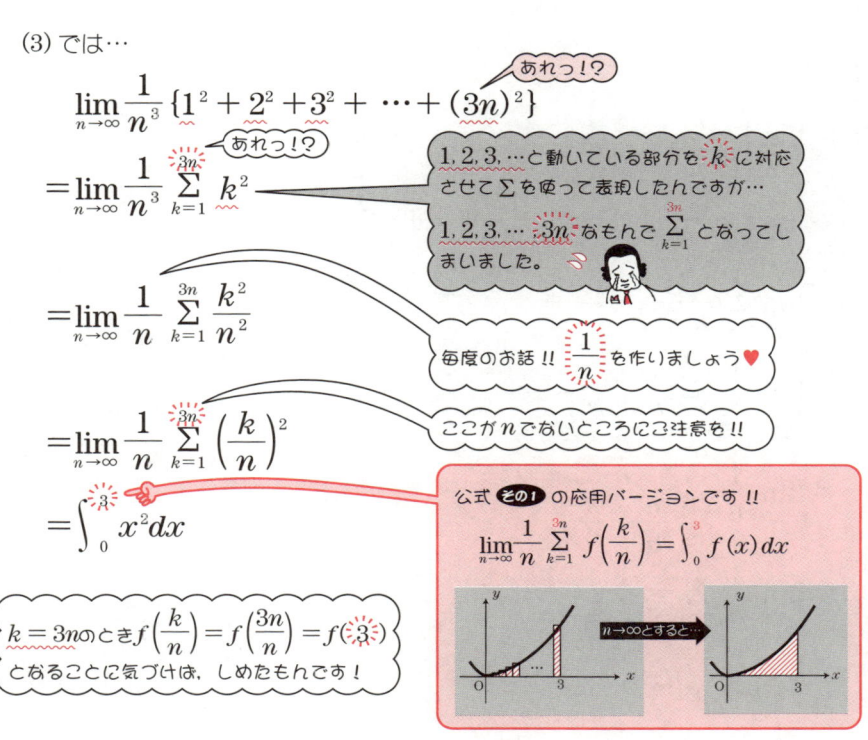

(3) では…

$$\lim_{n \to \infty} \frac{1}{n^3} \{1^2 + 2^2 + 3^2 + \cdots + (3n)^2\}$$

あれっ!?

$$= \lim_{n \to \infty} \frac{1}{n^3} \sum_{k=1}^{3n} k^2$$

あれっ!?

1, 2, 3, …と動いている部分を k に対応させて Σ を使って表現したんですが…
1, 2, 3, …… $3n$ なもんで $\sum_{k=1}^{3n}$ となってしまいました。

$$= \lim_{n \to \infty} \frac{1}{n} \sum_{k=1}^{3n} \frac{k^2}{n^2}$$

毎度のお話!! $\frac{1}{n}$ を作りましょう♥

$$= \lim_{n \to \infty} \frac{1}{n} \sum_{k=1}^{3n} \left(\frac{k}{n}\right)^2$$

ここが n でないところにご注意を!!

$$= \int_0^3 x^2\, dx$$

公式 その1 の応用バージョンです!!

$$\lim_{n \to \infty} \frac{1}{n} \sum_{k=1}^{3n} f\left(\frac{k}{n}\right) = \int_0^3 f(x)\, dx$$

$k = 3n$ のとき $f\left(\frac{k}{n}\right) = f\left(\frac{3n}{n}\right) = f(3)$
となることに気づけば, しめたもんです！

$n \to \infty$ とすると→

552

今回のお話を一般化しましょう♥

公式 その1 完全版!!

$$\lim_{n\to\infty} \frac{1}{n} \sum_{k=1}^{an} f\left(\frac{k}{n}\right) = \int_0^a f(x)\,dx$$

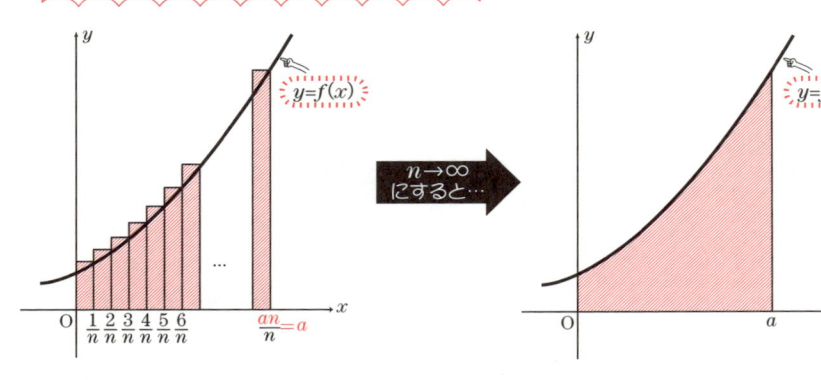

$n\to\infty$ にすると…

解答でござる

(1) $\displaystyle\lim_{n\to\infty}\left(\frac{1}{n+1}+\frac{1}{n+2}+\frac{1}{n+3}+\cdots+\frac{1}{2n}\right)$

$=\displaystyle\lim_{n\to\infty}\left(\frac{1}{n+1}+\frac{1}{n+2}+\frac{1}{n+3}+\cdots+\frac{1}{n+n}\right)$

$=\displaystyle\lim_{n\to\infty}\sum_{k=1}^{n}\frac{1}{n+k}$

$=\displaystyle\lim_{n\to\infty}\frac{1}{n}\sum_{k=1}^{n}\frac{n}{n+k}$

$=\displaystyle\lim_{n\to\infty}\frac{1}{n}\sum_{k=1}^{n}\frac{\dfrac{n}{n}}{\dfrac{n}{n}+\dfrac{k}{n}}$

$=\displaystyle\lim_{n\to\infty}\frac{1}{n}\sum_{k=1}^{n}\frac{1}{1+\dfrac{k}{n}}$

$=\displaystyle\int_0^1 \frac{1}{1+x}\,dx$

まわりの空気を見て $\dfrac{1}{2n}=\dfrac{1}{n+n}$ としよう!!

1, 2, 3, …, n と動いてる部分を k に対応させてΣで表示!!

強引に $\dfrac{1}{n}$ を作る!

分子&分母を n で割る!

公式 その1

$$\lim_{n\to\infty}\frac{1}{n}\sum_{k=1}^{n}f\left(\frac{k}{n}\right) = \int_0^1 f(x)\,dx$$

本問では $f(x)=\dfrac{1}{1+x}$ です!

Theme 51 超嫌われ者"区分求積法"の攻略!!

$$= \Big[\log|x+1|\Big]_0^1$$

$\displaystyle\int \frac{1}{x+1}dx = \log|x+1| + C$

$$= \log|1+1| - \log|0+1|$$
$$= \log 2 - \log 1$$

$\log 1 = 0$ ですよ!!

$$= \mathbf{log\,2} \quad \cdots (\text{答})$$

ハイ！ できあがり♥

(2) $\displaystyle\lim_{n\to\infty} \frac{1}{n\sqrt{n}}(1+\sqrt{2}+\sqrt{3}+\cdots+\sqrt{n})$

$1 = \sqrt{1}$ です!!

$$= \lim_{n\to\infty} \frac{1}{n\sqrt{n}}(\sqrt{1}+\sqrt{2}+\sqrt{3}+\cdots+\sqrt{n})$$

$$= \lim_{n\to\infty} \frac{1}{n\sqrt{n}} \sum_{k=1}^{n} \sqrt{k}$$

$1, 2, 3, \cdots, n$ と動いてる部分を k に対応させて Σ で表示!!

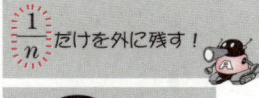

$\dfrac{1}{n}$ だけを外に残す！

$$= \lim_{n\to\infty} \frac{1}{n} \sum_{k=1}^{n} \frac{\sqrt{k}}{\sqrt{n}}$$

$$= \lim_{n\to\infty} \frac{1}{n} \sum_{k=1}^{n} \sqrt{\frac{k}{n}}$$

公式 その1

$$\lim_{n\to\infty} \frac{1}{n} \sum_{k=1}^{n} f\left(\frac{k}{n}\right)$$
$$\parallel$$
$$\int_0^1 f(x)\,dx$$

$$= \int_0^1 \sqrt{x}\,dx$$

本問では $f(x) = \sqrt{x}$ です！

$$= \int_0^1 x^{\frac{1}{2}}\,dx$$

$\sqrt{x} = x^{\frac{1}{2}}$

$$= \Big[\frac{2}{3}x^{\frac{3}{2}}\Big]_0^1$$

$\displaystyle\int x^{\frac{1}{2}}dx = \frac{1}{\frac{1}{2}+1}x^{\frac{1}{2}+1}+C$
$\displaystyle\qquad = \frac{1}{\frac{3}{2}}x^{\frac{3}{2}}+C$
$\displaystyle\qquad = \frac{2}{3}x^{\frac{3}{2}}+C$

$$= \frac{2}{3}\times 1^{\frac{3}{2}} - \frac{2}{3}\times 0^{\frac{3}{2}}$$

$$= \mathbf{\frac{2}{3}} \quad \cdots (\text{答})$$

$\displaystyle\int x^\alpha dx = \frac{1}{\alpha+1}x^{\alpha+1}+C$

です！ p.305を参照せよ!!

(3) $\displaystyle\lim_{n\to\infty}\frac{1}{n^3}\{1^2+2^2+3^2+\cdots+(3n)^2\}$

$=\displaystyle\lim_{n\to\infty}\frac{1}{n^3}\sum_{k=1}^{3n}k^2$

$=\displaystyle\lim_{n\to\infty}\frac{1}{n}\sum_{k=1}^{3n}\frac{k^2}{n^2}$

$=\displaystyle\lim_{n\to\infty}\frac{1}{n}\sum_{k=1}^{3n}\left(\frac{k}{n}\right)^2$

$=\displaystyle\int_0^3 x^2 dx$

$=\left[\dfrac{1}{3}x^3\right]_0^3$

$=\dfrac{1}{3}\times 3^3 - \dfrac{1}{3}\times 0^3$

$=\mathbf{9}$ …(答)

注
1, 2, 3, …, 3n と動いてる部分を k に対応させて Σ で表示 !!

$\dfrac{1}{n}$ だけを外に残す !

公式 その1 の応用バージョン !!

$\displaystyle\lim_{n\to\infty}\frac{1}{n}\sum_{k=1}^{3n}f\left(\frac{k}{n}\right)$
‖
$\displaystyle\int_0^3 f(x)dx$

本問では
$f(x)=x^2$ です !

詳しくは ナイスな導入 !!
参照 !!

ハイ!! おしまーい♥

Theme 52 ライバルに差をつける㊙特選テクニック集

三角関数絡みの積分計算に数多くの技が存在します。

問題 52-1　ちょいムズ

次の不定積分を求めよ。

(1) $\displaystyle\int \frac{1}{\sin x}\,dx$

(2) $\displaystyle\int \frac{1}{\cos x}\,dx$

(3) $\displaystyle\int \frac{1}{\tan x}\,dx$

ナイスな導入!!

とにかく　微分すると $\sin x$ と $\cos x$ がチェンジする！
$(\sin x)' = \cos x$ ＆ $(\cos x)' = -\sin x$

そこで!! Theme 39 で習得した

最重要タイプ

p.412 参照!!

$\displaystyle\int f\{g(x)\}g'(x)\,dx \implies g(x) = t$ と置換せよ!!

を思い出していただきたい！

(1) では…　このままでは，手も足も出ない！

$\displaystyle\int \frac{1}{\sin x}\,dx = \int \frac{\sin x}{\sin^2 x}\,dx$　分子＆分母に $\sin x$ をかける！

$\displaystyle = \int \frac{\sin x}{1 - \cos^2 x}\,dx$　基本公式 $\sin^2 x + \cos^2 x = 1$ より $\sin^2 x = 1 - \cos^2 x$

$$= \int \frac{-(-\sin x)}{1-\cos^2 x} dx$$

$(\cos x)' = -\sin x$ に注目して、$-\sin x$ を強引に作ります！

$$= \int \frac{-\sin x}{\cos^2 x - 1} dx \quad \cdots\cdots ①$$

分子&分母を $\times (-1)$ する！

そこで!!

$\cos x = t \quad \cdots\cdots ②$ と置換する!!

分母にある $\cos x$ を微分したものが分子にあるから！

よって…

② より $\dfrac{dt}{dx} = -\sin x$ ← t を x で微分する！

$\therefore \quad dx = \dfrac{1}{-\sin x} dt \quad \cdots\cdots ③$ ← dx について解きました！

①, ② から

$$\int \frac{-\sin x}{t^2 - 1} \cdot \frac{1}{-\sin x} dt$$

$$\int \frac{-\sin x}{\cos^2 x - 1} dx \cdots ①$$
$$= \int \frac{-\sin x}{t^2 - 1} \cdot \frac{1}{-\sin x} dt$$

$$= \int \frac{1}{t^2 - 1} dt$$

$$= \int \frac{1}{(t+1)(t-1)} dt$$

$$= \int \frac{1}{(t-1)(t+1)} dt$$

p.338 参照
$$\frac{1}{☺(☺+d)} = \frac{1}{d}\left(\frac{1}{☺} - \frac{1}{☺+d}\right)$$
今回は ☺ $= t-1$, $d = 2$ です!!

$$= \int \frac{1}{2}\left(\frac{1}{t-1} - \frac{1}{t+1}\right) dt$$

$$= \frac{1}{2}(\log|t-1| - \log|t+1|) + C$$

$$= \frac{1}{2}\log\left|\frac{t-1}{t+1}\right| + C$$

$\displaystyle\int \frac{1}{at+b} dt = \frac{1}{a}\log|at+b| + C$

$$= \frac{1}{2}\log\left|\frac{\cos x - 1}{\cos x + 1}\right| + C$$

$t = \cos x$ でしたね！
ただし C は積分定数

答でーす!!

Theme 52 ライバルに差をつける㊙特選テクニック集

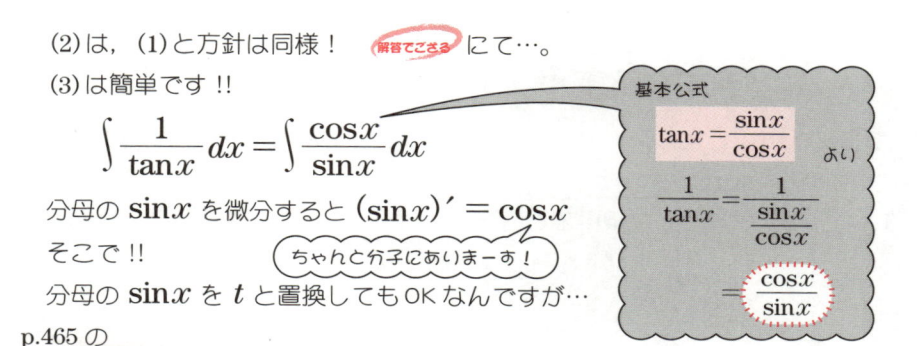

(2)は，(1)と方針は同様！ 解答でござる にて…。
(3)は簡単です!!

$$\int \frac{1}{\tan x} dx = \int \frac{\cos x}{\sin x} dx$$

分母の $\sin x$ を微分すると $(\sin x)' = \cos x$
そこで!! （ちゃんと分子にあいまーす！）
分母の $\sin x$ を t と置換してもOKなんですが…

基本公式
$\tan x = \dfrac{\sin x}{\cos x}$ より
$\dfrac{1}{\tan x} = \dfrac{1}{\frac{\sin x}{\cos x}} = \dfrac{\cos x}{\sin x}$

p.465 の

NEW公式!

$$\int \frac{g'(x)}{g(x)} dx = \log|g(x)| + C$$

（なるほど…）

を活用した方が今回は速いっす！

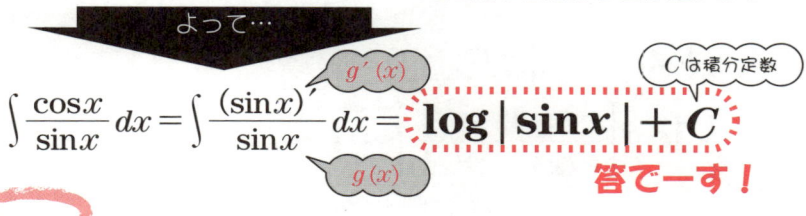

よって…

$$\int \frac{\cos x}{\sin x} dx = \int \frac{(\sin x)'}{\sin x} dx = \log|\sin x| + C$$

（$g'(x)$ / $g(x)$） （Cは積分定数）

答でーす！

解答でござる

(1) $\displaystyle\int \frac{1}{\sin x} dx$ ← このままじゃ何もできん!!

$= \displaystyle\int \frac{\sin x}{\sin^2 x} dx$ ← 分子＆分母に $\sin x$ をかける！

$= \displaystyle\int \frac{-(-\sin x)}{1 - \cos^2 x} dx$ ← 強引に $-\sin x$ を作る！ $(\cos x)'$

$\sin^2 x + \cos^2 x = 1$ より $\sin^2 x = 1 - \cos^2 x$ です！

$= \displaystyle\int \frac{-\sin x}{\cos^2 x - 1} dx$ ……① ← 分子＆分母を $\times(-1)$ する！

このとき $t = \cos x$ ……②とおくと ← 置換積分始動!!

$\dfrac{dt}{dx} = -\sin x$ ← t を x で微分したョ！

$$\therefore \quad dx = \frac{1}{-\sin x}\,dt \quad \cdots\cdots ③$$

①,②,③から

$$\int \frac{-\sin x}{t^2-1} \cdot \frac{1}{-\sin x}\,dt$$

$$= \int \frac{1}{t^2-1}\,dt$$

$$= \int \frac{1}{(t+1)(t-1)}\,dt$$

$$= \int \frac{1}{2}\left(\frac{1}{t-1} - \frac{1}{t+1}\right)dt$$

$$= \frac{1}{2}(\log|t-1| - \log|t+1|) + C$$

$$= \frac{1}{2}\log\left|\frac{t-1}{t+1}\right| + C$$

$$= \frac{1}{2}\log\left|\frac{\cos x - 1}{\cos x + 1}\right| + C \quad \cdots (答)$$

（ただし C は積分定数）

dx について解きました!

$\displaystyle\int \frac{-\sin x}{\cos^2 x - 1}\,dx \cdots ①$

$= \displaystyle\int \frac{-\sin x}{t^2-1} \cdot \frac{1}{-\sin x}\,dt$

$\displaystyle\int \frac{1}{(t-1)(t+1)}\,dt$ 2つ違い!!

$= \displaystyle\int \frac{1}{2}\left(\frac{1}{t-1} - \frac{1}{t+1}\right)dt$

p.338の

$\dfrac{1}{☺(☺+d)} = \dfrac{1}{a}\left(\dfrac{1}{☺} - \dfrac{1}{☺+d}\right)$

で, ☺ = $t-1$, $d=2$ に対応!

$\displaystyle\int \frac{1}{at+b}\,dt = \frac{1}{a}\log|at+b| + C$

$\log_a M - \log_a N = \log_a \dfrac{M}{N}$

p.588の ナイスフォロー その6 参照!!

$t = \cos x$ です!

(2) $\displaystyle\int \frac{1}{\cos x}\,dx$

$= \displaystyle\int \frac{\cos x}{\cos^2 x}\,dx$

$(\sin x)' = \cos x$

$= \displaystyle\int \frac{\cos x}{1 - \sin^2 x}\,dx \quad \cdots\cdots ①$

このとき $t = \sin x \quad \cdots\cdots ②$ とおくと

$\dfrac{dt}{dx} = \cos x$

$\therefore \quad dx = \dfrac{1}{\cos x}\,dt \quad \cdots\cdots ③$

(1)と同じタイプ!!

分子&分母に $\cos x$ をかける! すでにうまくいってるョ♥

$\sin^2 x + \cos^2 x = 1$ より $\cos^2 x = 1 - \sin^2 x$ です!

置換積分始動!

t を x で微分したョ!

dx について解きました!

①, ②, ③から

$$\int \frac{\cos x}{1-t^2} \cdot \frac{1}{\cos x} dt$$

$$= \int \frac{1}{1-t^2} dt$$

$$= -\int \frac{1}{t^2-1} dt$$

$$= -\int \frac{1}{(t+1)(t-1)} dt$$

$$= -\int \frac{1}{2}\left(\frac{1}{t-1} - \frac{1}{t+1}\right) dt$$

$$= -\frac{1}{2}(\log|t-1| - \log|t+1|) + C$$

$$= \frac{1}{2}(\log|t+1| - \log|t-1|) + C$$

$$= \frac{1}{2}\log\left|\frac{t+1}{t-1}\right| + C$$

$$= \boldsymbol{\frac{1}{2}\log\left|\frac{\sin x +1}{\sin x -1}\right| + C} \cdots \text{(答)}$$

（ただし C は積分定数）

(3) $\displaystyle \int \frac{1}{\tan x} dx$

$$= \int \frac{\cos x}{\sin x} dx$$

$$= \int \frac{(\sin x)'}{\sin x} dx$$

$$= \boldsymbol{\log|\sin x| + C} \cdots \text{(答)}$$

（ただし C は積分定数）

つづいて，この技を…

問題 52-2 ちょいムズ

次の定積分を求めよ。

(1) $\displaystyle\int_0^{\pi} \sqrt{1+\cos x}\, dx$

(2) $\displaystyle\int_0^{2\pi} \sqrt{1-\cos x}\, dx$

(3) $\displaystyle\int_0^{\frac{\pi}{2}} \sqrt{1+\sin x}\, dx$

ナイスな導入!!

p.581 の ナイスフォロー その4 参照！

ここで思い出してホシ～イのは，**2倍角の公式**です！

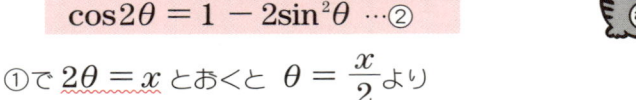

$$\cos 2\theta = 2\cos^2\theta - 1 \quad \cdots ①$$
$$\cos 2\theta = 1 - 2\sin^2\theta \quad \cdots ②$$

2倍角の公式かぁ…

①で $2\theta = x$ とおくと $\theta = \dfrac{x}{2}$ より

$$\cos x = 2\cos^2\dfrac{x}{2} - 1$$

$$\therefore\ 1 + \cos x = 2\cos^2\dfrac{x}{2} \quad \cdots Ⓐ$$

②で $2\theta = x$ とおくと $\theta = \dfrac{x}{2}$ より

$$\cos x = 1 - 2\sin^2\dfrac{x}{2}$$

$$\therefore\ 1 - \cos x = 2\sin^2\dfrac{x}{2} \quad \cdots Ⓑ$$

一般に $\sqrt{A^2} = |A|$ です!!
ルートがはずれる！

(1) では，Ⓐ より

$$\sqrt{1+\cos x} = \sqrt{2\cos^2\dfrac{x}{2}} = \sqrt{2}\left|\cos\dfrac{x}{2}\right|$$

Theme 52 ライバルに差をつける㊙特選テクニック集   561

(2)では，Ⓑ より

$$\sqrt{1-\cos x} = \sqrt{2\sin^2 \frac{x}{2}} = \sqrt{2}\left|\sin\frac{x}{2}\right|$$

一般に $\sqrt{A^2}=|A|$ です!! ルートがはずれる！

そこで問題は(3)なんですよね…。

$\cos x$ ならば，(1)と(2)のようにウマくいきます!!　しかーし！
(3)では $\sin x$ なんです…。

こんなときどーする!?

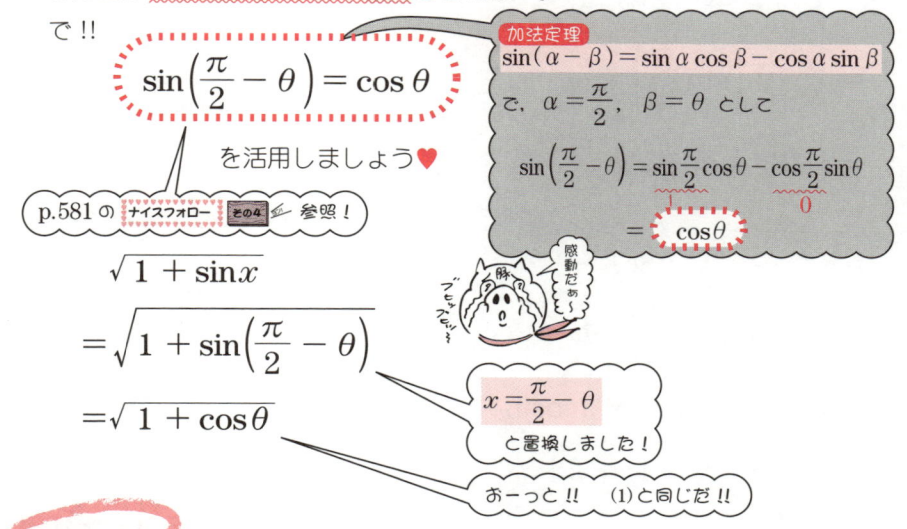

なんとか $\sin \triangle$ を $\cos \square$ に変身させねば…。
で!!

$$\sin\left(\frac{\pi}{2} - \theta\right) = \cos\theta$$

を活用しましょう♥

p.581 の ナイスフォロー その4 参照!

加法定理
$\sin(\alpha-\beta) = \sin\alpha\cos\beta - \cos\alpha\sin\beta$
で，$\alpha = \frac{\pi}{2}$，$\beta = \theta$ として
$\sin\left(\frac{\pi}{2}-\theta\right) = \sin\frac{\pi}{2}\cos\theta - \cos\frac{\pi}{2}\sin\theta$
$\hspace{3cm} = \cos\theta$

感動だぁ～

$$\sqrt{1+\sin x}$$
$$=\sqrt{1+\sin\left(\frac{\pi}{2}-\theta\right)}$$
$$=\sqrt{1+\cos\theta}$$

$x = \frac{\pi}{2} - \theta$ と置換しました！

おーっと!! (1)と同じだ!!

解答でござる

(1) $\displaystyle\int_0^\pi \sqrt{1+\cos x}\, dx$

$= \displaystyle\int_0^\pi \sqrt{2\cos^2 \frac{x}{2}}\, dx$

$= \displaystyle\int_0^\pi \sqrt{2}\left|\cos\frac{x}{2}\right| dx$

p.560 のⒶでーす!!
$1+\cos x = 2\cos^2\frac{x}{2}$

一般に
$\sqrt{A^2} = |A|$ です!!

$$= \sqrt{2} \int_0^\pi \cos\frac{x}{2} dx$$

$$= \sqrt{2} \left[2\sin\frac{x}{2} \right]_0^\pi$$

$$= \sqrt{2} \left(2\sin\frac{\pi}{2} - 2\sin\frac{0}{2} \right)$$

$$= \mathbf{2\sqrt{2}} \quad \cdots \text{(答)}$$

(2) $\displaystyle\int_0^{2\pi} \sqrt{1 - \cos x}\, dx$

$$= \int_0^{2\pi} \sqrt{2\sin^2\frac{x}{2}}\, dx$$

$$= \int_0^{2\pi} \sqrt{2} \left| \sin\frac{x}{2} \right| dx$$

$$= \sqrt{2} \int_0^{2\pi} \sin\frac{x}{2}\, dx$$

$$= \sqrt{2} \left[-2\cos\frac{x}{2} \right]_0^{2\pi}$$

$$= \sqrt{2} \left\{ -2\cos\frac{2\pi}{2} - \left(-2\cos\frac{0}{2} \right) \right\}$$

$$= \sqrt{2}\, (-2\cos\pi + 2\cos 0)$$

$$= \sqrt{2}\, \{-2\cdot(-1) + 2\}$$

$$= \mathbf{4\sqrt{2}} \quad \cdots \text{(答)}$$

(3) $x = \dfrac{\pi}{2} - \theta$ ……① とおく。

①より

$$\frac{dx}{d\theta} = -1$$

∴ $dx = (-1)\cdot d\theta$ ……②

$0 \leqq x \leqq \pi$ では
$\cos\dfrac{x}{2} \geqq 0$ です！
つまり
$\left| \cos\dfrac{x}{2} \right| = \cos\dfrac{x}{2}$

$\displaystyle\int \cos\dfrac{x}{2} dx = \dfrac{1}{\frac{1}{2}} \sin\dfrac{x}{2} + C$

$\qquad = 2\sin\dfrac{x}{2} + C$

$\sin\dfrac{\pi}{2} = 1,\ \sin 0 = 0$ です！

じつは 問題49-1 (1)で似た
タイプをすでにやっております！
p.560の⑧でーす!!

$1 - \cos x = 2\sin^2\dfrac{x}{2}$

一般に $\sqrt{A^2} = |A|$ です!!

$0 \leqq x \leqq 2\pi$ では
$\sin\dfrac{x}{2} \geqq 0$ です！
つまり
$\left| \sin\dfrac{x}{2} \right| = \sin\dfrac{x}{2}$

$\displaystyle\int \sin\dfrac{x}{2} dx = \dfrac{1}{\frac{1}{2}} \left(-\cos\dfrac{x}{2} \right) + C$

$\qquad = -2\cos\dfrac{x}{2} + C$

$\cos\pi = -1$
$\cos 0 = 1$

sin△をcos□にさせる作戦！
xをθで微分する！

両辺に$d\theta$をかける！
簡単に書けば $dx = -d\theta$ です！

さらに

x	$0 \longrightarrow \dfrac{\pi}{2}$
θ	$\dfrac{\pi}{2} \longrightarrow 0$

……③

①,②,③から

$\displaystyle\int_0^{\frac{\pi}{2}} \sqrt{1+\sin x}\, dx$

$= \displaystyle\int_{\frac{\pi}{2}}^0 \sqrt{1+\sin\left(\dfrac{\pi}{2}-\theta\right)} \cdot (-1)\, d\theta$

$= -\displaystyle\int_{\frac{\pi}{2}}^0 \sqrt{1+\cos\theta}\, d\theta$

$= \displaystyle\int_0^{\frac{\pi}{2}} \sqrt{1+\cos\theta}\, d\theta$

$= \displaystyle\int_0^{\frac{\pi}{2}} \sqrt{2\cos^2 \dfrac{\theta}{2}}\, d\theta$

$= \displaystyle\int_0^{\frac{\pi}{2}} \sqrt{2}\left|\cos\dfrac{\theta}{2}\right| d\theta$

$= \sqrt{2}\displaystyle\int_0^{\frac{\pi}{2}} \cos\dfrac{\theta}{2}\, d\theta$

$= \sqrt{2}\left[2\sin\dfrac{\theta}{2}\right]_0^{\frac{\pi}{2}}$

$= \sqrt{2}\left(2\sin\dfrac{\frac{\pi}{2}}{2} - 2\sin\dfrac{0}{2}\right)$

$= \sqrt{2}\left(2\sin\dfrac{\pi}{4} - 2\sin 0\right)$

$= \sqrt{2}\left(2\times\dfrac{1}{\sqrt{2}} - 0\right)$

$= \underline{\underline{2}}$ …(答)

$x = \dfrac{\pi}{2} - \theta$ …①より

$\theta = \dfrac{\pi}{2} - x$

よって$x=0$のとき$\theta = \dfrac{\pi}{2}$

$x = \dfrac{\pi}{2}$のとき$\theta = 0$

$\displaystyle\int_0^{\frac{\pi}{2}} \sqrt{1+\sin x}\, dx$

$= \displaystyle\int_{\frac{\pi}{2}}^0 \sqrt{1+\sin\left(\dfrac{\pi}{2}-\theta\right)} \cdot (-1)\, d\theta$

マイナスを前に出しました！

$\sin\left(\dfrac{\pi}{2} - \theta\right) = \cos\theta$

ナイスな導入!! 参照!!

一般に

$-\displaystyle\int_A^B f(x)\, dx = \displaystyle\int_B^A f(x)\, dx$

です！

p.560の④で一す!!

$1 + \cos\theta = 2\cos^2\dfrac{\theta}{2}$

一般に $\sqrt{A^2} = |A|$

$0 \leqq \theta \leqq \dfrac{\pi}{2}$のとき

$\cos\dfrac{\theta}{2} \geqq 0$です!!

よって

$\left|\cos\dfrac{\theta}{2}\right| = \cos\dfrac{\theta}{2}$

$\displaystyle\int \cos\dfrac{\theta}{2}\, d\theta = \dfrac{1}{\frac{1}{2}}\sin\dfrac{\theta}{2} + C$

$= 2\sin\dfrac{\theta}{2} + C$

$\sin\dfrac{\pi}{4} = \dfrac{1}{\sqrt{2}}$

$\sin 0 = 0$

ハイ！　できあがり♥

これは，ある意味盲点かも…。

問題 52-3 ちょいムズ

次の不定積分を求めよ。

(1) $\displaystyle\int \frac{1}{\cos^2 x} dx$

(2) $\displaystyle\int \frac{1}{\sin^2 x} dx$

ナイスな導入!!

(1) ができないって!?　嫌だなぁ…。これは，基本公式じゃん！

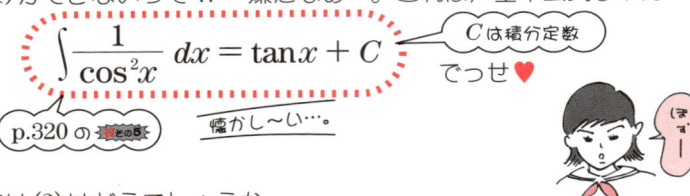

$$\int \frac{1}{\cos^2 x} dx = \tan x + C$$

（C は積分定数でっせ♥）

p.320 の 参照 懐かし〜い…。

では (2) はどうでしょうか…。

$\cos x$ だったらラッキー♥ なんですけどね…。

そーです!!　前問 **問題 52-2** (3) で体得したあの技です!!

$$\sin\left(\frac{\pi}{2} - \theta\right) = \cos\theta$$

より　p.581 ナイスフォロー その4 参照!!

$x = \dfrac{\pi}{2} - \theta$ と置換すれば…

$$\frac{1}{\sin^2 x} = \frac{1}{\sin^2\left(\dfrac{\pi}{2} - \theta\right)} = \frac{1}{\cos^2 \theta}$$

おーっと!!
(1) の公式を使えばOKなタイプに変身！

解答でござる

(1) $\displaystyle\int \frac{1}{\cos^2 x} dx$

$= \tan x + C$ …(答)

（ただし C は積分定数）

これは公式です!!
しっかり覚えてチョンマゲ！
p.320 参照!!!

Theme 52　ライバルに差をつける㊙特選テクニック集　565

(2) $x = \dfrac{\pi}{2} - \theta$ ……①とおく。

①より

$\dfrac{dx}{d\theta} = -1$

∴　$dx = (-1) \cdot d\theta$ ……②

①, ②から

$\displaystyle\int \dfrac{1}{\sin^2 x} dx$

$= \displaystyle\int \dfrac{1}{\sin^2\left(\dfrac{\pi}{2} - \theta\right)} \cdot (-1) d\theta$

$= -\displaystyle\int \dfrac{1}{\cos^2 \theta} d\theta$

$= -\tan\theta + C$

$= -\tan\left(\dfrac{\pi}{2} - x\right) + C$

$= -\dfrac{1}{\tan x} + C$ …(答)

（ただし C は積分定数）

---

x を θ で微分したヨ!

両辺に $d\theta$ をかけた!
$dx = -d\theta$ としてもよし!

$\displaystyle\int \dfrac{1}{\sin^2 x} dx$
$= \displaystyle\int \dfrac{1}{\sin^2\left(\dfrac{\pi}{2} - \theta\right)} \cdot (-1) d\theta$

マイナスを前に出したヨ!!

$\sin\left(\dfrac{\pi}{2} - \theta\right) = \cos\theta$ です!

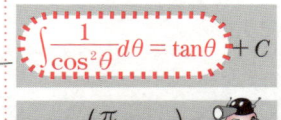

$\displaystyle\int \dfrac{1}{\cos^2 \theta} d\theta = \tan\theta + C$

$\tan\left(\dfrac{\pi}{2} - \theta\right)$

$= \dfrac{\sin\left(\dfrac{\pi}{2} - \theta\right)}{\cos\left(\dfrac{\pi}{2} - \theta\right)}$

分子&分母で加法定理を活用せよ！

$= \dfrac{\sin\dfrac{\pi}{2}\cos\theta - \cos\dfrac{\pi}{2}\sin\theta}{\cos\dfrac{\pi}{2}\cos\theta + \sin\dfrac{\pi}{2}\sin\theta}$

$= \dfrac{\cos\theta}{\sin\theta}$

$= \dfrac{1}{\tan\theta}$

$\tan\theta = \dfrac{\sin\theta}{\cos\theta}$ より!

p.581 ナイスフォロー その4
参照!

e^x と $\sin x$ or $\cos x$ とのコラボレーション♥

問題 52-4 ちょいムズ

次の不定積分を求めよ。

(1) $\displaystyle\int e^x \sin x \, dx$

(2) $\displaystyle\int e^{2x} \cos 3x \, dx$

ナイスな導入!!

(1) では…

$\displaystyle\int e^x \sin x \, dx$ と $\displaystyle\int e^x \cos x \, dx$ をセットで計算するのがコツです!!

（えーっ!? お前も…）

ここで思い出されるのが，Theme 36 で習得した公式。

部分積分法

$$\int f(x)g(x)\,dx = F(x)g(x) - \int F(x)g'(x)\,dx$$

よって!!

$$\underbrace{\int \underbrace{e^x}_{f(x)} \underbrace{\sin x}_{g(x)} dx}_{} = \underbrace{e^x}_{F(x)} \underbrace{\sin x}_{g(x)} - \int \underbrace{e^x}_{F(x)} \underbrace{\cos x}_{g'(x)} dx$$

（$\int e^x dx = e^x + C$）　　（$(\sin x)' = \cos x$）

（移項しました！）

$$\therefore \int e^x \sin x \, dx + \int e^x \cos x \, dx = e^x \sin x \quad \cdots\cdots ①$$

$$\int \underbrace{e^x}_{f(x)} \underbrace{\cos x}_{g(x)} dx = \underbrace{e^x}_{F(x)} \underbrace{\cos x}_{g(x)} - \int \underbrace{e^x}_{F(x)} \underbrace{(-\sin x)}_{g'(x)} dx$$

（$\int e^x dx = e^x + C$）　　（$(\cos x)' = -\sin x$）

（セット作戦炸裂!!）

Theme 52 ライバルに差をつける㊙特選テクニック集   567

$$= e^x \cos x + \int e^x \sin x \, dx$$

（移項しました！）

$$\therefore \quad -\int e^x \sin x \, dx + \int e^x \cos x \, dx = e^x \cos x \quad \cdots\cdots ②$$

そこで!!　$\int e^x \sin x \, dx$ がほしい!!

①-②から

$$\int e^x \sin x \, dx + \int e^x \cos x \, dx = e^x \sin x \cdots ①$$
$$-)-\int e^x \sin x \, dx + \int e^x \cos x \, dx = e^x \cos x \cdots ②$$
$$2\int e^x \sin x \, dx \quad = e^x \sin x - e^x \cos x$$

$$2\int e^x \sin x \, dx = e^x \sin x - e^x \cos x$$

$$\therefore \quad \int e^x \sin x \, dx = \frac{1}{2} e^x \sin x - \frac{1}{2} e^x \cos x$$

で!! 積分定数 C がつくことを忘れないようにして…

答は…

$$\int e^x \sin x \, dx = \boxed{\frac{1}{2} e^x \sin x - \frac{1}{2} e^x \cos x + C}$$

答でーす!!

(2)は，(1)とまったく同様!!

$\int e^{2x} \cos 3x \, dx$ と $\int e^{2x} \sin 3x \, dx$ をセットでGO!! です！

解答でござる

(1) $\boxed{\int e^x \sin x \, dx} = e^x \sin x - \int e^x \cos x \, dx$ ← 部分積分法です!!

$$\therefore \quad \int e^x \sin x \, dx + \int e^x \cos x \, dx = e^x \sin x \cdots ①$$

$$\int f(x) g(x) \, dx = F(x) g(x) - \int F(x) g'(x) \, dx$$

$\boxed{\int e^x \cos x \, dx} = e^x \cos x - \int e^x (-\sin x) \, dx$

$$= e^x \cos x + \int e^x \sin x \, dx$$

このセット作戦がテクニックってもんさ♥

$$\therefore \quad -\int e^x \sin x \, dx + \int e^x \cos x \, dx = e^x \cos x \cdots ②$$

セット作戦ねぇ…

①−②より

$$2\int e^x \sin x \, dx = e^x \sin x - e^x \cos x$$ ← $\int e^x \cos x \, dx$ を消去!!

$$\therefore \quad \int e^x \sin x \, dx = \frac{1}{2} e^x \sin x - \frac{1}{2} e^x \cos x$$ ← 両辺を2で割りました!

これに積分定数 C をつけて一般化すると

$$\int e^x \sin x \, dx = \frac{1}{2} e^x \sin x - \frac{1}{2} e^x \cos x + C \quad \cdots \text{(答)}$$

(ただし C は積分定数)

$\dfrac{1}{2} e^x (\sin x - \cos x) + C$ としても美しいかもね♥

(2) $\displaystyle\int \underbrace{e^{2x}}_{f(x)} \underbrace{\cos 3x}_{g(x)} dx$

$\int e^{2x} dx = \dfrac{1}{2} e^{2x} + C$

$(\cos 3x)' = 3(-\sin 3x)$
$\quad = -3\sin 3x$

$$= \underbrace{\frac{1}{2} e^{2x}}_{F(x)} \underbrace{\cos 3x}_{g(x)} - \int \underbrace{\frac{1}{2} e^{2x}}_{F(x)} \underbrace{(-3\sin 3x)}_{g'(x)} dx$$

$$= \frac{1}{2} e^{2x} \cos 3x + \frac{3}{2} \int e^{2x} \sin 3x \, dx$$

$$2 \int e^{2x} \cos 3x \, dx = e^{2x} \cos 3x + 3 \int e^{2x} \sin 3x \, dx$$ ← 両辺を2倍したヨ!

$$\therefore \quad -3 \int e^{2x} \sin 3x \, dx + 2 \int e^{2x} \cos 3x \, dx = e^{2x} \cos 3x \quad \cdots ①$$ ← 移項しただけです!

$\displaystyle\int \underbrace{e^{2x}}_{f(x)} \underbrace{\sin 3x}_{g(x)} dx$

$\int e^{2x} dx = \dfrac{1}{2} e^{2x} + C$

$(\sin 3x)' = 3\cos 3x$

$$= \underbrace{\frac{1}{2} e^{2x}}_{F(x)} \underbrace{\sin 3x}_{g(x)} - \int \underbrace{\frac{1}{2} e^{2x}}_{F(x)} \cdot \underbrace{3\cos 3x}_{g'(x)} dx$$

$$= \frac{1}{2} e^{2x} \sin 3x - \frac{3}{2} \int e^{2x} \cos 3x \, dx$$

Theme 52 ライバルに差をつける㊙特選テクニック集

$$2\int e^{2x}\sin 3x\,dx = e^{2x}\sin 3x - 3\int e^{2x}\cos 3x\,dx$$
← 両辺を2倍しました！

$$\therefore\ 2\int e^{2x}\sin 3x\,dx + 3\int e^{2x}\cos 3x\,dx = e^{2x}\sin 3x \cdots ②$$
← 移項しました！

①×2 ＋②×3 より

$$13\int e^{2x}\cos 3x\,dx = 2e^{2x}\cos 3x + 3e^{2x}\sin 3x$$

$$\therefore\ \int e^{2x}\cos 3x\,dx = \frac{2}{13}e^{2x}\cos 3x + \frac{3}{13}e^{2x}\sin 3x$$

これに積分定数 C をつけて一般化すると

$$\int e^{2x}\cos 3x\,dx$$

$$= \frac{2}{13}e^{2x}\cos 3x + \frac{3}{13}e^{2x}\sin 3x + C \cdots \text{(答)}$$

（ただし C は積分定数）

ほしいのは B です!!

$\int e^{2x}\sin 3x\,dx = A$,
$\int e^{2x}\cos 3x\,dx = B$ とおくと

$-3A + 2B = e^{2x}\cos 3x \cdots ①$
$2A + 3B = e^{2x}\sin 3x \cdots ②$
①×2 ＋②×3 より
$-6A + 4B = 2e^{2x}\cos 3x \cdots ①×2$
$\underline{+)\ 6A + 9B = 3e^{2x}\sin 3x \cdots ②×3}$
$13B = 2e^{2x}\cos 3x + 3e^{2x}\sin 3x$

$\dfrac{1}{13}e^{2x}(2\cos 3x + 3\sin 3x) + C$
としても，これまたよし♥

プロフィール
ダニエル池田（30才）
音楽にはうるさく，ギターの
腕はプロ並みである。
人情のあるモテる男…

だから…
お前なんか知らん!!

Theme 53 偶関数と奇関数の定積分

偶関数と奇関数の意味もしっかり押さえよう!!

偶関数の定積分

関数 $f(x)$ において，**すべての x に対して**

$$f(-x) = f(x)$$

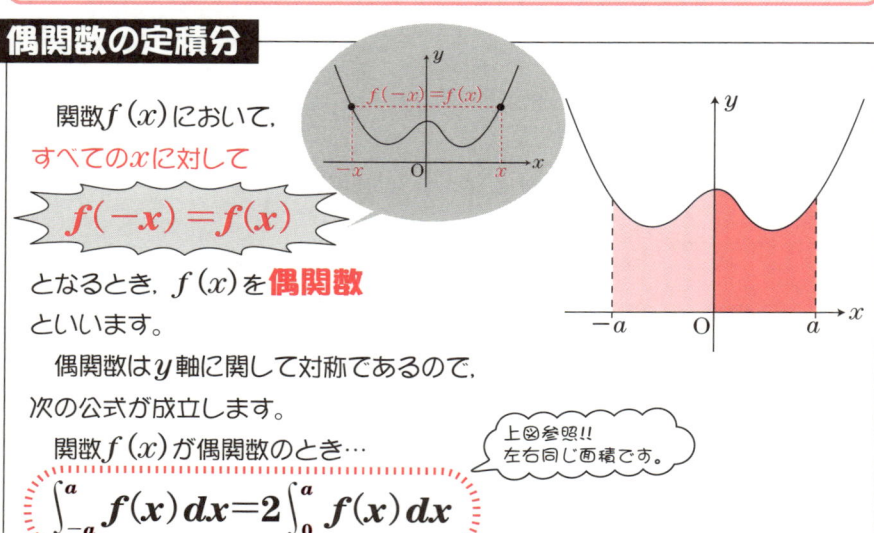

となるとき，$f(x)$ を**偶関数**といいます。

偶関数は y 軸に関して対称であるので，次の公式が成立します。

関数 $f(x)$ が偶関数のとき…

$$\int_{-a}^{a} f(x)\,dx = 2\int_{0}^{a} f(x)\,dx$$

上図参照!! 左右同じ面積です。

奇関数の定積分

関数 $f(x)$ において，**すべての x に対して**

$$f(-x) = -f(x)$$

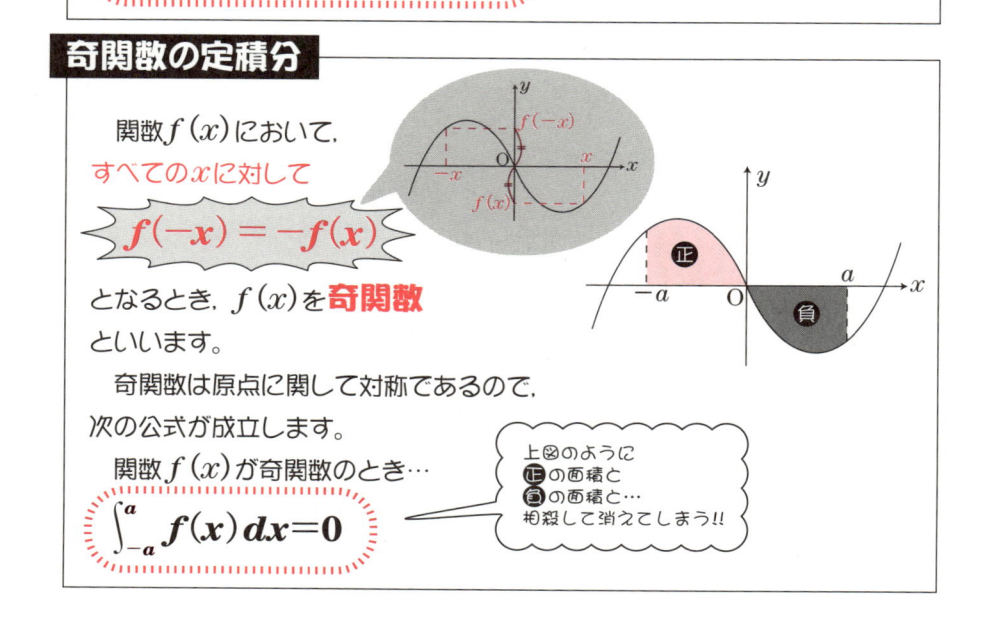

となるとき，$f(x)$ を**奇関数**といいます。

奇関数は原点に関して対称であるので，次の公式が成立します。

関数 $f(x)$ が奇関数のとき…

$$\int_{-a}^{a} f(x)\,dx = 0$$

上図のように 正 の面積と 負 の面積と… 相殺して消えてしまう!!

では、早速活用してみましょう!!

問題 53-1 　基礎

次の定積分を求めよ。

(1) $\int_{-\frac{\pi}{4}}^{\frac{\pi}{4}} \cos x \, dx$

(2) $\int_{-\frac{\pi}{3}}^{\frac{\pi}{3}} x^2 \tan x \, dx$

(3) $\int_{-\pi}^{\pi} (\sin x + 3x) \, dx$

(4) $\int_{-\frac{\pi}{2}}^{\frac{\pi}{2}} (x \cos x + x^2) \, dx$

解答でござる

(1) $f(x) = \cos x$ とおく。

$f(-x) = \cos(-x)$
$\quad\quad\quad = \cos x$
$\quad\quad\quad = f(x)$

つまり, $f(x)$ は偶関数である。

p.582参照!!

y 軸に関して対称な関数です。

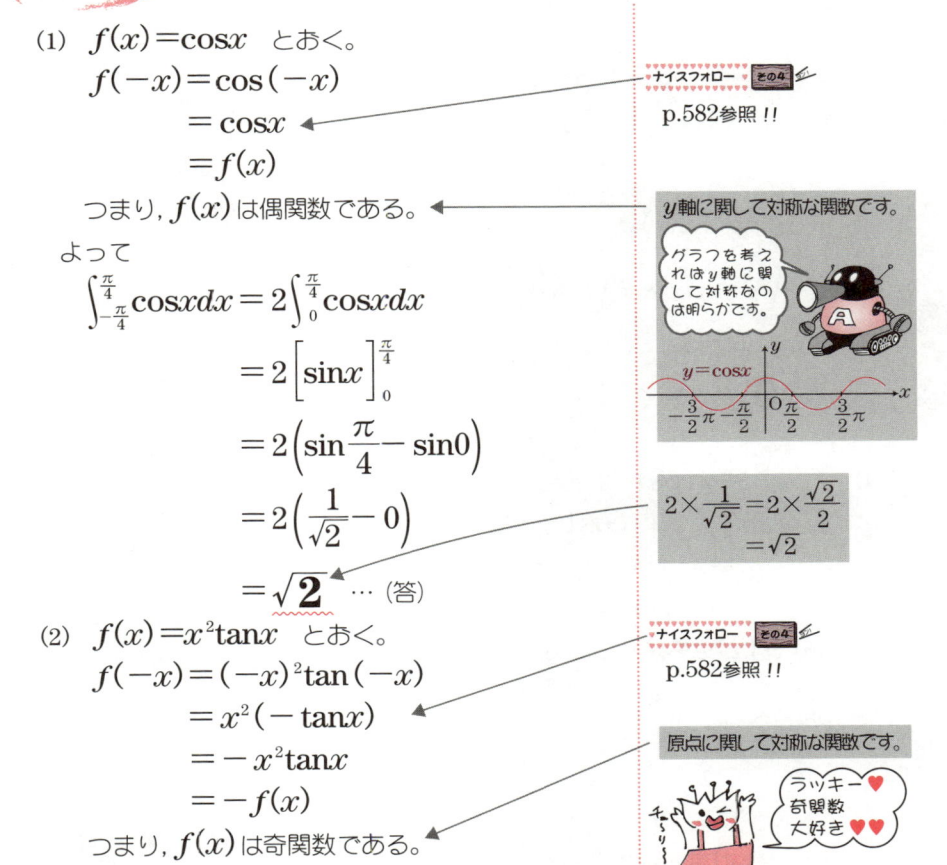

グラフを考えれば y 軸に関して対称なのは明らかです。

よって

$\int_{-\frac{\pi}{4}}^{\frac{\pi}{4}} \cos x \, dx = 2 \int_{0}^{\frac{\pi}{4}} \cos x \, dx$

$\quad\quad\quad = 2 \Big[\sin x \Big]_0^{\frac{\pi}{4}}$

$\quad\quad\quad = 2 \left(\sin \frac{\pi}{4} - \sin 0 \right)$

$\quad\quad\quad = 2 \left(\frac{1}{\sqrt{2}} - 0 \right)$

$\quad\quad\quad = \sqrt{2}$ …(答)

$2 \times \frac{1}{\sqrt{2}} = 2 \times \frac{\sqrt{2}}{2} = \sqrt{2}$

(2) $f(x) = x^2 \tan x$ とおく。

$f(-x) = (-x)^2 \tan(-x)$
$\quad\quad\quad = x^2 (-\tan x)$
$\quad\quad\quad = -x^2 \tan x$
$\quad\quad\quad = -f(x)$

つまり, $f(x)$ は奇関数である。

p.582参照!!

原点に関して対称な関数です。

ラッキー♥ 奇関数大好き♥♥

よって，
$$\int_{-\frac{\pi}{3}}^{\frac{\pi}{3}} x^2 \tan x \, dx = \mathbf{0} \quad \cdots \text{(答)}$$

(3) $f(x) = \sin x$ とおくと
$$\begin{aligned} f(-x) &= \sin(-x) \\ &= -\sin x \\ &= -f(x) \end{aligned}$$
つまり，$f(x)$ は奇関数である。
$g(x) = 3x$ とおくと
$$\begin{aligned} g(-x) &= 3(-x) \\ &= -3x \\ &= -g(x) \end{aligned}$$
つまり，$g(x)$ も奇関数である。
よって
$$\begin{aligned} &\int_{-\pi}^{\pi} (\sin x + 3x) \, dx \\ &= \int_{-\pi}^{\pi} \sin x \, dx + \int_{-\pi}^{\pi} 3x \, dx \\ &= 0 + 0 \\ &= \mathbf{0} \quad \cdots \text{(答)} \end{aligned}$$

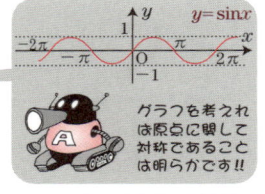

(4) $f(x) = x\cos x$ とおくと
$$\begin{aligned} f(-x) &= (-x)\cos(-x) \\ &= -x\cos x \\ &= -f(x) \end{aligned}$$
つまり，$f(x)$ は奇関数である。
$g(x) = x^2$ とおくと
$$\begin{aligned} g(-x) &= (-x)^2 \\ &= x^2 \\ &= g(x) \end{aligned}$$
つまり，$g(x)$ は偶関数である。

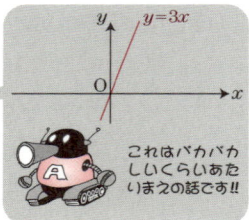

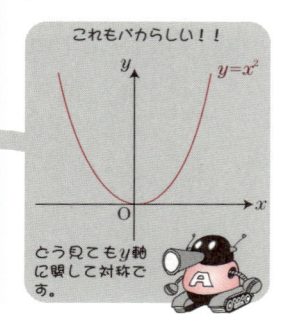

よって

$$\int_{-\frac{\pi}{2}}^{\frac{\pi}{2}} (x\cos x + x^2)\,dx$$
$$= \int_{-\frac{\pi}{2}}^{\frac{\pi}{2}} x\cos x\,dx + \int_{-\frac{\pi}{2}}^{\frac{\pi}{2}} x^2\,dx$$
$$= 0 + 2\int_{0}^{\frac{\pi}{2}} x^2\,dx$$
$$= 2\left[\frac{1}{3}x^3\right]_0^{\frac{\pi}{2}}$$
$$= 2\left\{\frac{1}{3}\times\left(\frac{\pi}{2}\right)^3 - \frac{1}{3}\times 0^3\right\}$$
$$= \frac{\pi^3}{12} \quad \cdots (答)$$

分けただけです。

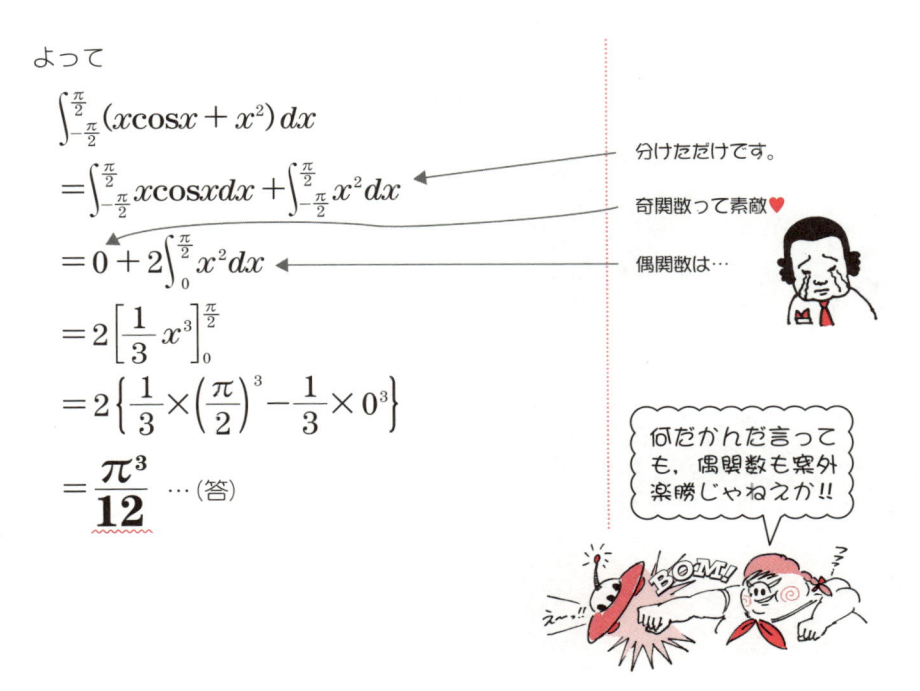

奇関数って素敵♥

偶関数は…

何だかんだ言っても，偶関数も案外楽勝じゃねえか!!

おまけ

付録

ナイスフォロー

その1 イチッ! **等差数列を思い出せ!!**

等差数列? 何はともあれご覧あれ!!

$$\underset{2,}{a_1} \xrightarrow[d]{+3} \underset{5,}{a_2} \xrightarrow[d]{+3} \underset{8,}{a_3} \xrightarrow[d]{+3} \underset{11,}{a_4} \xrightarrow[d]{+3} \underset{14,}{a_5} \xrightarrow[d]{+3} \underset{17,\cdots\cdots}{a_6}$$

このとき!!

先頭の数(上の場合は2)を**初項**→a_1またはaで表す!!(第1項ともいう!)

規則を決定する一定の差(上の場合は3)を**公差 d** で表す!!

さらに,初項(第1項)から順に,第2項(a_2),第3項(a_3),第4項(a_4),………
と順に表現していく!

その☝ (一般項ともいいます♡)

第 n 項の公式

$$a_n = a + (n-1)d$$

証明のようなもの……
この公式は**アタリマエ**! (えーっ!!)

そこで!! 上の数列で考えてみよう!

例えば,第5項つまりa_5を求めたいとき

$$a_5 = 2 + (3+3+3+3)$$ (公差3を4つ加えればOK!)

$$= 2 + 4 \times 3$$

小学校で学習した植木算と同じで,項と項の間にある公差の個数は,項数よりも1つ少なくなるワケだよ。だから,**5**項目を求めたいときは公差の個数は**4**となる! では,この調子で……

$$a_{10} = 2 + 9 \times 3 \qquad a_{100} = 2 + 99 \times 3$$

さぁーっ！ 公式が見えてきたネ♥

そこで，$a_n = 2 + (n-1) \times 3$ 〔第 n 項の n より 1つ少ない $n-1$ だ！〕

このとき，初項の 2 を a　公差の 3 を d に置きかえて，一般化すると

$$a_n = a + (n-1)d$$

〔パパーン!!〕

となりますネ♥♥

その✌　初項から第 n 項までの和の公式！

タイプA　$S_n = \dfrac{n(a_1 + a_n)}{2}$　〔項数×(頭＋ケツ)／2〕

タイプB　$S_n = \dfrac{n\{2a + (n-1)d\}}{2}$

証明 のようなもの…

例えば，$S_5 = 2 + 5 + 8 + 11 + 14$ を考えてみよう…
(a_1)　　　　　　　　　　　(a_5)

$$\begin{array}{r} S_5 = 2 + 5 + 8 + 11 + 14 \\ +)\ S_5 = 14 + 11 + 8 + 5 + 2 \\ \hline 2S_5 = 16 + 16 + 16 + 16 + 16 \end{array}$$

〔逆から書きなおしてみたヨ！〕
〔おぅ!! 同じ数があーっ!!〕

∴　$S_5 = \dfrac{5 \times 16}{2}$

↓　と，ゆーことは…

$S_5 = \dfrac{5 \times (a_1 + a_5)}{2}$　〔$a_1 = 2,\ a_5 = 14$　$2 + 14 = 16$ だよ〕

↓　これを一般化して n 個にすると…

$S_n = \dfrac{n(a_1 + a_n)}{2}$　〔タイプA の公式だよ～ん〕

そこで，〔前ページの公式です！〕
$a_1 = a$,
$a_n = a + (n-1)d$
　とすると…

(a_1)　(a_n)
$a + a + (n-1)d = 2a + (n-1)d$

$$S_n = \dfrac{n\{2a + (n-1)d\}}{2}$$

〔タイプB の公式だよ～ん〕

ナイスフォロー **その2** 等比数列を思い出せ!!

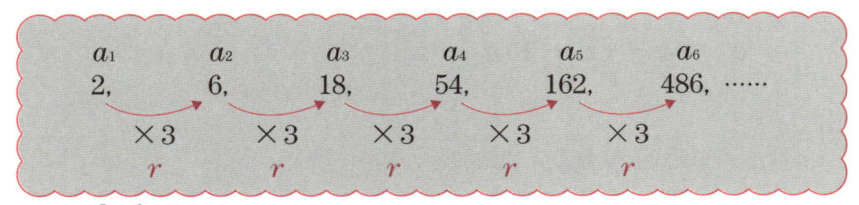

$$a_1 \quad a_2 \quad a_3 \quad a_4 \quad a_5 \quad a_6$$
$$2, \quad 6, \quad 18, \quad 54, \quad 162, \quad 486, \cdots\cdots$$

×3　×3　×3　×3　×3
r　r　r　r　r

このとき!!

先頭の数（上の場合は2）を **初項** → a_1 または a で表す!!

規則を決定する一定の比（上の場合は3）を **公比** r で表す!!

さらに、初項（第1項）から順に、第2項、第3項、第4項、………
と表現していく！　　　　　　　　　　　　a_2　a_3　a_4

> 一般項ともいいますよん♥

その☝　第 n 項の公式

$$a_n = a \cdot r^{n-1}$$

証明 のようなもの……
この公式も **アタリマエ** の **アタリマエ**！　　　あーあ……

そこで!!　上の数列を例にして考えてみるべ……

例えば第5項つまり a_5 を求めたいとき……

$$a_5 = 2 \times 3 \times 3 \times 3 \times 3$$
$$= 2 \times 3^4$$

> 公比3を4つ
> かければOK!!

これもまた、小学校で学習済みの植木算と同じで、項と項の間にある公比は、項数よりも1つ少なくなるワケでっせ！　だから **5** 項目を求めたいときは **4** 回公比をかければいいんだ！　では、この調子で……

$$a_{10} = 2 \times 3^9 \qquad a_{100} = 2 \times 3^{99}$$

さて，もうわかりましたネ♥

そこで $a_n = 2 \cdot \underbrace{3 \cdot 3 \cdots\cdots 3}_{(n-1)回} = 2 \cdot 3^{n-1}$ 　第 n 項の n より1つ少ない $n-1$ です

このとき，初項の 2 を a，公比の 3 を r に置き換えて一般化!!

すると… $a_n = a \cdot r^{n-1}$ 　ババババーン!!

その２

初項から第 n 項までの和の公式！

$r \neq 1$ のとき　(分母の $r-1$ が 0 になるとヤバイから $r \neq 1$)

$$S_n = \frac{a(r^n - 1)}{r - 1} \quad \frac{-a(1-r^n)}{-(1-r)} \text{ 分母分子でマイナスが消える！}$$

$$= \frac{a(1 - r^n)}{1 - r}$$

$r = 1$ のとき

$$S_n = na$$

$r=1$ のときは n つ
$\underbrace{a, a, a, a \cdots\cdots a}_{\times 1 \times 1 \times 1 \quad\quad \times 1}$
となり，a が n つできる

これは，**とりあえず覚えてしまってください!!**

この証明自体がなかなか難しいので，証明問題としてよく扱われます。
で，ここでは証明のかわりに例をおひとつ……

例 等比数列

3,　6,　12,　24,　48,　……

の初項から，第 10 項までの和を求めよ♥

こたえ 初項 **3**(a)　公比 **2**(r)　より，第 **10**(n) 項までの和は

$$S_{10} = \frac{3(2^{10} - 1)}{2 - 1}$$
$$= 3(1024 - 1)$$
$$= \mathbf{3069} \text{ (答)}$$

公式 $S_n = \dfrac{a(r^n - 1)}{r - 1}$

大丈夫かな？

ナイスフォロー その3 部分分数に分ける！

一般的に

$$\frac{1}{\bigcirc(\bigcirc+d)} = \frac{1}{d}\left(\frac{1}{\bigcirc} - \frac{1}{\bigcirc+d}\right)$$

が成り立ちます。

証明

$$\text{右辺} = \frac{1}{d}\left(\frac{1}{\bigcirc} - \frac{1}{\bigcirc+d}\right)$$

$$= \frac{1}{d} \times \frac{\bigcirc+d-\bigcirc}{\bigcirc(\bigcirc+d)}$$

$$= \frac{1}{d} \times \frac{d}{\bigcirc(\bigcirc+d)} \quad \text{( )内を通分！}$$

$$= \frac{1}{\bigcirc(\bigcirc+d)} = \text{左辺}$$

（証明おわり♥）

なるほど

たとえば…

例1 $\dfrac{1}{n(n+3)} = \dfrac{1}{3}\left(\dfrac{1}{n} - \dfrac{1}{n+3}\right)$

$\bigcirc = n,\ d = 3$ に対応！

例2 $\dfrac{1}{(n+2)(n+7)} = \dfrac{1}{5}\left(\dfrac{1}{n+2} - \dfrac{1}{n+7}\right)$

$\bigcirc = n+2,\ d = 5$ に対応！

例3 $\dfrac{1}{(n-2)(n+9)} = \dfrac{1}{11}\left(\dfrac{1}{n-2} - \dfrac{1}{n+9}\right)$

$\bigcirc = n-2,\ d = 11$ に対応！

ナイスフォロー その4 三角関数の公式たち
加法定理とその仲間たち編

加法定理

その1 $\sin(\alpha \pm \beta) = \sin\alpha\cos\beta \pm \cos\alpha\sin\beta$

その2 $\cos(\alpha \pm \beta) = \cos\alpha\cos\beta \mp \sin\alpha\sin\beta$

その3 $\tan(\alpha \pm \beta) = \dfrac{\tan\alpha \pm \tan\beta}{1 \mp \tan\alpha\tan\beta}$

もちろんすべて複号同順ですヨ！

すべて 加法定理 から簡単に導けたネ♥
$\alpha = \beta = \theta$ と置きかえりゃあ楽勝だぜ!!

2倍角の公式

その1 $\sin 2\theta = 2\sin\theta\cos\theta$

その2
- ㋑ $\cos 2\theta = \cos^2\theta - \sin^2\theta$
- ㋺ $\cos 2\theta = 1 - 2\sin^2\theta$
- ㋩ $\cos 2\theta = 2\cos^2\theta - 1$

その3 $\tan 2\theta = \dfrac{2\tan\theta}{1 - \tan^2\theta}$

半角の公式

ぶっちゃけ!! 重要にあらず！
2倍角の公式 その2 ㋺㋩と変わらないもんネ！

その1 $\sin^2\dfrac{A}{2} = \dfrac{1 - \cos A}{2}$

その2 $\cos^2\dfrac{A}{2} = \dfrac{1 + \cos A}{2}$

その3 $\tan^2\dfrac{A}{2} = \dfrac{1 - \cos A}{1 + \cos A}$

2倍角の公式 その2
- ㋺ $\cos 2\theta = 1 - 2\sin^2\theta$
- ㋩ $\cos 2\theta = 2\cos^2\theta - 1$

で、$2\theta = A$ と置きかえて変形すればすぐ導けます！

ついでに例のアレを…

$Ⓐ\begin{cases} ⓘ \sin(-\theta) = -\sin\theta \\ ⓜ \cos(-\theta) = \cos\theta \\ ⓣ \tan(-\theta) = -\tan\theta \end{cases}$

まさか…

多い…多すぎる

$Ⓑ\begin{cases} ⓘ \sin\left(\dfrac{\pi}{2}+\theta\right) = \cos\theta \\ ⓜ \cos\left(\dfrac{\pi}{2}+\theta\right) = -\sin\theta \\ ⓣ \tan\left(\dfrac{\pi}{2}+\theta\right) = -\dfrac{1}{\tan\theta} \end{cases}$
$Ⓒ\begin{cases} ⓘ \sin\left(\dfrac{\pi}{2}-\theta\right) = \cos\theta \\ ⓜ \cos\left(\dfrac{\pi}{2}-\theta\right) = \sin\theta \\ ⓣ \tan\left(\dfrac{\pi}{2}-\theta\right) = \dfrac{1}{\tan\theta} \end{cases}$

$Ⓓ\begin{cases} ⓘ \sin(\pi+\theta) = -\sin\theta \\ ⓜ \cos(\pi+\theta) = -\cos\theta \\ ⓣ \tan(\pi+\theta) = \tan\theta \end{cases}$
$Ⓔ\begin{cases} ⓘ \sin(\pi-\theta) = \sin\theta \\ ⓜ \cos(\pi-\theta) = -\cos\theta \\ ⓣ \tan(\pi-\theta) = -\tan\theta \end{cases}$

じつは， こいつら全部，加法定理 で導けるんですョ ♥

たとえばⒶのⓘでは，

$\sin(-\theta) = \sin(0-\theta)$
$= \underline{\sin 0}\cos\theta - \underline{\cos 0}\sin\theta$
        0   1
$= 0 \times \cos\theta - 1 \times \sin\theta$
$= -\sin\theta$

$\sin 0 = 0,\ \cos 0 = 1$ でーす!!

ホラ、できた！

加法定理 その1 より
$\sin(\alpha-\beta)$
$= \sin\alpha\cos\beta - \cos\alpha\sin\beta$

さらにⒷのⓜでは，

$\cos\left(\dfrac{\pi}{2}+\theta\right)$
$= \underline{\cos\dfrac{\pi}{2}}\cos\theta - \underline{\sin\dfrac{\pi}{2}}\sin\theta$
        0   1
$= 0 \times \cos\theta - 1 \times \sin\theta$
$= -\sin\theta$

$\cos\dfrac{\pi}{2} = 0,\ \sin\dfrac{\pi}{2} = 1$

ホラ、できた！

加法定理 その2 より
$\cos(\alpha+\beta)$
$= \cos\alpha\cos\beta - \sin\alpha\sin\beta$

ではでは，　Ⓒの㋑では… 　イヤな予感が…　……

$$\tan\left(\frac{\pi}{2} - \theta\right)$$

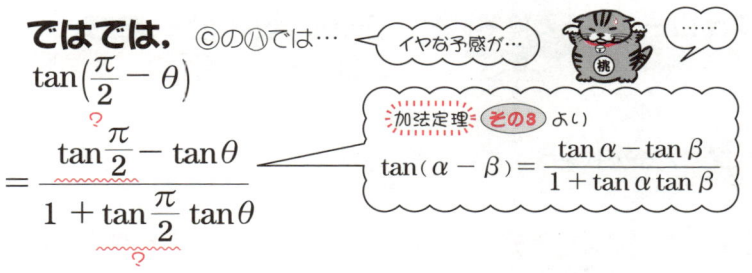

$$= \frac{\tan\dfrac{\pi}{2} - \tan\theta}{1 + \tan\dfrac{\pi}{2}\tan\theta}$$

（加法定理 その3 より　$\tan(\alpha - \beta) = \dfrac{\tan\alpha - \tan\beta}{1 + \tan\alpha\tan\beta}$）

そーです！ 気分よくGOサイン！ ってな感じでしたが，$\tan\dfrac{\pi}{2}$ は値が存在しません！

しかし‼ あせることはありませーん！

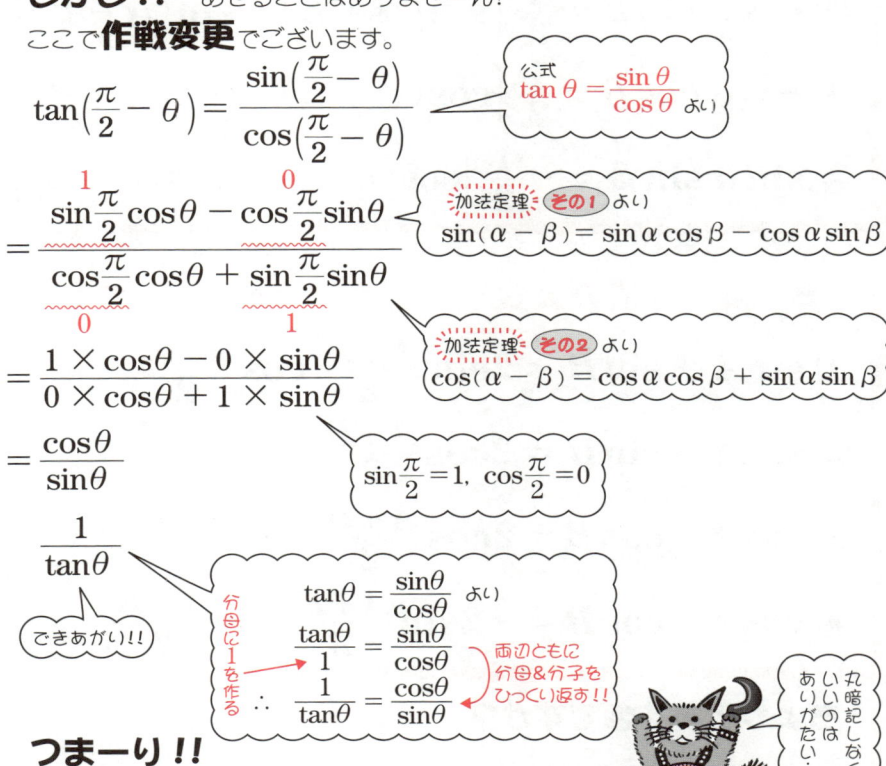

ここで**作戦変更**でございます。

$$\tan\left(\frac{\pi}{2} - \theta\right) = \frac{\sin\left(\dfrac{\pi}{2} - \theta\right)}{\cos\left(\dfrac{\pi}{2} - \theta\right)}$$

（公式 $\tan\theta = \dfrac{\sin\theta}{\cos\theta}$ より）

$$= \frac{\overset{1}{\sin\dfrac{\pi}{2}}\cos\theta - \overset{0}{\cos\dfrac{\pi}{2}}\sin\theta}{\underset{0}{\cos\dfrac{\pi}{2}}\cos\theta + \underset{1}{\sin\dfrac{\pi}{2}}\sin\theta}$$

（加法定理 その1 より　$\sin(\alpha - \beta) = \sin\alpha\cos\beta - \cos\alpha\sin\beta$）

$$= \frac{1 \times \cos\theta - 0 \times \sin\theta}{0 \times \cos\theta + 1 \times \sin\theta}$$

（加法定理 その2 より　$\cos(\alpha - \beta) = \cos\alpha\cos\beta + \sin\alpha\sin\beta$）

$$= \frac{\cos\theta}{\sin\theta}$$

（$\sin\dfrac{\pi}{2} = 1,\ \cos\dfrac{\pi}{2} = 0$）

$$\frac{1}{\tan\theta}$$

できあがい‼

$\tan\theta = \dfrac{\sin\theta}{\cos\theta}$ より

$\dfrac{\tan\theta}{1} = \dfrac{\sin\theta}{\cos\theta}$

∴ $\dfrac{1}{\tan\theta} = \dfrac{\cos\theta}{\sin\theta}$

（分母に1を作る／両辺ともに分母&分子をひっくり返す‼）

つまーり‼

p.582のⒶ～Ⓔの公式は，　**加法定理**　ですべて導くことができるので，丸暗記にたよる必要はナイのです。

丸暗記しなくていいのはありがたい…

ナイスフォロー その5 三角関数の公式たち
和 ⇄ 積の公式の完全攻略！

ドーン と全公式を並べておきまーす!!

A 積 ➡ 和の公式

① $\sin\alpha\cos\beta = \dfrac{1}{2}\{\sin(\alpha+\beta)+\sin(\alpha-\beta)\}$

② $\cos\alpha\sin\beta = \dfrac{1}{2}\{\sin(\alpha+\beta)-\sin(\alpha-\beta)\}$

③ $\cos\alpha\cos\beta = \dfrac{1}{2}\{\cos(\alpha+\beta)+\cos(\alpha-\beta)\}$

④ $\sin\alpha\sin\beta = -\dfrac{1}{2}\{\cos(\alpha+\beta)-\cos(\alpha-\beta)\}$

B 和 ➡ 積の公式

① $\sin A + \sin B = 2\sin\dfrac{A+B}{2}\cos\dfrac{A-B}{2}$

② $\sin A - \sin B = 2\cos\dfrac{A+B}{2}\sin\dfrac{A-B}{2}$

③ $\cos A + \cos B = 2\cos\dfrac{A+B}{2}\cos\dfrac{A-B}{2}$

④ $\cos A - \cos B = -2\sin\dfrac{A+B}{2}\sin\dfrac{A-B}{2}$

ちょっと多すぎですか？

しかし!! 丸暗記はNGですゾ!!

こいつらすべて 加法定理 からすぐ導き出せるんですョ♥

（またお前か!?）

では材料をまとめておきます！
p.581の**加法定理**でございます！

$$\sin(\alpha + \beta) = \sin\alpha\cos\beta + \cos\alpha\sin\beta \quad \cdots\cdots ㋑$$
$$\sin(\alpha - \beta) = \sin\alpha\cos\beta - \cos\alpha\sin\beta \quad \cdots\cdots ㋺$$
$$\cos(\alpha + \beta) = \cos\alpha\cos\beta - \sin\alpha\sin\beta \quad \cdots\cdots ㋩$$
$$\cos(\alpha - \beta) = \cos\alpha\cos\beta + \sin\alpha\sin\beta \quad \cdots\cdots ㋥$$

すべては、ここから始まりまーす！

㋑＋㋺より
$$\sin(\alpha + \beta) = \sin\alpha\cos\beta + \cos\alpha\sin\beta \quad \cdots\cdots ㋑$$
$$+)\ \sin(\alpha - \beta) = \sin\alpha\cos\beta - \cos\alpha\sin\beta \quad \cdots\cdots ㋺$$
$$\sin(\alpha + \beta) + \sin(\alpha - \beta) = 2\sin\alpha\cos\beta$$

$$\therefore \sin\alpha\cos\beta = \frac{1}{2}\{\sin(\alpha+\beta) + \sin(\alpha-\beta)\}$$ → **A**の①です！

一丁あがり！

㋑－㋺より
$$\sin(\alpha + \beta) = \sin\alpha\cos\beta + \cos\alpha\sin\beta \quad \cdots\cdots ㋑$$
$$-)\ \sin(\alpha - \beta) = \sin\alpha\cos\beta - \cos\alpha\sin\beta \quad \cdots\cdots ㋺$$
$$\sin(\alpha + \beta) - \sin(\alpha - \beta) = 2\cos\alpha\sin\beta$$

$$\therefore \cos\alpha\sin\beta = \frac{1}{2}\{\sin(\alpha+\beta) - \sin(\alpha-\beta)\}$$ → **A**の②です！

一丁あがり！

㈠＋㈡ より

$$\cos(\alpha+\beta) = \cos\alpha\cos\beta - \sin\alpha\sin\beta \quad \cdots\cdots ㈠$$
$$+)\ \cos(\alpha-\beta) = \cos\alpha\cos\beta + \sin\alpha\sin\beta \quad \cdots\cdots ㈡$$
$$\cos(\alpha+\beta) + \cos(\alpha-\beta) = 2\cos\alpha\cos\beta$$

$$\therefore\ \boxed{\cos\alpha\cos\beta = \frac{1}{2}\{\cos(\alpha+\beta) + \cos(\alpha-\beta)\}} \Rightarrow Ⓐ の③です！$$

一丁あがり！

㈠－㈡ より

$$\cos(\alpha+\beta) = \cos\alpha\cos\beta - \sin\alpha\sin\beta \quad \cdots\cdots ㈠$$
$$-)\ \cos(\alpha-\beta) = \cos\alpha\cos\beta + \sin\alpha\sin\beta \quad \cdots\cdots ㈡$$
$$\cos(\alpha+\beta) - \cos(\alpha-\beta) = -2\sin\alpha\sin\beta$$

このマイナスに注意せよ!!

$$\therefore\ \boxed{\sin\alpha\sin\beta = -\frac{1}{2}\{\cos(\alpha+\beta) - \cos(\alpha-\beta)\}} \Rightarrow Ⓐ の④です！$$

一丁あがり！

これで前の Ⓐ 積➡和の公式 がすべて導けましたネ！

是非自分でもできるようにしてください！

ここで!! $\begin{cases} \alpha + \beta = A & \cdots\cdots ㊄ \\ \alpha - \beta = B & \cdots\cdots ㊅ \end{cases}$ とおくと… あーっと！

㊄＋㊅ より

$$2\alpha = A + B$$
$$\therefore\ \alpha = \frac{A+B}{2} \ \cdots\cdots ㊦$$

㊄－㊅ より

$$2\beta = A - B$$
$$\therefore\ \beta = \frac{A-B}{2} \ \cdots\cdots ㊧$$

㊦と㊧を Ⓐ の①に代入して

Ⓐ の① ➡ $\sin\alpha\cos\beta = \frac{1}{2}\{\sin(\alpha+\beta) + \sin(\alpha-\beta)\}$

　　　　　　　$\underset{\frac{A+B}{2}}{} \ \underset{\frac{A-B}{2}}{} \quad\quad \underset{A}{} \quad\quad \underset{B}{}$

$$\sin\frac{A+B}{2}\cos\frac{A-B}{2} = \frac{1}{2}(\sin A + \sin B)$$

両辺×2

$$\therefore\ \boxed{\sin A + \sin B = 2\sin\frac{A+B}{2}\cos\frac{A-B}{2}} \Rightarrow Ⓑ の①です！$$

一丁あがり！

㋣と㋪を Ⓐ の② に代入して

Ⓐ の② ➡ $\cos\alpha\sin\beta = \dfrac{1}{2}\{\sin(\alpha+\beta) - \sin(\alpha-\beta)\}$

$\cos\dfrac{A+B}{2}\sin\dfrac{A-B}{2} = \dfrac{1}{2}(\sin A - \sin B)$

両辺×2

$\therefore\ \sin A - \sin B = 2\cos\dfrac{A+B}{2}\sin\dfrac{A-B}{2}$ ➡ Ⓑ の② です！

一丁あがり！

㋣と㋪を Ⓐ の③ に代入して

Ⓐ の③ ➡ $\cos\alpha\cos\beta = \dfrac{1}{2}\{\cos(\alpha+\beta) + \cos(\alpha-\beta)\}$

$\cos\dfrac{A+B}{2}\cos\dfrac{A-B}{2} = \dfrac{1}{2}(\cos A + \cos B)$

両辺×2

$\therefore\ \cos A + \cos B = 2\cos\dfrac{A+B}{2}\cos\dfrac{A-B}{2}$ ➡ Ⓑ の③ です！

一丁あがり！

㋣と㋪を Ⓐ の④ に代入して

Ⓐ の④ ➡ $\sin\alpha\sin\beta = -\dfrac{1}{2}\{\cos(\alpha+\beta) - \cos(\alpha-\beta)\}$

$\sin\dfrac{A+B}{2}\sin\dfrac{A-B}{2} = -\dfrac{1}{2}(\cos A - \cos B)$

マイナスに注意！

両辺×(−2)

$\therefore\ \cos A - \cos B = -2\sin\dfrac{A+B}{2}\sin\dfrac{A-B}{2}$ ➡ Ⓑ の④ です！

一丁あがり！

ホラ!!　すべて簡単に導けますョ！

くどいかもしれませんが、もう一度いいます！自分で導けるようにしておいてくださいませ♥

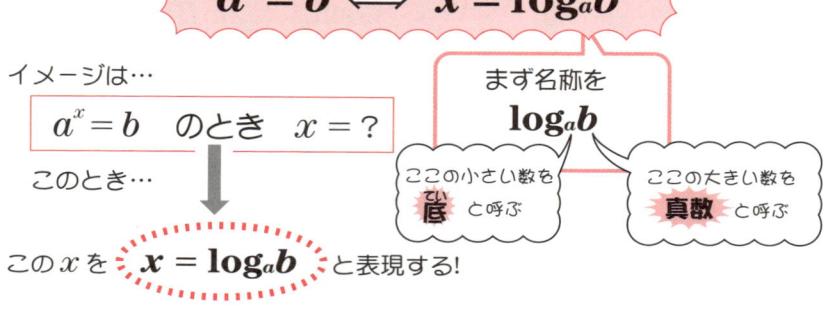

ナイスフォロー その6 対数の定義と公式たち

対数の定義

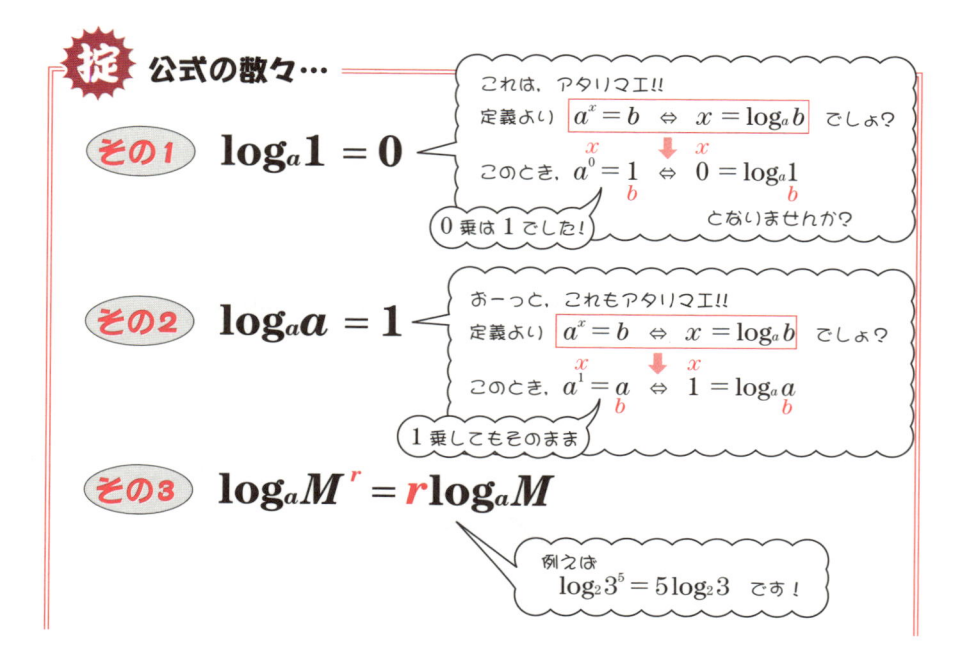

$$a^x = b \iff x = \log_a b$$

イメージは…

$a^x = b$ のとき $x = ?$

このとき…

この x を $x = \log_a b$ と表現する！

まず名称を $\log_a b$

ここの小さい数を **底(てい)** と呼ぶ

ここの大きい数を **真数(しんすう)** と呼ぶ

注！ $\log_2 x = 3$ のとき $x = 2^3 = 8$

掟 公式の数々…

その1 $\log_a 1 = 0$

これは、アタリマエ!!
定義より $a^x = b \iff x = \log_a b$ でしょ？
このとき、$a^0 = 1 \iff 0 = \log_a 1$ となりませんか？
0乗は1でした！

その2 $\log_a a = 1$

おーっと、これもアタリマエ!!
定義より $a^x = b \iff x = \log_a b$ でしょ？
このとき、$a^1 = a \iff 1 = \log_a a$
1乗してもそのまま

その3 $\log_a M^r = r \log_a M$

例えば
$\log_2 3^5 = 5 \log_2 3$ です！

その4 $\log_a M + \log_a N = \log_a MN$

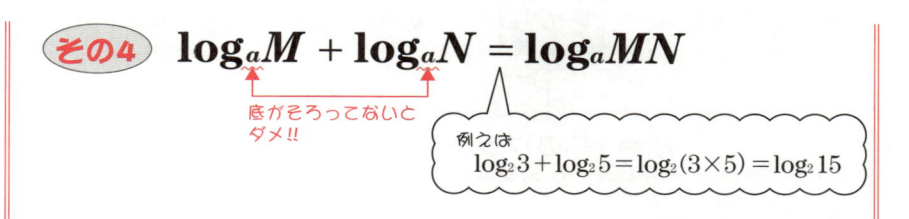

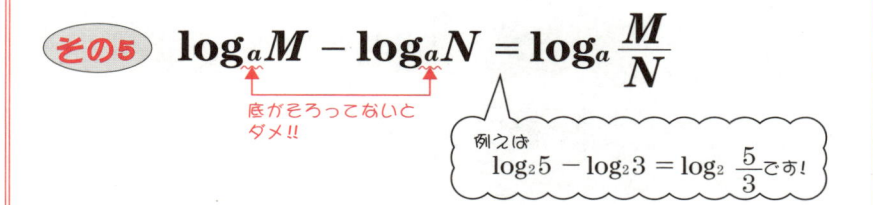

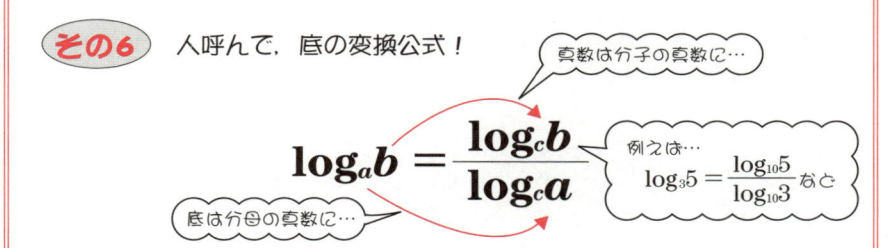

底がそろってないとダメ!!

例えば
$\log_2 3 + \log_2 5 = \log_2(3 \times 5) = \log_2 15$

その5 $\log_a M - \log_a N = \log_a \dfrac{M}{N}$

底がそろってないとダメ!!

例えば
$\log_2 5 - \log_2 3 = \log_2 \dfrac{5}{3}$ です!

その6 人呼んで，底の変換公式！

真数は分子の真数に…

$$\log_a b = \dfrac{\log_c b}{\log_c a}$$

例えば…
$\log_3 5 = \dfrac{\log_{10} 5}{\log_{10} 3}$ など

底は分母の真数に…

このとき，c は好きにしてOKです!!

しかし，c は底なんで，底としての節度を守ってもらいます！

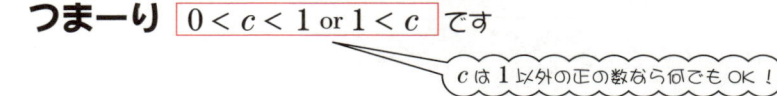

つまーり $\boxed{0 < c < 1 \text{ or } 1 < c}$ です

c は 1 以外の正の数なら何でも OK！

ナイスフォロー　その7　$y=a^x$ のグラフと $y=\log_a x$ のグラフ

$y=a^x$ のグラフ！　ヒューヒュー!

(i) $a>1$ のとき

> x が増えると $y=a^x$ も増える！

> x 軸に近づいていきます！

(ii) $0<a<1$ のとき

> x が増えても $y=a^x$ は減っちゃうよ！

> x 軸に近づいていきます！

(iii) $a=1$ のとき

まあ、参考までに…

OH! NO!!

> $a=1$ より $y=1^x=1$ （一定）

> 1は何乗しても1です！

注! $a\leqq 0$ のときは考えなくてよい!!
例えば、$a=-3$ で $x=\dfrac{1}{2}$ のとき、$y=(-3)^{\frac{1}{2}}=\sqrt{-3}$ ←虚数!!
ダメでしょ？

付録　ナイスフォロー　591

$y = \log_a x$ のグラフ！ ヒューヒュー

(ⅰ) $a > 1$ のとき

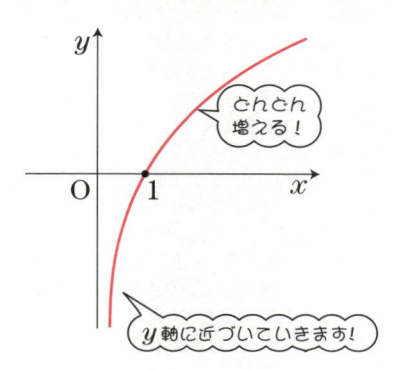

どんどん増える！

y 軸に近づいていきます！

(ⅱ) $0 < a < 1$ のとき

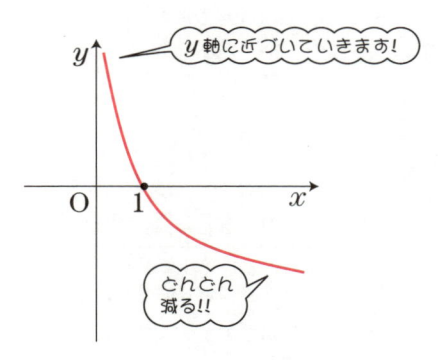

y 軸に近づいていきます！

どんどん減る!!

注！　$a = 1$ や $a \leqq 0$ については定義されていません！

よく頑張ったね♥

〔著者紹介〕

坂田　アキラ（さかた　あきら）

　　N予備校講師。
　　1996年に流星のごとく予備校業界に現れて以来、ギャグを交えた巧みな話術と、芸術的な板書で繰り広げられる"革命的講義"が話題を呼び、抜群の動員力を誇る。
　　授業には、全身イタリアンブランドで包み登場し、両手の指にはクロムハーツ、左腕にはフランクミュラーが光り輝くこともあり、前職はホストだったという噂が飛び交う謎多き人物。
　　現在は数学の指導が中心だが、化学や物理、現代文を担当した経験もあり、どの科目を教えさせても受講生から「わかりやすい」という評判の人気講座となる。
　　著書は、『改訂版　坂田アキラの　医療看護系入試数学Ⅰ・Ａが面白いほどわかる本』『改訂版　坂田アキラの　数列が面白いほどわかる本』などの数学参考書のほか、理科の参考書として『大学入試　坂田アキラの　化学基礎の解法が面白いほどわかる本』『大学入試　坂田アキラの　物理基礎・物理［力学・熱力学編］の解法が面白いほどわかる本』（以上、KADOKAWA）など多数あり、その圧倒的なわかりやすさから、「受験参考書界のレジェンド」と評されることもある。

坂田アキラの　数Ⅲの微分積分が面白いほどわかる本（検印省略）

2015年7月21日　第1刷発行
2019年2月15日　第6刷発行

著　者　坂田　アキラ（さかた　あきら）
発行者　川金　正法

発　行　株式会社KADOKAWA
　　　　〒102-8177　東京都千代田区富士見2-13-3
　　　　03-3238-8521（カスタマーサポート）
　　　　https://www.kadokawa.co.jp/

落丁・乱丁本はご面倒でも、下記KADOKAWA読者係にお送りください。
送料は小社負担でお取り替えいたします。
古書店で購入したものについては、お取り替えできません。
電話049-259-1100（10:00〜17:00／土日、祝日、年末年始を除く）
〒354-0041　埼玉県入間郡三芳町藤久保550-1

DTP／フォレスト　　印刷／加藤文明社　　製本／鶴亀製本

Ⓒ2015 Akira Sakata, Printed in Japan.
ISBN978-4-04-600734-6　C7041

本書の無断複製（コピー、スキャン、デジタル化等）並びに無断複製物の譲渡及び配信は、著作権法上での例外を除き禁じられています。また、本書を代行業者などの第三者に依頼して複製する行為は、たとえ個人や家庭内での利用であっても一切認められておりません。